高职高专土建类专业“十三五”规划教材
给排水工程技术专业能力提升系列教材
高等职业技术院校房地产类规划教材

# 建筑材料及建筑设备

主　编　周　洋　刘娜娜　马晓雪
副主编　何志红　王　丹　张　婧　叶　巍
　　　　钟　坤　陈　爽
参　编　王雪琴　童赛红　刘清秀　艾阳斌
　　　　孟凡林　张　岑　刘武坤　张晓媛
　　　　黄亚琴　殷　源　李　玲
主　审　伍国福　罗贤成

西南交通大学出版社
·成　都·

**图书在版编目（CIP）数据**

建筑材料及建筑设备／周洋，刘娜娜，马晓雪主编．—成都：西南交通大学出版社，2017.2
高等职业技术院校房地产类规划教材
ISBN 978-7-5643-5276-9

Ⅰ．①建… Ⅱ．①周… ②刘… ③马… Ⅲ．①建筑材料－高等职业教育－教材②房屋建筑设备－高等职业教育－教材 Ⅳ．①TU5② TU8

中国版本图书馆 CIP 数据核字（2017）第 022596 号

高等职业技术院校房地产类规划教材

**建筑材料及建筑设备**

主编　周 洋　刘娜娜　马晓雪

| | |
|---|---|
| 责任编辑 | 姜锡伟 |
| 封面设计 | 何东琳设计工作室 |
| 出版发行 | 西南交通大学出版社（四川省成都市二环路北一段 111 号 西南交通大学创新大厦 21 楼） |
| 发行部电话 | 028-87600564　028-87600533 |
| 邮政编码 | 610031 |
| 网址 | http://www.xnjdcbs.com |
| 印刷 | 成都勤德印务有限公司 |
| 成品尺寸 | 185 mm × 260 mm |
| 印张 | 23 |
| 字数 | 679 千 |
| 版次 | 2017 年 2 月第 1 版 |
| 印次 | 2017 年 2 月第 1 次 |
| 书号 | ISBN 978-7-5643-5276-9 |
| 定价 | 65.00 元 |

课件咨询电话：028-87600533
图书如有印装质量问题　本社负责退换

# 前　言

本书根据中国职业教育的特点，是面向房地产领域的基础性的教材,以培养应用型人才为目标，突出理论够用、面向实践，将房地产领域所涉及的材料、设备、市政工程的典型系统进行了综合性、概括性的理论讲解与应用分析，并对相关系统设备进行了图例化的说明。本书在编写时力求做到：基本概念准确、分析计算简洁清晰、不强调公式的推导和理论的系统性,注重材料、设备的主要特性说明,努力避免对细节的过多阐述，便于学生掌握材料、设备的整体性能，并通过较完整的工程设计实例达到实际应用的效果。

本书参考学时为 64~80 学时，不但适合于高职高专教学使用，而且适合于工程技术人员参考。

本书由重庆房地产职业学院周洋、刘娜娜、马晓雪等负责编写修改完成，何志红、王丹、张婧、叶巍、钟坤、陈爽等也积极参与了编写工作，王雪琴、童赛红、刘清秀、张晓媛等进行了资料搜集和整理工作，并特别感谢中煤科工重庆设计研究院杜强教授、重庆市质量计量检测研究所黄太忠，重庆绿城两江建筑设计有限公司王柱，广东中山市恒乐电气有限公司程洪、向熹，重庆盛华消防有限公司张坤平、黄天敏、莫浩等行业企业专家在本书编著过程中提出的宝贵资料和建议。

本书由伍国福教授、罗贤成副教授主审。

由于编者水平有限、时间仓促，书中缺点错误在所难免，恳请大家批评指正，为后续修订创造条件。编者将不胜感激。

编　者

2017 年 1 月

# 目　录

学习情境 1　金属材料 …… 1
1.1　工程材料及其性能 …… 1
1.2　金属学基础知识 …… 7
1.3　铁碳合金及碳素钢 …… 14
1.4　钢的热处理 …… 20
1.5　合金钢及特殊钢 …… 26
1.6　铸　铁 …… 33
1.7　建筑钢材 …… 37
1.8　有色金属及其合金 …… 43
思考练习题 …… 48
学习情境 2　无机非金属材料 …… 49
2.1　气硬性胶凝材料 …… 49
2.2　水硬性胶凝材料——水泥 …… 57
2.3　混凝土 …… 67
2.4　建筑砂浆 …… 83
2.5　墙体材料 …… 86
思考练习题 …… 94
学习情境 3　有机非金属材料 …… 95
3.1　沥青材料 …… 95
3.2　合成高分子材料 …… 99
3.3　木　材 …… 102
3.4　建筑功能材料 …… 104
3.5　建筑装饰材料 …… 106
学习情境 4　建筑给排水 …… 132
4.1　建筑给水系统 …… 132
4.2　室内消防给水系统 …… 151
4.3　建筑排水系统 …… 164
4.4　建筑雨水排水系统 …… 176
4.5　建筑内部热水供应系统 …… 178
4.6　居住小区给排水工程 …… 187
思考练习题 …… 190

**学习情境 5　建筑供暖工程** ………………………………………… 191
5.1　室内供暖 ………………………………………… 191
5.2　散热器与供暖附属设备 ………………………………………… 204
5.3　室内供暖管路的布置与敷设 ………………………………………… 208
5.4　室外供热管网与热源 ………………………………………… 209
5.5　建筑供暖施工图 ………………………………………… 215
思考练习题 ………………………………………… 220
**学习情境 6　建筑通风与空调** ………………………………………… 221
6.1　建筑通风 ………………………………………… 221
6.2　空　调 ………………………………………… 234
6.3　通风空调施工图 ………………………………………… 248
思考练习题 ………………………………………… 252
**学习情景 7　燃气供应** ………………………………………… 253
7.1　燃气气源工程 ………………………………………… 253
7.2　城镇燃气输配系统 ………………………………………… 268
7.3　室内燃气管道 ………………………………………… 283
7.4　燃气设备及其安装 ………………………………………… 289
7.5　燃气工程施工图 ………………………………………… 298
思考练习题 ………………………………………… 300
**学习情境 8　建筑电气** ………………………………………… 303
8.1　供配电系统 ………………………………………… 303
8.2　电气照明 ………………………………………… 320
8.3　电　梯 ………………………………………… 331
8.4　建筑弱电系统 ………………………………………… 337
8.5　智能建筑简介 ………………………………………… 346
8.6　电气工程施工图 ………………………………………… 348
思考练习题 ………………………………………… 359
**参考文献** ………………………………………… 360

# 学习情境 1　金属材料

## 1.1　工程材料及其性能

材料是用来制作有用器件的物质，是人类生产和生活必需的物质基础。从日常生活用的器具到高技术产品，从简单的手工工具到复杂的航天器、机器人，都是用各种材料制作而成或由其加工成的零件组装而成的。材料的发展水平和利用程度已成为人类进步的重要标志。

### 1.1.1　工程材料概述

1. 材料的定义

材料是用来制作有用器件的物质。工程材料是指在机械、船舶、化工、建筑、车辆、仪表、航空航天等工程领域中用于制造工程构件和机械零件的材料。

2. 材料的分类

（1）按化学组成分为金属材料、有机高分子材料、陶瓷材料和复合材料。

（2）按使用性能分为结构材料和功能材料。

（3）按使用领域分为信息材料、能源材料、建筑材料、机械工程材料和生物材料。

### 1.1.2　金属材料的力学性质

#### 1.1.2.1　金属材料的力学性质

1. 金属材料所受荷载

金属材料在加工和使用过程中所受到的外力称为荷载。按外力的作用性质，荷载常分为以下三种：

（1）静荷载：大小不变或变化很慢的荷载。

（2）冲击荷载：突然增加或消失的荷载。

（3）交变荷载：大小、方向呈周期性变化的动荷载。

2. 荷载下的变形

（1）弹性变形：随外力消除而消失的变形称为弹性变形

（2）塑性变形：当外力去除时，不能恢复的变形称为塑性变形。

3. 常用力学性能指标

金属材料的力学性能是指材料在各种荷载作用下表现出来的抵抗变形和断裂的能力。常用的力学性能指标有强度、硬度、冲击韧度及疲劳强度等。它们是衡量材料性能和决定材料应用范围的重要指标。

#### 1.1.2.2　金属材料的强度

金属材料在荷载作用下抵抗塑性变形或断裂的能力称为强度。材料强度越高，可承受的荷载越大。不同金属材料的强度指标，可通过拉伸试验和其他力学性能试验方法测定。

1. 拉伸实验

实验前，将被测试的金属材料制成标准试样，将标准试样装夹在拉伸试验机上，然后对其逐渐加拉伸荷载 $F$，同时连续测量力和试样相应的伸长，直至试样被拉断，可得到拉力 $F$ 与伸长量 $\Delta l$ 的关系曲线图，如图 1-1 所示，即 $F$-$\Delta l$ 拉伸曲线。纵坐标表示力 $F$，单位为牛；横坐标表示绝对伸长量 $\Delta l$，单位为毫米。$F$-$\Delta l$ 曲线反映了金属材料在拉伸过程中从弹性变形到断裂的全部力学特性。

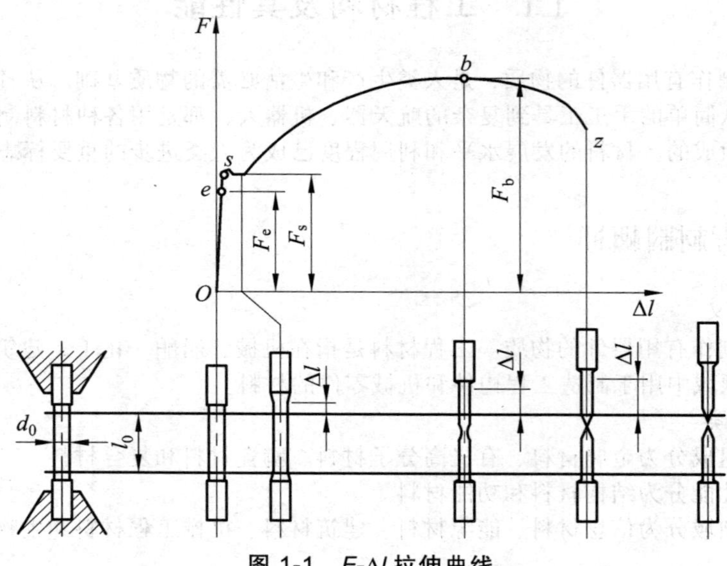


**图 1-1　$F$-$\Delta l$ 拉伸曲线**

由图 1-1 可知，拉伸过程分为如下几个阶段：

（1）$Oe$——弹性阶段：试样在外力作用下均匀伸长，伸长量与拉力大小保持正比关系，$e$ 点所对应的应力 $\sigma_e$ 称为弹性强度或弹性极限。

（2）$es$——屈服阶段：试样所受的荷载大小超过 $F_e$ 点后，材料除产生弹性变形外，开始出现塑性变形，拉力与伸长量之间不再保持正比关系。拉力达到图形中 $s$ 点后，即使拉力不再增加，材料仍会伸长一定长度，即 $s$ 点右侧的接近水平或锯齿状的线段。此现象称为“屈服”，标志着材料在此时丧失了抵抗塑性变形的能力，并产生微量的塑性变形。$s$ 点所对应的应力 $\sigma_s$ 称为屈服强度或屈服极限。

（3）$sb$——塑性变形阶段：试样所受的荷载大小超过 $F_s$ 后，试样的变形随拉力的增大而逐渐增加，试样发生均匀而明显的塑性变形。

（4）$bz$——缩颈阶段：当试样所受的力达到 $F_b$ 点后，试样在标距长度内直径明显地出现局部变细，即“颈缩”现象。由于截面面积的减小，变形集中在“颈缩”处，试样保持持续拉长到断裂所需的拉力逐渐下降，在 $z$ 点试样断裂。

2. 材料的强度指标

根据外力作用方式不同，强度有多重指标，如抗拉强度、抗压强度、抗弯强度、抗剪强度和抗扭强度等，常用的强度指标有屈服强度和拉伸强度。

（1）屈服强度：用符号 $\sigma_s$ 表示，指材料开始产生屈服现象时的最低应力，又称屈服极限。它是机械设计的主要依据，也是评定金属材料优劣的主要指标。其计算公式为：

$$\sigma_s = \frac{F_s}{S_0}$$

式中：$\sigma_s$是屈服强度（MPa）；$F_s$是试样开始屈服时所受的外力（N）；$S_0$是试样原始截面面积（$mm^2$）。

无明显屈服现象的材料，用试样标距长度产生0.2%塑性变形时的应力值作为屈服强度，用$\sigma_{0.2}$表示，称为条件屈服强度。

（2）抗拉强度：用符号$\sigma_b$表示，指材料抵抗外力而不致断裂的最大应力值，是机械零件评定和选材时的重要强度指标。其计算公式为

$$\sigma_b = \frac{F_b}{S_0}$$

式中：$\sigma_b$是抗拉强度（MPa）；$F_b$是试样断裂前所受的最大外力（N）；$S_0$是试样原始截面面积（$mm^2$）。

（3）屈强比$\sigma_s/\sigma_b$：屈强比越小，工程构件的可靠性越高，也就是超载也不至于马上断裂。但屈强比小，材料强度有效利用率也低。

#### 1.1.2.3 材料的塑性

材料在外力作用下，产生永久性变形而不破坏的性能称为塑性。塑性指标也是在拉伸试验中测定的。常用的塑性指标是伸长率和断面收缩率。

1. 伸长率

伸长率是指试样拉断后标距长度的伸长量与标距原始长度之比值的百分率，用符号$\delta$表示，计算公式为：

$$\delta = \frac{l_1 - l_0}{l_0} \times 100\%$$

式中：$l_0$是试样原始长度（mm）；$l_1$是试样拉断后的标距长度（mm）。

2. 断面收缩率

断面收缩率是指试样拉断后颈缩处截面面积的最大缩减量与原始截面面积的百分比，用符号$\psi$表示。$\psi$不受尺寸的影响，计算公式为

$$\psi = \frac{S_0 - S_1}{S_0} \times 100\%$$

式中：$S_0$是试样原始截面面积；$S_1$是试样拉断后颈缩处截面面积。

3. 塑性的工程意义

材料的伸长率$\delta$和收缩率$\psi$值越大，表示塑性越好。塑性好的金属材料便于通过各种压力加工获得形状复杂的零件。塑性好的材料在受力过大时，由于首先产生塑性变形而不致发生突然断裂，所以较安全。

#### 1.1.2.4 硬　度

硬度通常是指金属材料抵抗更硬物体压入其表面的能力，是金属抵抗其表面局部变形和破坏的能力，简单说就是材料的软硬程度。目前，常用的硬度测量方法是压入法，主要有布氏硬度试验、洛氏硬度试验和维氏硬度试验等，布氏硬度和洛氏硬度应用较为广泛。

1. 布氏硬度

（1）布氏硬度值是依据球面压痕单位表面积上所承受的平均压力来测定的（图1-2）。其原理与测定方法为：用直径为$D$的硬质合金球作为压头，以规定的压力$F$压入被测试样表面，保持规定时间后去除外力，在试样表面留下球形压痕单位表面积（由尺寸$d$计算）上所承受的平均压力即布氏硬度值。布氏硬度常用符号HBW表示，表示方法如下：HBS（HBW）$=0.102F/S$。HBS（钢球）<450，HBW（硬质合金球）为450～650。

（2）特点：被测面积大，精度高；不适于太薄、太硬的物体。

（3）适用范围：铸铁、非铁合金、各种退火及调质钢材。

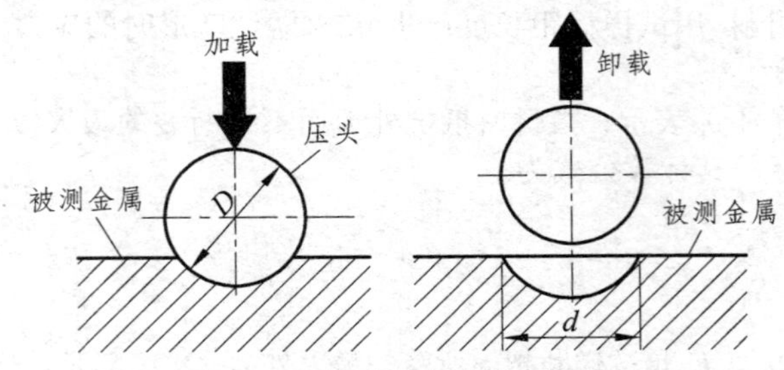


图 1-2　布氏硬度试验原理图

2. 洛氏硬度

（1）原理与测定方法：洛氏硬度试验以钢球、硬质合金或金刚石圆锥作为压头，先施加初始荷载 $F_0$ 使压头与试样表面良好接触，再施加主荷载 $F$，保持规定时间后卸掉主荷载，根据由 $F$ 压入试样表面留下的深度来测定材料的洛氏硬度值，用符号 HR 表示，采用 120°的金刚石圆锥作为压头的实验原理如图 1-3 所示，图中 $h_3$ 为卸掉主荷载，压痕回弹后留下的深度，由主荷载压入的深度为 $h_3 - h_1$，即 $h$。

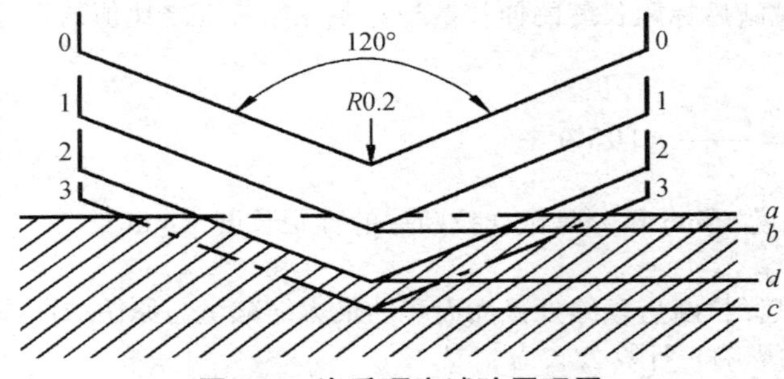


图 1-3　洛氏硬度试验原理图

材料的压痕深度越浅，其洛氏硬度越高；反之，洛氏硬度越低。其计算公式为：

$$\mathrm{HR} = \frac{K - h}{0.002}$$

式中：$K$ 是常数，用金刚石圆锥作为压头时 $K$ 取 0.2 mm，用淬火钢球作为压头时 $K$ 取 0.26 mm；$h$ 是卸掉主荷载后试样表面由主荷载形成的压痕深度（mm）。

**注意：** 实际测定时硬度值的大小可以直接由各洛氏硬度计表盘上读出。

（2）特点：简单、迅速、适用范围广（软硬材料均适用）。

（3）硬度值及应用：HRA（硬质合金、表面淬火层或渗碳层）为 70 ~ 85；HRB（有色金属和退火、正火钢等）为 25 ~ 100；HRC（调质钢、淬火钢等）为 20 ~ 67。

### 1.1.2.5　冲击韧度

机械零件如活塞销、锤杆、冲模和锻模等，除在静荷载下工作外，还经常承受具有更大破坏作用的冲击荷载。因此，这些部件不仅要满足静荷载作用下的强度、塑性、硬度等性能指标，还必须具备足够的韧性。冲击韧度是指金属材料抵抗冲击荷载而不破坏的能力。

1. 冲击实验

金属材料的冲击韧度是通过冲击试验来测定的，如图 1-4 所示。试验时将试样安放在试验机的机架上，使试样的缺口位于两支架中间，并背向摆锤的冲击方向。

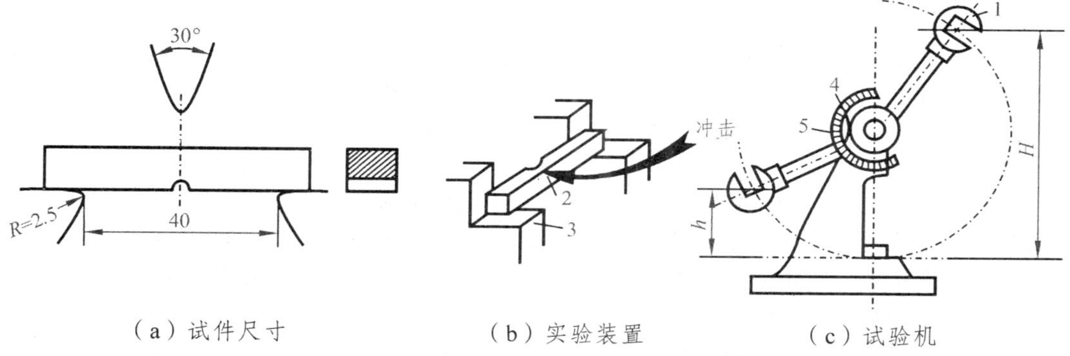


（a）试件尺寸　　（b）实验装置　　（c）试验机

**图 1-4　冲击韧性试验图**

1—摆锤；2—试件；3—试验机；4—刻度盘；5—指针

将摆锤 1 升高到规定高度 $H$，使摆锤从 $H$ 高度自由落下，冲断试样后向另一方向回升至高度 $h$，摆锤将产生势能差 $A_k$，$A_k$ 是消耗在试样断口上的冲击吸收功，$A_k$ 的数值计算在此省略。

2. 冲击韧度

冲击韧度用 $a_k$ 表示，计算如下：

$$a_k = \frac{A_k}{S_0}$$

式中：$a_k$ 是冲击韧度（$J/cm^2$）；$A_k$ 是冲击吸收功（J）；$S_0$ 是试样缺口处的截面面积（$cm^2$）。$a_k$ 值越大，表示材料的韧性越好，抵抗冲击荷载而不被破坏的能力越大。

3. 工程意义

冲击吸收功主要消耗于裂纹出现至断裂的过程。冲击韧度值 $a_k$ 的大小，反映出金属材料韧性的好坏。$A_k$ 越大，表示材料的韧性越好，抵抗冲击荷载而不被破坏的能力越大，即受冲击时不易断裂的能力越大。所以，在世界生产制造中，对于长期在冲击作用力下工作的零件，需要进行冲击韧度试验，如冲床的曲柄、空气锤的锤杆、发动机的转子等。

冲击韧度值 $a_k$ 一般只作为选材的参考，并不直接用于强度计算。

**注意：**实际生产中承受冲击荷载的机械零件，很少受到大能量的一次冲击而破坏，大多是受到小能量多次冲击后才失效破坏的。因此，材料抵抗大能量一次冲击的能力取决于材料的塑性，而抵抗小能量多次冲击的能力取决于材料的强度。所以，在机械零件设计时，不能片面地追求高的 $a_k$ 值，$a_k$ 过高必然要降低材料的强度，从而导致零件在使用过程中因强度不足而过早失效。

#### 1.1.2.6　疲劳强度

1. 疲劳破坏

许多机械零件，如轴、齿轮、轴承、叶片、弹簧等，在工作过程中各点的应力随时间作周期性变化，这种随时间作周期性变化的应力称为交变应力。在交变应力作用下，虽然零件所承受的应力低于材料的抗拉强度甚至低于材料的屈服强度，但经过较长时间的工作后，零件会产生裂纹或突然发生完全断裂，这种现象称为金属的疲劳破坏。

2. 疲劳破坏特征

（1）疲劳断裂时并没有明显的宏观塑性变形，断裂前没有预兆，是突然破坏。

（2）引起疲劳断裂的应力很低，常常低于材料的屈服强度。

（3）疲劳破坏的宏观断口由两部分组成，即疲劳裂纹的策源地及扩展区和最后断裂区。

3. 疲劳强度

金属材料在无限多次交变荷载作用下而不破坏的最大应力称为疲劳强度或疲劳极限。实际上，金属材料并不可能做无限多次交变荷载试验。一般试验时，钢材在经受 $10^7$ 次、非铁金属材料经受 $10^8$ 次交变荷载时不产生断裂时最大应力称为疲劳强度。

4. 疲劳破坏原因

机械零件之所以产生疲劳断裂，是由于材料表面或内部有缺陷（夹杂、划痕、显微裂缝等）。这些部位的局部应力大于屈服强度，从而产生局部塑性变形而导致开裂。这些裂缝应力随循环次数的增加而逐渐扩展，直至最后承载的界面减小到不能承受所加荷载而突然断裂。

5. 提高疲劳强度的措施

合理选材，改善材料的结构形状，避免应力集中，减小材料和零件的缺陷；提高零固件表面光洁度；对表面进行强化、喷丸处理等。

### 1.1.3 金属材料的物理性能和化学性能

#### 1.1.3.1 物理性能

金属材料在固态时表现出来的一系列物理现象的性能称为物理性能，包括密度、熔点、导热性、导电性、热膨胀性和磁性等。

1. 密　度

材料单位体积的质量称为该材料的密度。机械工程中通常用密度来计算材料或零件的质量。体积相同的不同金属，密度越大质量越大，密度越小质量越小。

2. 熔　点

金属从固态转变成液态时的最低融化温度称为熔点。

金属材料在受热时体积增大、冷却时体积缩小的这种热胀冷缩的性能称为热膨胀性。利用材料的热膨胀性，可使过盈配合的两个零件紧固在一起或使原来紧配的两零件加热松弛而卸下；铺设铁轨时，两钢轨衔接处应留有一定的空隙，使钢轨在长度方向有伸缩的余量。

3. 导热性

金属材料传导热量的能力称为导热性。金属材料的热导率越大，说明其导热性越好。

4. 导电性

金属材料传导电流的能力称为导电性。金属及其合金具有良好的导电性能，银的导电性能最好，铜、铝次之，但银较贵，故工业上常用铜、铝及其合金作导电材料，如电线、电缆、电器元件等。导电性差、电阻率高的金属可用来制造电阻器和电热元件。

#### 1.1.3.2 化学性能

金属的化学性能是指金属在室温或高温下抵抗外界化学介质侵蚀的能力，主要包括耐腐蚀性和抗氧化性等。

1. 耐腐蚀性

金属材料会与其周围的介质发生化学作用而使其表面被破坏，如钢铁的生锈、铜产生铜绿等，这种现象称为锈蚀或腐蚀。金属材料抵抗锈蚀或腐蚀的能力称为耐腐蚀性。

2. 抗氧化性

金属材料在高温下容易被周围环境中的氧气氧化而遭破坏。金属材料在高温下抵抗氧化作用的能力称为抗氧化性。

### 1.1.4 金属材料的工艺性能

金属材料工艺性能的好坏直接影响制造零件的工艺方法、质量及成本。

1. 铸造性能

材料被铸造成型而获得优良铸件的能力称为铸造性能。衡量铸造性能的指标有如下三种：

（1）流动性。熔融材料的流动能力称为流动性。流动性主要受化学成分和浇注温度等因素的影响。流动性好的材料容易充满型腔，从而获得外形完整、尺寸精确和轮廓清晰的铸件。

（2）收缩性。铸件在凝固和冷却过程中，其体积和尺寸减小的现象称为收缩性。铸件收缩不仅影响尺寸，还会使铸件产生缩孔、疏松、内应力、变形和开裂等缺陷。因此，用于铸造的材料收缩性越小越好。

（3）偏析。铸件凝固后，内部化学成分和组织的不均匀现象称为偏析。偏析严重的铸件各部分的力学性能会有很大差异，会降低产品的质量。一般来说，铸铁比钢的铸造性能好，金属材料比工程塑料的铸造性能好。

2. 锻造性能

锻造性能是指材料是否易于进行压力加工的性能，取决于材料的塑性和变形抗力，塑性越好，变形抗力越小，材料的锻造性能越好。例如，纯铜在室温下就有良好的锻造性能，碳素钢在加热状态锻造性能良好，铸铁则不能锻造。热塑性塑料可经挤压和压塑成型，与金属挤压和模压成型相似。

3. 焊接性能

两块材料在局部加热至熔融状态下能牢固地焊接在一起的能力称为该材料的焊接性能。碳素钢的焊接性能主要由化学成分决定，其中含碳量的影响最大。例如，低碳钢具有良好的焊接性，而高碳钢、铸铁的焊接性不好。

4. 热处理性能

生产上，热处理既可用于提高材料的力学性能及某些特殊性能，以进一步充分发挥材料的潜力，亦可用于改善材料的加工工艺性能，如改善切削加工、拉拔挤压加工和焊接性能等。常用的热处理方法有退火、正火、淬火、回火及表面热处理（表面淬火及化学热处理）等。

5. 切削加工性能

材料接受切削加工的难易程度称为切削加工性能。切削加工性能主要用切削速度、加工表面光洁度和刀具使用寿命来衡量。影响切削加工性能的因素有工件的化学成分、组织、硬度、导热性及加工硬化程度等。一般认为，具有适当硬度（170～230HBW）和足够脆性的金属材料切削性能良好，所以灰铸铁比钢切削性能好，碳素钢比高合金钢切削性能好。改变钢的成分（如加入少量铅、磷等元素）和进行适当的热处理（如低碳钢进行退火，高碳钢进行球化退火）可改善钢的切削加工性能。

## 1.2 金属学基础知识

### 1.2.1 纯金属的晶体结构

#### 1.2.1.1 晶体与非晶体

1. 晶　体

固态下原子（或分子）呈规则排列而形成的聚集状态，称为晶体，如纯铝、纯铁、纯铜等都属于晶体。

2. 非晶体

原子（或分子）呈无规则的无序堆积的聚集状态，称为非晶体，如松香、玻璃、沥青、石蜡等都属于非晶体。绝大多数金属和合金在固态下都属于晶体。

#### 1.2.1.2 晶体结构

1. 晶 格

晶体内部原子是按一定的几何规律排列的。为便于理解，把金属内部的原子近似地看成是刚性小球，则金属晶体就可看成是由刚性小球按一定几何规则紧密堆积而成的物体，如图 1-5（a）所示。为形象地描述晶体内部原子的排列规律，将原子抽象为一个个的几何点，用假想的线条将这些点连接起来，构成有明显规律性的空间格架。这种表示原子在晶体中排列规律的空间格架称为晶格，如图 1-5（b）所示。

2. 晶 胞

晶格是由许多形状、大小相同的最小几何单元重复堆积而成的。能完整地反映晶格特征的最小几何单元称为晶胞，如图 1-5（c）所示。

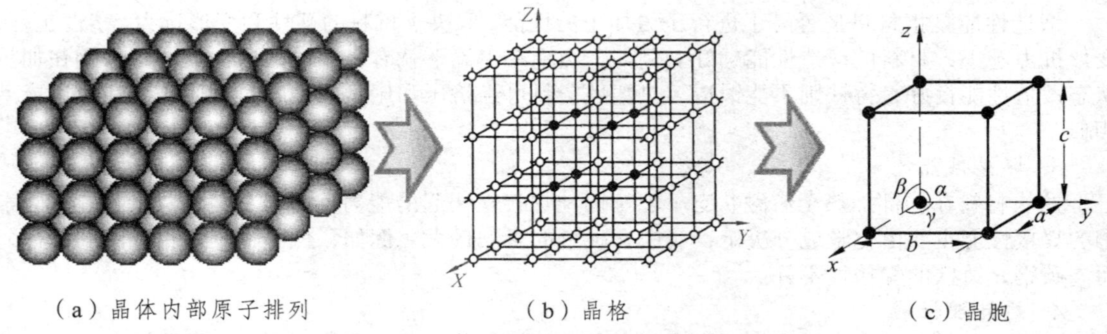


（a）晶体内部原子排列　　（b）晶格　　（c）晶胞

**图 1-5 晶体内部原子排列、晶格及晶胞**

#### 1.2.1.3 金属晶格的类型

工业上常用的金属中，除少数具有复杂晶体结构外，室温下 85%～90%金属的晶体结构都属于比较简单的三种类型：体心立方晶格、面心立方晶格和密排六方晶格。

1. 体心立方晶格

体心立方晶格晶胞是一个立方体。其原子位于立方体的八个顶角上和立方体的中心，如图 1-6。属于这种晶格类型的金属有铬（Cr）、钒（V）、钨（W）、钼（Mo）及α-铁（α-Fe）等。

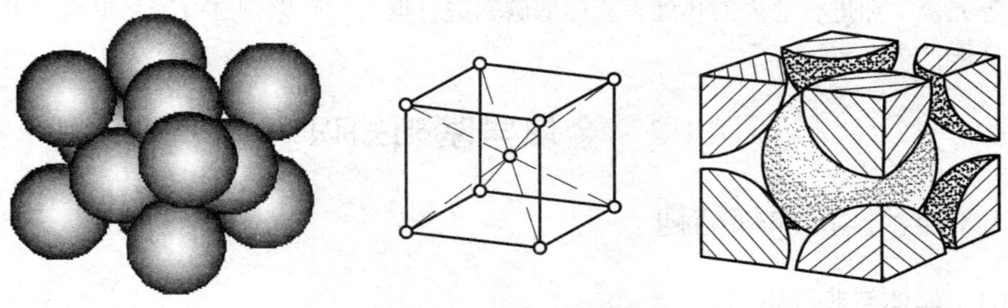

**图 1-6 体心立方晶胞**

2. 面心立方晶格

面心立方晶格晶胞也是一个立方体，原子位于立方体的八个顶角上和立方体六个面的中心，如图 1-7 所示。属于这种晶格类型的金属有铝（Al）、铜（Cu）、铅（Pb）、镍（Ni）及γ-铁（γ-Fe）等。

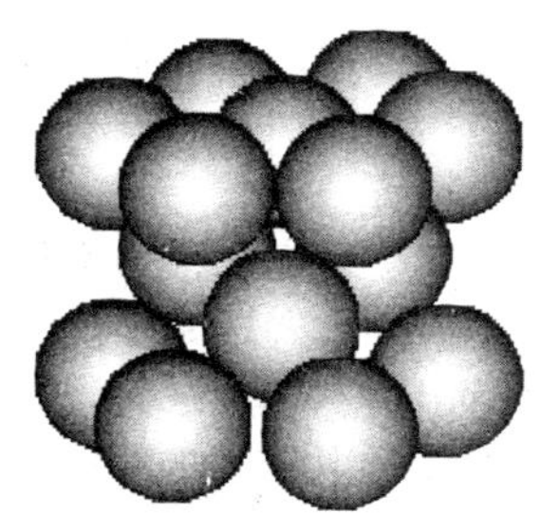
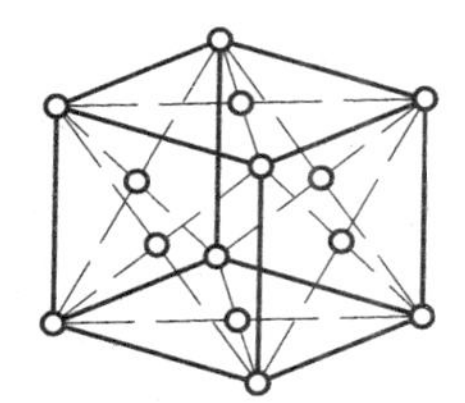
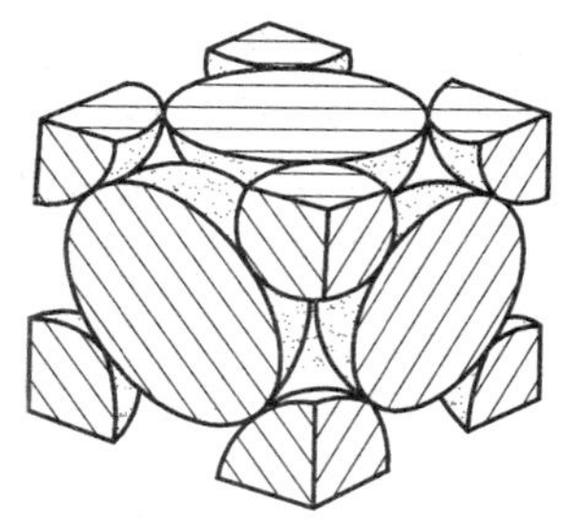

图 1-7　面心立方晶胞

3. 密排六方晶格

密排六方晶格的晶胞是一个正六棱柱，原子排列在柱体的每个顶角和上、下底面的中心，另外三个原子排列在柱体内，如图 1-8 所示。属于这种晶格类型的金属主要有镁（Mg）、铍（Be）、镉（Cd）及锌（Zn）等有色金属。

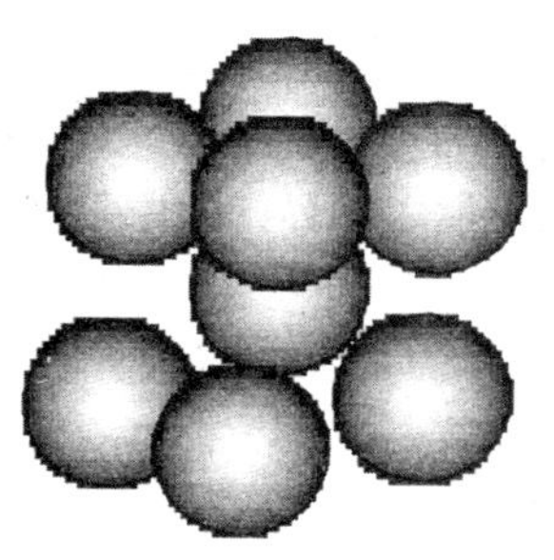
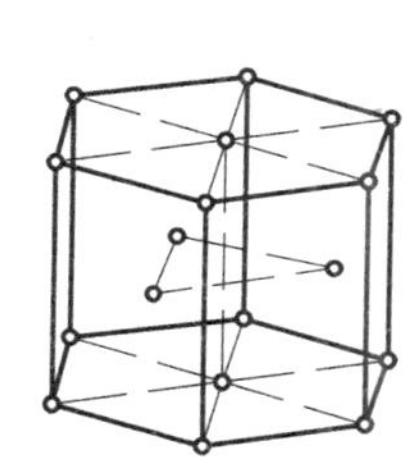
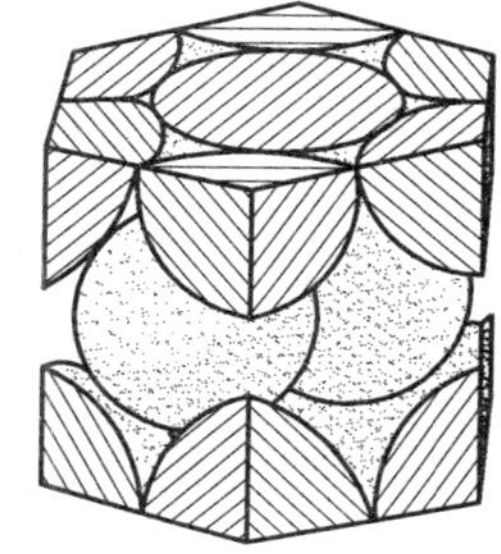

图 1-8　密排立方晶格

#### 1.2.1.4　实际金属的晶体结构

金属内部的晶格位向完全一致的晶体称为单晶体，如图 1-9 所示。单晶体在自然界几乎不存在，但可用人工方法制成某些单晶体（如单晶硅、冰糖）。

实际金属材料都是多晶体，由许多不规则的、颗粒状的小晶体（称为晶粒）组成，晶粒与晶粒之间的界面称为晶界。每个晶粒内部的晶格位向是一致的，而各小晶体之间位向却不相同，使得各晶粒的有向性互相抵消，因而整个多晶体呈现出无向性，如图 1-9 所示。

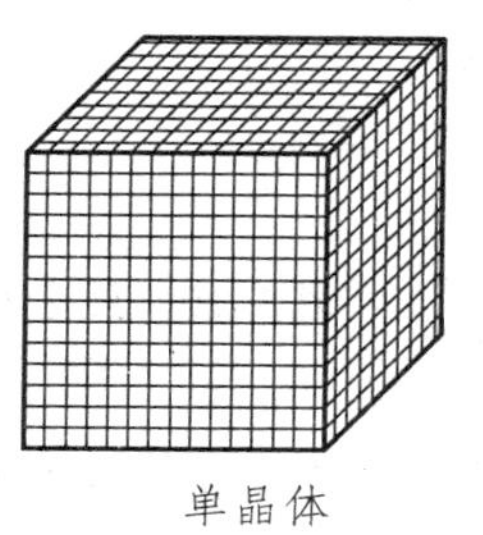


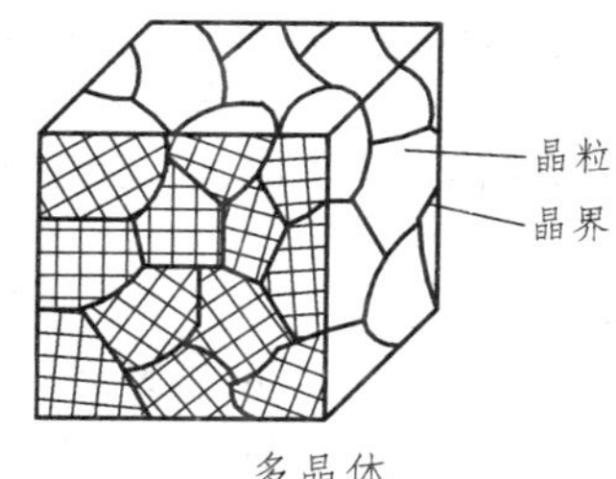


图 1-9　金属的晶体结构

#### 1.2.1.5　实际金属的晶体缺陷

在实际使用的金属材料中，由于加入了其他种类的原子，并且材料在冶炼后的凝固过程中受到各种因素的影响，所以使本来有规律的原子堆积方式受到干扰，不像理想晶体那样规则，存在原子不规则排列的局部区域，这些区域称为晶体缺陷。

晶体缺陷按几何形态可分为：点缺陷、线缺陷和面缺陷。三种晶体缺陷都会造成晶格畸变，使变形抗力增大，从而提高材料的强度、硬度。

1. 点缺陷——空位、间隙原子、置代原子

点缺陷包括以下几类：在晶格中某个原子脱离了平衡位置，形成空结点，称为空位；某个晶格间隙挤进了原子，称为间隙原子；异类原子占据晶格的结点位置，称为置代原子。

空位、间隙原子和置代原子周围的晶格偏离了理想晶格，即发生了“晶格畸变”。点缺陷的存在，提高了材料的硬度和强度。点缺陷是动态变化着的，是造成金属中物质扩散的原因。

2. 线缺陷——刃型位错、螺型位错

线缺陷是在晶体中某处有一列或若干列原子发生的有规律的错排现象。晶体中最普通的线缺陷就是位错，这种错排现象是晶体内部局部滑移造成的，根据局部滑移的方式不同，可以分别形成螺型位错和刃型位错。

在位错的周围，由于原子的错排使晶格发生了畸变，金属的强度提高，但其塑性和韧性都下降。实际晶体中往往含有大量位错，生产中还可通过冷变形使金属位错增多，能有效地提高金属强度。

3. 面缺陷——晶界、亚晶界

实际金属多是由大量外形不规则的晶粒组成的多晶体。每个晶粒相当于一个单晶体，所有晶粒结构完全相同，但彼此之间的位向不同，一般相差几度或几十度。晶界处的原子排列是不规则的，此处原子处于不稳定的状态。

### 1.2.2 金属的结晶

金属材料由液态凝固为固态晶体的过程称为结晶。结晶过程是使金属由原子不规则排列的液体转变为规则排列的固体。研究金属的结晶过程，对改善金属材料的内部组织和性能具有重要的意义。

#### 1.2.2.1 纯金属冷却曲线与过冷度

1. 冷却曲线

纯金属都有一个固定的熔点（或结晶）温度，高于此温度熔化，低于此温度才能结晶为晶体。金属的结晶温度和结晶过程可以通过热分析法进行研究。热分析法是将金属加热到熔化状态，然后使其缓慢冷却，在冷却过程中，每隔一定时间测量一次温度，直至冷却到室温，然后将测量数据画在温度-时间坐标图上，便得到一条金属在冷却过程中温度与时间的关系曲线，这条曲线称为冷却曲线，如图 1-10 所示。

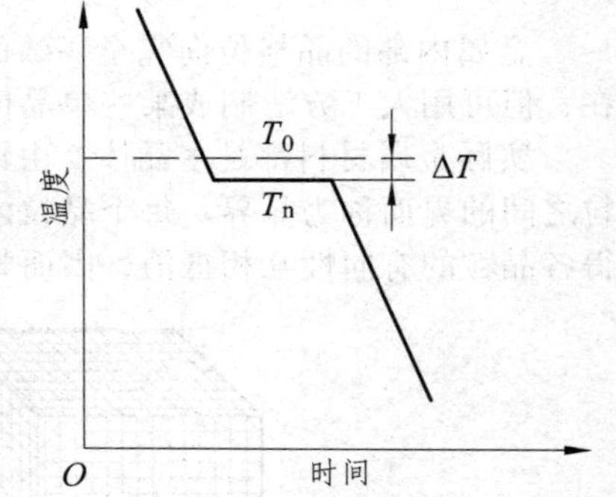

**图 1-10 纯金属的冷却曲线示意图**

2. 过冷度

金属在极其缓慢的冷却条件下（即平衡条件下）所测得的结晶温度，称为理论结晶温度，用 $T_0$ 表示。

实际生产中，金属结晶时冷却速度都很快，金属总是在理论结晶温度以下某一温度开始进行结晶，这一温度称为实际结晶温度，用 $T_n$ 表示。金属实际结晶温度低于理论结晶温度的现象称为过冷现象。理论结晶温度与实际结晶温度之差称为过冷度，用 $\Delta T$ 表示，即 $\Delta T = T_0 - T_n$。过冷度是金属结晶的必要条件。

#### 1.2.2.2 纯金属结晶过程

纯金属的结晶过程是在冷却曲线上的水平线段所经历的时间内发生的，是一个不断形成晶核和晶核不断长大的过程。

液态金属的结晶，不可能在瞬间完成，必须经过一个由小到大，由局部到整体的发展过程。大量实验证明，纯金属结晶时，首先是在液态金属中形成一些极微小的晶体，然后这些微小晶体不断吸收周围液体中的原子而长大，这些小晶体称为晶核。在晶核不断长大的同时，又会在液体中产生新的晶核开始不断长大，直到液态金属全部消失并且形成的晶体彼此接触为止。每个晶核长成一个晶粒，这样，结晶后的金属便是由许多晶粒所组成的多晶体结构。纯金属的结晶过程示意如图 1-11 所示。

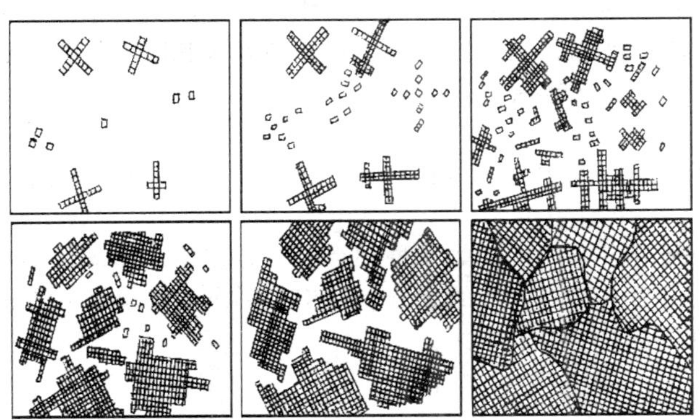

**图 1-11　纯金属结晶过程示意**

#### 1.2.2.3　晶粒大小及控制

1. 晶粒大小对金属力学性能的影响

金属结晶后的晶粒大小对金属的力学性能影响很大。一般情况下，晶粒越细小，金属的强度和硬度越高，塑性和韧性也越好。因此，细化晶粒是使金属材料强韧化的有效途径。

2. 晶粒大小的控制

工业生产中，为了获得细晶粒组织，常采用以下方法：

（1）增大过冷度。金属结晶时的冷却速度越大，则过冷度越大。实践证明，增加过冷度，会使金属结晶时形成的晶核数目增多，则结晶后将获得晶粒组织。如在铸造生产中，常用金属型代替砂型来加快冷却速度（金属型导热散热快），以达到细化晶粒的目的。

（2）变质处理。变质处理是在浇注前向液态金属中人为加入少量被称为变质剂的物质，以起到晶核的作用，使结晶时晶核数目增多，从而使晶粒细化。例如，向铸铁中加入硅铁或硅钙合金，向铝硅合金中加入钠或钠盐等，都是变质处理的典型实例。

（3）振动处理。在金属结晶过程中，采用机械振动、超声波振动、电磁振动等方法，使正在长大的晶体折断、破碎，也能增加晶核数目，从而细化晶粒。

### 1.2.3　合金的晶体结构

纯金属一般具有良好的电导性、热导性和金属光泽，但其种类有限，生产成本高，力学性能低。配置各种不同成分的合金，可以有效地改变金属材料的结构、组织和性能，满足人们对金属材料更高的力学性能和某些特殊的物理、化学性能的要求。

#### 1.2.3.1　合金基本概念

1. 合　金

合金是由一种金属元素为主导，加入其他金属或非金属元素，经过熔炼或其他方法结合而成的具有金属特性的材料。同纯金属相比，合金材料具有优良的综合性能，应用比纯金属要广泛得多。例如，工业上广泛使用的普通钢铁就是由铁和碳组成的铁碳合金。

2. 组　元

组元即组成合金的最基本的独立物质，简称元。组元可以是金属、非金属元素，较稳定的化合物也可以构成组元，如 $Fe_3C$、$Al_2O_3$ 等。普通黄铜是由铜和锌两种金属元素组成的二元合金。

3. 相

合金中具有同相同化学成分、相同晶体结构及相同性能的均匀组成部分称为相，相与相之间有明显的界面。液态物质称液相，固态物质称固相。例如水和冰虽然化学成分相同，但物理性质不同，因此为两个相；冰可击成碎块，但还是同一个固相。

4. 组　织

借助肉眼或显微镜所观察到的金属材料内部的相的组成、各相的数量、相的形态分布和晶粒的大小等部分称组织。

数量、形态、大小和分布方式不同的各种相组成合金组织。组织可由单相组成，也可由多相组成。合金的性能一般由组成各种合金的成分、结构、形态、性能及各相的组成形式共同决定。组织是决定材料性能的最终关键因素。

#### 1.2.3.2　合金相结构

根据合金中晶体结构特征的不同，合金的基本相结构分为固溶体、金属化合物和机械混合物。

1. 固溶体

合金由液态结晶为固态时，一种组元的原子溶入另一组元的晶格中所形成的均匀固相称为固溶体。溶入的元素称为溶质，而基体元素（占主要地位）称为溶剂。根据晶格中溶质原子在溶剂晶格中占据的位置不同，固溶体分为置换固溶体和间隙固溶体两种。

2. 金属化合物

金属化合物指合金各组元的原子按一定的整数比化合而成的一种新相。其晶体结构不同于组成元素的晶体结构，而且其晶格一般都比较复杂。其性能特点是熔点高、硬度高、脆性大。当合金中出现金属化合物时，能提高其强度、硬度和耐磨性，但会降低其塑性和韧性。

3. 机械混合物

若组成合金的各组元在固态下既互不溶解，又不形成化合物，而是按一定的质量比例以混合方式存在着，则形成各组元晶体的机械混合物。组成机械混合物的物质可能是纯组元、固溶体或者是化合物各自的混合物，也可以是它们之间的混合物。

### 1.2.4　金属的冷塑性变形

在工业生产中，经熔炼而得到的金属锭，如钢锭、铝合金锭或铜合金铸锭等，大多要经过轧制、冷拔、锻造、冲压等压力加工，使金属产生塑性变形而制成型材或工件。

金属材料经压力加工后，不仅外形尺寸改变了，而且内部组织和性能也改变了。研究金属的塑性变形，对于选择金属材料的压力加工工艺、提高生产率、改善产品质量和合理使用材料等均有重要意义。

#### 1.2.4.1　金属塑性变形

金属在外力作用下，首先发生弹性变形，荷载增加到一定值后，除发生弹性变形外，还发生塑性变形，即弹塑性变形，继续增加荷载，塑性变形将逐渐增大，直至断裂。

当外力消除后，发生弹性变形的金属能恢复到原来形状，组织和性能不发生变化。发生塑性变形的金属的组织和性能发生变化，不能完全恢复原状，较弹性变形复杂得多。

1. 单晶体塑性变形

单晶体的塑性变形主要是以滑移方式进行，即晶体的一部分沿一定晶面和晶向相对于另一部分发生滑动。许多晶面滑移的总和形成了宏观的塑性变形。

2. 多晶体塑性变形

常用金属材料都是多晶体。多晶体中各相邻晶粒的位向不同，并且各晶粒之间由晶界相连接，因此，多晶体的塑性变形主要具有下列一些特点：

（1）晶粒位向的影响。

阻力增加，从而提高了塑性变形的抗力，产生内应力。

（2）晶界的作用。

晶界处原子排列比较紊乱，阻碍位错的移动，因而阻碍了滑移。晶界越多，晶体的塑性变形抗力越大。

（3）晶粒大小的影响。

晶粒数目越多，晶界就越多，晶粒就越细。细晶粒的多晶体不仅强度较高，而且塑性和韧性也较好。

### 1.2.4.2 塑性变形对金属组织和性能的影响

1. 冷塑性变形对金属组织的影响

金属在发生塑性变形时，随着外形的变化，其内部晶粒形状由原来的等轴晶粒逐渐变为沿变形方向伸长的晶粒。当变形程度很大时，晶粒被显著地拉成纤维状，这种组织称为冷加工纤维组织。

2. 冷塑性变形对金属性能的影响

冷塑性变形对金属的力学性能影响较大，容易发生加工硬化。此外，冷塑性变形还会使金属某些物理、化学性能发生变化，如电阻增加、化学活性增大、耐蚀性降低等。

（1）加工硬化现象。

金属经冷塑性变形后，会使其强度、硬度提高，而塑性、韧性下降，这种现象就称为加工硬化（形变强化）。此外，加工硬化在金属内部还会产生残余应力。

（2）加工硬化的优点。

提高金属偶然的抗超载能力，提高构件在使用过程中的安全性。

（3）加工硬化的缺点。

加工硬化使材料塑性降低，给金属材料进一步冷塑性变形带来困难。为了使金属能继续变形加工，必须进行中间热处理，以消除加工硬化，因此增加了成本，降低了效率。

### 1.2.4.3 冷塑性变形后再加热时的回复与再结晶

金属经冷塑性变形后，其组织结构发生变化，而且因金属各部分变形不均匀，会引起金属内部残余应力，使金属处于不稳定状态，具有自发地恢复到稳定状态的趋势。但在室温下，由于原子活动能力不足，恢复过程不易进行。若对其加热，原子活动能力增强，其组织与性能会发生一系列变化。随着温度的升高，这种变化过程可分为回复、再结晶及晶粒长大三个阶段，如图 1-12 所示。

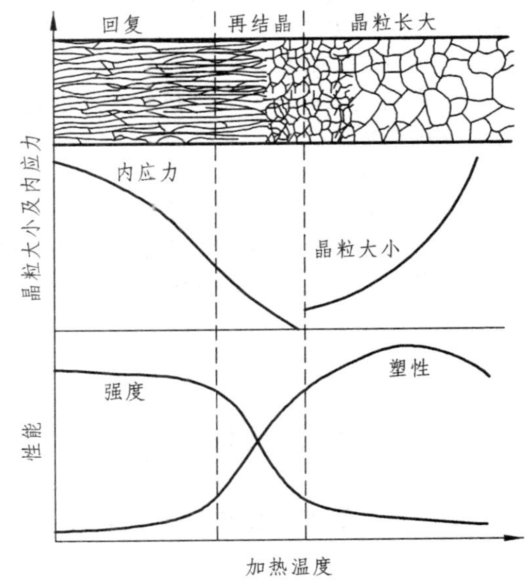

图 1-12 加热对冷塑性变形金属的影响

1. 回 复

工业生产中，为保持金属经冷塑性变形后的高强度，通常采取回复处理，以降低内应力，适当提高塑性。

2. 再结晶

当冷塑性变形金属加热到较高温度时，由于原子活动能力增加，原子可以离开原来的位置重新排列，畸变晶粒通过形核及晶核长大而形成新的无畸变的等轴晶粒。再结晶过程并未形成新相，新形成的晶粒在晶格类型上与原来晶粒是相同的，只不过消除了因塑性变形而造成的晶格缺陷。

3. 晶粒长大

冷变形金属再结晶后，一般都得到细小均匀的等轴晶粒。但继续升高温度或延长保温时间，再结晶后的晶粒又会逐渐长大，使晶粒粗化、力学性能变坏，应当注意避免。

### 1.2.5 金属的热塑性变形

#### 1.2.5.1 热加工与冷加工的区别

金属的冷塑性变形加工和热塑性变形加工是以再结晶温度来划分的。凡在再结晶温度上进行的加工称为热加工，在再结晶温度下进行的加工称为冷加工。例如：钨的再结晶温度为 1 200 °C，对钨来说，在低于 1 200 °C 的高温下加工仍属于冷加工；而锡的最低再结晶温度约为 – 7 °C，在室温下进行的加工已属于热加工。

热加工时，金属原子的结合力减小，而且加工硬化过程随时被再结晶过程所消除，从而使金属的强度、硬度降低，塑性增强，因此其塑性变形比冷加工时容易得多。

#### 1.2.5.2 热加工对金属组织和性能的影响

1. 消除铸态金属的组织缺陷

热加工可使钢锭中的气孔大部分焊合，铸态的疏松被消除，从而提高了金属的致密度，使金属的力学性能得到改善。

2. 细化晶粒

热加工的金属晶格经过塑性变形和再结晶作用，一般可使晶粒细化，因而可以提高金属的力学性能。热加工金属的晶粒大小与变形程度和终止加工的温度有关。变形程度小，终止加工的温度高，会使再结晶晶核少而晶核长大快，加工后得到粗大晶粒。但终止加工温度不能过低，否则将造成加工硬化及残余应力。因此，确定正确的热加工工艺规范，对改善金属的性能有重要意义。

3. 形成锻造流线

通常沿流线的方向，其抗拉强度及韧性高，而抗剪强度较低。在垂直于流线方向，抗剪强度高，抗拉强度低。

4. 形成带状组织

如果钢在铸态组织中存在比较严重的偏析，或热加工终锻温度过低，则缸内会出现由与热变形加工方向大致平行的条带所组成的偏析组织，这种组织称为带状组织。带状组织的存在是一种缺陷，会引起金属力学性能的各向异性，一般可用热处理方法加以消除。

## 1.3 铁碳合金及碳素钢

### 1.3.1 工业纯铁

#### 1.3.1.1 工业纯铁成分及力学性能

1. 纯铁的成分

纯铁的含铁量为 99.8% ~ 99.9%，含杂质 0.10% ~ 0.20%（主要是碳）。

2. 纯铁的力学性能

纯铁的力学性能如下：抗拉强度 $\sigma_b = 180 \sim 230$ MPa，屈服强度 $\sigma_{0.2} = 100 \sim 170$ MPa，伸长率 $\delta = 30\% \sim 50\%$，断面收缩率 $\psi = 70\% \sim 80\%$，硬度 HBS = 50 ~ 80。

3. 纯铁的特性

纯铁的塑性、韧性较好，强度、硬度很低，因此很少作为结构材料使用。纯铁具有很高的磁导率，主要用途是利用其铁磁性，制作仪器仪表的铁磁心等要求软磁性的设备。

4. 纯铁同素异构转变

纯金属 Fe 在结晶为固体后，随着温度的继续下降，其晶格类型还会发生变化，这种在固态下晶格类型随温度发生变化的现象称为同素异构转变，如图 1-13 所示。

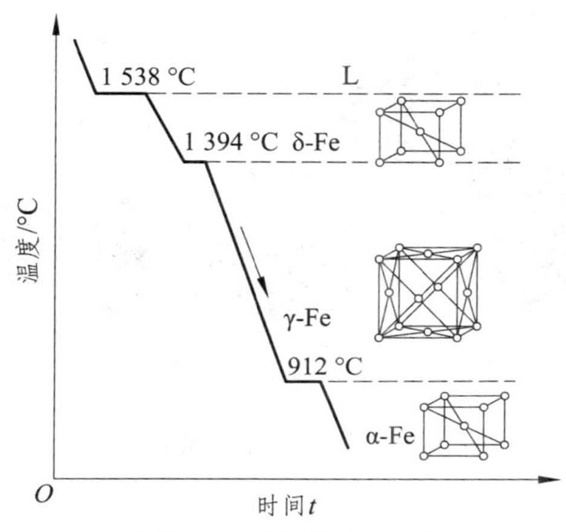


图 1-13　同素异构转变

### 1.3.1.2　铁碳合金的基本组织

在纯铁中加入少量的碳形成铁碳合金，可使纯铁强度和硬度明显提高。铁和碳发生相互作用形成固溶体和金属化合物又可组成具有不同性能的多相组织。铁碳合金的基本组织有：铁素体、奥氏体、渗碳体、珠光体和莱式体，如图 1-14 所示。

1. 铁素体（F）

铁素体是碳溶入 α-Fe 中形成的间隙固溶体，具有体心立方晶格，溶碳能力较差。在 727 °C 时碳的溶解度最大为 0.0218%，室温时几乎为零。

特点：塑性、韧性很好，强度、硬度较低。

2. 奥氏体（A）

奥氏体是碳溶入 γ-Fe 中形成的间隙固溶体，具有面心立方晶格，单个间隙的体积较大，溶碳能力比 α-Fe 大。727 °C 时，碳的溶解度为 0.77%，随着温度的升高，溶碳量增多，1148 °C 时其溶解度最大，为 2.11%。

奥氏体长存在于 727 °C 以上，是铁碳合金中重要的高温相，强度和硬度不高，塑性和韧性很好，易锻压成型。

3. 渗碳体（$Fe_3C$）

渗碳体是铁和碳相互作用而形成的一种具有复杂晶体结构的金属化合物，常用分子式 $Fe_3C$ 表示。

渗碳体中碳的质量分数为 6.69%，熔点为 1 227 °C，硬度高（800 HBW），塑性和韧性极低，脆性大。渗碳体分布在钢中主要起强化作用，其数量、形状、大小及分布状况对钢的性能影响很大。

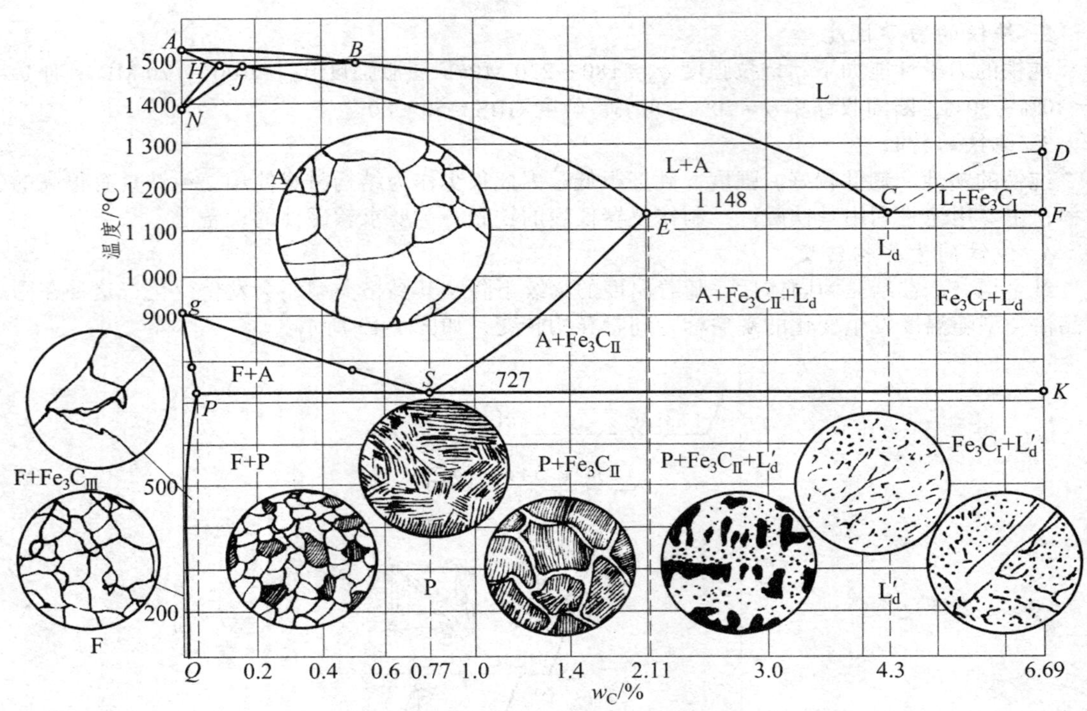


图 1-14 铁碳合金的结构组织

4. 珠光体（P）

珠光体是由铁素体和渗碳体组成的多相组织，用符号 P 表示。珠光体中碳的质量分数平均为 0.77%，性能介于铁素体和渗碳体之间，具有较高的强度和塑性，硬度适中（180HBS）。珠光体在显微镜下呈片层状。黑色层片为渗碳体，白色基体为铁素体。

5. 莱氏体（$L_d$、$L'_d$）

含碳量为 4.3%的液态铁碳合金冷却到 1148 °C 时，同时结晶出奥氏体和渗碳体组成的多相组织称为莱氏体。在 727 °C 以下，莱氏体由珠光体和渗碳体组成，称为低温莱氏体，用符号 $L_d$ 表示。莱氏体的性能与渗碳体相似，硬度很高，塑性很差。

#### 1.3.1.3 铁碳合金的分类

根据碳的质量分数和室温组织的不同，可将铁碳合金分为以下三类：

（1）工业纯铁 $w_C \leqslant 0.0218\%$。

（2）钢 $0.0218\% < w_C \leqslant 2.11\%$。根据室温组织的不同，钢又可分为三种：共析钢（$w_C = 0.77\%$）、亚共析钢（$w_C = 0.0218\% \sim 0.77\%$）、过共析钢（$w_C = 0.77\% \sim 2.11\%$）。

（3）白口铸铁 $2.11\% < w_C < 6.69\%$。根据室温组织的不同，白口铸铁又可分为三种：共晶白口铸铁（$w_C = 4.3\%$）、亚共晶白口铸铁（$w_C = 2.11\% \sim 4.3\%$）、过共晶白口铸铁（$w_C = 4.3\% \sim 6.69\%$）。

#### 1.3.1.4 含碳量对钢性能的影响

1. 含碳量对铁碳合金组织的影响

随着含碳量的增加，铁素体不断减少，而渗碳体不断增多，组织的变化规律如下：

$$F + P \rightarrow P \rightarrow P + Fe_3C_{II} \rightarrow P + Fe_3C_{II} + L_d \rightarrow L_d \rightarrow L_d + Fe_3C_I$$

2. 含碳量对钢力学性能的影响

含碳量对钢力学性能的影响如图 1-15 所示。

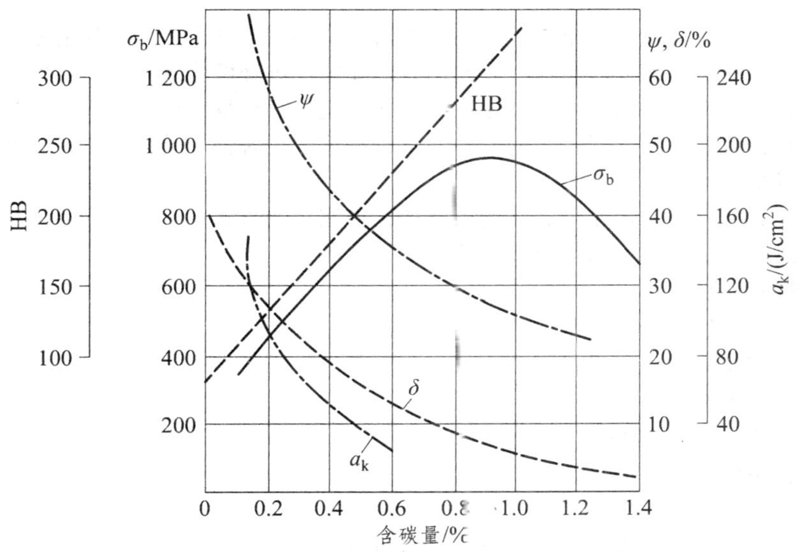


**图 1-15　含碳量对热轧碳素钢性质的影响**

$\sigma_b$—抗拉强度；$a_k$—冲击韧性；HB—硬度；$\delta$—伸长率；$\psi$—面积缩减率

（1）$w_C < 1.0\%$时，随着含碳量的增加，钢的强度、硬度呈直线上升，塑性和韧性快速下降。

（2）$w_C > 1.0\%$时，塑性和韧性进一步下降，强度明显下降，但硬度仍升高。

（3）$w_C = 2.11\%$时，性能硬而脆，难于切削加工。

## 1.3.2　碳素钢

### 1.3.2.1　碳素钢概述

含碳量小于 2.11% 的铁碳合金称为碳素钢，简称碳钢，属于非合金钢。碳素钢容易冶炼，价格低廉，易于加工，性能上能满足一般机械零件的使用要求，因此是工业中用量最大的金属材料。

1. 常存杂质对碳素钢性能的影响

实际使用的碳素钢并不是单纯的铁碳合金，其中还含有少量的锰、硅、硫、磷等杂质元素，这些元素的存在对钢的性能有较大影响。

1）锰（有益元素）

锰是由炼铁原料（铁矿石）及炼钢时添加的脱氧剂（锰铁）之中带入的。碳素钢中锰的质量分数一般为 0.25% ~ 0.80%。锰降低钢的脆性，可以减轻硫的有害作用，产生固溶强化，提高钢的强度和硬度。

2）硅（有益元素）

硅也是来自于生铁，在钢中质量分数一般在 0.4%以下。硅和锰一样能溶入铁素体中，产生固溶强化，使钢的强度、硬度提高，但使塑性和韧性降低。

3）硫（有害元素）

硫是由生铁和炼钢燃料带入的杂质元素，硫在钢中不溶于铁，而与铁化合形成化合物 FeS，FeS 与 Fe 能形成低熔点共晶体，熔点仅为 985 °C，且分布在奥氏体晶界上。

当钢材在 1 000 ~ 1 200 °C 下进行压力加工时，共晶体已经融化，并使晶粒脱开，钢材变脆，这种现象称为热脆性。为此，钢中硫的含量必须严格地控制。通常，在钢中增加锰的含量，使之与硫形成 MnS（熔点 1620 °C），可消除硫的有害作用，避免热脆现象。

4）磷（有害元素）

磷由生铁带入钢中，在一般情况下，钢中的磷能全部溶于铁素体中。磷有强烈的固溶强化作用，使钢的强度、硬度增加，但塑性、韧性则显著降低。这种脆化现象在低温时更为严重，故称为冷脆。一般希望冷脆转变温度低于工作温度，以避免冷脆转变温度升高，从而发生冷脆。冷脆对在高寒地带和其他低温条件下工作的结构件具有严重的危害性。此外，磷的偏析还使钢材在热轧后形成带状组织。

通常情况下，磷是有害的杂质，在钢中要严格控制磷的含量。但磷含量较多时，由于脆性较大，在制造炮弹钢以及改善钢的切削加工性方面是有利的。

2. 碳素钢的分类

1）按钢中含碳量的不同分类

按钢中碳的含量不同，钢可分为：

低碳钢 $w_C \leqslant 0.25\%$；

中碳钢 $0.25\% < w_C \leqslant 0.6\%$；

高碳钢 $w_C > 0.6\%$。

2）按钢的质量分数分类

根据钢中有害杂质硫、磷含量的多少，钢可分为：

普通质量碳素钢，钢中硫、磷含量较高（$w_S \leqslant 0.050\%$，$w_P \leqslant 0.045\%$）。

优质碳素钢，钢中硫、磷含量较低（$w_S \leqslant 0.035\%$，$w_P \leqslant 0.035\%$）。

高级优质碳素钢（$w_S \leqslant 0.015\%$，$w_P \leqslant 0.025\%$）。

此外，按冶炼时脱氧程度不同，可将钢分为沸腾钢（脱氧不完全）、镇静钢（脱氧完全）和半镇静钢（脱氧较完全）三类。

3）按钢的用途分类

根据钢的用途不同，钢可分为：碳素结构钢主要用于制造各种机械零件和工程结构件，这类钢一般属于低、中碳钢；碳素工具钢主要用于制造各种刃具、量具和模具，这类钢含碳量较高，一般属于高碳钢；碳素铸钢主要用于制作形状复杂，难以用锻压等方法成形的铸钢件。

3. 钢铁的牌号及命名

在实际使用中，在给钢的产品命名时，往往把成分、质量和用途几种分类方法结合起来，如碳素结构钢、优质碳素结构钢、碳素工具钢、高级优质碳素工具钢、合金结构钢等。

4. 钢材的品种

为便于采购、订货和管理，我国目前将钢材按外形分为型材、板材、管材、金属制品 4 大类。

1）型　材

型材包括铁道钢轨、型钢（圆钢、方钢、扁钢、六角钢、工字钢、槽钢、角钢及螺纹钢等）和线材（直径 $\phi5 \sim \phi10$ mm 的圆钢和盘条）等。

2）板　材

薄钢板：厚度 $\delta \leqslant 4$ mm 的钢板。

厚钢板：厚度 $\delta > 4$ mm 的钢板，又可分为中板（厚度 $\delta = 4 \sim 20$ mm）、厚板（厚度 $\delta = 20 \sim 60$ mm）和特厚板（厚度 $\delta > 60$ mm）。

钢带也称为带钢，实际上是长而窄并成卷供应的薄钢板。电气工程用的硅钢薄板也称为硅钢片或矽钢片。

3）管　材

无缝钢管：用冷轧、热轧—冷拔或挤压等方法生产的管壁无接缝的钢管。焊接钢管：将钢板或钢带卷曲成型，然后焊接制成的钢管。

### 1.3.2.2 碳素结构钢

1. 普通碳素结构钢

1）特性及应用

普通碳素结构钢含杂质较多，价格低廉，其含碳量多在 0.30%以下，含锰量不超过 0.80%，强度较低，但塑性、韧性、冷变形性能好。

普通碳素结构钢一般不作热处理，主要用于铁道、桥梁、各类建筑工程，制造承受静荷载的各种金属构件及不重要、不需要热处理的机械零件和一般焊接件。

2）牌号表示方法

普通碳素结构钢牌号由代号（Q）、屈服点数值、质量等级符号和脱氧方法符号四个部分表示，还可在末尾加上尾缀说明质量等级和脱氧方法。说明如下：

主体：牌号“Q”是钢材的屈服强度“屈”字的汉语拼音首字母，紧跟后面的是屈服强度值，再其后分别是质量等级符号和脱氧方法。

尾缀：国家标准中规定了 A、B、C、D 四种质量等级，其中，A 级质量最差，D 级质量最好。表示脱氧方法时，沸腾钢在钢号后加“F”，半镇静钢在钢号后加“b”，特殊镇静钢在钢号后加“TZ”，镇静钢在钢号后加“Z”，其中特殊镇静钢和镇静钢可省略不加任何字母。例如 Q235-AF 即表示屈服强度值为 235 MPa 的 A 级沸腾钢。

3）典型钢号

Q275 钢：可部分替代优质碳素结构钢 25、30、35 使用。

Q235、Q255：强度稍高，可制作螺栓、螺母、销钉、吊钩和不太重要的机械零件以及建筑结构中的螺纹钢、型钢、钢筋等；质量较好的 Q235C、Q255D 可作为重要焊接结构用材。

Q195、Q215：通常轧制成薄板、钢筋供应市场，也可用于制作铆钉、螺钉、轻负荷的冲压零件和焊接结构件等。

2. 优质碳素结构钢

1）特性及应用

优质碳素结构钢有害杂质 S、P 含量极少，大多数用于制造机械零件，可以进行热处理以提高其机械性能。

2）牌号表示

用钢中平均含碳量的万分数表示钢号。例如，45 钢表示平均 $w_C = 0.45\%$的优质碳素结构钢。根据钢中的含锰量不同，分为普通含锰量钢（$w_{Mn}<0.8\%$）和较高含锰量钢（$w_{Mn} = 0.8\% \sim 1.2\%$）两种。较高含锰量在钢号后面标出元素符号“Mn”，如 65Mn 钢，表示平均 $w_C = 0.65\%$，并含有较多锰的优质碳素结构钢（$w_{Mn} = 0.8\% \sim 1.2\%$）；若为沸腾钢，则在钢号后面加“F”，如 08F；如果是高级优质钢，则在数字后面加上符号“A”。

3）典型钢号

08F 钢：碳质量分数低，塑性好，强度低，轧成薄板，主要用于制造冷冲压件，如家电、汽车和仪表外壳等。

15 钢、20 钢：主要用于制造渗碳件，经渗碳处理后，工件表面具有高硬度、高耐磨性，而心部仍保持着很高的韧性；用于制造承受冲击荷载及易磨损条件下工作的零件，如小模数渗碳齿轮等；也可用于制造冷变形零件和焊接件。

45 钢：经调质后可获得良好的综合力学性能，属于中碳钢，主要用于制造受力较大的机械零件，如齿轮、连杆、轴等。

65（65Mn）钢：具有较高的强度，可用于制造各种弹簧、机车轮缘、低速车轮等。

#### 1.3.2.3 碳素工具钢

碳素工具钢最终热处理后，硬度为 60 ~ 65 HRC，其耐磨性和加工性都较好，价格也低廉，在生产上得到了广泛应用。

1. 特性及其应用

碳素工具钢是用于制造刃具、模具、量具及其他工具的钢，特点是生产成本低，加工性能优良，强度、硬度较高，耐磨性好，但塑韧性较差，适用于各种手用工具。因大多数工具都要求高硬度和高耐磨性，故碳素工具钢的含碳量较高，为 $w_C = 0.65\% \sim 1.35\%$，而且都是优质或高级优质钢。此类钢一般以退火状态供应市场，使用时再进行适当的热处理。

碳素工具钢的缺点是红硬性差，当刃部温度大于 200 °C 时，硬度、耐磨性会显著降低。另外，由于淬透性差，直径/厚度在 15 ~ 20 mm 以下的试样在水中才能淬透，尺寸大的难以淬透，形状复杂的零件，水淬容易变形和开裂，所以碳素工具钢大多用于受热程度较低，尺寸较小的手工工具及低速、小走刀量的机用工具，也可用于尺寸较小的模具和量具。

2. 牌号表示方法

碳素工具钢牌号用“T”加上数字表示。数字表示钢平均含碳量的千分数。例如 T12 钢表示 $w_C = 1.2\%$的碳素工具钢。如果牌号末尾处写上“A”，则表示钢中含硫、磷量较少，为高级优质钢，如末尾处加上“Mn”，则表示含锰量较高。

#### 1.3.2.4 碳素铸造碳钢

1. 特性及应用

铸造碳钢（铸钢）的含碳量一般为 0.15% ~ 0.6%。铸钢的铸造性能比铸铁差，但力学性能比铸铁好。铸钢主要用于制造形状复杂、力学性能要求高，而在工艺上又很难用锻压等方法成型的比较重要的机械零件，例如汽车的变速箱壳、机车车辆的车钩和联轴器等。

2. 牌号表示方法

碳素铸造碳钢牌号用“铸”和“钢”两字汉语拼音字母字首“ZG”后加两组数字表示，第一组数字表示屈服点的最低值，第二组数字表示抗拉强度的最低值。例如：ZG200-400 表示 $\sigma_s \geqslant$ 200 MPa，$\sigma_b \geqslant$ 400 MPa 的碳素铸钢。

## 1.4 钢的热处理

### 1.4.1 热处理概述及钢在加热时的转变

#### 1.4.1.1 热处理概念

钢的热处理是指将钢在固态下采用适当的方式进行加热、保温和冷却，从而改变钢的内部组织结构，最终获得所需性能的工艺方法。钢的各种热处理工艺都包括加热、保温和冷却三个阶段，加热温度和各阶段持续时间是决定热处理工艺的主要因素。

#### 1.4.1.2 热处理的特点

金属热处理工艺区别于其他加工工艺的特征是不改变金属工件的形状，只改变材料的组织结构和性能。热处理工艺只适用于固态下能发生组织转变的材料，无固态相变的材料则不能用热处理进行强化。

#### 1.4.1.3 热处理的功用

适当的热处理不仅可提高钢的使用性能，改善钢的工艺性能，而且能够充分发挥钢的性能潜力，从而减少零件的重量，延长产品使用寿命，提高产品的质量和经济效益。据统计，在机床制造中有 60%～70%的零部件要经过热处理；在汽车、拖拉机制造中有 70%～90%的零部件要经过热处理；飞机配件、各种工具和滚动轴承等几乎 100%需要进行热处理。

#### 1.4.1.4 热处理的分类

根据钢铁金属材料的加热、冷却方式的不同，以及钢的组织和性能的变化特征不同，可将热处理大致进行如下分类：

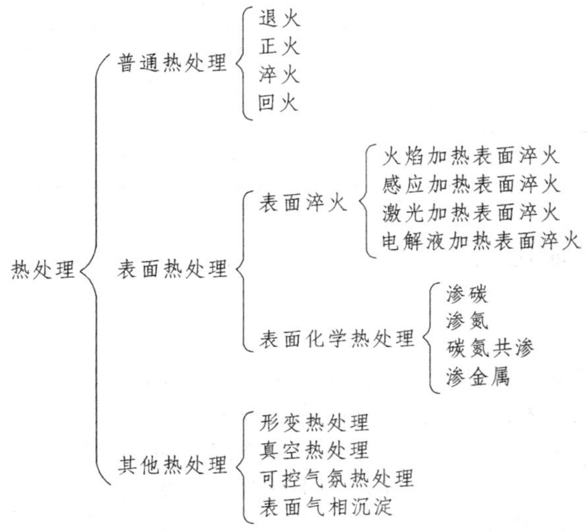


### 1.4.2 钢在加热时的转变

加热目的主要是使钢奥氏体化。钢在加热时的组织转变过程主要经历四个阶段：晶核形成、晶核长大、残余渗碳体溶解、奥氏体均匀化。

奥氏体晶粒的大小对钢冷却后的组织和性能有很大影响。钢在加热时获得的奥氏体晶粒大小，直接影响冷却后转变产物的晶粒大小和力学性能。加热时获得的奥氏体晶粒越小，其强度、塑性和韧性较好；反之，粗大的奥氏体晶粒冷却后转变产物也粗大，其强度、塑性较差，特别是冲击韧度显著降低。

奥氏体晶粒尺寸过大会导致热处理后钢的强度降低，工程上往往希望钢在加热后得到细小而成分均匀的奥氏体晶粒。可从以下三个途径对奥氏体晶粒大小加以控制：

（1）加热温度和保温时间。奥氏体刚形成时晶粒是细小的，但随着温度的升高，奥氏体晶粒将逐渐长大，温度越高，晶粒长大越明显；在一定温度下，保温时间越长，奥氏体晶粒就越粗大。因此，热处理加热时要合理选择加热温度和保温时间，以保证获得细小均匀的奥氏体组织。

（2）钢的成分。随着奥氏体中含碳量的增加，晶粒的长大倾向也增加；若碳以未溶碳化物的形成存在，则有阻碍晶粒长大的作用。

（3）合金元素。在钢中加入能形成稳定碳化物的元素（如钛、钒、铌、锆等）和能形成氧化物或氮化物的元素（适量铝等），有利于获得细晶粒，因为碳化物、氧化物和氮化物等弥散分布在奥氏体的晶界上，能阻碍晶粒长大；锰和磷是促进奥氏体晶粒长大的元素。

### 1.4.3 钢在冷却时的转变

在实际生产过程中，钢加热到奥氏体状态后，由于冷却方式、冷却速度等都有所不同，钢的转变产物在组织和性能上有很大差别。表 1-1 列出了 40Cr 钢经 850 °C 加热到奥氏体后，在不同条件下冷却后的力学性能。

**表 1-1 40Cr 钢经 850 °C 加热到奥氏体后，在不同条件下冷却后的力学性能**

| 冷却方式 | $\sigma_b$/MPa | $\sigma_s$/MPa | $\delta$/% | $\psi$/% |
|---|---|---|---|---|
| 炉 冷 | 574 | 289 | 22 | 58.4 |
| 空 冷 | 678 | 387 | 19.3 | 57.3 |
| 油冷并经 200 °C 回火 | 1850 | 1590 | 8.3 | 33.7 |

### 1.4.4 钢的退火和正火

#### 1.4.4.1 钢的退火

钢的退火是将钢材或钢件加热到临界温度以上的适当温度，保持一定时间，然后缓慢冷却（通常随炉冷却）以获得接近平衡的珠光体组织的热处理工艺。

钢经退火后将获得接近于平衡状态的组织，退火的主要目的如下：

（1）降低硬度，提高塑性，以利于切削加工或继续冷变形。

（2）细化晶粒，消除组织缺陷，改善钢的性能，并为最终热处理作组织准备。

（3）消除内应力，稳定工作尺寸，防止变形与开裂。

（4）为后续热处理做准备。

1. 完全退火

完全退火是将钢加热到 $A_{c3}$ 以上 30 ~ 50 °C，保温一定时间，缓慢冷却（随炉或埋入石灰和砂中冷却）至 500 °C 以下，然后在空气中冷却，以获得接近平衡状态组织的热处理工艺。

完全退火一般作为一些不重要工件的最终热处理或作为某些重要件的预先热处理。

完全退火使热加工造成的粗大、不均匀的组织均匀化和细化；或使中碳以上的碳钢及合金钢得到接近平衡状态的组织，并降低硬度、改善切削加工性能；还可消除残余应力。

完全退火的保温时间按钢件的有效厚度计算。在箱式电炉中加热时，碳钢厚度不超过 25 mm 需保温 1 h，以后每增加 25 mm 厚度延长 0.5 h；合金钢每 20 mm 保温 1 h。保温后的冷却一般是关闭电源让钢件在炉中缓慢冷却，当冷至 500 ~ 600 °C 时即可出炉空冷。

2. 等温完全退火

等温完全退火是将钢件或毛坯加热到高于 $A_{c3}$ 或 $A_{c1}$ 的温度，保温适当时间后，较快地冷却到珠光体转变温度区间的某一温度，并等温保持使奥氏体转变为珠光体型组织，然后在空气中冷却的退火工艺。

等温完全退火加热过程较完全退火易控制，能获得均匀的预期组织，比完全退火所需时间短。

3. 球化退火

球化退火是将钢加热到 $A_{c1}$ 以上 20 ~ 30 °C，保温一定时间，并缓慢冷却，使钢中碳化物球状化而进行的退火工艺，主要用于共析钢和过共析钢制造的刀具、量具及模具等零件。

球化退火的目的是降低硬度，提高塑性，改善切削加工性能，以获得均匀的组织，改善热处理工艺性能，并为以后淬火做组织准备。

普通球化退火时采用随炉缓冷，至 500 ~ 600 °C 出炉空冷；等温球化退火则先在 $A_{r1}$ 以下 20 °C 等温足够时间，然后再随炉缓冷至 500 ~ 600 °C 出炉空冷。

4. 均匀化退火

均匀化退火又称为扩散退火，是将钢加热到略低于固相线的温度（1050 ~ 1150 °C）下长期加热，长时间保温（10 ~ 20 h），然后缓慢冷却，以消除或减少化学成分偏析及显微组织（枝晶）的不均匀性，从而达到均匀化的目的，主要用于铸件凝固时发生偏析而造成成分和组织的不均匀性的均匀化处理。

5. 去应力退火

去应力退火是为了去除由于塑性变形加工、焊接等造成的应力以及铸件内存在的残余应力而进行的热处理工艺。

去应力退火广泛用于消除铸件、锻件、焊接件、冷冲压件以及机加工件中的残余应力，以稳定钢件的尺寸，减少变形，防止开裂。

#### 1.4.4.2 钢的正火

1. 钢的正火

钢的正火是将钢材或钢件加热到临界温度（$A_{c3}$ 或 $A_{ccm}$）以上适当温度，保温适当时间后以较快速度冷却（通常在空气中冷却），以获得珠光体类型组织的热处理工艺。

正火与退火的主要区别：正火冷却速度稍快，得到的组织较细小，强度和硬度有所提高，操作简便，生产周期短，成本较低。

2. 正火的应用

（1）改善切削加工性能。对于低碳钢或低碳合金钢，正火可提高其硬度，防止“粘刀”现象，从而改善切削加工性能。

（2）消除网状二次渗碳体（强化）。对于过共析钢，正火加热到 $A_{ccm}$ 以上，可使网状二次渗碳体充分地溶解到奥氏体中，空冷时，先前的共析碳化物来不及析出，则消除了网状碳化物组织，同时细化了珠光体，使强度提高。

（3）细化晶粒。对于中碳钢，正火可使晶粒细化，并降低加工表面的粗糙度。用它代替退火，可以得到满意的力学性能，并能缩短生产周期，降低成本。

（4）作为最终热处理。对于力学性能要求不高的机构钢零件，经正火后获得的性能即可满足使用要求，可用正火作为最终热处理。

#### 1.4.4.3 退火与正火的应用选择

在机械零件、模具等加工中，退火与正火一般作为预先热处理被安排在毛坯生产之后或半精加工之前。退火与正火在某种程度上虽然有相似之处，实际生产中有时可以相互代替，但在实际选用时仍应从以下三个方面考虑：

1. 切削加工性

对低、中碳钢宜用正火，以防止“粘刀”现象；高碳结构钢、工具钢以及含合金元素较多的中碳合金钢，宜球化退火降低硬度，以利于切削加工。

2. 使用性能

若零件的性能要求不太高时，可采用正火作为最终热处理；对于一些大型或重型零件，当淬火有开裂危险时，也采用正火作为最终热处理；对于一些形状复杂的零件和大型铸件，宜用退火，以防止正火产生较大的内应力而发生裂纹。

3. 经济性

正火比退火的生产周期短，设备利用率高，节能省时，操作简便，可能的情况下应该优先采用正火工艺。

## 1.4.5 钢的淬火和回火

### 1.4.5.1 淬 火

1. 淬火的概念

将钢件加热到 $A_{c3}$ 或 $A_{c1}$ 以上某一温度，保持一定时间，然后以适当方式较快地冷却而获得马氏体或下贝氏体组织的热处理工艺称为淬火。

淬火可以很大地提高钢的硬度和强度，但脆性增加，塑性和韧性降低，然后配合以不同温度的回火，可大幅提高钢的强度、硬度、耐磨性、疲劳强度及韧性等，从而满足各种机械零件和工具的不同使用要求。

2. 加热时间确定

影响因素：工件形状尺寸、装炉方式、装炉量、加热炉类型、加热介质等。通常根据经验公式估算或通过实验确定：

$$t = KD$$

式中 $K$——加热系数，取 1.5 ~ 2.0；

$D$——钢件有效厚度。

3. 淬火介质选择

钢件进行淬火冷却时所使用的冷却介质称为淬火介质。淬火介质应具有足够的冷却能力、较宽的使用范围，同时还应具有不易老化、不腐蚀零件、不易燃、易清洗、无公害和价廉等特点。

常用淬火介质有水、水溶性的盐类和碱类、矿物油等，其中水和油最为常用。常见几种淬火介质对比详见表 1-2。

**表 1-2 常见几种淬火介质对比**

<table>
<tr><th colspan="2">淬火介质</th><th>水</th><th>油</th><th>盐水</th><th>碱浴</th><th>硝盐浴</th></tr>
<tr><td rowspan="2">冷速</td><td>650 ~ 550 °C</td><td>600 °C/s 快</td><td>150 °C/s 太慢</td><td>1000 ~ 1200 °C/s</td><td>比油快</td><td>比油稍弱</td></tr>
<tr><td>200 ~ 300 °C</td><td>270 °C/s 太快</td><td>30 °C/s 慢</td><td>300 °C/s</td><td>比油弱</td><td>比油弱</td></tr>
<tr><td colspan="2" rowspan="4">特点</td><td>高温冷速快，可保证工件淬硬</td><td>低温冷速慢，工件不易变形、开裂</td><td>冷却能力强</td><td colspan="2">既能保证工件淬硬，又能使变形开裂程度减小</td></tr>
<tr><td>低温冷速快，工件易变形开裂</td><td>高温冷速慢，工件易分解，淬不硬</td><td>工件表面质量好，硬度均匀，易变形开裂</td><td colspan="2">流动性好</td></tr>
<tr><td>冷却能力对水温敏感</td><td>易老化、易燃</td><td>易腐蚀</td><td colspan="2">工作环境差</td></tr>
<tr><td>杂质使冷却能力下降</td><td>油温增加，冷却能力增加（20 ~ 80 °C）</td><td></td><td colspan="2"></td></tr>
<tr><td colspan="2" rowspan="2">用途</td><td rowspan="2">碳钢</td><td>合金钢</td><td rowspan="2">形状简单，截面尺寸大的碳钢</td><td colspan="2" rowspan="2">小件、形状复杂、精度要求高的工件</td></tr>
<tr><td>小截面碳钢</td></tr>
</table>

常见淬火方法有：单介质淬火、双介质淬火、分级淬火、等温淬火。

### 1.4.5.2 钢的淬透性和淬硬性

淬透性是奥氏体化后的钢在淬火时获得淬硬层（也称为淬透层）深度的能力，其大小用淬硬层深度来表示。

影响淬透性的主要因素是化学成分，除钴和铝（＞2%）以外，所有溶于奥氏体中的合金元素都可不同程度地提高淬透性。淬透性好可获得性能均匀一致的钢件。

淬硬性是钢在理想条件下进行淬火硬化所能达到的最高硬度的能力。钢的淬硬性主要取决于钢在淬火加热时固溶于奥氏体中的含碳量，奥氏体中含量越高，则其淬硬性越好。

**注意：**淬硬性与淬透性是两个意义不同的概念，淬硬性好的钢，其淬透性并不一定好。

### 1.4.5.3 淬火缺陷及其预防

在热处理生产中，因淬火工艺控制不当，常会产生硬度不足与软点、过热与过烧、变形与开裂、氧化与脱碳等缺陷。

1. 硬度不足与软点

钢件淬火硬化后，表面硬度低于应有的硬度，称为硬度不足；表面硬度偏低的局部小区域称为软点。引起硬度不足和软点的主要原因有淬火加热温度偏低、保温时间不足、淬火冷却速度不够以及表面氧化脱碳等。

2. 过热与过烧

淬火加热温度过高或保温时间过长，晶粒过分粗大，以致钢的性能显著降低的现象称为过热。工件过热后可通过正火细化晶粒予以补救。加热温度达到钢的固相线附近时，晶界氧化和开始部分熔化的现象（无法补救、报废）称为过烧。防止过热和过烧的主要措施是正确选择和控制淬火加热温度和保温时间。

3. 变形与开裂

工件淬火冷却时，不同部位存在温度差异及组织转变的不同时性所引起的应力称为淬火冷却应力。当淬火应力超过钢的屈服点时，工件将产生变形；当淬火应力超过钢的抗拉强度时，工件将产生裂纹，从而造成废品。为防止淬火变形和裂纹，需从零件结构设计、材料选择、加工工艺流程、热处理工艺等各方面考虑，尽量减少淬火应力，并在淬火后及时进行回火处理。

4. 氧化与脱碳

工件加热时，介质中的氧、二氧化碳和水等与金属反应生成氧化物的过程称为氧化。而加热时，气体介质和钢铁表层碳的作用使表层含碳量降低的现象称为脱碳。氧化与脱碳会使工件表面质量降低，且淬火后硬度不均匀或偏低。

防止氧化与脱碳的主要措施是采用保护气氛或可控气氛加热钢件，也可在工作表面涂上一层防氧化剂。

### 1.4.5.4 淬火钢的回火

将淬火后的钢件重新加热到 $A_1$ 以下的某一温度，保温一定时间，然后冷却到室温的热处理工艺称为回火。

淬火和回火两种热处理工艺常紧密地结合在一起，是强化钢材、提高机械零件使用寿命的重要手段。通过淬火后适当温度（低温、中温、高温）的回火，可获得不同的组织和性能，满足各类零件或工具对于使用性能的要求。

1. 回火的目的

回火的主要目的是：降低脆性，减少或消除冷、热内应力，防止工件的变形和开裂；稳定组织，调整硬度；稳定工件尺寸；降低钢的硬度，以利于切削加工。

2. 常用的回火方法

低温回火温度为 150～250 °C，其目的是保持淬火钢的高硬度和高耐磨性，降低淬火应力，减少钢的脆性，主要应用于刃具、量具、冷作模具、滚动轴承、渗碳淬火件。

中温回火温度为 350～500 °C，其目的是获得高的弹性极限、高的屈服强度和较好的韧性，主要应用于弹性零件及热锻模具等。

高温回火温度为 500～650 °C，其目的是获得良好的综合力学性能，主要应用于各种重要的结构零件，如螺栓、连杆、齿轮及轴类等。

3. 调质工艺

生产中，将"淬火＋高温回火"的复合热处理工艺称为调制处理。调制处理广泛应用于中碳结构钢、低合金结构钢制作的汽车、拖拉机、机床等承受较大荷载的结构零件。

4. 回火脆性

淬火钢在某些温度区间内回火，或从回火温度缓慢冷却通过该温度区间时，冲击韧度会显著降低，此现象称为回火脆性。

## 1.5 合金钢及特殊钢

### 1.5.1 合金钢的分类和牌号

#### 1.5.1.1 碳素钢的不足之处

科学技术和工业的发展，对材料提出了更高的要求，如更高的强度，抗高温、高压、低温等要求，碳素钢已不能完全满足要求。碳素钢在性能上主要有以下几方面不足：

（1）淬透性低。一般情况下，碳素钢水淬的最大淬透直径只有 10～20 mm。

（2）强度和屈强比较低。

（3）回火稳定性差。碳素钢在进行调质处理时，为了保证较高的强度，需采用较低的回火温度，但这样的钢韧性偏低；为了保证较好的韧性，采用高的回火温度时强度又偏低，所以碳素钢的综合力学性能水平不高。

（4）不能满足特殊性能的要求。碳素钢在抗氧化、耐蚀、耐热、耐低温等方面往往较差，不能满足特殊使用性能的要求。

#### 1.5.1.2 合金钢

为了提高钢的性能，在铁碳合金中加入合金元素所获得的钢种，称为合金钢。

合金钢在机械制造中的应用日益广泛，一些在恶劣环境中使用的设备以及承受负责交变应力、冲击荷载和在摩擦条件下工作的工件更是广泛使用合金钢材料。

合金钢性能虽好，但也存在不足之处，例如，在钢中加入合金元素会使其冶炼、铸造、锻造、焊接及热处理等工艺趋于复杂，成本提高。因此，当碳素钢能满足使用要求时，应尽量选用碳素钢，以降低生产成本。

#### 1.5.1.3 合金钢的分类

合金钢种类繁多，为了便于生产、管理和选用，必须对其进行科学的分类、命名和编号。

1. 按用途分类

（1）合金结构钢：可分为工程构件用合金钢和机械制造用合金钢两大类，主要用于各种工程结构件、机械零件等。

（2）合金工具钢：可分为刃具钢、模具钢和量具钢 3 类，主要用于制造刃具、模具和量具等。

（3）特殊性能钢：可分为不锈钢、耐热钢、耐磨钢、易切削钢等。

2. 按合金元素含量分类

（1）低合金钢：合金元素的总含量在 5%以下。

（2）中合金钢：合金元素的总含量为 5%～10%。

（3）高合金钢：合金元素的总含量在 10%以上。

3. 按金相组织不同分类

（1）按平衡组织或退火组织：亚共析钢、共析钢、过共析钢等。

（2）按正火组织：可分为珠光体钢、贝氏体钢、马氏体钢等。

4. 其他分类方法

（1）按工艺热点分：铸钢、渗碳钢、易切削钢等。

（2）按质量分：普通质量钢、优质钢和高级质量钢，其区别在于钢中所含有害杂质（S、P）的多少。

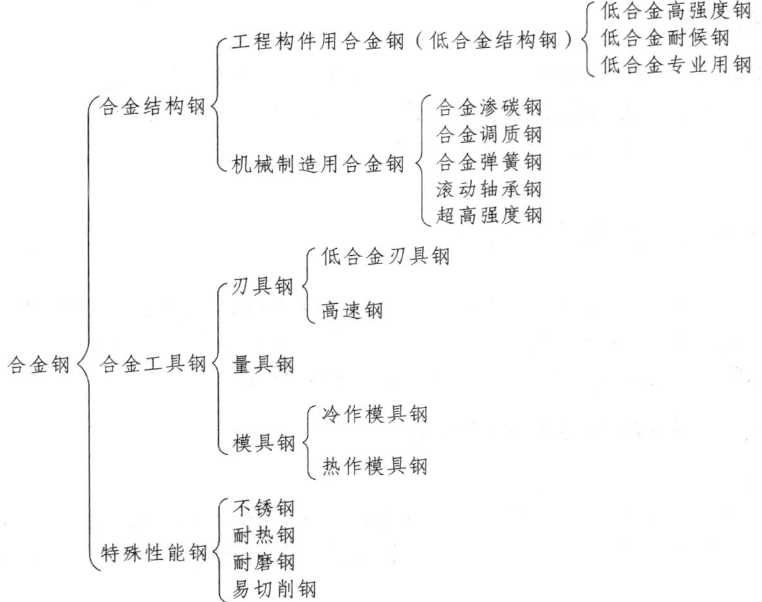


### 1.5.1.4　合金钢的牌号

钢的编号主要原则主要有两条：首先，根据编号可以大致看出该钢的成分；其次，根据编号可大致看出该钢的用途。我国合金钢的牌号，常采用如下格式：

合金钢牌号＝(牌首)＋数字＋化学元素(如 Si、Mn、Cr、W 等)＋数字＋尾缀符号

化学元素采用元素中文名称或化学符号。而产品名称、用途和浇注方法等则采用汉语拼音字母表示。

1. 含碳量数字

（1）含碳量数字为 2 位数：用在合金结构钢的牌号中，表示钢中平均含碳量的万分数。例如 60Si2Mn 钢的平均含碳量为万分之六十，即 0.6%。

（2）含碳量数字为 1 位数：用在合金工具钢的牌号中，表示钢中平均含碳量的千分数。1Cr13 钢的平均含碳量为千分之一，即 0.1%。

（3）无含碳量数字：用在合金工具钢的牌号中，表示钢中的平均含碳量≥1%，此时不标，如 Cr12 表示平均含碳量≥1%，未标。

2. 合金元素含量数字

合金元素含量数字表示该合金元素平均含量的百分数；平均含量小于 1.5%时不标数字。例如 60Si2Mn 表示钢中的平均 $w_{Si} = 2\%$、平均 $w_{Mn} < 1.5\%$。

3. 尾缀符号

采用汉语拼音字母表示产品名称、用途、特性和工艺方法时，一般用代表产品名称的汉语拼音首字母表示，加在牌号首或尾部，如 GCr15（G 表示滚动轴承）、SM3Cr3Mo（SM 表示塑料模具专用钢）。高级优质合金结构钢在其牌号尾部加符号“A”，而合金工具钢则均属高级优质钢，故其后不标“A”。

#### 1.5.1.5 特殊性能钢的牌号表示

特殊性能钢牌号表示法与合金工具钢相同，只是在不锈钢中，当平均含碳量小于 0.1%时，前面加“0”表示；平均含碳量小于等于 0.03%时前面加“00”表示。例如：0Cr13 表示含碳量为 0.1%，含镉量为 13%的不锈钢。

#### 1.5.1.6 专门用途钢

专门用途钢牌号第一个字母标示钢的类型，以数字表明其含量；化学元素符号表明钢中含有的合金元素，其后的数字表明合金元素的大致含量。例如：锅炉用 20 钢，其牌号表示为 20g；铆螺用 30CrMnSi 钢，其牌号表示为 ML30CrMnSi。

### 1.5.2 合金元素在钢中的作用

在合金钢中，经常加入的合金元素有锰（Mn）、硅（Si）、铬（Cr）、镍（Ni）、钼（Mo）、钨（W）、钒（V）、钛（Ti）、稀土元素（RE）等。合金元素在钢中的作用是非常复杂的，包括与钢中的铁和碳两个基本组元发生作用及合金元素间的相互作用。

#### 1.5.2.1 合金元素对钢力学性能的影响

1. 溶于铁素体，起固溶强化作用

几乎所有合金元素均能不同程度地溶于铁素体、奥氏体而形成固溶体，使钢的强度、硬度提高，但塑性和韧性有所下降。不同合金元素对铁素体力学性能的影响如图 1-16 所示：

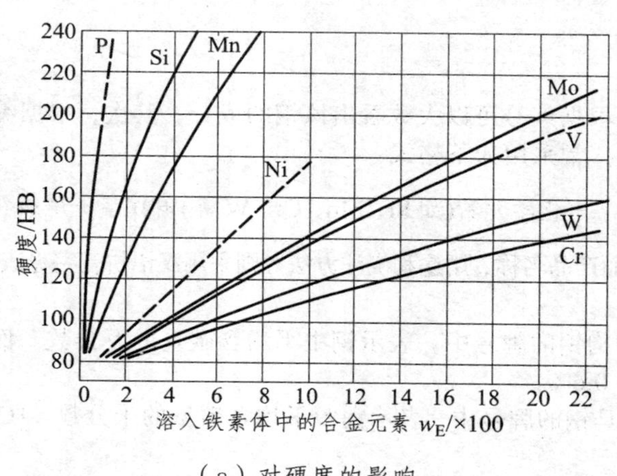


（a）对硬度的影响

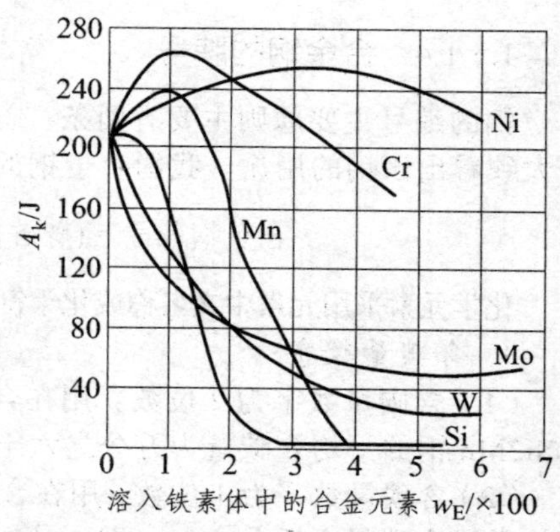


（b）对韧性的影响

**图 1-16 不同合金元素对铁素体力学性能影响**

按照与碳之间的相互作用（形成碳化物，起第二相强化、硬化作用）不同，常用的合金元素分为非碳化合物形成元素和碳化物形成元素两大类。碳化物形成元素包括 Ti、Nb、V、W、Mo、Gr 和 Mn 等，它们在钢中能与碳结合形成碳化物，如 TiC、VC 和 WC 等，这些碳化物一般都具有高的硬度、高的熔点和稳定性。如果它们颗粒细小并在钢中均匀分布，则可显著提高钢的强度、硬度和耐磨性。

2. 使钢中珠光体增加，起强化作用

合金元素的加入，使 $Fe\text{-}Fe_3C$ 相图中的共析点左移，因而，与相同含碳量的碳素钢相比，亚共析成分的结构钢（一般结构钢为亚共析钢）含碳量更接近于共析成分，组织中珠光体的数量增加，使合金钢的强度提高。

3. 合金元素对钢热处理性能的影响

（1）降低奥氏体化速度（锰钢除外），细化晶粒。

（2）提高钢的淬透性（Mo、Mn、Cr、Ni、B）。

（3）回火时硬度下降慢，回火稳定性较高（回火稳定性是指淬火钢在回火时抵抗硬度下降的能力）。

（4）产生二次硬化（二次硬化是指某些合金钢回火时，在某温度范围出现硬度不降反而回升的现象）。含钒、钼、钨等强碳化物形成元素的合金钢在高温回火时，析出了与马氏体保持共格关系并高度弥散分布的特殊碳化物。

#### 1.5.2.2 合金元素对钢加工工艺性能的影响

1. 焊接性影响

淬透性良好的合金钢在焊接时，容易在接头处出现脆硬组织，使该处脆性增大，容易出现焊接裂纹；焊接时合金元素容易被氧化形成氧化物夹杂，使焊接质量下降，例如，在焊接不锈钢时，形成 Cr2O3 夹杂，使焊缝质量受到影响，同时由于铬的损失，不锈钢的耐腐蚀性下降，所以高合金钢最好采用保护作用好的氩弧焊。

2. 锻造性影响

由于合金元素溶入，奥氏体变形抗力增加，使塑性变形困难，合金钢锻造需要施加更大的压力；同时合金元素使钢的导热性降低、脆性加大，增大了合金钢锻造时和锻后冷却中出现变形、开裂的倾向，因此合金钢后一般应控制终锻温度和冷却速度。

3. 切削性影响

增高抗力，加剧刀具磨损，但硫、铝可改善切削性。

### 1.5.3 合金结构钢

用于制造各类机械零件以及建筑工程结构的钢称为结构钢。碳素钢生产量在全部结构钢中占有很大比例。但对于形状复杂、截面较大、要求淬透性较好以及力学性能要求高的工件就必须采用合金结构钢制造。

合金结构钢是在碳素结构钢的基础上适当加入一种或多种合金元素。合金元素能保证钢的强度和韧性，还能提高钢的淬透性，使机械零件在整个界面上均匀一致，有良好力学性能等。合金结构钢主要包括工程构件用钢（低合金结构钢）和机械制造用钢（渗碳钢、调质钢、弹簧钢、滚动轴承钢、易切削钢等）。

#### 1.5.3.1 低合金高强度结构钢

低合金高强度结构钢强度高，韧性和加工性能优异，合金元素含量少，并且不需要进行复杂的热处理，已越来越受到重视。由于我国微合金化元素十分丰富，所以低合金高强度结构钢在我国具有极其广阔的发展前景。

1. 化学成分

低合金高强度结构钢的成分特点是：低碳、低合金，其中 $w_C < 0.20\%$，常加入的合金元素有 Mn、Si、Ti、Nb、V 等。含碳量低是为了获得高的塑性、良好的焊接性和冷变形能力。合金元素 Si 和 Mn 主要溶于铁素体中，起固溶强化作用。Ti、Nb、V 等在钢中形成细小碳化物，起细化晶粒和弥散强化作用，从而提高了钢的强韧性。

2. 牌号、性能及用途

低合金高强度结构钢牌号的表示与碳素结构钢相同，有 Q295、Q345、Q390、Q420、Q460，其中 Q345 应用最广泛。低合金高强度结构钢是一类可焊接的低碳低合金工程结构用钢，具有较高的强度，良好的塑性、韧性，良好的焊接性、耐蚀性和冷成形性，低的韧脆转变温度，适于冷弯和焊接，广泛用于制造桥梁、车辆、船舶、锅炉、高压容器和输油管等。在某些场合，用低合金高强度结构钢替代碳素结构钢可减轻构件的质量。

#### 1.5.3.2 低合金耐候钢

低合金耐候钢具有良好的耐大气腐蚀的能力，是近年来我国发展起来的新钢种。此类钢主要加入的合金元素有少量的铜、钼、钒、磷等，使钢的表面生成致密的氧化膜，提高耐候性能。

### 1.5.4 合金工具钢

合金工具钢是用于制造刃具、耐冲击工具、模具、量具等的钢种。

#### 1.5.4.1 制作量具及刃具用的合金工具钢

常用的制作量具及刃具用的合金工具钢牌号是 9SiCr 钢、9Cr2 钢、CrWMn 钢、Cr2 钢和 9Mn2V 钢等，主要用来制造淬火变形小、精度高的低速切削工具（冷剪切刀、板牙、丝锥、铰刀、搓丝板、拉刀、圆锯）、冷冲模、量具（量规、精密丝杠）和耐磨零件。

制作量具及刃具用的合金工具钢的热处理工艺是：锻造后进行球化退火，切削加工零件后进行淬火，淬火冷却介质一般用油或盐浴进行马氏体分级淬火或贝氏体等温淬火，淬火之后再进行低温回火。

#### 1.5.4.2 制作耐冲击工具的合金工具钢

耐冲击工具主要是指风动工具、金属冷剪刀片、铆钉冲头、冲孔冲头等。

常用的制作耐冲击工具的合金工具钢有：4CrW2Si 钢、5CrW2Si 钢、6CrW2Si 钢等。此类钢一般需要经过淬火加中温回火后使用。

#### 1.5.4.3 作冷作模具的合金工具钢

冷作模具主要是指冷冲模、冷拔模、冷挤压模等。

常用的制作冷作模具的合金工具钢有：Cr12MoV 钢、Cr12 钢、CrWMn 钢等。此类钢一般需要淬火加低温回火后使用，而且热处理后变形小。

#### 1.5.4.4 制作热作模具用的合金工具钢

热作模具主要是指热锻模、压铸模、热挤压模等。

常用的制作热作模具的合金工具钢有：5CrNiMo 钢、5CrMnMo 钢、3Cr2W8V 钢、8Cr3 钢等。此类钢一般需要调质处理或淬火加中温回火后使用，而且热处理后变形小。

#### 1.5.4.5 高速工具钢（高速钢）

高速工具钢是用于制作中速或高速切削工具（如车刀、铣刀、麻花钻头、齿轮刀具、拉刀等）

的高碳高合金钢工具钢。高速工具钢经过科学的热处理后，可以获得高硬度、高耐磨性和高热硬性（能够在 600 °C 以下保持高硬度和耐磨性）。

常用高速工具钢的牌号是：W18Cr4V、W6Mo5Cr4V2 等。

高速工具钢淬火后一般要在 550 ~ 570 °C 的温度下进行三次回火。如果淬火后先经冷处理工艺，则回火一次即可。

## 1.5.5 特殊性能合金钢

### 1.5.5.1 不锈钢

不锈钢是指以不锈、耐蚀性为主要特性，且铬含量至少为 12.5%，碳的质量分数最大不超过 1.2%的钢，主要应用于化工装置、医疗器械中。不锈钢的主要化学成分为：Cr、Ni、Ti、Mn、N、Nb。按使用时的组织特征分类，不锈钢可分为奥氏体型不锈钢、铁素体型不锈钢、马氏体型不锈钢、奥氏体-铁素体型不锈钢和沉淀硬化型不锈钢五类，见表 1-3。

**表 1-3 常用不锈钢的牌号、化学成分、热处理、力学性能及用途**

| 类 型 | 常用牌号 | 应用 |
|---|---|---|
| 珠光体型 | 15CrMo\12CrMo | 锅炉炉管、汽轮机叶轮 |
| | 25CrMoVA\35CrMoV | |
| 马氏体型 | 1Cr13\4Cr9Si2\ | 汽轮机叶片、气阀 |
| | 1Cr11MoV | |
| 铁素体型 | 00Cr12 | 散热器 |
| 奥氏体型 | 1Cr18Ni9Ti | 航空、化工部门的汽轮机叶片和发动机气阀 |
| | 4Cr14Ni14W2Mo | |

不锈钢的化学成分特点是铬和镍的质量分数较高，这样可以使不锈钢中的铬元素在氧化性介质中形成一层致密的具有保护作用的 $Cr_2O_3$ 薄膜，覆盖住整个不锈钢表面，防止不锈钢被不断地氧化和腐蚀。

### 1.5.5.2 耐热钢

耐热钢是指在高温下具有良好的化学稳定性或较高强度的钢。钢的耐热性包括钢在高温下具有抗氧化性（热稳定性）和高温热强性（蠕变强度）两个方面。高温抗氧化性是指钢在高温下对氧化作用的抗力。热强性是指钢在高温下对机械荷载作用的抗力。耐热钢分为抗氧化钢、热强钢和汽阀钢。常用耐热钢的牌号、化学成分、力学性能见表 1-4。

**表 1-4 常用耐热钢的牌号、化学成分、力学性能**

| 名 称 | 成 分 | 典型牌号 | 性能特点 |
|---|---|---|---|
| 马氏体不锈钢 | $w_C$ 为 0.10% ~ 0.40% | 1Cr13、2Cr13、3Cr13、4Cr13 | 较高的强度、硬度和耐磨性，但耐蚀性稍差 |
| | $w_{Cr}$ 为 11.5% ~ 18.0% | | |
| 铁素体不锈钢 | $w_C$<0.12% | 1Cr17、00Cr17Mo、Cr25，Cr25Mo3Ti、Cr28、00Cr30Mo2 | 耐腐蚀性能与抗高温氧化性能较好，塑性和焊接性也好，但强度低 |
| | $w_{Cr}$ = 11.5% ~ 32.0% | | |
| 奥氏体不锈钢 | C、Cr、Ni | 1Cr18Ni9、0Cr19Ni9 | 良好的塑性、韧性、焊接性和耐蚀性能 |

#### 1.5.5.3 特殊物理性能钢

特殊物理性能钢包括永磁钢、软磁钢、无磁钢、高电阻钢及其合金。

1. *永磁钢*

永磁钢（硬磁钢）是指钢材被磁化后，除去外磁场后仍然具有较高剩磁的钢材。即永磁钢在被外磁场磁化后，能长期保留大量剩磁，表现出不易退磁特性。

永磁钢主要用于制造无线电及通信器材里的永久磁铁装置以及仪表中的马蹄形磁铁。

2. *软磁钢（硅钢片）*

软磁钢（硅钢片）是指钢材容易被反复磁化，并在外磁场除去后磁性基本消失的钢材。

软磁钢是一种碳的质量分数（$w_C \leq 0.08\%$）很低的铁、硅合金，硅的质量分数为 1%～4%，是一种重要的电工用钢，常用于制作电动机的转子与定子、电源变压器、继电器等。

3. *无磁钢*

无磁钢是指在电磁场作用下，不引起磁感或不被磁化的钢材。

无磁钢常用于制作无磁模具、无磁轴承、电机绑扎钢丝绳与护环、变压器的盖板、电动仪表壳体与指针等。

#### 1.5.5.4 低温钢

低温钢是指用于制作工作温度在 0 °C 以下的零件和结构件的钢种。

低温钢广泛用于低温下工作的设备，如冷冻设备、制药氧设备、石油液化气设备、航天工业用的高能推进剂液氢等液体燃料的制造设备、南极与北极探险设备等。

常用的低温钢主要有：低碳锰钢、镍钢及奥氏体不锈钢。

#### 1.5.5.5 铸造合金钢

铸造合金钢包括一般工程与结构用低合金铸钢、大型低合金铸钢、特殊铸钢三类。

一般工程与结构用低合金铸钢的牌号表示方法基本上与铸造非合金钢相同，所不同的是需要在“ZG”后加注字母“D”，如 ZGD270-480、ZGD290-510、ZGD345-570 等。

大型低合金铸钢的牌号是在合金钢的牌号前加“ZG”，其后第一组数字表示低合金铸钢的名义万分碳的质量分数，随后排列的是各主要合金元素符号及其名义百分质量分数。

特殊铸钢是指具有特殊性能的铸钢，它包括耐磨铸钢、耐热铸钢和耐蚀铸钢。

#### 1.5.5.6 耐磨钢（铸造成型）

对耐磨钢的主要性能要求是很高的耐磨性和韧性。高锰钢能很好地满足这些要求，是目前最重要的耐磨钢。耐磨钢主要用于运转过程中承受严重磨损和强烈冲击的零件，如车辆履带板、挖掘机铲斗等。典型牌号：ZGMn13。

#### 1.5.5.7 易切削结构钢

易切削结构钢具有切削抗力小、对刀具的磨损小、切削易碎、便于排出等特点，主要用于成批大量生产的螺柱、螺母、螺钉等标准件，也可用于轻型机械如自行车、缝纫机等的零部件。

### 1.5.6 硬质合金

硬质合金是把一些高硬度、高熔点的粉末和胶接物质混合、加压、烧结而成型的一种粉末冶金材料，主要应用于制造高速切削刃具和切削硬而韧的材料的刃具。其硬度高、红硬性高、耐磨性好、抗压强度高、耐腐蚀性与抗氧化性好、韧性差、抗弯强度低。常见硬质合金钢主要有：钨钴类、钨钴钛类通用硬质合金。

# 1.6 铸 铁

## 1.6.1 铸铁概述

### 1.6.1.1 铸铁的概念

铸铁是指含碳量大于 2.11%或组织中具有共晶组织的铁碳合金，实际上是以铁-碳-硅为主的多元合金。如再加入铝、铬、锰、铜等元素，则是各种特殊性能铸铁。

铸铁在历史上使用较早，是最便宜的金属材料之一。铸铁铸造性能极好，且只能用铸造成型；其生产成本低，工艺简单，减振性、耐磨性好，切削加工性好，主要用于制造各种机器零件。据统计，在各类机械中，铸铁件占 40%～70%，在机床和重型机械中，则为 60%～90%。

与碳素钢相比，铸铁的化学成分中除了含有较高的碳和硅以外，还含有较多的磷、硫等杂质；在特殊性能铸铁中，还含有一些合金元素。

铸铁中的碳主要以石墨形式存在，铸铁的力学性能主要取决于铸铁的基体组织及石墨的数量、性质、大小和分布。石墨的强度仅为 3～5 MPa，伸长率接近于零，故分布于基体上的石墨可视为空洞或裂纹。石墨的存在减少了铸件的有效承载面积，且受力时石墨尖端处产生应力集中，大大降低了基体强度的利用率。

铸铁的抗拉强度、塑性和韧性比碳素钢低。另外，由于石墨的存在，铸铁具有一些碳素钢所没有的性能，如良好的耐磨性、消振性、低的缺口敏感性以及优良的切削加工性能。此外，铸铁的成分接近共晶成分，因此铸铁的熔点低，约为 1 200 °C，液态铸铁流动性好。由于石墨结晶时体积膨胀，所以铸造收缩率低，其铸造性能优于钢。

### 1.6.1.2 铸铁的分类

根据铸铁中碳（石墨）存在的形态不同，可将铸铁分为：白口铸铁、灰铸铁、可锻铸铁、球墨铸铁、蠕墨铸铁，见表 1-5。

**表 1-5 铸铁的分类表**

| 名 称 | 定 义 |
|---|---|
| 白口铸铁 | 碳主要以游离碳化铁形式出现的铸铁，断口呈银白色，故称为白口铸铁 |
| 灰铸铁 | 碳主要以片状石墨形式析出的铸铁，断口呈灰色，故称为灰铸铁 |
| 可锻铸铁 | 白口铸铁通过石墨化或氧化脱碳退火处理，改变其金相组织或化学成分而获得的有较高韧性的铸铁，称为可锻铸铁 |
| 球墨铸铁 | 铁液经过球化处理而不是在凝固后经过热处理，使石墨大部分或全部呈球状，有时少量为团絮状的铸铁，称为球墨铸铁 |
| 蠕墨铸铁 | 金相组织中石墨形态主要为蠕虫状的铸铁，称为蠕墨铸铁 |
| 麻口铸铁 | 碳部分以游离碳化铁形式析出，部分以石墨形式析出的铸铁，断口呈灰白色相间，故称麻口铸铁 |
| 合金铸铁 | 常规元素硅、锰高于普通铸铁规定含量或含有其他合金元素，具有较高力学性能或某种特殊性能的铸铁，称为合金铸铁 |

## 1.6.2 灰铸铁

### 1.6.2.1 灰铸铁的成分

灰铸铁中的碳、硅、锰是调节组织的元素，磷是控制使用的元素，硫是应限制的元素。目前生产中，灰铸铁的化学成分范围一般为：$w_C = 2.5\% \sim 4.0\%$，$w_{Si} = 1.0\% \sim 3.0\%$，$w_{Mn} = 0.5\% \sim 1.3\%$，$w_S \leqslant 0.15\%$，$w_P \leqslant 0.3\%$。

#### 1.6.2.2 灰铸铁的组织

灰铸铁在室温下的显微组织有三种类型：铁素体（F）+ 片状石墨（G）；铁素体（F）+ 珠光体（P）+ 片状石墨（G）；珠光体（P）+ 片状石墨（G）。

#### 1.6.2.3 灰铸铁的性能

石墨的存在，会降低铸铁的抗拉强度、塑性和韧性，但也正是由于石墨的存在，铸铁才具有一系列其他的优良性能。灰铸铁的性能主要取决于其钢基体的性能和石墨的数量、形状、大小及分布状况。灰铸铁在承受压应力时，其抗压强度与钢材相近。

1. 优良的铸造性

由于灰铸铁的碳含量接近共晶成分，故与钢相比，灰铸铁不仅熔点低，流动性好，而且在凝固过程中要析出比体积较大的石墨，部分补偿了基体的收缩，从而减小了灰铸铁的收缩率。所以灰铸铁能浇铸形状复杂与薄壁的铸件。

2. 缺口敏感性小

钢常因表面有缺口（如油孔、键槽和刀痕等）造成应力集中，使力学性能显著降低，故钢的缺口敏感性大。灰铸铁中石墨本身已使金属基体形成了大量缺口，致使外加缺口的作用相对减弱，所以缺口敏感性小。

3. 良好的切削加工性

由于石墨割裂了基体的连续性，铸铁切削时容易断屑和排屑，且石墨对刀具有一定润滑作用，可使刀具磨损减少。

4. 减振性强

铸铁在受振动时，石墨能组织振动的传播，起缓冲作用，并将振动能量转变成热能，灰铸铁减振能力约比钢大 10 倍，故常用作承受压力和振动的机床底座、机架、机床床身和箱体等零件。

#### 1.6.2.4 灰铸铁的孕育处理（变质处理）

经过孕育处理的灰铸铁称为孕育铸铁，也称为变质铸铁。经过孕育处理的灰铸铁，强度有很大的提高，并且塑性和韧性也有所提高。因此，孕育铸铁常用来制造力学性能要求较高、截面尺寸变化较大的大型铸件。

#### 1.6.2.5 灰铸铁的牌号及用途

灰铸铁的牌号用“HT”及数字组成。其中“HT”是“灰铁”两字汉语拼音的第一个字母，其后的数字表示灰铸铁的最低抗拉强度，如 HT150 表示灰铸铁，其最低抗拉强度是 150 MPa。

常用灰铸铁有：HT100、HT150、HT200、HT250、HT300、HT350 等。

#### 1.6.2.6 灰铸铁的热处理

热处理只能改变灰铸铁的钢基体组织，而不能改变石墨的形状、大小和分布情况。铸铁常用的热处理方法有：去内应力退火（时效处理）、软化退火、正火及表面淬火等。

### 1.6.3 可锻铸铁

可锻铸铁是将白口铸铁通过石墨化或氧化脱碳退火处理，改变其金相组织或成分而获得的具有较高韧性的铸铁，其石墨呈团絮状。

#### 1.6.3.1 可锻铸铁的生产过程及成分

可锻铸铁的生产过程是：首先浇注成白口铸铁件，然后再经可锻化（石墨化）退火，使渗碳体分解为团絮状石墨，即可制成可锻铸铁。为保证在一般冷却条件下铸件能获得全部白口，可锻铸铁中碳、硅含量较低。可锻铸铁的化学成分要求较严，一般为 $w_C = 2.5\% \sim 4.0\%$，$w_{Si} = 1.0\% \sim 3.0\%$，$w_{Mn} = 0.5\% \sim 1.3\%$，$w_S \leqslant 0.15\%$，$w_P \leqslant 0.3\%$。

#### 1.6.3.2 可锻铸铁的组织与性能

将白口铸铁加热到 900 ~ 980 °C，使铸铁组织转变为奥氏体加渗碳体，在此温度下长时间保温，渗碳体分解成为团絮状石墨，按随后的冷却方式不同，可获得珠光体基体可锻铸铁或铁素体基体可锻铸铁。

可锻铸铁中的石墨呈团絮状，大大减弱了对基体的割裂作用，与灰铸铁相比，具有较高的力学性能，尤其具有较高的塑性和韧性，因此称为“可锻”铸铁，但实际上可锻铸铁不能锻造。与球墨铸铁相比，可锻铸铁具有质量稳定，铁液处理简易，容易组织流水生产，但生产周期长。在缩短可锻铸铁退火周期取得很大进展后，可锻铸铁具有了广阔的发展前景，在汽车、拖拉机制造中得到了应用。

#### 1.6.3.3 可锻铸铁的牌号及用途

可锻铸铁的牌号是由三个字母及两组数字组成的。其中前两个字母“KT”是“可铁”两字汉语拼音的第一个字母；第三个字母代表类别，“H”表示“黑心”（即铁素体基体），“Z”表示珠光体基体，“B”表示白心（铸件中心是珠光体，表面是铁素体）；后两组数字分别表示可锻铸铁的最低抗拉强度和最低伸长率。

黑心可锻铸铁的强度、硬度低，塑性、韧性好，用于荷载不大、承受较高冲击和振动的零件。珠光体基体可锻铸铁因具有高的强度和硬度，用于荷载较高、耐磨损并具有一定韧性要求的重要零件，如石油管道、炼油厂管道和商用及民用建筑的供气和供水系统的管件。

### 1.6.4 球墨铸铁

球墨铸铁的石墨呈球状，球状石墨使铸铁具有很高的强度，又有良好的塑性和韧性。球墨铸铁的综合力学性能接近于钢，因其铸造性能好，成本低廉，生产方便，所以在工业中得到了广泛应用。球化处理的方法是在铁液出炉后，浇注前加入一定量的球化剂（稀土镁合金等）和等量的孕育剂，使石墨呈球状析出。

#### 1.6.4.1 球墨铸铁的显微组织和性能

1. 球墨铸铁的显微组织

球墨铸铁按钢基体显微组织的不同，可分为铁素体（F）+球状石墨（G）、铁素体（F）+珠光体（P）+球状石墨（G）、珠光体（P）+球状石墨（G）三种。

2. 球墨铸铁的性能

球墨铸铁与灰铸铁相比，有较高的强度和良好的塑性与韧性，而且球墨铸铁在某些性能方面可与钢相媲美，如屈服点比碳素结构钢高，疲劳强度接近中碳钢。

#### 1.6.4.2 球墨铸铁的牌号及用途

球墨铸铁的牌号用“QT”（“球铁”两字汉语拼音首字母）符号及其后面两组数字表示。“QT”是“球铁”两字汉语拼音的第一个字母，两组数字分别代表其最低抗拉强度和最低伸长率。常用球墨铸铁有：QT400-15、QT450-10、QT500-7、QT600-3、QT700-2、QT800-2、QT900-2 等。

1.6.4.3　应用场合

球墨铸铁的力学性能优于灰铸铁，与钢相近，可用其代替铸钢和锻钢制造各种荷载作用较大、受力较复杂和耐磨损的零件。例如：珠光体球墨铸铁常用于制造汽车、拖拉机或柴油机中的曲轴、连杆、凸轮轴、齿轮，机床中的主轴、涡杆和涡轮等；而铁素体球墨铸铁多用于制造受压阀门、机器底座和汽车后轿壳等。

1.6.4.4　球墨铸铁的热处理

铸态下的球墨铸铁基体组织一般为铁素体与珠光体，采用热处理方法来改变球墨铸铁基体组织，可有效地提高其力学性能。球墨铸铁常用的热处理工艺有：退火、正火、调质处理、贝氏体等温淬火等。

## 1.6.5　蠕墨铸铁

蠕墨铸铁是近年来发展起来的一种新型材料，是由熔融铁液经变质和孕育处理并冷却凝固后所获得的一种铸铁。蠕墨铸铁常采用变质元素（蠕化剂）有稀土镁合金、稀土硅铁合金、稀土硅钙合金等。

1. 蠕墨铸铁的组织

熔融铁液经蠕化处理后可得到具有蠕虫状石墨的铸铁，方法为浇注前向铁液中加入蠕化剂，促使石墨呈蠕虫状。

2. 蠕墨铸铁的性能

蠕虫状石墨的形态介于片状与球状之间，所以蠕墨铸铁的力学性能介于灰铸铁和球墨铸铁之间，工艺性能介于灰铸铁和球墨铸铁之间，在工艺性能方面，与灰铸铁相近，而铸造性能、减振性和导热性都优于球墨铸铁。

3. 蠕墨铸铁的牌号及应用

蠕墨铸铁的牌号、力学性能及用途见表 1-6。牌号中“RuT”是蠕铁两字汉语拼音字母，其后数字表示最低抗拉强度。常用蠕墨铸铁有：RuT420、RuT380、RuT340、RuT300、RuT260。

**表 1-6　蠕墨铸铁的牌号、力学性能及用途**

| 牌号 | $\sigma_b$/MPa | $\sigma_{0.2}$/MPa | $\delta$/% | 硬度 HB | 基体 |
|---|---|---|---|---|---|
| | 不小于 | | | | |
| RuT420 | 420 | 335 | 0.75 | 200～280 | P |
| RuT380 | 380 | 300 | 0.75 | 193～274 | P |
| RuT340 | 340 | 270 | 1.0 | 170～249 | P + F |
| RuT300 | 300 | 240 | 1.5 | 140～217 | P + P |
| RuT260 | 260 | 195 | 3.0 | 121～197 | F |

由于蠕墨铸铁的组织是介于灰铸铁与球墨铸铁之间的中间状态，所以蠕墨铸铁的性能也介于两者中间，即强度和韧性高于灰铸铁，但不如球墨铸铁。蠕墨铸铁的耐磨性较好，它适用于制造重型机床床身、机座、活塞环、液压件等。蠕墨铸铁的导热性比球墨铸铁高得多，几乎接近于灰铸铁，它的高温强度、热疲劳性能大大优于灰铸铁，适用于制造承受交变热负荷的零件，如钢锭模、结晶器、排气管和汽缸盖等。蠕墨铸铁的减振能力优于球墨铸铁，铸造性能接近于灰铸铁，铸造工艺简便，成品率高。

### 1.6.6 特殊性能铸铁

工业上除了要求铸铁有一定的力学性能外，有时还要求它具有较高的耐磨性以及耐热性、耐蚀性。为此，在普通铸铁的基础上加入一定量的合金元素，制成特殊性能铸铁（合金铸铁）。它与特殊性能钢相比，熔炼简便，成本较低，缺点是脆性较大，综合力学性能不如钢。常用的合金铸铁有耐磨铸铁、耐热铸铁及耐蚀铸铁等。

#### 1.6.6.1 耐磨铸铁

不易磨损的铸铁称为耐磨铸铁。有些零件如机床的导轨、托板，发动机的缸套，球磨机的衬板、磨球等，要求有更高的耐磨性，一般铸铁满足不了其工作条件的要求，应当选用耐磨铸铁。耐磨铸铁包括减磨铸铁和抗磨铸铁两大类。

减磨铸铁是在润滑条件下工作的耐磨铸铁，如机床导轨，发动机的汽缸套、活塞环，轴承等。减磨铸铁要求磨损小、摩擦系数小、导热性好、切削加工性好。

具有较好的抗磨料磨损的铸铁，称为抗磨铸铁。抗磨铸铁是在无润滑、干摩擦条件下工作的，如犁铧、轧辊、抛丸机叶片、球磨机磨球、拖拉机履带板、发动机凸轮等。

抗磨白口铸铁的牌号由 KmBT（抗磨白口铸铁）、合金元素符号和数字组成，如 KmBTNi4Cr2-DT、KmBTNi4Cr2-GT、KmBTCr20Mo、KmBTCr26 等。牌号中的“DT”表示低碳，“GT”表示高碳。如果牌号中有字母“Q”，则表示抗磨球墨铸铁，数字表示合金元素的百分质量分数，如 KmQTMn6 等。中锰球墨铸铁有 MQTMn6、MQTMn7、MQTMn8。冷硬铸铁有 LTCr2MoRE 等。

#### 1.6.6.2 耐热铸铁

普通灰铸铁的耐热性较差，只能在小于 400 °C 左右的温度下工作。耐热铸铁指可以在高温下使用，其抗氧化或抗生长性能符合使用要求的铸铁。通过在铸铁中加入 Si、Al、Cr 等合金元素，可使之在高温下形成一层致密的氧化膜，从而使其内部不再被继续氧化。此外，这些元素还会提高铸铁的临界点，使其在使用的温度范围内不发生固态相变，以减少由此造成的体积变化，防止显微裂缝的产生。

耐热铸铁的牌号用“RT”表示，如 RTSi5、RTCr16 等；如果牌号中有字母“Q”，则表示耐热球墨铸铁，数字表示合金元素的百分质量分数，如 RQTSi4Mo、RQTSi5、RQTAl22 等。

耐热铸铁主要用于制作工业加热炉附件，如炉底板、炉条、烟道挡板、废气道、传递链构件、渗碳坩埚、热交换器、压铸模等。

#### 1.6.6.3 耐蚀铸铁

能耐化学、电化学腐蚀的铸铁，称为耐蚀铸铁。常用的耐蚀铸铁有：高硅耐蚀铸铁、高硅钼耐蚀铸铁、高铝耐蚀铸铁、高铬耐蚀铸铁、镍铸铁等。耐蚀铸铁主要用于化工机械，如管道、阀门、耐酸泵、离心泵、反应锅及容器等。

常用的高硅耐蚀铸铁的牌号有 STSi11Cu2CrRE、STSi5RE、STSi15Mo3RE 等。牌号中的“ST”表示耐蚀铸铁，RE 是稀土代号，数字表示合金元素的百分质量分数。如果牌号中有字母“Q”则表示耐蚀球墨铸铁，数字表示合金元素的百分质量分数，如 SQTAl5Si5 等。

## 1.7 建筑钢材

### 1.7.1 建筑钢材冶炼及分类

建筑钢材是主要的建筑材料之一，包括：钢结构用钢材（如钢板、型钢、钢管等）和钢筋混凝土用钢材（如钢筋、钢丝等）。钢材是在严格的技术控制条件下生产的材料，与非金属材料相比，具有品质均匀稳定、强度高、塑性韧性好、可焊接和铆接等优异性能。钢材主要的缺点有：易锈蚀、维护费用大、耐火性差、生产能耗大。

#### 1.7.1.1 钢的冶炼

1. 生铁的冶炼

钢是由生铁冶炼而成的。将铁矿石、熔剂（石灰石）、燃料（焦炭）置于高炉中，约在 1750 °C 高温下，石灰石与铁矿石中的硅、锰、硫、磷等经过化学反应，生成铁渣，浮于铁水表面。铁渣和铁水分别从出渣口和出铁口放出，铁渣排出时用水急冷得水淬矿渣；排出的生铁中含有碳、硫、磷、锰等杂质。生铁又分为炼钢生铁（白口铁）和铸造生铁（灰口铁）。生铁硬而脆，无塑性和韧性，不能焊接、锻造、轧制。

2. 炼 钢

将生铁进行精炼，使碳的含量降低到一定的限度，同时把其他杂质的含量也降低到允许范围内。所以，在理论上凡含碳量在 2%以下，含有害杂质较少的 Fe-C 合金可称为钢。

根据炼钢设备的不同，常用的炼钢方法有空气转炉法、氧气转炉法、平炉法、电炉法。

#### 1.7.1.2 钢的分类

钢的分类详见表 1-7 所示。

表 1-7 钢的分类

| 分类方法 | 类别 | | 特性 |
|---|---|---|---|
| 按化学成分分类 | 碳素钢 | 低碳钢 | 含碳量< 0.25% |
| | | 中碳钢 | 含碳量 0.25% ~ 0.60% |
| | | 高碳钢 | 含碳量> 0.60% |
| | 合金钢 | 低合金钢 | 合金元素总含量< 5% |
| | | 中合金钢 | 合金元素总含量 5% ~ 10% |
| | | 高合金钢 | 合金元素总含量> 10% |
| 按脱氧程度分类 | 沸腾钢 | | 脱氧不完全，硫、磷等杂质偏析较严重，代号为“F” |
| | 镇静钢 | | 脱氧完全，同时去硫，代号为“Z” |
| | 半镇静 | | 钢脱氧程度介于沸腾钢和镇静钢之间，代号为“B” |
| | 特殊镇静钢 | | 比镇静钢脱氧程度还要充分彻底，代号为“TZ” |

### 1.7.2 建筑钢材的标准与选用

建筑工程用钢有钢结构用钢和钢筋混凝土结构用钢两类，前者主要应用型钢和钢板，后者主要采用钢筋和钢丝。

钢结构用钢主要有碳素结构钢和低合金结构钢两种。

#### 1.7.2.1 碳素结构钢（非合金钢）

1. 碳素结构钢的牌号及其表示方法

碳素结构钢的牌号由四个部分组成：屈服点的字母（Q）、屈服点数值（$N/mm^2$）、质量等级符号（A、B、C、D）、脱氧程度符号（F、B、Z、TZ）。

质量等级：按钢中硫、磷含量由多至划分，随 A、B、C、D 的顺序质量等级逐级提高。

当为镇静钢或特殊镇静钢时，牌号表示中的“Z”与“TZ”符号可予以省略。表 1-8 为碳素结构钢的化学成分及力学性能。

**表 1-8　碳素结构钢的化学成分及力学性能**

<table>
<tr><td rowspan="5">牌号</td><td rowspan="5">等级</td><td colspan="13">拉伸性能</td><td colspan="2">冲击试验</td></tr>
<tr><td colspan="6">屈服点 $\sigma_s$/MPa</td><td rowspan="4">抗拉强度 $\sigma_b$/MPa</td><td colspan="6">伸长率 $\Delta$/%</td><td rowspan="3">温度/°C</td><td rowspan="3">V 型冲击功（纵向）/J</td></tr>
<tr><td colspan="6">钢材厚度（直径）/mm</td><td colspan="6">钢材厚度（直径）/mm</td></tr>
<tr><td>≤16</td><td>>16～40</td><td>>40～60</td><td>>60～100</td><td>>100～150</td><td>>150</td><td>≤16</td><td>>16～40</td><td>>40～60</td><td>>60～100</td><td>>100～150</td><td>>150</td></tr>
<tr><td colspan="6">不小于</td><td colspan="6">不小于</td><td></td><td>不小于</td></tr>
<tr><td>Q195</td><td>—</td><td>（195）</td><td>（185）</td><td>—</td><td>—</td><td>—</td><td>—</td><td>315～430</td><td>33</td><td>32</td><td>—</td><td>—</td><td>—</td><td>—</td><td>—</td><td>—</td></tr>
<tr><td rowspan="2">Q215</td><td>A</td><td rowspan="2">215</td><td rowspan="2">205</td><td rowspan="2">195</td><td rowspan="2">185</td><td rowspan="2">175</td><td rowspan="2">165</td><td rowspan="2">335～450</td><td rowspan="2">31</td><td rowspan="2">30</td><td rowspan="2">29</td><td rowspan="2">28</td><td rowspan="2">27</td><td rowspan="2">26</td><td>—</td><td>—</td></tr>
<tr><td>B</td><td>20</td><td>27</td></tr>
<tr><td rowspan="4">Q235</td><td>A</td><td rowspan="4">235</td><td rowspan="4">225</td><td rowspan="4">215</td><td rowspan="4">205</td><td rowspan="4">195</td><td rowspan="4">185</td><td rowspan="4">375～500</td><td rowspan="4">26</td><td rowspan="4">25</td><td rowspan="4">24</td><td rowspan="4">23</td><td rowspan="4">22</td><td rowspan="4">21</td><td>—</td><td>—</td></tr>
<tr><td>B</td><td>20</td><td></td></tr>
<tr><td>C</td><td>0</td><td></td></tr>
<tr><td>D</td><td>−20</td><td>27</td></tr>
<tr><td rowspan="2">Q255</td><td>A</td><td rowspan="2">255</td><td rowspan="2">245</td><td rowspan="2">235</td><td rowspan="2">225</td><td rowspan="2">215</td><td rowspan="2">205</td><td rowspan="2">401～550</td><td rowspan="2">24</td><td rowspan="2">23</td><td rowspan="2">22</td><td rowspan="2">21</td><td rowspan="2">20</td><td rowspan="2">19</td><td>—</td><td>—</td></tr>
<tr><td>B</td><td>20</td><td>27</td></tr>
<tr><td>Q275</td><td>—</td><td>275</td><td>265</td><td>255</td><td>245</td><td>235</td><td>225</td><td>490～630</td><td>20</td><td>19</td><td>18</td><td>17</td><td>16</td><td>15</td><td>—</td><td>—</td></tr>
</table>

2. *牌号的特性与用途*

建筑工程中常用的碳素结构钢牌号为 Q235。原因：由于该牌号钢既具有较高的强度，又具有较好的塑性和韧性，可焊性也好，故能较好地满足一般钢结构和钢筋混凝土结构的用钢要求。

### 1.7.2.2　低合金高强度结构钢

低合金高强度结构钢是在碳素结构钢的基础上，添加少量的一种或多种合金元素（总含量<5%）的一种结构钢。其目的是提高钢的屈服强度、抗拉强度、耐磨性、耐蚀性与耐低温性等。因而它是综合性较为理想的建筑钢材，在大跨度、承重动荷载和冲击荷载的结构中更适用。此外，与使用碳素钢相比，使用低合金高强度钢可以节约钢材 20%～30%，而成本并不很高。低合金高强度结构钢的力学性能和冷弯性能见表 1-9。

1. *牌号及其表示方法*

根据国家标准（GB 1591—2008）规定，我国低合金结构钢共有 5 个牌号，所加元素主要有锰、硅、钒、钛、铌、铬、镍及稀土元素。其牌号的表示由屈服点字母 Q、屈服点数值、质量等级（A、B、C、D、E 五级）三部分组成。

2. *应　用*

低合金结构钢主要用于轧制各种建筑用型钢（角钢、槽钢、工字钢）、钢板、钢管及建筑钢筋，广泛用于建筑工程的钢结构和钢筋混凝土结构，特别适用于各种重型结构、大跨度结构、高层结构及桥梁工程等，尤其对用于大跨度和大柱网的结构，其技术经济效果更为显著。

**表 1-9　低合金高强度结构钢的力学性能和冷弯性能**

| 牌号 | 质量等级 | 屈服点 $\sigma_s$/MPa 厚度（直径、边长）/mm ≤16 | >16～35 | >35～50 | >35～100 | 抗拉强度 $\sigma_b$/MPa | 伸长率 $\delta_s$/% | V型冲击功 $A_{KV}$（纵向）/J +20 °C | 0 °C | −20 °C | −40 °C | 180°弯曲试验，$d$=弯心直径 $a$=试样厚度（直径） 钢材厚度（直径）/mm ≤16 | >16～100 |
|---|---|---|---|---|---|---|---|---|---|---|---|---|---|
| | | 不小于 | | | | | 不小于 | | | | | | |
| Q295 | A | 295 | 275 | 255 | 235 | 392～570 | 23 | | | | | $d=2a$ | $d=3a$ |
| | B | | | | | | | 34 | | | | | |
| Q345 | A | 345 | 325 | 295 | 275 | 470～630 | 21 | | | | | $d=2a$ | $d=3a$ |
| | B | | | | | | | 34 | | | | | |
| | C | | | | | | | | 34 | | | | |
| | D | | | | | | | | | 34 | | | |
| | E | | | | | | | | | | 27 | | |
| Q390 | A | 390 | 370 | 350 | 330 | 490～650 | 19 | | | | | $d=2a$ | $d=3a$ |
| | B | | | | | | | 34 | | | | | |
| | C | | | | | | 20 | | 34 | | | | |
| | D | | | | | | | | | 34 | | | |
| | E | | | | | | | | | | 27 | | |
| Q420 | A | 420 | 400 | 380 | 360 | 520～680 | 18 | | | | | $d=2a$ | $d=3a$ |
| | B | | | | | | | 34 | | | | | |
| | C | | | | | | 19 | | 34 | | | | |
| | D | | | | | | | | | 34 | | | |
| | E | | | | | | | | | | 27 | | |
| Q460 | C | 460 | 440 | 420 | 400 | 550～720 | 17 | | 34 | | | $d=2a$ | $d=3a$ |
| | D | | | | | | | | | 34 | | | |
| | E | | | | | | | | | | 27 | | |

### 1.7.2.3　钢筋混凝土结构用钢

1. 热轧钢筋

热轧钢筋根据其表面状态特征、工艺与供应方式分为热轧光圆钢筋（HPB）235；热轧带肋钢筋（HRB、HRBF）335\400\500，按肋纹的形状分为月牙肋和等高肋钢筋。常用钢筋的强度等级见表 1-10，带肋钢筋外形肋纹结构见图 1-17。

**表 1-10　常用钢筋的强度等级**

| 牌号（强度等级代号） | 钢筋级别 | 外形 | 产品标准 | 性能指标 |
|---|---|---|---|---|
| HPB235（Q235） | Ⅰ | 光圆 | 《钢筋混凝土用钢　第 1 部分：热轧光圆钢筋》（GB 1499.1—2008） | $\sigma_s$（或 $\sigma_{p0.2}$）、$\sigma_b$、$\delta_5$、冷弯试验 |
| HRB335 | Ⅱ | 带肋 | 《钢筋混凝土用钢　第 2 部分：热轧带肋钢筋》（GB 1499.2—2007） | |
| HRB400 | Ⅲ | 带肋 | | |
| HRB500 | Ⅳ | 带肋 | | |

（1）HPB235 级热轧光圆钢筋：强度较低，但塑性及焊接性能较好，便于各种冷加工，可作为冷拔钢丝的原材料；广泛用于普通钢筋混凝土构件中，一般多用于中小型构件受力部分和其他

结构中的构造钢筋。

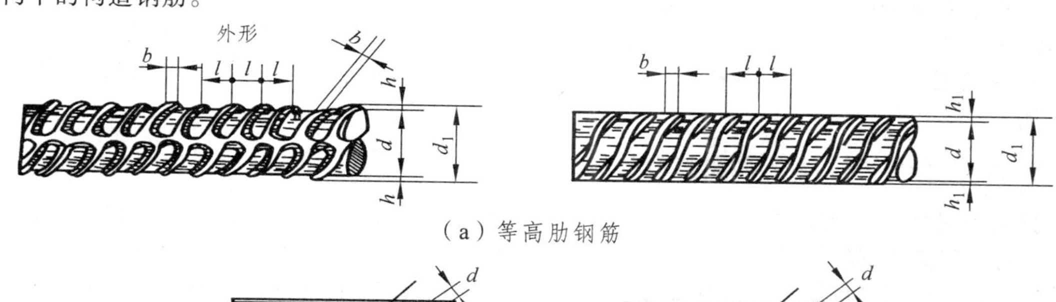


（a）等高肋钢筋

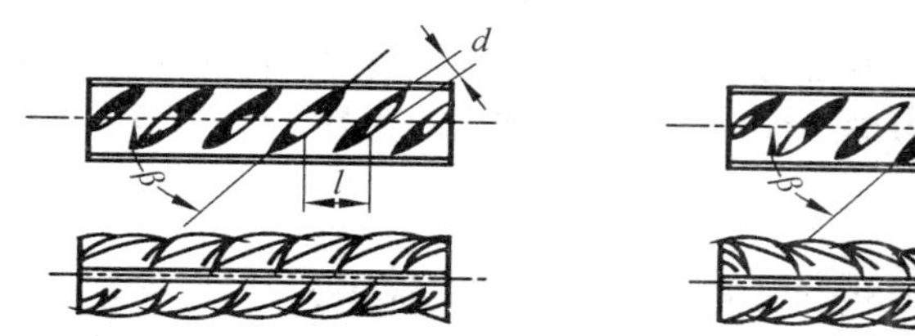


（b）月牙肋钢筋

**图 1-17 热轧带肋钢筋结构示意图**

（2）HRB335 级和 HRB400 级钢筋：强度、塑性及焊接的综合性能较好，可用于大、中型工程如桥梁、水坝等构件中，目前提倡用 HRB400 级钢筋作为我国钢筋混凝土结构的主力钢筋。

（3）HRB500 钢筋：强度高，但塑性和焊接性能较差，多用于预应力钢筋。

热轧带肋钢筋的力学性能和工艺性能见表 1-11。

**表 1-11 热轧带肋钢筋的力学性能和工艺性能**

| 牌 号 | 外 形 | 钢 种 | 公称直径/mm | 屈服强度/MPa | 抗拉强度/MPa | 伸长率 $\delta_5$/% | 冷弯性能 | |
|---|---|---|---|---|---|---|---|---|
| | | | | 不小于 | | | 角度/(°) | 弯心直径 |
| HPB235 | 光 圆 | 低碳钢 | 8～20 | 235 | 370 | 25 | 180 | $d=a$ |
| HRB335 | 月牙肋 | 低碳合金钢 | 6～25 | 335 | 490 | 16 | 180 | $d=3a$ |
| | | | 28～50 | | | | | $d=4a$ |
| HRB400 | | | 6～25 | 400 | 570 | 14 | 180 | $d=4a$ |
| | | | 28～50 | | | | | $d=5a$ |
| HRB500 | 等高肋 | 中碳合金钢 | 6～25 | 500 | 630 | 12 | 180 | $d=6a$ |
| | | | 28～50 | | | | | $d=7a$ |

2. 冷轧带肋钢筋

热轧圆盘条经冷轧后，在其表面带有沿长度方向均匀分布的三面或两面横肋，即称为冷轧带肋钢筋。其性能如表 1-12 所示。

**表 1-12 冷轧带肋钢筋的力学性能和工艺性能**

| 牌 号 | 抗拉强度 $\sigma_b$/MPa，≥ | 伸长率/%，≥ | | 弯曲试验 180° | 反复弯曲次数 | 松弛率（初始应力 $\sigma_{con}=0.7\sigma_b$） | |
|---|---|---|---|---|---|---|---|
| | | $\delta_{10}$ | $\delta_{100}$ | | | 1000 h（%）≤ | 10 h（%）≤ |
| CRB550 | 550 | 8.0 | — | | — | — | — |
| CRB650 | 650 | — | 4.0 | — | 3 | 8 | 5 |
| CRB800 | 800 | — | 4.0 | — | 3 | 8 | 5 |
| CRB970 | 970 | — | 4.0 | — | 3 | 8 | 5 |
| CRB1170 | 1 170 | — | 4.0 | — | 3 | 8 | 5 |

冷轧带肋钢筋按抗拉强度分为五个牌号：CRB550、CRB650、CRB800、CRB970、CRB1170。C、R、B 分别为冷轧、带肋、钢筋三个词的英文首位字母，数值为抗拉强度的最小值。与冷拔低碳钢丝相比，冷轧带肋钢筋具有强度高、塑性好，与钢筋黏结牢固，节约钢材，质量稳定等优点。

#### 1.7.2.4 预应力混凝土用螺纹钢筋

预应力混凝土用螺纹钢筋是用热轧带肋钢筋经淬火和回火调质处理后的钢筋。其优点是：强度高，可代替高强钢丝使用；配筋根数少，节约钢材；锚固性好，不易打滑，预应力值稳定；施工简便，开盘后钢筋自然伸直，不需调直，不能焊接。预应力混凝土用螺纹钢筋主要用作预应力钢筋混凝土轨枕，也用于预应力梁、板结构及吊车梁等。代号：PSB（785\830\930\1080）

#### 1.7.2.5 冷拔低碳钢丝

冷拔低碳钢丝是用直径为 6.5 ~ 8 mm 的碳素结构钢（Q235）的盘条为原料，经多次用强拉力拉拔，通过拉拔模孔后使其直径缩减成 3 ~ 5 mm 的钢丝。经过冷拔后，钢丝的强度大大提高，但塑性随之大幅度下降。

冷拔低碳钢丝应用：甲类钢丝适用于中、小型预应力构件中作预应力钢筋；乙类主要用作焊接骨架、焊接网、箍筋和构造筋。

## 1.7.3 建筑钢材的防腐蚀与防火

钢材的锈蚀是指其表面与周围介质发生化学反应而遭到的破坏过程。锈蚀根据作用的机理分为：化学锈蚀、电化学锈蚀。

#### 1.7.3.1 化学锈蚀

化学锈蚀是指钢材直接与周围介质发生化学反应而产生的锈蚀。这种锈蚀多数是氧化作用，使钢材表面形成疏松的氧化物。在常温下，钢材表面能形成一薄层起保护作用的氧化膜 FeO，可以防止钢材进一步锈蚀。因而在干燥环境下，钢材锈蚀进展缓慢，但在温度和湿度较高的环境中，这种锈蚀进展加快。

#### 1.7.3.2 电化学锈蚀

电化学锈蚀是建筑钢材发生锈蚀的主要形式。它是指钢材与电解质溶液接触而产生电流，形成微电池而引起的锈蚀。其原因有：钢筋内的杂质、混凝土不均匀性、各部位所处环境不同等产生的电位差。

#### 1.7.3.3 防止钢材锈蚀的措施

*1. 保护层法*

防止钢材锈蚀通常的方法是在表面施加保护层，使钢材与周围介质隔离。保护层可分为金属保护层和非金属保护层两类。

非金属保护层常用的是在钢材表面刷漆，常用底漆有红丹、环氧富锌漆、铁红环氧底漆等，面漆有调和漆、醇酸磁漆、酚醛磁漆等。该方法简单易行，但不耐久。此外，还可以采用塑料保护层、沥青保护层、搪瓷保护层等。

金属保护层是用耐蚀性较好的金属，以电镀或喷镀的方法覆盖在钢材表面，如镀锌、镀锡、镀铬等。薄壁钢材可采用热浸镀锌或镀锌后加涂塑料涂层等措施。

2. 制成合金

钢材的组织及化学成分是引起钢件锈蚀的主要内因。通过调整钢的基本组织或加入某些合金元素，可有效地提高钢材的抗腐蚀能力。例如，在钢中加入一定量的合金元素铬、镍、钛等，制成不锈钢，可以提高耐锈蚀能力。

#### 1.7.3.4 钢材的防火

耐火试验与火灾案例调查表明：无保护层时钢柱和钢屋架的耐火极限只有 0.25h，裸露钢梁耐火极限仅为 0.15h；温度在 200 °C 以内，可以认为钢材的性能基本不变；超过 300 °C 以后，弹性模量、屈服点和极限强度均开始显著下降，应变急剧增大；到达 600 °C 时已失去承载能力。

钢材的防火措施主要有：采用防火涂料——膨胀型（薄型，涂 2 ~ 7 mm），耐火极限可为 0.5 ~ 1.5 h，非膨胀型（厚型，涂 8 ~ 50 mm），耐火极限可为 0.5 ~ 3 h；采用不燃性板材——石膏板、蛭石板、硅酸钙板、珍珠岩板、矿棉板等。

## 1.8 有色金属及其合金

### 1.8.1 有色金属概述

金属材料分为黑色金属和有色金属两大类。黑色金属主要指钢和铸铁，而其余金属，如铝、铜、锌、镁、锡等及其合金统称为有色金属。

与黑色金属相比，有色金属及其合金具有许多特殊的力学、物理和化学性能。因此，在空间技术、核能和计算机等新型工业领域，有色金属材料应用广泛。例如：铝、镁、钛等金属应用十分广泛；银、铜、铝等金属，导电性能和导热性能十分优良，是电器工业和仪表工业不可缺少的材料；钨、钼、铌是制造使用温度在 1 300 °C 以上的高温零件及电真空元件的理想材料。

### 1.8.2 铜及其合金

#### 1.8.2.1 工业纯铜

1. 性　能

纯铜呈玫瑰红色，工业上使用的纯铜，含铜量为 99.5% ~ 99.95%，呈紫红色，故又称紫铜。纯铜有如下特性：

密度为 $8.9\times10^3$ kg/m$^3$，比钢密度大 15%；熔点为 1 083 °C；有良好的导电、导热性，仅次于银居第二位；塑性好，铸造性能好，可冷热压力加工；较高的抗蚀性，如大气、水中不受腐蚀；具有抗磁性；减摩性、耐磨性好；色泽美观。

工业纯铜中常有 0.1% ~ 0.5%的杂质，使铜的导电性能力降低。

2. 代　号

根据工业纯铜杂质含量不同，分为 T1、T2、T3、T4 等牌号，数字越大、杂质含量越高、纯度越低。除工业纯铜外，还有一类无氧铜，其含氧量极低，氧含量小于等于 0.003%。无氧铜牌号用 TU 加序号表示，如 TU1、TU2，主要用来制作电真空器件及高导电性铜线。这种导线能抵抗氢的作用，不发生氢脆现象。

3. 应　用

纯铜主要用于制造电线、电缆、电子元器件和配置合金。纯铜和铜合金的低温力学性能很好，所以是制造冷冻设备的主要材料。

#### 1.8.2.2 铜合金

纯铜的强度很低，不宜做结构材料，为改善力学性能，可在纯铜中加入合金元素制成铜合金。铜合金一般仍具有较好的导电、导热、耐蚀、抗磁等特殊性能及足够高的力学性能。铜合金分为黄铜、青铜和白铜。在普通机械制造业中，应用较为广泛的是黄铜和青铜。

1. 黄　铜

黄铜是以锌为主要合金元素的铜合金。

（1）普通黄铜。以铜和锌组成的二元铜合金称普通黄铜。普通黄铜的牌号用“H + 数字”表示。其中 H 为“黄”字汉语拼音的首字母，数字表示平均含铜量，如 H90，表示黄铜的平均含铜量为 90%，余下的 10%则是锌。

当含锌量低于 32%时，随着含锌量的增加，合金的强度和塑性都升高；当含锌量超过 32%时，塑性开始下降，但强度继续升高；当含锌量高于 45%时，黄铜的强度和塑性随含锌量的增加急剧下降，在实际生产中无实用价值。

（2）特殊黄铜。在普通黄铜的基础上加入其他合金元素的铜合金，称为特殊黄铜。特殊黄铜的牌号以“H + 添加元素符号 + 数字 + 数字”，数字依次表示含铜量和加入元素的含量。

（3）铸造黄铜。铸造黄铜的牌号即在普通黄铜牌号前加“Z”，如 ZCuZn38。

2. 青　铜

青铜原指铜锡合金，但是，工业上习惯将铜合金中不含锡而含有铝、镍、锰、硅、铅等特殊元素组成的合金也称为青铜。所以青铜实际上包含锡青铜、铝青铜、硅青铜等。青铜也可分压力加工青铜和铸造青铜两类。牌号：Q + 主加元素符号 + 主加元素含量（ + 其他元素含量）。

（1）锡青铜。

以锡为主加元素的铜合金称为锡青铜。锡青铜是我国历史上使用得最早的有色合金，也是最常用的有色合金之一。按生产方法，锡青铜可分为压力加工锡青铜和铸造锡青铜两类（表 1-13）。

**表 1-13　压力加工锡青铜和铸造锡青铜**

| | | | |
|---|---|---|---|
| 压力加工锡青铜 | 锡含量<10% | CuSn5Pb5Zn5 | 仪表中的耐磨、耐蚀零件，以及弹性零件 |
| 铸造锡青铜 | 含锡量一般为 10%～14% | ZCuSn10Zn2 | 用于制造阀、泵壳、齿轮、涡轮 |

（2）无锡青铜。

无锡青铜是指不含锡的青铜，常用的有铝青铜、铅青铜、硅青铜等。

铝青铜是无锡青铜中用途最为广泛的一种，它是以铝为主要合金元素的铜合金。铜铝合金的力学性能比黄铜和锡青铜都高。

铝青铜的耐蚀性优良，在大气、海水、碳酸及大多数有机酸中比黄铜和锡青铜有更高的耐蚀性。铝青铜的耐磨性也比黄铜和青铜好。铝青铜还有耐寒冷、冲击时不产生火花等特性。铝青铜可用于制造齿轮、轴套和涡轮等在复杂条件下工作的高强度抗磨零件以及弹簧和其他高耐蚀性的弹性零件。

3. 白　铜

以镍为主要元素的铜合金称为白铜。白铜分为结构白铜和电工白铜两类。

### 1.8.3 铝及其合金

#### 1.8.3.1 工业纯铝

铝含量不低于 99.00%时为纯铝。纯铝密度是 2.7 g/cm$^3$，熔点是 660 °C，结晶后具有面心立方晶格，无同素异构转变现象，无铁磁性；纯铝有良好的导电和导热性能；纯铝在非工业污染的大气中有良好的耐腐蚀性；纯铝的塑性好（$\delta\approx 40\%$，$\psi\approx 80\%$），但强度低（$\sigma_b\approx 80\sim 100$ MPa）；纯铝不能用热处理进行强化。

纯铝为银白色，工业上使用的纯度为 99% ~ 99.99%。

纯铝密度小，仅为铁的 1/3；导电、导热性较高，居第四位；抗大气腐蚀性好，生成 $Al_3O_2$，与大气隔绝，但不耐酸、碱和盐；塑性好，可压力加工成各种型材；无铁磁性，即磁化率极低。

纯铝主要用于替代贵金属制电线，配制各铝合金及制要求质轻、导热或耐大气腐蚀但抗拉强度要求不变的器具，也可用于熔炼铝合金，制造电线、电缆、电器元件、换热器件以及要求制作质轻、导热与导电、耐大气腐蚀但强度要求不高的机电构件等。

#### 1.8.3.2 铝合金

铝合金是以铝为基础，加入一种或几种其他元素（如铜、镁、硅、锰、锌等）构成的合金。

铝合金分为变形铝合金和铸造铝合金两类。变形铝合金塑性较高，适于压力加工。变形铝合金分为热处理不能强化铝合金和热处理能强化铝合金。铸造铝合金适合于铸造加工，不适于压力加工。

1. 变形铝合金

在标准 GB/T 3190—2008 中规定变形铝合金的代号用“L + 代号 + 数字”表示。L 是“铝”字汉语拼音字首；其后的代号表示变形铝合金的类别，如 F 表示防锈铝，Y 表示硬铝，C 表示超硬铝，D 表示锻铝。数字表示合金的顺序号。例如，LD5 表示 5 号锻铝合金。

《变形铝及铝合金牌号表示方法》（GB/T 16474—2011）规定铝合金牌号直接引用国际四位数字体系牌号或采用四位字符体系牌号。

（1）防锈铝。它属于热处理不能强化的变形铝合金，一般只能通过冷压力加工提高其强度，主要是 Al-Mn 系和 Al-Mg 系合金，如 5A02（LE2）、3A21（LF21）等。防锈铝主要用于制造要求具有较高耐腐蚀性的油箱、导油管、生活用器皿、窗框、铆钉、防锈蒙皮、中荷载零件和焊接件等。

（2）硬铝。它属于 Al-Cu-Mg 系合金，如 2A11（LY11）、2A12（LY12）等。硬铝主要用于制作中等强度的构件和零件，如铆钉、螺栓，航空工业中的一般受力结构件（如飞机翼肋、翼梁等）。

（3）超硬铝。它属于 Al-Cu-Mg-Zn 系合金，这类铝合金是在硬铝的基础上再添加锌元素形成的，如 7A04（LC4）、7A09（LC9）等。超硬铝主要用于制作受力大的重要构件及高荷载零件，如飞机大梁、桁架、翼肋、活塞、加强框、起落架、螺旋桨叶片等。

（4）锻铝。它属于 Al-Cu-Mg-Si 系合金，如 2A50（LD5）、2A70（LD7）等。锻铝适于压力加工（如锻压、冲压等），用来制作各种形状复杂的零件（如内燃机活塞、叶轮等）或棒材。

2. 铸造铝合金

铸造铝合金是指可采用铸造成形方法直接获得铸件的铝合金。

按其所加合金元素的不同，铸造铝合金主要有：Al-Si 系、Al-Cu 系、Al-Mg 系、Al-Zn 系铸造铝合金等。

铸造铝合金牌号由铝和主要合金元素的化学符号，以及表示主要合金元素名义质量百分含量的数字组成，并在其牌号前面冠以“铸”字的汉语拼音字母的字首“Z”。例如，ZAlSi12，表示 $w_{Si}=12\%$，$w_{Al}=88\%$的铸造铝合金。

#### 1.8.3.3 铝合金的热处理

1. 铝合金的热处理特点

铝合金热处理机理与钢不相同。一般钢经淬火后，硬度和强度立即提高，塑性下降。铝合金则不同，能进行热处理强化的铝合金，淬火后硬度和强度不能立即提高而塑性与韧性却显著提高。

铝合金的时效分为自然时效和人工时效两种。铝合金工件经固溶处理后，在室温下进行的时效称为“自然时效”；在加热条件（一般 100 ~ 200 °C）下进行的时效称为“人工时效”。

2. 铝合金的热处理

铝合金常用的热处理方法有退火、淬火加时效等。

退火可消除铝合金加工硬化，恢复其塑性变形能力，消除铝合金铸件内应力和化学成分偏析。

淬火也称“固溶处理”，其目的是使铝合金获得均匀的过饱和固溶体。

时效处理是使淬火铝合金达到最高强度，淬火加时效是铝合金强化的主要方法。

### 1.8.4 钛及其合金

钛及钛合金具有优良的综合性能，具有密度小、质量轻、比强度高、耐高温、耐腐蚀以及良好低温韧性等优点，有一定的高温持久强度，并有很好的冲击韧度，是一种理想的轻质结构材料，特别适用于航天、航空、造船和化工工业等要求比强度高的器件。

#### 1.8.4.1 工业纯钛

钛是银白色的金属，密度小（4 530 kg/m$^3$），熔点高（1 725 °C），导热性差，塑性好，强度较低，易加工成型，可制成细丝和薄片。钛在大气和海水中有优良的耐蚀性，在硫酸、盐酸、硝酸及氢氧化钠等介质中都很稳定。钛的抗氧化能力优于大多数奥氏体不锈钢。

钛在固态有两种结构，882.5 °C ~ 熔点为体心立方晶格（β-Ti）；882.5 °C 以下为密排六方晶格（α-Ti）。

工业纯钛按纯度分为 4 个等级，牌号为 TA0、TA1、TA2 和 TA3。工业纯钛是航空、航天、船舶常用的材料，如飞机骨架、蒙皮、隔热板、热交换器等。

#### 1.8.4.2 钛合金

钛合金按退火后的组织形态可分为 α 型钛合金、β 型钛合金和（α + β）型钛合金。钛合金的牌号用“T + 合金类别代号 + 顺序号”表示。T 是“钛”字汉语拼音字首，合金类别代号分别用 A、B、C 表示 α 型钛合金、β 型钛合金、（α + β）型钛合金。例如，TA7 表示 7 号 α 型钛合金；TB2 表示 2 号 β 型钛合金；TC4 表示 4 号（α + β）型钛合金。

1. α 合金

α 型钛合金是相固溶体组成的单相合金；耐磨性高于纯钛，抗氧化能力强；典型牌号是 TA7，成分为 Ti-5Al-2.5Sn。其使用温度不超过 500 °C，主要用于制导弹的燃料罐、超音速飞机的涡轮机匣等。

2. β 合金

β 型钛合金是 β 相固溶体组成的单相合金，其高强度，热稳定性差。β 钛合金的典型牌号是 TB1，成分为 Ti-3Al-13V-11Cr，一般在 350 °C 以下使用，适于制造压气机叶片、轴、轮盘等重载的回转件，以及飞机构件等。

3. α + β 合金

（α + β）型钛合金是双相合金，具有良好的综合性能，组织稳定性好，有良好的韧性、塑性和高温变形性能，能较好地进行热压力加工；其典型牌号是 TC4，成分为 Ti-6Al-4V，适于制造在 400 °C 以下长期工作的零件，或要求一定高温强度的发动机零件，以及在低温下使用的火箭、导弹的液氢燃料箱部件等。常用的（α + β）型钛合金有 TC1、TC2、TC3、TC4、TC6、TC7、TC9、TC10、TC11、TC12 等。

### 1.8.5 滑动轴承合金

滑动轴承合金具有良好耐磨性和减摩性，是用于制造滑动轴承轴瓦及其内衬的铸造合金。轴承合金性能的要求：适当的硬度，足够的塑性、韧性，高的抗拉强度和疲劳强度，低的摩擦系数，良好的减摩性，耐磨性好，良好的导热性，较小的膨胀系数，防止咬合、良好的耐蚀性。

滑动轴承合金的理想显微组织是：在软的基体上分布着硬的质点（图 1-18），或是在硬的基体上分布着较软质点。

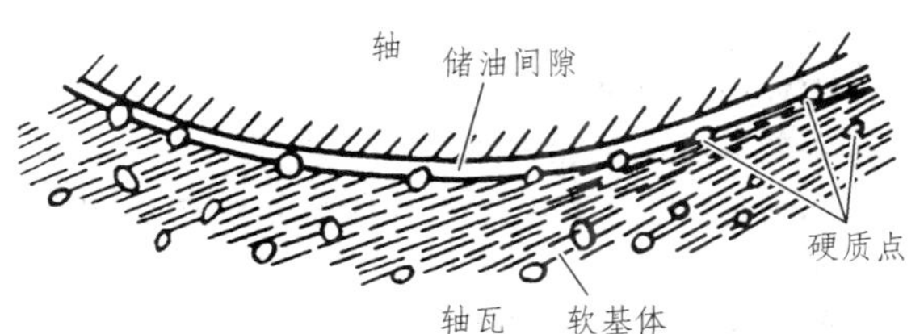


**图 1-18 滑动轴承合金的理想组织示意图**

常用滑动轴承合金有：锡基、铅基、铜基、铝基等滑动轴承合金。

铸造滑动轴承合金牌号由字母“Z + 基体金属元素 + 主添加合金元素的化学符号 + 主添加合金元素平均百分质量分数的数字 + 辅添加合金元素的化学符号 + 辅添加合金元素平均百分质量分数的数字”组成。如果合金元素的百分质量分数不小于 1%，该数字用整数表示；如果合金元素的百分质量分数小于 1%，一般不标数字，必要时可用一位小数表示。例如，ZSnSb11Cu6 表示平均锑的质量分数是 11%、铜的质量分数是 6%、其余锡的质量分数是 83% 的铸造锡基轴承合金。

1. 锡基滑动轴承合金（或锡基巴氏合金）

锡基滑动轴承合金是以锡为基，加入锑（Sb）、铜等元素组成的合金。

锡基滑动轴承合金具有适中的硬度、低的摩擦系数、较好的塑性和韧性、优良的导热性和耐腐蚀性，常用于制造重要的滑动轴承。

常用的锡基滑动轴承合金有：ZSnSb12Pb10Cu4、ZSnSb8Cu4、ZSnSb11Cu6、ZSnSb4Cu4 等。

2. 铅基滑动轴承合金（铅基巴氏合金）

铅基滑动轴承合金是以铅为基，加入锑、锡、铜等元素组成的滑动轴承合金。

铅基滑动轴承合金的强度、硬度、韧性均低于锡基滑动轴承合金，摩擦系数较大，用于制作中等负荷的低速滑动轴承。

常用的铅基滑动轴承合金有：ZPbSb16Sn16Cu2、ZPbSb15Sn10、ZPbSb15Sn5、ZPbSb10Sn6 等。

3. 铜基滑动轴承合金（锡青铜和铅青铜）

铜基滑动轴承合金是指以铜合金作为滑动轴承材料的合金。

铜基滑动轴承合金用于制造高速、重荷载下工作的滑动轴承。

铜基滑动轴承合金的常用牌号是 ZCuPb30、ZCuSn10P、ZCuSn5Pb5Zn5 等。

4. 铝基轴承合金

铝基滑动轴承合金是以铝为基体元素，加入锑、锡或镁等合金元素形成的滑动轴承合金。

铝基滑动轴承合金具有原料丰富、价格低廉、导热性好、疲劳强度高和耐腐蚀性好等优点，而且能轧制成双金属，广泛用于高速重载下工作的汽车、拖拉机及柴油机的滑动轴承。

常用铝基滑动轴承合金有铝锑镁合金和铝锡合金。

## 思考练习题

1. 什么是弹性变形？什么是塑性变形？

2. $\sigma_{0.2}$ 的含义是什么？

3. 什么是抗拉强度？

4. 什么是疲劳强度？

5. 布氏硬度测量法适用于测量什么类型材料的硬度？

6. 下列硬度写法是否正确？为什么？

（1）80～85HRC；（2）HBW350～400。

7. 下列几种工件应该采用何种硬度试验法测定其硬度？

（1）锉刀；（2）黄铜轴套；（3）供应状态的各种碳素钢钢材；（4）硬质合金刀片。

8. 常见的金属晶体结构有哪几种？

9. 实际金属晶体中存在哪些晶体缺陷？对其性能有什么影响？

10. 固溶体可分为几种类型？形成固溶体对合金有何影响？

11. 金属化合物有什么特点？它们在钢中起什么作用？

12. 金属的弹性变形与塑性变形有何区别？

13. 什么是金属的加工硬化现象？

14. 简述纯铁的特性与用途。

15. 随着含碳量的增加，碳素钢的强度有何变化规律？原因是什么？

16. 为何要在碳素钢中严格控制硫、磷的含量？而在易切削的钢中磷含量又要适当提高？

17. Q235-AF 钢牌号的含义是什么？

18. 简述碳素工具钢的特性与应用。

19. 为何过共析钢不宜采用完全退火？

20. 回火的目的是什么？为什么淬火工件务必要及时回火？

21. 何谓表面淬火？该工艺适用于哪些钢件？

22. 若 45 钢经过淬火、低温回火后硬度为 57HRC，然后再进行 560 °C 回火，试问是否可以降低其硬度？为什么？

23. 碳素钢在性能上主要有哪几方面的不足？

24. 合金钢按用途可分为哪几类？

25. 什么是合金耐候钢？

26. 说明 20CrMnTi 属于什么类型的牌号？含义是什么？

27. 不锈钢是绝对不受腐蚀的钢种吗？为什么？

# 学习情境 2　无机非金属材料

胶凝材料是指能将砂、石等散粒材料或砖、板等片状材料黏结为一个整体的材料，分为有机胶凝材料和无机胶凝材料。常见的有机胶凝材料为沥青、树脂等；无机（矿物）胶凝材料分为气硬性胶凝材料和水硬性胶凝材料。气硬性胶凝材料是指只能在空气中凝结硬化并保持和发展强度的胶凝材料，一般只用于地上或干燥环境，不宜用于潮湿环境或水中，常见的气硬性胶凝材料有石膏、石灰、水玻璃和菱苦土等；水硬性胶凝材料是指不仅可用于干燥环境，而且能更好地在水中保持发展其强度的材料，如各种水泥等。

## 2.1　气硬性胶凝材料

### 2.1.1　石　膏

石膏是以硫酸钙为主要成分的气硬性胶凝材料。石膏根据所含有结晶水的不同而有多种不同的类型，主要有生石膏（$CaSO_4$）、建筑石膏（$CaSO_4 \cdot 0.5H_2O$）和无水石膏（$CaSO_4$）。

石膏胶凝材料具有重量轻、凝结硬化快、耐火性好、隔热隔声、色白或色淡装饰性等优点，在土木工程中的应用十分广泛。石膏可以用于制作石膏制品，也可用作硅酸盐水泥的缓凝剂，也是生产硅酸盐建筑制品、膨胀水泥和配制膨胀剂的组成材料。

#### 2.1.1.1　石膏的生产及分类

天然二水石膏，是由两个结晶水的硫酸钙组成的沉积岩，因质地较软，又称软石膏或生石膏。二水石膏晶体无色透明，当含有少量杂质时，可呈灰色、淡黄色或淡红色，其密度为 2.2 ~ 2.4 g/m$^3$，难溶于水，是生产建筑石膏的主要原料。天然石膏根据结晶结构不同，常呈板状、叶片状、针状和纤维状，少数也有呈柱状，有时也有燕尾形的连生双晶。天然石膏产品按矿物组分分为三类：石膏（代号 G），在形式上主要以二水石膏存在；硬石膏（代号 A），在形式上主要以无水硫酸钙存在，且无水硫酸钙的质量分数与二水硫酸钙和无水硫酸钙的质量分数之和的比不小于 80%；混合石膏（代号 M），在形式上以二水硫酸钙和无水硫酸钙存在，且无水硫酸钙的质量分数与二水硫酸钙和无水硫酸钙的质量分数之和的比小于 80%。各类天然石膏按品位分为特级、一级、二级、三级、四级等五个级别。品位是指单位体积或单位质量矿石中有用品位或有用矿物的含量。天然二水石膏常被用作硅酸盐系列水泥的调凝剂，也用于配制自应力水泥。

天然硬石膏又称为无水石膏。它是由无水硫酸钙所组成的沉积岩，其密度为 2.9 ~ 3.1 g/cm$^3$。硬石膏矿层一般位于二水石膏层以下的深处，其晶体结构比较稳定，化学活性较差。硬石膏经煅烧并掺入活性激发剂后，也会有较好的胶凝性能。

化工废石膏是含有二水石膏（$CaSO_4 \cdot 2H_2O$）或含有 $CaSO_4 \cdot 2H_2O$ 与 $CaSO_4$ 的混合物的化工副产品及废渣。例如：采用磷矿石为原料，湿法制取磷酸时所得的，以二水硫酸钙为主要成分的副产品为磷石膏；生产硼酸的副产品为硼石膏。另一类化学石膏是对燃料燃烧后排放的废气进行脱硫净化处理所得到的以硫酸钙为主的副产品，通常称为脱硫石膏。此外，还有各种其他工业废石膏。综合利用化学石膏及工业废石膏，不仅可以节约能源和资源，而且可以满足土木工程对于石膏建材持续不断的需求，为发展石膏建材开辟充足的原料来源。由天然二水石膏经不同条件的热处理可制得不同品种的石膏产品。

1. 建筑石膏

建筑石膏又称熟石膏，是由天然石膏或工业副产品石膏经脱水处理得到的，以β型半水硫酸钙为主要成分，不预加任何外加剂或添加物的粉状胶凝材料。建筑石膏按原材料种类分为三类：天然建筑石膏（N）、脱硫建筑石膏（S）、磷建筑石膏（P）。建筑石膏的密度为 2.50 ~ 2.80 $g/cm^3$，堆积密度为 800 ~ 1 100 $kg/m^3$。孔隙率大（占 50% ~ 60%），强度低。

2. 建筑石膏凝结硬化

建筑石膏的水化：建筑石膏加水拌和后，与水发生水化反应生成二水硫酸钙的过程称为水化。生成的二水硫酸钙与生石膏分子式相同，但由于结晶度和结晶型态不同，物理力学性能有了差异。其水化和凝结硬化机理可简单描述为：由于二水石膏的溶解度比半水石膏小，故二水石膏首先从饱和溶液中析晶沉淀，促使半水石膏继续溶解。这一反应过程连续不断进行，直至半水石膏全部水化生成二水石膏。

$$2\left(\mathrm{CaSO_4}\cdot\frac{1}{2}\mathrm{H_2O}\right)+3\mathrm{H_2O}\rightarrow 2(\mathrm{CaSO_4}\cdot 2\mathrm{H_2O})$$

建筑石膏的凝结硬化：随着水化反应的不断进行，自由水分被水化和蒸发而不断减少，加之生成的二水石膏微粒比半水石膏细，比表面积大，吸附更多的水，从而使石膏浆体很快失去塑性而凝结；又随着二水石膏微粒结晶长大，晶体颗粒逐渐互相搭接、交错、共生，从而产生强度，即硬化。实际上，上述水化和凝结硬化过程是相互交叉而连续进行的。

3. 建筑石膏的技术性质

（1）凝结硬化快。

建筑石膏水化迅速，初凝和终凝时间都很短，常温下完全水化所需时间仅为 7 ~ 12min，浆体凝结硬化很快，由此可使其施工速度快，生产周期短。但为了便于使用，仍需降低其凝结速度，常用的缓凝剂有 0.1% ~ 60%的硼砂、0.1% ~ 0.2%的动物胶、1%的亚硫酸盐酒精废液等。缓凝剂的作用在于降低半水石膏的溶解度和溶解速度。

（2）硬化后孔隙率大、强度低。

建筑石膏水化反应的理论需水量只占半水石膏质量的 18.6%，为使石膏浆体具有足够的流动性和可塑性，通常加水量为 60% ~ 80%，硬化后，多余水分蒸发，在石膏内部形成大量的空隙，孔隙率为 50% ~ 60%。因此，建筑石膏制品的表观密度小、强度低。

（3）体积稳定。

建筑石膏凝结硬化过程中不会像石灰和水泥那样出现体积收缩，反而略有膨胀，这种微膨胀性，不仅避免了干缩开裂，还可消除浆体内部的应力集中，使其硬化体具有良好的装饰性能，使其制品的表面光滑饱满、尺寸准确；又因建筑石膏制品质地洁白、细腻、平滑，从而可制成图案花型复杂的装饰构件、形状各异的模型或雕塑。

（4）具有一定的调湿作用。

由于建筑石膏制品内部大量的毛细孔对空气中水分具有较强的吸附能力，在干燥时又释放水分，因此当它用于室内工程中时，可对室内空气具有一定的调节湿度的作用。同时，石膏制品由于孔隙率大，导热系数较小，具有较好的绝热性和吸声性。

（5）防火性能良好。

建筑石膏制品在遇火灾时，二水石膏中的结晶水分解蒸发，吸收热量，并在表面形成蒸汽幕和脱水物隔热层，可有效组织火焰的蔓延，而且水分蒸发后的石膏制品还能基本保持原来的结构和强度，而不会丧失使用功能，并且无有害气体产生，因此，具有较好的防火性能。但建筑石膏制品不能用于长期靠近 65 °C 以上的高温部位，以免二水石膏在此温度作用下脱水分解而失去强度。

（6）耐水性差。

建筑石膏硬化后有很强的吸湿性，在潮湿条件下，晶粒间的结合力减弱，导致强度下降，其软化系数仅为 0.3 ~ 0.45。若长期浸泡在水中，其水化生成物二水石膏晶体将逐渐溶解，导致制品破坏。若石膏制品吸水后受冻，会因空隙中水分结冰膨胀而破坏，因而石膏制品的耐水性和抗冻性差，不宜用于潮湿部位。为了提高其耐水性，可加入适当水泥、矿渣等水硬性胶凝材料，也可加入氨基、聚乙烯醇等水溶性树脂，或加入沥青等有机乳液，以改善石膏制品的孔隙状态和孔壁的憎水性。

4. 建筑石膏的应用

在房屋建筑工程中，建筑石膏是一种应用广泛的工程材料，主要用于配制石膏抹面灰浆、石膏砂浆、石膏混凝土，以及制作各种石膏制品（如石膏墙板、吊顶板、装饰板等）。

（1）石膏抹灰材料。

（2）石膏板材：纸面石膏板、石膏空心条板、纤维石膏板。

（3）石膏砌块：建筑石膏在运输和储存中要注意防止受潮，一般储存 3 个月后，其强度会降低约 30%。

#### 2.1.1.2 高强石膏

高强石膏即 α 型半水石膏。α 型半水石膏结晶良好，晶粒坚实、粗大，比表面积较小，需水量为 35% ~ 45%，所以此石膏硬化后具有较高密实度和强度。3 h 抗压强度为 9 ~ 24 MPa，7 d 抗压强度为 15 ~ 40 MPa。

$$CaSO_4 \cdot 2H_2O \xrightarrow{0.13\text{MPa},\ 125\ ^\circ\text{C}} \alpha - CaSO_4 \cdot \frac{1}{2}H_2O + 1\frac{1}{2}H_2O$$

高强石膏适用于强度要求较高的抹灰工程、装饰制品和石膏板，掺入防水剂后可用于湿度较高的环境中。高强石膏加入有机材料，如聚乙烯醇水溶液、聚醋酸乙烯乳液等，可配成黏结剂，其特点是无收缩。

#### 2.1.1.3 粉刷石膏

粉刷石膏是由 β 型半水石膏和其他石膏相（硬石膏或煅烧黏土质石膏）、各种外加剂（木质磺酸钙、柠檬酸、酒石酸等缓凝剂）及附加材料（石灰、烧黏土、氧化铁红等）所组成的一种新型抹灰材料。粉刷石膏具有表面坚硬、光滑细腻、不起灰的优点，还可调节室内空气湿度，具有提高舒适度的功能。α 型和 β 型半水石膏的性能差异见表 2-1。

**表 2-1　α 型和 β 型半水石膏的性能差异**

| 性　能 | α 型半水石膏（高强石膏） | β 型半水石膏 |
|---|---|---|
| 强度/MPa | >10 | 5 ~ 10 |
| 标准稠度用水量/% | 40 ~ 50 | 60 ~ 80 |
| 凝结时间/min | 17 ~ 20 | 7 ~ 12 |

#### 2.1.1.4 无水石膏水泥和地板石膏

将天然二水石膏加热至 400 °C 以上（400 ~ 750 °C），石膏完全失去水分，成为不溶性硬石膏，失去凝结硬化能力，但当加入适量激发剂混合磨细后，又能凝结硬化，这种材料称为无水石膏水泥。无水石膏水泥宜用于室内，主要用作石膏板或其他制品，也可用于室内抹灰。将天然二水石膏加热到 800 °C 以上，得到的石膏称为地板石膏。地板石膏有较高的强度和耐磨性，抗冻性也较好。

### 2.1.2 石　灰

石灰一般是包含不同化学组成和物理形态的生石灰、消石灰、水硬性石灰的统称。它是建筑上使用最早、最为广泛的胶凝材料之一。石灰原料分布广泛，生产工艺简单，成本低廉，使用方便，所以在建筑工程上应用较广。

#### 2.1.2.1 石灰的生产

用于生产石灰的原料有石灰石、白云石、白垩或其他含有磷酸钙为主的天然原料。经煅烧后，碳酸钙分解为石灰石，其主要成分为氧化钙，反应式如下：

$$CaCO_3 \xrightarrow{900\,°C} CaO + CO_2\uparrow$$

$$MgCO_3 \xrightarrow{700\,°C} MgO + CO_2\uparrow$$

为了加快煅烧过程，煅烧温度通常提高至 1 000 ~ 1 100 °C。生石灰呈白色或灰色块状，表观密度为 800 ~ 1 100 $kg/m^3$。煅烧良好的石灰，质轻色匀，具有多孔结构，即内部孔隙率大、晶粒细小，与水作用快。在煅烧过程中，若温度过低或煅烧时间不足，碳酸钙将不能完全分解，则产生欠火石灰。如果煅烧时间过长或温度过高，则产生过火石灰。欠火石灰的内核为未分解的碳酸钙，外部为正常煅烧的石灰。过火石灰颜色呈灰黑色，结构致密，孔隙率小，并且晶粒粗大，表面常被黏土杂质熔化形成的玻璃釉状物包裹，因此过火石灰与水作用的速度很慢。

#### 2.1.2.2 石灰的熟化与硬化

石灰石与水化作用生成氢氧化钙的过程，称为石灰的水化反应，常称为石灰的“熟化”、“消化”或“消解”。反应后的产物氢氧化钙又称为消石灰或熟石灰，其反应式如下：

$$CaO + H_2O = Ca(OH)_2 + 64.82\ kJ$$

石灰消化时放出大量的热量，体积增大 1 ~ 2.5 倍。其原因可归结为：生石灰消化过程吸收24.3%的水分；生石灰的相对密度由 3.35 降低到熟石灰的 2.34；生石灰的比表面积为 0.2 ~ 0.4 $m^2/g$，而熟石灰则为 10 ~ 30 $m^2/g$。

影响石灰消化的因素有：① 生石灰的细度，石灰的细度对石灰消化时产生的体积膨胀和消化时间有明显的影响，石灰磨得越细，消化进行越快，消化时的体积变化越小；② 水灰比，水灰比对石灰消化的影响大致如下：随着水灰比增大，石灰在其水化期的膨胀值减小，但水灰比过大会降低硬化浆体的强度；③ 消化温度，石灰消化时的介质温度对石灰浆体体积变化有着显著影响，随着消化介质温度增高，石灰浆体的体积明显增大；④ 石灰石的有效氧化钙含量，有效氧化钙含量越大，则石灰活性越大，消化进行得越快；⑤ 外部约束，外部约束越大，则石灰消化体积膨胀量越小。

根据消化时加水量的不同，消石灰有两种形式，即石灰膏和消石灰粉。

石灰块消化成石灰膏，大多数是在工地现场进行的。首先生石灰块中加入其体积 3 ~ 4 倍的水，在化灰池中消化成石灰乳，通过筛网流入储灰坑中，经沉淀除去上层水分后得到一定稠度的膏状物，即为石灰膏。石灰膏含水约 50%，表观密度为 1 300 ~ 1 400 $kg/m^3$。石灰膏也可由消石灰粉和水拌和而成。

欠火石灰不能完全消化，有效氧化钙和氧化镁含量低，这降低了石灰利用率，同时缺乏黏结力，但不会带来危害。当石灰中含有过火石灰时，由于过火石灰消化很慢，它将在石灰浆体硬化后才发生水化作用，用于浴室会产生体积膨胀而引起隆起或开裂等破坏现象。为了消除过火石灰的危害，消化后的石灰乳应在储灰坑中存放两星期以上（即所谓的“陈伏”），使过火石灰颗粒充分消化。“陈伏”期间，石灰膏表面应覆盖一层水分，以隔绝空气，防止炭化。

石灰石消化成消石灰粉时，理论需水量为氧化钙质量的 32.1%，但由于一部分水分随着消化放热而蒸发，实际需水量为生石灰质量的 60% ~ 80%，以能充分消解而又不过湿成团为度。生石灰消化成熟石灰粉可采用人工的方法，也可采用机械方法。工地上常采用人工喷淋的方法，将生石灰块平铺于能吸水的地面上，每层厚度约为 50 cm，每铺一层喷淋一次水，直至石灰层总厚度为 1 ~ 1.5 m。由于上层的过剩水分要下流，所以下层石灰中应少喷淋些水。消石灰粉在使用前，也有类似石灰膏的“陈伏”时间。由于用人工消化生石灰，劳动强度大，劳动条件恶劣，而且消化时间长，质量也不均一，现在多用机械方法在工厂中将生石灰消化成消石灰粉，在工地上再调水使用。

#### 2.1.2.3 石灰的凝结、硬化

石灰浆体在空气中逐渐硬化并具有强度，其硬化包括两个同时进行的过程：

1. 结晶与干燥

石灰浆体在干燥过程中，游离水分蒸发，氢氧化钙逐渐从饱和溶液中结晶析出，并产生强度，但析出的晶体数量减少，所以这种结晶引起的强度增长并不显著。同时，石灰浆体在干燥过程中，因水分的蒸发形成孔隙网，这时，留在孔隙内的自由水，由于水的表面张力，在孔隙最窄处有凹形弯月面，从而产生毛细管压力，使石灰粒子更加紧密而获得强度。这种强度类似于黏土失水后而获得的强度，其值也不大，而且当再遇水后又会丧失。

2. 炭　化

氢氧化钙与空气中的二氧化碳化合生产碳酸钙结晶，释放水分并蒸发，称为炭化，其化学反应如下：

$$Ca(OH)_2 + CO_2 + nH_2O = CaCO_3 + (n+1)H_2O \quad \text{凝结硬化缓慢}$$

生成的碳酸钙具有相当高的强度。炭化作用实际上是二氧化碳与水作用形成碳酸，然后与氢氧化钙反应生成碳酸钙。所以这个反应不能在没有水分的全干状态下进行。当炭化产生的碳酸钙达到一定厚度时，生成的碳酸钙会阻碍二氧化碳向内部渗透，也阻碍了内部水分向外蒸发。因此，在长时间内炭化作用只限于表层，氢氧化钙的结晶作用则主要在内部发生。所以，水晶体硬化后，是由表里两种不同的晶体组成的。随着时间的延长，表层碳酸钙厚度逐渐增加，增加的速度显然取决于与空气接触的条件。使用于深土中的消石灰，硬化特别缓慢，而且，经过很长时间，其内部仍为氢氧化钙。

#### 2.1.2.4 石灰的性能特性

石灰与其他胶凝材料相比具有如下特性：

1. 保水性与可塑性好

消石灰粉或石灰膏与水拌和后，保持水分不泌出能力较强，即保水性好。消化生产的氢氧化钙颗粒极细（直径为 1 μm），其表面吸附一层较厚的水膜，由于颗粒数量多，总表面积大，可吸附大量水，这是保水性较好的主要原因。颗粒表面吸附的水膜，也降低了颗粒间的摩擦力，颗粒间的滑移较易进行，即可铺成均匀的薄层。利用这一性质，我们可将它掺入水泥砂浆中，以克服水泥砂浆保水性差的缺点，并可使水泥砂浆的可塑性显著提高。

2. 硬化慢、强度低

由于空气中二氧化碳的浓度很低，且与空气接触的表层炭化后形成的碳酸钙硬壳阻止了二氧化碳的渗入，也不利于内部水分向外蒸发，结果使碳酸钙和氢氧化钙结晶体生产缓慢且数量少，因此石灰是一种硬化缓慢的胶凝材料，硬化后的强度也很低。另外，生石灰消化时的理论需水量为碳质量的 32.1%，但为了使石灰浆体具有一定的可塑性以便于施工，同时考虑到一部分水因消

化时放热被蒸发，故实际消化用水量很大，多余水分在硬化后蒸发，将留下大量孔隙，也导致了硬化后石灰密实度小、强度低。1∶3 的石灰砂浆，28 d 抗压强度只有 0.2 ~ 0.5 MPa。

3. 硬化时体积收缩大

石灰浆硬化过程中，蒸发出大量的游离水，导致内部毛细管失水收缩，引起显著的体积收缩变形，使已硬化的石灰出现干缩裂纹。所以，除调成石灰乳作薄层涂刷外，石灰不宜单独使用。施工时通常在其中掺入一定量的骨料（如砂子）或纤维材料（如纸筋、麻刀等），以减少收缩和节约石灰。

4. 耐水性差

由于石灰浆体硬化慢、强度低，尚未硬化的石灰浆体处于潮湿环境中，石灰中水分不蒸发出去，因此不会产生硬化；已硬化的石灰中，大部分是尚未炭化的氢氧化钙，由于氢氧化钙可溶于水，这会使得硬化体遇水后产生溃散，因而耐水性差。所以，石灰不宜用于与水接触或潮湿的环境，也不应单独用于建筑物基础。

#### 2.1.2.5 石灰储存

生石灰块及生石灰粉须在干燥密度条件下储存和运输，且不宜储存过久。生石灰放置太久，会吸收空气中的水分而自动消化成消石灰粉，并进一步与空气中的二氧化碳作用生产碳酸钙，失去胶结能力。由于生石灰受潮消化时放出大量的热，而且体积膨胀，所以储存和运输生石灰时，还要注意安全。

#### 2.1.2.6 石灰的应用

石灰通常有块状生石灰、生石灰粉、消石灰粉和石灰膏等几类产品形式。

1. 石灰乳涂料和砂浆

消石灰粉或石灰膏中加入大量水，稀释成石灰乳涂料，主要用于要求不高的内墙及天棚的刷白。石灰膏或消石灰粉可以单独配置成石灰砂浆，也可与水泥或石膏一起配置成水泥石灰混合砂浆、石膏石灰混合砂浆，用于墙体的砌筑和抹面。

2. 石灰土（灰土）和三合土

消石灰粉与黏土拌和，称为灰土或石灰土，若再加入砂（或碎石、炉渣等）即成三合土。灰土和三合土经过夯实或压实，密实度大大提高，具有一定的强度和耐水性。灰土和三合土主要用于建筑的基础道路和地面的垫层，也可用于小型水利工程。

三合土或灰土的硬化，除了氢氧化钙发生结晶及炭化作用外，氢氧化钙还能与黏土颗粒表面的少量活性二氧化硅和活性三氧化二铝发生化学反应，生成水硬性的水化硅酸钙和水化铝酸钙，使黏土颗粒黏结起来，因而提高了黏土的强度和耐水性。用生石灰粉代替消石灰粉拌制灰土和三合土，密实度、强度和耐水性可进一步提高。

3. 硅酸盐制品和无熟料水泥

以生石灰粉或消石灰粉和硅质材料（如砂、粉煤灰、粒化高炉矿渣等）为主要原料，经过配料、加水拌和、成型、养护（常压蒸汽养护或高压蒸汽养护）等工序，可制得密实或多孔的硅酸盐制品。由于其中生产的胶凝物质主要为水化硅酸钙，所以称其为硅酸盐制品，如蒸压灰砂砖及砌块、蒸养粉煤灰砖及砌块、加气混凝土砌块等。

将具有一定火山灰活性的材料如粒化高炉矿渣、粉煤灰、煤矸石等工业废渣，按适当比例加入生石灰粉作为碱性激发剂，经共同磨细可制得具有水硬性的胶凝材料，如石灰矿渣水泥、石灰粉煤灰水泥等。

4. 炭化石灰板

炭化石灰板是将生石灰粉、纤维装填料或轻质骨料搅拌成型，然后用二氧化碳进行人工炭化而制成的一种轻质板材。为了减轻容积密度和提高炭化效果，多制成空心板。这种板材多用作非承重内隔墙板、天花板等。

### 2.1.3 水玻璃

水玻璃俗称泡花碱，是一种可溶于水的硅酸盐，由不同比例的碱金属氧化物和二氧化硅组成，化学通式为 $Ra_2O \cdot nSiO_2$，其中 $n$ 表示水玻璃组成中 $SiO_2$ 与 $Ra_2O$ 的物质的量的比，称为水玻璃的模数，Ra 代表 Na 或 K，即硅酸钠水玻璃（$Na_2O \cdot nSiO_2$）和硅酸钾水玻璃（$K_2O \cdot nSiO_2$），以硅酸钠水玻璃最为常用。

#### 2.1.3.1 水玻璃的生产

生产水玻璃的方法有湿法和干法两种。湿法生产硅酸钠水玻璃时，将石英砂和苛性钠溶液在压蒸锅（2～3 个大气压）内用蒸汽加热，并搅拌，使其直接反应而生成液体水玻璃。干法是将石英砂和 $Na_2CO_3$ 磨细拌匀，在熔炉内以 1 300～1 400 °C 温度熔化，按下式反应生成固体水玻璃，然后在水中加热溶解成液体水玻璃。

$$Na_2CO_3 + nSiO_2 \rightarrow Na_2O \cdot nSiO_2 + CO_2$$

液体水玻璃因所含杂质不同而呈青灰色、绿色或淡黄色黏稠状，以无色透明水玻璃为最好。

水玻璃具有良好的黏结性能，水玻璃的模数越大，胶体组分越多，越难溶于水，黏结能力越强。液体水玻璃可以与水按任意比例混合成不同浓度的溶液。同一模数的水玻璃，浓度越稠，则密度越大，黏结力越强。在水玻璃溶液中加入少量添加剂，如尿素，可以不改变黏度而提高黏结力 25%左右。建筑工程中常用的水玻璃模数为 2.5～3.5，相对密度为 1.3～1.5。

#### 2.1.3.2 水玻璃的凝结硬化

液体水玻璃在空气中吸收二氧化碳，析出无定形硅酸凝胶，并逐渐干燥而硬化：

$$Na_2O \cdot nSiO_2 + CO_2 + mH_2O \rightarrow Na_2CO_3 + nSiO_2 \cdot mH_2O$$

由于空气中二氧化碳的浓度较低，上述过程进行很慢。为加速硬化，常常加氟硅酸钠（$Na_2SiF_6$）促硬剂，加速硅酸凝胶析出：

$$2Na_2O \cdot nSiO_2 + mH_2O + Na_2SiF_6 \rightarrow (2n+1)SiO_2 \cdot mH_2O + 6NaF$$

$$SiO_2 + mH_2O = SiO_2 + mH_2O$$

水玻璃的硬化过程大致分为两个阶段：第一阶段，硅酸凝胶的生成和析出。由于硅酸凝胶具有良好的黏结性，它能把分散的颗粒相互胶结起来，所以硅酸凝胶的生产和析出是水玻璃产生早期强度的原因。第二阶段，成熟的硅酸凝胶脱水缩聚，由单分子结构变成线型结构、网状结构，最后变成空间结构，把分散的颗粒进一步聚裹成一个紧密的整体。因此，硅酸凝胶的脱水缩聚，是水玻璃后期强度增长的原因。

氟硅酸钠适宜掺量为水玻璃质量的 12%～15%。用量太少，硬化速度慢，强度低，且未反应的水玻璃易溶于水，导致耐水性差；用量过多，则凝结过快，造成施工困难，且渗透性大，强度也低。氟硅酸钠有毒，操作时应注意安全。

#### 2.1.3.3 水玻璃的性质

（1）具有较高的强度，且硬化时析出的硅酸凝胶有堵塞毛细孔隙而防止水分渗透的作用。

（2）良好的耐热性：耐热温度可达 1 100 °C，在高温下不燃烧、不分解，强度不降低，甚至有所增加。

（3）良好的耐酸性，能抵抗大多数无机酸和有机酸的作用。

（4）耐碱性和耐水性较差，因为水玻璃加入氟硅酸钠后，仍会有少量水玻璃不能硬化，而水玻璃能溶于碱和水。

#### 2.1.3.4 水玻璃的应用

1. 涂刷材料表面，提高抗风化能力

水玻璃溶液涂刷或浸渍材料后，能渗入缝隙和孔隙中。固化的硅酸凝胶能堵塞毛细孔通道，提高材料的密度和强度，从而提高材料的抗风化能力。但水玻璃不得用来涂刷或浸渍石膏制品。因为水玻璃与石膏反应生成硫酸钠（$Na_2SO_4$），在制品孔隙内结晶膨胀，导致石膏制品开裂破坏。

2. 加固土壤

将水玻璃与氯化钙溶液交替注入土壤中，两种溶液迅速反应生成硅胶和硅酸钙凝胶，起到胶结和填充孔隙的作用，使土壤的强度和承载能力提高，常用于粉土、砂土和填土的地基加固，称为双液注浆。

3. 配制速凝防水剂

水玻璃可与多种矾配制成速凝防水剂，用于堵漏、填缝等局部抢修。这种多矾防水剂的凝结速度很快，一般为几分钟，其中四矾防水剂不超过 1 min，故工地上使用时必须做到即配即用。多矾防水剂常用胆矾（硫酸铜）、红矾（重铬酸钾，$K_2Cr_2O_7$）、明矾（也称白矾，硫酸铝钾）、紫矾等四种矾。

4. 配制耐酸胶凝、耐酸砂浆和耐酸混凝土

耐酸胶凝是用水玻璃和耐酸粉料（常用石英粉）配制而成的。与耐酸砂浆和混凝土一样，耐酸胶凝主要用于有耐酸要求的工程，如硫酸池等。

5. 配制耐热胶凝、耐热砂浆和耐热混凝土

水玻璃胶凝主要用于耐火材料的砌筑和修补。水玻璃耐热砂浆和混凝土主要用于高炉基础和其他有耐热要求的结构部位。

### 2.1.4 镁质胶凝材料

镁质胶凝材料是以 MgO 为主要成分的气硬性胶凝材料，一般指菱苦土（又称苛性土，主要成分为 MgO）和苛性白云石（主要成分为 MgO 和 $MgCO_3$）。

1. 镁质胶凝材料的原料与生产

镁质胶凝材料的主要原料是天然菱镁矿（$MgCO_3$）。我国菱镁矿蕴藏量丰富，辽宁、吉林、内蒙古等为主要产地。由天然菱镁矿（$MgCO_3$）经煅烧、磨细制成轻烧氧化镁（MgO）；也可用蛇纹石或冶炼轻质镁合金的熔渣煅烧制得氧化镁，或以盐卤液为原料，经干燥处理制成氯化镁。菱苦土密度为 3.1 ~ 3.4 g/cm$^3$，堆积密度为 800 ~ 900 kg/m$^3$。

用水调制菱苦土时，生成 $Mg(OH)_2$，浆体凝结硬化慢，强度低。一般可用氯化镁（$MgCl_2 \cdot 6H_2O$）、硫酸镁、氯化铁、硫酸亚铁等盐类的溶液调拌，最常用的是氯化镁溶液。

菱苦土吸湿性大，抗水性差，易变形和在表面泛霜。

2. 轻烧氧化镁的应用

轻烧氧化镁与植物纤维能很好黏结，而且碱性较弱，不会腐蚀纤维，在土木工程中常用来制造菱苦土木屑地面、木屑板和木丝板。

菱苦土木屑板、木丝板和零件还可用作护壁板、窗台、门窗框和楼梯扶手等。

菱苦土的硬化速度随着环境温度的提高而加快，施工时的气温宜为 10 ~ 30 °C，不得浇水养护。

轻烧氧化镁属气硬性胶凝材料，其制品一般不宜用于室外及水多的地方。研究证明，虽然菱苦土的碱性较弱，但对普通玻璃纤维仍有腐蚀性，因而用玻璃纤维增强时应特别注意其耐久性。

# 2.2 水硬性胶凝材料——水泥

## 2.2.1 硅酸盐水泥

水泥是水硬性胶凝材料，加水混合后形成的水泥浆体不但能在空气中硬化，而且还能更好地在水中硬化，保持并发展强度。水泥被广泛应用于建筑、水利、交通和国防等各项建设中，已成为土木工程中最重要的材料。正确合理选用水泥对保证工程质量和降低工程造价可起到重要作用。

水泥品种很多，按其组成主要分为 4 大类，即通用硅酸盐水泥、铝酸盐水泥、硫铝酸盐水泥、铁铝酸盐水泥；按性能和用途可分为 3 大类，即通用水泥、专用水泥、特性水泥。

通用硅酸盐水泥是土木工程中用量最大的水泥，包括 6 个品种：硅酸盐水泥、普通硅酸盐水泥、矿渣硅酸盐水泥、火山灰质硅酸盐水泥、粉煤灰硅酸盐水泥、复合硅酸盐水泥。

### 2.2.1.1 通用硅酸盐水泥

通用硅酸盐水泥是以硅酸盐熟料和适量石膏及规定的混合材料制成的水硬性胶凝材料。按混合材料的品种和掺量，通用硅酸盐水泥又分为硅酸盐水泥、普通硅酸盐水泥、矿渣硅酸盐水泥、火山灰质硅酸盐水泥、粉煤灰硅酸盐水泥和复合硅酸盐水泥。

通用硅酸盐水泥的组分应符合表 2-2 的规定。

**表 2-2 通用硅酸盐水泥的组分（GB 175—2007）**

| 品 种 | 代 号 | 组 分 | | | | |
|---|---|---|---|---|---|---|
| | | 熟料＋石膏 | 粒化高炉矿渣 | 火山灰质混合材料 | 粉煤灰 | 石灰石 |
| 硅酸盐水泥 | P·I | 100 | — | — | — | — |
| | P·Ⅱ | ≥95 | ≤5 | — | — | — |
| | | ≥95 | — | — | — | ≤5 |
| 普通硅酸盐水泥 | P·O | ≥80 且<95 | >5 且≤20 | | | — |
| 矿渣硅酸盐水泥 | P·S·A | ≥50 且<80 | >20 且≤50 | — | — | — |
| | P·S·B | ≥30 且<50 | >50 且≤70 | — | — | — |
| 火山灰质硅酸盐水泥 | P·P | ≥60 且<80 | — | >20 且≤40 | — | — |
| 粉煤灰硅酸盐水泥 | P·F | ≥60 且<80 | — | — | >20 且≤40 | — |
| 复合硅酸盐水泥 | P·C | ≥50 且<80 | >20 且≤50 | | | |

### 2.2.1.2 硅酸盐水泥

硅酸盐水泥是通用硅酸盐水泥的基本品种，分为两个类型：未掺混合材料的Ⅰ型硅酸盐水泥，代号 P·Ⅰ；掺入不超过水泥质量 5%的混合材料（粒化高炉矿渣或石灰石）的硅酸盐水泥，称为Ⅱ型硅酸盐水泥，代号 P·Ⅱ。

1. 硅酸盐水泥的生产

硅酸盐水泥的生产过程包括三个环节，即生料的配制磨细、熟料的煅烧和水泥的粉磨，可简单概括为“两磨一烧”。

（1）生料的配制。

生产硅酸盐水泥的原料主要是石灰质原料和黏土质原料。石灰质原料中主要提供 CaO，可以采用石灰岩、凝灰岩、贝壳等，其中多用石灰岩。黏土质原料主要提供 $SiO_2$、$Al_2O_3$、$Fe_2O_3$，可以采用黏土、黄土、页岩、泥岩等，其中黏土与黄土用得最广。为满足成分要求，还常用一些调节 $SiO_2$、$Al_2O_3$、$Fe_2O_3$ 含量的辅助原料，如铁矿粉、砂岩，前者是补充原料中不足的氧化铁，后者是补充原料中不足的 $SiO_2$。

将原料按适当比例混合，使生料化学成分满足 CaO 含量为 64%～68%、$SiO_2$ 含量为 21%～23%、$Al_2O_3$ 含量为 5%～7%、$Fe_2O_3$ 含量为 3%～5%、MgO 含量小于 5%，并将其在球磨机内研磨到规定细度并均匀混合。生料配制有干法和湿法两种。

（2）熟料的煅烧。

将配好的生料入窑进行高温煅烧。生料在窑内的烧成过程中，要经历干燥、预热、分解、熟料烧成及冷却几个阶段。

① 100～200 °C，生料被加热，自由水逐渐蒸发而干燥。

② 300～500 °C，生料被预热。

③ 500～800 °C，黏土质原料脱水并分解为无定形的 $SiO_2$ 和 $Al_2O_3$，在 600 °C 以后，石灰质原料中的 $CaCO_3$ 开始少量分解为 CaO 和 $CO_2$。

④ 800 °C 左右生成铝酸一钙，可能有铁酸二钙及硅酸二钙开始形成。

⑤ 900～1 100 °C，铝酸三钙和铁铝酸四钙开始形成；900 °C 时 $CaCO_3$ 进行大量分解，直至分解完毕。

⑥ 1 100～1 200 °C，大量形成铝酸三钙和铁铝酸四钙，硅酸二钙开始形成。

⑦ 1 300～1 450 °C，铝酸三钙和铁铝酸四钙呈熔融状态，产生的液相把 CaO 及部分 $C_2S$ 溶解其中。在此液相中，$C_2S$ 吸收 CaO 化合成 $C_3S$。这一过程是煅烧水泥的关键，必须有足够的时间，以保证水泥熟料的质量。

烧成的水泥熟料经迅速冷却，得到水泥熟料块。在整个烧成过程中，烧成带的反应是煅烧水泥的关键。水泥窑型有立窑和回转窑，小型水泥厂一般用立窑，回转窑适用于大型水泥厂。

（3）水泥的粉磨。

为了调节水泥的凝结时间，将水泥熟料配以适量的石膏，并根据要求掺入 5%以内或不掺混合材料，共同磨至适当的细度，即制成硅酸盐水泥。

2. 水泥熟料（clinker）的组成及特性

（1）水泥熟料的矿物组成。

硅酸盐水泥熟料中主要有硅酸三钙（$3CaO \cdot SiO_2$）、硅酸二钙（$2CaO \cdot SiO_2$）、铝酸三钙（$3CaO \cdot Al_2O_3$）、铁铝酸四钙（$4CaO \cdot Al_2O_3 \cdot Fe_2O_3$），还有少量的游离氧化钙、游离氧化镁、碱性氧化物和玻璃体等。

（2）水泥熟料矿物的特性。

硅酸盐水泥熟料的 4 种主要矿物单独与水作用时表现出不同的特性，见表 2-3。

**表 2-3　硅酸盐水泥主要矿物特性**

| 矿物组成 | | 硅酸三钙 | 硅酸二钙 | 铝酸三钙 | 铁铝酸四钙 |
|---|---|---|---|---|---|
| | | $C_3S$ | $C_2S$ | $C_3A$ | $C_4AF$ |
| 与水反应速度 | | 中 | 慢 | 快 | 中 |
| 水化热 | | 中 | 低 | 高 | 中 |
| 对强度的作用 | 早期 | 良 | 差 | 良 | 良 |
| | 后期 | 良 | 优 | 中 | 中 |
| 耐化学侵蚀 | | 中 | 良 | 差 | 优 |
| 干缩性 | | 中 | 小 | 大 | 小 |

硅酸盐水泥强度主要取决于 4 种单矿物的性质。适当地调整它们的相对含量，可制得不同品种的水泥。例如：当提高 $C_3A$ 和 $C_3S$ 含量时，可以生产快硬硅酸盐水泥；提高硅酸二钙和铁铝酸四钙的含量，降低硅酸三钙和铝酸三钙的含量，就可以生产出低热的大坝水泥；提高铁铝酸四钙的含量，则可制得高抗折强度的道路水泥。

3. 常温下水泥熟料单矿物的水化反应

$$2C_3S + 6H \xrightarrow{\Delta H\uparrow} \underset{(C—S—H胶体)}{C_3S_2H_3} + 3CH \quad 水化速率快 \tag{2-1}$$

$$2C_2S + 4H \xrightarrow{\Delta H\uparrow} C_3S_2H_3 + CH \quad 水化速率慢 \tag{2-2}$$

$$C_3A + 6H \xrightarrow{\Delta H\uparrow} C_3AH_6 \quad 水化速率最快 \tag{2-3}$$

$$C_4AF + 7H \xrightarrow{\Delta H\uparrow} C_3AH_6 + CFH \quad 水化速率中等 \tag{2-4}$$

铝酸三钙与水反应迅速，很快就生成六方片状的水化铝酸钙晶体。该晶体稳定存在于水泥浆体的碱性介质中，是使水泥浆体产生瞬时凝结的一个主要原因，因此在水泥粉磨时，需掺入石膏调节凝结时间。由于水泥石膏的存在，水化生成的水化铝酸钙晶体又与石膏反应，生成高硫型水化铝酸钙，简称钙矾石。当进入反应后期时，由于石膏耗尽，水化铝酸钙又会与钙矾石反应生成单硫型水化铝酸钙。钙矾石是难溶于水的针状晶体，它包围在熟料颗粒周围，形成“保护膜”，延缓水化，起到了缓凝的作用。但石膏掺量不能过多，过多时不仅可能由于钙离子的凝聚作用使水泥浆体产生瞬凝，而且还会引起水泥安定性不良。合理的石膏掺量应根据水泥中铝酸三钙的含量、石膏的品种及质量、水泥细度、熟料中三氧化硫含量等因素，通过实验确定。一般生产水泥时，石膏掺量占水泥质量的 3%~5%。

在充分水化的水泥中，水化硅酸钙的含量占 70%，氢氧化钙的含量约占 20%，钙矾石和单硫型水化硫铝酸钙约占 7%，其他占 3%。水化硅酸钙凝胶对水泥石的强度和其他主要性质起着决定性作用。硅酸盐水泥水化后的主要成分有：各种水化硅酸钙凝胶 C-S-H、晶体（氢氧化钙、水化铝酸钙和水化硫铝酸钙）等。

4. 硅酸盐水泥的凝结和硬化

水泥的凝结硬化是一个连续不断的过程。硅酸盐水泥加水拌和后成为可塑性的浆体，随着时间的推移，其塑性逐渐降低，直至最后失去塑性，这个过程称为水泥的凝结。随着水化的深入进行，水化产物不断增多，形成的空间网状结构更加密实，水泥浆体产生强度，即达到了硬化。

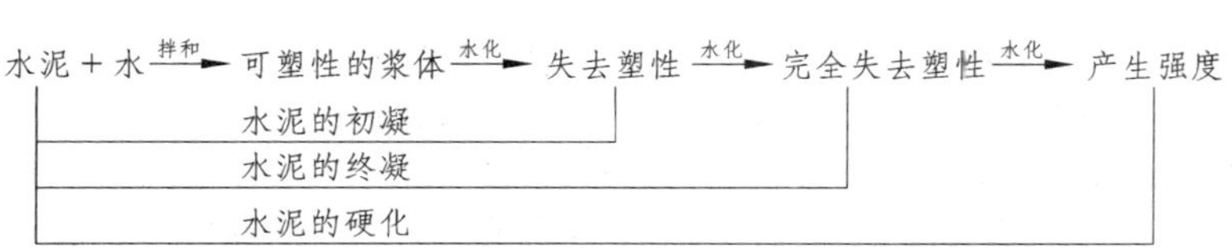

水泥＋水 —拌和→ 可塑性的浆体 —水化→ 失去塑性 —水化→ 完全失去塑性 —水化→ 产生强度

水泥的初凝

水泥的终凝

水泥的硬化

（1）凝结和硬化的几个阶段。

水泥的水化过程可分为五个阶段：① 水泥水化反应的激烈反应阶段（反应的初始期）；② 水化反应速度很低的阶段（反应的诱导期）；③ 水化反应活泼阶段（反应加速期）；④ 水化反应速度下降的阶段（减速期）；⑤ 水化反应速度降低很显著的阶段（稳定期）。

（2）影响水泥凝结硬化的主要因素。

① 熟料矿物组成的影响。硅酸盐水泥熟料的矿物组成是影响水泥水化速度、凝结硬化过程和强度发展的主要因素。例如，随着水泥中 $C_3S$ 和 $C_3A$ 含量的增加，水泥的凝结硬化速度加快，早期强度提高。

② 水泥细度（fineness）的影响。水泥颗粒越细，与水接触越充分，水化反应速度越快，水化热越大，凝结硬化越快，早期强度越高。但水泥颗粒太细，易与空气中的水分及二氧化碳反应，使水泥不宜久存，而且磨制过细的水泥能耗大、成本高。

③ 龄期[age，或养护（curing）时间]的影响。水泥凝结硬化的时间称为龄期。从水泥的凝结硬化过程可以看出，水泥的水化和硬化是一个较漫长的过程，随着龄期的增加，水泥水化更加充分，凝胶体数量不断增加，毛细孔隙减少，密实度和强度增加。

④ 养护温度和湿度。

通常，水泥的养护温度在 5 ~ 20 °C 时有利于强度增长。随着养护温度提高，水泥水化反应速度加快，其强度增长也快，但如果温度太高，反应速度太快，所生产的水化产物分布不均匀，形成的结构不密实，反而会导致后期强度下降。养护温度低时，水泥水化反应速度慢，强度增长缓慢，早期强度较低，当温度接近 0 °C 或低于 0 °C 时，水泥停止水化，并有可能在冻结膨胀作用下，造成已硬化的水泥石破坏。因此，冬季施工时，要采取保温措施。

⑤ 水灰比。水灰比越大，凝结硬化后水泥石中的毛细孔越多，强度、抗冻性、抗渗性下降。

5. 硅酸盐水泥的技术标准

（1）密度和堆密度。

硅酸盐水泥的密度为 3.0 ~ 3.2 $g/cm^3$。水泥的堆密度可分为松堆密度和紧堆密度两种。

硅酸盐水泥的松堆密度一般为 900 ~ 1 300 $kg/m^3$。紧堆密度为 1 400 ~ 1 700 $kg/m^3$。一般情况下，所说的堆密度是指紧堆密度。

（2）细度。

水泥细度对水泥的凝结硬化有很大影响，因此水泥细度必须适中。国家标准规定：水泥的比表面积大于 300 $m^2/kg$，0.080 mm 方孔筛筛余≤10%。

（3）标准稠度需水量。

标准稠度用水量是指水泥加水调制到某一规定稠度净浆时所需拌和用水量占水泥质量的百分数。硅酸盐水泥的标准稠度需水量一般为 24% ~ 30%（为水泥质量的百分数）。

（4）凝结时间。

硅酸盐水泥的初凝时间不得小于 45min，终凝时间不得大于 390min。初凝时间不合格的水泥为废品水泥，终凝时间不合格的水泥为不合格品水泥。

（5）体积安定性。

水泥的体积安定性是指水泥在凝结硬化过程中体积变化是否均匀的性能。体积变化不均匀，即所谓的体积安定性不良，会使混凝土结构产生膨胀裂缝，降低工程质量，严重的还会造成工程事故。引起安定性不良的原因有：熟料中含有过多的游离氧化钙、游离氧化镁，或石膏掺量过多。

由游离氧化钙（f—CaO）引起的水泥安定性不良，可用沸煮法检测。沸煮法又分试饼法和雷氏法，当两者发生争议时以雷氏法为准。水泥中的游离氧化钙的含量不得超过 1%（立窑生产的水泥中 f—CaO 含量≤2.5%）。游离氧化镁引起的安定性不良，用压蒸法检验。水泥中的游离氧化镁的含量不得超过 5.0%，当压蒸试验合格时可放宽到 6.0%。$SO_3$ 引起的安定性不良，用化学分析法检验。水泥中 $SO_3$ 的含量不得超过 3.5%。

（6）强度等级。

水泥强度是硅酸盐水泥的一项重要指标，是评定水泥强度等级的依据。国家标准规定，采用《水泥胶砂强度检验法》测定水泥强度。该法是水泥和标准砂按 1∶3 混合，加入规定数量的水（水灰比 0.5），制成 40 mm×40 mm×160 mm 的试件，在（20±1）°C 水中养护，经一定龄期（3 d、28 d），根据测得的抗折和抗压强度来划分强度等级。硅酸盐水泥根据所测的强度值分为 42.5、42.5R、52.5、52.5R、62.5、62.5R 六个强度等级。各龄期的强度不能低于国家标准的规定。

（7）水化热。

水泥水化热的多少不仅取决于其矿物组成，还与水泥细度、混合材掺量等有关。硅酸盐水泥

3d 龄期内放热量为总量的 50%，7d 龄期内放热量为总量的 75%，3 个月放出的热量可达总热量的 90%。水化放热量与放热速度不仅影响水泥的凝结硬化速度，而且由于热量的积蓄还会产生某些效果，如有利于低温环境中的施工，不利于大体积结构的体积稳定等。

（8）碱含量。

若使用活性骨料，用户要求提供低碱水泥时，水泥中的碱含量按 $Na_2O + 0.658K_2O$ 计算的值不得大于 0.6%。

6. 硅酸盐水泥的腐蚀（attack）与防止

硅酸盐水泥硬化后，在通常使用条件下，一般有较好的耐久性。但当所处的环境中含有腐蚀性液体或气体介质时，水泥会逐渐受到腐蚀。

（1）软水腐蚀（溶出性腐蚀）：氢氧化钙不断地溶解流失。

不含或仅含少量重碳酸盐的水称为软水，如雨水、雪水及部分江水、湖水。水泥石中的氢氧化钙微溶于水，与静止或无压力的软水接触，水泥石周围的软水迅速被溶出的氢氧化钙所饱和，溶出作用很快停止。因溶出量不大或溶出仅限于表面，所以对水泥石的影响不大。若处于流动水环境中，水流不断将氢氧化钙溶出并带走，降低了水泥石内部氢氧化钙的浓度，且水泥石的孔隙率增加，随着氢氧化钙的不断溶出，水泥石的孔隙率进一步增加，且水泥石内部氢氧化钙的浓度进一步降低，会引起部分水化产物发生分解，从而造成水泥石结构破坏，强度降低。

（2）离子交换腐蚀（溶解性腐蚀）。

① 碳酸的腐蚀。

$$Ca(OH)_2 + CO_2 + H_2O \longrightarrow CaCO_3 + 2H_2O$$
$$CaCO_3 + CO_2 + H_2O \longrightarrow Ca(HCO_3)_2$$

反应生成的碳酸氢钙易溶于水，溶解流失。

② 一般酸的腐蚀。

水泥的水化产物呈碱性，酸类对水泥石一般都会有不同程度的侵蚀作用。侵蚀作用最强的是无机酸中的盐酸、氢氟酸、硝酸、硫酸及有机酸中的醋酸、蚁酸和乳酸等。它们与水泥石中的 $Ca(OH)_2$ 反应后的生成物，或者易溶于水，或者体积膨胀，都对水泥石结构产生破坏作用。例如 HCl 和 $Ca(OH)_2$ 反应如下：

$$2HCl + Ca(OH)_2 \longrightarrow CaCl_2（易溶）+ 2H_2O$$

③ 镁盐的腐蚀：

$$MgCl_2 + Ca(OH)_2 \longrightarrow CaCl_2（易溶）+ Mg(OH)_2（絮凝状、无胶结力）$$

（3）膨胀性腐蚀。

① 硫酸盐腐蚀：

$$MgSO_4 + Ca(OH)_2 + 2H_2O \longrightarrow Mg(OH)_2（絮凝状的、无胶结力）+ CaSO_4 \cdot 2H_2O$$
$$3(CaSO_4 \cdot 2H_2O) + 3CaO \cdot Al_2O_3 \cdot 6H_2O + 19H_2O \longrightarrow$$
$$3CaO \cdot Al_2O_3 \cdot 3CaSO_4 \cdot 31H_2O（钙矾石 Aft）（结晶膨胀）$$

② 硫酸的腐蚀：

$$H_2SO_4 + Ca(OH)_2 \longrightarrow CaSO_4 \cdot 2H_2O + H_2O$$
$$3(CaSO_4 \cdot 2H_2O) + 3CaO \cdot Al_2O_3 \cdot 6H_2O + 19H_2O \longrightarrow$$
$$3CaO \cdot Al_2O_3 \cdot 3CaSO_4 \cdot 31H_2O（钙矾石 Aft）（结晶膨胀）$$

（4）强碱的腐蚀。

水泥石本身具有相当高的碱度，因此弱碱溶液一般不会侵蚀水泥石。但是，铝酸盐含量较高的水泥石遇到强碱（如氢氧化钠）作用后出会被腐蚀破坏。氢氧化钠与水泥熟料中未水化的铝酸三钙作用，生成易溶的铝酸钠：

$$3CaO \cdot A1_2O_3 \cdot 6H_2O + 6NaOH \longrightarrow 3Na_2O \cdot Al_2O_3 \cdot 6H_2O + 3Ca(OH)_2 \text{（易溶于水）}$$

当水泥石被氢氧化钠浸润后又在空气中干燥，与空气中的二氧化碳作用生成碳酸钠。它在水泥石毛细孔中结晶沉积，会使水泥石胀裂。水泥石被 NaOH 溶液饱和后在空气中干燥，发生以下反应：

$$2NaOH + 2CO_2 + H_2O \longrightarrow 2Na_2CO_3 + H_2O \quad \text{（结晶膨胀）}$$

（5）水泥石腐蚀的防止。

① 当存在腐蚀性介质时，选择合适的水泥品种，减少水泥中易被腐蚀的物质（即 $Ca(OH)_2$、$3CaO \cdot A1_2O_3 \cdot 6H_2O$）。

② 提高水泥石的致密度，降低水泥石的孔隙率。通过减小水灰比，掺加外加剂，采用机械搅拌和机械振捣，可以提高水泥石的密实度。

③ 在水泥石的表面涂抹或铺设保护层，隔断水泥石和外界的腐蚀性介质的接触。例如：可在水泥石表面涂抹耐腐蚀的涂料，如水玻璃、沥青、环氧树脂等；或在水泥石的表面铺建筑陶瓷、致密的天然石材等。

在实际工程中，水泥石的腐蚀常常是几种侵蚀介质同时存在、共同作用所产生的，但干的固体化合物不会对水泥石产生侵蚀，侵蚀性介质必须呈溶液状且浓度大于某一临界值。

7. 水泥的储存和运输

水泥在储存和运输中不得受潮和混入杂物。水泥受潮结块时，在颗粒表面产生水化和碳化，从而丧失胶凝能力，严重降低其强度。即使在良好的储存条件下，水泥也会吸收空气中的水分和二氧化碳，产生缓慢的水化和碳化。一般情况下，储存 3 个月的水泥，强度下降 10%~20%；储存 6 个月的水泥，强度下降 15%~30%；储存 1 年的水泥，强度下降 25%~40%。水泥有效存放期规定：自水泥出厂之日起，不得超过 3 个月；超过 3 个月的水泥，使用时应重新检验，以实测强度水泥。对于受潮水泥，可以进行处理，然后再使用。

## 2.2.2 掺混合材的硅酸盐水泥

### 2.2.2.1 混合材料

磨制水泥时掺入的人工或天然的矿物材料称为混合材料。掺入混合材具有改善水泥性能、调节水泥强度等级、增加水泥产量、降低成本等作用。混合材按其性能分为两种：活性混合材和非活性混合材料。

1. 非活性混合材

该材料不与水泥成分产生化学作用，加入它的目的仅是降低水泥强度等级、提高产量、降低成本、减小水化热等。非活性混合材如磨细的石灰石、石英砂、黏土、窑灰等。

2. 活性混合材

（1）粒化高炉矿渣。

粒化高炉矿渣是在高炉炼生铁时将浮在铁水表面的熔融物经急冷处理后得到的疏松颗粒状材料，由于多采用水淬法进行急冷处理，故又称水淬矿渣。

（2）火山灰混合材料。

火山灰质混合材料主要化学成分是活性氧化硅和活性氧化铝，按其成因可分为天然和人工两大类。天然火山灰质混合材包括火山灰、浮石、硅藻土等。人工火山灰质混合材包括烧黏土、烧页岩、炉渣等。

（3）粉煤灰混合材料。

粉煤灰是火力发电厂用收尘器从烟道中收集的灰粉，为玻璃态实心或空心的球状颗粒，表面光滑，色灰。其化学成分中活性氧化硅和活性氧化铝两者占 60%以上。

#### 2.2.2.2 普通硅酸盐水泥

普通硅酸盐水泥定义：凡由硅酸盐水泥熟料、>5%且≤20%混合材料、适量石膏磨细制成的水硬性胶凝材料，称为普通硅酸盐水泥（简称普通水泥），代号 P·O"。（据 GB 175—2007《通用硅酸盐水泥》）

1. 普通硅酸盐水泥的技术要求

（1）细度：比表面积不小于 300 $m^2/kg$。

（2）凝结时间：初凝时间不得早于 45 min，终凝时间不得迟于 10 h。

（3）强度等级：32.5、32.5R、42.5、42.5R、52.5、52.5R。

2. 普通硅酸盐水泥的性质

普通硅酸盐水泥的性质基本与硅酸盐水泥相同。

#### 2.2.2.3 矿渣硅酸盐水泥

矿渣硅酸盐水泥定义：凡由硅酸盐水泥熟料和>20%且≤70%粒化高炉矿渣、适量石膏磨细制成的水硬性胶凝材料，称为矿渣硅酸盐水泥（简称矿渣水泥），其中硅酸盐水泥熟料与>20%且≤50%粒化高炉矿渣、适量石膏混合为 A 型代号 P·S·A。硅酸盐水泥熟料和>50%且≤70%粒化高炉矿渣、适量石膏混合为 B 型代号 P·S·B。（据 GB 175—2007《通用硅酸盐水泥》）

1. 矿渣水泥的水化特点

二次水化：首先是水泥熟料的水化，生成同硅酸盐水泥水化完全相同的水化产物；然后是矿渣的水化，矿渣中的活性二氧化硅和活性三氧化二铝与熟料矿物水化产物中的氢氧化钙作用，生成水化硅酸钙和水化铝酸钙，生成的水化铝酸钙与石膏反应生成水化硫铝酸钙。

$$Ca(OH)_2 + AL_2O_3 + H_2O = C_3AH_6$$
$$C_3AH_6 + CaSO_4 \cdot 2H_2O + H_2O = Aft$$

2. 技术要求

$SO_3$ 的含量不得超过 4%。

3. 特性及应用

① 凝结硬化速度慢：早期强度低，后期强度高。

② 对温度湿热敏感性强：适于蒸养。

③ 耐腐蚀性好：可用于海港工程和水工大坝的建设。

④ 水化热小：可用于大体积混凝土、大型基础和混凝土大坝等。

⑤ 耐热性好。

⑥ 抗炭化能力差。

⑦ 矿渣水泥的保水性差、抗渗性差、泌水通道较多、干缩较大，使用中要严格控制用水量，加强早期养护。

⑧ 抗冻性差：不宜用于冬季施工，特别不宜用于严寒地区水位经常变动的部位。

#### 2.2.2.4 火山灰质硅酸盐水泥、粉煤灰质硅酸盐水泥、复合硅酸盐水泥

（1）火山灰质硅酸盐水泥。

凡由硅酸盐水泥熟料、火山灰质混合材料（掺量为水泥熟料质量的>20%且≤40%）和适量石

膏磨细制成的水硬性胶凝材料，称为火山灰质硅酸盐水泥（简称火山灰水泥），代号 P·P。（据 GB 175—2007《通用硅酸盐水泥》）

① 技术要求：$SO_3$ 的含量不得大于 3.5%。

② 技术性质：在干燥环境中易产生裂缝，抗冻性和耐磨性比矿渣水泥还要差，保水性好，抗渗性高，掺入黏土质的火山灰水泥不抗硫酸盐侵蚀。

（2）粉煤灰硅酸盐水泥。

凡由硅酸盐水泥熟料、粉煤灰（掺量按质量百分比计为>20%且≤40%）和适量石膏磨细制成的水硬性胶凝材料，称为粉煤灰硅酸盐水泥（简称粉煤灰水泥），代号 P·F。（据 GB 175—2007《通用硅酸盐水泥》）

① 技术要求：粉煤灰水泥的技术要求同火山灰水泥。

② 技术性质：干缩小，抗裂性高；凝结硬化慢，早期强度低；色深。

（3）复合硅酸盐水泥。

凡由硅酸盐水泥熟料、两种或两种以上规定的混合材料（混合材的总掺量按质量的百分比为>20%且≤50%）、适量石膏磨细制成的水硬性胶凝材料，称为复合硅酸盐水泥（简称复合水泥），代号 P·C。（据 GB 175—2007《通用硅酸盐水泥》）

① 技术要求：熟料中氧化镁的含量不宜超过 6.0%。水泥中三氧化硫的含量不得超过 3.5%。

② 细度要求：0.08 mm 方孔筛筛余量不得超过 10.0%。

③ 凝结时间：初凝时间不得早于 45 min，终凝时间不得迟于 10 h。

④ 技术性质：耐腐蚀性好，水化热小，抗渗性好，早强。

### 2.2.3 特性水泥与专用水泥

#### 2.2.3.1 铝酸盐水泥

1. 铝酸盐水泥定义

铝酸盐水泥是由铝酸钙为主的铝酸盐水泥孰料，磨细制成的水硬性胶凝材料称为铝酸盐水泥，代号 CA。根据需要也可在磨制 $Al_2O_3$ 含量大于 68%的水泥时掺加适量的 α-$Al_2O_3$ 粉。（据 GB 201—2000《铝酸盐水泥》）

2. 铝酸盐分类

按 $Al_2O_3$ 含量百分数将铝酸盐水泥分为四类：

① CA—50：50%≤$Al_2O_3$<60%；② CA—60：60%≤$Al_2O_3$ 含量<68%；

③ CA—70：68%≤$Al_2O_3$<77%；④ CA—80：77%≤$Al_2O_3$ 含量。

3. 铝酸盐水泥的性质与应用

① 凝结硬化快。② 水化热大，并且集中在早期，一天内可放出水化热 70%～80%，使温度上升很高。③ 抗硫酸盐性能强，比抗硫酸盐水泥还要好。④ 耐热性好。⑤ 耐碱性差。⑥ 在国家标准中明文规定不能用于钢筋混凝土结构工程中。⑦ 施工时不得与石灰和硅酸盐水泥混合，也不得与尚未硬化的硅酸盐水泥接触使用。⑧ 快硬水泥。

#### 2.2.3.2 快硬硅酸盐水泥

以适当的生料烧至部分熔融，所得的以硅酸钙为主要成分的熟料，加入适量的石膏，磨细制成的具有早期强度增长率快的水硬性胶凝材料，称为快硬硅酸盐水泥，简称快硬水泥。

快硬水泥的生产同硅酸盐水泥基本一致，只是在生产时提高了硅酸三钙（50%～60%）、铝酸三钙（8%～15%）的含量，两者的总量不少于 65%。同时增加了石膏的掺量（8%），提高了粉磨细度（比表面积达 450 $m^2/kg$）。

1. 快硬硅酸盐水泥的技术要求

细度：0.08 mm 方孔筛筛余量小于 10.0%。

凝结时间：初凝时间不得早于 45 min，终凝不得迟于 10 h。

2. 快硬硅酸盐水泥的应用

快硬硅酸盐水泥主要用于紧急抢修和低温施工。

#### 2.2.3.3 快硬硫铝酸盐水泥

以适当的生料烧至部分熔融，得到以无水硫酸钙和硅酸二钙为主要矿物成分的熟料，加入适量的石膏磨细的具有早期强度高特性的水硬性胶凝材料，称为快硬硫铝酸盐水泥。（据 JC/T 2282—2014《快凝快硬硫铝酸盐水泥》。

1. 技术要求

① 细度：比表面积不得低于 350 $m^2/kg$。② 凝结时间：初凝时间不得早于 25 min，终凝时间不得迟于 3 h。③ 安定性：水泥中不允许出现游离氧化钙，否则为废品。

2. 特性及应用

无水硫铝酸钙与石膏迅速反应生成钙矾石晶体和大量的铝胶，早期强度高。

$C_2S$ 水化的水化产物 $Ca(OH)_2$ 晶体和水化硅酸钙胶体不断填充水泥石的孔隙。快硬硫铝酸盐水泥硬化后水泥石的结构致密，孔隙率小，抗渗性高，水化产物中 $Ca(OH)_2$ 的含量少，抗硫酸盐腐蚀能力强，主要用于配制早强、抗渗、抗硫酸盐腐蚀的混凝土工程，可用于冬季施工、浆锚、喷锚支护、节点、抢修、堵漏等工程。此外，由于碱度低，硫铝酸盐水泥可用于生产各种玻璃纤维制品。

#### 2.2.3.4 白色硅酸盐水泥

白色硅酸盐水泥是以硅酸钙为主要成分，严格控制水泥中的氧化铁含量，加入适量的石膏，磨细所得的水硬性胶凝材料，简称白水泥。白水泥的生产、矿物组成、性能和硅酸盐水泥基本相同，只是氧化铁的含量是普通水泥的 1/10（GB/T 2015—2005《白色硅酸盐水泥》）。

白色水泥的技术要求：①细度：0.08 mm 方孔筛筛余量不得大于 10%。②凝结时间：初凝时间不得早于 45min，终凝时间不得迟于 12 h。

白色硅酸盐水泥主要应用于各种装饰性混凝土及装饰性砂浆，如水刷石、水磨石及人造大理石等。

#### 2.2.3.5 道路硅酸盐水泥

以适当的生料烧至部分熔融，所得的以硅酸钙为主要成分和较多的铁铝酸四钙的硅酸盐熟料，加入适量的石膏共同磨细，所得的水硬性胶凝材料，称为道路硅酸盐水泥。（GB 13693—2005《道路硅酸盐水泥》）。

在道路硅酸盐水泥中，熟料的化学组成和硅酸盐水泥是完全相同的，只是水泥中的铝酸三钙的含量小于 5.0%，铁铝酸四钙的含量要大于 16.0%。

1. 技术要求

① 凝结时间：初凝时间不得早于 1 h，终凝时间不得迟于 10 h。② 干缩性：28 d 的干缩率不得大于 $1000\times10^{-6}$。③ 耐磨性：耐磨性试验磨损率不得大于 3.60 $kg/m^2$。

2. 道路水泥的技术性质及应用

道路水泥抗折强度高、耐磨性好、干缩小、抗冻性、抗冲击性、抗硫酸盐性能好，可减少混凝土路面的断板、温度裂缝和磨耗，减少路面维修费用，延长使用年限，适用于道路路面、机场跑道、城市人流较多的广场等工程的面层混凝土。

#### 2.2.3.6 水工硅酸盐水泥

1. 低热矿渣硅酸盐水泥

以适当成分的硅酸盐水泥熟料，加入矿渣、适量的石膏，磨细制成的具有低水化热的水硬性胶凝材料，为低热矿渣硅酸盐水泥，简称低热水泥。其中，水泥中矿渣的掺量计为 20%~60%，允许用不超过混合材料总量 50%的磷渣或粉煤灰代替部分矿渣。铝酸三钙的含量≤8%。（GB 200—2003《中低热水泥》）

2. 中热硅酸盐水泥

以适当的生料烧至部分熔融，所得的硅酸盐水泥熟料，加入适量的石膏，磨细制成的中等水化热的水硬性胶凝材料，为中热硅酸盐水泥，简称中热水泥。其铝酸三钙的含量不得超过 6%，硅酸三钙的含量不得超过 55%。

3. 水工硅酸盐水泥技术要求

① 游离氧化钙的含量：中热不得超过 1%，低热不得超过 1.2%。

② 细度：0.080 mm 方孔筛的筛余量不得超过 12%。

③ 凝结时间：初凝不得早于 60 min，终凝不得迟于 12 h。

4. 中热水泥和低热水泥的特性及应用

由于掺入混合材多，故中热水泥和低热水泥成本低、水化热低，性能稳定，主要适用于要求水化热较低的大坝和大体积混凝土工程。

#### 2.2.3.7 低热微膨胀水泥

以粒化高炉矿渣为主要成分，加入适量硅酸盐水泥熟料（15%左右）和石膏（以 $SO_3$ 计，5%左右），共同磨细，制成的具有水化热低和微膨胀性能的水硬性胶凝材料，为低热微膨胀硅酸盐水泥，简称低热微膨胀水泥。

低热微膨胀水泥水化热较小、抗渗、耐腐蚀，适用于大体积混凝土工程和要求抗渗性较高、补偿收缩、抗硫酸盐侵蚀的工程中。

#### 2.2.3.8 抗硫酸盐硅酸盐水泥

以适当的生料烧至部分熔融，所得以硅酸钙为主要成分的熟料，加入石膏，共同磨细制成的具有一定抗硫酸盐侵蚀性能的水硬性胶凝材料，称为抗硫酸盐硅酸盐水泥，简称抗硫酸盐水泥。

在抗硫酸水泥中，$C_3S$ 的含量小于 50%，$C_3A$ 含量小于 5%，$C_3A$ 和 $C_4AF$ 的总含量小于 22%。

#### 2.2.3.9 膨胀水泥和自应力水泥

一般水泥在空气中硬化会产生一定收缩，导致内部产生裂缝，降低混凝土强度和耐久性，膨胀水泥和自应力水泥凝结硬化生成大量钙矾石产生体积膨胀，可以消除收缩产生的不利影响。

在钢筋混凝土中应用膨胀水泥，由于混凝土的膨胀使钢筋产生一定的拉应力，混凝土受到相应的压应力，这种压应力能使混凝土的微裂缝减少，抵消外界因素产生的拉应力，提高混凝土抗拉强度。

根据压应力的大小，可以将水泥分为两类：一类压应力值不小于 2.0 MPa，为自应力水泥；另一类压应力值小于 2.0 MPa，为膨胀水泥。

1. 自应力水泥

自应力水泥的膨胀值较大。常用的自应力水泥有硅酸盐自应力水泥、铝酸盐自应力水泥等，一般用于预应力钢筋混凝土压力管及配件等。

2. 膨胀水泥

膨胀水泥主要用于收缩补偿混凝土工程，防渗混凝土（屋顶防渗、水池等），防渗砂浆，结构的加固，构件接缝、接头的灌浆，固定设备的机座及地脚螺栓等。

#### 2.2.3.10 砌筑水泥

以活性混合材料和一些具有潜在水硬性的工业废料为主，加入少量的水泥熟料、石膏，磨细所得的水硬性胶凝材料，称为砌筑水泥（GB/T 3183—2003《砌筑水泥》）。砌筑水泥主要用于工业与民用建筑的砌筑砂浆、内墙抹面砂浆，也可用于配制道路混凝土垫层或蒸养混凝土砌块。

1. 砌筑水泥根据活性混合材料的品种

① 矿渣砌筑水泥：矿渣掺量可高达 70%。② 火山灰质砌筑水泥：火山灰质混合材料掺量不少于 50%。③ 粉煤灰砌筑水泥：粉煤灰的含量不少于 40%。

2. 砌筑水泥主要技术要求

（1）细度：0.08 mm 方孔筛筛余量不得超过 10%。

（2）凝结时间：初凝时间不得早于 45 min，终凝时间不得迟于 12 h。

（3）安定性：三氧化硫（$SO_3$）不得超过 4.0%。

（4）等级：砌筑水泥根据各龄期强度值分为 125、175、225 三个等级。

## 2.3 混凝土

### 2.3.1 混凝土概述

混凝土是由胶凝材料、粗细骨料加水拌和后，经一定时间硬化而成的人造石材，简称砼。现代混凝土还可根据需要掺加外加剂或其他掺合料。

目前工程上使用最多的是以水泥为胶结材料，以砂、石为骨料，加水及掺入适量外加剂和掺和料拌制的普通水泥混凝土（简称普通混凝土）。

#### 2.3.1.1 混凝土的分类

1. 按表观密度大小分类

（1）重混凝土：表观密度>2 800 kg/m$^3$。为了屏蔽各种射线的辐射，采用各种高密度骨料配制的混凝土，骨料为钢屑、重晶石、铁矿石等重骨料，水泥为钡水泥、锶水泥等重水泥。又称防辐射混凝土，用于核能工厂的屏障结构材料。

（2）普通混凝土：表观密度 2 000 ~ 2 800 kg/m$^3$，骨料为天然砂、石，密度一般多在 2 500 kg/m$^3$ 左右，用于各种建筑的承重结构材料。

（3）轻混凝土：表观密度<1 950 kg/m$^3$，骨料为多孔轻质骨料，或无砂的大孔混凝土或不采用骨料而掺入加气剂或泡沫剂形成的多孔结构混凝土。主要用作轻质结构（大跨度）材料和隔热保温材料。

2. 按胶结材分类

混凝土按胶结材料分为：水泥混凝土、石灰-硅质胶结材（即硅酸盐混凝土）、石膏混凝土、水玻璃-氟硅酸钠混凝土；沥青混凝土、聚合物胶结混凝土；聚合物水泥混凝土、聚合物浸渍混凝土。

3. 按强度等级分类

① 普通混凝土：强度等级为 C7.5 ~ C60；

② 高强混凝土：强度等级为 C60 ~ C100；

③ 超高强混凝土：强度等级大于 C100。

4. 按施工工艺分类

混凝土按施工工艺分为：泵送混凝土、喷射混凝土、真空脱水混凝土、造壳混凝土（裹砂混凝土）、碾压混凝土、压力灌浆混凝土（预填骨料混凝土）、热拌混凝土、太阳能养护混凝土等。

5. 按掺合料分类

混凝土按掺合料的不同分为：粉煤灰混凝土、硅灰混凝土、磨细高炉矿渣混凝土、纤维混凝土；也可按功能或材料分类，如防水混凝土、耐热混凝土、耐酸混凝土、纤维混凝土、聚合物混凝土；还可按水泥用量分类，如贫混凝土、富混凝土。

#### 2.3.1.2 混凝土的特点

混凝土优点：原材料丰富，造价低廉，其组成材料中砂、石等地方材料占80%以上；混凝土拌合物具有良好的可塑性和浇注性，易加工成型；可调整性强，可根据使用性能的要求与设计来配制相应的混凝土；抗压强度高；匹配性好，与钢筋及钢纤维等有牢固的黏结力；耐久性良好。

混凝土缺点：自重大，比强度小；抗拉强度低；变形能力差，易开裂；导热系数大，保温隔热性能较差；硬化较慢，生产周期长。为弥补这些缺点，可配制预应力钢筋混凝土、自应力混凝土、聚合物混凝土、纤维混凝土、轻混凝土等。

### 2.3.2 普通混凝土的组成材料

基本组分：水泥、骨料（砂、石）（骨架作用，体积占总体积70%以上）、水。

现代混凝土组分：水泥、骨料（砂、石）、水、外加剂、掺合料（矿物外加剂）。水和水泥成为水泥浆，硬化前的混凝土拌合物中，水泥浆在砂、石颗粒之间起润滑作用，硬化后水泥浆成为水泥石，将骨料牢固地胶结成为整体。混凝土中的骨料，一般不与水泥浆起化学反应，其作用是构成混凝土的骨架。

#### 2.3.2.1 水 泥

1. 水泥的要求——品种

水泥作为制备混凝土中最重要的活性材料，其种类、性能和用量的选用对混凝土的性能影响十分显著。在为一个混凝土工程选择水泥时，应对不同类型水泥的适用性进行确认。在选择水泥时应允许活性，若将工程用水泥限定为一个型号、一个品牌或一个标准水泥，则可能会导致工程延误，且对当地的材料也不能物尽其用。除非有特殊性能要求，否则不应使用特殊性质的水泥。此外，掺合料的使用也不能妨碍任何硅酸盐水泥或混合水泥的使用。

2. 水泥品种的选择

配置混凝土一般可采用硅酸盐水泥、普通硅酸盐水泥、矿渣硅酸盐水泥、火山灰硅酸盐水泥和粉煤灰硅酸盐水泥，必要时可采用快硬硅酸盐水泥或其他水泥。配置混凝土时，采用何种水泥应根据工程特点和所处环境条件，参考 2-4 表进行选择。在满足工程要求的前提下，可选择价格较低的水泥品种，以节约造价。

硅酸盐水泥、普通水泥、矿渣水泥、火山灰水泥和粉煤灰水泥是我国生产量最多的通用型水泥，其产量约占水泥总产量的 90%。复合硅酸盐水泥的特性，取决于所掺两种掺合材料的种类、掺量及相对比例，与矿渣硅酸盐水泥、火山灰硅酸盐水泥、粉煤灰硅酸盐水泥有不同程度的相似，其使用应根据所掺入的掺合材料种类，参照其他掺有掺合材料的水泥使用范围和工程实践经验选用。

3. 水泥的要求——水泥强度等级

水泥强度等级的选择，应与混凝土的设计强度等级相适应。若水泥强度等级过低，为满足强度要求必然使水泥用量过大，不够经济；若水泥强度等级过高，则较少的水泥用量就可以满足混凝土强度的要求，但往往不能满足混凝土拌合物和易性和混凝土耐久性的要求，为保证这些性质，还必须再增加水泥，因而也不经济。

经验证明，不掺减水剂和掺合料的混凝土，其水泥强度等级的选择原则是与配制的混凝土强度等级相适应。当混凝土强度≤C30 时，$f_{ce} = (1.5 \sim 2.0)f_{cu}$；当混凝土强度 > C30 时，$f_{ce} = (0.9 \sim 1.5)f_{cu}$。

**表 2-4　五大水泥的特性与适用范围**

| 水泥品种 | 硅酸盐水泥 | 普通水泥 | 矿渣水泥 | 火山灰水泥 | 粉煤灰水泥 |
| --- | --- | --- | --- | --- | --- |
| 特性 | 早期强度高；水化热较大；抗冻性较好；耐蚀性较差；干缩较小 | 与硅酸盐水泥基本相同 | 早期强度较低，后期强度增长较快；水化热性好；耐蚀性较强；抗冻性差；干缩性较大 | 早期强度较低，后期强度增长较快；水化热较低；耐蚀性较强；抗渗性好；抗冻性差；干缩性大 | 早期强度较低，后期强度增长较快；水化热较低；耐蚀性较强；干缩性较小；抗裂性较高；抗冻性差 |
| 适用范围 | 一般土建工程中钢筋混凝土及预应力钢筋混凝土结构；受反复冰冻作用的结构；配制高强混凝土 | 与硅酸盐水泥基本相同 | 高温车间和耐热、耐火要求的混凝土结构；大体积混凝土结构；蒸汽养护的构件；有抗硫酸盐侵蚀要求的工程 | 地下、水中大体积混凝土结构和有抗渗要求的混凝土结构；蒸汽养护的构件；有抗硫酸盐侵蚀要求的工程 | 地上、地下及水中大体积混凝土结构；蒸汽养护的构件；抗裂性要求较高的构件；有抗硫酸盐侵蚀要求的工程 |
| 不适用范围 | 大体积混凝土结构；受化学及海水侵蚀的工程 | 与硅酸盐水泥基本相同 | 早期强度要求高的工程；有抗冻要求的混凝土工程 | 处在干燥环境中的混凝土工程；其他同矿渣水泥 | 有抗碳化要求的工程；其他同矿渣水泥 |

#### 2.3.2.2　拌和与养护用水

优先采用符合国家标准的饮用水。水的 pH 值要求不低于 4.5，硫酸盐含量按 $SO_4^{2-}$ 计不得超过水量的 1%。未经处理的海水只能用于配置素混凝土，因为海水中的氯离子和硫酸根离子会对钢筋造成腐蚀。在拌制和养护混凝土用的水中，不得含有影响水泥正常凝结与硬化的有害杂质，如油脂、糖类等。混凝土拌和用水物质含量限值见表 2-5。

**表 2-5　混凝土拌和用水物质含量限值**

| 项　目 | 预应力混凝土 | 钢筋混凝土 | 素混凝土 |
| --- | --- | --- | --- |
| pH 值 | ≥5.0 | ≥4.5 | ≥4.5 |
| 不溶值/（mg/L） | ≤2 000 | ≤2 000 | ≤5 000 |
| 可溶物/（mg/L） | ≤2 000 | ≤2 000 | ≤10 000 |
| 氯化物（以 $Cl^-$ 计）/（mg/L） | ≤500 | ≤1 000 | ≤3 500 |
| 硫酸盐（以 $SO_4^{2-}$ 计）/（mg/L） | ≤600 | ≤2 000 | ≤2 700 |
| 碱含量/（rag/L） | ≤1 500 | ≤1 500 | ≤1 500 |

注：① 使用钢丝或经热处理钢筋的预应力混凝土，其氯化物的含量不得超过 350 mg/L。
② 摘自《混凝土用水标准》（JGJ 63—2006）。

如对水质有疑问，可将该水与洁净水分别制成混凝土或砂浆试块，然后进行强度对比试验，如果该水制成试块的28 d抗压强度不低于洁净水制成试块强度的90%,则该水可用于拌制混凝土。另外，还应按有关标准对混凝土内拌和用水对凝结时间的影响进行检测，以确保拌和水里的杂质不会对水泥的凝结时间产生不利的影响。

#### 2.3.2.3 骨 料

骨料在混凝土中主要起填充作用,一般骨料占混凝土体积的60%～80%(质量为70%～85%)。骨料是混凝土的主要组分，对新拌及硬化混凝土的性能、配合比与经济性有显著的影响，混凝土中使用合适类型且质量优良的骨料是非常重要的。骨料的选择、测定及评判是生产高质量混凝土的重要保证；一些骨料由于某些不良的性质，会限制混凝土强度的发展，并且会对混凝土内的耐久性及其他应用性能产生不利影响。

骨料的重要性质包括强度等力学性质，密度、含水率、孔结构等物理性质，有害组成含量及其相应的反应活性等化学性质，另外，混凝土内的配合比设计还要求考虑到骨料颗粒的表面形态、级配及最大颗粒尺寸等。迄今已有许多技术可用于骨料性质的测定，但最常用的仍包括传统的相检测方法和筛分析。通过相检测可以确定骨料的矿物特性，进而可以预测骨料在混凝土中的物理、化学行为。

骨料是水泥混凝土中单价最低的，因此希望在混凝土中多掺入骨料。但经济性并不是使用骨料的唯一原因，骨料的掺入还有助于提高混凝土的体积稳定性和耐久性。应注意的是，由于混凝土生产及用量的增加，高质量及廉价的骨料资源会越来越少。因此，应注重低质量骨料应用技术的发展，并考虑到一些固体废弃材料的综合利用。

*1. 细骨料——砂*

砂、石是混凝土中的填充料，称为骨料（也称集料）。混凝土所用的骨料按粒径大小分为粗骨料和细骨料。粒径在4.75 mm以下者称为细骨料，包括天然砂和人工砂。天然砂是由自然条件作用而成的，按其产源不同，可分为山砂、河砂和海砂。人工砂由岩石经机械破碎、筛分制成或由机制砂和天然砂混合制成。配制混凝土所采用的细骨料的质量要求有以下几个方面：

（1）有害杂质。

配制混凝土的细骨料要求清洁不含杂质，骨料中有害物质一般是指妨碍水泥水化、凝结，削弱水泥石与骨料的黏结，影响混凝土体积稳定性或与水泥水化产物发生化学反应而产生不良影响的物质，包括黏土淤泥、有机物、硫化物、天然石膏（硫酸盐）、煤（含硫磺）、云母等。

（2）颗粒形状及表面特征。

天然砂：河砂、海砂；人工砂：山砂、机制砂。从流动性上看，人工砂的颗粒形状及表面特征不及天然砂好（表面较粗糙，摩擦力大）。从黏结力上看，天然砂的颗粒形状及表面特征不及人工砂好（表面较光滑，摩擦力小）。

（3）砂的粗细程度和颗粒级配。

砂的粗细程度是指不同粒径的砂粒混合在一起的平均粗细程度，通常有粗砂、中砂、细砂和特细砂之分。在相同质量条件下，颗粒越细，则比表面积越大；砂的比表面积越大，则在混凝土中需要包裹砂粒表面的水泥浆也就越多。当混凝土拌合物的流动性要求一定时，用粗砂拌制混凝土比用细砂所需的水泥浆省，但若砂过粗，虽然能减少水泥用量，但拌合物的黏聚性较差，容易产生离析。因此，用于拌制混凝土的砂既不宜过粗，也不宜过细。

砂的颗粒级配是指颗粒大小的搭配情况（图2-1）。当砂中含有较多的粗粒径砂，并以适当的中粒径砂及少量细粒径砂填充其空隙，可使孔隙率及总表面积均较小，这样的砂不仅水泥浆用量较小，还可以提高混凝土的密实性与强度。因此，在拌制混凝土时，应同时考虑砂的粗细程度和颗粒级配两个因素，不能仅用粗细程度这一指标作为评判依据。控制砂的颗粒级配和粗细程度有很重要的技术及经济意义。

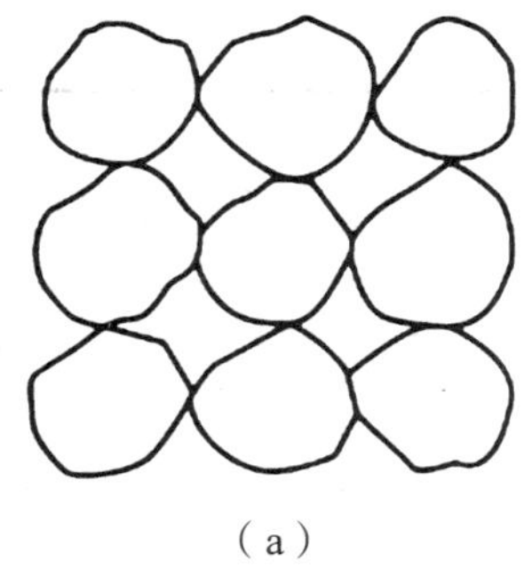
（a）
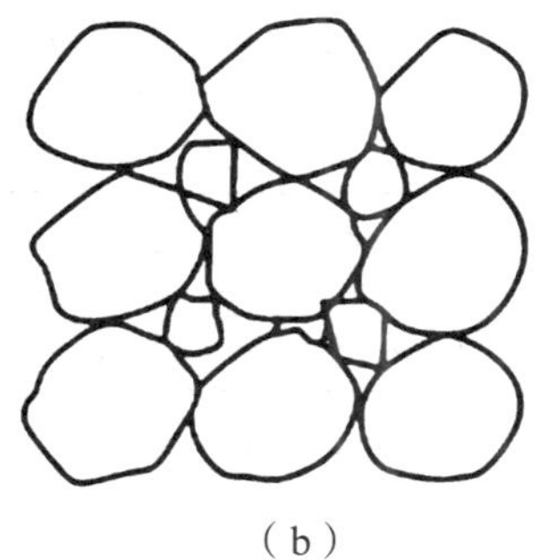
（b）
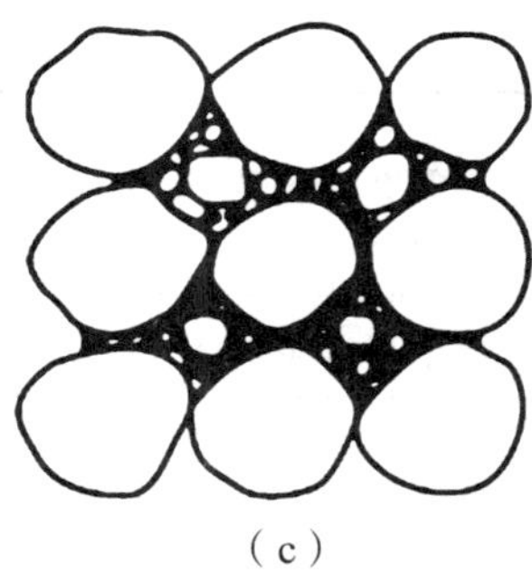
（c）

**图 2-1　骨料颗粒级配**

砂的颗粒级配和粗细程度常用筛分析的方法进行测定。用级配区表示砂的颗粒级配，用细度模数表示砂的粗细。细度模数越大，表示砂子越粗，反之越细。筛分法是用一套孔径为 4.75 mm、2.3 6mm、1.18 mm、0.60 mm、0.30 mm 及 0.15 mm 的标准筛，将 500 g 的干砂试样由粗到细依次过筛，然后称得余留在各个筛上的砂的质量，并计算出各筛上的分计筛余百分率 $a_1$、$a_2$、$a_3$、$a_4$、$a_5$、$a_6$（各筛上的筛余量与占砂样总量的百分率）及累计筛余百分率 $A_1$、$A_2$、$A_3$、$A_4$、$A_5$、$A_6$（各个筛和比该筛粗的所有筛余百分率相加在一起）。累计筛余与分计筛余的关系见表 2-6。

砂的细度模数计算公式：

$$M_x = \frac{(A_2 + A_3 + A_4 + A_5 + A_6) - 5A_1}{100 - A_1}$$

**表 2-6　累计筛余与分计筛余的关系**

| 筛孔尺寸/mm | 筛余量/g | 分计筛余/% | 累计筛余/% |
|---|---|---|---|
| 4.75 | $M_1$ | $a_1$ | $A_1 = a_1$ |
| 2.36 | $M_2$ | $a_2$ | $A_2 = a_1 + a_2$ |
| 1.18 | $M_3$ | $a_3$ | $A_3 = a_1 + a_2 + a_3$ |
| 0.60 | $M_4$ | $a_4$ | $A_4 = a_1 + a_2 + a_3 + a_4$ |
| 0.30 | $M_5$ | $a_5$ | $A_5 = a_1 + a_2 + a_3 + a_4 + a_5$ |
| 0.15 | $M_6$ | $a_6$ | $A_6 = a_1 + a_2 + a_3 + a_4 + a_5 + a_6$ |
| 底盘 | $M_{底}$ | | |

细度模数越大，表示砂越粗。按细度模数将砂子分成粗、中、细、特细和粉砂五种规格：$M_x$ 在 3.7 ~ 3.1 的砂，为粗砂；$M_x$ 在 3.0 ~ 2.3 的砂，为中砂；$M_x$ 在 2.2 ~ 1.6 的砂，为细砂；$M_x$ 在 1.5 ~ 0.7 的砂，为特细砂；$M_x$ 小于 0.7 的砂，为粉砂。

砂的细度模数并不能反映级配优劣。细度模数相同的砂，其级配可能相差很大。因此，评定砂的质量应同时考虑砂的级配。

根据《建设用砂》（GB/T 14684—2011），对细度模数为 3.70 ~ 1.6 的普通混凝土用砂，按 0.60 mm 筛孔的累积筛余百分率分成三个级配区（表 2-7），砂子的颗粒级配应在表中的任何一个级配区内。砂的实际颗粒级配与表 2-6 是所列的累计筛余百分率对照，除 4.75 mm 和 0.60 mm 筛号外，其余各筛筛余允许有少量超出分区界限，但超出总量不应大于 5%。以累计筛余百分率为纵坐标，以筛孔尺寸为横坐标，根据表规定可画出砂Ⅰ、Ⅱ、Ⅲ级级配区的筛分曲线，如图 2-2 所示。

表 2-7 砂的颗粒级配区划分

| 筛孔公称直径 | 级配区 | | |
|---|---|---|---|
| | Ⅰ区 | Ⅱ区 | Ⅲ区 |
| 4.75 mm | 10～0 | 10～0 | 10～0 |
| 2.36 mm | 35～5 | 25～0 | 15～0 |
| 1.18 mm | 65～35 | 50～10 | 25～0 |
| 600 μm | 85～71 | 70～41 | 40～16 |
| 300 μm | 95～80 | 92～70 | 85～55 |
| 150 μm | 100～90 | 100～90 | 100～90 |

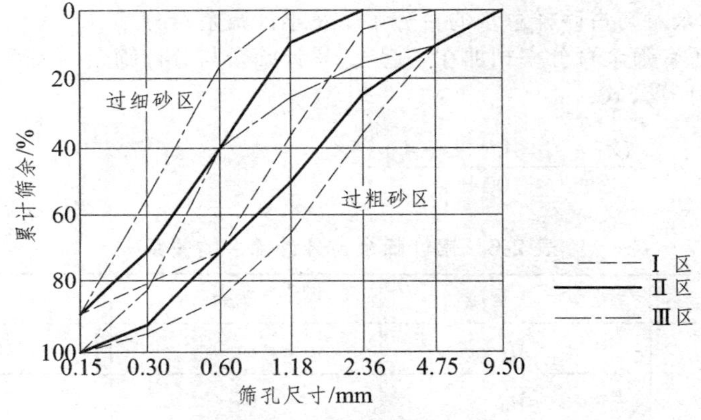


图 2-2 砂级配筛分曲线

过粗的砂（细度模数大于 3.7）配制的混凝土，其拌合物的和易性不易控制，且内摩擦力大，不宜振捣成型；过细的砂配制混凝土，将增加较多的水泥用量，并且强度显著降低。这两种砂均未包括在级配内。如果砂的天然级配不符合级配区的要求，就要采用人工级配的方法来改善，最简单的措施是将粗、细砂按适当比例进行试配，掺合使用。

拌制混凝土用砂一般选用级配符合要求的粗砂和中砂较理想。在工地附近只有细砂的情况下，只要级配符合要求，可在控制用砂量、用水量以及保证施工质量的前提下，利用细砂拌制混凝土。配制混凝土时，应先采用Ⅱ区砂；当采用Ⅰ区砂时，应提高砂率，并保持足够的水泥用量，以满足和易性的要求；当采用Ⅲ区砂时，应适当降低砂率，以保证混凝土的强度。对于泵送混凝土，宜选用中砂。

（4）砂的等级划分（Ⅰ类、Ⅱ类、Ⅲ类）。

Ⅰ类砂宜用于 C60 以上混凝土；Ⅱ类砂宜用于 C30～C60 及抗冻、抗渗或其他要求的混凝土；Ⅲ类砂宜用于小于 C30 的混凝土和建筑砂浆。

2. 粗骨料——石子

普通混凝土常用的粗骨料有碎石和卵石。由天然岩石或卵石经破碎、筛分而得、粒径大于 4.75 mm 的颗粒，称为碎石（或卵石）；由自然条件作用而形成粒径大于 4.75 mm 的颗粒称为卵石。

（1）有害杂质含量（含泥量、针片状颗粒含量、碱骨料反应）。

粗骨料中常含有黏土、淤泥、硫酸盐、硫化物和有机杂质等有害杂质。它们的危害作用与在细骨料中的相同。

当怀疑粗骨量中因含有无定形二氧化碳可能引起碱-骨料反应时，必须进行专门的检验。活性氧化硅的矿物形式有蛋白石、玉髓等，含有活性氧化硅的岩石有安山岩和凝灰岩等。如果混凝土中所用的水泥含有较多的碱时，就可能会发生碱-骨料破坏。

碱骨料反应是指当水泥中含碱量（$K_2O$，$Na_2O$）较高，又使用了活性骨料（主要指活性 $SiO_2$），水泥中的碱类便可能与骨料中的活性二氧化硅发生反应，在骨料表面生成复杂的碱-硅酸凝胶。这种凝胶体吸水时，体积会膨胀，从而改变了骨料与水泥浆原来的界面，所生成的凝胶是无限膨胀性的，会把水泥石胀裂。

引起碱骨料反应的必要条件是：①水泥超过安全含碱量（以 $Na_2O$ 计，为水泥质量的 0.6%）；②使用了活性骨料；③水。

抑制碱-骨料反应可以考虑以下措施：控制水泥含碱量不超过 0.6%；根据已知工程条件选择非活性骨料；在水泥中加入某些磨细的活性混合材料，使其在水泥反应前就比较充分地与水泥中的碱成分反应，或者能促使反应产物在水泥浆中均匀分散阻止过分膨胀；防止外界水分渗入混凝土，保持混凝土处于干燥状态，以减轻反应的危害程度。

（2）颗粒形状及表面特征（碎石、卵石）。

粗骨料的颗粒形状及表面特征同样会影响其与水泥石的黏结及混凝土拌合物的流动性。

形状为片状、针状的骨料不仅影响骨料孔隙率，增加混凝土水泥用量，还使混凝土拌合物和易性变差。在混凝土成型密实过程中，片状和针状骨料有可能倾向一个方向排列，对混凝土硬化后的强度和耐久性造成不利影响。

骨料颗粒的表面特征是指其表面粗糙程度、孔隙状况和棱角大小等。一般表面粗糙多孔的骨料孔隙率大，反之孔隙率小。但是，粗糙多孔骨料与水泥浆黏结力大，有利于混凝土强度的提高，碎石混凝土较卵石混凝土强度可提高 10%以上。骨料总表面积与骨料颗粒的表面特征也相关，表面粗糙多孔，棱角突出的骨料表面积大。用这种骨料配制混凝土，则水泥用量较多，拌合物的和易性也差。一般碎石混凝土的水泥用量比卵石混凝土多。

（3）强度和坚固性。

① 强度（抗压强度、压碎指标）。

将石子制成 50 mm × 50 mm × 50 mm 的立方体（或直径与高均为 50 mm 的圆柱体）试件，在水饱和状态下，测其极限抗压强度。岩石的极限抗压强度应不小于混凝土强度的 1.5 倍。同时，火成岩试件的强度不宜低于 80 MPa，变质岩不宜低于 60 MPa，水成岩不宜低于 30 MPa。

将一定质量气干状态下 10 ~ 20 mm 的石子装入一标准圆筒内，在压力机上经 160 ~ 300 s 内均匀地加荷到 200 kN；卸荷后称出试样质量 $G_0$，然后用孔径为 2.5 mm 的筛筛除被压碎的碎粒，称取试样的筛余量 $G_1$，则压碎指标值按下式计算：

$$\text{压碎指标} = \frac{G_0 - G_1}{G_0} \times 100\%$$

② 坚固性。

粗骨料坚固性用硫酸盐浸泡法来检验。试样经 5 次循环后，其质量损失应不超过规定。

（4）最大粒径与颗粒级配。

① 最大粒径。

条件允许时应尽可能把石子选得大一些。从结构的角度规定，混凝土用粗骨料最大粒径不得超过结构截面最小尺寸的 1/4，同时不得超过钢筋间最小净距的 3/4。对混凝土实心板，骨料的最大粒径不宜超过板厚的 1/2，且不得超过 50 mm。

从泵送的角度，粗集料最大粒径与输送管径之比为：泵送高度在 50 m 以下时，对碎石不宜大于 1：3，对卵石不宜大于 1：2.5；泵送高度在 50 ~ 100 m 时，宜为 1：3 ~ 1：4；泵送高度在 100 m 以上时，宜为 1：4 ~ 1：5。目前所有工地常用 5 ~ 20 mm 的碎石。

② 颗粒级配（筛分析试验）。

石子的颗粒级配是指石子大小颗粒相互搭配的数量比例。级配好坏对节约水泥和保证混凝土具有良好的和易性有很大的关系，特别是拌制高强度混凝土，石子级配更为重要。石子的级配有连续级配和间断级配两种，目前各国主要采用连续级配。

石子的级配也通过筛分实验来确定。计算分级筛余百分率和累计筛余百分率，要求各筛上的累计筛余百分率符合表 2-8 的规定。《建设用卵石碎石》（GB/T 14685—2011）将石子的级配分为连续粒级和单粒级两种情况。

**表 2-7　碎石或卵石的颗粒级配规定**

| 级配 | 公称粒级/mm | 筛孔公称直径/mm | | | | | | | | | | | |
|---|---|---|---|---|---|---|---|---|---|---|---|---|---|
| | | 2.5 | 5 | 10 | 16 | 20 | 25 | 31.5 | 40 | 50 | 63 | 80 | 100 |
| 连续粒级 | 5 ~ 10 | 95 ~ 100 | 80 ~ 100 | 0 ~ 15 | 0 | — | — | — | — | — | — | — | — |
| | 5 ~ 16 | 95 ~ 100 | 85 ~ 100 | 30 ~ 60 | 0 ~ 10 | 0 | — | — | — | — | — | — | — |
| | 5 ~ 20 | 95 ~ 100 | 90 ~ 100 | 40 ~ 80 | — | 0 ~ 10 | 0 | — | — | — | — | — | — |
| | 5 ~ 25 | 95 ~ 100 | 90 ~ 100 | — | 30 ~ 70 | — | 0 ~ 5 | 0 | — | — | — | — | — |
| | 5 ~ 31.5 | 95 ~ 100 | 90 ~ 100 | 70 ~ 90 | — | 15 ~ 45 | — | 0 ~ 5 | 0 | — | — | — | — |
| | 5 ~ 40 | — | 95 ~ 100 | 70 ~ 90 | — | 30 ~ 65 | — | — | 0 ~ 5 | 0 | — | — | — |
| 单粒级 | 10 ~ 20 | — | 95 ~ 100 | 85 ~ 100 | — | 0 ~ 15 | 0 | — | — | — | — | — | — |
| | 16 ~ 31.5 | — | 95 ~ 100 | — | 85 ~ 100 | — | — | 0 ~ 10 | 0 | — | — | — | — |
| | 20 ~ 40 | — | — | 95 ~ 100 | — | 80 ~ 100 | — | — | 0 ~ 10 | 0 | — | — | — |
| | 34.5 ~ 63 | — | — | — | 95 ~ 100 | — | — | 75 ~ 100 | 45 ~ 75 | — | 0 ~ 10 | 0 | — |
| | 40 ~ 80 | — | — | — | — | 95 ~ 100 | — | — | 70 ~ 100 | — | 30 ~ 60 | 0 ~ 10 | 0 |

## 2.3.3　普通混凝土的技术性质

混凝土的主要技术性质包括：新拌混凝土的和易性、混凝土的强度、混凝土的变形、混凝土的耐久性。

### 2.3.3.1　混凝土拌合物的和易性

1. 和易性的概念

混凝土在凝结硬化前称混凝土拌合物。混凝土拌合物的性质在很大程度上决定了混凝土结构和构件的未来质量。硬化后混凝土的性能如何，与混凝土拌制、浇注和密实成型过程密切相关。

和易性，又称工作性，是指混凝土拌合物易于施工操作（拌和、运输、浇灌、捣实）并能获得质量均匀、成型密实的构件的性能。和易性是一项综合的技术性质，包括有流动性、黏聚性和保水性等三方面的含义。

流动性：混凝土拌合物在本身自重或施工机械振捣的作用下，能产生流动，并均匀密实地填满模板的性能。

黏聚性：混凝土拌合物具有一定的黏聚力，在施工、运输及浇注过程中，不致出现分层离析，使混凝土保持整体均匀的性能。

保水性：混凝土拌合物具有一定的保水能力，在施工过程中不致产生严重的泌水现象。

2. 和易性的检测（坍落度试验）

目前，各国广泛采用的坍落度测定方法有坍落度试验、维勃稠度试验和扩散度试验等方法。

坍落度试验是最早使用的一种方法，主要设备是一个坍落度筒，拌合物按规定装入筒内并捣实，装满刮平后将筒垂直提起，混凝土拌合物在自重作用下将会产生坍落变形，测量拌合物锥体坍落的高度，即为坍落度值（图 2-3）。同时，轻轻敲击坍落后的混凝土拌合物，观察其形态变化，用以判定拌合物的黏聚性和保水性。

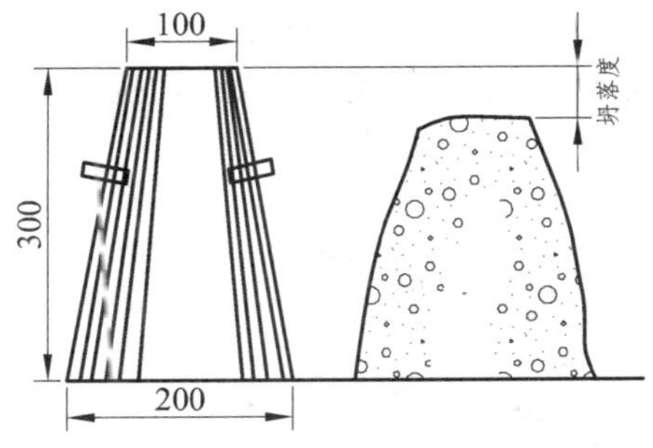


图 2-3　混凝土拌合物坍落度的测定

### 2.3.3.2　影响和易性的主要因素

1. 材料品种与用量的影响

① 水泥品种和细度：用粉煤灰水泥拌制的混凝土流动性最好，保水性和黏聚性也较好。

② 水泥浆数量：水泥浆数量不能太多也不能太少。

③ 水灰比：太小、太大都会影响混凝土性能。

④ 砂率：混凝土中砂的质量占砂、石总质量的百分率。

$$S_p = \frac{S}{S+G}$$

砂率过大或过小都会降低拌合物的和易性。大小适宜的砂率称为合理砂率（或最优砂率）。当采用合理砂率时，在用水量和水泥用量一定的情况下，混凝土拌合物具有最大的流动性，同时具有良好的黏聚性和保水性，如图 2-4 所示。或者说，采用合理砂率时，能使混凝土拌合物在满足所要求的流动性及黏聚性、保水性的情况下，水泥用量最少，如图 2-5 所示。

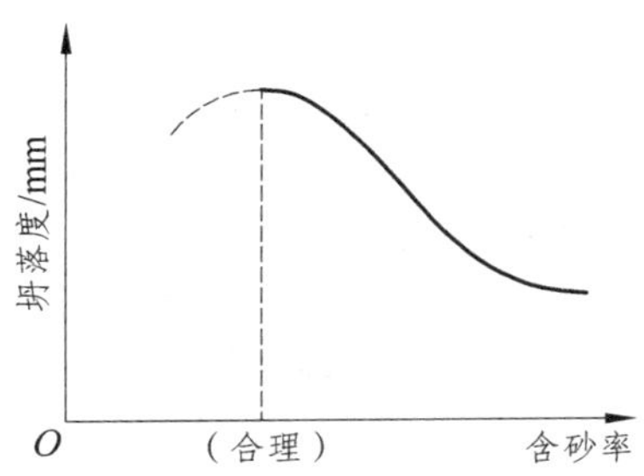


图 2-4　砂率与坍落度的关系曲线（水泥砂浆用量保持不变）

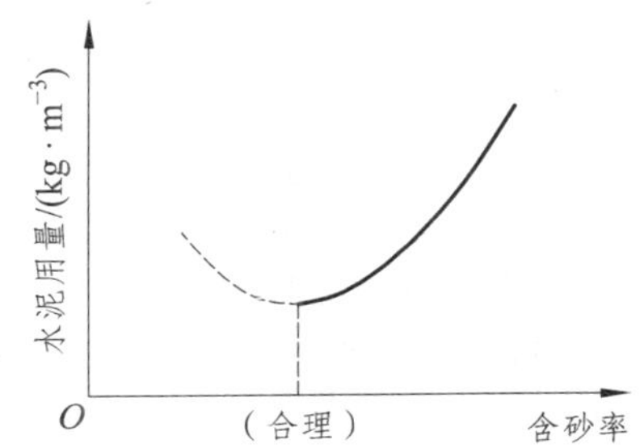


图 2-5　砂率与水泥浆用量的关系曲线（坍落度保持不变）

2. 环境的温度与湿度的影响

环境的温度高，空气湿度小，拌合物水分蒸发快，坍落度损失大，坍落度小。拌合物和易性还随时间的延长而下降，这称为和易性损失，其原因也是水分的变化。

3. 工艺对和易性影响

采用机械拌合的混凝土所获得的坍落度比用人工拌合的混凝土所获得的坍落度大。采用同一拌合方式，其坍落度随着有效拌合时间延长而增大。搅拌机型不同，获得的坍落度也不同。通常，浇注时的坍落度比测定的坍落度值小。

### 2.3.4 混凝土的强度

#### 2.3.4.1 混凝土的抗压强度与强度等级

混凝土的强度包括抗压、抗拉、抗剪、抗弯及握裹强度，其中抗压强度最高，故混凝土主要用来承受压力作用。混凝土的抗压强度是结构设计的主要参数，也是混凝土质量评定的指标。

1. 混凝土标准立方体抗压强度

以边长为 150 mm 的立方体试件为标准试件，标准养护 28d，测定其抗压强度来确定。

边长为 100 mm 的立方体试件，应乘以强度换算系数 0.95

边长为 200 mm 的立方体试件，应乘以强度换算系数 1.05。

2. 强度等级

混凝土强度等级是根据混凝土立方体抗压强度标准值（MPa）来确定的，用符号 C 表示，划分为 C7.5、C10、C15、C20、C25、C30、C35、C40、C45、C50、C55、C60、C70、C80 等。

3. 轴心（棱柱体）抗压强度

150 mm × 150 mm × 300 mm 的棱柱体作为轴心抗压强度的标准试件。采用 100 mm × 100 mm × 300 mm 棱柱体试件，最后计算强度值时，乘以相应的尺寸换算系数（0.95）。

棱柱体试件抗压强度与立方体试件抗压强度之比为 0.7 ~ 0.8，一般取 0.76。

#### 2.3.4.2 影响混凝土强度的因素

1. 水泥强度等级和水灰比（保罗米公式）

$$f_{cu28} = Af_{ce}(C/W - B)$$

式中 $f_{cu28}$——混凝土 28 d 龄期立方体抗压强度（MPa）。

$f_{ce}$——水泥实际强度（MPa），可通过试验测定，也可根据《普通混凝土配合比设计规程》（JGJ 55—2011）规定取富余系数 $K_c = 1.13$，按 $f_{ce} = 1.13 \times f_c$ 计算。

$f_c$——水泥强度等级（MPa）。

$C$——每立方米混凝土中水泥用量（kg）。

$W$——每立方米混凝土中用水量（kg）。

$A$、$B$——经验系数，与骨料品种、水泥品种和施工方法有关，当原材料与工艺措施相同时，$A$、$B$ 可视为常数值。碎石：$A = 0.46$，$B = 0.07$；卵石：$A = 0.48$，$B = 0.33$。当材料的品种和质量不同时，应尽可能结合工程实际通过试验求得数据。

2. 骨料的种类、质量及数量

骨料强度高，混凝土强度高；骨料与水泥石的黏结强度高，混凝土强度高。在相同水泥强度等级及相同水灰比的条件下，碎石混凝土的强度较卵石混凝土高。

3. 湿度与温度的影响

养护就是给混凝土充分的湿度和适当的温度，使成型好的混凝土处于不受有害应力影响的状态下水化、凝结和硬化，以获得最佳强度。混凝土处在相对湿度 85%以上的环境中，即使有水分蒸发，也不会引起收缩，从而避免收缩应力的产生。养护期对混凝土保持充分湿度十分重要。浇注完毕的混凝土应在 12 h 内采取表面覆盖或洒水等措施，保证混凝土表面有一定的水，防止其早期的塑性干缩和收缩（图 2-6）。

养护温度对混凝土强度的发展也有很大影响。试验表明，当温度低于 − 10 °C 时，水泥水化反应不能进行，混凝土强度停止发展。在 0 °C 以下时，由于混凝土中的水分结冰，会导致混凝土冰冻损伤，尤其对早期混凝土，其破坏程度更为严重。养护温度越高，强度发展越快，但温度不能过高。图 2-7 混凝土强度与温度的关系。

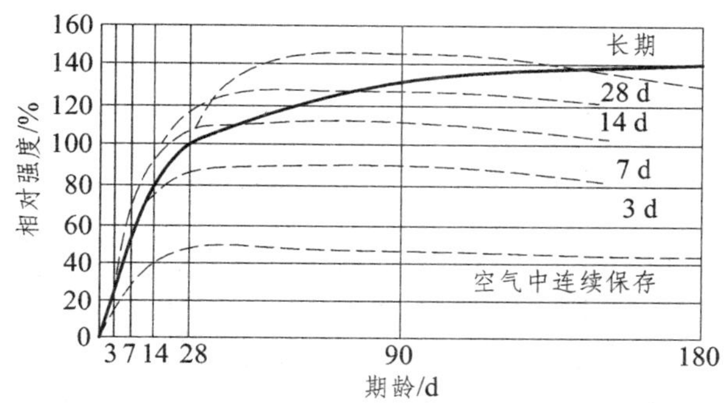


**图 2-6　混凝土强度与保持潮湿日期关系**

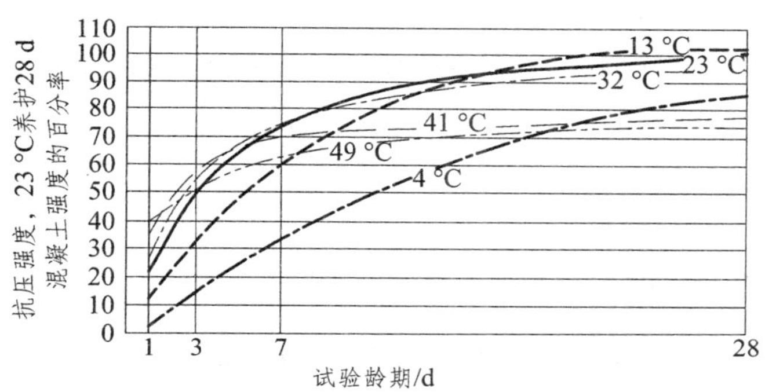


**图 2-7　养护温度对混凝土强度的影响**

4. 试件尺寸、形状及加荷速度的影响

（1）尺寸效应：环箍效应。

试件受压面与试验机承压板（钢板）之间存在着摩擦力，当试件受压时，承压板的横向应变小于混凝土试件的横向应变，因而承压板对试件的横向膨胀起约束作用。这种约束作用通常称之为“环箍效应”。

（2）尖劈效应（试件干湿状态）。

干燥的混凝土比潮湿的混凝土测得的强度高，烘干试件比保水试件强度增加 10%～15%，甚至更多。这种强度变化具有可逆性，将试件烘干重新吸水饱和，强度又会降到原来饱和水状态的水平。因此，混凝土试件应在饱水状态下养护并在饱水状态下测定强度。

（3）加荷速度。

通常加荷速度越慢，则测得的强度越低，主要是由于缓慢加荷会增加亚临界裂缝的数量及长度，从而降低断裂应力。因此，为得到可对比的混凝土强度，加荷速度必须控制在规定范围内。

### 2.3.4.3　提高混凝土强度的主要措施

（1）选料：选用高强度水泥、级配良好骨料、适当的外加剂，掺入掺合料。

（2）采用机械搅拌和振捣。

（3）养护工艺方面。

① 自然养护，温度随气温变化可听其自然，而湿度必须充分，一般采用洒水保湿；

② 蒸汽养护，有常压（40～100 °C）蒸汽养护（蒸养）和高压（160～210 °C）蒸汽养护（蒸压）两种。

③ 标准养护，将混凝土置于温度为（20±2）°C、湿度为相对湿度 95%以上的条件下养护。

### 2.3.5　混凝土变形

1. 化学收缩

水泥水化后生成物的体积比反应前物质的总体积小，而使混凝土产生收缩，这种收缩称为化学收缩。

2. 湿胀干缩变形

周围环境的温度变化时，混凝土将产生湿胀干缩。当混凝土在水中硬化时，由于凝胶体中胶体粒子吸附水膜增厚，胶体粒子间的距离增大，会产生微小的膨胀；当混凝土在空中硬化时，由于吸附水蒸发而引起胶体失水收缩，同时毛细孔的蒸发使孔中的负压增大产生收缩力，使混凝土产生进一步收缩；当混凝土再次吸水湿胀时，可抵消部分收缩，但仍有一部分是不可恢复的。

3. 温度变形

与其他材料一样，混凝土也具有热胀冷缩的性能。在一般温度变化范围内，混凝土长度的变化可用下式求出：

$$\Delta L = aL\Delta t$$

式中　$\Delta L$——混凝土结构长度变化（m）；

$L$——混凝土结构长度（m）；

$\Delta t$——温差（°C）；

$a$——混凝土温度变形系数，$a = 10 \times 10^{-6}$/°C，即温度每升降 1 °C，每米胀缩 0.01 mm。

### 2.3.6　混凝土外加材料

工程结构和施工技术的发展对混凝土性能不断提出新要求，为适应发展需要，常采用外加材料改善混凝土性能、调节混凝土强度等级。按在混凝土中掺量的多少，外加材料可分为两类：外掺料和外加剂。

#### 2.3.6.1　混凝土外掺料

矿物外加剂（掺合料、外掺料）：在混凝土拌合物中掺入量超过水泥质量的 5%，在配合比设计时，需要考虑体积或质量变化的外加材料，如粉煤灰、矿渣、硅灰、沸石粉等。

1. 粉煤灰

粉煤灰是以燃煤发电的火力发电厂排出的一种工业废渣。磨成一定细度的煤粉在煤粉锅炉中燃烧后（炉膛内温度为 1 100 ~ 1 500 °C），由吸尘器负压抽风收集的细飞灰，称为粉煤灰。粉煤灰掺合料的工程应用：泵送混凝土、大体积混凝土、低强度混凝土。

2. 粒化高炉矿渣粉

高炉矿渣是炼铁过程中的废渣。在高炉炼铁时，铁矿石、燃料及溶剂矿物（石灰石或白云石），在冶炼条件下氧化铁还原成金属铁，溶剂矿物分解后产生的氧化钙与矿石中的杂质 $SiO_2$、$Al_2O_3$ 等相熔并互相作用生成为一种熔融液的非金属物。其密度比铁水小，熔融液的$\rho = 2.5 \sim 2.8$ g/cm$^3$，而铁水的$\rho = 7.0 \sim 8.0$ g/cm$^3$。它易与铁水相分离，炉子的下方排出铁水，而炉子上方排出熔融液，经水淬后呈粒状的高炉矿渣。

工程应用：大体积混凝土、高强混凝土。

3. 硅　灰

硅灰是铁合金厂回收的废灰，在采用电炉炼制硅铁时，由炉烟所滤收集的烟灰，其主要成分是二氧化硅，故称之硅灰。硅灰中的非晶态的 $SiO_2$ 含量大于 90%；硅灰颗粒为微细球形，平均粒径为 0.1 μm，比表面积为 $2\times10^4$ cm$^2$/g ~ $3\times10^4$ cm$^2$/g，细度约是普通水泥细度的 1%，而密度又较小，约为 2.2 g/cm$^3$。

① 硅灰对混凝土性能的影响；② 能防止混凝土拌合物的离析，提高其可泵性；③ 提高混凝土的抗压强度；④ 提高混凝土的密实性、抗渗性、抗冻性及耐久性；⑤ 抑制碱-骨料反应。

#### 2.3.6.2 外加剂

外加剂：在拌制混凝土过程中掺入的用以改善混凝土性质的物质，掺量很小，一般不大于水泥质量的 5%（膨胀剂例外，掺量约为 10%），是混凝土的第五种必不可少的组分。

外加剂。按其主要功能分为四类：

① 改善流变性能：减水剂、引气剂、泵送剂等。② 调节凝结时间、硬化性能：缓凝剂、早强剂和速凝剂等。③ 改善耐久性：防水剂、阻锈剂和防冻剂等。④ 改善其他性能：加气剂、膨胀剂、着色剂等。

1. 减水剂

（1）减水剂分类。

根据使用条件不同，掺减水剂可以产生以下几个方面的效果：

① 在原配合比不变的条件下，可增大混凝土拌合物的流动性，且不致降低混凝土的强度。

② 在保持流动性及水灰比不变的条件下，可以减少用水量及水泥用量，节约水泥。

③ 在保持流动性及水泥用量不变的条件下，可以减少用水量，从而降低水灰比，使混凝土的强度及耐久性得到提高。

（2）减水剂常用品种。

① 木质素系减水剂；② 萘系减水剂；③ 水溶性树脂减水剂；④ 糖蜜类减水剂；⑤ 复合减水剂。

（3）减水剂的使用方法。

掺量：0.3% ~ 1%不等；掺法：同掺、后掺。

2. 早强剂

早强剂是指提高混凝土早期强度，并对后期强度无显著影响的外加剂。一般认为，早强剂增强机理是：在水泥-水系统中，早强剂能促使水化初期较快地生成钙矾石；或能生成不溶于水的胶凝体填充在水泥石的空隙内，提高水泥石的密实度，降低吸水率，既提高混凝土强度又改善抗渗性和抗冻性。常见的早强剂有：氯盐早强剂、硫酸盐早强剂、三乙醇胺[$N(C_2H_4OH)_3$]早强剂。

3. 引气剂

引气剂是在混凝土拌合物搅拌过程中，能引入大量分布均匀、稳定而封闭的微小气泡，以减少拌合物泌水离析，改善和易性，同时显著提高硬化混凝土抗冻融、耐久性的外加剂。

常用的引气剂为松香热聚物、松香皂，其掺量十分微小，一般为水泥质量的 0.005% ~ 0.015%。

4. 缓凝剂

缓凝剂是指能延缓混凝土凝结时间并对后期强度发展无不利影响的外加剂。一般常用掺量为 0.03% ~ 0.30%。缓凝剂主要品种有糖类、木质素磺酸盐类、羧基（羧）酸盐类及无机盐类。

5. 泵送剂

能改善混凝土拌合物泵送性能的外加剂称为泵送剂，主要用于商品混凝土搅拌站制作泵送混凝土。混凝土的可泵性主要体现在混凝土拌合物的流动性和稳定性，以及克服混凝土拌合物与管壁及自身的摩擦阻力 3 个方面。泵送剂由高效减水剂、缓凝剂、引气剂和增稠剂等复合制成。

### 2.3.7 普通混凝土的配合比设计

混凝土配合比是混凝土中各组成材料数量之间的比例关系，设计混凝土配合比就是要确定

1 $m^3$ 混凝土组成材料的最佳用量，使其按此用量拌和的混凝土能满足各种基本要求。

#### 2.3.7.1 混凝土配合比的表示方法

混凝土配合比还可以每 1 $m^3$ 混凝土中各项材料的质量比表示。例如 1 $m^3$ 混凝土：水泥 300 kg，水 180 kg，砂 720 kg，石子 1 200 kg，每 1 $m^3$ 混凝土总质量为 2 400 kg。

以各项材料间的质量比来表示（以水泥质量为 1）。例如，将上例换算成质量比为：水泥：砂：石 = 1：2.4：4.0，水灰比 0.60。

#### 2.3.7.2 混凝土配合比设计的基本要求

① 满足施工所要求的混凝土拌合物的和易性；② 满足混凝土结构设计的强度等级；③ 满足耐久性要求；④ 节约水泥，降低成本。

#### 2.3.7.3 混凝土配合比设计中的三个基本参数

水与水泥之间的比例关系，用水灰比 $W/C$ 表示；砂与石子之间的比例关系，用砂率 $S_p$ 表示；水泥浆与骨料之间的比例关系，常用单位用水量来反映（1 $m^3$ 混凝土的用水量）。

#### 2.3.7.4 配合比设计方法

1. 体积法

$$\frac{C_0}{\rho_0}+\frac{S_0}{\rho_{0s}}+\frac{G_0}{\rho_{0g}}+\frac{W_0}{\rho_w}+10\alpha=1000L$$

式中 $\alpha$——混凝土含气量系数，在不使用含气型外加剂时，$\alpha$ 可为 1（即含气量为 1%）。

2. 重量法

$$C_0+S_0+G_0+W_0=O_h$$

式中 $C_0$——水泥质量；
$S_0$——砂的质量；
$G_0$——石子质量；
$W_0$——水的质量；
$O_h$——1 $m^3$ 混凝土质量。

#### 2.3.7.5 混凝土配合比设计的步骤

掌握基本资料：原材料的性质及技术指标，混凝土的各项技术要求，施工方法及管理水平，混凝土结构特征，所处的环境条件等。

（1）初步配合比的计算——定出水泥、砂、石用量、$W/C$；
（2）基准配合比的确定——试拌调整和易性；
（3）实验室配合比的确定——校核 $W/C$ 和强度；
（4）施工配合比——根据现场砂石含水量修正用水量。

某工程现浇钢筋混凝土梁，混凝土设计强度等级为 C25，施工要求坍落度为 50 ~ 70 mm，不受风雪等作用。施工单位的强度标准差为 4.0 MPa。所用材料：42.5 普通硅酸盐水泥，实测 28 d 强度 48 MPa，$\rho_c$ = 3.15 g/$cm^3$；中砂，符合Ⅱ区级配，$\rho_{0s}$ = 2.6 g/$cm^3$；碎石，粒级 5 ~ 40 mm，$\rho_{0g}$ = 2.65 g/$cm^3$；自来水。现场砂含水率 3%，石含水率 1%，求施工配合比。

1. 初步配合比的计算

（1）确定配制强度。

计算混凝土试配强度（$f_{cu,0}$）:

$$f_{cu,0}=f_{cu,k}+t\sigma=25+1.645\times4=31.58\ \text{MPa}$$

（2）初步确定水灰比值（$W/C$）。

$$\frac{W}{C}=\frac{\alpha_a\cdot f_{ce}}{f_{cu,0}+\alpha_a\cdot\alpha_b\cdot f_{ce}}=\frac{0.46\times48}{31.58+0.46\times0.07\times48}=0.67$$

（3）选择每 1 $m^3$ 混凝土的用水量（$W_0$）。

根据表 2-9，取 $W_0=185$ kg。

**表 2-9　混凝土用水量选用表　　kg/cm³**

| 拌合物稠度 | | 卵石最大粒径/mm | | | | 碎石最大粒径/mm | | | |
|---|---|---|---|---|---|---|---|---|---|
| 项目 | 指标 | 10 | 20 | 31.5 | 40 | 16 | 20 | 31.5 | 40 |
| 坍落度/mm | 10～30 | 190 | 170 | 160 | 150 | 200 | 185 | 175 | 165 |
| | 35～50 | 200 | 180 | 170 | 160 | 210 | 195 | 185 | 175 |
| | 55～70 | 210 | 190 | 180 | 170 | 220 | 205 | 195 | 185 |
| | 75～90 | 215 | 195 | 185 | 175 | 230 | 215 | 205 | 195 |

（4）计算混凝土的单位水泥用量（$C_0$）。

$$C_0=W_0\times\frac{C}{W}=185\times\frac{1}{0.65}=285\ \text{kg}$$

（5）选取合理砂率 $S_p$（表 2-10）。

**表 2-10　混凝土砂率选用表/%**

| 水灰比（$W/C$） | 卵石最大粒径/mm | | | 碎石最大粒径/mm | | |
|---|---|---|---|---|---|---|
| | 10 | 20 | 40 | 15 | 20 | 40 |
| 0.40 | 26～32 | 25～31 | 24～30 | 30～35 | 29～34 | 27～32 |
| 0.50 | 30～35 | 29～34 | 28～33 | 33～38 | 32～37 | 30～35 |
| 0.60 | 33～38 | 32～37 | 31～36 | 36～41 | 35～40 | 33～38 |
| 0.70 | 36～41 | 35～40 | 34～39 | 39～44 | 38～43 | 36～41 |

注：本表适用于坍落度 10～60 mm 的混凝土。坍落度若大于 60 mm 或小于 10 mm，应相应增加或减少砂率。

查表，取 $S_p=35\%$。

（6）计算 1 $m^3$ 混凝土中砂、石骨料的用量。

① 体积法。

绝对体积法是基于这样考虑的：捣实后，混凝土拌合物的体积等于各组成材料体积及少量空气体积之总和。

$$\frac{C_0}{\rho_c}+\frac{G_0}{\rho_{og}}+\frac{S_0}{\rho_{os}}+\frac{W_0}{\rho_w}+10\times\alpha=1\,000L$$

$$\frac{285}{3.15}+\frac{G_0}{2.65}+\frac{S_0}{2.60}+\frac{185}{1.00}+10\times1=1\,000$$

$$\frac{S_0}{S_0+G_0}=S_p=0.35\Rightarrow S_0=658\text{ kg},G_0=1\,222\text{ kg}$$

② 重量法。

一般强度等级为 C7.5 ~ C15 的混凝土，其表观密度为 2 360 $kg/m^3$左右；强度等级 C20 ~ C30 的为 2 400 $kg/m^3$左右；强度等级 C40 的为 2 450 $kg/m^3$。

$$W_0+C_0+S_0+G_0=\rho_{oh}$$

$$185+285+S_0+G_0=2400$$

式中　$\rho_{oh}$——捣实后混凝土的表观密度。

计算出 $S_0 = 676$ kg，$G_0 = 1254$ kg

（7）书写初步配合比。

① 绝对体积法结果：

$$C_0:S_0:G_0=285:658:1222=1:2.31:4.29,\ W_0/C_0=185/285=0.65$$

② 假定表观密度法结果：

$$C_0:S_0:G_0=285:676:1254=1:2.37:4.4,\ W_0/C_0=0.65$$

2. 基准配合比的确定

根据骨料最大粒径，配制 30 L 混凝土拌合物（在此以绝对体积法的配比为例）。测定其坍落度值为 85 mm，大于设计要求的 50 ~ 70 mm，故需进行坍落度调整。其方法如下：保持水灰比不变，增加砂用量 1%和碎石用量 1%后，测得坍落度为 70 mm，黏聚性、保水性均良好，满足设计要求，同时，测得混凝土表观密度为 2410 $kg/m^3$。由此得到基准配合比为：

$$C_1:S_1:G_1:W_1=290:676:1256:188=1:2.33:4.33:0.65$$

3. 实验室配合比的确定

拌制不少于 3 种不同配合比的混凝土制作试件，检验混凝土 28 d 强度。其中一种为基准配合比，另外两种配合比的水灰比值，应较基准配合比分别增加及减少 0.05，其用水量应与基准配合比相同，但砂率值可作适当调整。

| 编号 | $W/C$ | $f_{cu,0}$/MPa | 要求 |
|---|---|---|---|
| Ⅰ | 0.60 | 36.8 | |
| Ⅱ | 0.65 | 32.4 | 31.6 √ |
| Ⅲ | 0.70 | 27.2 | |

实验室配合比为Ⅱ。

4. 现场施工配合比

$C = C_1 = 290$（kg）

$S = S_1$（$1 + a\%$）$= 676 \times$（$1 + 3\%$）$= 696$（kg）

$G = G_1$（$1 + b\%$）$= 1256 \times$（$1 + 1\%$）kg $= 1269$（kg）

$W = W_1 - S_1 \times a\% - G_1 \times b\% =（188 - 676 \times 3\% - 1256 \times 1\%）= 155$（kg）

### 2.3.8 其他品种混凝土

1. 轻骨料混凝土

用轻粗骨料、轻砂（或普通砂）、水泥和水配制的，干表观密度不大于 1950 kg/$m^3$ 的混凝土，称轻骨料混凝土。轻骨料混凝土的强度等级用 CL 表示，如 CL5.0 ~ CL50。

2. 特细砂混凝土

凡砂的细度模数在 1.6 以下或平均粒径在 0.25 mm 以下的称为特细砂。使用这种砂配制的混凝土称为特细砂混凝土。

有关技术规程：DB50-5028—2004《特细砂混凝土应用技术规程》。

配制特细砂混凝土用砂要求：细度模数、含泥量、泥块含量。

特细砂混凝土的主要技术性质：干缩率较大，应特别注意早期养护。

特细砂混凝土配制特点：低砂率，低流动性，细粒多，易泌水。

特细砂混凝土施工：干缩率较大，应特别注意早期养护。

3. 无砂大孔混凝土

无砂大孔混凝土是由水泥、粗骨料和水拌制而成的一种不含砂的轻混凝土，是一种大孔轻混凝土，具有保温性能好，吸湿性小，收缩小的特点，适宜用作墙体材料。

4. 纤维混凝土

纤维混凝土是一种以普通混凝土为基材，外掺各种短切纤维材料而制成的纤维增强混凝土。配制纤维混凝土的目的是有效地降低混凝土的脆性，提高混凝土的抗拉、抗裂、抗弯、抗冲击等性能，用于路面、桥梁、飞机跑道、管道、屋面板、墙板等。

低弹性模量纤维：尼龙纤维、聚乙烯纤维、聚丙烯纤维（杜拉纤维）等；高弹性模量纤维：钢纤维、碳纤维、玻璃纤维等。

5. 泵送混凝土

泵送混凝土是以混凝土泵为动力，通过管道将搅拌好的混凝土混合料输送到建筑物的模板中去的混凝土。

6. 高性能混凝土

高性能混凝土具有良好的工作性（坍落度大于 200 mm），早期强度高而后期强度不倒缩，体积稳定性好，耐久性好，在恶劣的使用环境条件下寿命长和匀质性好。

7. 智能混凝土（机敏混凝土）

（1）具有应力、应变和损伤自检测混凝土。

（2）具有温度分布自诊断混凝土。

（3）自动调节环境湿度混凝土。

（4）仿生自愈伤混凝土。

（5）仿生自生水泥混凝土。

## 2.4 建筑砂浆

### 2.4.1 砂浆的组成材料

砂浆是由胶凝材料、细骨料、水或外加剂按一定的比例配制而成的建筑材料。砂浆按所用的胶凝材料可分为水泥砂浆、水泥混合砂浆、石灰砂浆、石膏砂浆和聚合物砂浆等。砂浆按用途分为砌筑砂浆、抹面砂浆和特种砂浆。

砌筑砂浆的组成材料：① 胶凝材料：水泥、石灰、石膏、粉煤灰和黏土等。② 细骨料：最大粒径、含泥量。③ 外加剂。④ 水。

1. 胶凝材料

（1）水泥。

前述的五大品种水泥均可拌制砌筑砂浆。要注意的是：① 砌筑砂浆用水泥的强度等级应该根据设计要求进行选择。② 施工时，通常在砂浆中掺加适量石灰膏或电石渣等胶凝材料代替部分水泥。③ 对于特定的环境应选用相适应的水泥品种。

（2）石灰。

在配制砌筑砂浆时，石灰常用作水泥砂浆的掺合料，但在非承重结构部位，也可用石灰膏或磨细生石灰粉作为拌制石灰砂浆的胶凝材料，这种砂浆具有良好的和易性，但硬化较慢。

2. 细骨料

砌筑砂浆用砂应符合建筑用砂的技术性质要求。砌筑砂浆用砂宜选用中砂，其中毛石砌体宜选用粗砂。

3. 水

砂浆用水与混凝土拌和用水要求相同。

## 2.4.2 砂浆的技术性质与要求

1. 砂浆拌合物的密度

水泥砂浆拌合物的密度不宜小于 1 900 kg/m$^3$；水泥混合砂浆的密度不宜小于 1 800 kg/m$^3$。

2. 和易性（工作性）

（1）流动性。

砂浆流动性（又称稠度），即表示砂浆在自重或外力作用下的流动性能，用沉入度表示（表 2-11）。

**表 2-11 砌筑砂浆的施工稠度**

| 砌体种类 | 砂浆稠度/mm |
|---|---|
| 烧结普通砖砌体 | 70 ~ 90 |
| 轻骨料混凝土小型空心砌块砌体 | 60 ~ 90 |
| 烧结多孔砖、空心砖砌体 | 60 ~ 80 |
| 烧结普通砖平拱式过梁空斗墙、筒拱普通混凝土小型空心砌块砌体、加气混凝土砌块砌体 | 50 ~ 70 |
| 石砌体 | 30 ~ 50 |

（2）保水性。

保水性即新拌砂浆保持其内部水分不泌出流失的能力。砂浆的保水性用分层度来衡量。保水性好的砂浆在存放、运输和使用过程中很好地保持水分不致很快流失，各组分不易分离，在砌筑过程中容易铺成均匀密实的砂浆层，能使胶结材料正常水化，最终保证了工程质量。

3. 凝结时间

与混凝土类似，砂浆的凝结时间不能过短也不能过长。凝结时间采用贯入阻力法进行测试，从拌和开始贯入阻力为 0.5 MPa 时所需时间为砂浆凝结时间值。水泥砂浆不宜超过 8h，水泥混合砂浆不宜超过 10h，加入外加剂后应满足设计和施工要求。

4. 黏结性

砖、石、砌块材料是通过砂浆黏结成一个坚固整体的，因此，要求砂浆与基材之间应有一定的黏结强度。砂浆的黏结力是影响砌体抗剪强度、耐久性和稳定性乃至建筑物抗震能力和抗裂性的基本因素之一。

### 2.4.3 砌筑砂浆

将砖石、砌块等黏结成砌体的砂浆称为砌筑砂浆，它在砌筑工程中起黏结砌体材料和传递应力的作用，是砌体的重要组成部分。砌筑砂浆除应有良好的和易性外，硬化后还应有一定强度、黏结力和耐久性。

1. 砂浆的强度等级

砂浆的强度等级是以边长为 70.7 mm × 70.7 mm × 70.7 mm 的 3 个立方体试块，按规定方法成型养护至 28 d 测定的抗压强度平均值（MPa）确定的。

砂浆强度等级有 M20、M15、M10、M7.5、M5、M2.5。

2. 砂浆黏结力

砌筑砂浆必须有足够的黏结力，以便将砌体黏结成为坚固的整体。一般来说，砂浆的抗压强度越高，其黏结力越强。砌筑前，保持基层材料有一定的润湿程度，也有利于黏结力的提高。此外，黏结力大小还与砖石表面清洁程度及养护条件等因素有关。

3. 耐久性

砂浆的耐久性指砂浆在使用条件下经久耐用的性质，包括抗冻性、抗渗性等。

### 2.4.4 抹面砂浆

抹面砂浆也称抹灰砂浆，用以涂抹在建筑物表面。其作用是保护墙体不受风雨、潮气等侵蚀，提高墙体防潮、防风化、防腐蚀的能力，同时使墙面、地面等建筑部位平整、光滑、清洁美观。

底层砂浆主要起与基层黏结的作用，要求稠度较稀，沉入度较大（100 ~ 120 mm），其组成材料常随底层而异。

中层砂浆主要起找平作用，多用混合砂浆或石灰砂浆，比底层砂浆稍稠些（沉入度 70 ~ 90 mm）。

面层砂浆主要起保护和装饰作用，多采用细砂配制的混合砂浆、麻刀石灰砂浆或纸筋石灰砂浆（沉入度 70 ~ 80 mm）。

确定抹面砂浆组成材料及配合比的主要依据是工程使用部位及基层材料的性质。

### 2.4.5 其他砂浆

1. 防水砂浆

用作防水层的砂浆称为防水砂浆。防水砂浆防水层又称为刚性防水层。这种防水层仅用于不受振动和有一定刚度的混凝土工程或砌体工程。对于变形较大或可能发生不均匀沉陷的建筑物，都不宜采用刚性防水层。防水砂浆可以用普通水泥砂浆来制作，也可以在水泥砂浆中掺入防水剂、掺混合料来提高砂浆的抗渗能力，或采用聚合物水泥砂浆防水。

普通水泥砂浆多层抹面防水层，要求水泥强度等级不低于 32.5，砂宜采用中砂或粗砂，配合比控制在 1 : 2 ~ 1 : 3，水灰比为 0.4 ~ 0.50。

2. 绝热砂浆

常用的骨料为膨胀珍珠岩、膨胀蛭石、陶粒砂、聚苯颗粒等轻质多孔材料，常用的助剂为VEA、PCMC等，导热系数为0.07 ~ 0.10 W/（m·K），可用于屋面绝热层、绝热墙壁以及供热管道绝热层等处。

3. 吸声砂浆

一般绝热砂浆是由轻质多孔骨料制成的，同时具有吸声性能，还可以用水泥、石膏、砂、锯末（其体积比为1∶1∶3∶5）等配成吸声砂浆，或在石灰、石膏砂浆中掺入玻璃纤维、矿物棉等松软纤维材料。吸声砂浆用于室内墙壁和平顶的吸声。

## 2.5 墙体材料

墙体在建筑中起承重和隔断的作用，而屋面也是建筑物的最上层结构，起围护作用，因此，墙体材料和屋面材料在土木工程材料中有着重要的地位。长期以来，我国的墙体材料主要是砖，而屋面材料则主要是瓦，这两种材料在土木工程材料历史上占据的统治地位长达几千年，从俗语“秦砖汉瓦”其中就不难看出砖与瓦的历史。然而砖、瓦自重大，生产能耗高，虽然在现代建筑中用量仍然较大，但已渐渐无法满足建筑要求和环保要求。

墙体材料的建筑要求：生产效率高，装砌速度快，轻质高强，尺寸精确且尺寸大，多功能（保温、隔热、防水防潮等）；环保要求：生产时少排放或尽可能不排放污染物（包括$CO_2$），能耗少，保温、隔热（减少取暖、乘凉能耗），以及对耕地的破坏要小。

墙体材料的品种较多，总体分为3类：砖、砌块、板材。

### 2.5.1 砌墙砖

#### 2.5.1.1 烧结砖

烧结砖从几何形式上分为：实心砖（普通砖，空洞率<15%）、多孔砖（空洞率≥15%）、空心砖（空洞率≥35%）；根据制造工艺上分为：烧结砖（烧结普通砖、烧结多孔砖、烧结空心砖和花格砖）、蒸养砖。烧结普通砖常分为（烧结）黏土砖、（烧结）页岩砖、（烧结）煤矸石砖、粉煤灰砖。

1. 烧结普通砖

（1）生产工艺：采制原料→调制→制坯→干燥→焙烧→成品。

焙烧过程：100 ~ 110 °C，游离水蒸发，坯体中留下许多孔隙；400 ~ 800 °C，结晶水脱水，矿物分解，孔隙率进一步增大；900 ~ 1100 °C，矿物开始烧结熔化，流入孔隙中，使砖的孔隙率下降，体积收缩。

砖坯在氧化环境中焙烧并出窑时，生产出红砖。浇水闷窑，使窑内形成还原气氛，三氧化铁还原为一氧化铁，制得青砖。青砖的强度比红砖高，耐久性比红砖强。

欠火砖：在温度低于900 °C以下烧成的砖。此砖的孔隙率最大，色浅、声哑、强度低。

过火砖：温度高于1 200 °C以上时生产的砖，色深、声脆、强度高、尺寸不规则。

酥砖：砖坯被雨水淋、受潮、受冻，或在焙烧过程中受热不均等原因，使砖产生大量的网状裂纹，从而使砖的强度和抗冻性严重降低。

螺纹砖：从挤泥机挤出的砖坯上存在螺旋纹，它在烧结时不易消除，导致砖受力时易产生应力集中，使砖的强度下降。

（2）烧结普通砖的尺寸。

烧结普通砖的尺寸为 240 mm×115 mm×53 mm。4 个砖长、8 个砖宽或 16 个砖厚，加上砌筑砂浆灰缝的厚度（10 mm），恰好为 1 m 长。1 $m^3$ 砖砌体需要 512 块砖。烧结普通砖尺寸允许偏差见表 2-12。

**表 2-12 烧结普通砖尺寸允许偏差（mm）**

<table>
<tr><th rowspan="2">公称尺寸</th><th colspan="2">优等品</th><th colspan="2">一等品</th><th colspan="2">合格品</th></tr>
<tr><th>样品平均偏差</th><th>样品平均极差不大于</th><th>样品平均偏差</th><th>样品平均极差不大于</th><th>样品平均偏差</th><th>样品平均极差不大于</th></tr>
<tr><td>240</td><td>±2.0</td><td>8</td><td>±2.5</td><td>7</td><td>±3.0</td><td>8</td></tr>
<tr><td>115</td><td>±1.5</td><td>5</td><td>±2.0</td><td>6</td><td>±2.5</td><td>7</td></tr>
<tr><td>53</td><td>±1.5</td><td>4</td><td>±1.6</td><td>5</td><td>±2.0</td><td>6</td></tr>
</table>

烧结普通砖的外观主要包括大面、条面和顶面。烧结普通砖外观质量要求见表 2-13，其强度等级见表 2-14。

**表 2-13 烧结普通砖外观质量要求**

<table>
<tr><th colspan="2">项 目</th><th>优等品</th><th>一等品</th><th>合格品</th></tr>
<tr><td colspan="2">两条面高度差，不大于</td><td>2</td><td>3</td><td>4</td></tr>
<tr><td colspan="2">弯曲，不大于</td><td>2</td><td>3</td><td>4</td></tr>
<tr><td colspan="2">杂质凸出高度，不大于</td><td>2</td><td>3</td><td>4</td></tr>
<tr><td colspan="2">缺棱掉角的三个破坏尺寸，不得同时大于</td><td>5</td><td>20</td><td>30</td></tr>
<tr><td rowspan="2">裂纹长度</td><td>大面上宽度方向及其延伸到条面的长度</td><td>≤30</td><td>≤60</td><td>≤80</td></tr>
<tr><td>大面上长度方向及其延伸到顶面的长度或条面上水平裂纹的长度</td><td>≤50</td><td>≤80</td><td>≤100</td></tr>
<tr><td colspan="2">完整面不得少于</td><td>二条面和二顶面</td><td>一条面和一顶面</td><td>—</td></tr>
<tr><td colspan="2">颜色</td><td>基本一致</td><td>—</td><td>—</td></tr>
</table>

**表 2-14 烧结普通砖的强度等级**

<table>
<tr><th rowspan="3">强度等级</th><th colspan="3">抗压强度/MPa</th></tr>
<tr><th rowspan="2">抗压强度平均值≥</th><th>变异系数 $\delta \leqslant 0.21$</th><th>变异系数 $\delta > 0.21$</th></tr>
<tr><th>抗压强度标准值 $f_k \geqslant$</th><th>单块最小抗压强度标准值 $f_{min} \geqslant$</th></tr>
<tr><td>MU30</td><td>30.0</td><td>22.0</td><td>25.0</td></tr>
<tr><td>MU25</td><td>25.0</td><td>18.0</td><td>22.0</td></tr>
<tr><td>MU20</td><td>20.0</td><td>14.0</td><td>16.0</td></tr>
<tr><td>MU15</td><td>15.0</td><td>10.0</td><td>12.0</td></tr>
<tr><td>MU10</td><td>10.0</td><td>6.5</td><td>7.5</td></tr>
</table>

（3）烧结普通砖的耐久性。

① 烧结普通砖的泛霜：黏土原料中的可溶性盐类（如硫酸钠等），随着砖内水分蒸发而在砖表面产生的盐析现象，一般在砖表面形成絮团状斑点的白色粉末。

② 烧结普通砖的石灰爆裂：当生产黏土砖的原料含有石灰石时，焙烧砖时石灰石会煅烧成生石灰留在砖内，这时的生石灰为过烧生石灰。这些生石灰在砖内会吸收外界的水分，消化并产生体积膨胀，导致砖发生膨胀性破坏，这种现象称为石灰爆裂。

③ 烧结普通砖的抗风化性能。抗冻性：冻融试验（强度损失、重量损失）；吸水率：5 h 沸煮吸水率；饱和系数：砖在常温下浸水 24 h 后的吸水率与 5 h 沸煮吸水率之比。表 2-15 为烧结普通砖抗风化性指标。

**表 2-15　烧结普通砖抗风化性指标**

| 项目<br>砖种类 | 严重风化区 | | | | 非严重风化区 | | | |
|---|---|---|---|---|---|---|---|---|
| | 5 h 沸煮吸水率/%，不大于 | | 饱和系数 | | 5 h 沸煮吸水率/%，不大于 | | 饱和系数 | |
| | 平均值 | 单块最大值 | 平均值 | 单块最大值 | 平均值 | 单块最大值 | 平均值 | 单块最大值 |
| 黏土砖 | 18 | 20 | ≤0.85 | ≤0.87 | 19 | 20 | ≤0.88 | ≤0.90 |
| 粉煤灰砖 | 21 | 23 | | | 23 | 25 | | |
| 页岩砖 | 16 | 18 | ≤0.74 | ≤0.77 | 18 | 20 | ≤0.78 | ≤0.80 |
| 煤矸石砖 | 16 | 18 | | | 18 | 20 | | |

烧结普通砖的性能特点：具有一定的强度，较好的耐久性，较好的隔热保温性能（一定的孔隙，表观密度为 1 600 ~ 1 700 kg/m$^3$，吸水率为 6% ~ 18%，导热系数约为 0.55 W/（m · K）。

烧结黏土砖主要用在墙体材料（拉墙筋）、砌柱、拱、烟囱和基础等中，在砌筑普通烧结砖时，必须预使砖充分吸水润湿。

2. 烧结页岩砖

页岩是一种沉积岩，化学成分与易熔黏土相近。由于页岩磨细程度不如黏土，故配料调制时所需水分较少，有利于砖坯加速干燥，且制品体积收缩小。这种砖颜色与黏土相近。

3. 烧结煤矸石砖（矸砖）

将煤矸石破碎后，制坯烧结而成的砖称为烧结煤矸砖。这种砖焙烧时基本上不用外投煤，比普通烧结砖节煤 50% ~ 60%，并可节省黏土，减少工业废料占地。其孔隙率比普通烧结黏土砖大，表观密度一般为 1 400 ~ 1 650 kg/m$^3$，抗压强度较高，一般为 10 ~ 20 MPa，抗折强度为 2.2 ~ 5 MPa，吸水率为 15%左右，能经受 15 次冻融循环而不破坏。煤矸石砖在一般的工业和民用建筑中完全可取代烧结黏土砖。

4. 烧结粉煤灰砖

以粉煤灰为主要原料，配以适当黏土，焙烧而制成的砖为烧结粉煤灰砖。粉煤灰砖的表观密度为 1 300 ~ 1 400 kg/m$^3$，抗压强度为 10 ~ 15 MPa，抗折强度为 3.0 ~ 4.0 MPa，吸水率为 20%左右，可代替黏土砖用于一般的工业和民用建筑中。

5. 烧结多孔砖和烧结空心砖

用于承重部位、空洞率等于或大于 15%、孔的尺寸小而数量多的砖称为多孔砖（图 2-8）；用于非承重部位、空洞率等于或大于 35%、孔的尺寸大而数量少的砖称为空心砖（图 2-9）。多孔砖为大面有孔洞的砖，孔小而多，使用时孔洞垂直于承压面。

空心砖为顶面有孔洞的砖，孔大而少，使用时孔洞平行于承压面。

烧结多孔砖的强度等级、尺寸偏差、外观质量要求和抗风化性能指标分别见表 2-16 至表 2-19。烧结空心砖和空心砌块的密度等级和强度等级见表 2-20 和表 2-21。

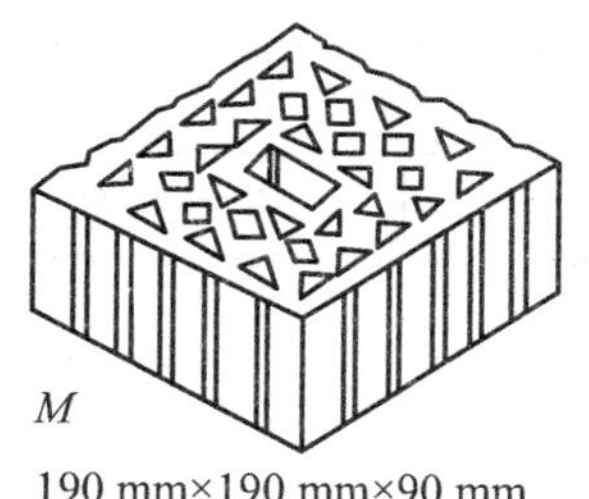


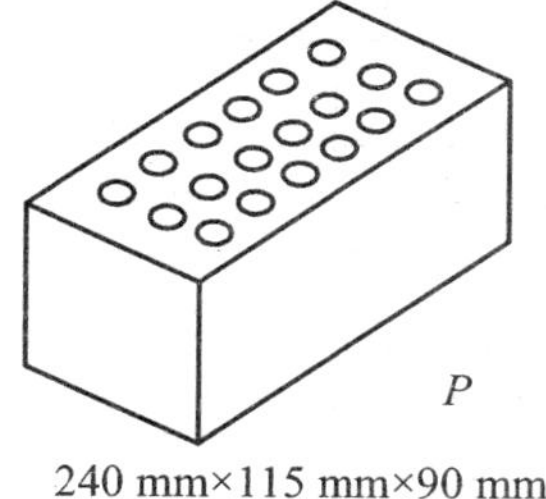


图 2-8 烧结多孔砖

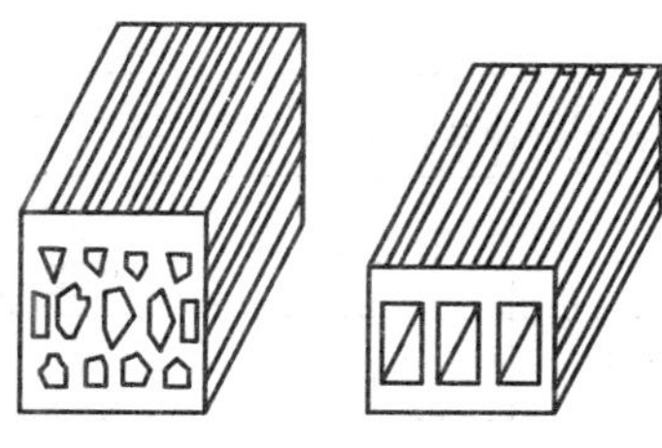

图 2-9 烧结空心砖

**表 2-16 烧结多孔砖的强度等级**

| 强度等级 | 抗压强度/MPa | | |
|---|---|---|---|
| | 抗压强度平均值≥ | 变异系数 $\delta \leq 0.21$ | 变异系数 $\delta > 0.21$ |
| | | 抗压强度标准值 $f_k \geq$ | 单块最小抗压强度标准值 $f_{min} \geq$ |
| MU30 | 30.0 | 22.0 | 25.0 |
| MU25 | 25.0 | 18.0 | 22.0 |
| MU20 | 20.0 | 14.0 | 16.0 |
| MU15 | 15.0 | 10.0 | 12.0 |
| MU10 | 10.0 | 6.5 | 7.5 |

**表 2-17 烧结多孔砖的尺寸允许偏差**

| 尺寸 | 优等品 | | 一等品 | | 合格品 | |
|---|---|---|---|---|---|---|
| | 样本平均偏差 | 样本极差不大于 | 样本平均偏差 | 样本极差不大于 | 样本平均偏差 | 样本极差不大于 |
| 290、240 | ±2.0 | 6 | ±2.5 | 7 | ±3.0 | 8 |
| 190、180、175、140、115 | ±1.5 | 5 | ±2.0 | 6 | ±2.5 | 7 |
| 90 | ±1.5 | 4 | ±1.7 | 5 | ±2.0 | 6 |

**表 2-18 烧结多孔砖的外观的质量要求**

| 项目 | | 优等品 | 一等品 | 合格品 |
|---|---|---|---|---|
| 颜色（一条面和一顶面） | | 一致 | 基本一致 | — |
| 完整面不得少于 | | 一条面和一顶面 | 一条面和一顶面 | — |
| 缺棱掉角的三个破坏尺寸，不得同时大于 | | 15 | 20 | 30 |
| 裂纹长度 | a. 大面上深入孔壁 15 mm 以上宽度方向及其延伸到条面的长度 | ≤60 | ≤80 | ≤100 |
| | b. 大面上深入孔壁 15 mm 以上宽度方向及其延伸到顶面的长度 | ≤60 | ≤100 | ≤120 |
| | c. 条顶面上的水平裂纹 | ≤80 | ≤100 | ≤120 |
| 杂质在砖面上造成的凸出高度，不大于 | | 3 | 4 | 5 |

**表 2-19　烧结多孔砖的抗风化性能指标**

| 砖种类 | 严重风化区 | | | | 非严重风化区 | | | |
|---|---|---|---|---|---|---|---|---|
| | 5 h 沸煮吸水率/%，不大于 | | 饱和系数 | | 5 h 沸煮吸水率/%，不大于 | | 饱和系数 | |
| | 平均值 | 单块最大值 | 平均值 | 单块最大值 | 平均值 | 单块最大值 | 平均值 | 单块最大值 |
| 黏土砖 | 21 | 23 | ≤0.85 | ≤0.87 | 23 | 25 | ≤0.88 | ≤0.90 |
| 粉煤灰砖 | 23 | 25 | | | 30 | 32 | | |
| 页岩砖 | 16 | 18 | ≤0.74 | ≤0.77 | 18 | 20 | ≤0.78 | ≤0.80 |
| 煤矸石砖 | 19 | 21 | | | 21 | 23 | | |

**表 2-20　烧结空心砖和空心砌块的密度等级**

| 密度等级 | 5 块密度平均值/（$kg \cdot m^{-3}$） |
|---|---|
| 800 | ≤800 |
| 900 | 901 ~ 900 |
| 1 000 | 901 ~ 1 000 |
| 1 100 | 1 001 ~ 1 100 |

**表 2-21　烧结空心砖和空心砌块的强度等级**

| 强度等级 | 抗压强度/MPa | | | 密度等级范围/（$kg \cdot m^{-3}$）不大于 |
|---|---|---|---|---|
| | 抗压强度平均值 | 变异系数 $\delta \leq 0.21$ | 变异系数 $\delta > 0.21$ | |
| | ≥ | 抗压强度标准值 $f_k \geq$ | 单块最小抗压强度标准值 $f_{min} \geq$ | |
| MU10.0 | 10 | 7 | 8 | 1 100 |
| MU7.5 | 7.5 | 5 | 5.8 | |
| MU5.0 | 5 | 3.5 | 4 | |
| MU3.5 | 3.5 | 2.5 | 2.8 | |
| MU2.5 | 2.5 | 1.6 | 1.8 | 800 |

烧结多孔砖由于其强度较高（MU7.5 ~ MU30），可以代替普通砖，用于六层以下的承重墙体。烧结空心砖孔数少、孔径大、孔洞率高，强度较低（2.0 ~ 5 MPa），具有良好的绝热性能，主要用于非承重墙或框架结构的填充墙等部位。

### 2.5.1.2　非烧结砖

没有经过高温烧结的砖称为非烧结砖，如蒸养砖、免烧免蒸砖、炭化砖等。目前，土木工程中应用较多的是蒸养砖。蒸养砖是以石灰、电石废渣等钙质材料和砂、粉煤灰、炉渣等硅质材料经挤压成型，在常压或高压下蒸养而制成的砖。其主要品种有灰砂砖、粉煤灰砖、炉渣砖。

1. *灰砂砖*

灰砂砖以磨细的生石灰粉或消石灰粉和砂子为主要原料，经搅拌混合、陈伏、成型、蒸压养护而成。其外形尺寸与普通黏土砖相同（240 mm×115 mm×53 mm）。

灰砂砖主要用于工业和民用建筑防潮层以上的承重部位（墙体材料、砌柱、拱、烟囱和基础等）。由于灰砂砖中的一些水化产物（氢氧化钙、碳酸钙）不耐酸、不耐热，因此，不得用于长期受热高于 200 °C 以上的急冷急热交替作用部位或有酸性介质侵蚀的部位，也不得用于有流水冲刷的部位。

2. *粉煤灰砖*

粉煤灰砖是以粉煤灰、生石灰粉或消石灰粉为主要原料，加入石膏和一些骨料经制坯、高压或常压养护所得的实心砖。其外形尺寸与普通砖相同（240 mm×115 mm×53 mm），强度等级见表 2-22。

**表 2-22　粉煤灰砖的强度等级**

| 强度等级（标号） | 抗压强度/MPa | | 抗折强度/MPa | | 抗冻性 | |
|---|---|---|---|---|---|---|
| | 平均值不小于 | 单块值不小于 | 平均值不小于 | 单块值不小于 | 冻后抗压强度（MPa）平均值不小于 | 单块砖的干质量损失（%）不大于 |
| MU30 | 30.0 | 24.0 | 6.2 | 5.0 | 24.0 | 2.0 |
| MU25 | 25.0 | 20.0 | 5.0 | 4.0 | 20.0 | 2.0 |
| MU20 | 20.0 | 16.0 | 4.0 | 3.2 | 16.0 | 2.0 |
| MU15 | 15.0 | 12.0 | 3.3 | 2.6 | 12.0 | 2.0 |
| MU10 | 10.0 | 8.0 | 2.5 | 2.0 | 8.0 | 2.0 |

粉煤灰砖主要用于工业和民用建筑的墙体和基础，不得用于长期受热 200 °C 以上、受急冷或急热作用的部位，或有酸性介质侵蚀的建筑部位。

## 2.5.2　砌　块

砌块：在建筑工程中用于砌筑墙体的尺寸较大的块体材料。砌块系列中主规格的长度、宽度或高度有一项或一项以上分别大于 365 mm、240 mm、115 mm。但高度不大于长度或宽度的 6 倍，长度不超过高度的 3 倍。

砌块的分类：

按承重分：承重砌块、非承重砌块；

按有无孔洞分：密实砌块（空洞率<25%）、空心砌块（空洞率≥25%）；

按用料分：水泥混凝土砌块、粉煤灰砌块、炉渣砌块、加气混凝土砌块、石膏砌块等；

按大小分：小型砌块（主规格的高度 115 ~ 380 mm）、中型砌块（380 ~ 980 mm）、大型砌块（>980 mm）。

### 2.5.2.1　混凝土砌块

1. *混凝土小型砌块*

混凝土小型砌块是以水泥、砂、石、水经拌和、振动加压而成的空心砌块，分承重和非承重两种，空心率不小于 25%，主要规格尺寸为 390 mm × 190 mm × 190 mm，强度等级有 MU3.5、MU5.0、MU7.5、MU10.0、MU15 等。

混凝土小型空心砌块主要用于地震设计烈度为 8 度和 8 度以下的一般民用和工业建筑物的墙体，承重墙不得用砌块和砖混合砌筑。这种砌块在砌筑时一般不宜浇水，但在气候特别干燥炎热时，可在砌筑前稍喷水湿润。

2. 轻骨料混凝土小型空心砌块

轻骨料混凝土小型空心砌块是以硅酸盐系列水泥为胶凝材料，普通砂或轻砂为细骨料，天然轻粗骨料、陶粒为粗骨料制成的砌块。

根据砌块的干表观密度变动范围的上限将砌块分为 500、600、700、800、900、1000、1200、1400 八个密度等级。其强度等级有 MU1.5、MU2.5、MU3.5、MU5.0、MU7.5、MU10.0 等。

轻骨料混凝土小型空心砌块主要应用于工业及民用建筑的墙体，用于既承重又保温或专门保温的墙体，特别适合于高层建筑的填充墙和内隔墙。

#### 2.5.2.2 蒸压加气混凝土砌块

蒸压加气混凝土砌块主要用于民用建筑三层或三层以下的承重墙，大型框架结构的间隔墙、屋面的隔热保温层，钢筋混凝土框架建筑的填充墙、复合墙板、楼板的填充块。无可靠的防护措施时，不得用于处于水中或高湿度和有侵蚀介质的环境中，也不得用于长期处于高温环境中的建筑物。

#### 2.5.2.3 粉煤灰砌块

粉煤灰砌块是以粉煤灰、石膏、石灰和骨料等为原料，加水搅拌、振动成型、蒸气养护而成的。其规格尺寸为：880 mm × 380 mm × 240 mm，880 mm × 430 mm × 240 mm。

粉煤灰砌块主要用于一般的工业与民用建筑的墙体和基础，不用于长期受高温影响的承重墙，如铸铁和炼钢车间、锅炉房等的承重结构，也不用于有酸性介质侵蚀的建筑部位。

#### 2.5.2.4 石膏空心砌块

石膏空心砌块是以石膏粉或高强石膏粉为主要原料，掺入增强材料和外加剂浇注而成的。

规格：厚度：80 mm、100 mm、120 mm；长度：500 mm；宽度：500 mm。

石膏空心砌块质轻、吸声、绝热，具有一定的耐火性并可钉可锯，用于高层建筑、框架轻板结构、房屋加层、户内分室等。

### 2.5.3 墙用板材

内墙板材多为石膏板材、石棉水泥板材及加气混凝土板材等，这些板材具有质量轻、保温效果好、隔声、防火，以及较好的装饰效果等优点。

外墙板大多用加气混凝土板、复合板及各种玻璃钢板等。

#### 2.5.3.1 石膏类墙板

1. 纸面石膏板

纸面石膏板以熟石膏为主要原料，掺入适量的添加剂和纤维作板芯，以特制的纸板做护面，经连续成型、切割、干燥等工艺加工而成。

纸面石膏板主要分为普通纸面石膏板、耐水纸面石膏板、耐火纸面石膏板。

纸面石膏板应用非承重墙、内隔墙和吊顶，也可用于活动房、民用住宅、商店、办公楼等建筑物的活动隔断，不宜用于厕所、厨房及空气相对湿度经常大于 70%的场所。

2. 纤维石膏板

纤维石膏板以石膏为主要原料，以玻璃纤维或纸筋等为增强材料，经铺浆、脱水、成型、烘干等加工而成，主要应用于非承重内隔墙、天棚吊顶、内墙贴面等。

3. 石膏空心板

石膏空心板以石膏为主要材料，加入少量增强纤维，并以水泥、石灰、粉煤灰等为辅助胶结料，经浇注成型、脱水烘干制成。其表面平整光滑、洁白，板面不用抹灰，只在板与板之间用石膏浆抹平，并可在其上喷刷或贴各种饰面材料，而且防滑性能好，质量轻，可切割、锯、钉，空心部位还可预埋电线和管件，安装墙体时可以不用龙骨，施工简单。

#### 2.5.3.2 GRC 空心轻质隔墙板

GRC 空心轻质隔墙板是以低碱度的水泥为胶结材料，以抗碱玻璃纤维为增强抗拉的材料，并配以发泡剂和防水剂，经搅拌、成型、脱水、养护制成的一种轻质墙板，用于一般的工业和民用建筑物的内隔墙，高层建筑、框架轻板建筑及其他各类建筑的非承重内隔墙。

#### 2.5.3.3 预应力空心墙板

预应力空心墙板是以高强度的预应力钢绞线用先张法制成的预应力混凝土墙板。

预应力空心墙板用于承重或非承重的内外墙板、楼板、屋面板、阳台板和雨棚等，并可根据需要增设各种装饰效果的表面层（如彩色水刷石、剁斧石、喷砂、粘贴釉面砖等）、保温层和防水层。

#### 2.5.3.4 蒸压加气混凝土板

蒸压加气混凝土板以粉煤灰、砂（磨细）与石灰、水泥、石膏等加入少量的发泡剂（铝粉）及外加剂和水，经搅拌后浇注在预先制好的钢筋网的模具中，经成型、切割、蒸压养护而成。

蒸压加气混凝土板分为屋面板、外墙板、隔墙板三种，用于一般工业和民用建筑物的内外墙和屋面。

#### 2.5.3.5 轻质隔热夹芯板

轻质隔热夹芯板由内外两层材料黏结而成。其外层是高强度材料（镀锌钢板、不锈钢板等），内层是阻燃材料，主要用于工业和民用建筑物的内外墙板、屋面板、楼板，既可作承重结构，又可作一般的围护结构。

### 2.5.4 屋面材料

屋面材料主要起防水、隔热保温、防渗漏等作用，瓦是常用的屋面材料。瓦的种类多，主要有烧结瓦、水泥瓦、石棉瓦、塑料瓦和各种高分子复合材料。

1. 烧结黏土瓦

烧结黏土瓦的生产方法和烧结黏土砖相似，主要过程为：采土→制坯→干燥→烧结。

烧结瓦按颜色分为红瓦和青瓦，按形状分为平瓦和脊瓦。

2. 石棉水泥波瓦

石棉水泥波瓦以石棉纤维和水泥为原料，经配料、压滤成型、养护而成，根据波浪的大小可分为大波、中波、小波三种类型。石棉纤维对人体健康有害，可用别的纤维材料（如耐碱纤维和有机玻璃纤维）来代替石棉。石棉水泥波瓦主要用于仓库、厂房等跨度较大的工业建筑和临时搭建的屋面，也可用于围护墙。

3. 聚氯乙烯塑料波形瓦

聚氯乙烯塑料波形瓦以聚氯乙烯树脂为原料加入各种配合剂，通过塑化、挤压而得，用于简易建筑物的屋面和候车亭、阳棚、凉棚等简易建筑物的屋面。

4. 钢丝网水泥大波瓦

钢丝网水泥大波瓦是用水泥、砂，按一定的比例配合，中间加一层钢丝网片，浇注而成的，广泛用于大型工业建筑。

5. 玻璃钢波形瓦

玻璃钢波形瓦用聚酯树脂和玻璃纤维为原料，用手工糊制而成。用于工业厂房的采光带、凉棚等。

## 思考练习题

1. 气硬性胶凝材料与水硬性胶凝材料有何区别?
2. 石灰熟化成石灰浆使用时，一般应在储灰坑中“陈伏”两星期以上，为什么?
3. 何为欠火石灰、过火石灰?各有何特点?
4. 试述石灰的技术性能与应用?
5. 试述建筑石膏的技术性能与应用。
6. 硅酸盐水泥的主要矿物成分是什么?这些矿物的特性如何?
7. 硅酸盐水泥的水化产物有哪些?水泥石的结构是怎样的?影响水泥石强度的因素有哪些?
8. 硅酸盐水泥的腐蚀有哪几种类型?腐蚀的原因是什么?为什么同是硅酸盐系列水泥的矿渣水泥耐腐蚀性好?
9. 在生产硅酸盐水泥时掺入石膏起什么作用?硬化后多余的石膏会引起什么现象发生?
10. 如何检验水泥的安定性?
11. 什么叫活性混合材料?其硬化的条件是什么?
12. 高铝水泥的熟料与硅酸盐水泥的熟料有何区别?两种水泥的性质有何不同?
13. 在下列混凝土工程中应分别选用那种水泥，并说明理由。

① 紧急抢修的工程或军事工程；② 高炉基础；③ 大体积混凝土坝和大型设备基础；④ 水下混凝土工程；⑤ 海港工程；⑥ 蒸汽养护的混凝土预制构件。

# 学习情境 3　有机非金属材料

## 3.1　沥青材料

沥青是一种高分子碳氢化合物及其非金属衍生物所组成的混合物。沥青憎水，具有良好的防水性；具有较强的抗腐蚀性；具有很好的黏结力；具有很好的塑性，能适应基材的变形。

### 3.1.1　石油沥青

#### 3.1.1.1　石油沥青

石油沥青是石油原油经蒸馏提炼出各种轻质油及润滑油后的残留物，分为：道路石油沥青、建筑石油沥青、防水防潮石油沥青和普通石油沥青。

石油沥青的组分：

油分——分子量最小、密度最小的组分，含量为 40% ~ 60%，油分赋予沥青以流动性；

树脂（沥青脂胶）——分子量比油分大，含量为 15% ~ 30%，使沥青具有良好的塑性和黏性；

地沥青质——分子量比树脂更大，含量为 10% ~ 30%，降低石油沥青的温度敏感性，增加黏性和硬脆性。

石油沥青中还含 2% ~ 3%的沥青碳和似碳物（黑色固体粉末），是石油沥青中分子量最大者，它会降低石油沥青的黏结力。石油沥青中还含有蜡，它会降低石泊沥青的黏结性和塑性，同时对温度特别敏感（即温度稳定性差）。

#### 3.1.1.2　石油沥青的技术性质

黏滞性又称黏性或稠度，反映沥青材料内部阻碍其相对流动和抵抗剪切变形的能力。温度对黏性的影响：一定温度范围内，温度升高，黏性降低。

石油沥青的塑性用延度来表示。延度测定：把沥青制成“∞”形标准试件，置于延度仪内（25±0.5）°C 水中，以（5±0.25）cm/min 的速度拉伸，用拉断时的伸长度（cm）表示。延度越大，塑性越好，防止开裂性越好。

温度敏感性是指石油沥青的黏滞性和塑性随温度的升降而变化的性能。从固态转变到黏流态的起点温度，称为沥青的软化点。沥青软化点一般采用环球法测定。把沥青试样装入规定尺寸的铜环内，上置一直径为 9.5 mm、质量为（3.50 ± 0.05）g 的标准钢球，浸入水或甘油中，以规定的速度升温（5 °C/min），当沥青软化下垂至规定距离（25.0 mm）时的温度即为软化点，以摄氏度计。

石油沥青脆点指沥青从高弹态转变到玻璃态过程中的某一规定状态的相应温度。费拉斯脆点：涂于金属片的试样薄膜在特定条件下，因被冷却和弯曲而出现裂纹时的温度，以摄氏度表示。

石油沥青大气稳定性是指石油沥青在热、阳光、氧气和潮湿等因素的长期综合作用下抵抗老化的性能，即沥青材料的耐久性。

石油沥青溶解度指石油沥青在有机溶剂（如三氯乙烯、四氯化碳等）中溶解的百分率，表示石油沥青中有效物质的含量，即纯净程度。

闪点也称闪火点，指加热沥青至挥发出的可燃气体与空气的混合物在规定条件下与火焰接触，初次闪火（有蓝色闪光）时的沥青温度（°C）。

燃点也称着火点，指加热沥青产生的气体与空气的混合物，与火焰接触能持续燃烧 5 s 以上，此时沥青的温度即为燃点（°C）。燃点温度比闪点温度高约 10 °C。

#### 3.1.1.3 石油沥青的技术标准及选用

（1）石油沥青牌号。道路石油沥青、建筑石油沥青和普通石油沥青按针入度指标划分牌号，例如针入度指标为 25 ~ 40 的建筑石油沥青，其牌号为 30（即 30 号沥青）。防水、防潮石油沥青按针入度指数划分牌号，还增加了保证低温变形性能的脆点指标。

（2）石油沥青选用。根据工程性质（道路、房屋、防腐等）及当地气候条件、所处工程部位（屋面或地下等）来选用不同品种和牌号的沥青。道路石油沥青用于道路工程。建筑石油用于建筑防水和防腐工程。防水、防潮石油沥青用于防水工程。

（3）石油沥青的掺配：

$$Q_1 = \frac{T_2 - T}{T_2 - T_1} \times 100\%$$

$$Q_2 = 100 - Q_1$$

式中 $Q_1$——较软石油沥青用量（%）；
$Q_2$——较硬石油沥青用量（%）；
$T$——掺配后的石油沥青软化点（°C）；
$T_1$——较软石油沥青软化点，（°C）；
$T_2$——较硬石油沥青软化点（°C）。

#### 3.1.1.4 石油沥青的稀释

石油沥青采用汽油、煤油、柴油等石油产品系列的轻质油料作稀释剂。煤沥青采用煤焦油、重油、蒽油等煤产品系列的油料作稀释剂。

### 3.1.2 煤沥青

煤沥青是生产焦炭和煤气的副产物。烟煤在干馏过程中的挥发物质，经冷凝而成黑色黏性液体称为煤焦油，再经分馏加工提取轻油、中油、重油及蒽油之后所得残渣即为煤沥青。

与石油沥青相比，煤沥青的性能特点如下：① 温度敏感性较大；② 大气稳定性较差；③ 塑性较差；④ 因为含表面活性物质较多，所以与矿料表面黏附力较强；⑤ 防腐性好。

鉴别石油沥青和煤沥青方法见表 3-1。

**表 3-1 鉴别石油沥青和煤沥青方法**

| 密度法 | 近似 1.0 g/cm³ | 大于 1.10 g/cm³ |
|---|---|---|
| 锤击法 | 声哑，有弹性、韧性感 | 声脆，韧性差 |
| 燃烧法 | 烟无味，基本无刺激性臭味 | 烟呈黄色，有刺激性臭味 |
| 溶液比色法 | 用 30～50 倍汽油或煤油溶解后，将溶液滴于滤纸上，斑点呈棕色 | 溶解法同左，斑点有两圈，内黑外棕 |

### 3.1.3 沥青混合料

沥青混合料是沥青混凝土混合料和沥青碎石混合料的总称。沥青混凝土混合料是由适当比例的粗骨料、细骨料及填料与沥青在严格控制条件下拌和、压实后剩余孔隙率小于10%的混合料，简称沥青混凝土；沥青碎石混合料是由适当比例的粗骨料、细骨料及少量填料或不加填料与沥青拌和、压实后剩余孔隙率在10%以上的混合料，简称沥青碎石。沥青混合料主要用于道路工程铺筑路面。

#### 3.1.3.1 分 类

沥青混合料的分类可以从不同角度进行，下面介绍常用的几种分类方式：

1. 按胶结材料种类分

沥青混合料按胶结材料种类分为石油沥青混合料和煤沥青混合料。

2. 按施工温度分

沥青混合料按拌制和摊铺温度分为：热拌热铺混合料，即沥青与矿质骨料在热态下拌和并在热态下铺筑；常温沥青混合料，即采用乳化沥青或稀释沥青矿料在常温下拌合、热铺。

3. 按骨料级配类型分

连续级配沥青混合料，即混合料中的矿质骨料是按级配原则，从小到大各级粒径按比例搭配组成的；尖端级配沥青混合料，即沥青级配组成后缺少一个或若干个粒径档次。

4. 按混合料密度分

密级配沥青混合料，指连续级配、相互嵌挤密实的骨料与沥青拌和、压实后剩余孔隙率小于10%的混合料；开级配沥青混合料，指级配主要由粗骨料组成，细骨料较少，骨料相互拨开，压实后剩余孔隙率大于15%的开式混合料；半开级配沥青混合料，指由粗、细骨料及少量填料与沥青拌和、压实后剩余孔隙率在10%～15%的半开式混合料，也称沥青碎石混合料。

5. 按骨料最大粒径分

粗粒式沥青混合料，指骨料最大粒径为26.5 mm或31.5 mm的混合料；中粒式沥青混合料，指骨料最大粒径为16 mm或19 mm的混合料；细粒式沥青混合料，指骨料最大粒径为9.5 mm或13.2 mm的混合料；砂粒式沥青混合料，指骨料最大粒径为等于或小于4.75 mm的混合料。

#### 3.1.3.2 沥青混合料组成材料及结构

1. 组成材料

沥青混合料的组成材料有沥青、粗骨料、细骨料和填料。

（1）沥青：根据当地气候条件、施工季节气温、路面类型、施工方法等情况选用沥青标号。

（2）粗骨料。

所用粗骨料所包括碎石、破碎砾石和矿渣等。粗骨料应该洁净、干燥无风化、无杂质。压碎值和磨耗率等力学性能指标应满足规范要求。碱性的矿料与沥青黏结时，会发生化学吸附过程，在矿料与沥青的接触面上形成新的化合物，使黏结力增强；而酸性矿料表面与沥青不会形成化学吸附，故黏结力较低。为保证与沥青的黏附性符合有关规范要求，应采取下列剥离措施：采用干燥的磨细消石灰或生石灰粉、水泥作为填料的一部分，其用量作为矿料总量的1%～2%；在沥青中掺加抗剥离剂；将粗骨料用石灰浆处理后使用。

（3）细骨料。

细骨料可采用天然砂、机制砂及石屑。细骨料应该洁净、干燥、无风化、无杂质，有适当的颗粒组成，其质量应符合规范要求，并与沥青有良好的黏结能力。与沥青黏结性能较差的天然砂及用花岗石、石英岩等酸性试料破碎的机制砂或石屑，不宜用于高速公路、一级公路、城市快速路、主干路沥青面层；必须使用时，应采用抗玻璃措施。

（4）填料。

在沥青混合料中起填充作用的粒径小于0.075 mm的矿质粉末称为填料。填料宜采用石灰岩或岩浆岩中的强基性岩石经磨细得到的矿粉，原石料中的泥土杂质应除去。矿粉要求干燥、洁净，其质量符合规范要求。当采用水泥、石灰、粉煤灰作填料时，其用量不宜超过矿料总量的2%。

2. 组成结构

沥青混合料的组成结构有以下三类：

（1）悬浮-密实结构。采用连续型密级配骨料与沥青组成的混合材，经过多级密垛虽然可以获得很大的密实度，但是各级骨料均被次级骨料所隔开，不能直接靠拢形成骨架，有如悬浮于次级骨料及沥青胶浆之间，其组成结构如图3-1（a）所示。这种结构的沥青混合料，虽然黏聚力较强，但内摩擦角较小，因此其高温稳定性差。

（2）骨架-孔隙结构。采用连续型开级配骨料与沥青组成的沥青混合料，粗骨料所占比例较高，细骨料则很少，甚至没有。粗骨料可以相互靠拢形成骨架，但由于细骨料过少，不足以填充粗骨料之间的孔隙，因此形成骨架-孔隙结构，如图3-1（b）所示。这种结构的混合料具有较大的内摩擦角，但黏结力较弱。

（3）密实-骨架结构。采用间断型密级配骨料与沥青组成的沥青混合料，由于缺少中间粒径的骨料，较多的粗骨料可以形成空间骨架，同时又有相当数量的细骨料可将骨架的孔隙填满，如图3-1（c）所示。这种结构不仅具有较强的黏结力，内摩擦角也较大，因此组合料的抗剪强度较高。

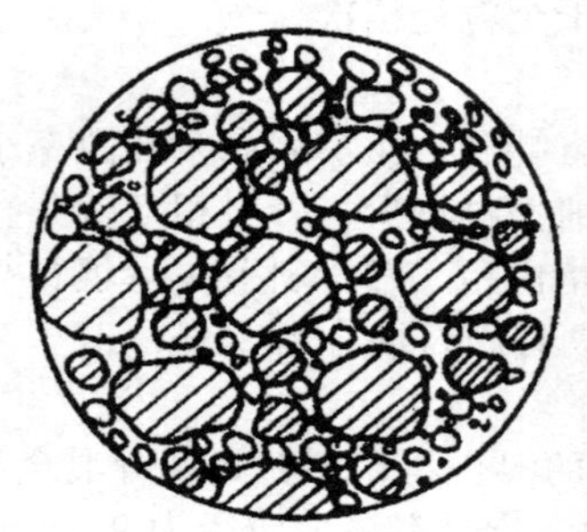
（a）悬浮-密实结构

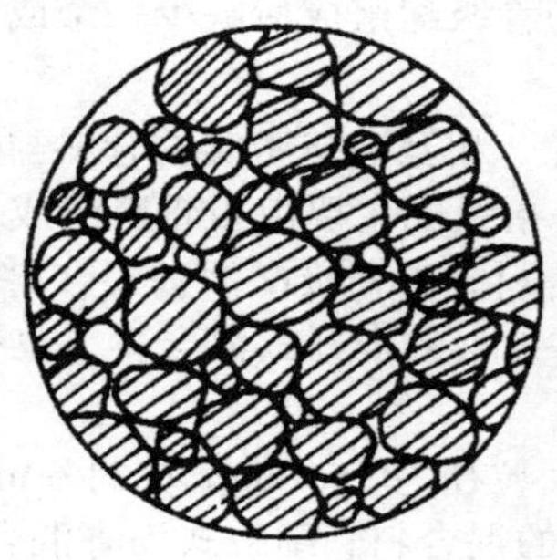
（b）骨架-空隙结构

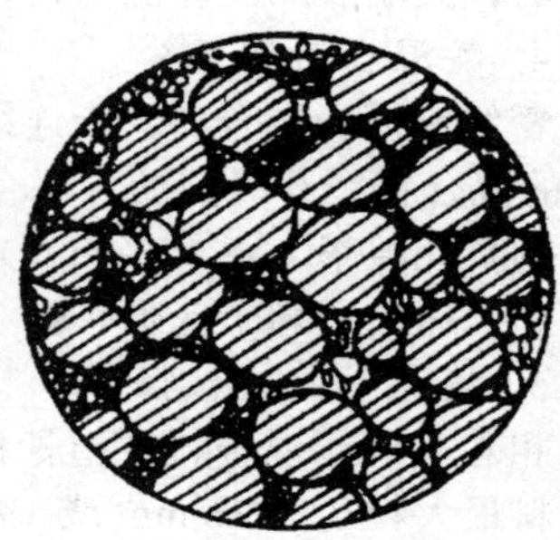
（c）密实-骨架结构

**图3-1　三种典型沥青混合料结构组成示意图**

3. 沥青混合料的技术性质

沥青混合料构筑的路面除了承受汽车等荷载的反复作用外，同时还要受到各种自然因素的影响。为了保证路面的安全性、舒适性、快速及耐久性，沥青混合料必须满足下列技术要求。

1）高温稳定性

沥青路面在高温时，由于沥青混合料的抗剪强度不足或塑性变形过大会产生推挤、拥包等破坏。因此，高温稳定性是沥青混合料的一个重要的技术性质。

沥青混合料高温稳定性是指在夏季高温（通常取60 °C）条件下，经车辆荷载反复作用后不产生车辙和波浪等病害的性能。我国现行国标《沥青路面施工及验收规范》（GB 50092—96）规定：采用马歇尔稳定度试验来评价沥青混合料的高温稳定性；对于高速公路、一级公路和城市快速路、主干路沥青路面的上面层和中面层的沥青混合料，还应通过稳定度试验以检验其抗车辙能力。

2）低温抗裂性

沥青路面在低温下的破坏主要是由于沥青混合料的抗拉强度不足或变形能力较差而出现低温收缩开裂。低温抗裂性的指标，目前尚处于研究阶段，未列入技术标准。现在普遍采用的方法是测定沥青混合料的低温劲度和温度收缩系数，计算低温收缩时在路面中所出现的温度应力，与沥青混合料的抗拉强度进行对比，据此来预估沥青的开裂温度。

3）耐久性

沥青混合料的耐久性直接关系到沥青路面的使用年限。影响沥青混合料耐久性的因素，除了沥青的化学性质、矿料的矿物成分外，沥青混合料的孔隙率、沥青用量也是重要的影响因素。

从耐久性的角度出发，沥青混合料的孔隙率应尽量小，以防止水和阳光中紫外线对沥青的老化作用。但从沥青混合料的高温稳定性考虑，孔隙率又应大一些，以备夏季沥青材料膨胀。从两个方面考虑，一般沥青混凝土应留有 3%～10%的孔隙。

沥青用量与路面耐久性也有很大关系。沥青用量较少时，沥青膜变薄，混合料的延伸能力降低，脆性增加。同时，如果沥青用量偏少，将使混合料孔隙率增大，沥青膜暴露较多，加速沥青老化，而且增大了渗水率，增强了水对沥青的剥落作用，使沥青与矿料的黏附力降低。而沥青用量过多会使混合料的内摩阻力显著降低，黏结力下降，从而降低了混合料的抗剪强度。因此，需要确定一个沥青最佳用量，通常以马歇尔稳定度试验来确定。

我国现行规范采用空隙率、饱和度和残留稳定度等指标来表征沥青混合料耐久性。

4）抗滑性

为保证汽车安全快速行驶，要求沥青路面具有一定的抗滑性。路面表层矿料的抗滑性对沥青的抗滑性有直接的贡献。我国现行国家标准（GB 50092—96）对抗滑层骨料有磨光值、道路磨耗值和冲击值三项指标要求。高速公路的抗滑层骨料一般选用抗滑性能好的玄武岩、安山岩等材料。沥青用量过多对路面抗滑性不利，沥青含蜡量高对路面抗滑性也有明显的不利影响。

5）施工和易性

影响沥青混合料施工和易性的主要因素是矿料级配。若粗细骨料的颗粒大小差距过大，缺乏中间粒径，混合料容易产生离析；若细料太少，沥青层不容易均匀地分布在粗颗粒表面，反之，细料过多则使拌和困难。

## 3.2 合成高分子材料

### 3.2.1 合成高分子材料的基本知识

以石油、煤、天然气、水、空气及食盐等为原料，制得的低分子单体，经合成反应即得到合成高分子化合物，这些化合物的分子量一般都在几千以上，甚至可达数万，数十万或更大。高分子化合物又称高分子聚合物（简称高聚物），是组成单元相互多次重复连接而构成的物质。高分子化合物分子量虽然很大，但化学组成比较简单，由许多低分子化合物聚合而成。例如，聚乙烯分子结构为：$\cdots CH_2—CH_2\cdots CH_2—CH_2\cdots\!\!\left[ CH_2—CH_2 \right]_n$

这种结构称为分子链，可简写为$\left[ CH_2—CH_2 \right]_n$，即聚乙烯是由低分子化合物乙烯（$CH_2=CH_2$）聚合而成的。可以聚合成高聚物的低分子化合物，称为“单体”；组成高聚物的最小重复结构单元称为“链节”，如$—CH_2—CH_2—$；高聚物中所含链节的数目 $n$ 称为“聚合度”；高聚物的聚合度一般为 $1\times10^3\sim1\times10^7$，分子量必然很大。

#### 3.2.1.1 高聚物分子链的形状与性质

高聚物按分子几何结构形态分为线型、支链型和体型。

1. 线　型

线型高聚物大小分链节排列成线状主链，大多数呈卷曲状，线状大分子间以分子间力结合在一起。线型高聚物具有良好的弹性、塑性、柔顺性，但强度较低、硬度小、耐热性和耐腐蚀性较差，且可融可熔。线型结构的合成树脂可反复加热软化、冷却硬化，称为热塑性树脂。

2. 支链型

支链型高聚物分子在主链上带有比主链短的支链，分子排列较松，分子间作用力较弱，因而其密度、熔点及强度低于线型高聚物。

3. 体　型

体型高聚物分子由线型或支链型高聚物分子以化学键交联形成，呈空间网状结构。由于化学链结合力强，且交联成一个巨型分子，因此体型结构的合成树脂仅在第一次加热时软化，固化后再加热时不会软化，称为热固性树脂。

#### 3.2.1.2　高聚物的聚集态结构与物理状态

聚集态结构是指高聚物内部大分子之间的几何排列与堆砌方式，分为晶态（不透明或半透明）和非晶态（透明）。由于长链高分子难免弯曲，故在晶态高聚物中也总有非晶区存在，且大分子链可以同时跨越几个晶区和非晶区。晶区所占的百分比称为结晶度。

高聚物在不同温度条件下的形态是有差别的，表现为玻璃态、高弹态和黏流态。

（1）玻璃态：当低于某一温度时，分子链作用力很大，分子链与链段不能运动，高聚物呈非晶态的固体称为“玻璃态”。

（2）高弹态：当温度超过玻璃化温度 $T_g$ 时，由于分子链段可发生旋转，使高聚物在外力作用下能产生大的变形，外力卸除后又缓慢恢复原状，高聚物的运动状态称为“高弹态”。

（3）黏流态：随温度继续升高，当温度达到“流动温度” $T_f$ 后，高聚物呈极黏的液体，这种状态称为“黏流态”。此时，分子链和链段都可以发生运动，当受到外力作用时，分子间相互滑动产生形变，外力卸去后，形变不能恢复。

高分子化合物的基本性质：质轻、比强度高、弹性好、绝缘性好、耐磨性好、耐腐蚀性好、耐水性和耐湿性好。

### 3.2.2　建筑塑料

#### 3.2.2.1　建筑塑料

建筑塑料是以高分子化合物为基本材料，加入各种填充料和改性添加剂，在一定的温度和压力下塑制而成，且在常温、常压下保持制品形状不变的材料。

#### 3.2.2.2　建筑塑料的特性

建筑塑料的特性有：密度低、自重轻；优良的加工性能；具有多功能性；出色的装饰性能；耐热性差，易燃烧，且燃烧时放出对人体有害的气体；在日光、大气及热等外界因素作用下，塑料会产生老化，性能发生改变；刚度差，与钢铁等金属材料比较，塑料的强度及弹性模量均较低，容易变形。塑料作为土木工程材料有着广阔的前途。例如：建筑工程常用塑料制品有塑料壁纸、饰面板、塑料地板、塑料门窗、管线护套等；防水和密封材料有塑料薄膜、密封膏、管道、卫生设施等。

#### 3.2.2.3　塑料的组成

建筑塑料由合成树脂、增塑剂、填充剂、稳定剂、其他助剂组成。

1. 合成树脂

合成树脂主要是由碳、氢和少量的氧、氮、硫等原子以某种化学键结合而成的高分子化合物。它们的分子量很大，一般都在数千以上，甚至高达上百万。例如由乙烯（$CH_2=CH_2$，分子量为 28）经聚合而成的高分子聚乙烯分子量为 1 000 ~ 35 000，而超高分子聚乙烯的分子量可高达 500 000。

合成树脂在塑料中起胶结作用，把其他组成成分牢固地胶结起来，使其具有加工成型性能。塑料的主要性质取决于所采用的合成树脂。复杂组成塑料中合成树脂的含量为 30% ~ 60%。

2. 增塑剂

能使高分子材料增加塑性的化合物称为增塑剂。增塑剂的耗量是一切助剂之首。增塑剂通常是沸点高、难挥发的液体，或是低熔点的固体。它可提高塑料在高温加工条件下的可塑性和塑料制品在使用条件下的弹性和韧性，并具有改善塑料低温脆性的作用。

常用的增塑剂有：邻苯二甲酸酯、脂肪族二元酸酯、磷酸二苯辛酯和磷酸三苯酯等。

3. 填充剂

填充剂又称填料，主要是一些粉状或纤维状的无机化合物。它不但能降低塑料的成本，而且还能提高强度，提高耐热性和化学稳定性。例如：玻璃纤维可以提高塑料的机械强度；云母可改善塑料的电绝缘性；石墨、二硫化钼等填料可增强塑料的耐磨性能。几乎所有的填料都能改善塑料的耐热性能。但加入过多的填料会降低塑料的力学性能，并使其加工困难。所以必须通过必要的试配，以确定最合适的加入量。

4. 稳定剂

在高聚物的加工及其制品的使用过程中，因受热或氧或光的作用，高聚物会发生降解或交联等现象，造成颜色变深、性能降低。加入稳定剂，可提高塑料制品的质量，防止以上现象的发生，延长使用的寿命。常用稳定剂有：抗氧剂、光稳定剂、热稳定剂。

5. 其他助剂

润滑剂：润滑剂能改善塑料在加工成型时的流动性和脱模性。

固化剂：固化剂又称硬化剂，主要用于热固性树脂中，使线型分子交联成体型网状结构，从而制得坚硬的塑料制品。

阻燃剂：阻燃剂能提高塑料的耐燃性和自熄性。

### 3.2.3 建筑胶黏剂

胶黏剂一般都是由多组分物质所组成的，除基本组分黏料外，还有各种助剂：硬化剂、填料 、其他附加剂（增塑剂、防霉剂、防腐剂、稳定剂）。建筑胶黏剂具有足够的流动性，能充分浸润被粘物表面，黏结强度高，不易老化失效。建筑胶黏剂主要分为热固型、热塑型、橡胶型、混合型。

#### 3.2.3.1 胶黏机理

为什么胶黏剂能与被黏物牢固地黏结在一起？人们从不同的角度对这个问题进行了研究，得出了各种理论，主要有以下几种：机械联结理论、物理吸附理论、化学键理论和扩散理论。

1. 机械联结理论

这种理论认为被黏物表面是粗糙的，有些是多孔的，胶黏剂能够渗透到被黏物表面的孔隙中去，硬化后就形成了许多微小的机械联结。胶黏剂主要依靠这些机械联结与被黏物牢固地黏结在一起。

2. 物理吸附理论

这种理论认为任何物质的分子（或原子）之间都有着两种相互作用着的力：一种是强的主价键力或称化学键力；一种是弱的次价键力，或称范德华力。物理吸附是由次价键力所引起的。虽然次价键力远比化学键力弱，但由于原子和分子的数目相当多，故这种物理吸附作用还是相当大的。这种理论把黏结力归诸于胶黏剂分子和被黏物表面之间的物理吸附作用。

3. 化学键理论

这种理论认为某些胶黏剂与被黏物表面之间还能形成化学键，这种化学键对于黏结力，特别是对于黏结界面抵抗老化的能力是有贡献的，并在某些场合已为实验所证明。

4. 扩散理论

这种理论认为胶黏剂分子与被黏结物表面之间仅互相紧密接触还是不够的，须互相扩散才能形成牢固的黏结，因为相互扩散的结果能使更多的胶黏分子（或原子）与被黏结物分子之间更加接近，而增强它们的物理吸附作用。

#### 3.2.3.2 土木工程中常用的胶黏剂

1. 热塑性合成树脂胶黏剂

1）聚乙烯醇缩甲醛胶黏剂（商品名107胶）

聚乙烯醇缩甲醛胶黏剂是以聚乙烯醇与甲醛在酸性介质中进行缩合反应而制得的一种透明的水溶性胶体。它无毒、无味，具有较高的黏结强度和较好的耐水、耐油、耐磨及耐老化性能。它既可作壁纸、墙布的胶黏剂，也可作水泥制品的胶黏剂，可显著地提高水泥材料的耐磨性、抗冻性和抗裂性，并增加其防霉菌性，还可用作彩色瓷砖、马赛克、室内地面涂层、内墙涂料等的胶料，是建筑中广泛使用的一种胶黏剂。由于聚乙烯醇缩甲醛树脂的原料来源丰富，价格低廉，因而在建筑装修施工中用途最广，被誉为建筑用“万能胶”。

2）聚醋酸乙烯乳胶（俗称白胶水）

聚醋酸乙烯乳胶是由醋酸与乙烯合成醋酸乙烯，再经乳液聚合而成的一种乳白色、具有酯类芳香的乳状液体。它可在常温下固化，配制使用方便，具有良好的黏结强度。黏结层有较好的韧性和耐久性，而且无毒、无味、快干，耐老化、耐油，具有施工安全、简易等特性。但聚醋酸乙烯乳胶价格较贵，耐水与耐热性不佳、易蠕变等缺点。

2. 热固性合成树脂胶黏剂

1）环氧树脂胶黏剂

环氧树脂胶黏剂是以环氧树脂为主要原料，掺加适量硬化剂、增塑剂、填料和稀释剂等配制而成的。环氧树脂是含有环氧基的线型高分子化合物，它与不同的硬化剂作用后，能形成体型结构，并对各种材料具有优良的黏附力和黏结强度。

2）聚氨酯胶黏剂

聚氨酯胶黏剂是以多异氰酸酯或聚氨基甲酸酯（简称聚酯）为基料的胶黏剂。聚氨酯是一种能在室温下固化的胶黏剂，具黏结力强、胶膜柔软、耐溶剂、耐油、耐水、耐酸、耐震等特点。它主要对纸张、木材、玻璃、金属（钢、铝等）、塑料等材料具有良好的黏结力。在建筑工程中，聚氨酯胶黏剂主要用以黏结塑料、木材、皮革等，特别适用于防水、耐酸、耐碱的工程中。

## 3.3 木 材

木材作为一种工程材料，有其显著的特性：强度高，质地轻，弹性好，易加工，易胶合，具有很好的耐冲击性、抗震性及特殊的刚性；有一定的抗蚀性和良好的耐久性；导热性低，隔热、绝缘性好；木材还具有独特的纹理，装饰性好。木材一直是土木工程的主要材料之一。

### 3.3.1 木材的分类

木材可以按树木成长的情况分为外长树木材和内长树木材。外长树木材是指树干的成长是向外发展的，由细小逐渐长成粗木材，且成长情况因季节气候差异而有所不同，因而形成年轮。内长树主要是内部木质的充实。热带的木材几乎都是内长树木材。

根据树叶的外观形状，木材分为针叶树木材和阔叶树木材，按木材的用途和加工又可分为原条、原木、普通锯材和枕木（表3-2）。

表 3-2　木材的分类

| 种　类 | 树　种 | 特　点 | 用　途 |
| --- | --- | --- | --- |
| 针叶树 | 松树、杉树、柏树 | 树干直而高大；木质较软，易于加工；强度较高；表观密度小；胀缩变形小 | 承重构件，门窗、地板材料 |
| 阔叶树 | 榆树、水曲柳、柞木、杨树、桦树、柳树 | 树干通直部分较短；木质较硬，加工困难；表观密度大；易于胀缩、翘曲、开裂；板面美观 | 内部装修、家具制作，胶合板 |

### 3.3.2　木材的技术性质

#### 3.3.2.1　密度与表观密度

各树种木材的密度相差不大，一般为 1.48 ~ 1.56 $g/cm^3$，气干表观密度约为 500 $kg/m^3$。

#### 3.3.2.2　含水率与吸湿性

1. 木材的含水率

木材的含水率是指木材所含水的质量占干燥木材质量的百分数。新伐木材的含水率常在 35%以上；风干木材的含水率为 15% ~ 25%；室内干燥木材的含水率为 8% ~ 15%。

2. 纤维饱和点

自由水：细胞腔和细胞间隙中的水分。

吸附水：细胞壁内细纤维之间的水分。

化合水：化学组成中的结合水。

纤维饱和点：当木材中无自由水，而细胞壁内充满吸附水并达到饱和时的含水率，通常介于 25% ~ 35%。

3. 木材的平衡含水率

$$\text{干燥的木材} \underset{\text{在干燥的空气中失去水分}}{\overset{\text{从潮湿的空气中吸收水分}}{\rightleftharpoons}} \text{潮湿的木材}$$

平衡含水率：木材长时间处于一定温度和湿度的环境中，趋于稳定时的含水率。

#### 3.3.2.3　干缩与湿胀

木材从潮湿状态干燥至纤维饱和点，自由水蒸发，体积不变，继续干燥，吸附水蒸发，体积收缩，反之，干燥木材吸湿至纤维饱和点，体积膨胀；弦向干缩率一般为 6% ~ 12%；径向干缩率一般为 3% ~ 6%；纤维方向干缩率一般为 0.1% ~ 0.35%。干缩使木结构构件连接处发生缝隙而致结合松弛，湿涨则造成凸起。减少木材干缩湿涨影响的方法是将木材干燥至平衡含水率。

#### 3.3.2.4　木材的强度及其影响因素

木材的强度包括抗压、抗拉、抗弯和抗剪强度。

1. 抗压强度

顺纹抗压强度压力作用方向与木材纤维方向平行；横纹抗压强度压力作用方向与木材纤维垂直。横纹抗压强度比顺纹抗压强度低得多。针叶树横纹抗压强度约为顺纹抗压强度的 10%；阔叶树横纹抗压强度约为顺纹抗压强度的 15% ~ 20%。

2. 抗拉强度

顺纹抗拉强度是指拉力方向与木材纤维方向一致时的强度。这种受拉破坏往往不是纤维被拉断而是纤维间被撕裂。木材的横纹抗拉强度很低，仅为顺纹抗拉强度的 10% ~ 20%。

3. 抗弯强度

木材受弯时，上部为顺纹受压，下部为顺纹受拉，水平面内则有剪切力。

4. 抗剪强度

顺纹剪切：纤维间联结撕裂产生纵向位移和受横纹拉力作用；横纹剪切：剪切面中纤维的横向联结被撕裂；横纹切断：木材纤维被切断。横纹切断强度最高，顺纹剪切强度次之，横纹剪切强度最低。

5. 影响木材强度的主要因素

1）含水量对强度的影响

当木材含水率在纤维饱和点以下时，含水率降低，木材强度提高；当木材含水率在纤维饱和点以上时，含水率变化，木材的强度不变。规定测定木材强度以含水率15%时的强度测定值作为标准。

2）负荷时间对强度的影响

木材在长期荷载作用下不致引起破坏的最高强度称为持久强度。木材的持久强度比短期荷载作用下的极限强度低得多，一般为短期极限强度的50%～60%。

6. 环境温度对强度的影响

木材的强度随环境温度升高而降低。

### 3.3.3 木材的防腐与防火

木材作为工程材料有两大缺点：一是腐朽，二是易燃。因此，必须考虑木材应用中的防腐和防火问题。

1. 木材的腐朽与防腐

（1）木材的腐朽：霉菌、变色菌、腐朽菌；蛀蚀：白蚁、天牛、蠹（dù）虫。

（2）木材的防腐与防虫：干燥，使其含水率在20%以下；或注入防腐剂、防虫剂。常用防虫方法如下：

① 常压法：表面喷涂法、常温浸渍法、热冷槽浸注法（常压法中效果最好）。

② 压力渗注法：满细胞法、空细胞法。

2. 木材的防火

木材的防火是将木材经过具有阻燃性的化学物质处理后，变成难燃的材料，使其遇小火能自熄，遇大火能延缓或阻止燃烧蔓延，从而赢得扑救时间。

木材防火处理主要有表面处理法和溶液浸注法。

（1）表面处理法：金属、水泥砂浆、石膏及防火涂料。

（2）溶液浸注法：常压浸注、加压浸注。

### 3.3.4 木材的应用

木材资源有限，工程中供不应求，因此，对木材的节约使用、合理使用和综合利用显得十分重要。所谓综合利用，就是将木材加工过程中的边角、碎料、刨花、木屑等，经过加工再处理，制成各种人造板材，有效提高木材的利用率。常见的是胶合板、胶合夹芯板、刨花板、木丝板、木屑板、纤维板。

## 3.4 建筑功能材料

### 3.4.1 防水材料

常用的防水材料有四大种类：一是防水卷材；二是建筑防水涂料；三是刚性防水材料；四是建筑密封材料。

#### 3.4.1.1 防水卷材

防水卷材是建筑工程防水材料的重要品种之一，目前主要包括沥青系防水卷材、高聚物改性沥青防水卷材、合成高分子防水卷材三大系列。由于环保的原因，沥青纸胎油毡的使用在我国很多城市受限制，生产量逐步下降，而性能相对优越的高聚物改性沥青防水卷材开始逐渐替代纸胎油毡成为市场的主导。改性沥青防水卷材最突出的特点是耐高温性能好，特别适合高温地区或太阳辐射强烈的地区。目前对改性沥青防水卷材的检测主要依据《体改性沥青防水卷材》（GB 18242—2008）、《塑性体改性沥青防水卷材》（GB 18243—2008）与《防水材料老化试验方法》（GB/T 18244—2000）三项国家标准，前两项标准已被建设主管部门引入强制性国家规范。对改性沥青防水卷材的质量检测主要集中在可溶物含量、拉力及最大拉力时延伸率、不透水性三项指标的控制上。

而三元乙丙橡胶防水卷材和聚氯乙烯防水卷材，是合成高分子卷材（属高档防水卷材），因此在国家有关部门制定的《新型建材及制品导向目录》中，要大力发展高分子防水卷材 EPDM（三元乙丙橡胶）、PVC（聚氯乙烯）两个品种。高分子防水卷材的优异性能体现在卷材的拉伸强度和抗撕裂强度高、断裂延伸率极大、耐热性和低温柔性好、抗穿孔性能好、耐腐蚀、耐老化、适宜冷施工等等。对上述两款防水卷材质量检测执行的国家标准分别是《高分子防水材料》（GB 18173.1—2012）和《聚氯乙烯（PVC）防水卷材》（GB 12952—2011），产品按理化性能分为Ⅰ型和Ⅱ型，后者的理化性能指标比前者高，质量更好。

#### 3.4.1.2 建筑防水涂料

建筑防水涂料大宗的分为聚氨酯防水涂料和聚合物水泥基复合防水涂料。聚氨酯防水涂料的检测依据是国家标准《聚氨酯防水涂料》（GB/T 19250—2013）。从目前大多数检测试验结果来看，很多聚氨酯防水涂料的最大延伸率能达到技术要求，但拉伸强度却往往不够，而且技术指标有时也不太稳定，时高时低。诚然，出现这些问题与原材料成本上涨而带来的质量波动也有关系，但是这不能作为降低产品质量的理由。

聚合物水泥基复合防水涂料简称 JS 防水涂料，是一种以丙烯酸酯等聚合物为主要原料，加入其他外加剂制得的双组分水性建筑防水涂料。JS 防水涂料生产和应用都符合环保要求，能在潮湿基面上施工，操作简便。JS 防水涂料拉伸性能的试验方法参照《建筑防水涂料试验方法》（GB/T 16777—2008）。在实际检测中，JS 防水涂料拉伸性能出现的情况与前述的聚氨酯防水涂料恰恰相反，很多拉伸强度达标甚至超标很多的产品，断裂延伸率却不合格甚至很差。

#### 3.4.1.3 刚性防水材料

刚性防水材料主要包括砂浆、混凝土防水剂和水泥基渗透结晶型防水材料。

砂浆和混凝土防水剂主要有 UBA 型混凝土膨胀剂、有机硅防水剂、BR 系列防水剂、水泥水性密封防水剂等。这些产品执行的标准是行业标准《砂浆、混凝土防水剂》（JC474—2008）。消费者主要从匀质性指标和物理力学性能两方面注意产品的达标。

水泥基渗透结晶型防水材料是一种新型刚性防水材料，它是以硅酸盐水泥或普通硅酸盐水泥、石英砂等为基材，掺入活性化学物质制成的粉状材料。在与水作用后，材料中含有的活性化学物质通过载体向混凝土内部渗透，在混凝土中形成不溶于水的结晶体，填塞毛细孔道，从而使混凝土致密防水。水泥基渗透结晶型防水材料执行的质量标准是《水泥基渗透结晶型防水材料》（GB 18445—2012）。在这种材料的质量检测中，二次抗渗压力的质量标准非常重要。

#### 3.4.1.4 建筑密封材料

建筑密封材料是一些能使建筑上的各种接缝或裂缝、变形缝（沉降缝、伸缩缝、抗震缝）保持水密、气密性能，并且具有一定强度，能连接结构件的填充材料。常用的建筑密封材料有硅酮、聚氨酯、聚硫、丙烯酸酯等密封材料。其质量检验分别参照相应的国标或行标。

现代建筑设计的日益多样化和复杂化，促进了玻璃幕墙的广泛应用。20 世纪 80 年代中期以来，玻璃幕墙在东南沿海一带的应用非常广泛。由于沿海地区属台风高发区，常年雨水充足，加上近年新材料、新配件的大量使用，而对玻璃幕墙防水的研究和止水措施又没有跟上，导致玻璃幕墙渗水问题比较普遍，严重地影响了建筑物的使用功能和寿命，降低了建筑物的安全性和耐久性。虽然国家有关部门在 2013 年就施行了最新的《玻璃幕墙工程技术规范》( JGJ 102—2013 )，但有部分设计人员并没有按规范对幕墙作防水设计，幕墙防水的问题并没有引起施工单位的足够重视。目前使用的标准为《玻璃幕墙工程技术规范》( JGJ 102—2013 )。

### 3.4.2 建筑防火材料

建筑防火材料主要有防火板、防火门、防火窗框、防火卷帘等。

防火板是目前市场上最为常用的材质，其优点是防火、防潮、耐磨、耐油、易清洗，而且花色品种较多。在建筑物通道、楼梯井和走廊等处装设防火吊顶天花板，能确保火灾时人们安全疏散，并保护人们免受蔓延火势的侵袭。

防火门分为木质防火门、钢制防火门和不锈钢防火门。通常防火门用于防火墙的开口、楼梯间出入口、疏散走道、管道井开口等部位，对防火分隔、减少火灾损失起着重要作用。

防火木质窗框周围嵌着木制密封材料，遇热膨胀，能防止火焰从缝隙钻入，即使屋外火势猛烈，它也可以耐火 30 min。这种窗框用松木制成，四周粘贴用石墨制成的密封材料，以堵住细微缝隙，增加防火效果。据试验，在距离窗框 10 cm 处，用喷火器对该窗框，喷出温度高达 800 °C 的火焰，历时 20 min，火焰也未能透过窗框，表明其防火效果是铝制窗框的数倍。

防火卷帘在建筑物内不便设置防火墙的位置，可设置防火卷帘。防火卷帘一般具有良好的防火、隔热、隔烟、抗压、抗老化、耐腐蚀等各项功能。

防火防蛀木材是先将普通木材放入含有钙、铝等阳离子的溶液中浸泡，然后再放入含有 $PO_4^{3-}$、$SiO_3^{2-}$ 等阴离子的溶液中浸泡。这样，两种离子就会在木材中进行化学反应，形成类似陶瓷的物质，并紧密地填到细胞组织的空隙中去，从而使木材具有防火防蛀的性能。

防火玻璃具有良好的透光性能和耐火、隔热、隔音性能，常见的防火玻璃有夹层复合防火玻璃、夹丝防火玻璃和中空防火玻璃三种。防火玻璃是金融保险、珠宝金行、图书档案、文物贵重物品收藏、财务结算等重要场所和商厦、宾馆、影剧院、医院、机场、计算机房、车站码头等公共建筑以及其他设有防火分隔要求的工业及民用建筑的防火门、窗和防火隔墙等范围的理想防火材料。

防火涂料是一类特制的防火保护涂料。由氯化橡胶、石蜡和多种防火添加剂组成的溶剂型涂料，耐火性好，施涂于普通电线表面，遇火时膨胀产生 200 mm 厚的泡沫，炭化成保护层，隔绝火源，适用于发电厂、变电所之类等级较高的建筑物室内外电缆线的防火保护。

防火封堵材料用于封堵各种贯穿，如电缆、风管、油管、天然气管等穿过墙（仓）壁、楼（甲）板时形成的各种开口以及电缆架桥的分段防火分隔，以免火势通过这些开口及缝隙蔓延，具有防火功能，便于安装，它包括有机防火堵料、无机防火堵料及阻火包。

## 3.5 建筑装饰材料

### 3.5.1 装饰材料的作用、分类与基本要求

建筑装饰材料是指用于建筑物表面（如墙面、柱面、地面及顶棚等）起装饰作用的材料，也

称装修材料或饰面材料，一般是在建筑主体工程（结构工程和管线安装等）完成后，最后铺设、粘贴或涂刷在建筑物表面。

装饰材料除了起装饰作用，满足人们的美感需要外，通常还起着保护建筑物主体结构和改善建筑物使用功能的作用，是房屋建筑中不可缺少的一类材料。

#### 3.5.1.1 装饰材料的基本要求

1. 颜　色

材料的颜色实质上是材料对光谱的反射，并非是材料本身固有的。它主要与光线的光谱组成有关，还与观看者的眼睛对光谱的敏感性有关。颜色选择合适、组合协调能创造出更加美好的工作、居住环境，因此，颜色对于材料的装饰效果就显得极为重要。材料的颜色应按《彩色建筑材料色度测量方法》（GB 11942—89）进行测定。

2. 光　泽

光泽是材料表面的一种特性，是有方向性的光线反射性质，它对形成于表面的物体形象的清晰程度，亦即反射光线的强弱起着决定性的作用。在评定材料的外观时，其重要性仅次于颜色。镜面反射则是产生光泽的主要因素。材料表面的光泽按《建筑饰面材料镜向光泽度测定方法》（GB/T 13891—2008）。

3. 透明性

材料的透明性也是与光线有关的一种性质。透明体：既能透光又能透视的物体；半透明体：只能透光而不能透视的物体；不透明体：既不能透光又不能透视的物体。例如：普通门窗玻璃大多是透明的；磨砂玻璃和压花玻璃是半透明的；釉面砖则是不透明的。

4. 质　感

质感是材料质地的感觉，主要是通过线条的粗细，凹凸不平程度对光线吸收、反射强弱不一产生观感上的区别。质感不仅取决于饰面材料的性质，而且取决于施工方法，同种材料不同的施工方法，也会产生不同的质地感觉。

5. 形状与尺寸

对于块材、板材和卷材等装饰材料的形状和尺寸，以及表面的天然花纹（如天然石材）、纹理（如木材）及人造花纹或图案（如壁纸）等都有特定的要求和规格，除卷材的尺寸和形状可在使用时按需要裁剪外，大多数装饰板材和块材都有一定的形状和规格（如长方、正方、多角等几何形状），以便拼装成各种图案或花纹。

#### 3.5.1.2 室外装饰材料

室外装饰材料也即外墙装饰材料，应兼顾建筑物的美观和对建筑物的保护作用。外墙除需要时承担结构荷载外，主要是根据生产、生活需要作为围护结构，达到遮挡风雨、保温隔热、隔音防水等目的。室外装饰材料因所处环境较复杂，直接受到风吹、日晒、雨淋、冻害的袭击，以及空气中腐蚀气体和微生物的作用，应选用能耐大气侵蚀、不易褪色、不易沾污、不泛霜的材料。

#### 3.5.1.3 室内装饰材料

室内装饰材料的选用要妥善处理装饰效果和使用安全的矛盾。优先选用环保型材料和不燃烧或难燃烧等消防安全型材料，尽量避免选用在使用过程中会挥发有毒成分和在燃烧时会产生大量浓烟或有毒气体的材料，努力创造一个美观、整洁、安全、适用的生活和工作环境。

### 3.5.2 建筑陶瓷

我国的陶瓷发展经历了陶器、原始瓷器（过渡阶段）、瓷器三个阶段，取得三个重大突破：

原料的选择和精制、窑炉的改进和烧成温度的提高和釉的发现和使用。

#### 3.5.2.1 陶瓷在现代化建设中的作用

首先，陶瓷是人们日常生活中不可缺少的日用品，几千年来一直是人类用以生活的主要餐具、茶具和容器。其次，陶瓷又是制造美术陈设器皿的最耐久最富于装饰性的材料，在我国外贸中占有一定的地位。再次，陶瓷又是一个原料来源丰富，传统技艺悠久，具有坚硬、耐用及一系列优良性质的材料，在建筑、电力、电子、化学、冶金工业等，甚至农业和农产品加工中都有大量应用。最后，随着现代科学技术的飞速发展，具有优良性能的特种陶瓷得到了广泛应用。

#### 3.5.2.2 陶瓷的基本知识

1. 陶瓷的概念和分类

（1）陶瓷的概念。

传统上，陶瓷的概念是指以黏土及其天然矿物为原料，经过粉碎混炼、成型、焙烧等工艺过程所制得的各种制品，亦称为“普通陶瓷”。广义的陶瓷概念是用陶瓷生产方法制造的无机非金属固体材料和制品的统称。

（2）陶瓷的分类（表 3-3）。

① 按陶瓷的概念和用途来分，可分为普通陶瓷和特种陶瓷。

② 根据陶瓷的颜色和吸水率大小不同，普通陶瓷又可分为陶器、炻器、瓷器。

**表 3-3 陶瓷制品的分类**

<table>
<tr><th colspan="2" rowspan="2">名　称</th><th colspan="2">特　点</th><th rowspan="2">主要制品</th></tr>
<tr><th>颜色</th><th>吸水率/%</th></tr>
<tr><td colspan="2">粗陶器</td><td>带色</td><td>>10</td><td>日用缸器、砖、瓦</td></tr>
<tr><td rowspan="2">精陶器</td><td>石灰质</td><td>白色</td><td>18～22</td><td>日用器皿、彩陶</td></tr>
<tr><td>长石质</td><td>白色</td><td>9～12</td><td>日用器皿、卫生陶瓷、装饰釉砖面</td></tr>
<tr><td rowspan="2">炻器</td><td>粗炻器</td><td>带色</td><td>4～8</td><td>缸器、建筑外墙砖、锦砖、地砖</td></tr>
<tr><td>细炻器</td><td>白或带色</td><td><1</td><td>日用器皿、化工及电器工业用品、瓷质砖</td></tr>
<tr><td rowspan="4">瓷器</td><td>长石瓷</td><td>白色</td><td><0.5</td><td>日用餐茶具、陈设瓷、高低压电瓷</td></tr>
<tr><td>绢云母瓷</td><td>白色</td><td><0.5</td><td>日用餐茶具、美术用品</td></tr>
<tr><td>滑石瓷</td><td>白色</td><td><0.5</td><td>日用餐茶具、美术用品</td></tr>
<tr><td>骨灰瓷</td><td>白色</td><td><0.5</td><td>日用餐茶具、美术用品</td></tr>
<tr><td rowspan="8">特种瓷</td><td>高铝质瓷</td><td colspan="2">耐高频、高强度、耐高温</td><td>硅线石瓷、刚玉瓷等</td></tr>
<tr><td>镁质瓷</td><td colspan="2">耐高频、高强度、低介电损失</td><td>滑石瓷</td></tr>
<tr><td>锆质瓷</td><td colspan="2">高强度、高介电损失</td><td>锆英石瓷</td></tr>
<tr><td>钛质瓷</td><td colspan="2">高电容率、铁电性、压电性</td><td>钛酸钡瓷、钛酸锶瓷、金红石瓷</td></tr>
<tr><td>磁性瓷</td><td colspan="2">高电阻率、高磁致伸缩系数</td><td>铁淦氧瓷、镍锌磁性瓷</td></tr>
<tr><td>电子陶瓷</td><td colspan="2">有导电性、电光性</td><td>电子元器件等</td></tr>
<tr><td>金属陶瓷</td><td colspan="2">高强度、高熔点、高韧性、抗氧化</td><td>铁、镍、钴金属陶瓷，如火箭喷嘴</td></tr>
<tr><td>其他</td><td colspan="2"></td><td>氧化物、碳化物、硅化物瓷等</td></tr>
</table>

2. 陶瓷砖的概念及分类

陶瓷砖是指由黏土或其他无机非金属原料经成型、煅烧等工艺处理，用于装饰与保护建筑物、构筑物墙面及地面的板状或块状的陶瓷制品，也可称为陶瓷饰面砖。

陶瓷砖按使用部位不同可分为内墙砖、外墙砖、室内地砖、室外地砖、广场地砖和配件砖。陶瓷砖的分类及各部位陶瓷砖的定义见表 3-4 和表 3-5。

**表 3-4　陶瓷砖的分类**

| 吸水率/% | $E\leqslant0.5$ | $0.5<E\leqslant3$ | $3<E\leqslant6$ | $6<E\leqslant10$ | $E>10$ |
| --- | --- | --- | --- | --- | --- |
| 陶瓷砖名称 | 瓷质砖 | 炻瓷砖 | 细炻砖 | 炻质砖 | 陶瓷砖，正面施釉也可称釉面砖 |

**表 3-5　各部位陶瓷砖的定义**

| 名　称 | 定　义 |
| --- | --- |
| 内墙砖 | 用于装饰与保护建筑物内墙的陶瓷砖 |
| 外墙砖 | 用于装饰与保护建筑物外墙的陶瓷砖 |
| 室内地砖 | 用于装饰与保护建筑物内部地面的陶瓷砖 |
| 室外地砖 | 用于装饰与保护建筑物外部地面的陶瓷砖 |
| 广场地砖 | 用于铺砌广场及道路的陶瓷砖 |
| 配件砖 | 用于铺砌建筑物墙脚、拐角等特殊装修部位的陶瓷砖 |

陶瓷砖按其表面是否施釉可分为有釉砖和无釉砖。

陶瓷砖按其表面形状可分为平面装饰砖和立体装饰砖。平面装饰砖是指正面为平面的陶瓷砖，立体装饰砖是指正面呈凹凸纹样的陶瓷砖。

3. 陶瓷的原料

陶瓷所用原料，首先是保证陶瓷制品的各结构物的生成，其次是必须具有加工所需的各工艺性能。

按照来源可将陶瓷原料分为天然原料和化工原料。天然原料可归纳为几大类：具有可塑性的黏土类原料、具有非可塑性的石英类原料（瘠性原料）、熔剂原料、有机原料。

1）可塑性原料

黏土是一种或多种呈疏松或胶状密实的含水铝硅酸盐矿物的混合物。黏土主要是富含长石等铝硅酸盐矿物的岩石。

（1）黏土的分类。

黏土按可塑性不同可分为：① 高可塑性黏土；② 低可塑性黏土。

黏土按耐火度不同可分为：① 耐火黏土；② 难熔黏土；③ 易熔黏土。

（2）黏土的组成。

① 化学组成：黏土主要是 $SiO_2$、$Al_2O_3$ 和 $H_2O$，还含有少量的碱金属氧化物 $K_2O$、$Na_2O$，碱土金属氧化物 $CaO$、$MgO$ 以及着色矿物 $Fe_2O_3$ 和 $TiO_2$ 等。黏土的化学组成对工艺性能、烧成后物理力学性能影响很大：$SiO_2$ 提高，可塑性下降，但收缩小；$K_2O$、$Na_2O$ 降低烧成温度；$Al_2O_3$ 提高烧成温度；$Fe_2O_3$ 和 $TiO_2$ 影响颜色；$CaO$、$MgO$ 降低耐火温度，缩小烧结范围，过量引起起泡。

② 黏土的矿物组成：黏土是多种微细矿物的混合体，主要由黏土矿物（含水铝硅酸盐类矿物）组成。此外还含有石英、长石、碳酸盐、铁和钛的化合物等杂质。黏土的主要黏土矿物可分为高岭石类、蒙脱石类和伊利石（水云母）类三种，另外还有较少见的水铝英石。

③ 颗粒组成：黏土中含有不同大小颗粒的百分比含量。

（3）黏土的工艺性能。

黏土的工艺性能包括可塑性、结合性、离子交换性、触变性、收缩性、烧结性、耐火度等。

① 可塑性和结合性：颗粒粒径为 2 μm，比表面积大，加水水解，层状铝硅酸盐结构断裂生成不饱和键。黏土颗粒带电，与极性水分子吸附。

② 收缩性：干燥和焙烧过程中的干缩和烧缩，分别为 3%～12%、1%～2%。

③ 烧结温度和烧结范围。

黏土坯体在烧结过程开始时，体积开始剧烈收缩，气孔率明显减少，此时对应的温度称为开始烧结温度 $T_1$；当温度继续升高，液相量增加，气孔率降至最低，收缩率最大，此时对应的温度称为烧结温度 $T_2$；若继续升温，试样将因液相量太多而发生变形，此时对应的最低温度称软化温度 $T_3$。$T_2$ 为烧结温度，$T_3$ 与 $T_2$ 的温度差即为烧结范围。在这个范围内，虽然温度改变，但气孔率、体积收缩率等没有显著变化，不影响制品质量。在生产过程中，烧结温度范围越大，窑的截面上受热越均匀，否则焙烧难于控制，窑内温度不匀，容易产生过火或欠火的产品。所以烧结温度范围是评价陶瓷、耐火原料、砖瓦原料黏土质量的一项技术指标。

（4）黏土在陶瓷中的作用。

黏土赋予原料以可塑性和结合性与稳定性，从而使坯料具有良好的成型性，具有一定的干燥强度。黏土是形成陶器主体结构和炻、陶器中莫来石晶体的主要来源，使陶瓷具有高的耐急冷急热性、机械强度和其他优良性能。

2）瘠性原料

为了防止坯体收缩所产生的缺陷，常加入无可塑性而在焙烧过程中不与可塑性物料起化学作用，并在坯体和制品中起骨架作用的原料，称为瘠性原料或非可塑性原料，如石英。

3）助溶原料

最常用的熔剂原料是长石，它可以降低烧成温度，提高陶瓷坯体的机械强度和化学稳定性，促进坯体致密，从而提高其透光度。

4）其他原料

碳酸盐类原料在高温下可起熔剂作用。天然腐殖质或锯末、糖皮、煤粉等有机原料可提高原料的可塑性，但掺入量过多会使成品产生黑色熔洞。

4. 陶瓷砖的生产工艺流程

将生产陶瓷砖所需的原料按一定比例进行配合、混合加工后，按一定的工艺方法成型并经烧制即可得到陶瓷砖，其工艺流程如图 3-2。

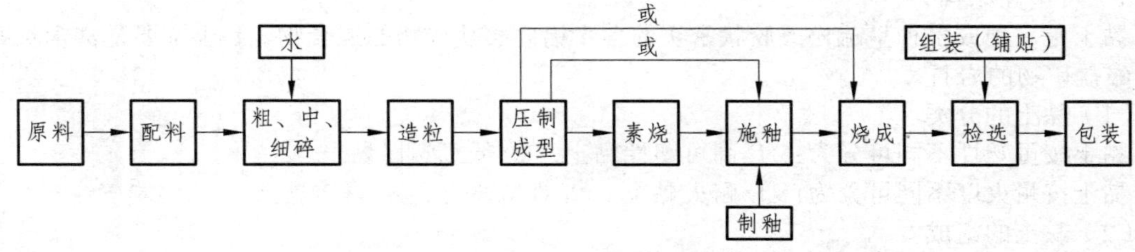


**图 3-2 陶瓷砖的生产工艺流程**

常用的成型方法有两种：半干压法成型、浇注法（焙烧陶瓷砖的窑炉常用辊道窑、隧道窑）。

5. 常用建筑陶瓷制品

① 釉面砖；② 墙地砖；③ 陶瓷锦砖；④ 陶瓷劈离砖；⑤ 卫生陶瓷；⑥ 建筑琉璃制品。

#### 3.5.2.3 陶瓷的装饰

1. 釉的定义和作用

釉是指覆盖在陶瓷坯体表面上的一层连续的薄薄的玻璃态物质。

釉的作用在于改善陶瓷制品的表面性能；其次可以提高制品的机械强度、电光性能、化学稳定性和热稳定性。釉还对坯体起装饰作用。

2. 釉的原料及分类

制釉原料分天然矿物原料和化工原料及辅助原料。天然矿物原料主要有长石、高岭土、滑石、石灰、含锂矿物、含硼矿物等。化工原料主要有硼砂、硝酸钠、铅丹、碳酸钙、氟硅酸钠等。辅助原料中有乳浊剂、着色剂和悬浮剂。釉的分类见表3-6。

**表3-6 釉的分类**

| 分类方法 | 种　类 |
|---|---|
| 按坯体种类 | 瓷器釉、陶瓷釉、炻器釉 |
| 按化学组成 | 长石釉、石灰釉、滑石釉、混合釉、铅釉、硼釉、铅硼釉、食盐釉 |
| 按烧成温度 | 易熔融（1 100 °C以下） |
| | 中温釉（1 100～1 250 ℃） |
| | 高温釉（1 250 °C以上） |
| 按制备方法 | 生料釉、熔块釉、盐釉（挥发釉）、土釉 |
| 按外表特征 | 透明釉、乳浊釉、有色釉、光亮釉、无光釉、结晶釉、砂晶釉、碎纹釉、珠光釉、花釉 |

3. 釉的性质和技术性能

①釉料能在坯体烧结温度下成熟，一般要求釉的成熟温度略低于坯体烧成温度。

②釉料要求与坯体牢固地结合，其热膨胀系数稍小于坯体的热膨胀系数。

③釉料经高温熔化后，应具有适当的黏度和表面张力。

④釉层质地应坚硬、耐磕碰、不易磨损。

釉的技术性能见表3-7。

**表3-7 釉的技术性能**

| 项　目 | 性能指标 |
|---|---|
| 始熔温度/°C | 1150～1200 |
| 成熟温度/°C | 1300～1450 |
| 高温流动度（斜槽法）/mm | 30～60 |
| 平均膨胀系数（20～100 °C，$1\times10^{-6}$ °$C^{-1}$） | 2.9～5.3 |
| 釉面显微硬度/MPa | 6000～9000 |
| 热稳定性/°C | 220（不裂） |
| 光泽度/% | >90 |
| 白度/% | >80 |

### 3.5.3 装饰石材

建筑装饰石材分为天然石材和人造石材。天然装饰石材采用天然岩石加工或未经加工而成，天然装饰石材原料来源广泛，强度高，装饰性好，耐磨性和耐久性好，应用广泛。人造石材是一种合成装饰材料，装饰效果和技术性能较高，是一种新型的饰面材料。

天然装饰石材主要包括天然花岗岩和天然大理石。

#### 3.5.3.1 天然花岗岩

花岗石是花岗岩的俗称，它属于深成岩，分布十分广泛，如辉长岩、闪长岩、辉绿岩、玄武岩等，这些岩石一般质地较硬。

1. 天然花岗石的组成

天然花岗石的主要矿物组成为长石和石英，并含有少量云母及暗色矿物，其中石英含量在60%以上。花岗石为全结晶结构的岩石，通常分为粗粒、中粒、细粒和斑状等多种构造。其颜色取决于所含有成分的种类和数量，常呈灰色、白色、黄色、红色等，以深色花岗岩比较名贵。花岗石的颜色取决于其所含长石、云母及暗色矿物的种类及数量。

花岗石的化学成分随产地不同而有所区别，各种花岗岩中 $SiO_2$ 含量均很高，一般为 67%～75%，属酸性岩石。花岗石主要化学成分见表 3-8。

**表 3-8 天然花岗石化学成分**

| 化学成分 | $SiO_2$ | $Al_2O_3$ | CuO | MgO | $Fe_2O_3$ |
|---|---|---|---|---|---|
| 含量/% | 67～75 | 12～17 | 1～2 | 1～2 | 0.5～1.5 |

2. 天然花岗石的特点

天然花岗石的二氧化硅含量较高，结构均匀致密，抗压强度大，耐磨性好、吸水率小、耐高温、耐酸碱性，装饰性效果好，质感斑润，华丽高贵，花纹细腻，一般耐用年限为75～200年。

天然花岗石的缺点是：硬度大，不易开采加工；自重大；质脆，耐火性差，当温度在800 °C以上时晶型转变膨胀爆裂，失去强度；另外，某些花岗石含有微量放射性元素，这类花岗石应变用于室内。

天然花岗石板材是由天然花岗石荒料经锯切、研磨、抛光及切割而成的，其性能指标见表 3-9。

**表 3-9 天然花岗石性能**

| 项目 | | 指标 |
|---|---|---|
| 体积密度/（$kg/m^3$） | | 2 500～2 700 |
| 强度/MPa | 抗压 | 120～250 |
| | 抗折 | 8.5～15 |
| | 抗剪 | 13～19 |
| 吸水率/% | | <1 |
| 膨胀系数（$10^{-6}$/°C） | | 5.6～7.34 |
| 平均韧性/cm | | 8 |
| 平均质量磨耗率/% | | 11 |
| 耐用年限 | | 75～200 |

（1）天然花岗岩的优点：① 结构致密，抗压强度高；② 材质坚硬，耐磨性很强；③ 孔隙率小，吸水率极低，耐冻性强；④ 装饰性好；⑤ 化学稳定性好，抗风化能力强；⑥ 耐腐蚀性等耐久性很强。

（2）天然花岗岩的缺点：① 自重大，用于房屋建筑与装饰会增加建筑物的质量；② 硬度大，给开采和加工造成困难；③ 质脆，耐火性差；④ 某些花岗岩含有微量放射性元素，应根据花岗石石材的放射性强度水平确定其应用范围。

3. 花岗石的品种

在我国，花岗石资源极其丰富，储量大，分布地广阔，花色品种达百种，主要有济南青、将军红、莱州白、岑溪红等。

（1）天然花岗石板材的分类、规格、等级和标记。

① 规格。天然花岗石普型板材产品规格见表 3-10；异型板材产品规格由设计或施工部门与生产厂家商定。

② 品种。国内部分花岗石品种、特色、产地见表 3-11；进口国外部分花岗岩装饰性能、物理性能见表 3-12。

**表 3-10 天然花岗石普型板材产品规格**

| 长/mm | 宽/mm | 厚/mm | 长/mm | 宽/mm | 厚/mm |
|---|---|---|---|---|---|
| 300 | 300 | 20 | 305 | 305 | 20 |
| 400 | 400 | 20 | 610 | 305 | 20 |
| 600 | 300 | 20 | 610 | 610 | 20 |
| 600 | 600 | 20 | 915 | 610 | 20 |
| 900 | 900 | 20 | 1 067 | 762 | 20 |
| 1 070 | 759 | 20 | | | |

**表 3-11 我国部分花岗石品种、特征、产地**

| 生产厂家 | 品　名 | 装饰性能 |
|---|---|---|
| 福建泉州风山 | 蓝宝石 | 淡蓝灰色 |
| 北京市花岗石厂 | 济南青 | 黑色，有小白点 |
| | 白虎涧 | 肉粉色带黑斑 |
| | 将军红 | 黑灰、棕红、浅灰间小斑块 |
| 山东掖县花岗石厂（莱州牌） | 莱州白 | 白底黑点 |
| | 莱州青 | 黑底青白点 |
| | 莱州黑 | 黑底灰白点 |
| | 莱州红 | 粉红底深灰点 |
| | 莱州棕黑 | 黑底棕点 |
| 湖北黄石市大理石厂 | 济南青 | 黑色 |
| | 芝麻青 | 白底黑点 |
| | 红花岗石 | 红底起黑点花 |
| 济南市花岗石厂 | 济南青 | 纯黑 |
| | 红色花岗石板 | 紫红色 |
| | 白色花岗石板 | 白色 |

**表 3-12　进口国外部分花岗岩装饰性能、物理性能**

| 产出国家 | 品种 | 装饰性能 | 物理性能 | | | | |
|---|---|---|---|---|---|---|---|
| | | | 相对密度 | 吸水率/% | 孔隙率/% | 热膨胀系数 | 磨损抗力/MPa |
| 挪威 | 银珍珠 | 暗紫色，间有银白色闪光的拉长石 | 2.73 | 0.08 | 0.48 | 12010 | 41.59 |
| | 黑珍珠 | 黑色，间有很少量银白色长石晶体 | 2.70 | 0.16 | 0.60 | 9.80 | 31.89 |
| 印度 | 蒙地卡罗蓝 | 中细粒浅红，有似流动状相间 | 2.61 | 0.23 | 0.63 | 31.22 | 4.17 |
| | 将军红 | 杏红黄色，呈片麻状 | 2.62 | 0.15 | 0.55 | 10.00 | 39.99 |
| | 吉利红 | 紫红色，较纯中粒 | 2.59 | 0.17 | 0.34 | 10.60 | 39.15 |
| | 印度红 | 深红色，粗粒，质均匀 | 2.60 | 0.08 | 0.34 | 13.10 | 46.20 |

4. 天然花岗岩板材的分类、等级、命名与标记

（1）分类。

① 按表面加工强度分：细面板材（RB）、镜面板材（PL）、粗面板材（RV）。

② 按形状分：普型板材（N）、异型板材（S）。

（2）等级。

花岗岩板材按规格尺寸允许偏差、平面度允许极限公差、角度允许极限公差和外观质量分为优等品（A）、一等品（B）、合格品（C）三个等级。

（3）命名与标记。

板材命名顺序：荒料产地地名、花纹色调特征名称、花岗石（G）。板材标记顺序：命名、分类、规格尺寸、等级、标准号。

5. 天然花岗石板材的技术要求和储存

根据国家标准《天然花岗石建筑板材》（GB/T 18601—2009），天然花岗岩建筑板材的技术要求如下：

（1）规格尺寸允许偏差。

① 普型板材规格尺寸允许偏差应符合表 3-13 的规定。

② 异型板材规格尺寸允许偏差由供需双方商定。

③ 板材厚度小于或等于 15 mm，厚度允许极差为 1.5 mm；板材厚度大于 15 mm 时为 3.0 mm。

**表 3-13　普型板材规格尺寸允许偏差（mm）**

| 分类 | | 细面和镜面板材 | | | 粗面板材 | | |
|---|---|---|---|---|---|---|---|
| 等级 | | 优等品 | 一等品 | 合格品 | 优等品 | 一等品 | 合格品 |
| 长度<br>宽度 | | 0<br>−1.0 | | 0<br>−1.5 | 0<br>−1.0 | | 0<br>−1.5 |
| 厚度 | ≤15 | ±0.5 | ±1.0 | +1.0<br>−1.5 | — | | |
| | >15 | ±1.0 | ±1.5 | ±2.0 | +1.0<br>−2.0 | ±2.0 | +2.0<br>−3.0 |

（2）平面度允许极限公差。

天然花岗岩平面度允许极限公差应符合表 3-14 的规定。

**表 3-14　平面度允许极限公差（mm）**

| 板材宽度 | 细面和镜面板材 | | | 粗面板材 | | |
|---|---|---|---|---|---|---|
| 范围 | 优等品 | 一等品 | 合格品 | 优等品 | 一等品 | 合格品 |
| ≤400 | 0.50 | 0.40 | 0.60 | 0.80 | 1.00 | 1.20 |
| 400～1 000 | 0.20 | 0.70 | 0.90 | 1.50 | 2.00 | 2.20 |
| ≥1 000 | 0.80 | 1.00 | 1.20 | 2.00 | 2.50 | 2.80 |

（3）角度允许极限公差。

① 普型板材的角度允许极限公差应符合表 3-15 的规定。

② 拼缝板材正面与侧面的夹角不得大于 90°。

③ 异形板材的角度允许极限公差由供需双方商定。

**表 3-15　天然花岗石普型板材的角度允许极限公差规定（mm）**

<table>
<tr><td>板材宽度</td><td colspan="3">细面和镜面板材</td><td colspan="3">粗面板材</td></tr>
<tr><td>范围</td><td>优等品</td><td>一等品</td><td>合格品</td><td>优等品</td><td>一等品</td><td>合格品</td></tr>
<tr><td>≤400</td><td rowspan="2">0.40</td><td rowspan="2">0.60</td><td>0.80</td><td rowspan="2">0.60</td><td>0.80</td><td>1.00</td></tr>
<tr><td>≥400</td><td>1.00</td><td>1.00</td><td>1.20</td></tr>
</table>

（4）外观质量。

① 同一批板材的色调花纹应基本调和。

② 板材正面的外观缺陷应符合表 3-16 的规定。

**表 3-16　天然花岗石板材正面的外观缺陷规定**

<table>
<tr><td>名称</td><td>规定内容</td><td>优等品</td><td>一等品</td><td>合格品</td></tr>
<tr><td>缺棱</td><td>长度不超过 10 mm（长度小于 5 mm 不计），周边每米长/个</td><td rowspan="6">不允许</td><td rowspan="3">1</td><td rowspan="3">2</td></tr>
<tr><td>缺角</td><td>面积不超过 5 mm×2 mm（面积小于 2 mm×2 mm 不计），每块板/个</td></tr>
<tr><td>裂纹</td><td>长度不超过两端顺延板边，总长度的 1/10（长度小于 20 mm 的不计），每块板</td></tr>
<tr><td>色斑</td><td>面积不超过 20 mm×30 mm（面积小于 15 mm×15 mm 不计），每块板/条</td><td rowspan="2">2</td><td rowspan="2">3</td></tr>
<tr><td>色线</td><td>长度不超过两端顺延至板边总长度的 1/10（长度小于 40 mm 的不计），每块板</td></tr>
<tr><td>坑窝</td><td>粗面板材的正面出现坑窝</td><td>不明显</td><td>出现，不影响使用</td></tr>
</table>

（5）天然花岗石放射性级别和使用范围，可见表 3-17。

**表 3-17　天然花岗石放射性级别和使用范围**

| 级　别 | Ir（依） | Irs | 使用范围 |
|---|---|---|---|
| A 类产品 | ≤1.3 | 1.0 | 产销与使用范围不受限制 |
| B 类产品 | ≤1.9 | ≤1.3 | 不可用于Ⅰ类民用建筑 |
| C 类产品 | ≤2.8 | | 一切建筑物 |
| 其　他 | >2.8 | | 花岗石可用于海堤、桥墩及碑石等 |

（6）储存。

天然花岗质地坚硬、耐腐蚀性好。但在储存运输时应该注意保护板面，严禁搬运时滚碾、碰撞；尽可能在室内储存，如果在室外储存则应加遮盖。板材应按品种、规格、等级或工程料部位分别码放。板材直立码放时，应光面相对，倾斜度不大于 15 °C，层间加垫，垛高不得超过 1.5 m，板材平放时，地面必须平整，垛高不得超过 1.2 m；包装箱码放高度不得超过 2 m。

6. *花岗石板的应用*

花岗岩是一种优良的建筑石材，外观色泽可保持百年以上，它常用于基础、桥墩、台阶、路面，也可用于砌筑房屋、围墙，在我国各大城市的大型建筑中，曾广泛采用花岗岩作为建筑物立面的材料；也可用于室内地面和立柱装饰，耐磨性要求高的台面和台阶踏步等，特别适宜做大型公共建筑大厅的地面。

一般镜面花岗石板材和细面花岗石板材表面光洁光滑，质感细腻，多用于室内墙面和地面、部分建筑的外墙面装饰。粗面花岗石板材表面质感粗糙、粗犷，主要用于室外墙基础和墙面装饰，有一种古朴、回归自然的亲切感。

#### 3.5.3.2 天然大理石

大理石是大理岩的俗称，天然装饰石材中应用最多的就是大理石，它因云南大理盛产而得名。大理石是由石灰岩和白云岩在高温、高压下矿物重新结晶变质而成。装饰工程领域所说的大理石是广义的，除指大理岩以外，还泛指具有装饰功能，可以磨平、抛光的各种碳酸盐类的沉积岩和与其有关的变质岩，如石灰岩、白云岩、砂岩和石灰等，它们的力学性能有较大差异。

天然大理石的性能指标，见表 3-18。

**表 3-18 天然大理石的性能**

| 项 目 | | 指 标 |
|---|---|---|
| 体积密度/（$kg/m^3$） | | 2 500 ~ 2 700 |
| 强度/MPa | 抗压 | 70.0 ~ 110.0 |
| | 抗折 | 6.0 ~ 16.0 |
| | 抗剪 | 7.0 ~ 12 |
| 平均韧性/cm | | 10 |
| 平均质量磨耗率/% | | 12 |
| 吸水率/% | | <1 |
| 膨胀系数（$10^{-6}$/ °C） | | 6.5 ~ 10.12 |
| 耐用年限/年 | | 40 ~ 100 |

天然大理石的主要化学成分见表 3-19。

**表 3-19 天然大理石的主要化学成分**

| 化学成分 | $CaO$ | $MgO$ | $SiO_2$ | $Al_2O_3$ | $Fe_2O_3$ | $SO_3$ | 其他（Mn、K、Na） |
|---|---|---|---|---|---|---|---|
| 含量/% | 28 ~ 54 | 3 ~ 22 | 0.5 ~ 23 | 0.1 ~ 2.5 | 0 ~ 3 | 0 ~ 3 | 微量 |

天然大理石板的优点：① 结构致密，抗压强度高，加工性好，不变形；② 装饰性好；③ 吸水率小、耐腐蚀、耐久性好。

天然大理石板的缺点：① 硬度较低；② 抗风化能力差。

1. 天然大理石的加工工艺、规格和品种

（1）天然大理石的加工工艺：开采→整形→磨切→抛光→打蜡→包装出厂。

（2）天然大理石的规格。

天然大理石板材按形状分为普型板材（N）和异型板材（S）。普型板材，是指正方形或长方形的板材；异型板材，是指其他形状的板材。常用普型板材的规格见表 3-20。

**表 3-20　天然大理石板材标准规格**

| 长/mm | 宽/mm | 厚/mm | 长/mm | 宽/mm | 厚/mm |
|---|---|---|---|---|---|
| 300 | 150 | 20 | 600 | 600 | 20 |
| 300 | 300 | 20 | 900 | 600 | 20 |
| 305 | 152 | 20 | 915 | 610 | 20 |
| 305 | 305 | 20 | 1 070 | 750 | 20 |
| 400 | 200 | 20 | 1 200 | 600 | 20 |
| 400 | 400 | 20 | 1 200 | 900 | 20 |
| 600 | 300 | 20 | 1 067 | 762 | 20 |
| 610 | 305 | 20 | 1 220 | 915 | 20 |

2. 国产大理石的品种

① 云灰大理石：以其多呈云灰色或云灰色的底面上泛起一些天然的云彩状花纹而得名。

② 白色大理石：因其晶莹纯净，洁白如玉，熠熠生辉，故又称为巷山白玉、汉白玉和白玉，是大理石的名贵品种。

③ 彩色大理石：产于云灰大理石之间，是大理石的精品，表面经过研磨、抛光，便呈现色彩斑斓、千姿百态的天然图画，为世界所罕见。

大理石板的品种，以磨光后所显现的花纹、色泽、特性及原料产地来命名，国内常用品种及特征见表 3-21，国外部分进口大理石装饰性能、物理性能见表 3-22。

**表 3-21　国内大理石常用品种及特征**

| 名　称 | 产　地 | 装饰性能 |
|---|---|---|
| 紫螺纹 | 安徽灵璧 | 灰红底布满红灰相间螺纹 |
| 螺　红 | 辽宁金县 | 绛红底夹有红灰相间的螺纹 |
| 桃　红 | 河北曲阳 | 桃红色粗晶，有黑色缕纹或斑点 |
| 汉白玉 | 北京房山 | 玉白色，微有杂光和脉纹 |
| | 湖北黄石 | |
| 艾叶青 | 北京房山 | 青底深灰间白色叶状，斑云间有片状纹缕 |
| 晶　白 | 湖北 | 白色晶粒，细致而均匀 |
| 雪　花 | 山东掖县 | 白色晶粒，细致而均匀 |
| 雪　云 | 广东云浮 | 白和灰白相间 |

**表 3-22　国外部分进口大理石装饰性能、物理性能**

| 产出国家 | 品　种 | 装饰性能 | 物理性能 | | | | |
|---|---|---|---|---|---|---|---|
| | | | 相对密度/% | 吸水率/% | 孔隙率 | 热膨胀系数 | 磨损抗力/MPa |
| 意大利 | 新米黄 | 米黄色 | 2.68 | 0.11 | 0.42 | 14.20 | 35.82 |
| | 木纹石 | 玫瑰黄色，细小的生物化石碎屑密布呈平等状分布 | 2.32 | 5.27 | 11.52 | 5.10 | 5.43 |
| 西班牙 | 象牙白 | 米黄色 | 2.62 | 0.65 | 2.26 | 2 | 25.15 |
| | 西班牙红 | 红色间有乳白色方解石脉 | 2.64 | 0.54 | 1.27 | 5.80 | 21.63 |
| 希　腊 | 希腊黑 | 墨绿色 | 2.69 | 0.08 | 0.20 | 5.20 | 22.93 |
| 挪　威 | 挪威红 | 肉红色间白色不规则条带 | 2.72 | 0.07 | 0.25 | 19.70 | 13.84 |

3. 天然大理石板材的等级和命名与标记

（1）等级。

天然大理石板材按规格尺寸允许偏差、平面度允许极限公差、角度允许极限公差、外观质量和镜面光泽度分为优等品（A）、一等品（B）、合格品（C）三个等级。

（2）命名与标记。

板材命名顺序：荒料产地地名、花纹色调特征名称、大理石（M）。

板材标记顺序：命名、分类、规格尺寸、等级、标准号。

4. 天然大理石的应用

天然大理石板主要用于建筑物室内饰面，如地面、柱面、墙面、造型面、酒吧台侧立面与台面、服务台立面与台面、电梯间门口等。大理石磨光板有美丽多姿的花纹，常用来镶嵌或刻出各种图案的装饰品。天然大理石板还被广泛地用于高档卫生间的洗漱台面及各种家具的台面。

5. 天然大理石板材的技术要求及储存

天然大理石建筑板材的技术要求遵循《天然大理石建筑板材》（GB/T 19766—2005）。

（1）规格尺寸允许偏差。

① 普型板材的规格尺寸允许偏差应符合表 3-23 的规定。

② 异型板材规格尺寸允许偏差由供需双方协定。

③ 板材厚度小于或等于 15 mm 时，厚度允许极差为 1.0 mm；大于 15 mm 时为 2.0 mm。

**表 3-23　普型板材的规格尺寸允许偏差（mm）**

<table>
<tr><th colspan="2">部　位</th><th>优等品</th><th>一等品</th><th>合格品</th></tr>
<tr><td colspan="2" rowspan="2">长度、宽度</td><td>0</td><td>0</td><td>0</td></tr>
<tr><td>1.0</td><td>1.0</td><td>−1.5</td></tr>
<tr><td rowspan="2">厚　度</td><td>≤15</td><td>±0.5</td><td>±1.0</td><td>±1.0</td></tr>
<tr><td>>15</td><td>+0.5<br><1.5</td><td>+1.0<br>−2.0</td><td>±2.0</td></tr>
</table>

（2）平面度允许极限公差。

天然大理石平面度允许极限公差应符合表 3-24 的规定。

**表 3-24 天然大理石建筑板材、平面度允许极限公差（mm）**

| 板材长度范围 | 允许极限公差 | | |
|---|---|---|---|
| | 优等品 | 一等品 | 合格品 |
| ≤400 | 0.20 | 0.30 | 0.50 |
| 400～800 | 0.50 | 0.60 | 0.80 |
| 800～1 000 | 0.70 | 0.80 | 1.00 |
| ≥1 000 | 0.80 | 1.00 | 1.20 |

（3）角度允许极限公差。

① 普型板材的角度允许极限公差应符合表 3-25 的规定。

② 拼缝板材正面与侧面的夹角不得大于 90°。

③ 异型板材的角度允许极限公差由供需双方商定。

**表 3-25 天然大理石建筑板材角度允许极限公差（mm）**

| 板材长度范围 | 允许极限公差 | | |
|---|---|---|---|
| | 优等品 | 一等品 | 合格品 |
| ≤400 | 0.30 | 0.40 | 0.60 |
| >400 | 0.50 | 0.60 | 0.80 |

（4）外观质量。

① 同一批板材的花纹色调基本调和。

② 板材正面的外观缺陷应符合表 3-26 的规定。

③ 板材允许黏结和修补。黏结或修补后不影响板材的装饰质量和物理性能。

**表 3-26 天然大理石建筑板材正面的外观缺陷**

| 缺陷名称 | 优等品 | 一等品 | 合格品 |
|---|---|---|---|
| 翘 曲 | 不允许 | 不明显 | 有，但不影响使用 |
| 裂 纹 | | | |
| 砂 眼 | | | |
| 凹 陷 | | | |
| 色 斑 | | | |
| 污 点 | | | |
| 正面棱缺陷长≤8，宽≤3 | | | 1 处 |
| 正面角缺陷长≤3，宽≤3 | | | 1 处 |

（5）物理性能。

① 镜面光泽度。镜面光泽度指饰面板材表面对可见光的反射程度。生产厂按板材化学成分控制板材镜面光泽度，其数值不低于表 3-27 的规定。

**表 3-27　天然大理石建筑板材的镜面光泽度要求**

| 化学主成分含量/% | | | | 镜面光泽度（光泽单位） | | |
|---|---|---|---|---|---|---|
| 氧化钙 | 氧化镁 | 二氧化硅 | 烧碱量 | 优等品 | 一等品 | 合格品 |
| 40～56 | 0～5 | 0～15 | 30～45 | 90 | 80 | 70 |
| 25～35 | 15～25 | 1～15 | 35～45 | | | |
| 25～35 | 15～25 | 10～25 | 25～35 | 80 | 70 | 60 |
| 34～37 | 15～18 | 0～1 | 42～45 | | | |
| 1～5 | 44～50 | 32～38 | 10～20 | 60 | 50 | 40 |

② 物理力学指标。天然大理石建筑板材要求体积密度不小于 2.60 g/cm$^3$，吸水率不大于 0.75%，干燥压缩强度不小于 20.0 MPa，弯曲强度不小于 7.0 MPa。

（6）储存。

由于天然大理石板材表面光亮、细腻、易受污染和划伤，所以板材应在室内储存，室外储存时应加遮盖。

板材应按品种、规格、等级或工程料部位分别码放。板材直立码放时，应光面相对，倾斜度不大于 15°，层间加垫，垛高不得超过 1.5 m；板材平放时，地面必须平整，垛高不得超过 1.2 m。包装箱码放高度不得超过 2 m。

#### 3.5.3.3　人造石材

人造饰面石材是人造大理石和人造花岗岩的总称，属水泥混凝土或聚酯混凝土的范畴。它的花纹图案可人为控制，胜过天然石材，且质量轻、强度高、耐腐蚀、耐污染、施工方便，是现代建筑的理想装饰材料。

#### 3.5.3.4　人造石材的分类

（1）人造石材主要有水泥型人造石材、树脂型人造石材、复合型人造石材和烧结型人造石材等。

（2）聚酯型人造石材主要有人造大理石、人造花岗石、人造玛瑙石和人造玉石等。

（3）聚酯型人造石材的性能。

① 花色品种多、色泽鲜艳、装饰性好；② 质量轻、强度高、厚度薄、耐磨性较好；③ 耐腐蚀性、耐污染性好（聚酯型人造大理石的物理性能见表 3-28）；④ 耐热性较差，会老化；⑤ 可加工性好。

**表 3-28　聚酯型人造大理石的物理性能**

| 抗压强度 /MPa | 抗折强度 /MPa | 抗冲击强度 /（J/cm$^2$） | 体积密度 /（kg/cm$^3$） | 布氏硬度（HB） | 光泽度（光泽单位） | 吸水率 /% | 线膨胀系数 /（1/°C） |
|---|---|---|---|---|---|---|---|
| 80～120 | 25～40 | >0.1 | 2 100～2 300 | 32～45 | 60～90 | <0.1 | （2～3）×10$^{-6}$ |

#### 3.5.3.5　艺术石

它是由精选硅酸盐水泥、轻骨料、氧化铁混合加工倒模而成的。艺术石是再造石材，无论在质感上、色泽上还是纹理上均与真石无异，而且不加雕饰，富有原始、古朴的雅趣。艺术石具有天然石的优美形态与质感、质量轻盈、安装简便等优点。艺术石应用于装饰室内外墙面、户外景观等各种场合。

### 3.5.4 建筑玻璃

#### 3.5.4.1 玻璃的基本知识

玻璃是用石英砂、纯碱、长石和石灰石等原料于 1 550 ~ 1 600 °C 高温下烧至熔融，成型后急冷而制成的固体材料。

玻璃是一种具有无规则结构的非晶态固体。它没有固定的熔点，在物理和力学性能上表现为均质的各向同性。大多数玻璃都是由矿物原料和化工原料经高温熔融，然后急剧冷却而形成的。在形成的过程中，如加入某些辅助原料，如助熔剂、着色剂等可以改善玻璃的某些性能。

建筑玻璃是以石英砂（$SiO_2$）、纯碱（$Na_2CO_3$）、石灰石（$CaCO_3$）、长石等为主要原料，经 1 550 ~ 1 600 °C 高温熔融、成型、退火而制成的固体材料。其主要成分是 $SiO_2$（含量 72%左右）、$Na_2O$（含量 15%左右）和 CaO（含量 9%左右），另外还有少量的 $Al_2O_3$、MgO 等。这些氧化物在玻璃中起着非常重要的作用，见表 3-29。

**表 3-29 玻璃中主要氧化物的作用**

| 氧化物名称 | 所起作用 | |
|---|---|---|
| | 增加 | 降低 |
| 二氧化硅（$SiO_2$） | 熔融温度、化学稳定性、热稳定性、机械强度 | 密度、热膨胀系数 |
| 氧化钠（$Na_2O$） | 热膨胀系数 | 化学稳定性、耐热性、熔融温度、析晶倾向、退火温度、韧性 |
| 氧化钙（CaO） | 硬度、机械强度、化学稳定性、析晶倾向、退火温度 | 耐热性 |
| 三氧化二铝（$Al_2O_3$） | 熔融温度、机械强度、化学稳定性 | 析晶倾向 |
| 氧化镁（MgO） | 耐热性、化学稳定性、机械强度、退火温度 | 析晶倾向、韧性 |

#### 3.5.4.2 玻璃的基本性质

1. 玻璃的密度

玻璃内几乎无孔隙，属于致密材料。玻璃的密度与其化学组成关系密切，此外还与温度有一定的关系。各种实用玻璃密度的差别是很大的，例如石英玻璃的密度最小，仅为 2.2 $g/cm^3$，而含大量氧化铅的重火石玻璃密度可达 6.5 $g/cm^3$，普通玻璃的密度为 2.5 ~ 2.6 $g/cm^3$。

2. 玻璃的光学性质

当光线入射玻璃时可发生三种现象：透射、吸收和反射。其能力大小分别用透射比、反射比、吸收比表示。玻璃越厚，成分中铁含量越高，透射比越低，采光性越差。反射比越高，玻璃越刺眼，容易造成光污染。光线入射角越小，玻璃表面越光洁平整，光反射越强。玻璃对光的吸收取决于玻璃的厚度和颜色。

3. 玻璃的热工性质

（1）导热性。

玻璃的导热性很小，常温时大体上与陶瓷制品相当，而远远低于各种金属材料，但随着温度的升高将增大。另外，玻璃的导热性还受其颜色和化学成分的影响。

（2）热膨胀性。

玻璃的热膨胀性能比较明显。热膨胀系数的大小取决于组成玻璃的化学成分及其纯度，玻璃的纯度越高，热膨胀系数越小，不同成分的玻璃热膨胀性差别很大。

（3）热稳定性。

玻璃的热稳定性是指抵抗温度变化而不破坏的能力。玻璃抗急热的破坏能力比抗急冷破坏的能力强。玻璃的热稳定性主要受热膨胀系数影响。玻璃热膨胀系数越小，热稳定性越高。玻璃越厚、体积越大，热稳定性越差；带有缺陷的玻璃，特别是带结石、条纹的玻璃，热稳定性也差。

4. 玻璃的力学性质

（1）抗压强度。

玻璃的抗压强度较高，超过一般的金属和天然石材，一般为 600～1200 MPa。其抗压强度值会随着化学组成的不同而变化。

（2）抗拉、抗弯强度。

玻璃的抗拉强度很小，一般为 40～80 MPa，因此，玻璃在冲击力的作用下极易破碎。抗弯强度也取决于抗拉强度，通常为 40～80 MPa。

（3）其他力学性质。

常温下玻璃具有很好的弹性。常温下普通玻璃的弹性模量为 60 000～75 000 MPa，约为钢材的 1/3，与铝相近。玻璃具有较高的硬度，莫氏硬度一般为 4～7，接近长石的硬度。玻璃的硬度也因其工艺、结构不同而不同。

5. 玻璃的化学稳定性

一般的建筑玻璃具有较高的化学稳定性，在通常情况下，对酸、碱、盐以及化学试剂或气体等具有较强的抵抗能力，能抵抗氢氟酸以外的各种酸类的侵蚀。

但是长期遭受侵蚀性介质的腐蚀，也能导致变质和破坏，如玻璃的风化、发霉都会导致玻璃外观的破坏和透光能力的降低。

#### 3.5.4.3　建筑玻璃的分类

建筑玻璃按生产方法和功能特性可分为以下几类。

1. 平板玻璃

① 透明窗玻璃；② 不透明玻璃；③ 装饰类玻璃；④ 安全玻璃；⑤ 镜面玻璃；⑥ 装饰-节能型玻璃。

2. 建筑艺术玻璃

建筑艺术玻璃是指用玻璃制成的具有建筑艺术性的屏风、花饰、扶栏、雕塑以及玻璃锦砖等。

3. 玻璃建筑构件

玻璃建筑构件主要有空心玻璃砖、波形瓦、门、壁板等。

4. 玻璃质绝热、隔声材料

玻璃质绝热、隔声材料主要有泡沫玻璃、玻璃棉毡、玻璃纤维等。

#### 3.5.4.4　平板玻璃

平板玻璃是指未经其他加工的平板状玻璃制品，也称为白片玻璃或净片玻璃。按生产方法不同，平板玻璃可分为普通平板玻璃和浮法玻璃。平板玻璃主要用于门窗，起采光（可见光透射比 85%～90%）、围护、保温、隔声等作用，也是进一步加工成其他技术玻璃的原片。

1. 平板玻璃的生产方法

1）垂直引上法

垂直引上法是利用拉引机械从玻璃溶液表面垂直向上引拉玻璃带，经冷却变硬而成玻璃平板的方法。根据引上设备不同，又分为有槽引上、无槽引上和对辊引上等方法（图 3-3、图 3-4）。

垂直引上法的特点是成型容易控制，可同时生产不同宽度和厚度的玻璃，但宽度和厚度也受到成型设备的限制，产品质量也不是很高，易产生波筋、线道、表面不平整等缺陷。

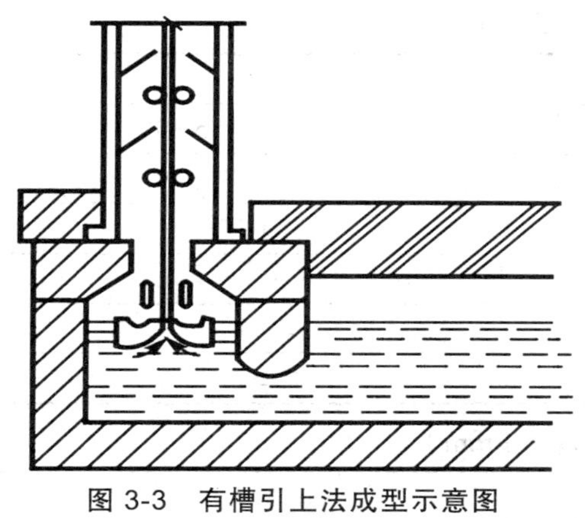

图 3-3　有槽引上法成型示意图

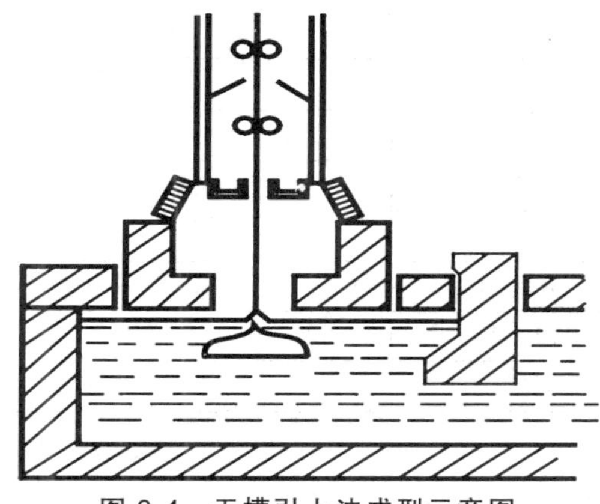

图 3-4　无槽引上法成型示意图

2）水平引拉法

水平引拉法是将玻璃带自液面引拉至 700 ~ 1 000 mm 处，元板通过转向辊改为水平方向引拉，再经退火冷却而成玻璃板的方法。

这种方法不需要高大的厂房，可以进行大面积切割，缺点是玻璃厚薄难以控制，板面易产生麻点，因此一般只用于小型生产。

3）浮法

浮法玻璃的生产过程是将熔融的玻璃液经过流槽砖进入盛有熔融锡液的锡槽中，由于玻璃液的密度较锡液小，玻璃液便浮在锡液表面上，在其本身的重力及表面张力的作用下，能均匀地摊平在锡液表面上，同时玻璃的上表面受到高温区的抛光作用，从而使玻璃的两个表面均很平整。然后经过定型、冷却后，进入退火窑退火、冷却，最后经切割成为原片。

浮法玻璃工艺示意如图 3-5 所示。

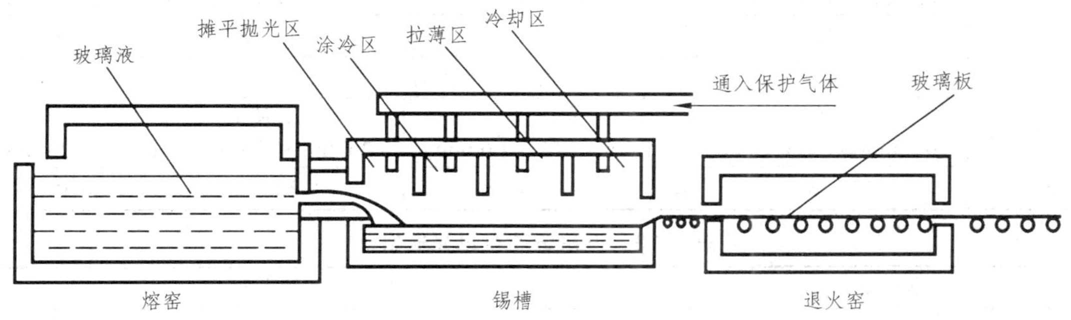


图 3-5　浮法玻璃工艺示意图

2. 平板玻璃的技术质量标准

（1）浮法玻璃的分类及规格。

浮法玻璃按用途可分为制镜级、汽车级、建筑级。浮法玻璃按厚度分为以下几种规格：2 mm、3 mm、4 mm、5 mm、6 mm、8 mm、10 mm、12 mm、15 mm 和 19 mm。

（2）浮法玻璃的性能要求。

① 浮法玻璃应为正方形或长方形。其长度和宽度尺寸允许偏差应符合表 3-30 的规定。

② 浮法玻璃的厚度允许偏差应符合表 3-31 的规定。

③ 建筑级浮法玻璃的外观质量应符合表 3-32 的规定。

④ 浮法玻璃的弯曲度不应超过 0.2%。

⑤ 浮法玻璃的可见光透射比应不小于表 3-33 的规定。

表 3-30 尺寸允许偏差（mm）

| 厚度 | 尺寸允许偏差 | |
|---|---|---|
| | 尺寸小于 3 000 | 尺寸 3 000～5 000 |
| 2，3，4 | ±2 | — |
| 5，6 | | ±3 |
| 8，10 | +2，-3 | +3，-4 |
| 12，15 | ±3 | ±4 |
| 19 | ±5 | ±5 |

表 3-31 厚度允许偏差（mm）

| 厚度 | 允许偏差 |
|---|---|
| 2，3，4，5，6 | ±0.2 |
| 8，10 | ±0.3 |
| 12 | ±0.4 |
| 15 | ±0.6 |
| 19 | ±1.0 |

表 3-32 建筑级浮法玻璃外观质量

| 缺陷种类 | 质量要求 | | | |
|---|---|---|---|---|
| 气泡 | 长度及个数允许范围 | | | |
| | 长度 $L$<br>0.5 mm≤$L$≤1.5 mm | 长度 $L$<br>1.5 mm≤$L$≤3.0 mm | 长度 $L$<br>3.0 mm≤$L$≤5.0 mm | 长度 $L$<br>$L$>5.0 mm |
| | 5.0×$S$ 个 | 0.44×$S$ 个 | 0.22×$S$ 个 | 0 个 |
| 夹杂物 | 长度及个数允许范围 | | | |
| | 长度 $L$<br>0.5 mm≤$L$≤1.0 mm | 长度 $L$<br>1.0 mm≤$L$≤2.0 mm | 长度 $L$<br>2.0 mm≤$L$≤3.0 mm | 长度 $L$<br>$L$>3.0 mm |
| | 2.2×$S$ 个 | 0.44×$S$ 个 | 0.22×$S$ 个 | 0 个 |

表 3-33 浮法玻璃可见光透射比

| 厚度/mm | 可见光透射比/% |
|---|---|
| 2 | 89 |
| 3 | 88 |
| 4 | 87 |
| 5 | 86 |
| 6 | 84 |
| 8 | 82 |
| 10 | 81 |
| 12 | 78 |
| 15 | 76 |
| 19 | 72 |

3. 标志、包装、运输、储存

（1）玻璃应用木箱或集装箱（架）包装，箱（架）应便于装卸、运输。

（2）包装箱（架）应附有合格证，标明生产厂家或商标、玻璃级别、尺寸、厚度、数量、生产日期、本标准号和轻搬正放、易碎、防雨怕湿的标志或字样。

（3）运输时应防止箱（架）倾倒滑动。

（4）玻璃必须储存在不结露或有防雨设施的地方。

4. 平板玻璃的应用

平板玻璃的用途有两个方面：3 ~ 5 mm 的平板玻璃一般直接用于门窗的采光，8 ~ 12 mm 的平板玻璃可用于隔断、玻璃构件。另外的一个重要用途是作为钢化、夹层、镀膜、中空等深加工玻璃的原片。

#### 3.5.4.5 节能装饰玻璃

1. 吸热玻璃

（1）吸热玻璃的概念。

吸热玻璃是一种能控制阳光中热能透过的玻璃，它可以显著地吸收阳光中热作用较强的红外线、近红外线，而又能保持良好的透明度。

吸热玻璃的制造一般有两种方法：一种方法是在普通玻璃中加入一定量的着色剂；另一种方法是在玻璃的表面喷涂具有吸热和着色能力的氧化物薄膜。

（2）吸热玻璃的性能特点。

① 吸收太阳的辐射热；② 吸收太阳的可见光；③ 能吸收太阳的紫外线；④ 具有一定的透明度，能清晰地观察室外景物；⑤ 色泽经久不变，能增加建筑物的外形美观。

（3）吸热玻璃的用途。

凡是既有采光要求又有隔热要求的场所均可使用吸热玻璃。采用不同颜色的吸热玻璃能合理利用太阳光，调节室内温度，节省空调费用，而且对建筑物的外表有很好的装饰效果。吸热玻璃一般多用作高档建筑物的门窗或玻璃幕墙。此外，它还可以按不同的用途进行加工，制成磨光、夹层、中空玻璃等。6 mm 厚浮法玻璃和 6 mm 厚吸热玻璃的分光透过率比较见图 3-6，同厚度吸热玻璃与的浮法玻璃吸收太阳辐射热性能比较见图 3-7。

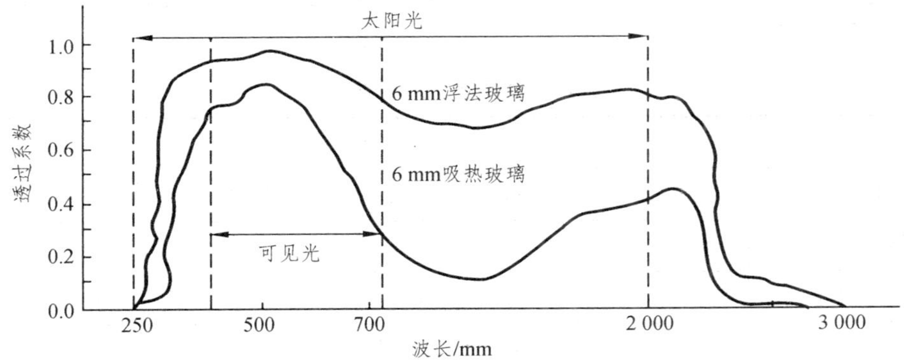


**图 3-6　6 mm 浮法玻璃和 6 mm 吸热玻璃的分光透过率**

2. 热反射玻璃

1）热反射玻璃的概念

热反射玻璃是由无色透明的平板玻璃镀覆金属膜或金属氧化物膜而制得，又称镀膜玻璃或阳光控制膜玻璃。生产这种镀膜玻璃的方法有热分解法、喷涂法、浸涂法、金属离子迁移法、真空镀膜、真空磁控溅射法、化学浸渍法等。

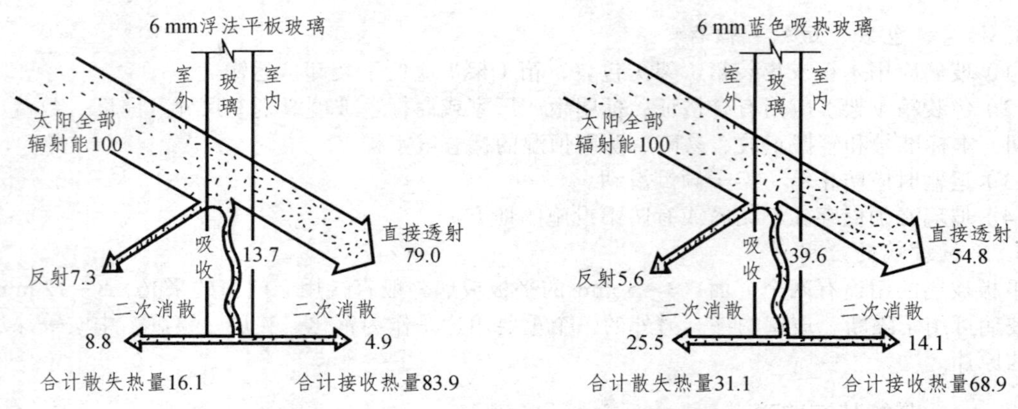


**图 3-7　同厚度的吸热玻璃与浮法玻璃吸收太阳辐射热性能比较**

2）热反射玻璃的特点

（1）对光线的反射和遮蔽作用，亦称为阳光控制能力。不同玻璃的遮蔽系数见表 3-34。

（2）单向透视性。

（3）镜面效应。

**表 3-34　不同玻璃的遮蔽系数**

| 玻璃名称 | 厚度/mm | 遮蔽系数 | 玻璃名称 | 厚度/mm | 遮蔽系数 |
|---|---|---|---|---|---|
| 普通平板玻璃 | 3 | 1 | 热反射玻璃 | 8 | 0.6～0.75 |
| 透明浮法玻璃 | 8 | 0.93 | 热反射双层玻璃 | 8 | 0.24～0.40 |
| 茶色吸热玻璃 | 8 | 0.77 | | | |

3）热反射玻璃的常用规格和性能要求

热反射玻璃也常带有颜色，常见的有灰色、青铜色、茶色、金色、浅蓝色和古铜色等。它的常用厚度为 6 mm，尺寸规格有 1 600 mm × 2 100 mm、1 800 mm×2 000 mm 和 2 100 mm×3 600 mm 等。其性能见表 3-35。

**表 3-35　热反射玻璃的技术性能**

| 项　目 | 指　标 |
|---|---|
| 反射率 | 200～2500 nm 的光谱反射率高于 30%，最大可达 60% |
| 耐擦洗性 | 在 5%的溶液中浸泡 24h，表面涂层无明显改变 |
| 耐急冷急热性 | 用软纤维或动物毛刷任意刷洗，涂层无明显改变 |
| 化学稳定性 | 在 − 40～50 °C 温度变化范围内急冷急热涂层无明显改变 |

4）热反射玻璃的应用

热反射玻璃可用作建筑门窗玻璃、幕墙玻璃，还可以用于制作高性能中空玻璃、夹层玻璃等复合玻璃制品。

但热反射玻璃幕墙使用不恰当或使用面积过大会造成光污染和建筑物周围温度升高，影响环境的和谐。

3. 低辐射膜玻璃

低辐射膜玻璃是镀膜玻璃的一种，它有较高的透过率，可以使 70%以上的太阳可见光和近红外光透过，有利于自然采光，节省照明费用。

低辐射膜玻璃一般不单独使用，往往与普通平板玻璃、浮法玻璃、钢化玻璃等配合，制成高性能的中空玻璃。

低辐射膜玻璃的主要规格有 1 500 mm × 900 mm、1 500 mm × 1 200 mm、1 800 mm × 750 mm、1 800 mm × 1 200 mm、1 800 mm × 1 600 mm 和 2 200 mm × 1 250 mm。

4. 中空玻璃

1）中空玻璃的结构

中空玻璃是由两片或多片平板玻璃用边框隔开，中间充以干燥的空气或惰性气体，四周边缘部分用胶结或焊接方法密封而成的，其中以胶结方法应用最为普遍。

中空玻璃按玻璃层数，有双层和多层之分，一般是双层结构。

制作中空玻璃的原片可以是普通玻璃、浮法玻璃、钢化玻璃、夹丝玻璃、着色玻璃和热反射玻璃、低辐射膜玻璃等，厚度通常是 3 mm、4 mm、5 mm 和 6 mm。

高性能中空玻璃的外侧玻璃原片应为低辐射玻璃。中空玻璃的中间空气层厚度为 6 ~ 12 mm，颜色有无色、绿色、茶色、蓝色、灰色、金色、棕色等。

2）中空玻璃的性能特点

① 光学性能。中空玻璃的可见光透视范围为 10% ~ 80%，光反射率为 25% ~ 80%，总透过率为 25% ~ 50%。

② 热工性能。中空玻璃比单层玻璃具有更好的隔热性能。由双层热反射玻璃或低辐射玻璃制成的高性能中空玻璃，隔热保温性能更好。

③ 防结露功能。

• 结露原因 建筑物外围护结构结露的原因一般是在室内一定的湿度环境下，物体表面温度降到某一数值时，湿空气使其表面结露、直至结霜 （表面温度在 0 °C 以下）。

• 防结露原理。使用中空玻璃可大大提高防结露能力。

④ 隔声性能。中空玻璃具有较好的隔声性能，一般可使噪声下降 30 ~ 40 dB，即能将街道汽车噪声降低到学校教室的安静程度。

⑤ 装饰性能。中空玻璃的装饰性主要取决于所采用的原片，不同的原片玻璃使制得的中空玻璃具有不同的装饰效果。

3）中空玻璃的应用

中空玻璃主要用于需要采暖、空调、防噪声、控制结露、调节光照等的建筑物上，或要求较高的建筑场所，也可用于需要空调的车、船的门窗等处。中空玻璃是在工厂按尺寸生产的，现场不能切割加工，所以使用前必须先选好尺寸。中空玻璃失效的直接原因主要有两种：一是间隔层内露点上升；二是中空玻璃的炸裂。

### 3.5.4.6 其他玻璃装饰制品

1. 钢化玻璃

为减小玻璃的脆性、提高使用强度，通常可采用的方法有：① 用退火法消除玻璃的内应力；② 消除平板玻璃的表面缺陷；③ 通过物理钢化（淬火）和化学钢化而在玻璃中形成可缓解外力作用的均匀预应力；④ 采用夹丝或夹层处理。采用上述方法改性后的玻璃统称为“安全玻璃”。

1）钢化玻璃的特性

（1）机械强度高。

（2）安全性好。

（3）弹性好。
（4）热稳定性高。
（5）具有形体完整性。
2）钢化玻璃的技术性能（表 3-36）。

**表 3-36　钢化玻璃的技术性能**

| 项　目 | | 性能指标 | |
|---|---|---|---|
| 抗冲击强度 | 厚度/mm | 5 | 6 |
| | 钢球质量/g<br>自由落下高度/m | 500 ± 10<br>1.3 | 500 ± 10<br>1.9 |
| | 冲击结果 | 不碎 | 不碎 |
| 安全性 | 碎片形状 | 蜂窝状 | 蜂窝状 |
| | 碎片面积/$mm^2$ | <300 | <200 |

3）钢化玻璃的应用

钢化玻璃制品主要包括平面钢化玻璃、曲面钢化玻璃、半钢化玻璃、区域钢化玻璃等。平面钢化玻璃主要用于建筑物的门窗、隔墙与幕墙及橱窗、家具等；曲面钢化玻璃主要用于汽车车窗等处。钢化玻璃除采用浮法玻璃、普通平板玻璃作为原片外，也可使用吸热玻璃、彩色玻璃、压花玻璃等作为原片，制作出有特殊功能的钢化玻璃。

2. 夹丝玻璃

1）夹丝玻璃的构造原理

夹丝玻璃是安全玻璃的一种。它是将预先编织好的钢丝网 （钢丝直径一般为 0.4 mm 左右）压入已加热软化的红热玻璃之中而制成的。

2）规格和种类

夹丝玻璃按厚度分为 6 mm、7 mm 和 10 mm 三种。产品尺寸一般不小于 600 mm×400 mm，不大于 2000 mm×1200 mm。钢丝网的图案也有多种形式。

我国生产的夹丝玻璃产品分为夹丝压花玻璃和夹丝磨光玻璃两类。

3）夹丝玻璃的性能及应用

夹丝玻璃可用于建筑的防火门窗、天窗、采光屋顶、阳台等部位。它的使用性能如下：（1）具有安全和防火特性。（2）强度较低。（3）耐急冷急热性能差。（4）对夹丝玻璃的切割会造成丝网边缘外露，容易锈蚀。

3. 夹层玻璃

1）夹层玻璃的构造

夹层玻璃系在两片或多片平板玻璃之间嵌夹透明、有弹性、黏结力强、耐穿透性好的透明薄膜塑料，在一定温度、压力下胶合成整体平面或曲面的复合玻璃制品。

由多层玻璃高压聚合而成的夹层玻璃，还被称为“防弹玻璃”。

2）夹层玻璃使用性能

① 夹层玻璃的透明度好，抗冲击能力比同等厚度的平板玻璃高几倍。② 夹层玻璃安全性好。③ 具有耐热、耐寒、耐湿、耐久等特点；另外，由于 PVB 胶片的作用，夹层玻璃还具有节能、隔音、防紫外线等功能。④ 中间层如使用各种色彩的 PVB 胶片，还可制成色彩丰富多样的彩色夹层玻璃。夹层玻璃技术性能见表 3-37。

**表 3-37 夹层玻璃技术性能**

| 项 目 | 指 标 |
| --- | --- |
| 耐热性 | (60±2)°C 无气泡或脱落现象 |
| 耐湿性 | 当玻璃受潮气作用时，能保持其强度和透明度不变 |
| 机械强度 | 用 0.8 kg 的钢球自 1 m 处自由落下，试样不破碎成分离的碎片，只有辐射状的裂纹和微量的玻璃碎屑，落下的玻璃碎屑不超过试件质量的 0.5%，碎屑最大长度不超过 1.5 mm |
| 透明度 | 82%（2 mm＋2 mm 厚玻璃） |

3）夹层玻璃的使用范围

（1）防爆、防盗、防弹之处，如汽车、飞机的挡风玻璃，有特殊要求的建筑门窗玻璃，屋顶采光天窗等。

（2）陈列柜、展览厅、水族馆、动物园、观赏性玻璃隔断。

### 3.5.4.7 玻璃马赛克

1. 玻璃马赛克的概念

玻璃马赛克又称玻璃锦砖，是一种小规格的用于外墙贴面的方形彩色饰面玻璃。

单块玻璃马赛克的规格一般为 20～50 mm 见方、厚度 4～6 mm，四周侧面呈斜面，正面光滑，背面略带凹状沟槽，以利于铺贴时黏结。

2. 玻璃马赛克的生产工艺及特性

玻璃马赛克的生产方法有熔融压延法和烧结法两种。

玻璃马赛克是以玻璃为基料并含有未熔化的微小晶体（主要是石英砂）的乳浊制品，其内部为含有大量的玻璃相、少量的结晶相和部分气泡的非均匀质结构。

玻璃马赛克具有较高的强度和优良的热稳定性、化学稳定性，表观密度低于普通玻璃，具有柔和的光泽。

3. 玻璃马赛克的性能特点

（1）玻璃马赛克的颜色丰富，可拼装成各种图案，美观大方，且耐腐蚀、不褪色。

（2）由于玻璃具有光滑表面，所以具有不吸水、不吸尘、抗污性好的特点。

（3）玻璃锦砖具有体积小、质量轻、黏结牢固的特点，特别适合于高层建筑的外墙面装饰。

4. 玻璃马赛克常用规格和性能要求

根据国家标准《玻璃马赛克》（GB/T 7697—1996）的规定，单块马赛克的边长有 20 mm×20 mm、25 mm×25 mm 和 30 mm×30 mm 三种，相应的厚度为 4.0 mm、4.2 mm 和 4.3 mm。

每联马赛克的边长为 327 mm，允许有其他尺寸的联长。联上每行（列）马赛克的距离（线路）为 2.0 mm、3.0 mm 或其他尺寸。

玻璃马赛克的物理化学性能应符合表 3-38 的规定。

5. 玻璃马赛克的应用

玻璃马赛克是一种很好的饰面材料，主要用于外墙装饰。一般将单块的玻璃马赛克按设计要求的图案及尺寸，用以糊精为主要成分的胶黏剂粘贴到牛皮纸上成为一联（正面贴纸）。铺贴时，将水泥浆抹入一联马赛克的非贴纸面，使之填满块与块之间的缝隙及每块的沟槽，成联铺于墙面上，然后将贴面纸洒水润湿，将牛皮纸揭去。

表 3-38 玻璃马赛克的物理化学性能

| 项目 | 试验条件 | 指标 |
|---|---|---|
| 玻璃马赛克与铺贴纸粘贴牢固度 | | 均无脱落 |
| 脱纸时间 | 5min | 无单块脱落 |
| | 40min | ≥70% |
| 热稳定性 | 90 °C →18～25 °C，<br>30 min 10 min<br>循环 3 次 | 全部试样均无裂纹、破损 |
| 化学稳定性 | 1 mol/L 盐酸溶液<br>100 °C，4 h<br>1 mol/L 硫酸溶液<br>100 °C，4 h | $K$≥99.90，且外观无变化<br>$K$≥99.93，且外观无变化<br>$K$≥99.88，且外观无变化<br>$K$≥99.96，且外观无变化 |

### 3.5.5 建筑涂料

涂料是指涂敷于物体表面，并能形成牢固附着的完整保护膜的材料。

1. 涂料的组成成分

成膜物质：包括有油脂、天然树脂、天然高分子化合物加工产品以及合成树脂等。

溶剂：包括脂肪烃、芳香烃、醇、酯、酮、卤代烃、萜烯等等。

助剂：如消泡剂、润湿剂、分散剂、乳化剂、防沉剂、稳定剂、防结皮剂、流平剂、催干剂、防流挂剂、增塑剂、消光剂、阻燃剂、防霉剂等。

2. 建筑涂料的分类

建筑涂料分类见表 3-39。

表 3-39 建筑涂料分类

| 产品类型 | | 主要成膜物质 |
|---|---|---|
| 墙面涂料 | 合成树脂乳液内墙涂料 | 丙烯酸酯类及其改性共聚乳液；醋酸乙烯及其改性共聚乳液；聚氨酯、氟碳等树脂；无机黏合剂 |
| | 合成树脂乳液外墙涂料 | |
| | 溶剂型外墙涂料 | |
| | 其他墙面涂料 | |
| 防水涂料 | 溶剂型树脂防水涂料 | EVA、丙烯酸酯类乳液；聚氨酯、沥青、PVC胶泥或油膏、聚丁二烯等树脂 |
| | 聚合物乳液防水涂料 | |
| | 其他防水涂料 | |
| 地坪涂料 | 水泥基等非木质地面用涂料 | 聚氨酯、环氧等树脂 |
| 功能性建筑涂料 | 防火涂料 | 聚氨酯、环氧、丙烯酸酯类、乙烯类、氟碳等树脂 |
| | 防霉（藻）涂料 | |
| | 保温隔热涂料 | |
| | 其他功能性建筑涂料 | |

3. 建筑涂料的作用

建筑涂料具有装饰功能、保护功能和居住性改进功能。各种功能所占的比重因使用目的不同而不尽相同。装饰功能是通过建筑物的美化来提高它的外观价值的功能，主要包括平面色彩、图案及光泽方面的构思设计及立体花纹的构思设计。但装饰功能要与建筑物本身的造型和基材本身的大小和形状相配合，才能充分地发挥出来。保护功能是指保护建筑物不受环境的影响和破坏的功能。不同种类的被保护体对保护功能要求的内容也各不相同，如室内与室外涂装所要求达到的指标差别就很大，有的建筑物对防霉、防火、保温隔热、耐腐蚀等有特殊要求。居住性改进功能主要是对室内涂装而言，就是有助于改进居住环境的功能，如隔音性、吸音性、防结露性等。

涂料的作用为装饰和保护，保护被涂饰物的表面，防止来自外界的光、氧、化学物质、溶剂等的侵蚀，提高被涂覆物的使用寿命；涂料涂饰物质表面，改变其颜色、花纹、光泽、质感等，提高物体的美观价值。

# 学习情境 4　建筑给排水

## 4.1　建筑给水系统

### 4.1.1　室内给水系统

建筑室内给水系统的任务是根据各类用户对水量、水压的要求，将城市给水管网（或自备水源）中的水引入建筑物内，并输送至各用水点，满足建筑内生活、生产和消防用水的要求。

#### 4.1.1.1　室内给水系统的分类

室内给水系统按其供水对象可分为生活给水系统、生产给水系统、消防给水系统及组合式给水系统。

1. 生活给水系统

满足人们日常生活饮用、烹调、盥洗、洗涤、沐浴等用水。水质必须严格符合国家《生活饮用水卫生标准》（GB 5749—2006）。

2. 生产给水系统

满足在生产过程中所需要的设备冷却水、原料和产品的洗涤水、锅炉用水及某些工业原料（如酿酒）用水。由于生产工艺不同，生产给水对水质、水量、水压及安全方面的要求差异很大。

3. 消防给水系统

满足民用建筑、公共建筑及某些生产车间的消防设备用水，用于扑救火灾。消防用水对水质要求不高，但必须按建筑防火规范要求，保证有足够水量和水压。

4. 组合给水系统

上述三种给水系统，在实际工程中不一定需要单独设置，可根据建筑物内用水设备对水质、水压、水温、水量和安全等方面的要求及室外给水管网的供水情况，考虑技术、经济和安全条件，组合成共用给水系统。如生活、消防共用给水系统、生活、生产共用给水系统、生活、生产、消防共用给水系统等等。

在工业企业内，根据不同的生产工艺，对于比较复杂的给水系统，可设置多个单独给水系统。在能够满足水质、水量、水压和安全要求的情况下，应节约用水，尽量使水得到充分利用，可设置循环给水系统和循序给水系统。

#### 4.1.1.2　室内给水系统的组成

室内给水系统一般由引入管、水平干管、立管、横管、支管和给水附件等组成，如图 4-1 所示。

（1）引入管：又称进户管，是室内和室外给水管网的连接管，其作用是将水从室外给水管网引入室内的水平管段。其上设有水表和阀门（总称为水表节点），水表用来计量用水量，阀门用来检修时启闭水流。

（2）水平干管：又称横干管，是将引入管送来的水输送给各给水立管的水平管段。

（3）立管：又称竖管，是将水平干管的水沿垂直方向输送给各楼层横管或支管的管段。

（4）横管：将立管的水送给各支管的水平管段。

（5）支管：又称配水管，是将水分配至各个用水设备的管段。

（6）给水附件：是指用来控制水量和关闭水流的各种阀门和各式配水龙头等。

（7）室内消防设备：按照建筑物的防火要求及规定需要设置消防给水时，一般应设消火栓消防设备。有特殊要求时，应另设自动喷水灭火或水幕灭火设备。

（8）计量设备：室内给水通常采用水表计量。

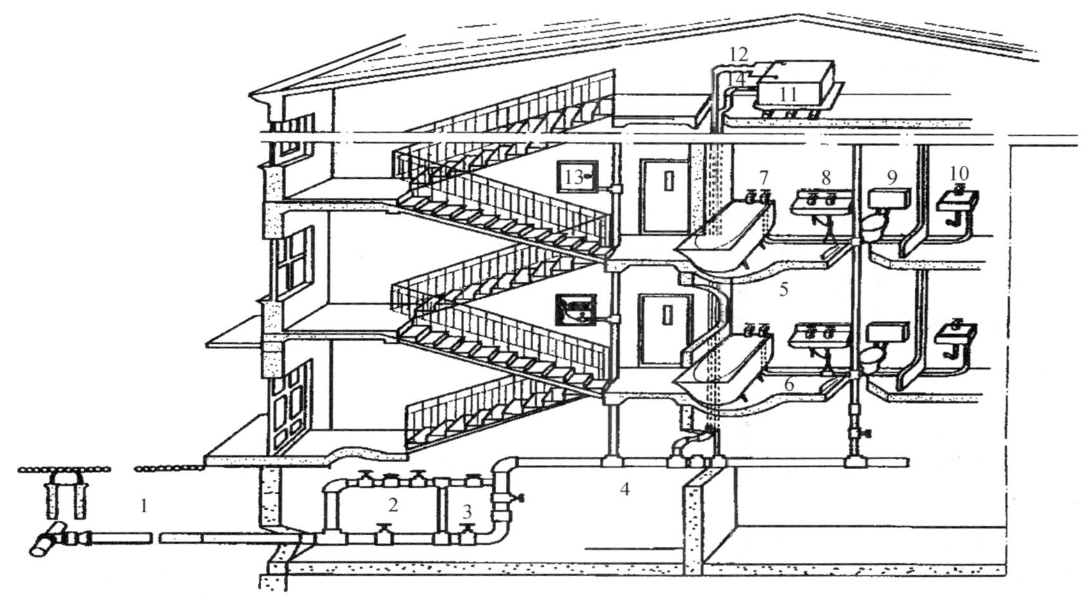


**图 4-1　室内给水系统的组成**

1—引入管；2—水表；3—阀门；4—水平干管；5—立管；6—支管；7—浴盆；8—洗脸盆；9—大便器；10—洗涤盆；11—水箱；12—进水管；13—消火栓；14—出水管

除以上八个组成部分之外，在室外给水管网压力不足或室内对安全供水、水压稳定有要求时，还需设置各种附属设备，如水箱、水泵、水池、气压给水装置等。

## 4.1.2　室内给水方式

室内给水的方式就是室内给水管道的供水方案，它取决于用户所需要的水质、水量、水压的要求，室外给水管网所能提供的水质、水量、水压的情况，卫生器具及消防设备在建筑物内的分布，用户对供水安全可靠性的要求等条件。

### 4.1.2.1　给水系统所需要的水压

室内给水系统的压力，必须保证将需要的水量输送到建筑物内最不利配水点（通常为距引入管起端最高最远点）的配水龙头或用水设备处，并保证有足够的流出压力，如图 4-2 所示。水压的计算通常有两种方法，经验法和计算法。

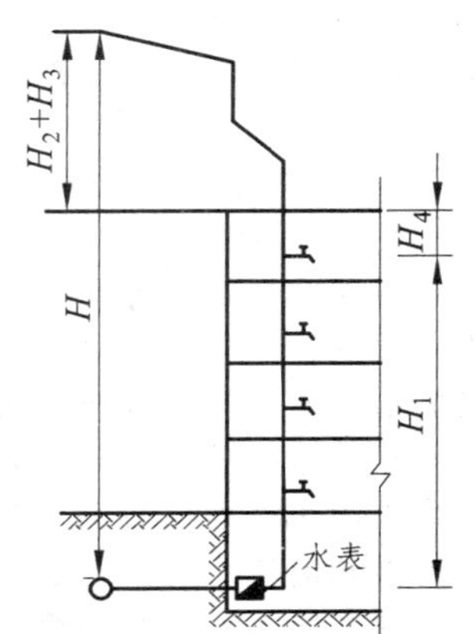


**图 4-2　给水系统所需水压图示**

1. 经验法

在初定生活给水系统的给水方式是，对层高不超过 3.5 m 的民用建筑，室内给水系统所需压力（自室外地面算起），可用经验法估算：

1 层所需水压为 100 kPa；

2 层所需水压为 120 kPa；

3 层以上每增加 1 层，水压增加 40 kPa。

如某 6 层居民楼，层高均为 3 m，则该居民楼给水系统所需水压为

$$H = 120\ \text{kPa} + 40\ \text{kPa} \times 4 = 280\ \text{kPa}$$

2. 计算法

室内给水系统所需水压可用下式计算：

$$H = H_1 + H_2 + H_3 + H_4 \tag{4-1}$$

式中 $H$——室内给水系统所需的水压（kPa）；

$H_1$——最不利配水点与室外引入管起端之间的净压差（kPa）；

$H_2$——计算管路（即最不利配水点至引入管起点间的管路）的压力损失（kPa）；

$H_3$——水流经过水表的压力损失（kPa）；

$H_4$——最不利配水点所需的流出压力（kPa）。

#### 4.1.2.2 室内给水方式的选择

1. 室内给水方式的选择原则

（1）在满足用户要求的前提下，应力求给水系统简单，管道长度短，以降低工程费用及运行管理费用。

（2）应充分利用城市管网水压直接供水，如果室外给水管网水压不能满足整个建筑物用水要求时，可以考虑建筑物下面数层利用室外管网水压直接供水，建筑物上面几层采用加压供水。

（3）供水应安全可靠、管理、维修方便。

（4）当两种及两种以上用水的水质接近时，应尽量采用共用给水系统。

（5）生产给水系统在经济技术比较合理时，应尽量采用循环给水系统或复用给水系统，以节约用水。

（6）生活给水系统中，卫生器具给水配件处的静水压力不得大于 0.6 MPa，如超过该值，宜采用竖向分区供水，以防使用不便和卫生器具及配件破裂漏水，造成维修工作量的增加。生产给水系统最大静水压力，应根据工艺要求及各种用水设备的工作压力和管道、阀门、仪表等的工作压力确定。

2. 室内给水方式的种类

（1）直接给水方式。

室外给水管网的水量、水压在一天内任何时间都能满足室内用水要求，不再设置调节、增压设施而直接与室外给水管网连接的给水方式称为直接给水方式，如图 4-3 所示。

直接给水方式的优点是：供水可靠、系统简单、投资省、安装维护简单、可充分利用室外管网水压、节约能源，是一种最值得推荐的给水方式。其缺点是室内无调节、储水水量，室外给水管网停水时，室内给水管网也随即断水，影响使用。

低层建筑一般采用直接给水方式。

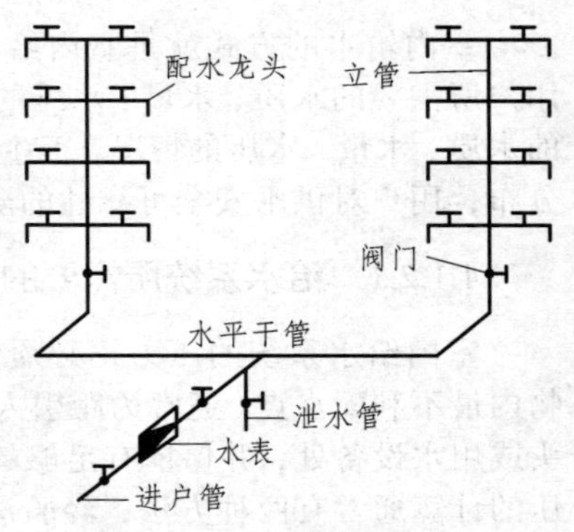

**图 4-3 直接给水方式**

（2）单设水箱的给水方式。

室外给水管网水量充足但水压昼夜周期性不足时，即白天用水峰值时水压不足，夜间用水低谷时水压能满足用水点要求时采用单设水箱的给水方式。在屋顶设置高位水箱，夜间用室外给水

管网的水压向水箱供水，白天用水高峰期向室内给水管网供水。高位水箱又叫夜间水箱，用于调节水量和压力，见图 4-4 所示。

此给水方式的特点是：供水可靠、系统简单、投资较省、安装和维护简单、可充分利用室外管网水压、节省能源和增压设施。其缺点是：需设高位水箱，增加了结构荷载，给建筑专业的立面处理带来一定的难度，若管理不当，水箱的水质易受到污染。这种给水方式适用于多层建筑，下面几层与室外给水管网直接连接，利用室外管网水压供水，上面几层则靠屋顶水箱调节水量和水压，由水箱供水。

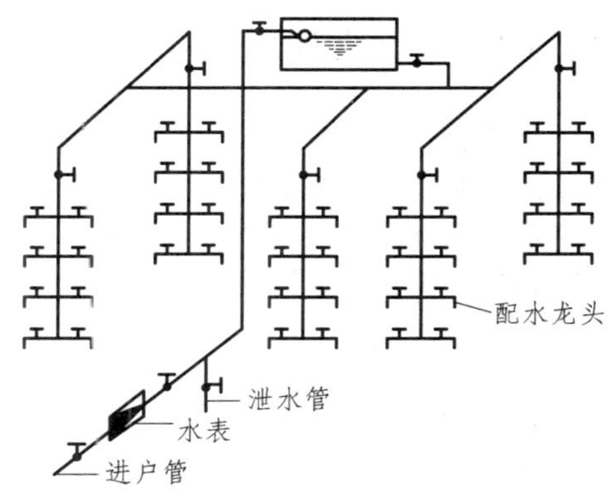


**图 4-4 设水箱的给水方式**

（3）设储水池、水泵和水箱的联合给水方式。

室外给水管网水压经常性不足，而且不允许水泵直接从室外管网吸水和室内用水不均匀时，常采用该种供水方式。

这种方式利用水泵将水池中的水提升至高位水箱，用高位水箱储存调节水量并向用户供水。水箱内设水位继电器来控制水泵的开停（水箱内水位低于最低水位时开泵，满至最高设计水位时停泵）。为利用市政管网压力，下部几层往往由室外管网直接供水，见图 4-5 所示。

这种供水方式的优点是：由于水池、水箱储有一定水量，停水停电时可延时供水、供水可靠、供水压力较稳定、水泵及时向水箱充水，水箱容积可减小。其缺点是：有水泵振动和噪声干扰。

（4）分区给水方式。

在多层建筑中，由于室外管网供水压力较低，只能满足建筑物下面几层的用水，而不能满足上面楼层的需要。为充分有效地利用室外管网的压力，上面楼层设水泵和水箱联合供水，下面几层直接由室外管网供水，这就形成上下分区的供水形式，如图 4-6 所示。

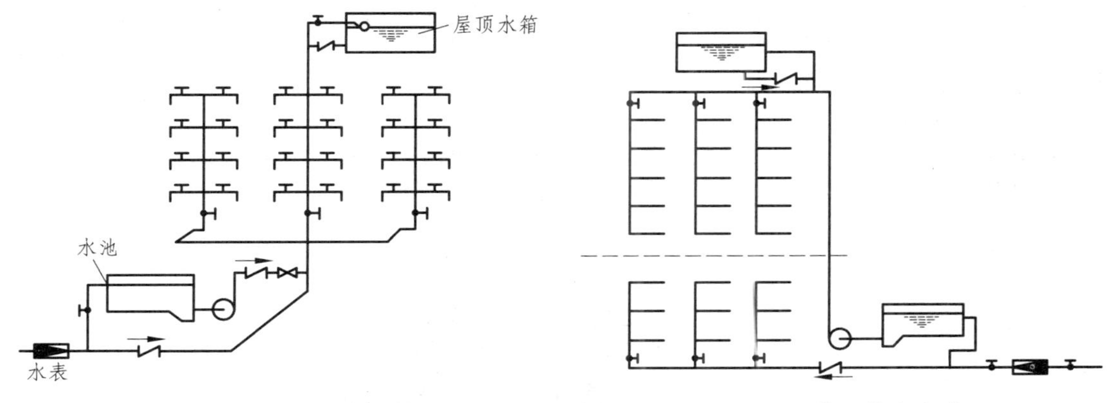


**图 4-5 设储水池、水泵、水箱的联合给水方式** **图 4-6 分区给水方式**

这种给水方式的优点是：充分利用城市配水管网的压力，减少上下区供水设备的容量，供水安全、经济、合理。这种供水方式对建筑物底层设有用水量较大的洗衣房、浴池、厨房和餐厅等尤有经济意义。

（5）环状给水方式。

按照用户对供水可靠程度的要求不同，管网分为枝状网和环状网。一般建筑五中均采用枝状网，在任何时间都不允许间断供水的大型公共建筑、高层建筑和某些生产车间需采用环状网。消防给水除规范规定可以采用枝状网外，其余均采用环状网。

### 4.1.3 给水加压和储水设备

当建筑物高度较大、现有水源的水压较小，不能满足给水系统对水压的要求时，需设置加压设备，以满足用户用水要求，常用的加压设备有水泵、管网叠压供水设备。当用水高峰期水量无法满足要求时，还需设置储水设备，常用的储水设备有水池、吸水井、水箱。气压给水设备能够同时起到加压和储水作用。

#### 4.1.3.1 水 泵

1. 水泵加压方式

用水泵加压一般有直接加压和水池水泵加压两种。

（1）直接加压。

水泵的吸水管直接与室外给水管网连接，抽水供室内给水系统使用。这种方式可以利用室外管网水压，耗电量少，节约日常运行费用，但要考虑是否会降低配水管网的压力，而影响附近地区的用水，故应经城市市政管理部门同意后才能设置。

（2）水池水泵加压。

当水泵不允许直接从室外给水管网吸水时，必须建造储水池，水泵从池中吸水，如图 4-7 所示。这种方式在室内给水系统中存有一定量的水，供水安全可靠，但不能利用城市给水管网的水压，耗电量较大，造成能源的浪费。

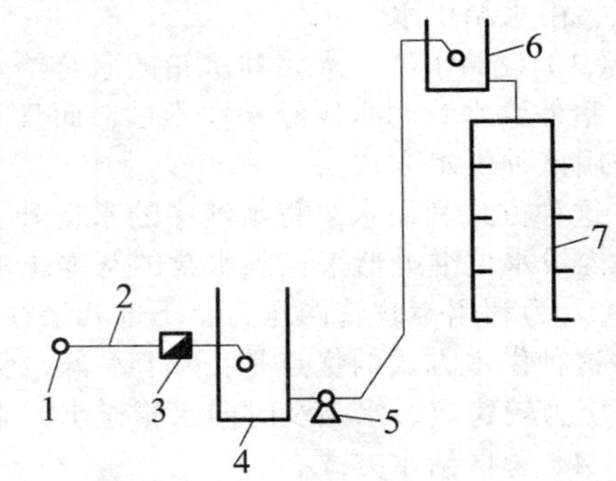


**图 4-7 水池水泵加压供水方式（含水箱）**

1—接市政给水管；2—引入管；3—阀门附件；4—水池；5—水泵；6—水箱；7—立管

2. 水泵的类型

水泵的种类很多，主要有离心泵、轴流泵、活塞泵、水轮泵等。在室内给水系统中，一般采用离心式水泵。离心泵具有结构简单、体积小、效率高，且流量和扬程在一定范围内可以调整等优点。这里重点介绍离心泵。

（1）离心泵的构造。

离心泵靠叶轮在泵壳内旋转，使水靠离心力的作用甩出，从而得到压力。离心泵主要由叶轮、泵壳、泵轴、轴承和填料函等组成，见图 4-8 所示。

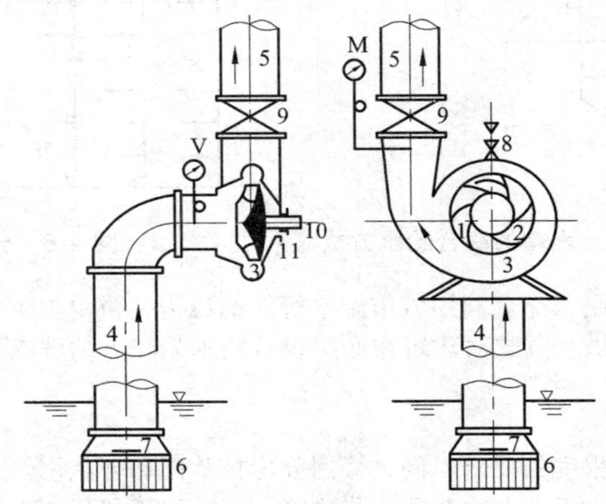


**图 4-8 离心泵构造**

1—叶轮；2—叶片；3—泵壳；4—吸水管；5—压水管；6—拦污栅；7—底阀；8—加水漏斗；9—闸阀；10—泵轴；11—填料函

① 叶轮：叶轮是离心式水泵的主要构件，由轮盘和若干个弯曲的叶片所组成，叶片数一般为 6～12 片。

② 泵壳：泵壳的形状为蜗壳状。泵壳的作用是将水引入叶轮，使水流的动能转化为压能，然后将叶轮流出的水汇集起来，引向压水管。泵壳还将所有固定部分连成一体，支持轴承架。

泵壳顶上设排气孔，在水泵启动时起排气作用，底部有排水孔。

③ 泵轴：泵轴用来固定叶轮，同时也将电动机的能量传递给叶轮的构件，轴的一端与叶轮连接，另一端以联轴器与电机连接，电动机带动叶轮旋转，使叶轮工作。

④ 轴承：轴承用来支撑泵轴，便于泵轴旋转。

⑤ 填料函：也称盘根箱，其作用是密封泵轴与泵壳之间的空隙，以防漏水和空气吸入泵内。

离心泵的管路附件由吸水管、压水管、压力表等组成。

（2）水泵的选择。

选择水泵应以节能为原则，使水泵在给水系统中大部分时间保持高效运行。当采用设储水池、水泵和水箱的联合给水方式时，通常水泵直接向水箱输水，水泵的出水量与扬程几乎不变，选用离心式恒速水泵即可保持高效运行。

水泵的基本工作参数主要有：

流量：在单位时间内通过水泵的水的体积，以 $Q$ 表示，单位符号常用 L/s 或 $m^3/h$。

总扬程：当水流过水泵时，水所获得的比能增值，用 $H$ 表示，单位符号用 $mH_2O$。

轴功率：水泵从电源处所得到的全部功率，用 $N$ 表示，单位符号用 kW。

确定水泵型号需根据水泵的流量、扬程查水泵性能表。而流量和扬程应根据给水系统所需的流量、压力确定。

（3）水泵的设置。

① 室外管网允许直接吸水时，水泵应直接从室外管网吸水。但应保证室外管网压力不低于 0.1 MPa（从地面算起），特别是消防水泵，并应在吸水管上装阀门、止回阀和压力表，并应绕水泵设置装有阀门的旁通管。

② 水泵宜采用自动运行方式。从储水池吸水时应采用自灌式。在不能采用自灌式时，可采用抽吸式，并加引水装置。每台水泵的吸水管宜设为单独吸水管（特别是消防水泵），若设为共用吸水管一般不少于两条，并设连通管与每台泵吸水管连接，水泵吸水管水平管变径处，应采用偏心异径管并使管顶平，吸水管应有向水泵不断上升的坡度，吸水管内的水流速度一般为 1.0～1.2 m/s。出水管上应装设止回阀、阀门和压力表，并应设防水锤措施，出水管水流速度一般为 1.2～2.0 m/s。

③ 根据建筑物重要性、供水安全性和水泵运行可靠性，生活、消防和生产水泵应设置备用泵，备用泵容量应与最大一台水泵相同，同时应有不间断电源设施。

④ 对有安静要求的房间，在其上、下和毗邻的房间内，不得设置水泵；如在其他房间设置水泵，应采用水泵的隔振措施。

#### 4.1.3.2 储水池、吸水井

1. 储水池

（1）储水池容积：储水池是储存和调节水量的构筑物，其有效容积应与室外供水能力、用户要求和建筑物性质、生活（生产）调节水量、消防储备水量和生产事故用水量有关，以计算确定。在资料不足时，储水池的调节容积，一般可按大于建筑物日用水量的 10%计。

（2）储水池的设置。

① 在室外供水管网能满足建筑物用水量要求时，可不设储水池，只设置吸水井。

② 储水池设计应保证池内水经常流动，无死角。储水池应远离对其可能有污染的地方。储水池应设进水管、出水管、溢流管、泄水管和水位信号装置，溢流管宜比进水管大一级。其布置位置及配管设置均应满足水质防护要求。

③ 仅储备消防水量的水池，可兼作水景或人工游泳池的水源，但后者应采取净水措施。生活（生产）、消防共用水池应有消防水量平时不被动用的措施。

④ 储水池的设置高度应利于水泵自吸抽水，且宜设深度≥1 m 的集水坑，以保证其有效容积和水泵的正常运行。容积大于 500 $m^3$ 的储水池，应分成两格，以便清洗、检修时不中断供水。

⑤ 储水池利用管网压力进水时，其进水管上应装浮球阀或液压阀，一般不宜少于 2 个，其直径与进水管直径相同。

2. 吸水井（池）

（1）吸水井（池）有效容积不得小于最大一台或多台同时工作水泵 3 min 的出水量。对于水泵，吸水井容积可适当放大，宜按水泵出水量 5 ~ 10 min 计算。

（2）吸水井布置。

吸水井的进水量应大于水泵的吸水量；吸水井宜设计成自灌式吸水方式。吸水管在吸水井的布置尺寸见图 4-9。

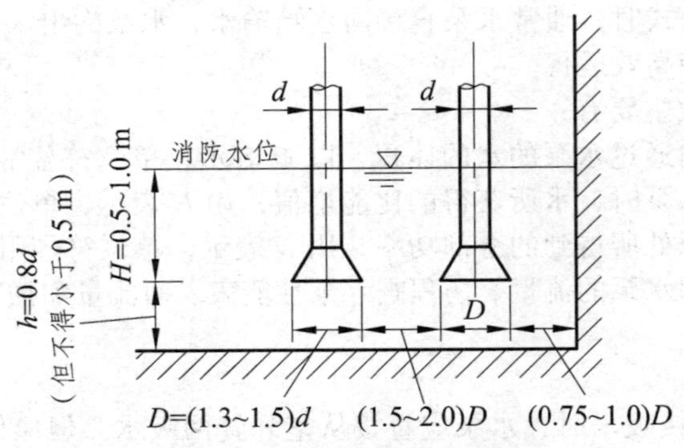


**图 4-9　吸水管在吸水井中布置的最小尺寸**

#### 4.1.3.3　水　箱

水箱具有储存、调节和稳定水压的功能，一般有圆形和矩形两种，通常用钢筋混凝土或钢板制造，也有塑料和玻璃钢材质的。根据不同用途，水箱有高位水箱、冲洗水箱、减压水箱、断流水箱等多种类别。水箱上通常要设置进水管、出水管、溢流管、排水管、水位信号高管、托盘泄水管等配管和附件。

水箱的安装高度与建筑物高度、配水管长度、管径及设计流量有关，水箱的安装高度应满足建筑物内最不利点所需的流出水头，并经管道的水力计算确定。

这里主要介绍在室内给水系统中使用较为广泛的，起到保证水压和储存、调节水量的高位水箱。

1. 水箱的配管、附件及设置

水箱的配管、附件包括进水管、浮球阀、出水管、止回阀、溢流管、水位信号装置、泄水管、通气管等，如图 4-10 所示。

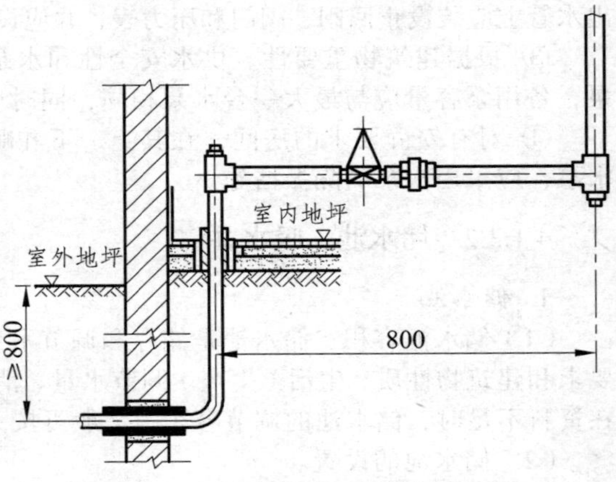

**图 4-10　水箱配管、附件示意图**

（1）进水管及浮球阀。

进水管一般从箱壁接入。当水箱直接由室外给水管进水时，进水管入口应装水位控制阀，如浮球阀、液压阀，并在进水端设检修用的阀门。液压水位控制阀体积小，且不易损坏，应优先采用。若采用浮球阀不宜少于 2 个，其规格与进水管管径相同。进水管入口距箱盖的距离应满足浮球阀的安装要求，一般进水管中心距水箱顶应有 150 ~ 200 mm 的距离。当水箱利用水泵加压供水并采用水位信号装置自动控制水泵运行时，可不装浮球阀。

（2）出水管及止回阀。

出水管可从箱壁或箱底接出，出水管内底应高出水箱内底不小于 50 mm，并设阀门。当水箱进、出水管接在同一管道上时，出水管上应设止回阀。出水管管径按设计流量计算确定，一般与进水管管径相同。

（3）溢流管。

溢流管宜从箱壁接出，管径比进水管大一级。其上不得装阀门，溢流管口做成朝上的喇叭形，沿口应比最高水位高 20 ~ 30 mm。出口采用断流排水。

（4）水位信号装置。

水位信号装置是反映水位控制阀失灵报警的装置。一般在溢流管口下 10 mm 设信号管，直通值班室的洗涤盆，其管径通常为 15 ~ 20 mm。若水箱液位与水泵联锁，则可在水箱侧壁或顶盖上安装液位继电器或信号管，采用自动水位报警装置。

（5）泄水管。

为便于检修或清洗时泄水，泄水管从箱底接出。管上应设阀门，管径为 40 ~ 50 mm，可与溢流管相连后用同根管排水。

（6）通气管。

供生活饮用水水箱，储水量较大时，宜在箱盖上设通气管，以使水箱内空气流通，确保水质良好，其管径一般≥50 m，管口应朝下并设网罩，以防尘污进入。水箱一般设置在净高不低于 2.2 m 处。

为避免因水箱清洗、检修时停水，宜将水箱分格或分设两个水箱。水箱底距地面宜有不小于 800 mm 的净空，以便于管道安装和检修，水箱底可设在工字钢或混凝土支墩上，金属箱底与支墩接触面之间，应衬橡胶板或者塑料垫片等绝缘防腐材料以防腐蚀。水箱有结冻、结露可能时要采取增温措施。

2. 水箱的有效容积

水箱的有效容积主要取决于它在给水系统中的作用。若仅作为水量调节时，其有效容积即为调节容积（水箱最高水位与最低水位之间的容积）；若兼有储备消防和生产事故备用水量作用时，其容积应以调节水量、消防和生产事故备用水量之和来确定。

生产事故备用水量可按工艺要求确定。消防储备水量用以扑救初期火灾，一般都以 10 min 的室内消防设计流量计。

3. 设置高度

水箱的设置高度，应使其最低水位的标高满足最不利配水点或消火栓的流出压力要求，按下式计算：

$$Z_x \geqslant Z_b + H_c + H_s \tag{4-2}$$

式中 $Z_x$——高位水箱最低水位的标高（m）；

$Z_b$——最不利点或最不利消火栓、自动洒水喷头的标高（m）；

$H_s$——水箱出水口至配水最不利点或最不利消火栓、自动洒水喷头管路的总水头损失（$mH_2O$）；

$H_c$——配水最不利点或最不利消火栓，自动洒水喷头需要的流出压力（$mH_2O$）。

对于储备消防水量水箱的安装高度，当满足消防设备所需压力有困难时，应采取设置增压泵等措施。

#### 4.1.3.4 气压给水设备

气压给水设备又称气压给水装置，无塔供水设备等。它是根据波义耳-马略特定律，即在定温条件下，一定质量气体的绝对压力和它所占的体积成反比的原理制造的。它利用密闭储罐内空气的压缩或膨胀使水压力上升或下降的特点，来调节和压送水量的给水装置，其作用相当于高位水箱或水塔，主要起增压和水量调节作用。

气压给水设备主要由气压水罐、水泵机组、管路系统、电控系统、自动控制箱等组成，补气式气压给水设备还有气体调节控制系统。

气压给水设备的优点是：灵活性大，施工安装方便，便于扩建、改建和拆迁，可以设在水泵房内，且设备紧凑，占地较小，便于与水泵集中管理；供水可靠，且水在密闭系统中流动不会受污染等。其缺点是：调节能力小，经常运行费用较高。气压给水设备主要适用于地震区的建筑和临时性建筑因建筑艺术等要求不宜设高位水箱或水塔的建筑；有隐蔽要求的建筑都可以采用气压给水装置，但对于压力要求稳定的用户不适用。

气压给水设备按压力稳定情况可分为变压式和定压式两种。

（1）变压式气压给水设备：在用户对水压没有特殊要求时，一般采用变压式给水设备，如图 4-11 所示。罐内空气压力随给水工况变化，给水系统处于变压状态工作。罐内的水在压缩空气作用下，被压送至给水管网，随着罐内水量的减少，压缩空气体积膨胀，压力减小，当压力降至最小工作压力时，压力信号器动作，使水泵启动。当压力达到最大压力时，压力继电器作用，使水泵关闭。

（2）定压式气压给水设备：在用户要求水压稳定时，可在变压式给水设备的给水管上装调压阀，如图 4-12 所示，调压阀后水压在要求范围内，使管网处于恒压下工作。

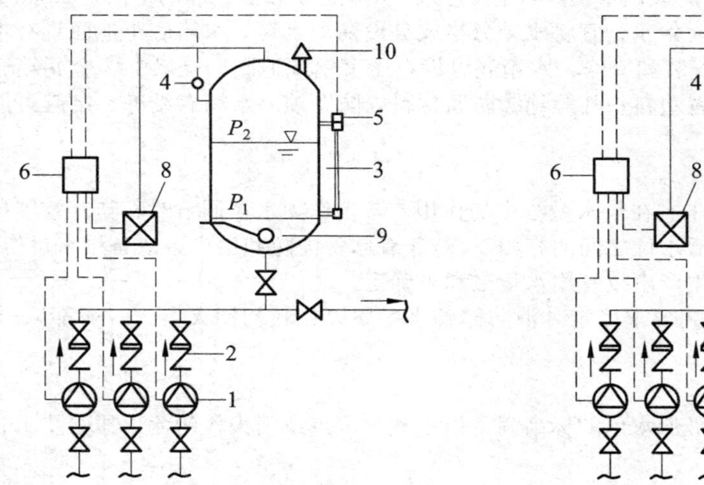


**图 4-11　单罐变压式**　　　　**图 4-12　单罐定压式**

1—水泵；2—止回阀；3—气压水罐；4—压力信号器；5—液位信号器；6—控制器；7—压力调节阀；8—补气装置；9—排气阀；10—安全阀

#### 4.1.3.5　叠压供水设备

叠压供水设备是利用室外给水管网余压直接抽水增压的二次供水设备，设备组成如图 4-13 所示，主要包括稳流调节罐、真空抑制器（吸排气阀）、压力传感器、变频水泵和控制柜。稳流调节罐与自来水管道相连，起储水和稳压作用；真空抑制器通过吸气可保证稳流调节罐内不产生负压，通过排气可将稳流调节罐内的空气排出罐外，保证在正压时罐内充满水。

叠压供水设备具有可充分利用外网水压降低能耗、设备占地少、节省机房面积等优点，适用于室外给水管网满足用户流量要求，但不能满足水压要求且叠压供水设备运行后对管网的其他用户不产生不利影响的地区。为减少二次污染及充分利用室外管网水压，在条件许可时应优先考虑叠压供水方案。叠压供水设备直接从城镇给水管网吸水时，其设计方案应经当地相关市政管理部门的批准。

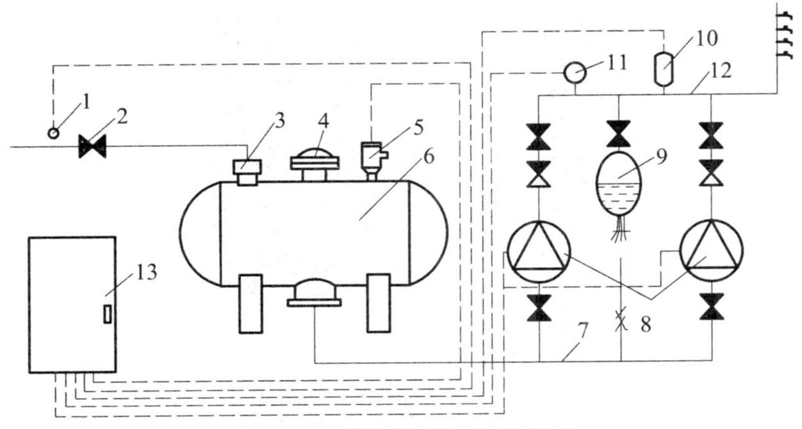


**图 4-13　叠压供水设备示意图**

1—进水显示压力表；2—总进水阀；3—倒流防止器；4—真空抑制器；5—液位传感器；6—稳流补偿罐；7—进口集水管；8—供水主泵；9—稳压储能罐；10—超压保护装置；11—压力传感器；12—出口集水管；13—控制柜

## 4.1.4　室内给水管材、附件

室内给水系统是由各种管道、管件及附件连接而成的，管道材料、附件与设备选用的合适与否，对于工程质量、造价及使用都会产生直接的影响，因此，应熟悉管道材料的种类、规格和性能，正确选择给水设备，以达到适用、经济和美观的要求。

### 4.1.4.1　室内给水常用管材与管件

1. 室内给水常用管材及连接方式

室内给水管材应具有足够的强度，水密性好，内壁光滑、不结垢、耐腐蚀，具备安全可靠、坚固耐用、便于加工安装、价格低、寿命长等特点。常用的给水管材有钢管、铸铁管和塑料管等。

（1）钢管。

钢管中常用的有焊接钢管与无缝钢管两种。前者适用于大、中口径的管道，后者适用于中、小口径管道。常用的焊接钢管也称水-煤气输送管。焊接钢管按壁厚又分普通钢管和加厚钢管两种。普通钢管一般用在工作压力小于 1 MPa 的管道上；加厚钢管用在工作压力小于 1.6 MPa 的管道上。

焊接钢管也分为不镀锌钢管（黑铁管）和镀锌钢管（白铁管）。镀锌钢管是在黑铁管内外壁镀锌加工而成，现常用于消防给水系统中，在生活给水系统中已禁止使用。

钢管强度高、承受内压力大，易于加工，接口方便，安装容易，水力条件好，但抗腐蚀性能差、造价较高。

钢管的连接方法有螺纹连接、焊接和法兰连接三种，所用配件如三通、四通、弯管和渐缩管等由钢板卷焊而成，也可直接选用标准铸铁配件连接。

① 螺纹连接：利用管件（配件）连接，连接管件的应用如图 4-14 所示。镀锌钢管一般用螺纹连接。

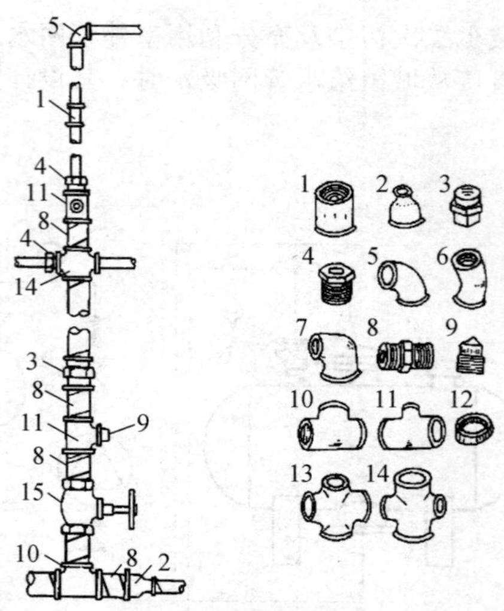

图 4-14 钢管螺纹连接配件

1—管箍；2—异径管箍；3—活接头；4—补心；5—90°弯头；6—45°弯头；7—异径弯头；8—内管箍；9—管堵；10—等径三通；11—异径三通；12—根母；13—等径四通；14—异径四通；15—阀门

② 焊接：焊接连接一般有电弧焊和气焊两种。焊接具有接头紧密，不漏水，施工迅速的特点，但不能拆卸。管径大于 32 mm 宜用电焊连接，管径小于或等于 32 mm 可用气焊连接。焊接只能用于非镀锌钢管，因镀锌钢管焊接时锌层易被破坏，反而加速锈蚀。

③ 法兰连接：对于较大管道（50 mm 以上），常将法兰盘焊接或用螺纹连接在管端，盘间应垫以垫片（一般用$\delta = 3 \sim 4$ mm 的橡胶板或石棉橡胶板），然后用螺栓连接之。法兰连接一般用在闸门、水泵、水表等给水设备与管道的连接处，以及需要经常拆卸、检修的管道上。

（2）铸铁管。

给水铸铁管与钢管相比有不易腐蚀、造价低、使用期长等优点，因此，在管径大于 75 mm 的给水管中应用较广，常敷设于地下，其主要缺点是性脆、质量大、长度小。

我国生产的给水铸铁管有低压管（≤0.45 MPa）、普压管（≤0.75 MPa）、高压管（≤1.0 MPa）三种。室内给水管道一般使用普压给水铸铁管，实际选用时应根据管道的工作压力来确定。其规格（按公称直径）有 75 mm、125 mm、150 mm、200 mm 等。

铸铁管的连接方法一般采用承插连接。

承插连接无须专门的管件，见图 4-15 所示，只需把插口一端插入承口一端即可，转弯、变径等处使用相应管件。承插连接的接口做法有：石棉水泥（膨胀水泥、铅）-油麻接口；石棉水泥（膨胀水泥）-橡胶圈接口；橡胶圈柔性接口等。

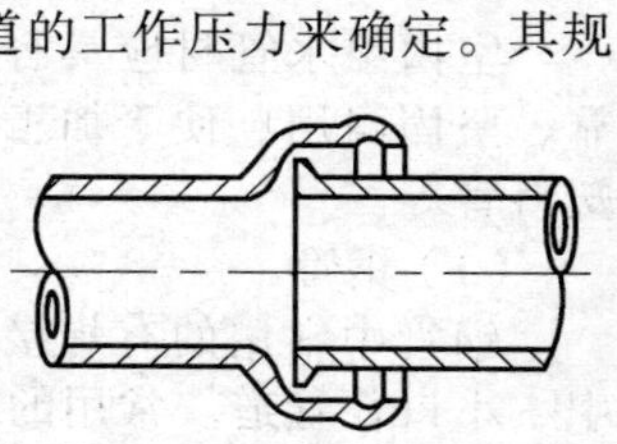

图 4-15 承插连接

（3）塑料管。

我国目前常用的塑料管有聚乙烯（PE）管、氯化聚乙烯管（CPVC）、交联聚乙烯（PEX）管、高密度聚乙烯（HDPE）管、硬聚氯乙烯给水（UPVC）管、丙烯腈－丁二烯－苯乙烯（ABS）管、聚丁烯（PB）管、聚丙烯（PP）以及改性聚丙烯（PPR）管。塑料管的优点是化学稳定性高、耐腐蚀，管内壁光滑，不易积垢阻塞，质轻、价廉；缺点是强度低，耐温性差（氯化聚乙烯管、交联聚乙烯管、厚壁改性聚丙烯管耐温性好，可作为热水管）。塑料管可普遍用于建筑生活给水系统中。其规格常以外径表示。

塑料管的连接方法有：卡环和夹紧镶入式机械连接（PEX）、承插连接（PB）、螺纹连接、法兰连接、热熔焊接和黏结等。

塑料管螺纹连接采用管件（配件）为塑料制品。热熔焊接采用热空气焊。

（4）铝塑复合管、钢塑复合管。

复合管有交联聚乙烯夹铝混合式压力管（PEX—AL—PEX）、高密度聚乙烯夹铝混合式压力管（HDPE—AL—HDPE）及内壁喷塑、衬塑、注塑的镀锌钢管等。其特点是高强度，不易腐蚀、结垢，集中了金属管与塑料管的优点，而克服了二者的缺点。

钢塑复合管一般采用螺纹连接；铝塑复合管一般采用螺纹连接或卡箍压接，管件（配件）一般为铜制品。

2. 室内给水常用管件

给水管道进行连接就必须采用各种管件，管件可用相应材料制作，并与相应的管材配套使用。

（1）钢管管件。

钢管用丝扣连接时，在管子延长、分支、转弯和变径等时，需用各种管件。常用的管件有管箍、三通、四通、弯头、活接头、补心、对丝、根母、丝堵等，见图 4-14 所示。

各种管件用途为：用于管段延长的有管箍和异径管箍；用于管道转弯的有 90°弯头、45°弯头和异径弯头；用于分支的有三通（等径、异径）、四通（等径、异径）；另外用于经常拆卸或检修的阀门及设备附近的有活接头、对丝根母等。给水管件的等径规格常用的为 15 ~ 50 mm、异径规格常用 $D \times d$（mm）表示，一般 $D = 20 \sim 50$ mm，$d = 15 \sim 40$ mm，并且同一异径管件 $D > d$。

（2）铸铁管管件。

常用给水铸铁管管件同钢管管件，各种管件又可分为承插连接和法兰连接两种。

（3）塑料管件。

塑料管件有三通、四通、弯头等。塑料管件的用途与钢管的相同，可用于塑料丝扣连接、黏结和法兰及热熔焊接等。复合管管件同塑料管。

#### 4.1.4.2 给水管道附件

给水管道附件是给水系统中起调节水量、水压，控制水流方向和通断水流等各类装置的总称，分为配水附件、控制附件和其他附件三类。

1. 配水附件

配水附件是为各类卫生洁具或受水器分配或调节水流的各式水龙头（或阀件），产品应符合节水、耐用、通断灵活和美观等要求。有以下几种：

（1）普通龙头：一般采用截止阀式结构供给洗涤用水的配水龙头。通常装在洗涤盆、污水盆及盥洗槽上。由可锻铸铁或铜制成，规格有 15 mm、20 mm、25 mm 三种，如图 4-16（a）所示。

（2）盥洗龙头：采用截止阀或瓷片式、轴筒式、球阀式等结构。装设在洗脸盆上，通常与洗脸盆成套供应，有莲蓬头式、鸭嘴式、角式、长脖式等多种形式。多为表面镀镍的铜制品，较美观和洁净，见图 4-16（b）所示。

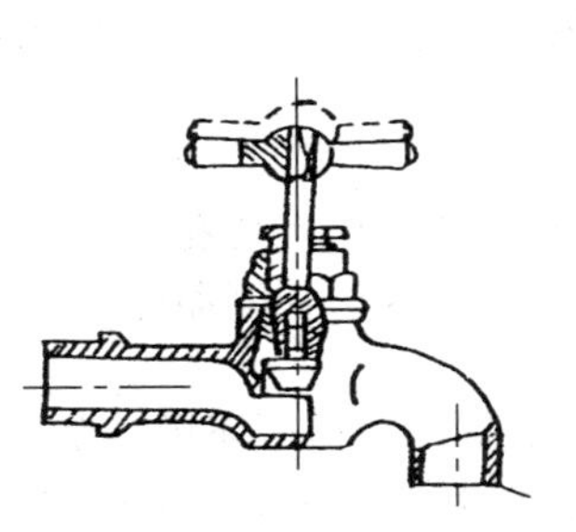

（a）普通水嘴

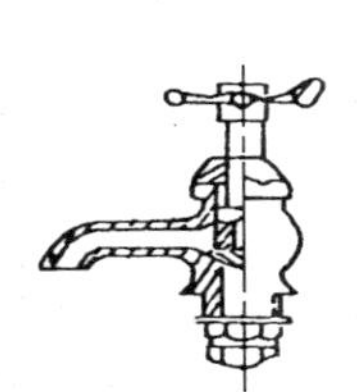

（b）盥洗水嘴

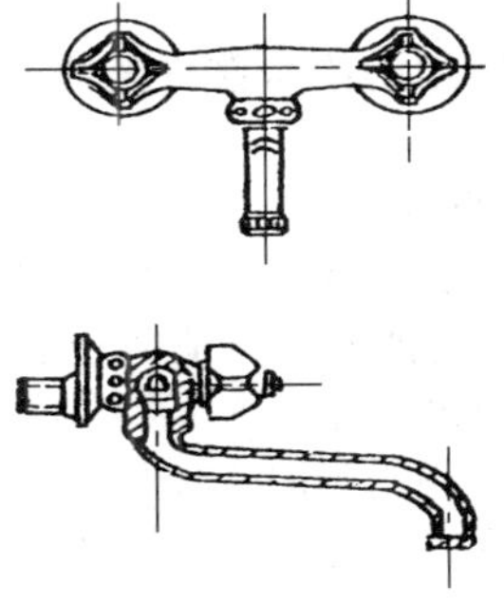

（c）混合水嘴

图 4-16　配水附件

（3）混合龙头：通常装设在浴盆、洗脸盆及淋浴器上用来分配调节冷热水用。按结构形式分为双把和单把两种，见图 4-16（c）所示。

此外，还有很多特殊用途的水龙头，如用于化验室的鹅颈水龙头，用于节水的充气水龙头、定流量水龙头、定水量水龙头、自动控制水龙头及小便斗冲洗器等。

2. 控制附件

控制附件是用于调节水量、水压、关断水流、控制水流方向和水位的各式阀门。控制附件应符合性能稳定、操作方便、便于自动控制、精度高等要求。室内给水管道上常用的阀门，如图 4-17 所示，有以下几种：

（1）闸阀：关闭件（闸板）由阀杆带动，沿阀座密封面做升降运动的阀门。该阀全开时水流呈直线通过，阻力小，但水中有杂质沉入阀座后，使阀门关闭不严，易漏水。一般用在口径 DN ≥70 mm 或双向流动的管道上。

（2）截止阀：关闭件（阀瓣）由阀杆带动，沿阀座（密封面）轴线做升降运动的阀门。水流通过该阀时呈曲线通过。该阀具有开启高度小、关闭严密、在开闭过程中密封面的摩擦力比闸阀小，耐磨等优点。但截止阀的阻力大、开闭力矩较大、结构长度较长，安装有方向性，通常用在管径小于或等于 200 mm 的管道中，需要调节流量、水压时，宜采用截止阀。

（3）止回阀：也称单向阀、逆止阀、单流阀，是阀体内装有单向开启阀瓣，启闭件（阀瓣或阀芯）借介质作用力自动阻止介质逆流的阀门。室内常用的止回阀有升降式止回阀、旋启式止回阀、消声止回阀和缓闭止回阀。

（4）浮球阀：安装在各种水池、水塔、水箱的进水口上，通过浮球的调节作用来维持水位。当充水到既定水位时，浮球随水位浮起，关闭进水口，防止溢流；当水位下降时，浮球下落，进水口开启。为保障进水的可靠性，一般采用两个浮球阀并联安装，浮球阀前应安装检修用的阀门。室内卫生器具常用于大、小便器。

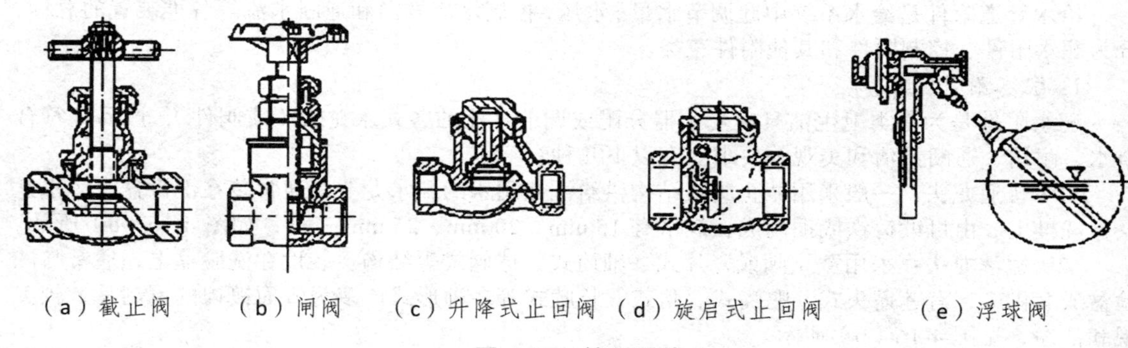

（a）截止阀　（b）闸阀　（c）升降式止回阀　（d）旋启式止回阀　（e）浮球阀

**图 4-17　控制附件**

此外，常用的给水阀件还有蝶阀、球阀、减压阀、安全阀、泄压阀、多功能阀和紧急关闭阀等。

3. 其他附件

在给水系统中常需要安装一些保障系统正常运行、延长设备使用寿命和改善系统工作性能的附件，如管道过滤器、倒流防止器、水锤消除器、排气阀、排泥阀、伸缩器等等。

（1）管道过滤器。

管道过滤器用于除去流体中的较大固体杂质，使机器设备（包括压缩机、泵等）、仪表能正常工作和运转，达到稳定工艺过程、保障安全生产的作用。管道过滤器主要由接管、筒体、滤篮、法兰、法兰盖及紧固件等组成，安装在水泵吸水管、加热器进水管、换热装置的循环冷却水进水管上，以及进水总表、住宅进户水表、减压阀、自动水位控制阀、温度调节阀等阀件前。

（2）倒流防止器。

倒流防止器由进口止回阀、自动漏水阀和出口止回阀组成，阀前水压不小于 0.12 MPa 才会保证水能正常流动，是一种严格限定管道中水只能单向流动的水力控制组合装置。它的功能是在任何工况下防止管道中的介质倒流，以达到避免倒流污染的目的。目前，倒流防止器主要分为低阻力倒流防止器和减压型倒流防止器两类，按国家标准低阻力倒流防止器的水头损失小于 3 m，减压型倒流防止器的水头损失小于 7 m。

按连接方式分：法兰连接的有减压型倒流防止器、低阻力倒流防止器（有双膜片低阻力倒流防止器，单膜片低阻力倒流防止器两种）；丝扣连接的有丝扣型低阻力倒流防止器、微型倒流防止器、水表用倒流防止器。

（3）水锤消除器。

水锤消除器能在无须阻止流体流动的情况下，有效地消除各类流体在传输系统可能产生的水外锤和浪涌发生的不规则水击波振荡，从而达到消除具有破坏性的冲击波，起到保护之目的。水锤消除器的内部有一密闭的容气腔，下端为一活塞，当冲击波传入水锤消除器时，水击波作用于活塞上，活塞将往容气腔方向运动。活塞运动的行程与容气腔内的气体压力、水击波大小有关，活塞在一定压力的气体和不规则水击双重作用下，做上下运动，形成一个动态的平衡，这样就有效地消除了不规则的水击波振荡。

水锤：又称水击，是水（或其他液体）输送过程中，由于阀门突然开启或关闭、水泵突然停止、骤然启闭导叶等原因，使流速发生突然变化，同时压强产生大幅度波动的现象。

（4）伸缩器。

伸缩器也称伸缩节、膨胀节、补偿器、伸缩接头。伸缩器按材质分为：钢制伸缩器、橡胶伸缩器、不锈钢伸缩器。伸缩器在一定范围内可轴向伸缩，也能在一定的角度内克服管道对接不同轴向而产生的偏移，能极大地方便阀门管道的安装与拆卸，在管道允许伸缩量中可以自由伸缩，一旦越过其最大伸缩量就起到限位，确保管道的安全运行。伸缩器主要为保障管道安全运行，具有以下作用：补偿吸收管道轴向、横向、角向热变形；吸收设备振动，减少设备振动对管道的影响；吸收地震、地陷对管道的变形量。

#### 4.1.4.3 水　表

1. 水表的种类

水表是一种计量建筑物或设备用水量的仪表，按工作原理分为流速式水表（图 4-18）、容积式水表、活塞式水表。目前，室内给水系统中广泛使用流速式水表，它是根据管径一定时，通过水表的水流速度与流量成正比的原理来计量的。

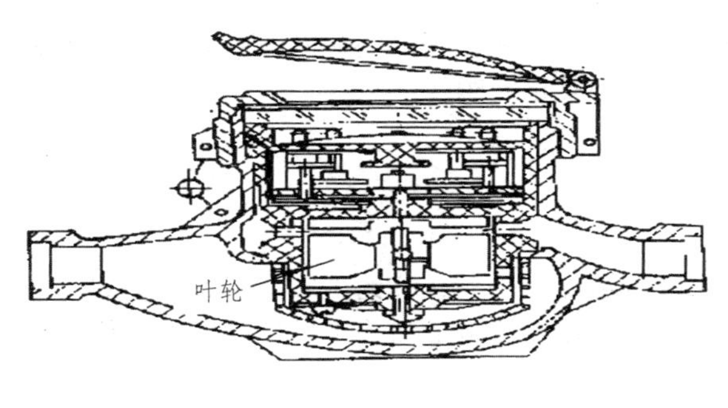


（a）旋翼式水表

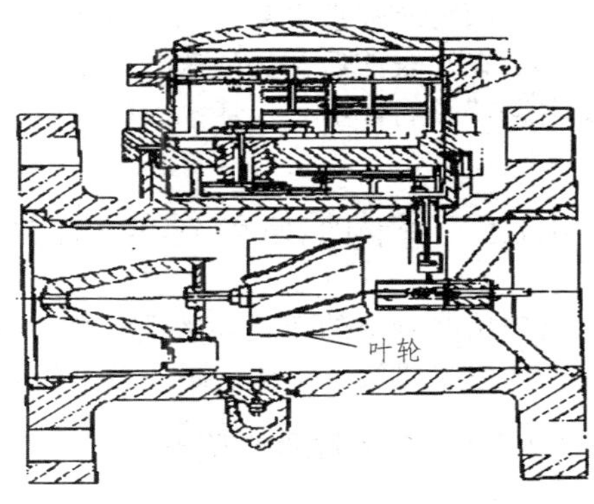


（b）螺翼式水表

**图 4-18　流速式水表**

流速式水表按叶轮构造不同，分旋翼式（又称叶轮式）和螺翼式两种，如图 4-18 所示。旋翼式的叶轮转轴与水流方向垂直，阻力较大，起步流量和计量范围较小，多为小口径水表，用以测量较小流量。螺翼式水表叶轮转轴与水流方向平行，阻力较小，起步流量和计量范围比旋翼式水表大，适用于测量较大流量。

旋翼式水表按计数机件所处的状态又分为干式和湿式两种。干式水表的计数机件和表盘与水隔开；湿式水表的计数机件和表盘浸没在水中，机件较简单，计量较准确，阻力比干式水表小，应用较广泛，但若水中含固体杂质会降低计量精度。湿式旋翼式水表，按材质又分为塑料表（DN15 ~ 25）与金属表（DN15 ~ 150）两类。

2. 水表的特性参数和选用

（1）水表的特性参数。其参数的具体物理意义如下：

特性流量 $Q_t$：水流通过旋翼式水表时产生 100 kPa 水头损失的流量值，单位：$m^3/h$。

最大流量 $Q_{max}$：水流在短时间内通过水表的流量上限值，单位：$m^3/h$。

额定流量：水表长期正常运转时通过水表的工作流量值，单位：$m^3/h$。

最小流量：水表能准确计量的最小流量值，单位：$m^3/h$。

灵敏限：水表能连续纪录（开始转动）的最小流量值，单位：$m^3/h$。

流通能力：水流通过螺翼式水表时产生 10 kPa 水头损失的流量值，单位：$m^3/h$。

（2）水表的选用：水表的选择包括水表类型的选择和口径的选择。

① 水表类型选择。选择水表的类型主要考虑通过水表的最大流量、最小流量和正常流量及安装水表的管道直径等因素，对照水表性能选用。一般情况下，公称直径小于或等于 50 mm 时，应采用旋翼式水表，公称直径大于 50 mm 时，应采用螺翼式水表。在干式和湿式水表中，应优先选用湿式水表。

② 水表口径的选择。对于用水均匀时，以给水设计流量（不包括消防流量）不超过水表的额定流量选定水表的口径；用水不均匀时，以给水设计流量不超过水表的最大流量选定水表的口径；对于生活、生产和消防统一的给水系统，以总设计流量不超过水表最大流量来选定水表的口径。住宅的单户水表，一般可采用 15 mm 的旋翼式湿式水表；住宅大便器采用自闭式冲洗阀时，为保证冲洗强度，水表公称直径不宜小于 20 mm。

3. 水表的安装

（1）水表应安装在便于检修和读数，不受曝晒、冻结、污染和机械损伤的地方。

（2）保证计量准确，螺翼式水表的上游侧，应有为 8 ~ 10 倍水表公称直径的直线管段，其他类型水表的前后亦应有不小于 300 mm 的直线管段。

（3）旋翼式水表和垂直螺翼式水表应水平安装，水平螺翼式和容积式水表可根据实际情况确定水平、倾斜或垂直安装。水流方向应与水表的标注方向一致。

（4）在水表前后和旁通管上均应装设检修阀门，水表与表后阀门间应有泄水装置，当水表可能发生反转影响计量和损坏水表时应在水表的水流下游设止回阀。

### 4.1.5 室内给水管道的布置与敷设

室内给水管道的布置和敷设，总的要求是保证供水安全可靠，节约工料，不妨碍美观，使用方便，减少与建筑、结构、暖通及电气各方面的矛盾，并便于施工和竣工后使用中的维修管理。

#### 4.1.5.1 给水管道的布置

1. 引入管和水表节点

（1）引入管。一幢单独建筑物的给水引入管，宜从建筑物用水量最大处引入。当建筑物内卫生器具布置比较均匀时，应在建筑物的中央部分引入。一般建筑物的给水引入管只设一条。当建筑物不允许间断供水或室内消火栓总数在 10 个以上时，引入管要设置两条，并应由城市管网的不同侧引入；如不可能时可由同侧引入，但两根引入管间距不得小于 10 m，并应在接点间设置阀门。在北方地区，引入管可以从采暖地沟中进入室内。当引入管不从采暖地沟引入时，建筑物基础墙壁上应预留直径大于引入管直径 200 mm 的孔洞，在管外填充柔性或刚性材料，或者采取预埋套管、砌分压拱或设置过梁等措施，以保护引入管不致因建筑物沉降而受到破坏。

引入管进入建筑内有两种情况，一种是从建筑物的浅基础下通过，另一种是穿地下室外墙或基础，其敷设方法如图 4-19 所示。给水引入管与其他管道应保持一定的距离，与污水排出管的平行间距应大于 1.0 m，与电线管的平行间距应大于 0.75 m。

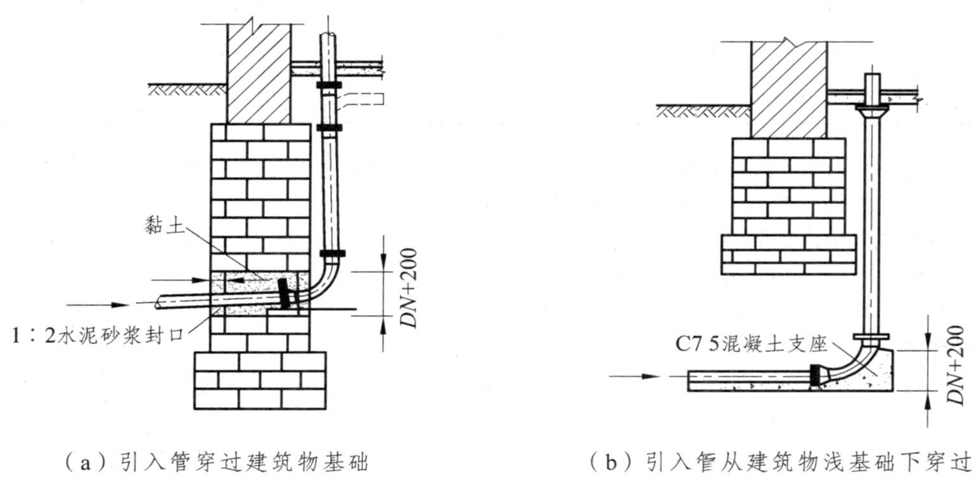


（a）引入管穿过建筑物基础　　（b）引入管从建筑物浅基础下穿过

**图 4-19　引入管进入建筑物做法**

（2）水表节点。水表前后应装有阀门，以便在修理或拆换水表时关闭管网。当室内一侧的水压可能大于室外管网中的水压（例如设有水箱）时，应装设逆止阀，防止水经水表倒流。当不允许断水或设有消火栓时，应装设旁通管。旁通管上设有阀门，平时设铅封不准打开，只有在修理水表或灭火时才准打开。为了便于在拆卸水表时放掉水表前后阀门间的水，还应安装泄水龙头。水表及其前后的这些附件总称为水表节点。水表节点一般装设在建筑物的外墙内或室外专门的水表井中。装设水表的地方气温在 2 °C 以上，并应便于检修、不受污染、不被损坏、查表方便。

2. 给水管道的布置

给水管道的布置按供水可靠程度要求可分为枝状和环状两种形式：前者单向供水，供水安全可靠性差，但节省管材，造价低；后者管道相互连通，双向供水，安全可靠，但管线长，造价高。给水管道按水平干管的敷设位置又可分为上行下给、下行上给和中分式三种形式。干管设在顶层天花板下、吊顶内或技术夹层中，由上向下供水的为上行下给式；干管埋地、设在底层或地下室中，由下向上供水的为下行上给式；水平干管设在中间技术层内或中间某层吊顶内，由中间向上、下两个方向供水的为中分式。

### 4.1.5.2　管道敷设

1. 敷设形式

给水管道的敷设方式有明装、暗装两种形式。明装即管道外露，其优点是安装维修方便、造价低。但外露的管道影响美观，表面易结露、积灰尘。暗装即管道隐蔽，如敷设在管道井、技术层、管沟、墙槽、顶棚或夹壁墙中，直接埋地或埋在楼板的垫层里，其优点是管道不影响室内的美观、整洁，但施工复杂，维修困难，造价高。

2. 敷设要求

给水横管穿承重墙或建筑物基础、立管穿楼板时均应预留孔洞，暗装管道在墙中敷设时也应预留墙槽，以免临时打洞、刨槽影响建筑结构的强度。预留孔洞尺寸见表 4-1。横管穿预留洞时管顶上部净空不得小于建筑物的沉降量，以保护管道不致因建筑沉降而损坏，一般不小于 100 mm。

表 4-1 立管管外皮距墙面距离及预留孔洞尺寸

| 管径/mm | <32 | 32～50 | 75～100 | 125～150 |
|---|---|---|---|---|
| 管外皮距墙面距离（抹灰）/mm | 25～35 | 30～50 | 50 | 60 |
| 预留孔洞尺寸（长×宽）/mm×mm | 80×80 | 100×100 | 200×200 | 300×300 |

给水立管可以在建筑物内沿墙、柱明设，明设的不保温给水立管（和横管）与墙面应有一定的距离，这个距离即管外皮到墙的抹灰面或饰面的距离。

有些对美观要求高的建筑物，给水立管可安装在墙内预留的管槽内，这种安装方式称为暗装。预留槽的最小尺寸为 140 mm×130 mm。管道安装完毕并试压合格后，将管槽钉铁丝网，并抹白灰。

给水横管应尽量避免穿过建筑物的沉降缝和伸缩缝，防止因建筑物变形使管道破裂漏水。如果必须穿过时要采取相应的措施，如：丝扣弯头法，见图 4-20 所示。

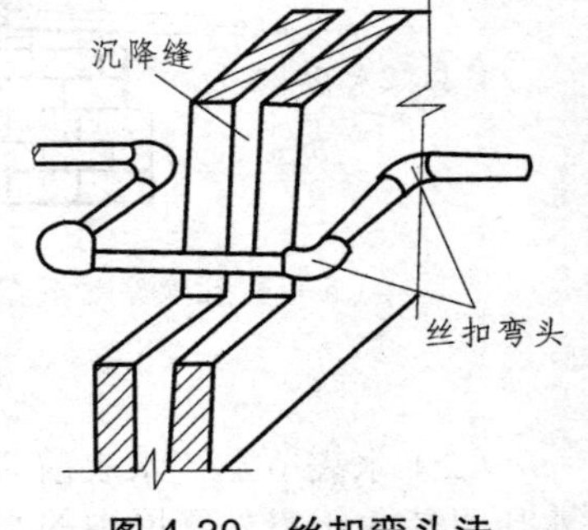

图 4-20 丝扣弯头法

给水横管不得敷设在排水沟、烟道及通风道内，也不许穿过大便槽、橱窗、壁柜及木装修等环境。给水横管不应在人行区上方穿过，防止滴水落在人的身上。与其他横管垂直共架时，给水横管应在最下面，水平共架时，应在外侧。

管道在空间敷设时，应按施工技术规范和保证安全供水，每隔一定距离设管卡或卡、吊架加以固定。支架、吊架的间距视管径的大小而定。

给水管采用软质的交联聚乙烯管或聚丁烯管埋地敷设时，宜采用分水器配水，并将给水管道敷设在套管内。

#### 4.1.5.3 管道的防腐、防冻、防结露及防噪声

1. 防　腐

明装和暗装的金属管道都要采取防腐措施，以延长管道的使用寿命。通常的做法是管道先除锈，后在外壁刷涂防腐涂料。明装的焊接钢管和铸铁管外刷防锈漆一道，银粉漆两道；镀锌钢管外刷银粉漆两道；暗装和埋地管道先刷冷底子油一道，再刷沥青漆两道。对防腐要求较高的管道要做沥青防腐层，即管道外壁刷底漆后，再刷沥青面漆，然后外包玻璃丝布。防腐层数根据防腐要求确定。

2. 防冻、防结露

设在温度低于零度以下位置的管道和设备，如敷设在非采暖房间的管道等，为保证冬季安全使用，应注意防冻。在管道安装完毕，水压试验和刷完防腐漆后，应采取保温防冻措施。常用的做法是：在做防腐处理后，包扎矿渣棉、石棉硅藻土、玻璃棉、膨胀蛭石、硬质泡沫塑料等保温材料或珍珠岩制品做保温层，外做防潮层、保护层等。

在环境温度较高、空气湿度较大的房间或管道内水温低于室内温度时，管道和设备表面可能产生凝结水，影响使用和卫生，必须采取防结露措施，其做法与保温的做法相同。

3. 防噪声

管道或设备在使用过程中常会发生噪声，且噪声会沿着建筑物结构和管道传播，从而造成噪声污染。例如：水泵工作时发出的噪声；管道内水流速度过大引起水锤发生噪声或通过阀门以及管道变径时，都可能产生噪声。因此，必须采取措施防止噪声。通常在水泵安装中应采用减振基础及安装隔振垫等措施；在设计给水系统时应控制管道内的水流速度，尽量减少使用电磁阀或速闭型水栓；住宅建筑进户管的阀门后，宜设置家用可曲挠橡胶接头隔振，并可在管支架、吊架内衬垫减振材料，以缩小噪声的扩散。

### 4.1.6 建筑内部给水系统竣工验收

#### 4.1.6.1 验收步骤及注意事项

（1）建筑内部给水系统施工安装完毕，进行竣工验收时，应出具下列文件：

① 施工图纸（包括选用的标准图集及通用图集）和设计变更；

② 施工组织设计或施工方案；

③ 材料和制品的合格证或实验记录；

④ 设备和仪表的技术性能证明书；

⑤ 水压实验记录，隐蔽工程验收记录和中间验收记录；

⑥ 单项工程质量评定表。

（2）暗装管道的外观检查和水压实验，应在隐蔽前进行。保温管道的外观检查和实验，应在保温前进行。无缝钢管可带保温层进行水压实验，但在实验前，焊接接口和连接部分不应保温，以便进行直观检查。

（3）在冬季进行水压试验时，应采取防冻措施（北方地区），试压后应放空管道中的存水。

（4）室内直埋给水管道（塑料管道和复合管道除外）应做防腐处理，埋地管道的防腐层材质和结构应符合设计要求。

（5）给水管道必须采用与管材相适应的管件。生活给水管道在交付使用前必须进行冲洗和消毒，并经有关部门取样检验，符合国家现行《生活饮用水卫生标准》（GB 5749—2006）后方可使用。

（6）建筑内部给水管道系统，在实验合格后，方可与室外管网或室内加压泵房连接。

#### 4.1.6.2 建筑内部给水系统的质量检查

建筑内部给水系统应根据外观检查和水压实验的结果进行验收。

（1）建筑内部生活饮用和消防系统给水管道的水压试验必须符合设计要求，当设计未注明时，各种材质的给水管道系统实验压力均为工作压力的 1.5 倍，但不得小于 0.6 MPa。水压实验的方法按下列规定进行：金属复合管给水管道系统在实验压力下观测 10 min，压力降不应大于 0.02 MPa，然后降到工作压力进行检查，应不渗不漏；塑料管给水管道系统应在实验压力下稳压 1 h，压力降不得超过 0.05 MPa，然后在工作压力的 1.15 倍状态下稳压 2 h，压力降不得超过 0.03 MPa，同时检查各连接处不得渗漏。

（2）建筑内部给水管道系统验收时，应检查以下各项：

① 管道平面位置、标高和坡度是否正确。

② 管道的支、吊架安装是否平整牢固，其间距是否符合规范要求。

③ 管道、阀件、水表和卫生洁具的安装是否正确及有无漏水的现象。

④ 生活给水及消防给水系统的通水能力。建筑内部生活给水系统，按设计要求同时开放最大数量配水点是否全部达到额定流量。高层建筑可根据管道布置采取分层、分区段的通水试验。

（3）建筑内部给水管道和阀门安装的允许偏差应符合表 4-2 的规定。

表 4-2 管道和阀门安装的允许偏差和检验方法

<table>
<tr><th>项次</th><th colspan="3">项 目</th><th>允许偏差/mm</th><th>检验方法</th></tr>
<tr><td rowspan="6">1</td><td rowspan="6">水平管道纵横弯曲</td><td rowspan="2">钢管</td><td>每米</td><td>1</td><td rowspan="6">用水平尺、直尺、拉线和尺量检查</td></tr>
<tr><td>全长 25 m 以上</td><td>≤25</td></tr>
<tr><td rowspan="2">塑料管<br>复合管</td><td>每米</td><td>1.5</td></tr>
<tr><td>全长 25 m 以上</td><td>≤25</td></tr>
<tr><td rowspan="2">铸铁管</td><td>每米</td><td>2</td></tr>
<tr><td>全长 25 m 以上</td><td>≤25</td></tr>
<tr><td rowspan="6">2</td><td rowspan="6">立管垂直度</td><td rowspan="2">钢管</td><td>每米</td><td>3</td><td rowspan="6">吊线和尺量检查</td></tr>
<tr><td>5 m 以上</td><td>≤8</td></tr>
<tr><td rowspan="2">塑料管<br>复合管</td><td>每米</td><td>2</td></tr>
<tr><td>5 m 以上</td><td>≤8</td></tr>
<tr><td rowspan="2">铸铁管</td><td>每米</td><td>3</td></tr>
<tr><td>5 m 以上</td><td>≤10</td></tr>
<tr><td>3</td><td colspan="2">成排管段和成排阀门</td><td>在同一平面上间距</td><td>3</td><td>尺量检查</td></tr>
</table>

（4）给水设备安装工程验收时，应注意以下事项：

① 水泵就位前的基础混凝土强度、坐标、标高、尺寸和螺栓孔位置必须符合设计规定，应对照图纸用仪器和尺量检查。

② 水泵试运转的轴承温升必须符合设备说明书的规定，可通过温度计实测检查。

③ 立式水泵的减振装置不应采用弹簧减振器。

④ 敞口水箱的满水实验和密闭水箱（罐）的水压实验必须符合设计规定。检验方法：满水实验静置 24 h 观察，不渗不漏；水压试验在实验压力下 10 min 压力不降，不渗不漏。

⑤ 水箱支架或底座安装，其尺寸及位置应符合设计规定，埋设平整牢固。

⑥ 水箱溢流管和泄放管应设置在排水地点附近，但不得与排水管直接连接。

⑦ 建筑内部给水设备安装的允许偏差应符合表 4-3 的规定。

表 4-3 建筑内部给水设备安装的允许偏差和检验方法

<table>
<tr><th>项次</th><th colspan="3">项 目</th><th>允许偏差/mm</th><th>检验方法</th></tr>
<tr><td rowspan="3">1</td><td rowspan="3">静置设备</td><td colspan="2">坐标</td><td>15</td><td>经纬仪或拉线、尺量</td></tr>
<tr><td colspan="2">标高</td><td>±5</td><td>用水准仪、拉线和尺量检查</td></tr>
<tr><td colspan="2">垂直度（每米）</td><td>0.1</td><td>吊线和尺量检查</td></tr>
<tr><td rowspan="4">2</td><td rowspan="4">离心式水泵</td><td colspan="2">立式泵体垂直度（每米）</td><td>0.1</td><td>水平尺和塞尺检查</td></tr>
<tr><td colspan="2">卧式泵体垂直度（每米）</td><td>0.8</td><td>水平尺和塞尺检查</td></tr>
<tr><td rowspan="2">联轴器同心度</td><td>轴向倾斜（每米）</td><td>0.1</td><td rowspan="2">在联轴器互相垂直的四个位置上用水准仪、百分表或侧位螺钉和塞尺检查</td></tr>
<tr><td>径向位移</td><td>0.1</td></tr>
</table>

⑧ 管道及设备保温的厚度和平整度的允许偏差应符合表 4-4 的规定。

表 4-4　管道及设备保温层的允许偏差和检验方法

| 项　次 | 项　　目 | | 允许偏差/mm | 检 验 方 法 |
|---|---|---|---|---|
| 1 | 厚度$\delta$ | | $+0.1\delta$<br>$-0.05\delta$ | 用钢针刺入 |
| 2 | 表　面<br>平整度 | 卷　材 | 5 | 用 2 m 靠尺和楔形塞尺检查 |
| | | 涂　抹 | 10 | |

## 4.2　室内消防给水系统

### 4.2.1　设置室内消防给水的原则

工业与民用建筑都存在一定程度的火灾险情，必须设置消防系统，而设置以水为灭火剂的消防给水系统，是经济有效的方法。建筑消防给水系统一般有消火栓灭火系统和自动喷水灭火系统。除上述以外，还有不宜用水作灭火剂灭火的卤代烷 1211 灭火系统，以及扑灭室外变压器火灾的水喷雾灭火系统和扑灭油罐区的泡沫灭火系统等。

由于高层建筑火势蔓延迅速，危险性大，且扑救火灾与人员疏散困难，所以建筑物按其高度和层数，划分为低层建筑消防灭火系统和高层建筑消防灭火系统，消防给水系统相应亦有低层建筑消防给水系统和高层建筑消防给水系统。

根据目前我国消防登高设备的工作高度和消防车的供水能力，我国划分的界限规定如下：将 10 层以下的住宅建筑（包括首层设有商业服务网点的住宅）和建筑高度不超过 24 m 的其他民用建筑、单层工业厂房、库房和单层公共建筑的消防给水系统划分为低层建筑消防给水系统。这主要是为了扑灭建筑物初期火灾，对较大火灾还要求助于城市消防车赶到现场扑灭。10 层及 10 层以上的住宅建筑和建筑高度超为 24 m 的其他民用建筑和工业建筑的消防给水系统划分为高层建筑消防给水系统。高层建筑室内消防给水系统应具有扑灭建筑物大火灾的能力。

低层建筑消防系统的设置原则是，按我国《建筑设计防火规范》（GB 50016—2014）的规定，下列建筑物必须设置室内消防给水。

① 厂房、库房、高度不超过 24 m 的科研楼（存有与水接触能引起爆炸、燃烧的物品除外）;

② 超过 800 个座位的剧院、电影院、俱乐部和超过 1200 个座位的礼堂、体育馆；

③ 体积超过 5 000 $m^3$ 的车站、码头、机场建筑物以及展览馆、商店、病房楼、门诊楼、教学楼、图书馆等；

④ 超过 7 层的单元式住宅，超过 6 层的塔式住宅、通廊式住宅、底层设有商业网点的单元式住宅；

⑤ 超过 5 层或体积超过 10 000 $m^3$ 的其他民用建筑；

⑥ 国家级文物保护单位的重点砖木结构的古建筑。

在一般建筑物及厂房内，消防给水通常与生活、生产给水管道组成统一的给水系统，当建筑物对消防要求较高、共用一个给水系统不经济或技术上不可能（如高层建筑，生产对水质、水压有特殊要求的建筑）时，应设置独立的消防系统。

### 4.2.2　室内消火栓灭火系统

#### 4.2.2.1　给水方式

根据建筑物的高度，室外给水管网的水压和流量，以及室内消防管道对水压和水量的要求，室内消火栓灭火系统一般有下面几种给水方式：

当室外给水管网的压力和流量能满足室内最不利点消火栓的设计水压和水量时，宜采用无加压水泵和水箱的消火栓灭火系统，如图 4-21 所示。

当室外管网的压力和流量不能经常满足室内消防给水系统需用的水压和流量时，宜采用设有加压水泵和水箱的消火栓灭火系统，如图 4-22 所示。

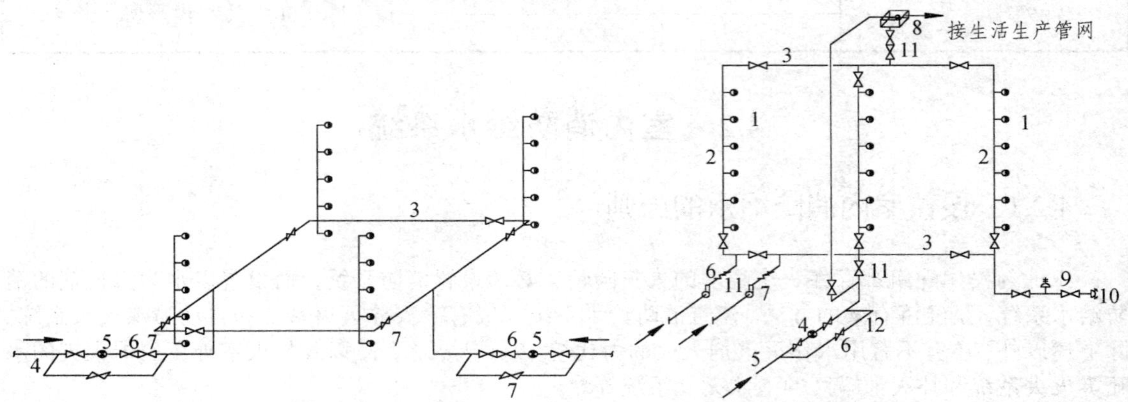


**图 4-21　无加压水泵和水箱的消火栓灭火系统**

1—室内消火栓；2—消防立管；3—消防干管；4—进户管；5—水表；6—止回阀；7—闸阀

**图 4-22　设有加压水泵和水箱的消火栓灭火系统**

1—室内消火栓；2—消防立管；3—消防干管；4—水表；5—进户管；6—阀门；7—消防水泵；8—水箱；9—安全阀；10—水泵；11—止回阀；12—旁通管接合器

建筑高度大于 24 m 但不超过 50 m，室内消火栓栓口处静水压力不超过 0.5 MPa 的工业与民用建筑室内消火栓灭火系统，仍可得到消防车通过水泵接合器向室内管网供水，以加强室内消防给水系统工作，系统可采用不分区的消火栓灭火系统，如图 4-23 所示。

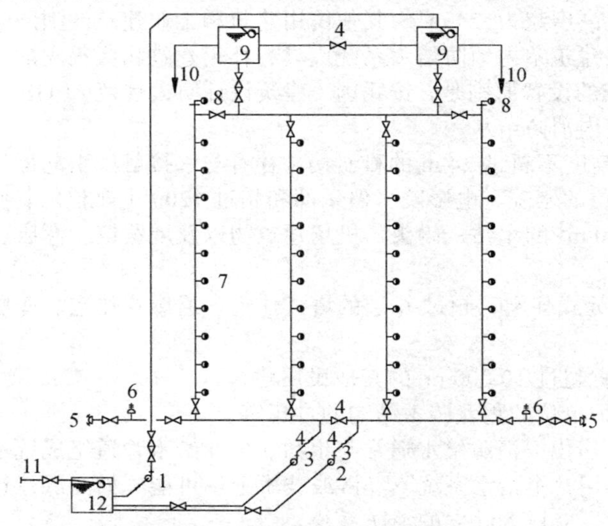

**图 4-23　不分区的消火栓灭火系统**

1—生活、生产水泵；2—消防水泵；3—止回阀；4—阀门；5—水泵接合器；6—安全阀；7—室内消火栓和远距离启动消防水泵的按钮；8—屋顶消火栓；9—水箱；10—至生活、生产给水管网；11—进户管；12—储水池

建筑高度超过 50 m 或室内消火栓栓口处静压大于 0.8 MPa 时，消防车已难于协助灭火，室内消防给水系统应具有扑灭建筑物内大火的能力。为了加强供水安全和保证火场供水，宜采用分区的消火栓灭火系统，如图 4-24 所示。

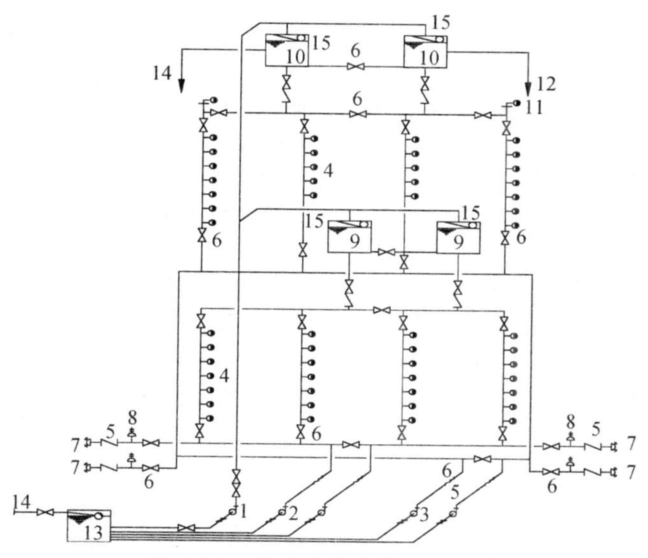


**图 4-24　分区的消火栓灭火系统**

1—生活、生产水泵；2—一区消防水泵；3—二区消防水泵；4—室内消火栓和远距离启动消防水泵的按钮；5—止回阀；6—闸阀；7—水泵接合器；8—安全阀；9—一区水箱；10—二区水箱；11—屋顶消火栓；12—至生活、生产给水管网；13—储水池；14—进户管；15—浮球阀

### 4.2.2.2　消火栓给水系统的组成

室内消火栓灭火系统是由消防水源、消防管道、室内消火栓和消火栓箱（包括水枪、水带和直接启动水泵的按钮）组成的，必要时还需设置消防水泵、水箱（或水池）和水泵接合器等。

1. 室内消火栓

室内消火栓是具有内扣式接头的角形截止阀，有单阀和双阀之分。单阀消火栓又分单出口和双出口，一般情况下推荐单出口消火栓。图 4-25 为单出口室内消火栓。栓口直径有 DN50 和 DN65 两种，前者用于每支水枪最小流量为 2.5 ~ 5 L/s 的情况，后者用于大于等于 5 L/s 的情况。出水口直径为 DN50 的直角双出口式消火栓，具有 65 mm 的进水口；出水口为 DN65 的直角双出口式消火栓，具有 80 mm 的进水口。进水口端与消防立管相连接，出水口端与水带相连接。

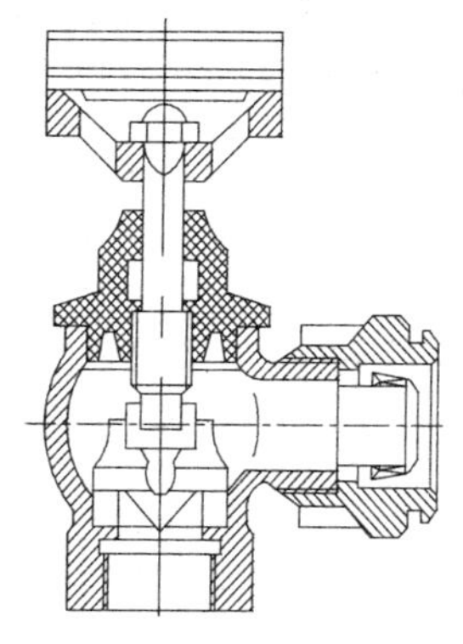

（a）直角单出口式

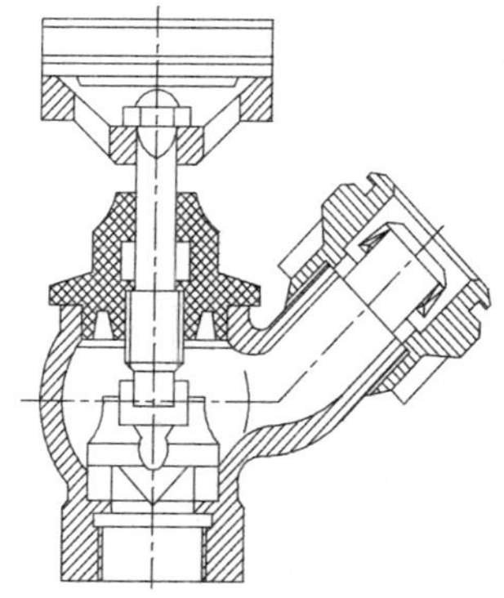

（b）45°单出口式

**图 4-25　单出口室内消火栓**

2. 水　带

室内消防水带有麻织、棉织和衬胶三种，衬胶的压力损失小，但抗折叠性能不如麻织和棉织

的好。室内常用消防水带口径有 DN50 和 DN65 两种，其长度有 15 m、20 m、25 m 三种。

3. 水　枪

水枪是灭火的重要工具，用钢、铝合金或塑料制成，它的作用在于产生灭火需要的充实水柱。室内一般采用直流式水枪，常用喷嘴口径规格有 13 mm、16 mm、19 mm 三种。喷嘴口径为 13 mm 的水枪配有 50 mm 的接口，配 DN50 的水带；喷嘴口径为 16 mm 的水枪配有 50 mm 或 65 mm 的接口，可配 DN50 和 DN65 水带；喷嘴口径为 19 mm 的水枪配有 65 mm 的接口，可配 DN65 水带，用于高层建筑中。

室内消火栓、水带和水枪之间的连接，一般采用内扣式快速接头。在同一建筑物内应选用同一规格的水枪、水带和消火栓，以利于维护、管理和串用。

为了加强高层建筑和设有空气调节系统的旅馆、办公楼，以及超过 1500 个座位的剧院、会堂及其闷顶内安装有面灯部位的马道处的消防能力，在室内消火栓旁宜增设 DN25 的自救式小口径消火栓（消防水喉），配内径 25 mm 的胶带和口径不小于 6 mm 的小水枪，如图 4-26 所示。这种水喉设备便于操作，对扑灭初期火星，非常有效。

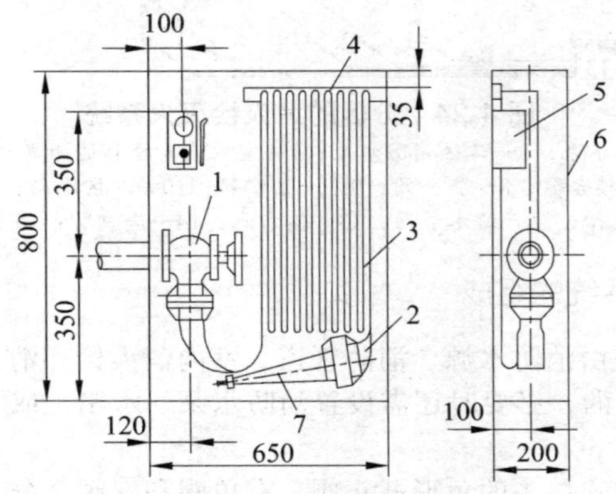


**图 4-26　室内消火栓箱**

1—消火栓；2—水带接口；3—水带；4—挂架；5—消防水泵按钮；6—消火栓箱；7—水枪

4. 消火栓箱

消火栓箱是放置消火栓、水带和水枪的箱子，一般嵌入墙体暗装，也可以明装和半暗装。

常用消火栓箱的规格有 800 mm × 650 mm × 200（320）mm，用木材、铝合金或钢板制作而成，外装单开门，门上应有明显的标志，箱内水带和水枪平时应安放整齐，如图 4-27 所示。

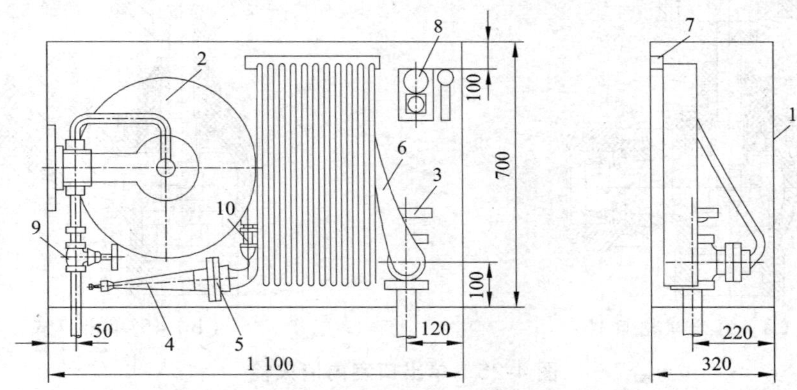


**图 4-27　带消防软管卷盘的室内消火栓箱**

1—消火栓箱；2—消防软管卷盘；3—消火栓；4—水枪；5—水带接口；6—水带；7—挂架；8—消防水泵按钮；9—SNA25 消火栓；10—小口径开关水枪

5. 消防水泵

室内消火栓灭火系统的消防水泵房宜与其他水泵房合建，以便于管理。高层建筑的室内消防水泵宜设在建筑物的底层。泵房应有自己的独立安全出口，出水管不少于两条并与消防管网相连接。

固定式消防水泵应设有和主要泵性能相同的备用泵。但符合下列条件之一时可不设备用泵：① 室外消防用水量不超过 25 L/s 的工厂和仓库；② 7～9 层单元式住宅。

每台消防水泵应有独立的吸水管，分区供水的室内消防给水系统，每区的进水管亦不应少于两条。水泵装置应设计成自灌式。在水泵的出水管上应装置试验与检查用的出水阀门。

为了及时启动消防水泵，保证火场供水，高层工业建筑应在每个室内消火栓处设置直接启动消防水泵的按钮。消防水泵应在火警后 5 min 内开始工作。

设有备用泵的消防水泵房，应设置备用动力，若采用双电源有困难时，可采用内燃机作动力。

消防用水与其他用水统一的给水系统，消防水泵应保证供应生活、生产和消防用水的最大设计流量。

6. 消防水箱

室内消防水箱的设置，应据室外管网的水压和水量来确定：设有能满足室内消防要求的常高压给水系统的建筑物可不设消防水箱；设置临时高压和低压给水系统的建筑物应设消防水箱或气压给水装置。消防水箱设在建筑物的最高部位，其高度应能保证室内最不利点消火栓的需要水压。若确有困难时，应在每个室内消火栓处设置直接启动消防水泵的设备或在水箱的消防出水管上安设水流指示器（水流报警启动器），当水箱内的水一经流入消防管网，立即发出火警信号报警。

消防用水与其他用水合并的水箱应有保证消防用水不做他用的技术措施。发生火灾后，由消防水泵供应的水不得进入消防水箱。消防水箱应储存 10 min 的室内消防用水量，并应保证建筑设计防火规范对消防水箱容积的要求。

7. 水泵结合器

水泵结合器是消防车或机动泵往室内消防管网供水的连接口，如图 4-28 所示。超过四层的厂房和库房、高层工业建筑、设有消防管网的住宅及超过五层的其他民用建筑，其室内消防管网应设水泵接合器。距接合器 15～40 m 的范围内，应有供消防车取水的室外消火栓或消防水池。水泵结合器的数量按室内消防用水量计算确定，每个接合器的流量按 10～15 L 计。

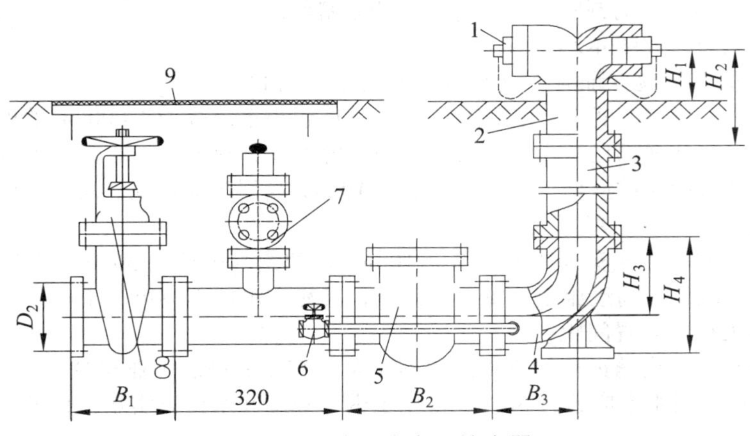


**图 4-28　地上式水泵接合器**

1—消防接口；2—本体；3—法兰短节；4—弯管；5—止回阀；6—放水阀；7—安全阀；8—闸阀；9—井盖

水泵接合器的接出口直径有 65 mm 和 80 mm 两种。水泵接合器可安装成墙壁式、地上式、地下式三种类型。水泵接合器应有明显的标志，以免误认为是消火栓。水泵接合器的安装见《给水排水标准图集》S164。

8. 消防水池

当生活、生产用水量达到最大时，市政给水管道、进水管或天然水源不能满足室内外消防用水量,市政给水管网为枝状或只有一条进水管，且室内外消防用水量之和大于 25 L/s 时，应设消防水池。消防水池的容积应满足在火灾延续时间内室内、外消防用水总量的要求。

对于百货楼、展览楼、财贸金融楼、省级邮政楼、高级旅馆、重要的科研楼、图书馆、档案楼等高层建筑和甲、乙、丙类物品仓库，火灾延续时间按 3 h 计；易燃、可燃材料的露天、半露天堆场按 6 h 计；居住区、工厂和丁、戊类仓库建筑按 2 h 计；自动喷水灭火设备的用水量按火灾延续时间 1 h 计。

在发生火灾时，能保证向水池连续供水的条件下，计算消防水池容积时，可减去火灾延续时间内连续补充的水量。火灾后消防水池的补水时间不得超过 48 h。

供消防车取水的消防水池应设取水口，取水口与被保护建筑物距离不宜小于 15 m，消防车吸水高度不超过 6 m，消防水池的保护半径不宜大于 150 m。

消防水池与其他用水共用时,应有确保消防用水不作他用的技术措施。在寒冷地区，消防水池应有防冻设施。

消防水池的容积如超过 1 000 $m^3$ 时，应分设成两个或两格。

#### 4.2.2.3 消火栓的布置与管道水力计算

1. 室内消火栓的布置

室内消火栓应布置在建筑物内各层明显、易取用和经常有人出入的地方，如楼梯间、走廊、大厅、车间的出入口、消防电梯的前室等处。设室内消火栓的建筑物为平屋顶时，在平屋顶需设试验检查用消火栓。消火栓距地板面高度为 1.1 m，出水方向宜向下或与设置消火栓的墙面成 90°角。

充实水柱系指水从消防水枪射出的消防射流中最有效的一段射流长度。这股射流包括 75% ~ 90%的全部消防射流量，在直径为 26 ~ 38 mm 的圆断面内通过并保持紧密状态，具有扑灭火灾的能力，如图 4-29 所示。

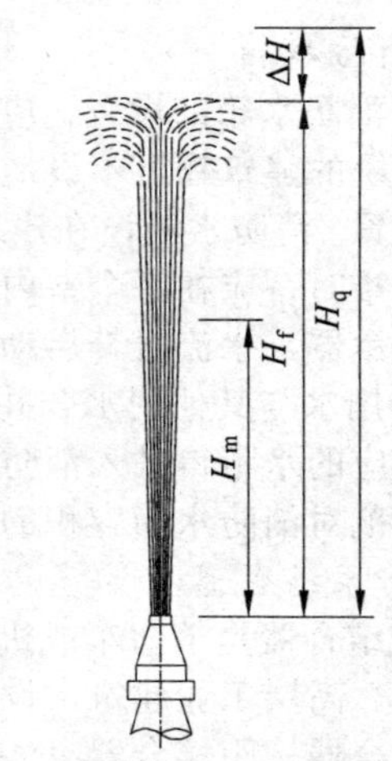


**图 4-29　消防射流**

$H_m$—充实水往长度（m）；$H_t$—高度；$\Delta H$—射流压力损失（kPa）；$H_q$—水枪喷嘴

室内消火栓的布置应保证有两支水枪的充实水柱同时到达室内任何部位。建筑高度小于或等于 24 m，且体积小于或等于 5 000 $m^2$ 的库房，可用 1 支水枪充实水柱到达室内任何部位。水枪充实水柱的长度由计算确定，一般不小于 7 m；对于超过六层的民用建筑和超过四层的厂房、车库不应小于 10 m；高层工业建筑、高架库房，水枪的充实水柱不应小于 13 m。

高层民用建筑水枪的充实水柱不应小于 10 m，但建筑高度超过 50 m 的百货楼、展览楼、财贸金融楼、省级邮政楼、高级旅馆、重要科研楼，其充实水柱不应小于 13 m。

（1）室内消火栓的布置间距

单层和多层建筑室内消火栓的布置间距不应大于 50 m；高层工业建筑、高架库房，甲、乙类厂房，室内消火栓的间距不应超过 30 m。根据水带的长度和水枪充实水柱长度，每个消火栓的保护半径就可由下式求得：

$$R = 0.9L + S_z \cos 45° \tag{4-2}$$

式中 $R$——消火栓保护半径（m）；

$L$——水带长度（m）；

0.9——考虑到水带转弯曲折的折减系数；

$S_z$——充实水柱长度（m）;

45°——灭火时水枪的倾角。

有了消火栓的保护半径和规范要求的同时灭火水柱股数，结合建筑物的形状就可以确定消火栓的设置间距。

当一股水柱到达服务半径内任何部位时，如图 4-30（a）所示，消火栓的布置间距按下式计算：

$$L_1 \leqslant 2\sqrt{R^2 - b^2} \tag{4-3}$$

式中 $L_1$——一股水柱时的消火栓布置间距（m）;

$R$——消火栓的服务半径（m）;

$b$——消火栓的最大服务宽度（m）。

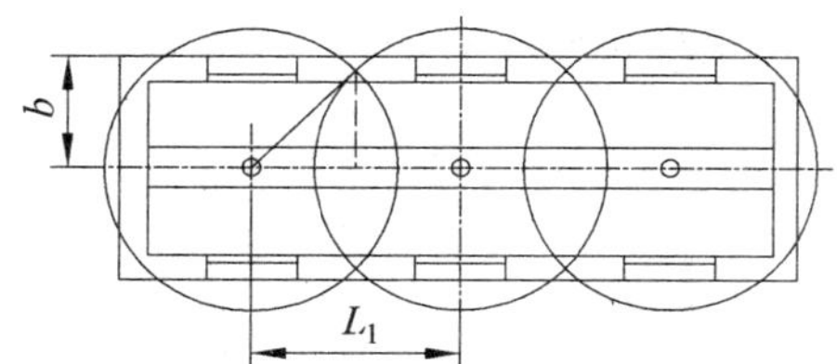


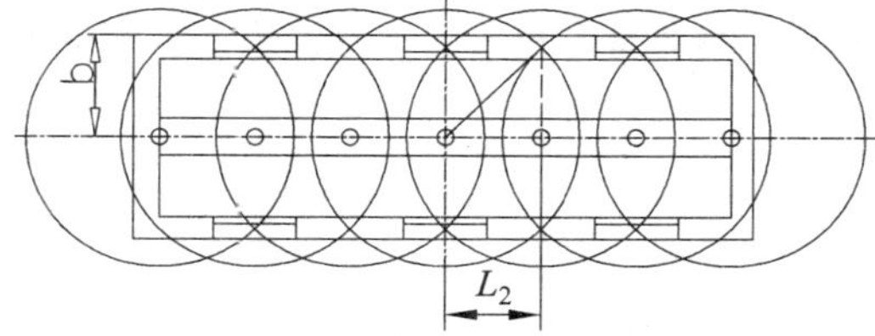


（a）一股水柱到达服务半径内任何部位时消火栓的布置间距（b）两股水柱同时到达服务半径内任何部位时

**图 4-30 消火栓的布置间距**

当两股水柱同时到达服务半径内任何部位时，如图 4-30（b）所示，消火栓的布置间距按下式计算。

$$L_2 \leqslant \sqrt{R^2 - b^2} \tag{4-4}$$

式中 $L_2$——两股水柱时的消火栓布置间距（m）;

$R$、$b$——意义同前。

（2）消火栓的服务半径：

$$R = L_d + L_s \tag{4-5}$$

式中 $R$——消火栓的服务半径（m）;

$L_d$——水龙带工作长度（取实际长度的 80%～90%，m）;

$L_s$——水枪充实水柱在平面上的投影长度（m）。

2. 消防管道的水力计算

室内消防给水管道的水力计算方法及步骤与室内给水管道水力计算基本相同，只是每根竖管的直径按最不利条件计算。例如每根竖管最小设计流量按三支水枪出流，其消防管径以最上层两支水枪出流，次上层为一支水枪同时出流计算。在生活、生产和消防共用系统中，共用管段设计流量应为三者之和，以通过生产、生活用水量时的流量计算管径，按同时通过生活用水、生产用水和消防用水的总流量计算管段的压力损失，并以消防时最不利管段计算的设计压力去选定消防水泵的压力和确定水塔（水箱）的高度。

## 4.2.3 自动喷水灭火系统

### 4.2.3.1 闭式自动喷水灭火系统

闭式自动喷水灭火系统是利用火场达到一定温度时，能自动地将喷头打开，扑灭和控制火势并发出火警信号的室内消防给水系统。它具有良好的灭火效果，火灾控制率在97%以上。它布置在火灾危险性较大、起火蔓延快的场所，容易自燃而无人管理的仓库，对消防要求较高的建筑物或个别房间内。例如：等于或大于50 000纱锭的棉纺厂开包、清花车间；面积超过1 500 m$^2$的木器厂房；可燃、难燃物品的高架库房和高层库房（冷库除外）；超过1 500个座位的剧院观众厅、舞台上部、化妆室、道具室、储藏室、贵宾室；超过3 000个座位的体育馆、观众厅的吊顶上部、贵宾室、器材间、运动员休息室；每层面积超过3 000 m$^2$或建筑面积超过9 000 m$^2$的百货商场、展览大厅；设有空气调节系统的旅馆和综合办公楼内的走廊、办公室、餐厅、商店、库房和无楼层服务台的客房等。

1. 系统的类型

根据地区气候条件和建筑物情况，自动喷水灭火系统一般有下面两种类型：

（1）湿式自动喷水灭火系统。

湿式自动喷水灭火系统由闭式喷头、配水管网、水流指示器、湿式报警阀、延迟器、压力继电器、电器自控箱、火灾收信机、火灾报警装置及消防水泵和水箱等组成，如图4-31所示。

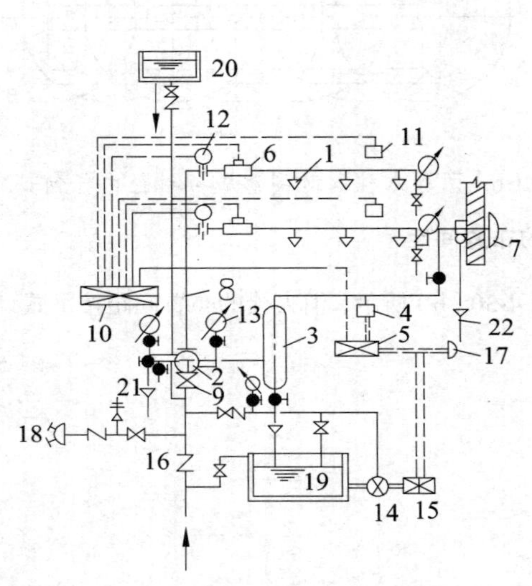

**图4-31 湿式自动喷水灭火系统**

1—闭式喷头；2—湿式报警阀；3—延迟器；4—压力继电器；5—电器自控箱；6—水流指示器；7—水力警铃；8—配水管；9—阀门；10—火灾收信机；11—感温、感烟火灾探测器；12—火灾报警装置；13—压力表；14—消防水泵；15—电动机；16—止回阀；17—按钮；18—水泵接合器；19—水池；20—高位水箱；21—安全阀；22—排水漏斗

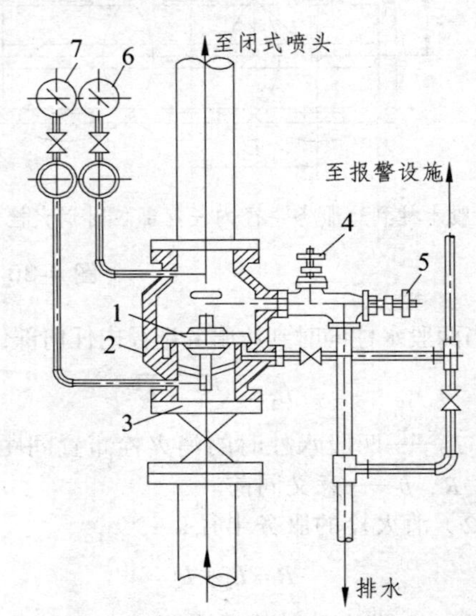

**图4-32 湿式报警阀原理**

1—阀芯；2—底座凹槽；3—阀门；4—试铃阀；5—排水；6—阀后压力表；7—阀前压力表

平时系统内充满水，当闭式喷头1打开后，配水管8内压力降低，从供水管网中流来的水把湿式报警阀（图4-33）2内的阀芯顶起，向配水管网供水，并经信号管流入延迟器3，又经压力继电器4向火灾收信机10报警，同时启动消防水泵14，水力警铃7也同时发出报警。该系统适于安装在冬季室内温度高于0 °C的建筑物或房间内，这种系统结构简单，使用可靠，比较经济，故应用广泛。

（2）干式自动喷水灭火系统

干式自动喷水灭火系统由闭式喷头、配水管网、气压保持器、干式报警阀、压力继电器、电气自控箱和报警装置等组成，如图4-34所示。该系统内平时充有压缩空气，使水源之水不能进入配水管网，适于布置在室内温度低于0 °C的不采暖房间或建筑物内，其喷头宜向上设置。

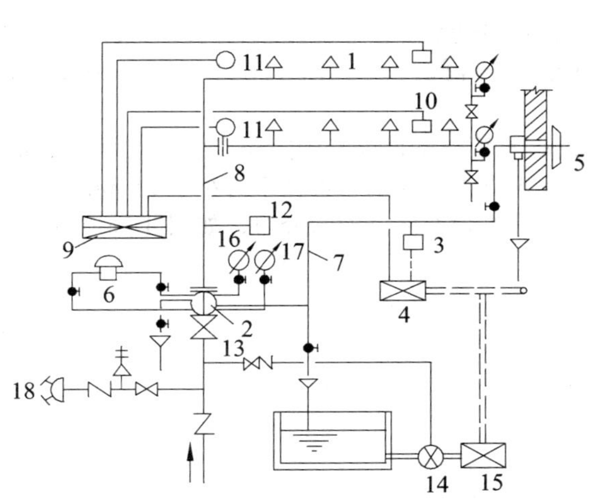


图 4-33　干式自动喷水灭火系统

1—闭式喷头；2—干式报警阀；3—压力继电器；4—电气自控箱；5—水力警铃；6—快开器；7—信号管；8—配水管；9—火灾收信机；10—感温、感烟火灾探测器；11—报警装置；12—气压保持器；13—阀门；14—消防水泵；15—电动机；16—阀后压力表；17—阀前压力表；18—水泵结合器

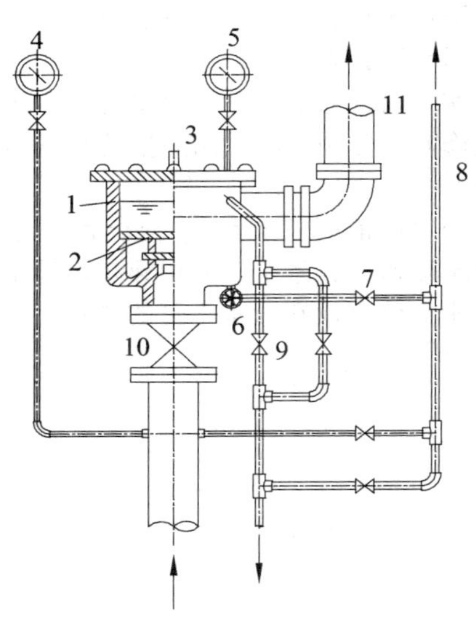


图 4-34　干式报警阀原理

1—阀体；2—差动双盘阀板；3—充气塞；4—阀前压力表；5—阀后压力表；6—角阀；7—止回阀；8—信号管；9—截止阀；10— 总闸阀；11—配水管

发生火灾时闭式喷头 1 打开，首先喷出压缩空气，配水管网内气压降低，利用压力差的原理，干式报警阀 2 被打开，水流入配水管 8，再从喷头里流出。同时水流到达压力继电器 3，令火灾收信机 9 及水力警铃 5 报警。在大型系统中还可设置快开器 6，以加快打开报警阀的速度。干式报警阀如图 4-34 所示。

2. 闭式喷头

自动喷头是闭式自动喷水灭火系统的重要设备，由喷水口、控制器和溅水盘三部分组成，其形状和样式较多，图 4-35 为常用的低熔点金属控制器自动喷头和爆炸瓶式自动喷头。

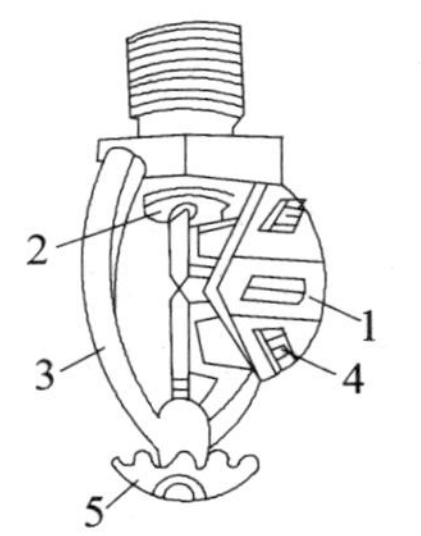


（a）易熔合金闭式喷头

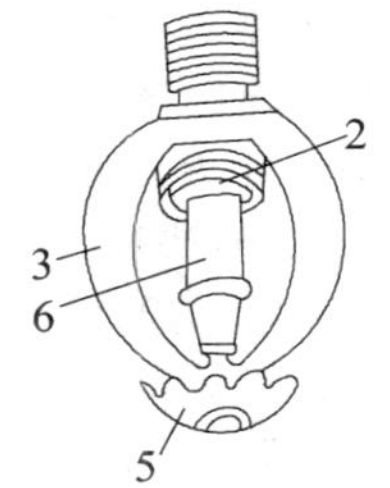


（b）玻璃瓶闭式喷头

图 4-35　闭式喷头

1—易熔合金闸锁；2—阀片；3—喷头框架；4—八角支撑；5—溅水盘；6—玻璃球

自动喷头是用耐腐蚀的铜质材料制造的，喷水口平时被控制器所封闭。我国生产的低熔点合金控制器按设计温度分普通级（72 °C）、中温级（100 °C）和高温级（141 °C）三种。爆炸瓶式控制器采用玻璃瓶形支撑封闭喷水口，瓶内装有膨胀液，当温度到达一定数值时，玻璃瓶破裂，喷水口打开，喷水灭火。关于自动喷头的选用，每只喷头最大保护面积，喷头最大布置间距，以及

布置原则见《自动喷水灭火系统设计规范》(GB 50084—2001)和《建筑给水排水设计手册》。

3. 管网的布置

供水干管应布成环状，进水管不少于两条。环状管网供水干管应设分隔阀门，当某一管段损坏或检修时，分隔阀所关闭的报警装置不得多于3个，分隔阀门应设在便于管理、维修和容易接近的地方。

在报警阀前的供水管上，应设置阀门，其后面的配水管上不得设置阀门和连接其他用水设备。

自动喷水灭火系统宜采用镀锌焊接钢管，每根配水支管或配水管管径不得小于25 mm。

配水立管宜设在配水干管的中央，配水支管宜在配水管的两侧均匀分布，如图4-36所示。

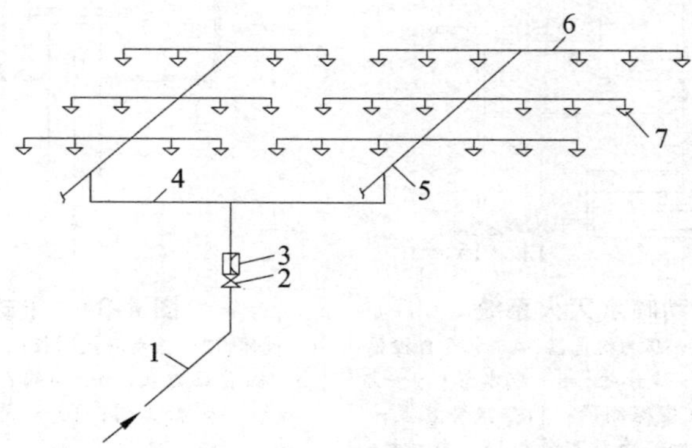


**图4-36 闭式自动喷水管网的布置**

1—供水管；2—总闸阀；3—报警阀；4—配水干管；5—配水管；6—配水支管 7—一闭式喷头

4. 管道的最大负荷

闭式自动喷水灭火系统的每个报警阀控制的喷头数按所选的规格及供水压力计算确定：湿式系统不宜超过800个；无排气装置的干式系统不宜超过250个；有排气装置的干式系统不宜超过500个。每根支管设置的喷头数：在轻危险级与普危险级的建筑物中不宜超过8个；严重危险级的建筑物中不宜超过6个。

### 4.2.3.2 开式自动喷水灭火系统

开式自动喷水灭火系统，按其喷水形式分雨淋灭火系统和水幕灭火系统。通常布设在火势猛烈、蔓延迅速的严重危险级建筑物和场所中。

雨淋灭火系统用于扑灭大面积火灾，如火柴厂的氯酸钾压碾车间，建筑面积超过60 $m^2$或储存量超过2 t的硝化棉、喷漆棉、火胶棉、赛璐珞胶片、硝化纤维库房，超过1 200个座位的剧院和超过2 000个座位的会堂舞台的葡萄架下部，建筑面积超过400 $m^2$的演播室，建筑面积超过500 $m^2$的电影摄影棚，等等。

水幕灭火系统用于阻火、隔火、冷却防火隔断物和局部灭火，如应设防火墙等隔断物而无法设置的开口部分，大型剧院，会堂、礼堂的舞台口，防火卷帘或防火幕的上部。

按照淋水传动管网的充水与否，开式自动喷水灭火系统又分为开式充水系统和开式空管系统。开式充水系统用于易燃易爆的特殊危险场所，开式空管系统用于一般火灾危险场所。

1. 系统的组成

开式自动喷水灭火系统，由火灾探测自动控制传动系统、自动控制成组作用阀系统、带开式喷头的自动喷水灭火系统等三部分组成，系统管网可设计成枝状或环状，如图4-37所示。

开式自动喷水灭火系统在平时（未失火时）传动管网中充满了与供水管网压力相同的水。由于传动系统中的水压作用，成组作用阀紧紧地关闭着。火灾时，传动装置（或电磁阀）自动释放掉传动管网中的水，使传动管网中的压力突然下降，由于传动系统与供水管网相连通的小孔阀（$d=3$ mm）还来不及向传动系统中补水增压，成组作用阀在供水管网的水压推动下自动打开，向雨淋喷水系统供水，扑灭火灾。

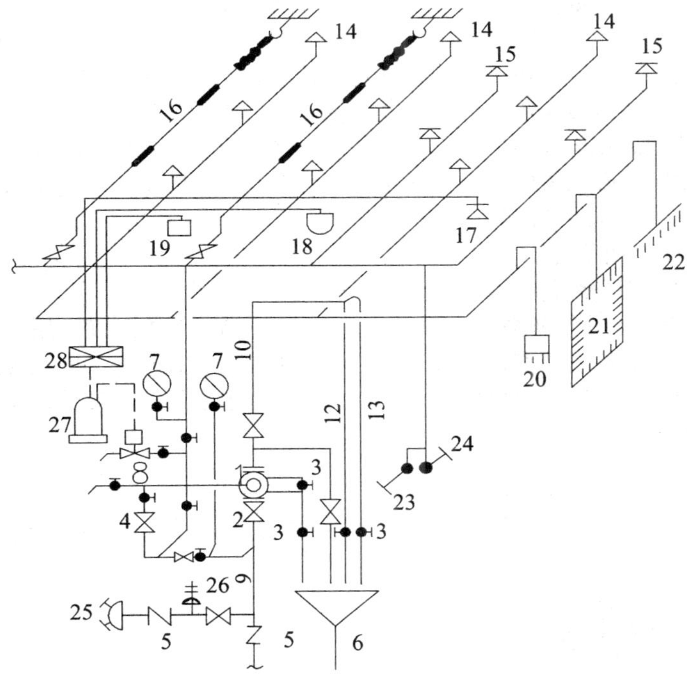

图 4-37　开式自动喷水灭火系统

1—成组作用阀；2—闸阀；3—截止阀；4—小孔阀（孔径 3 mm）；5—止回阀；6—排水斗；7—压力表；8—电磁阀；9—供水干管；，10—配水立管；11—传动管网；12—溢流管；13—放气管；14—开式喷头；15—闭式喷头；16—易熔销封传动装置；17—感光探测器；12—感温探测器；19—感烟探测器；20—淋水器；21—淋水环；22—水幕；23—长柄手动开关；24—短柄手动开关；25—水泵接合器；26—安全阀；27—自控箱；28—报警装置

2. 系统的主要部件

1）成组作用阀

成组作用阀（又称雨淋阀），是开式自动喷水灭火系统中的关键设备，常用的有隔膜式成组作用阀和双盘式成组作用阀两种，其构造如图 4-38 和图 4-39 所示。

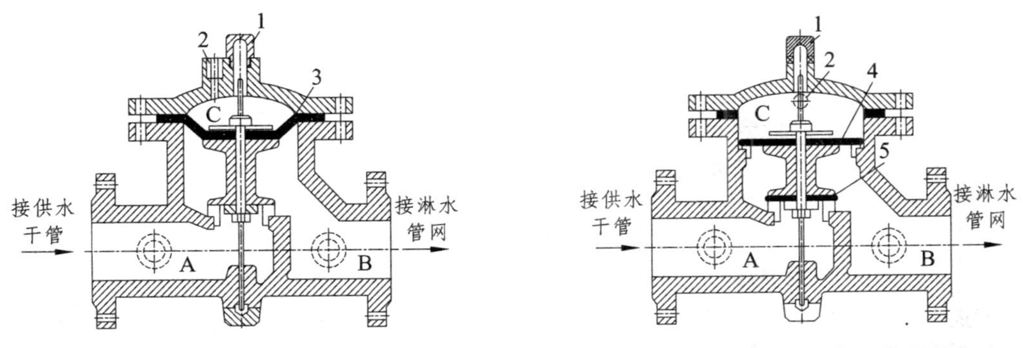


图 4-38　隔膜式成组作用阀　　图 4-39　双盘式成组作用阀

1—工作塞；2—接传动管网；3—橡胶隔膜；4—大圆盘；5—小圆盘

成组作用阀分 A、B、C 三室，A 室与供水干管相通，B 室通向带开式喷头、水幕喷头的淋水管网，C 室与传动管网相连接。阀门在未失火时，A、B、C 三室中都充满了水，其中 A、C 两室内充满的水具有相同的压力，而 B 室内的水仅具有充满雨淋管网内水的静压力。

成组作用阀内大圆盘（或隔膜）的面积一般是小圆盘面积的两倍以上，因此在相同压力的作用下，成组作用阀处于关闭的状态。

发生火灾时，传动装置（或电磁阀）自动地将传动管网中的水泄放，C 室中的压力亦同时降低，作用阀在供水干管的压力作用下自动开启，压力水迅速流向淋水管网，喷水灭火。

火灾后，对于隔膜式成组作用阀，只要向传动管网中重新充水，成组作用阀即可自行关闭。对于双盘式成组作用阀，必须关闭总进水闸阀，并打开阀盖上的工作塞，用人工将阀芯顶回关闭状态，然后向传动管网中充水加压后才能复位。

2）火灾探测传动控制装置

（1）带易熔锁封的钢丝绳传动控制装置。

图 4-40 是带易熔锁封的钢丝绳传动控制装置，它安装在天花板下面，用拉紧弹簧和拉紧连接器使钢丝绳保持 250 N 的拉力，使传动阀门处于密闭状态。着火时，室内温度上升，易熔锁封熔化，钢丝绳系统断开，传动阀门开启放水，此时传动管网中水压突然降低，使成组作用阀打开，向开式系统供水，喷水灭火。

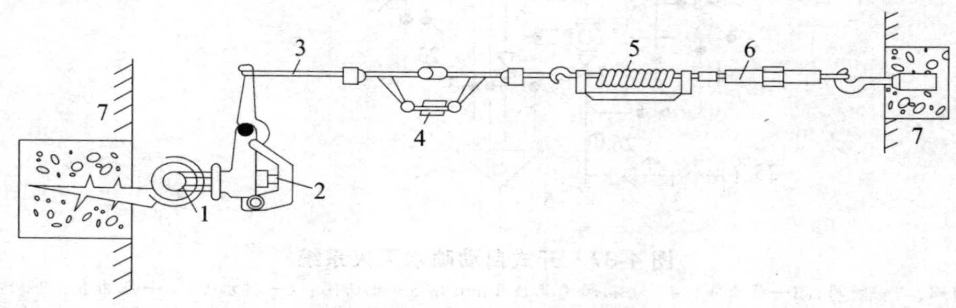


**图 4-40　易熔锁封传动装置**

1—传动管网；2—传动阀门；3—钢丝绳；4—易熔锁封；5—拉紧弹簧；6—拉紧联结器；7—墙壁

易熔锁封的低熔点合金的熔化温度一般为 72 ℃。安设在室温不超过 40 ℃ 的场所。

（2）带闭式喷头的传动控制装置。

利用带易熔元件的闭式喷头或带玻璃球塞的闭式喷头作为开式自动喷水灭火系统传动装置探测火灾感温元件，是一种较好而又简单的传动控制装置，如图 4-41 所示。这种装置系统灵敏度与易熔锁封装置相似，安装位置也基本相同，管理比较方便，投资比易熔锁封式节约 50% ~ 70%。

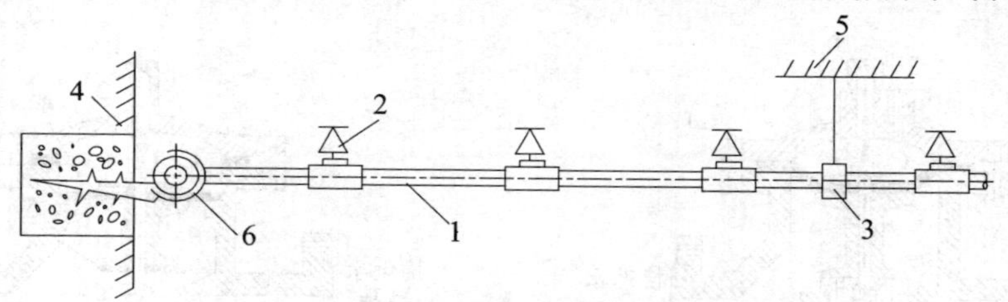


**图 4-41　闭式喷头传动装置**

1—传动管网；2—闭式喷头；3—管道吊架；4—墙壁；5—天棚；6—托钩

除上述两种火灾探测传动装置外，常用的传动装置还有感光火灾探测器电动控制系统，感烟、感温火灾探测器电动控制系统，手动旋塞传动控制系统等。

3. 开式喷水器

开式自动喷水灭火系统的灭火效果，首先取决于火灾探测器的灵敏度和可靠性，其次是成组作用阀的开启速度和喷水器的喷水强度。对于火势蔓延迅速的场所，淋水管网中平时应充水，以提高喷水的速度。开式喷水器的类型，应根据灭火对象的具体情况进行设计和选用，有的已有定型产品。常见的水幕喷头如图 4-42 所示。

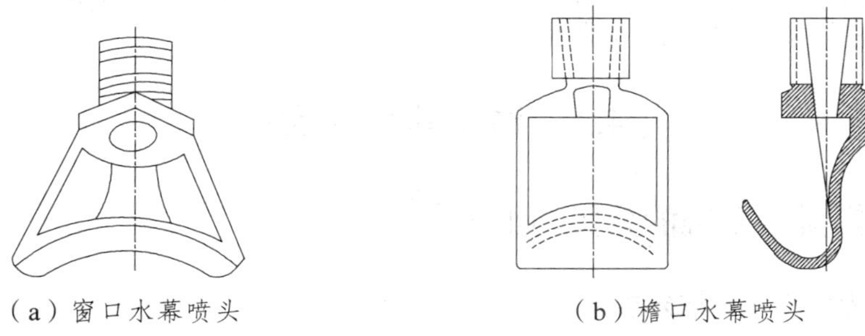

（a）窗口水幕喷头　　（b）檐口水幕喷头

**图 4-42　水幕喷头**

开式自动喷水灭火系统的火灾延续时间按 1 h 计算，火灾初期 10 min 消防用水量可来自消防水箱、水塔或储水池；若室外管网的流量和水压均能满足室内最不利点消防用水量和水压要求时，可不设消防水箱、水池等储水设备。

室外给水管网、储水池、水塔等均可作为开式自动喷水灭火系统的消防水源。

### 4.2.4　其他固定灭火系统

#### 4.2.4.1　干粉灭火系统

干粉灭火系统定义：以干粉作为灭火剂的灭火系统。

干粉灭火剂：一种干燥的、易于流动的细微粉末。当被用于扑救燃烧物时，会形成粉雾而扑灭燃烧物料表面火灾。

灭火剂分类：普通型干粉（BC 类干粉）、多用途干粉（ABC 类干粉）、金属专用灭火剂（D 类火灾专用干粉）。

#### 4.2.4.2　泡沫灭火系统

泡沫灭火系统工作原理：应用泡沫灭火剂，使其与水混溶后产生一种可漂浮、黏附在可燃、易燃液体、固体表面，或者充满某一着火物质的空间的物质，达到隔绝、冷却燃烧物质灭火。灭火剂的类型有：化学泡沫灭火剂、蛋白质泡沫灭火剂、合成型泡沫灭火剂。

#### 4.2.4.3　卤代烷灭火系统

卤代烷灭火系统定义：把具有灭火功能的卤代烷碳氢化合物作为灭火剂的消防系统称为卤代烷灭火系统。卤代烷灭火剂的分类：一氯一溴甲烷（$CH_2ClBr$，简称 1011）、二氟二溴甲烷（$CF_2Br_2$，简称 1202）、二氟一氯一溴甲烷（$CF_2ClBr$，简称 1211）、三氟一溴甲烷（$CF_3Br$，简称 1301）、四氟二溴乙烷（$C_2F_4Br_2$，简称 2402）。

#### 4.2.4.4　蒸汽灭火系统

蒸汽灭火系统原理：在火场燃烧区内，向其施放一定量的蒸汽时，可产生阻止空气进入燃烧区效应而使燃烧窒息。

优点：设备简单、造价低、淹没性好。

缺点：不适用于体积大、面积大的火灾区，不适用于扑灭电器设备、贵重仪表、文物档案等的火灾。

#### 4.2.4.5 烟雾灭火系统

烟雾灭火系统用途：主要用于扑灭各种油罐和醇、酯、酮类储罐等的初起火灾。

优点：设备简单（不需水、电，不要人工操作）、扑灭初期火灾快、适用温度范围宽，适用于野外无水电设施的独立油罐或冰冻期较长地区。

## 4.3 建筑排水系统

### 4.3.1 室内排水系统的分类与组成

#### 4.3.1.1 室内排水系统的分类

建筑排水系统可分为 3 类：

1. 生活排水系统

生活排水系统的功能是排除人们日常生活中所产生的生活污水和生活废水。粪便污水为生活污水；盥洗、洗涤等排水为生活废水。此类污水多含有有机物及细菌。

2. 工业废水排水系统

工业废水排水系统的功能是排除生产废水和生产污水。因生产工艺种类繁多，所以生产污水的成分很复杂。

3. 屋面雨水排水系统

屋面雨水排水系统的功能是排除建筑屋面雨水和融化的雪水。

#### 4.3.1.2 室内排水系统的体制

根据生活污水水质和中水原水利用情况居住、公共建筑内排水系统可分为分流制和合流制：

1. 合流制

生活污水和生产污（废）水用水中产生的冲厕水、厨房洗涤后水、盥洗淋浴后和其他用后水用同一管道系统把它们一起排出室外的系统称合流制。它可集中排放至室外，也可集中处理后排放或再利用。

2. 分流制

由于各种经使用后的水，其水质不同，如果要求回收利用，可将其中优质杂排水（常指淋浴、洗涤后的排放水）、杂排水（优质杂排水中又含厨房洗涤水）或生活污水（含有粪便污水）分别排放或者不同水质的污（废）水，采取不同的管道系统排放，以便于处理和回收利用。

排水系统体制应根据污、废水性质及污染程度、室外排水体制、综合利用要求等诸多因素确定。

#### 4.3.1.3 室内排水系统的组成

1. 卫生器具或生产设备的受水器

这类设备是室内排水系统的起点，是供水并收集、排出污废水或污物的容器或装置。污、废水从器具排水栓经器具内的水封装置或与器具排水管连接的存水弯流入横支管。常见的卫生器具有坐便器、洗脸盆、浴盆、洗涤盆等。

2. 排水管道系统

排水管道系统由横支管、立管、横干管和排出管组成。其中，排出管是自横干管与末端立管的连接点至室外检查井之间的连接管段。

3. 通气管系统

设置通气管系统的目的是使室内外排水管道与大气相通，其作用是将排水管道中散发的有害气体排到大气中去，使管道内常有新鲜空气流通，以减轻管内废气对管壁的腐蚀，同时使管道内的压力与大气取得平衡，减少管内气压变化幅度，防止水封被破坏。各种通气管的设置方法见图 4-43。

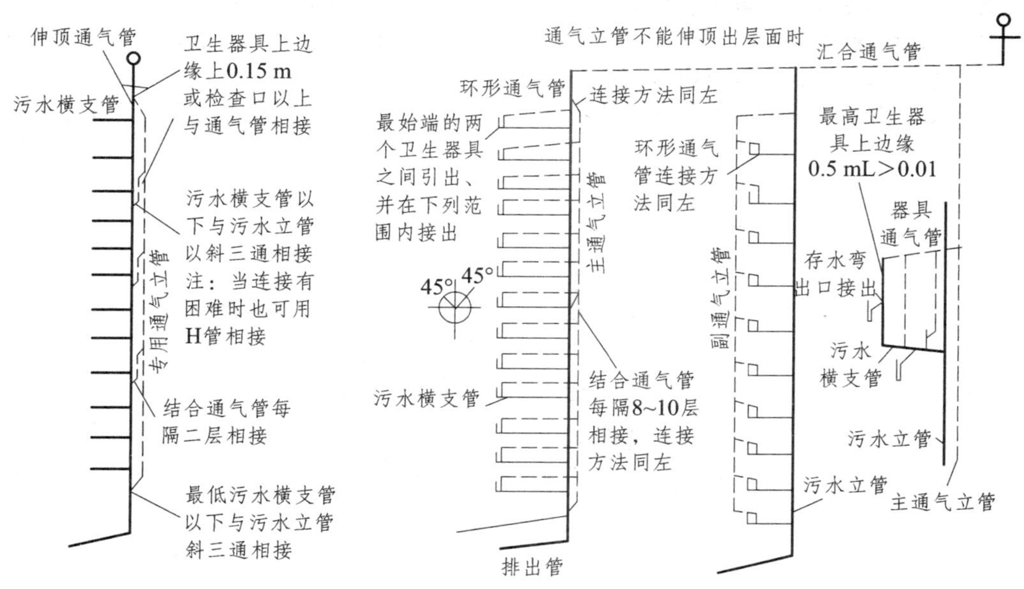


图 4-43　各种通气管的设置方法

4. 清通设备

清通设备是为清除排水管道内污物、疏通排水管道而设置的排水附件。主要有检查口、清扫口和检查井等。

（1）检查口：设在排水立管上及较长的水平管段上，图 4-44（a）所示为一带有螺栓盖板的短管，清通时将盖板打开。其设置要求为在建筑物最低层和设有卫生器具的二层以上建筑物的最高层，均应设置检查口；当立管水平拐弯或有乙字管时，在该层立管拐弯处和乙字管的上部应设检查口；塑料排水立管宜每六层设置一个检查口。检查口的设置高度一般距地面 1 m，并应高于该层卫生器具上边缘 0.15 m。

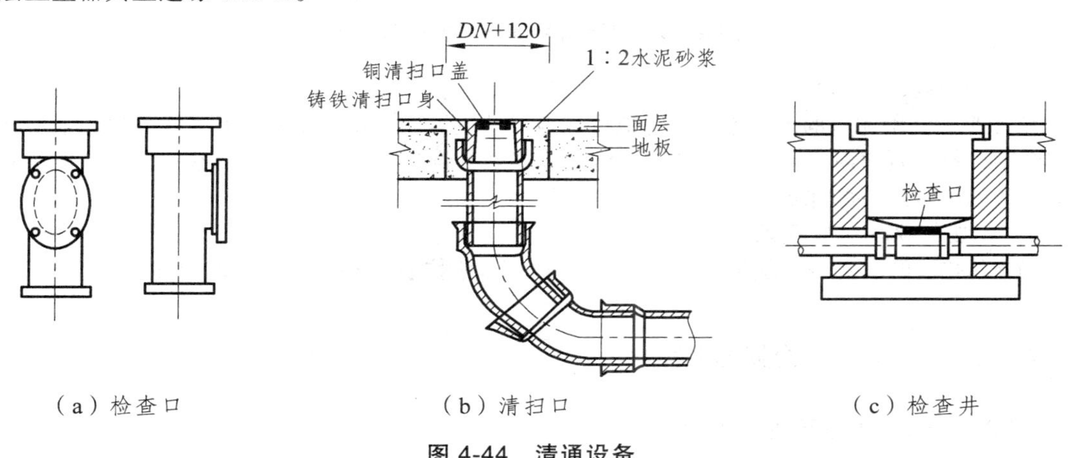


（a）检查口　　（b）清扫口　　（c）检查井

图 4-44　清通设备

（2）清扫口：在连接 2 个及 2 个以上的大便器或 3 个及 3 个以上卫生器具的铸铁排水横管上，宜设置清扫口；在连接 4 个及 4 个以上的大便器的塑料排水横管上，宜设置清扫口。如图 4-44（b）

所示。也可采用带螺栓盖板的弯头、带堵头的三通配件作清扫口。

（3）检查井：对于不散发有害气体或大量蒸汽的工业废水的排水管道，在管道转弯、变径处和坡度改变及连接支管处，可在建筑物内设检查井，其构造如图 4-44（c）所示。在直线管段上，排除生产废水时，检查井的距离不宜大于 30 m；排除生产污水时，检查井的距离不宜大于 20 m。对于生活污水排水管道，在建筑物内不宜设检查井。

检查口、清扫口和检查井的设置应满足规定，在排水立管、横管和排出管上设置检查口、清扫口时可按图 4-45 进行设置。

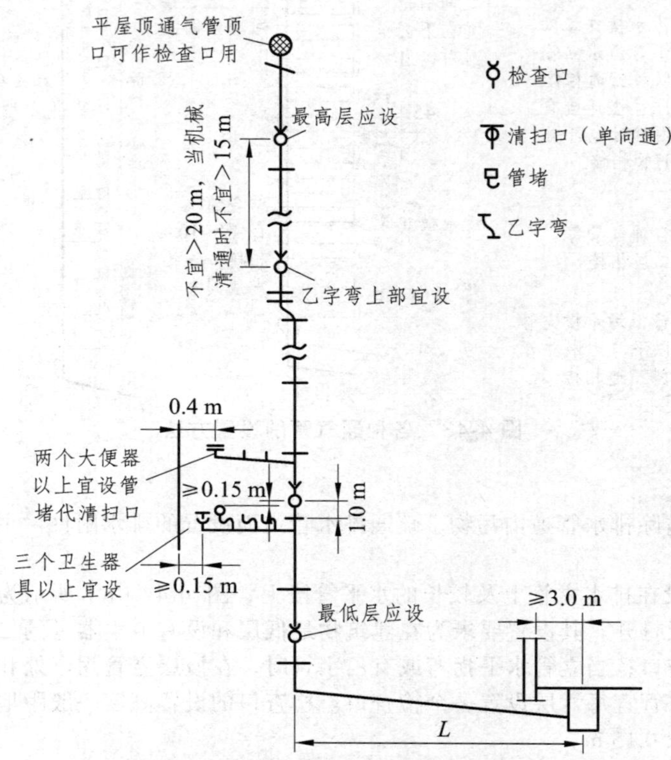

图 4-45　检查口和清扫口的设置规定

5. 污废水提升设施

在工业与民用建筑的地下室、人防地道和地下铁道等地下建筑物中，卫生器具的污水不能自流排至室外排水管道时，需设水泵和集水池等局部抽升设备，将污水抽送到室外排水管道中去以保证生产的正常进行和保护环境卫生。

6. 小型生活污水处理设施

当建筑排水的水质不符合直接排入市政排水管网或水体的要求时，需设置污水局部处理构筑物。

## 4.3.2　室内排水管材及管件

### 4.3.2.1　排水管材与管道接口

在选择排水管道管材时应考虑污废水性质、建筑高度、抗震要求、防火要求及当地管材供应条件等。建筑内部排水管道应采用建筑排水塑料管及管件或柔性接口机制排水铸铁管及相应管件。塑料管具有质轻、耐蚀、节省钢材、施工安装方便的优点。在建筑排水系统中常用的管材有铸铁管、芯层发泡硬聚乙烯（PVC-U）管。

铸铁排水管材接口方法分为刚性连接和柔性连接两大类。刚性连接接头的灰口铸铁管应用于排放建筑物内生活污水和雨水的管道已有 100 年以上的历史。实践证明，这种排水管道的寿命可与建筑物使用寿命相同。国内在 20 世纪 80 年代以前，建筑物内部采用的排放生活污水和雨水的管材，只有承插式灰口铸铁管一种，且不分建筑排水和室外埋地排水，统称排水铸铁管。其产品有 6 种管径规格（DN：50 mm，75 mm，100 mm，125 mm，150 mm，200 mm），均为承插式管，有相应的配套管件。

随着房屋建筑层数和高度增加，刚性接头不能适应高层建筑在风荷载、地震等作用下的水平位移，所以在 20 世纪 80 年代，建设部及城市建设主管部门开始限制使用这种砂模铸造的承插式铸铁排水管，并将其列入被淘汰的排水管材产品。现在采用离心浇铸法成型的柔性接头灰口铸铁管管材。

排水承插式柔性接口铸铁管包括了承插压盖式和卡箍式两种排水用柔性接头铸铁管的管材和管件。

由于排水铸铁管是建筑内部排水管道系统广泛应用的管材，建设部先后颁布了两本行业标准《建筑排水用卡箍式铸铁管及管件》（CJ/T 177—2002）和《建筑排水用柔性接口承插式铸铁管及管件》（CJ/T 178—2003）。卡箍连接平口铸铁管也是当前广泛应用的建筑排水用管材。

建筑排水用硬聚氯乙烯管材和管件，具有体质轻，易于切断，施工方便、迅速，水力条件好的特点，在民用住宅排水工程中获得了广泛的应用。

管材的公称外径主要有以下 7 种规格（mm）：40、50、75、90、110、125 及 160。管件主要有以下 10 个品种：45°弯头、90° 弯头、90°顺水三通、45°斜三通、瓶型三通、正四通、45°斜四通、直角四通、异径管和管箍。

建筑排水聚乙烯管件的连接方法是采用黏结和活套法兰连接，安装硬聚氯乙烯管道时，除执行《建筑排水硬聚氯乙烯管道工程技术规程》（CJJ/T 29—2010）外，还应符合《建筑给水、排水及采暖工程施工质量验收规范》（GB 50242—2002）及建筑安装工程质量检验评定标准中的有关规定。

建筑排水硬聚氯乙烯管道，适用于建筑高度不大于 100 m 的工业与民用建筑物内连续排放温度不大于 40 °C，瞬时排放温度不大于 80 °C 的生活污水，也可以用于同等温度条件下对硬聚氯乙烯管道不起腐蚀作用的工业废水。

#### 4.3.2.2 排水铸铁管及其管件

排水铸铁管由于不承受水压，故管壁较薄，质量轻。管径一般为 50 ~ 200 mm，排水铸铁采用承接，承插口直管有单承口及双承口两种。排水铸铁管道的刚性连接配件如图 4-46 所示。

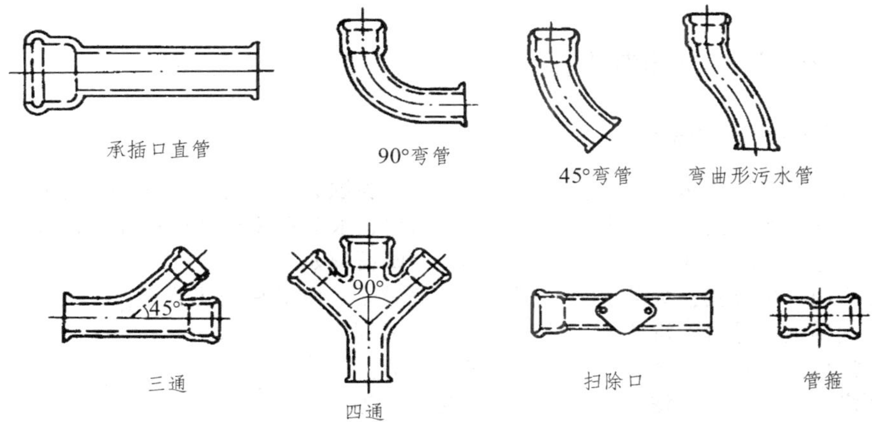


**图 4-46 排水铸铁管件**

为使管道能承受振动以及高层建筑层间变位引起的轴向位移和横向挠曲变形，在下列情况的排水铸铁管中应采用具有曲挠、伸缩、抗震和密封性能的柔性接头，其构造见图 4-47 所示。

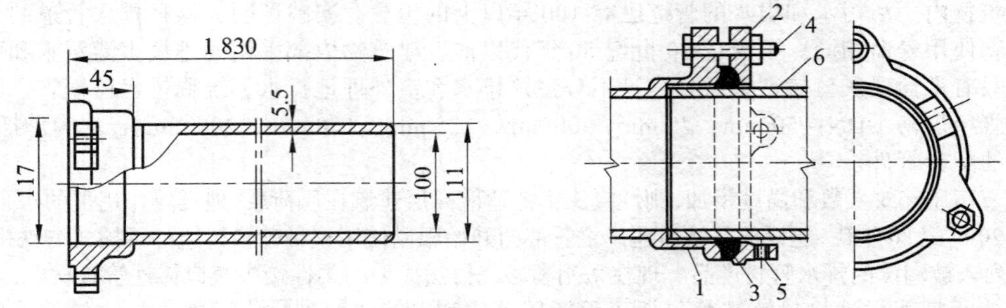


图 4-47 柔性抗震接头

1、6—承插口部；2—法兰压盖；3—橡胶圈；4—螺栓；5—止动螺栓

柔性接头的设置要求如下：

（1）高耸构筑物和建筑高度超过 100 m 的超高层建筑物内的排水立管中；

（2）地震设防烈度为 9 度地区建筑内的排水立管和横管中；

（3）地震设防烈度为 9 度地区建筑内，排水立管高度在 50 m 以下时，也应在立管上每隔 2 层设置柔性接头。

#### 4.3.2.3 排水塑料管及管件

排水塑料管有普通排水塑料管、芯层发泡排水塑料管、拉毛排水塑料管和螺旋消声排水塑料管等多种。塑料管的连接方法如图 4-48 所示。

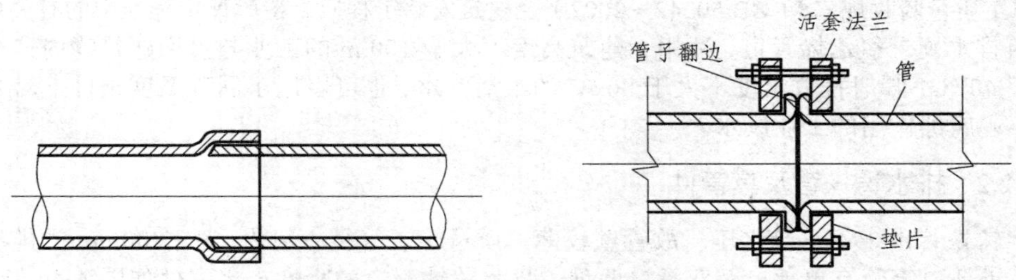


图 4-48 塑料管承插连接和活套法兰连接

### 4.3.3 卫生器具与冲洗设备

#### 4.3.3.1 卫生器具的分类

卫生器具应采用不透水、无气孔、表面光滑、耐腐蚀、耐磨损、耐冷热、便于清扫，有一定强度的材料制造，如陶瓷、搪瓷生铁、塑料、不锈钢、水磨石和复合材料等，其材质和技术要求应符合现行的有关产品标准的规定。卫生器具的主要类型如下：

（1）便溺用卫生器具：大便器、小便器、大便槽、小便槽和倒便器等。

（2）盥洗用卫生器具：洗脸盆、洗手盆、盥洗槽等。

（3）沐浴用卫生器具：浴盆、淋浴器、净身盆等。

（4）洗涤用卫生器具：洗涤盆、污水盆、化验盆等。

（5）其他用卫生器具：饮水器、洗漱类卫生器具、水疗设备等。

1. 大便器

大便器是排除粪便污水的卫生器具，既要把污水快速排入下水道，同时又要有防臭功能。大便器由便器、冲洗水箱、冲洗装置、存水弯等构成。大便器分为坐式和蹲式两种，按其排泄原理可分为冲洗式、虹吸冲洗式、虹吸喷射式、虹吸旋涡式，按其冲洗形式有高水箱、低水箱、自闭冲洗阀、脚踏冲洗阀等多种形式。

由于水资源日益短缺，我国正在进行节水措施的研究。因为冲洗厕所的用水量较大，占生活用水量的30%以上，大便器成为节水措施的主要研究目标，我国已研究生产出适用于各种场合的多种节水型大便器。目前淘汰了一次用水量大于 8 L 的大便器，住宅建筑中推广采用一次冲水量不得大于 6 L 的大便器。目前，我国生产的多种低水箱节水型大便器，如将大、小便分为两挡，采用不同的水量进行冲洗，可节水 60%。

（1）冲落式坐便器，如图 4-49（a）所示，环绕便器上口的是一圈开有很多小孔的冲洗槽，水进入冲洗槽由下孔沿便器内表面冲下，便器内水面壅高，将粪便冲出存水弯边缘。冲洗式便器的缺点是受污面积大，水面面积小，每次冲洗不一定冲洗干净。

（2）虹吸式坐便器，如图 4-49（b）所示，在冲洗水槽进水口处有一个冲水缺口，部分水从这里冲射下来，加快虹吸的形成，靠虹吸作用把粪便全部吸出。有的坐便器使存水弯的水直接从便器后面排出，增加了水封深度，优于一般大便器。虹吸式大便器噪声较大是其主要缺点。

（3）虹吸喷射式大便器，如图 4-49（c）所示，冲洗水的一部分从上圈冲洗槽的孔口中流下，另一部分水从大便器边部的通道 $g$ 冲下来，由 $a$ 口中向上喷射，很快造成强有力的虹吸作用，把大便器中的粪便全部吸出。虹吸喷射式坐便器的冲洗作用快，噪声较小。

（4）虹吸旋涡式坐便器，如图 4-49（d）所示，这种坐便器从上部下来的水量很小，其旋转力已不起作用，因此在底部出水口 $Q$ 处做成弧形水流沿切线冲出，形成强大的旋涡，使水表面漂着的粪便在旋涡向下旋转的作用下，与水一起迅速下到水管入口处，在入口底反作用力的作用下，很快进入排水管道，从而加强了虹吸能力，噪声极低。

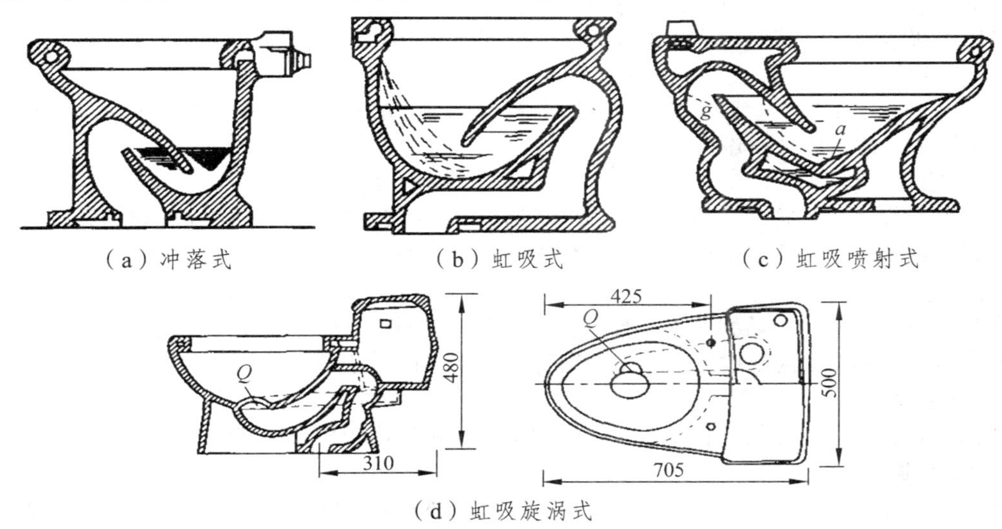


（a）冲落式　（b）虹吸式　（c）虹吸喷射式

（d）虹吸旋涡式

**图 4-49　坐式大便器**

（5）蹲式大便器一般用于集体宿舍、普通住宅、公共建筑的卫生间或防止接触传染的医院的厕所内，采用高位水箱或自闭式冲洗阀冲洗。一般公共建筑如学校、火车站、游乐场所及其他公共厕所中，常用采用大便槽，因大便槽造价低，便于安装集中冲洗水箱或红外线自动冲洗装置。采用红外线自动冲洗装置，可比自动冲洗水箱节水约 60%。大便槽宽一般为 200 ~ 250 mm，起端深度为 350～400 mm，槽底坡度不小于 0.015，排出口设水封，水封深度不小于 50 mm。

2. 小便器

小便器设于公共建筑的男厕所内，有立式、挂式和小便槽三种。小便器装设在卫生设备标准较高的公共建筑内，多为成组装设。立式小便器在地面上安装，挂式小便器悬挂在墙上。小便器根据同时使用人数的多少，可采用自动冲洗水箱、自闭式冲洗阀、红外线自动冲洗装置等。小便槽是用瓷砖、水磨石或不锈钢等材料沿墙设置的浅槽，构造简单、占地少，可同时供多人使用，广泛应用于企业、学校、集体宿舍、运动场等建筑的男厕所内。小便槽可采用普通阀门控制的多孔冲洗管冲洗，但应尽量采用自动冲洗水箱冲洗。小便槽构造如图 4-50。

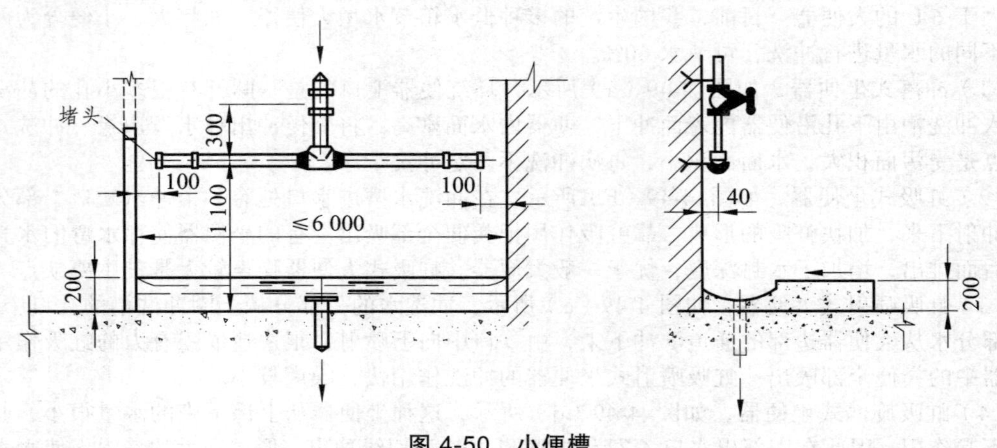


图 4-50　小便槽

3. 浴　盆

浴盆一般设在住宅、宾馆、医院等卫生间及公共浴室内。随着人们生活水平的不断提高，浴盆不仅用于清洁身体，其保健功能日益增强，出现了水力按摩浴盆等新型的浴盆。

4. 淋浴器

淋浴器适合于工厂、学校、机关、部队等单位的公共浴室，也可安装在卫生间的浴盆上，作为配合浴盆一起使用的洗浴设备。

5. 洗脸盆

洗脸盆一般用于洗脸、洗手、洗头，广泛用于宾馆、公寓卫生间与浴盆配套设置，也用于公共卫生间或厕所等。洗脸盆有台式、立式和普通式等多种形式。

6. 净身盆

净身盆亦称下身盆，供妇女洗下身用或痔疮患者使用，一般与大便器配套安装。标准较高的宾馆卫生间、疗养院和医院放射线科中的肠胃诊疗室应设置净身盆。

7. 洗涤盆

洗涤盆装置在居住建筑、食堂及饭店的厨房内，供洗涤碗碟及菜蔬食物之用。

8. 污水盆

通常污水盆装置在公共建筑的厕所、卫生间及集体宿舍盥洗室中，供打扫厕所、洗涤拖布及倾倒污水之用。

#### 4.3.3.2　卫生器具的安装与土建施工的关系

在建筑工程中，卫生器具的安装和土建工程有着密切的联系，安装时必须考虑土建工程的施工顺序和进度，卫生器具安装应在装饰工程完成后进行。安装卫生器具时应处理好以下关系：

（1）穿越楼板的管洞口，应与专业人员复核洁具的位置及甩口尺寸后再施工。而卫生间的楼面施工时，一定待选定型号与规格后，根据设计产品样本留洞；避免因洁具更换改型而施工仍按原图留洞，造成卫生间的现浇板重新剔洞，使楼板呈筛孔状，影响和降低楼板的强度。尤其有二次装修设计的工程，应特别注意与结构施工的协调与配合。

（2）暗装在吊顶内的给水管及排水横管、存水弯等应做防结露保温层，再施工吊顶。

（3）卫生间的防水层在管道穿楼板处，应用防水卷材包裹管周；当采用防水涂料时，管周以刷两道涂料为宜。做小便槽防水层时应连续包至墙面上不低于 1.2 m 处。设有小便槽的墙体不宜采用轻质材料。

（4）地面施工时，严格按规定的坡度坡向地漏。管道施工时，为了能掌握管道甩口或地漏的标高，应由土建弹出五零线，即标高控制线。

（5）土建施工抹灰、防水、墙面面层时，严禁将灰水或杂物倒入管口及地漏内。安装完毕后的大便器、地漏等裸露管口应及时封闭，防止土建在施工时掉入灰块，堵塞管道。

（6）对已施工完毕的卫生洁具应做好成品保护工作，补修墙地面时严禁蹬踩和污染洁具。

（7）对厨房内的砌筑池，应与专业施工配合。地面排水采用地沟时，沟底应保证有足够的坡度坡向地漏处。砌筑的洗菜池等应待管道安装完毕后再贴瓷砖面层。

#### 4.3.3.3 卫生器具的安装

1. 卫生器具安装技术要求

卫生器具的安装应在室内装修工程施工之后进行。其安装一般应满足如下技术要求：

（1）装位置的准确性。各种卫生器具的安装高度应符合设计要求，如设计无要求时，应符合表 4-5 的规定。允许偏差：单独器具为±10 mm；成排器具为±5 mm。

**表 4-5 卫生器具安装高度**

| 序号 | 卫生器具名称 | | | 卫生器具安装高度/mm | | 备注 |
|---|---|---|---|---|---|---|
| | | | | 居住和公共建筑 | 幼儿园 | |
| 1 | 污水盆（池） | 架空式 | | 800 | 800 | |
| | | 落地式 | | 500 | 500 | |
| 2 | 洗涤盆（池） | | | 1 000 | 800 | 自地面至器具上边缘 |
| 3 | 洗脸盆和洗手盆（有塞、无塞） | | | 800 | 500 | |
| 4 | 盥洗槽 | | | 800 | 500 | |
| 5 | 浴盆 | | | ≤520 | | |
| 6 | 蹲式大便器 | 高水箱 | | 1 800 | 1 800 | 自台阶面至高水箱底 |
| | | 低水箱 | | 900 | 900 | |
| 7 | 坐式大便器 | 高水箱 | | 1 800 | 1 800 | 自台阶面至高水箱底 |
| | | 低水箱 | 外露排出管式 | 510 | | 自台阶面至低水箱底 |
| | | | 虹吸喷射式 | 470 | 370 | |
| 8 | 小便器 | 立式 | | 1 000 | | 自地面至上边缘 |
| | | 挂式 | | 600 | 450 | 自地面至下边缘 |
| 9 | 小便槽 | | | 200 | 150 | 自地面至台阶面 |
| 10 | 大便槽冲洗水箱 | | | ≥2 000 | | 自台阶至水箱底 |
| 11 | 妇女卫生盆 | | | 360 | | 自地面至器具上边缘 |
| 12 | 化验盆 | | | 800 | | 自地面至器具下边缘 |
| 13 | 饮水器 | | | 1 000 | | 自地面至器具上边缘 |

（2）安装的严密性。安装的严密性体现在卫生器具和给水排水管道的连接以及与建筑物墙体靠接两方面。金属与瓷器之间的所有结合处，均应垫以橡胶垫、铅垫等做到软结合，在用螺栓紧固时，应缓慢加力，使之结合紧密。与墙靠接时，可以抹油灰或者用白水泥塞填，使缝隙结合紧密。安装好的卫生器具应进行试水试验，保证供给卫生器具的给水各个管接口的严密性，同时还应保证卫生器具与排水管道各个接口处的严密性。

（3）安装的稳固性。卫生器具安装的稳固性取决于其底座、支腿、支架等稳固程度，因而卫生器具安装时，必须保证其底座、支腿、支架等安装的稳固性。

（4）安装的可拆卸性。为保证卫生器具在维修、更换时便于拆卸，当卫生器具和给水支管连为一体时，给水支管接近器具处应设置活接头。器具排水口与排水管道的接口处，均应使用便于拆除的油灰堵塞连接。

（5）安装的端正美观性。卫生器具既是一种使用器具，客观上又成为室内的一种陈设物，故必须保证安装的平整美观。

2. 常用卫生器具的安装

卫生器具的形式很多，安装也各有特点。国家标准图集 S342（卫生设备安装）中较详尽地列出了各种形式卫生器具的具体安装尺寸、主要材料表以及安装要求等。以下着重介绍几种常用卫生器具的安装。

（1）脸盆的安装。

一套完整的洗脸盆是由脸盆、盆架、排水栓、排水管、链堵和脸盆水嘴等部件组成，如图 4-51 所示。

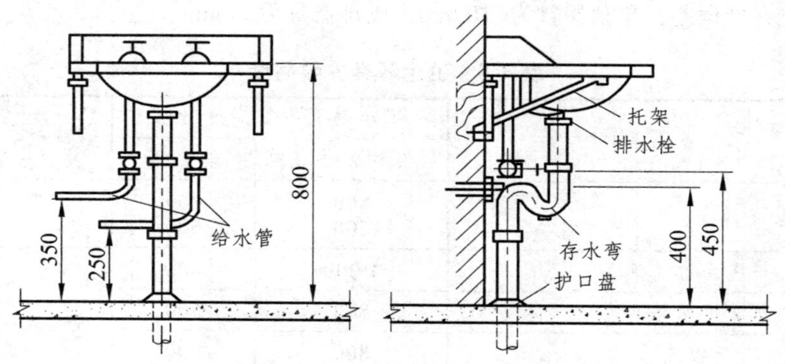


**图 4-51　洗脸盆的安装**

（2）淋浴器的安装。

淋浴器有现场制作安装的管件淋浴器，也有成套供应的成品淋浴器。其安装尺寸如图 4-52 所示。

（3）浴盆的安装。

浴盆有铸铁搪瓷和陶瓷、水磨石、玻璃钢等多种，以铸铁搪瓷浴盆使用较多。其外形尺寸以长 × 宽 × 高表示，安装形式有自身带支撑和另设支撑两种。浴盆距地面一般为 120 ~ 140 mm。浴盆本身具有直径为 40 mm 的排水孔和 25 mm 的溢流管孔，污水由排水孔排入带存水弯的污水管道。浴盆底本身一般具有 0.02 的坡度，坡向排水孔，安装时要求浴盆上沿平面呈水平状态。图 4-53 所示为一冷热水龙头浴盆安装图。

（4）蹲式大便器的安装。

蹲式大便器由冲洗水箱、冲洗管和蹲便器组成。其冲洗水箱一般多使用高水箱。蹲式大便器本身不带存水弯，安装时须另加存水弯。在地板上安装蹲式大便器，至少需增设高为 180 mm 的平台。图 4-54 所示为高水箱蹲式大便器安装图。

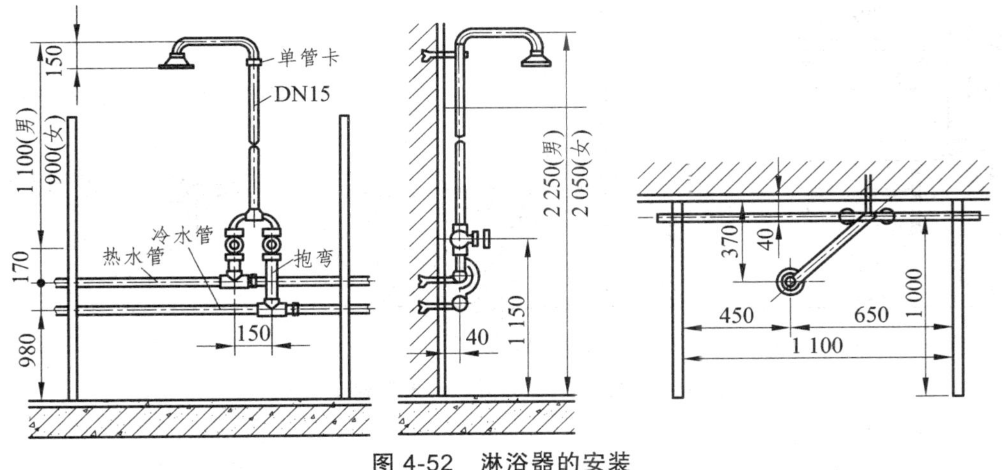


图 4-52 淋浴器的安装

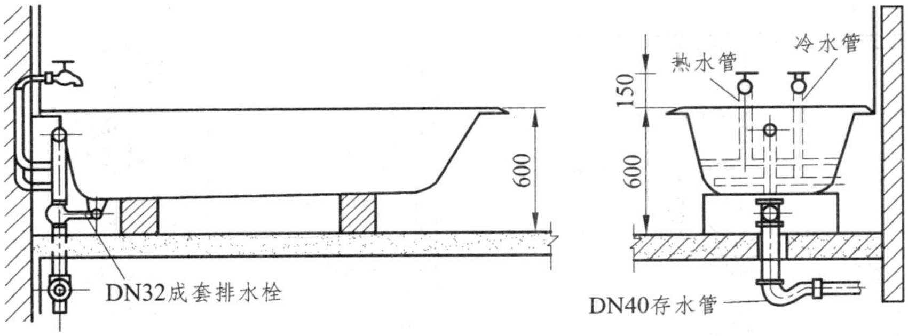

热水管
冷水管
150
600
DN32成套排水栓
DN40存水管

图 4-53 浴盆的安装

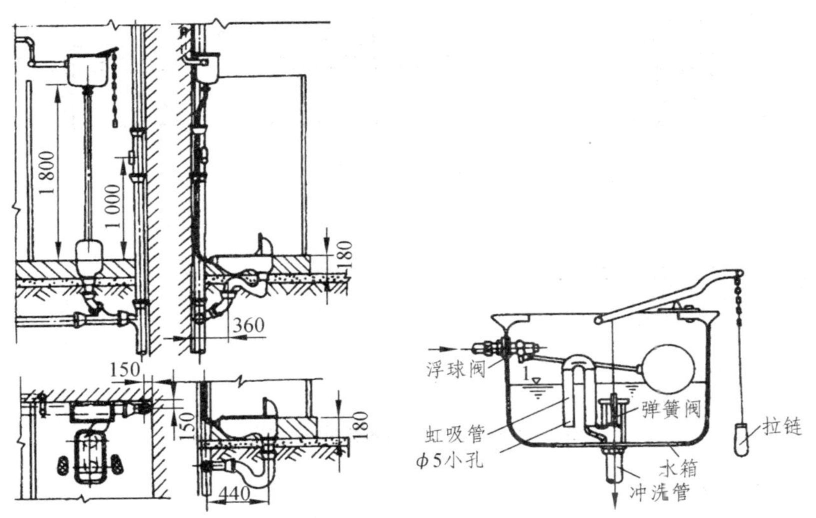


图 4-54 高水箱蹲式大便器安装图

（5）坐式大便器的安装。

坐式大便器由冲洗水箱、冲洗管和坐便器组成。其冲洗水箱一般多采用低水箱。坐式大便器本身构造包括存水弯。坐式大便器直接安装于地面或楼板地坪上。图 4-55 所示为虹吸式低水箱坐式大便器安装图。

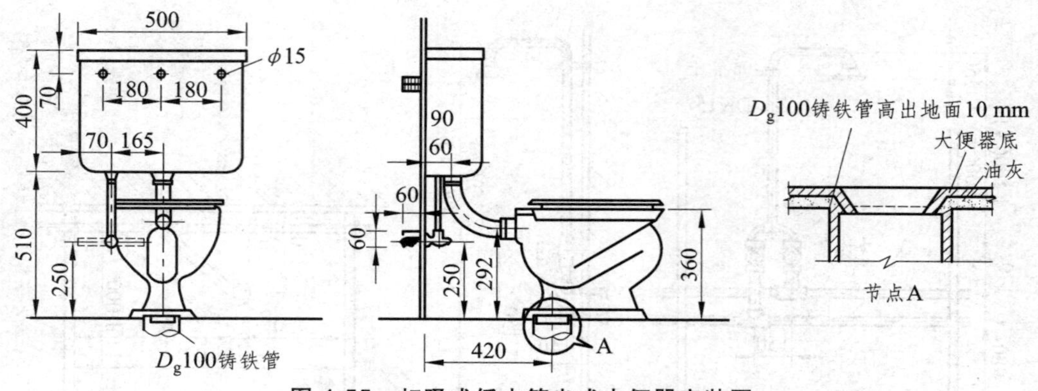


图 4-55　虹吸式低水箱坐式大便器安装图

（6）挂式小便器的安装。

小便器有挂式和立式两种，以挂式为多见。图 4-56 为挂式小便器的安装图。

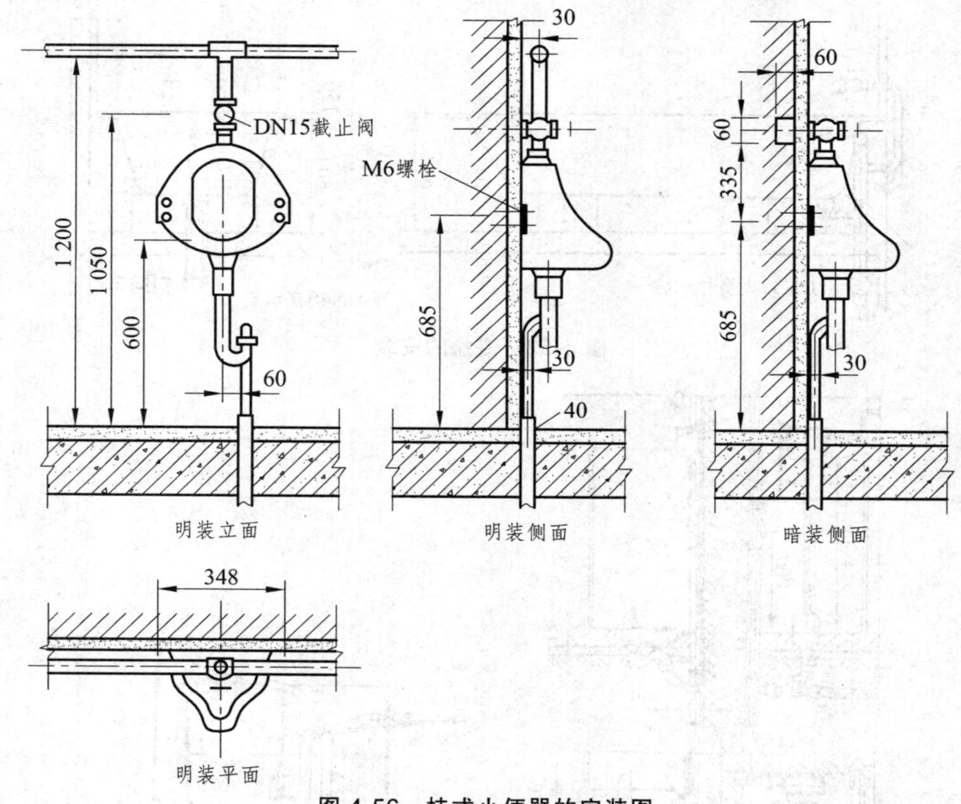


图 4-56　挂式小便器的安装图

#### 4.3.3.4　冲洗设备

冲洗设备是便溺卫生器具中一个重要设备，必须具有足够的水压、水量以便冲走污物，保持清洁卫生。冲洗设备包括冲洗水箱和冲洗阀。冲洗水箱多应用虹吸原理设计制作，具有冲洗能力强、构造简单、工作可靠且可控制、自动作用等优点。利用冲洗水箱作为冲洗设备，由于储备了一定的水量，因而可减少给水管径。冲洗阀形式较多，一般均直接装在大便器的冲洗管上，距地板面高 0.8 m。按动手柄，冲洗阀内部的通水口被打开，于是强力水流经过冲洗管进入大便器进行冲洗。

### 4.3.4 室内排水管道的布置与敷设

#### 4.3.4.1 排水管道的布置原则

建筑内部排水系统直接影响着人们的日常生活和生产。为创造一个良好的生活和生产环境，建筑内部排水管道布置和敷设时应遵循以下原则：

（1）排水畅通，水力条件好。

（2）满足安全、环境、卫生的要求。

（3）保证管道不受外力、热烤等破坏。

（4）防止污染卫生要求高的设备、容器和室内环境。

（5）方便施工安装和维护管理。

在设计过程中应首先保证排水畅通和室内良好的生活环境，然后再根据建筑类型、标准、投资等因素进行管道的布置和敷设。

#### 4.3.4.2 管道的布置与敷设

室内污、废水当前主要靠自流排出，对于非满流自流排放管道的布置和敷设，必须要有助于充分发挥排水管道的泄水能力，避免淤积和冲刷。

1. 排水管道的布置

（1）保证排水畅通。卫生器具至排出管的距离应最短、管道转弯最少。排水立管应设在排水量最大的排水点附近，管道要尽量减少不必要的转角，作直线布置，合理选择室内管道的连接管件，当建筑物沉降可能导致排出管倒坡时，应采取防倒坡措施。

（2）保护管道不受损坏。排水管道不得穿过建筑物的沉降缝、伸缩缝、烟道和风道。埋地管不要布置在可能受重物压坏处或穿越生产设备基础。遇到特殊情况，需在以上部位通过时，应考虑采用橡胶密封管材和管件优化组合。塑料排水立管应避免布置在易受机械撞击处并远离热源，如不能避免时，应采取保护措施，同时建筑塑料管穿越楼层、防火墙、管道井井壁时，应根据建筑物性质、管径和设置条件以及穿越部位防火等级等要求设置阻火装置。

（3）不得影响生产安全和建筑物的使用。排水管道不得布置在遇水能引起燃烧、爆炸或损坏的原料、产品和设备的上面。架空管道不得设在食品和贵重商品仓库、通风小室、配电间以及生产工艺或卫生有特殊要求的生产厂房内，并尽量避免布置在食堂、饮食业的主副食操作烹调上方，和通过公共建筑的大厅等建筑艺术和美观要求较高的场所。排水管道不宜穿越橱柜、壁柜。生活污水立管宜沿墙、柱布置，不应穿越对卫生、安静要求较高的房间如卧室、病房等，并要避免靠近与卧室相邻的内墙，以免噪声干扰。排水管道外表面如可能结露，应根据建筑物性质和使用要求，采取保温措施以防结露。厨房与卫生间的排水立管应分别设置。排水管穿过地下室外墙或地下构筑物的墙壁处，应采取防水措施。

（4）便于安装、维修和清通。废水中可能夹带纤维或有大块物体时，应在排水管道连接处设置格栅或带网筐地漏。排水管道宜在地下或楼板填层中埋设，或在地面上、楼板下明设，如建筑有要求时，可在管槽、管道井或吊顶、架空层内暗设，但应便于安装和检修。应按规范规定设置检查口或清扫口。

（5）防止污染卫生要求高的设备、容器和室内环境。排水立管最低排水横支管与立管连接处距排水立管管底的垂直距离不得小于规范规定。当不能满足规范要求时，底层排水支管应单独排至室外检查井或采取有效防反压措施。排水支管连接至排出管或排水横干管时，连接点至立管底部下游的水平距离不得小于 1.5 m。否则，底层排水支管应单独排至室外检查井或采取有效的防反压措施。

2. 排水管道的敷设

（1）敷设形式。建筑排水管道的敷设形式有明装、暗装两类。除埋地管外，一般以明装为主，明装不但造价低，便于安装、维修，也利于清通。当建筑或工艺有特殊要求时可暗装在墙槽、管井、管沟或吊顶内，在墙槽、管井的适当部位应设检修门或人孔。

室内污水除通过明装、暗装的管道排出外，当生产、生活污水不散发有害气体和大量蒸汽并处于以下情况时，也可采用有盖的排水沟代替排水管：

① 污水中含有大量悬浮物或沉淀物需经常冲洗；

② 生产设备排水支管很多，用管道连接困难；

③ 生产设备排水点位置不固定；

④ 地面需要经常冲洗。

排水沟与排水管道连接处应设置格网或格栅和水封装置。

（2）敷设要求。排水横管穿越重墙或基础，立管穿楼板时均应预留孔洞。管道要用支架固定。横管的支架应按管道的设计坡度要求调节其设置高度，布置在高层建筑管井内的排水立管，必须每层设支承支架，以减轻低层管道承重。排水管道宜埋设在地下或在地面上、楼板下明设，如建筑有要求时，管道检修门可在管槽、管道井、管窿、管沟或吊顶内暗设，但应便于安装和检修。在气温较高、全年不结冻的地区，可沿建筑物外墙敷设。

为避免卫生要求较高的设备或容器与排水管道直接连接而引起水质污染，应采用间接排水方式，即设备或容器的排水管口，不能直接接入排水管道，污水需经受水器如漏斗、洗涤盆等流入排水管道。设备或容器的排水管口与受水器溢流水位间应留有空隙，以保持一定的空气隔断。

## 4.4 建筑雨水排水系统

### 4.4.1 建筑雨水排水系统分类

（1）按建筑物内部是否有雨水管道分为内排水系统和外排水系统两类。建筑物内部设有雨水管道，屋面设雨水斗的雨水排除系统为内排水系统，否则为外排水系统。

（2）按屋面的排水条件分为檐沟排水、天沟排水和无沟排水。当建筑屋面面积较小时，在屋檐下设置汇集屋面雨水的沟槽，称为檐沟排水。在面积大且曲折的建筑物屋面设置汇集屋面雨水的沟槽，将雨水排至建筑物的两侧，称为天沟排水。降落到屋面的雨水沿屋面径流，直接流入雨水管道，称为无沟排水。

（3）按雨水在管道内的流态分为重力无压流、重力半有压流和压力流三类。重力无压流是指雨水通过自由堰流入管道，在重力作用下附壁流动。重力半有压流是指管内气水混合，在重力和负压抽吸双重作用下流动，也称为 87 雨水斗系统。压力流是指管内充满雨水，主要在负压抽吸作用下流动，也称虹吸式系统。

（4）按出户埋地横干管是否有自由水面分为敞开式排水系统和密闭式排水系统两类。

敞开系统为重力排水，检查井设置在室内，敞开式可以接纳生产废水，省去生产废水的排出管，但在暴雨时可能出现检查井冒水现象。密闭系统中雨水由雨水斗收集，进入雨水立管，或通过悬吊管直接排至室外的系统，室内不设检查井。密闭式排出管为压力排水。一般为安全可靠，宜采用密闭式排水系统。

（5）按一根立管连接的雨水斗数量分为单斗系统和多斗系统。在条件允许的情况下，应尽量采用单斗排水，以充分发挥管道系统的排水能力，单斗系统的排水能力大于多斗系统。多斗系统的排水量大约为单斗的 80%。

### 4.4.2 建筑雨水排水系统的组成

1. 普通外排水

普通外排水由檐沟和敷设在建筑物外墙的立管组成，适用于普通住宅、一般的公共建筑和小型单跨厂房。

2. 天沟外排水

天沟外排水由天沟、雨水斗和排水立管组成。天沟设置在两跨中间并坡向端墙，雨水斗设在伸出山墙的天沟末端，也可设在紧靠山墙屋面，适用于长度不超过 100 m 的多跨工业厂房。天沟坡度一般为 0.003 ~ 0.006，天沟长度一般不要超过 50 m。

3. 内排水

内排水系统由雨水斗、连接管、悬吊管、立管、排出管、埋地干管和附属构筑物等部分组成。内排水系统适用于跨度大、特别长的多跨建筑。

（1）雨水斗。

雨水斗是整个雨水管道系统的进水口，主要作用是：最大限度地排泄雨、雪水；对进水具有整流、导流作用，使水流平稳，以减少系统的掺气；同时拦截粗大杂质。雨水斗设在天沟或屋面的最低处。目前国内常用的雨水斗为 65 型、79 型、87 型雨水斗、平蓖雨水斗、虹吸式雨水斗等。其中 87 式雨水斗的进出口面积比最大，斗前水位最深，掺气量少，水力性能稳定，能迅速排除屋面雨水。

（2）连接管。

连接管是连接雨水斗与悬吊管的竖向短管，连接管一般与雨水斗同径。

（3）悬吊管。

悬吊管与连接管和雨水立管连接，见雨水内排水系统图。对于一些重要的厂房，不允许室内检查井冒水，不能设置埋地横管时，必须设置悬吊管。

（4）立管。

立管是接纳雨水斗或悬吊管的雨水，与排出管连接。一根立管连接的悬吊管根数不多于两根，立管管径不得小于悬吊管管径。

（5）排出管。

将立管的水输送到地下管道中，雨水排出管设计时，要留有一定的余地。

（6）埋地横管。

密闭系统一般采用悬吊管架空排至室外的，不设埋地横管；敞开系统室内设有检查井，检查井之间的管为埋地敷设。

（7）附属构筑物。

附属构筑物用于埋地雨水管道的检修、清扫和排气，主要有检查井、检查口井和排气井。

雨水常常把屋顶的一些杂物冲进管道，为便于清通，室内雨水埋地管之间要设置检查井。设计时应注意，为防止检查井冒水，埋地管转弯、变径及超过 30 m 的直线管路上，检查井深度不得小于 0.7 m。检查井内接管应采用管顶平接，且平面上水流转角不得小于 135°。

### 4.4.3 雨水排水系统的选用

选择建筑物屋面雨水排水系统时应根据建筑物的类型、建筑结构形式、屋面面积大小、当地气候条件以及生活生产的要求，经过技术经济比较，本着安全又经济的原则选择雨水排水系统。为此，密闭式系统优于敞开式系统，外排水系统优于内排水系统。同时，虹吸式系统泄流量大、管径小、造价最低，87 斗重力流次之，堰流斗重力流系统管径最大、造价最高。

屋面集水优先考虑天沟形式，雨水斗置于天沟内。檐沟外排水宜按重力流设计，长天沟外排水宜按满管压力流设计，高层建筑屋面雨水排水宜按重力流设计。高层建筑阳台排水系统应单独设置，多层建筑阳台雨水宜单独设置。阳台雨水立管底部应间接排水。

### 4.4.4 雨水排水系统计算及设计参数

1. 设计雨水流量

设计雨水流量应按下式计算：

$$q_y = \frac{q_j \psi F_w}{10000} \tag{4-6}$$

式中 $q_y$——设计雨水流量（L/s）；

$q_j$——设计暴雨强度（L/s · $hm^2$）；

$\psi$——径流系数；

$F_w$——汇水面积（$m^2$）

2. 设计暴雨强度 $q$

设计暴雨强度应按当地或相邻地区暴雨强度公式计算确定。设计暴雨强度公式中有重现期 $p$ 和设计降雨历时 $t$ 两个参数。设计重现期应根据建筑物的重要程度、汇水区域性质、地形特点、气象特征等因素确定，一般性建筑屋面的设计重现期为 2 ~ 5 a，屋面雨水排水管道设计降雨历时应按 5 min 计算。

3. 汇水面积 $F$（$m^2$）

屋面汇水面积一般较小，一般以平方米计算。雨水汇水面积应按地面、屋面水平投影面积计算。高出屋面的毗邻侧墙，应附加其最大受雨面正投影的一半作为有效汇水面积。窗井、贴近高层建筑外墙的地下汽车库出入口坡道应附加其高出部分侧墙面积的 1/2。

4. 宣泄能力系数 $k_1$

设计重现期为一年，屋面坡度小于 2.5%时，$k_1$ 取 1.0；屋面坡度大于 2.5%时，$k_1$ 取 1.5 ~ 2.0。

5. 雨水径流系数

各种屋面、地面的雨水径流系数可按表 4-6 采用。

表 4-6 径流系数

| 屋面、地面种类 | $\psi$ |
|---|---|
| 屋　面 | 0.90 ~ 1.00 |
| 混凝土和沥青路面 | 0.90 |
| 块石路面 | 0.60 |
| 级配碎石路面 | 0.45 |
| 干砖及碎石路面 | 0.40 |
| 非铺砌路面 | 0.30 |
| 公园绿地 | 0.15 |

## 4.5 建筑内部热水供应系统

### 4.5.1 热水供应系统的分类、组成及供水方式

#### 4.5.1.1 热水供应系统的分类

按供应范围，建筑热水供应系统分为集中热水供应系统、局部热水供应系统和区域热水供应系统。应根据使用要求、耗热量、用水点分布情况，结合热源条件选定。

（1）局部热水供应系统。在建筑物内各用水点设小型加热设备把水加热后供该场所使用。其热源为电力、煤气、蒸汽等，适用于用水点少、用水量小的建筑。

（2）集中热水供应系统。在锅炉房和热交换间设加热设备，将冷水集中加热，向一栋或几栋建筑物各配水点供应热水。冷水一般由高位水箱提供，以保证各配水点压力恒定。集中热水供应系统一般适用于旅馆、医院等公共建筑。

（3）区域热水供应系统。以集中供热的热网作为热源来加热冷水或直接从热网取水，用以满足一个建筑群或一个区域（小区或厂区）的热水用户的需要。因此，它的供应范围比集中热水供应系统还要大得多，而且热效率高，便于统一维护管理和热能的综合利用。对于建筑布置比较集中、热水用水量较大的城市和工业企业，有条件时应优先采用。

#### 4.5.1.2 热水供应系统的组成

热水供应系统主要由热源、热媒管网系统（第一循环系统）、加（储）热设备、配水和回水管网系统（第二循环系统）、附件和用水器具等组成。

（1）热源。热源是指把冷水加热成热水所需热量的来源。蒸汽由锅炉中生产出来后，用热媒管送入水加热器将冷水加热。蒸汽凝结水由凝结水管排至凝结水池。锅炉、水加热器、凝结水箱、水泵以及热媒管道即组成了第一循环系统，其目的是制备一定数量的热媒。

（2）加热设备。图 4-54 所示的加热设备是容积式水加热器。水加热器中所需冷水由给水箱供给。冷水被蒸汽所带热量加热后，热水由配水管送到各个用水点。

（3）热水管网。热水管网的作用是将加热设备的热水送至用水设备，热水管网和上部储水箱、冷水管、循环管及水泵等构成第二循环系统。为了保证热水管网中的热水随时保持设计的温度，在某些热水管网中，除设置配水管道外，还需设置热水回水管道，以使管网中的水始终保持一定的循环流量，补偿管道的热损失。

如图 4-57 所示，热水管网是由配水管道（其中包括配水干管、配水立管和配水支管）及回水管道组成的。虚线所示管道为循环管。

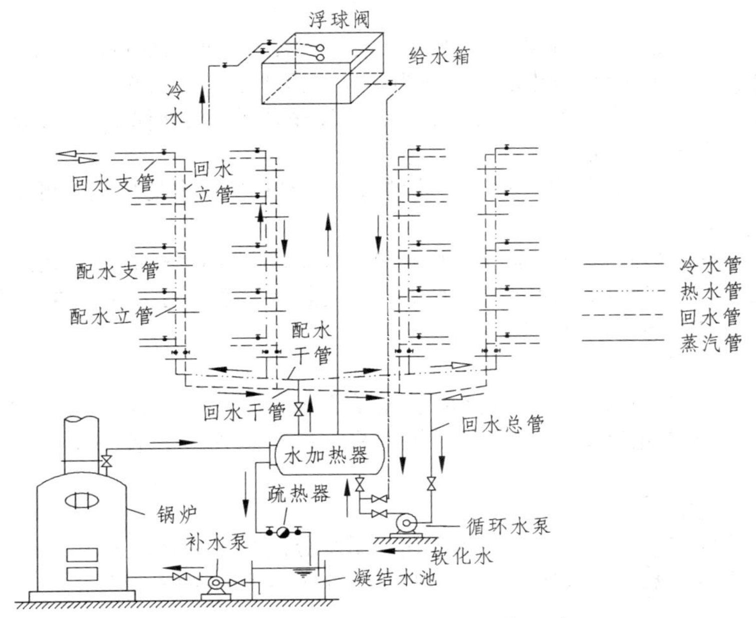


**图 4-57 下行上给式热水供应系统**

1—蒸汽锅炉；2—水加热器；3—凝结水泵；4—凝结水箱；5—配水龙头 6—储水箱；7—循环水泵；8—疏水器；9—冷水管；10—透气管；11—供热管；12—循环管

（4）其他设备和附件。有水箱（开式或闭式）、循环水泵、各种器材和仪表、管道伸缩器等。

### 4.5.1.3 热水供应系统的供水方式

（1）室内热水供应方式，按其加热冷水的方法有直接加热和间接加热两种。

（2）按其配水干管在建筑内的位置，室内热水供应方式可分为上行下给式和下行上给式。配水干管敷设在建筑物的上部，自上而下的供应热水，称为上行下给式。配水干管敷设在建筑物的下部，自下而上供应热水，称为下行上给式。如图 4-58 和 4-59 所示。

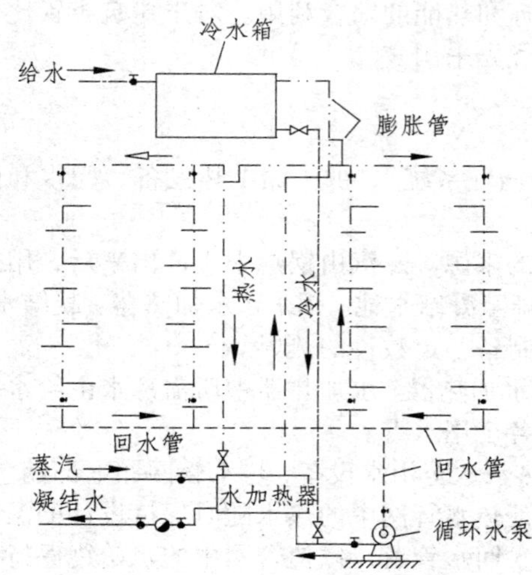


**图 4-58 上行下给式全循环热水供应系统**

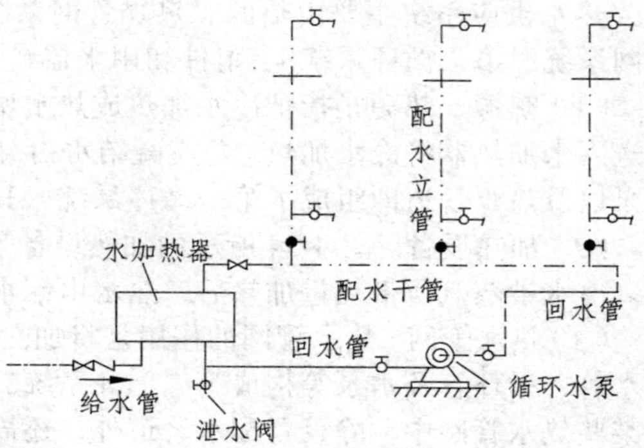

**图 4-59 下行上给式半循环系统**

（3）按其配水管网有无相应的循环管道，室内热水供应方式可分为全循环、半循环和非循环。

① 全循环。所有支、立、干或立、干管上设循环管。这种系统可以使配水管网的任意点都能保证设计水温。图 4-55 所示的热水管网即为下行上给式全循环系统。

② 半循环。仅对局部的干管设循环管，立管不设循环管。只能保证干管的设计水温。图 4-56 所示为下行上给式半循环系统。

③ 非循环。即不设循环管道。对于连续用水或定时集中用水的建筑，可不设循环管。

（4）开式与闭式。

按压力工况不同，热水供应系统分为开式和闭式系统。开式热水供应系统是指在所有配水点关闭后热水管系仍与大气相同；而闭式热水供应系统热水管系不与大气相同，即在所有配水点关闭后整个管系与大气隔绝，形成密闭系统。

（5）异程式与同程式。

按照热水循环管网中每支循环管路的长短是否相同，热水系统分为异程式与同程式。同程式可防止系统中热水短路循环，有利于热水系统的有效循环，各用水点能随时取到所需温度的热水。

（6）分区供水方式。

与给水系统分区应一致，当减压阀用于热水系统分区时，除满足减压阀的一般设置要求外，其密闭部分材质按热水温度要求选择，且应保证各分区热水的循环。

### 4.5.1.4 热水供应管网的布置与敷设

为设计室内热水供应系统，在选择热水供应系统方式后，还必须根据建筑物的性质、结构形式、用水要求和用水设备的类型及位置等具体条件，合理地进行管网布置和确定管道敷设方式。

（1）室内热水管道一般都明装，对卫生设备标准、美观有较高要求的建筑才暗装。为了便于排除系统中的空气,热水管应有不小于0.003的与水流方向相反的坡度;循环横管一般应做成0.003的与水流方向一致的坡度。在下行上给式系统中，循环立管应在最高配水点以下 0.5 m 处与配水立管连接。立管应尽量设置在管道竖井内，或设置在卫生间内。管道穿越楼板及墙壁应设套管，楼板套管应高出地面 5～10 mm，以防楼板地面水由板孔流到下一层。在上行下给式系统中，应在干管最高点设排气装置。为了检修放水需要，应在系统最低点设泄水装置。

（2）考虑运行调节和检修的要求，必须在系统适当的地点设置阀门，如在干管、立管上下，支管起端，水加热器及储水箱进出口等处设闸阀或截止阀，在防止水倒流的管道上设止回阀等。

（3）热水管道宜用铜管、铝塑复合管及不锈钢管。当 DN≤150 时，应采用镀锌钢管；DN＞150 时，可采用焊接钢管或无缝钢管。对水质要求较高或具有腐蚀性时，如有条件可采用铜管。

（4）热水管路、水加热器、储水器、热水配水、机械循环回水干管和有结冻可能的自然循环回水管，应保温。保温层的厚度应经计算确定。

（5）热水管道系统，应有补偿管道温度伸缩的措施，较长干管宜用波纹管伸缩节；立管与水平干管的连接方法应有弯头，这样可以消除管道受热伸长时的各种影响。

（6）热水管道穿过建筑物的楼板、墙壁和基础时应加套管，热水管道穿越屋面及地下室外墙时应加防水套管。

（7）塑料热水管材质脆，刚度（硬度）较差，应避免撞击、紫外线照射，固宜暗设。

## 4.5.2 水的加热和储存

### 4.5.2.1 水的加热

水的加热分直接加热和间接加热两种方式。每种方式根据实际情况又有各种不同的加热设备。

1. 间接加热

（1）容积式水加热器。

容积式水加热器（图 4-60）是一种既能把冷水加热，又能储存一定量热水的换热设备。

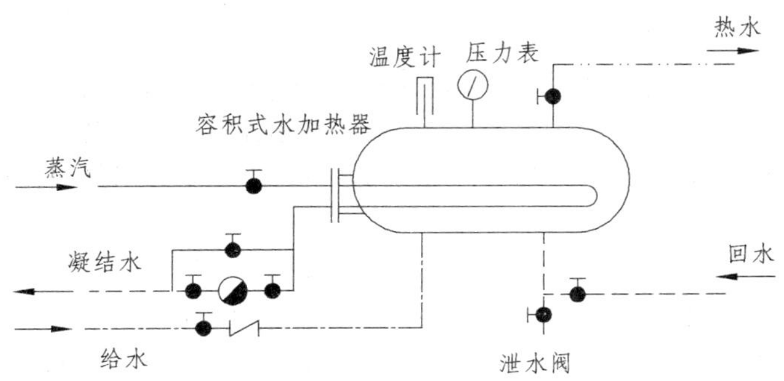


**图 4-60 容积式水加热器**

（2）加热水箱。

加热水箱多为开式，用钢板制成，装有排管或盘管，通入蒸汽，即可把箱中的水加热，冷水可用补给水箱补充。加热水箱多设在建筑物上部，可在用水量不大的热水供应系统中采用。

（3）汽-水式加热器。

汽-水式加热器也称快速水加热器，是用蒸汽来加热水。它主要由圆形的外壳、管束、前后管板、水室、蒸汽与凝结水短管、冷热水连接短管等部分组成，如图 4-61 所示。管束可采用铜管或锅炉无缝钢管，蒸汽在管束外面流动。被加热水在管内流动，通过管束壁面换热。此外还有一种套管式汽-水加热器，如图 4-62 所示。

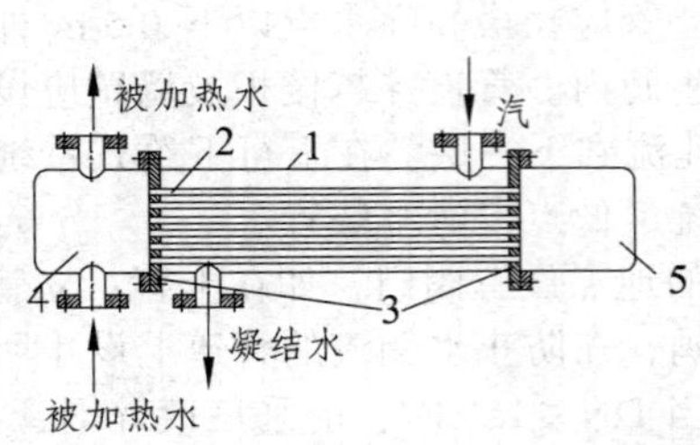


图 4-61 固定管板式管壳加热器

1—外壳；2—管束；3—固定管板；4—前水室；5—后水室

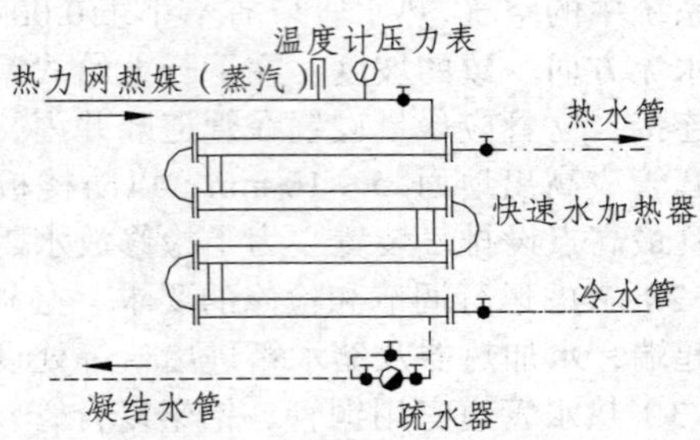


图 4-62 套管式汽-水加热器

（4）分段式水-水加热器。

分段式水-水加热器是由高温水来加热冷水，构造如图 4-63、图 4-64 所示。它主要由外壳、管束、加热水进出口、被加热水进出口连接短管等部分组成。加热水在小管内，被加热水在管束外表面逆向流动。

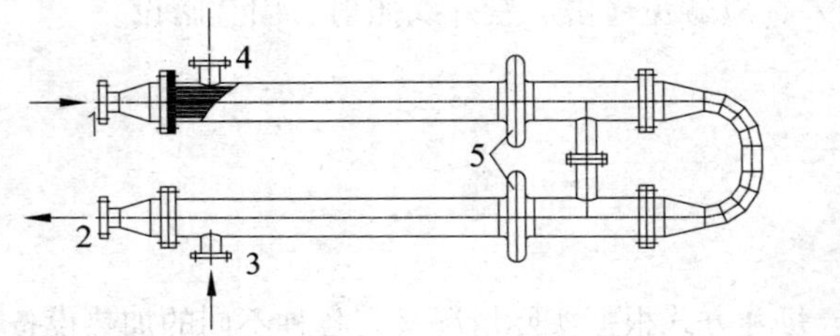


图 4-63 分段式水-水加热器

1—加热水入口；2—加热水出口；3—被加热水入口；4—被加热水出口；5—膨胀节

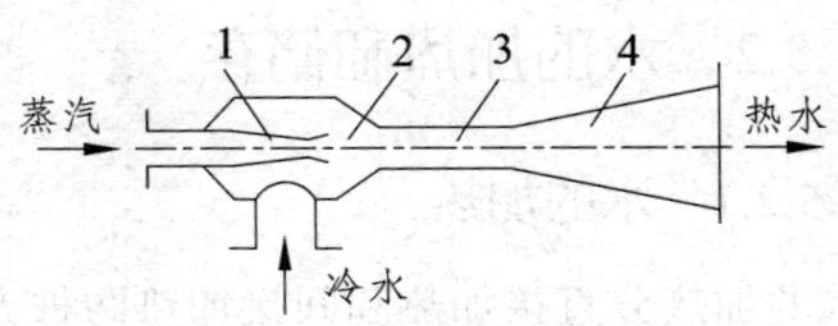


图 4-64 汽-水喷射器

2. 直接加热

（1）加热水箱。

直接加热即在热水箱内设多孔管（图 4-65）和汽-水喷射器（图 4-66），用蒸汽直接加热冷水。与间接加热系统比，由于蒸汽直接与冷水接触，故加热迅速，加热设备亦较简单。但这种方式噪声较大，凝结水不能回收，常需较大的锅炉给水处理设备，故运行管理费用增加。

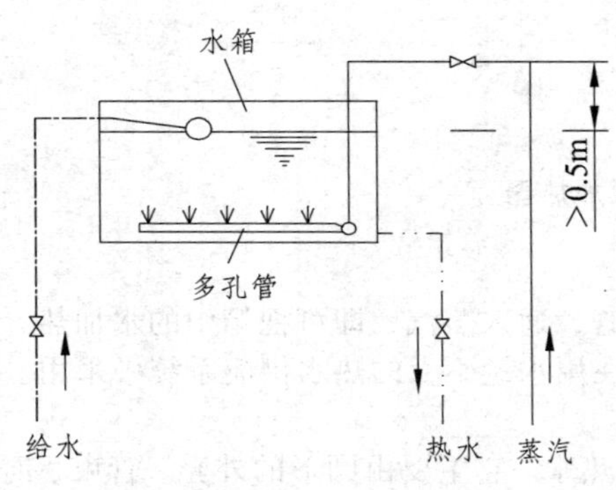


图 4-65 多孔管加热方式

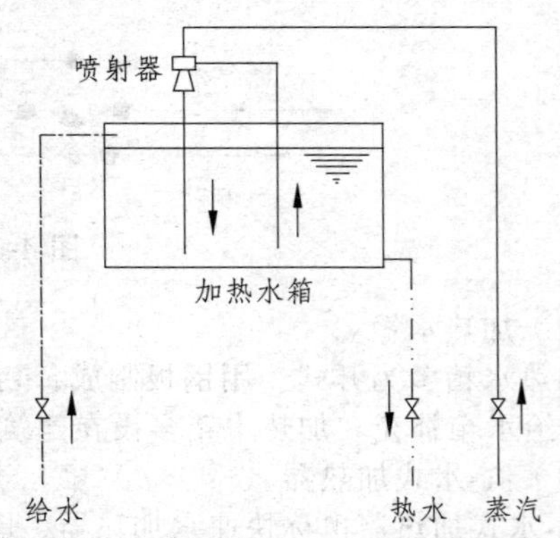


图 4-66 汽-水喷射器加热方式

多孔管上小孔直径为 2 ~ 3 mm，小孔的总面积取为多孔管断面的 2 ~ 3 倍。采用多孔管加热，设备简单，易于加工，费用少，但噪声与振动较大。

汽-水喷射器的构造如图 4-67 所示，主要由喷嘴 1、引水室 2、混合室 3、扩压管 4 等部分组成。它的工作原理是：高压蒸汽经喷嘴在其出口处造成很高的流速，压力降低，而把冷水吸入，同时蒸汽被凝结，冷水被加热，并在混合室内充分混合，进行热量与动量的交换，然后进入扩压管。在扩压管内可使流速降低，压力升高，因而能以一定的压力送入系统。喷射器构造简单，便于加工制造，价格低廉，运行安全可靠，但噪声较大。

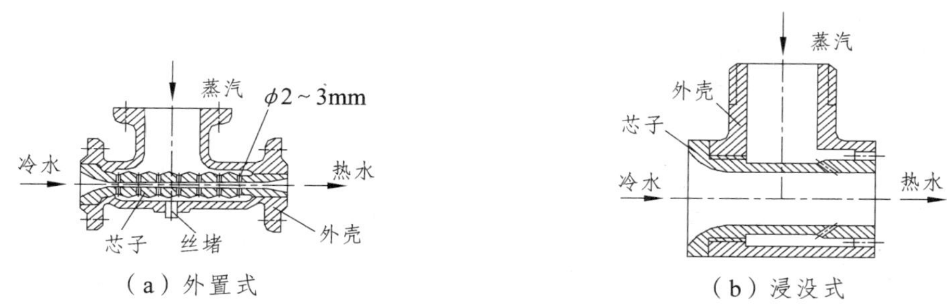


**图 4-67　消声汽-水混合加热器**

图 4-64 是一种消声汽-水混合加热器，有外置式与浸没式两种。它可降低汽水混合时的噪声和振动，促进汽一水尽快混合。

（2）燃煤热水锅炉直接加热。

某些小型热水供应系统，可以用热水锅炉直接制备热水供使用，这也是一种直接加热式系统。

（3）太阳能热水器。

太阳能热水器也是一种把太阳光的辐射能转为热能来加热冷水的直接加热热水装置。它的构造简单，加工制造容易，成本低，便于推广应用，可以提供 40 ~ 60 °C 的低温热水，适于住宅、浴室、饮食店、理发馆等小型局部热水供应用。

图 4-68 即为常用的平板型太阳能热水器。它由集热器、储热水箱、循环管、冷热水管道等组成。冷水可由补给水箱供给，热水是靠自然循环流动的，储热水箱必须高于集热器。平板型集热器是太阳能热水器的关键性设备，其作用是收集太阳能并把它转化为热能，如图 4-69 所示。

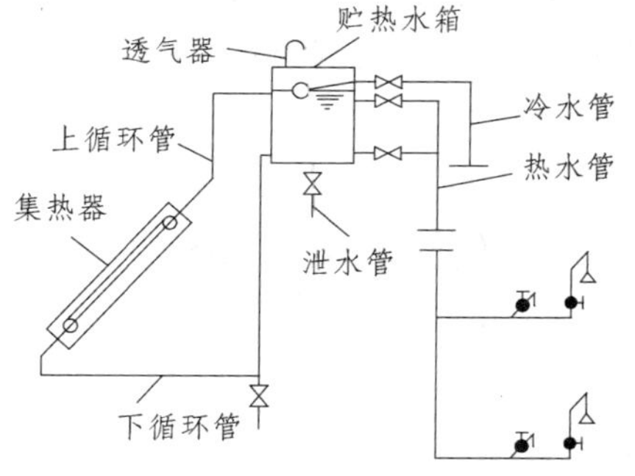


**图 4-68　太阳能热水器组成（自然循环直接加热）**

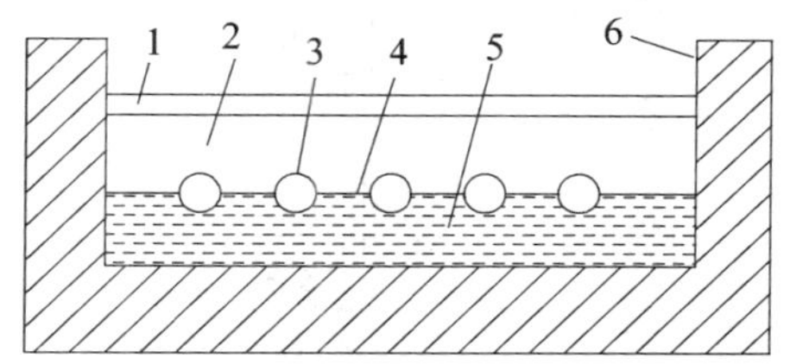


**图 4-69　平板型集热器**

1—透明盖板；2—空气层；3—排管；4—吸热板；5—保温层；6—外壳

4.5.2.2　热水的储存

热水箱是一种储存热水的容器，有开式与闭式两种。开式水箱多设在系统上部，例如图 4-65

中的连接方式就是设置了开式水箱。闭式水箱也称为储水罐。图 4-70 是储水罐的另一种设置方式。有时也和热水锅炉配合设置，如图 4-71 所示。

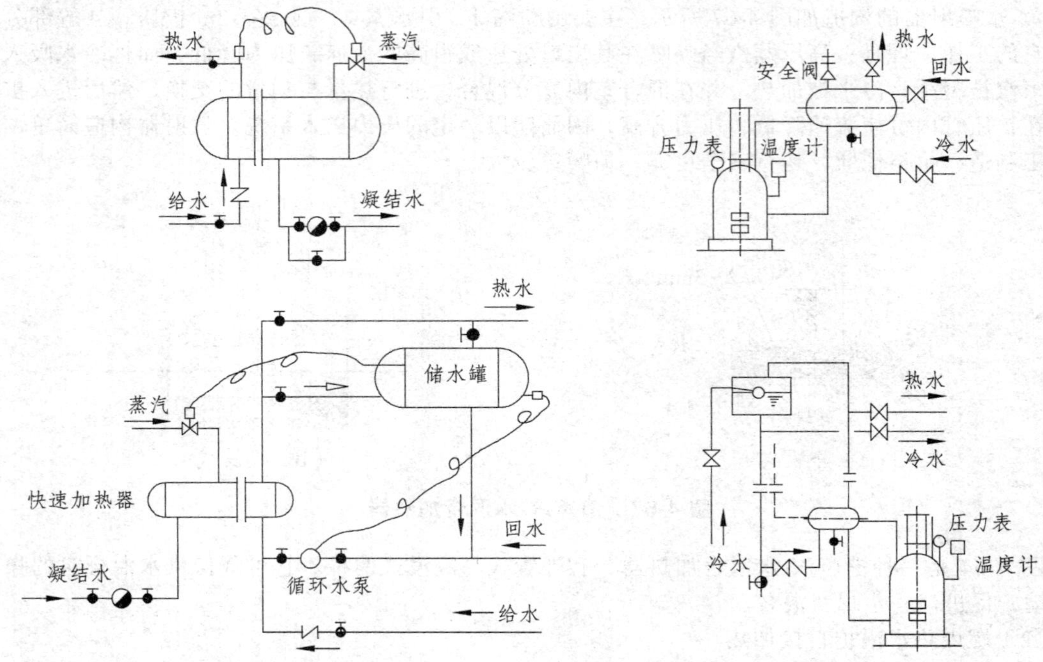


图 4-70 储水罐另一种设置方式

图 4-71 储水罐与锅炉配合设置

4.5.2.3 主要附件

1. 自动温度调节器

自动温度调节器可以自动调节进入水加热器的蒸汽量，从而控制水出口温度。图 4-72 为直接作用式自动温度调节器的构造原理。图 4-73 为温度调节器的安装示意。安装时，温包插于热水出口管道内，调节阀装在蒸汽管道上。当加热后，热水温度过高或过低时，温包中的液体（例如氟利昂、乙醚等）汽化或冷凝，压力则升高或降低。压力经毛细导管传至储液筒，波纹管则被压缩或伸张，经连杆传动使阀瓣关小或开大，致使通过阀门的蒸汽流量减小或增大，从而达到调节热水温度的目的。

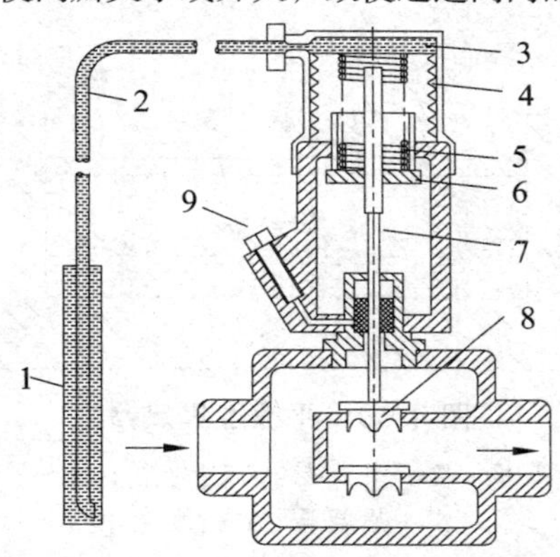


图 4-72 直接作用自动温度调节器构造原理图

1—温包；2—毛细导管；3—储液筒；4—波纹管；5—压缩弹簧；6—调节丝帽；7—连杆；8—调节阀门；9—注油螺钉

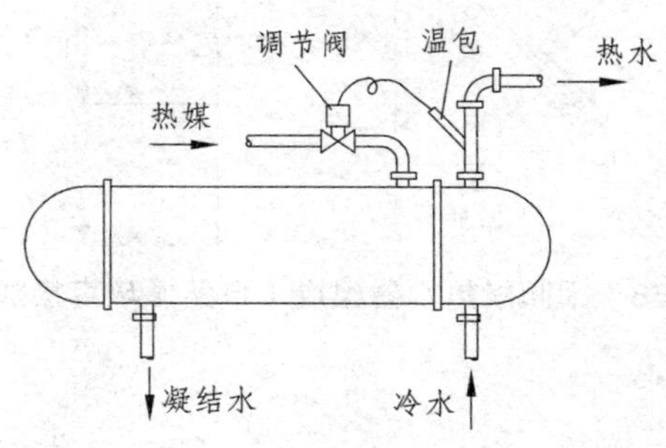


图 4-73 温度调节器安装示意

2. 疏水器

疏水器也称隔汽具，是装在汽-水加热器凝结水出口管上，其作用是阻隔蒸汽，疏通凝结水，保证蒸汽能在水加热器内充分凝结放热。常用的疏水器有倒吊筒式和热动力式等。图 4-74 所示为倒吊筒式疏水器。凝结水进入时，吊筒下落，阀孔打开，能顺利排出。当蒸汽进入时，吊筒浮起则关闭阀孔，可以阻止蒸汽流过。

在热水供应系统设计中，有时还应考虑水的受热膨胀，需设膨胀水箱，多用钢板加工制成；此外，还有排气装置。

3. 安全阀

加热设备为压力容器时，应按压力容器设置要求安装安全阀；闭式热水供应系统的日用热水量小于等于 30 $m^3$ 时，可采用设置安全阀泄压的措施。

水加热器宜采用微启式弹簧安全阀。用于热水系统的安全阀可按泄掉系统温升膨胀产生的压力来计算，其开启压力一般为热水系统最高工作压力额 1.05 倍，但不得大于水加热器本体的设计压力（一般分为 0.6 MPa、1.0 MPa、1.6 MPa 三种规格）。

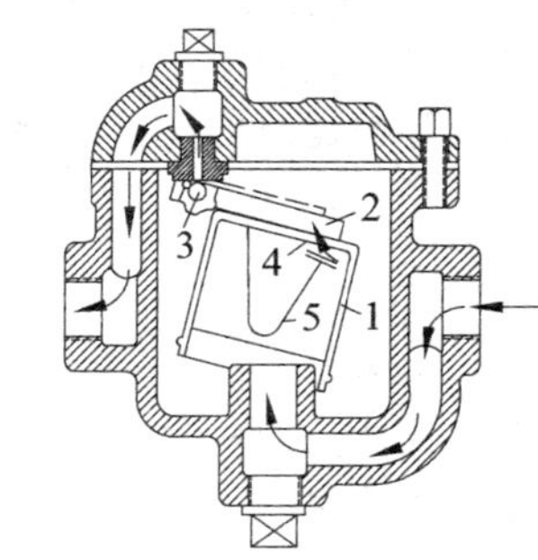


**图 4-74　倒吊筒式疏水器**

1—吊筒；2—杠杆；3—珠阀；4—快速排气孔；5—双金属弹簧片

## 4.5.3　开水供应系统

### 4.5.3.1　开水供应方式

按照开水供应范围的大小，开水供应可分为分散制备局部供应、集中制备分装供应、集中制备管道输送供应等方式，按加热方式可分为蒸汽加热、燃气加热、电加热等供应方式，按供应温度可分为热开水与凉开水两种。

1. 分散供应

分散供应是在建筑内每层设开水间，热媒经管道送至各开水器，开水器服务半径不宜大于 70 m。在各饮水点设开水器，就地煮沸并供应开水。开水器可设在专用饮水间内，也可设在生活间、值班室和大厅内；小型开水器也可设在车间和走廊内。

这种供应方式使用方便，可保证饮水点的水温，广泛用于旅馆、饭店、工矿企业、办公楼、科研楼、医院等建筑物，但不便集中管理，投资较高，耗热量较大。

2. 集中供应

集中供应是在开水间制备开水，人们用容器取用。适合于机关、学校等建筑，开水间宜靠近锅炉房、食堂等有热源的地方。集中供应分集中煮沸分装供应与集中煮沸管道输送两种。

（1）集中煮沸分装供应。

在适中的地点设置集中开水煮沸站，为了便于管理，煮沸站常靠近食堂、锅炉房、公共浴室等布置或设在同一栋建筑物内。饮用者用保温容器到煮沸站打水。若打水距离大于 200 m，则可考虑设几个煮沸站。

这种供应方式耗热量小，节约燃料，便于操作管理，投资省，但饮用不方便，饮水点温度不宜保证。工业企业、机关、学校等目前广泛采用这种形式。

（2）集中煮沸管道输送。

在集中煮沸站将水加热至 100 °C，用管道输送至各饮水点，为使各饮水点维持一定的温度，需设有循环管道。在不能自然循环时，还需设循环水泵。

这种供应方式便于操作和管理，使用方便，可以保证各饮水点的温度，但耗热量较大，投资较高，一般在可以自然循环时采用，适用于四层及四层以上的旅馆、办公楼、教学楼、科研楼、工业楼、医院等类建筑。

4.5.3.2　开水的制备方法

开水的制备方法有直接和间接两类。常用的方法有以下几种：

1. 煤气开水炉直接加热开水供应系统

图 4-75 为单设开水炉直接加热开水供应系统，图 4-76 为开水炉和储水罐合用的系统。它们的特点是：设备较简单，投资较少，热效率较高，维护管理较简单，广泛用于工矿企业、学校、机关、旅馆等类建筑的集中煮沸供应方式，但操作条件较差，水质不好时容易结水垢。

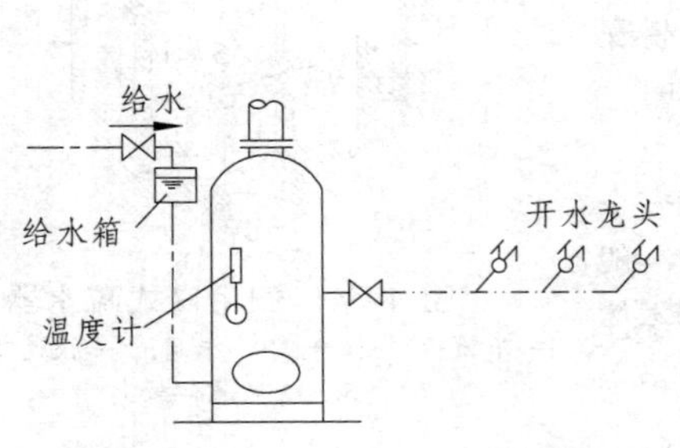


图 4-75　单设开水炉的开水系统

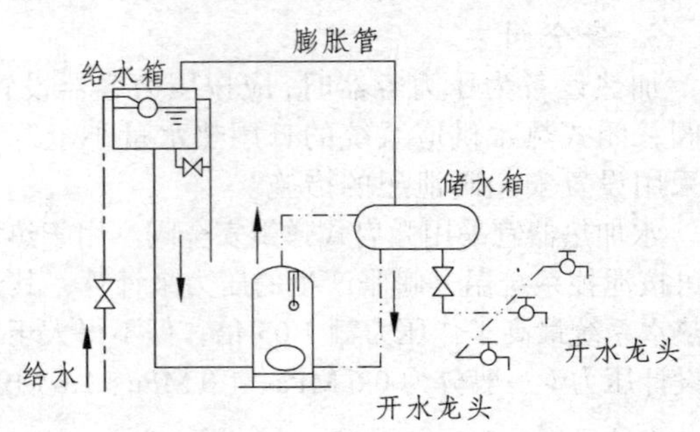


图 4-76　开水炉和储水罐合用系统

采用这种制备方式和系统时应注意；锅炉应符合有关环境保护规定的消烟除尘和有关压力容器的结构、加工要求。为了防止结垢，应考虑进行适当的水处理。锅炉的结构形式应适合当地煤种的燃烧。

2. 蒸汽直接加热

用蒸汽作热媒，通过设在开式水箱底部的多孔管将蒸汽喷入水中，直接与水混合加热煮沸。图 4-77 为单设加热水箱蒸汽直接加热开水供应系统。图 4-78 为设有循环管道的系统。水箱应设水位计、温度计。蒸汽直接加热的特点是设备简单，维护管理简便，热效率较高，投资较省，但蒸汽凝结水不能回收，蒸汽可能溢入室内，噪声较大。蒸汽直接加热广泛用于有蒸汽热源且蒸汽凝结水品质符合《生活饮用水卫生标准》（GB 5749—2006）的工矿企业、旅馆、学校、机关团体等单位的分散或集中开水供应。

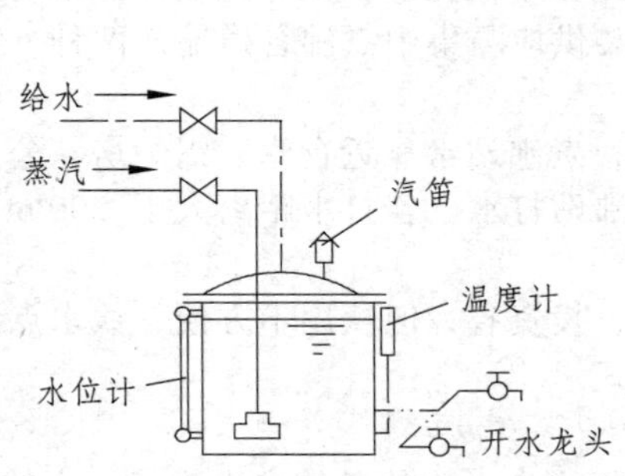


图 4-77　单设加热水箱系统

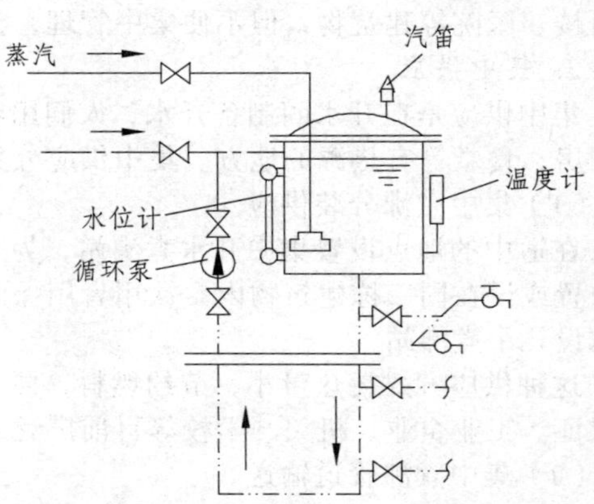


图 4-78　设有循环管道系统

在采用这种制备方式和系统时，应注意：蒸汽喷入口应装消声装置；蒸汽横管应高于最高水位至少 500 mm；不宜用于闭式系统。

3. 蒸汽间接加热

这种方式是蒸汽进入开水器下部的蛇形管内，通过管壁进行热交换，将水加热煮沸，凝结水可回收，水质不受蒸汽影响，噪声小，适用于旅馆、办公楼等公共建筑的开水供应。开式和闭式系统均可。

图 4-79 所示为小型间断式蒸汽开水器，适合在各饮水点分散设置就地煮沸供应。开水温度可以保证，使用方便；但热效率较低，不便集中管理，投资较大，不能连续供应开水。

图 4-80 为间接加热和冷却的凉开水供应系统，适于集中供应凉开水。

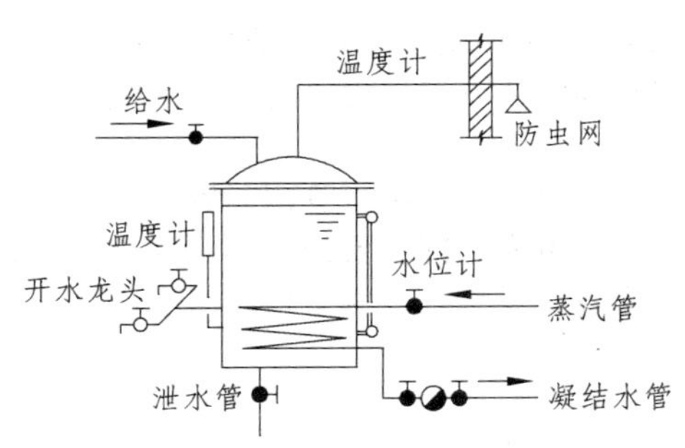


**图 4-79　间断式蒸汽开水器系统**

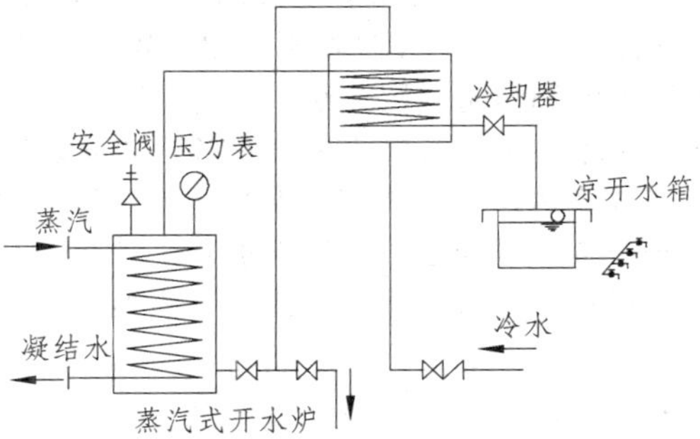

**图 4-80　间接加热和冷却的凉开水供应系统**

开水炉和开水器应采用铜、不锈钢或镀锌材料作为配管和零件，配水龙头宜采用铜质旋塞。管道一般明装，开水炉（器）、储水箱（罐）、开水管道应进行保温。

开水间不宜设在厕所、卫生间等易受污染之处。开水间高度不宜小于 2.5 m，应有门、窗及良好的通风、照明设施，墙面作防水处理，地面应有排水措施。

## 4.6　居住小区给排水工程

按照《城市居住区规划设计规范》GB 50180，将城市居住区规模划分为 3 个等级：

（1）人口在 1 000 ~ 3 000 人的居住区，称为居住组团；

（2）人口在 7 000 ~ 15 000 人的居住区，称为居住小区；

（3）人口在 30 000 ~ 50 000 人的居住区，称为城市居住区。

本节内容适用于人口在 15 000 人以下的居住组团、居住小区。

### 4.6.1　居住小区给水系统

居住小区给水系统主要由水源、管道系统、二次加压泵房、室外消火栓和储水池等组成。居住小区给水系统的任务是从城镇给水管网（或自备水源）取水，按各建筑物对水量、水压、水质的要求，将水输送并分配到各建筑物给水引入点处。小区给水系统设计应综合利用各种资源，宜实行分质给水，充分利用再生水、雨水等非传统水源；优先采用循环和重复利用给水系统。

#### 4.6.1.1　居住小区给水水源

居住小区给水系统既可以直接利用现有供水管网作为给水水源，也可以自备水源。位于市区或厂矿区供水范围内的居住小区，应采用市政或厂矿给水管网作为给水水源，以减少工程投资。远离市区或厂矿区的居住小区，可自备水源。对于离市区厂矿区较远，但可以铺设专门的输水管线供水的居住小区，应通过技术经济比较确定是否自备水源。自备水源的居住小区给水系统严禁与城市给水管道直接连接。当需要将城市给水作为自备水源的备用水或补充水时，只能将城市给水管道的水放入自备水源的储水（或调节）池，经自备系统加压后使用。在严重缺水地区，应考虑建设居住小区中水工程，用中水来冲厕所、浇洒绿地和道路。

#### 4.6.1.2 居住小区给水系统与供水方式

小区室外给水系统按用途可分为生活用水、消防用水、生活-消防公用给水系统3类。居住小区供水既可以是生活和消防合用一个给水系统，也可以是生活给水系统和消防给水系统各自独立。当居住小区中的建筑物不需要设置室内消防给水系统，火灾扑救仅靠室外消火栓和消防车时，宜采用生活和消防共用的给水系统。若居住小区中的建筑物需要设置室内消防给水系统，如高层建筑，则生活和消防给水系统宜各自独立设置。

居住小区供水方式应根据小区内建筑物的类型、建筑高度、市政给水管网的资用水头和水量等因素综合考虑确定。选择供水方式时首先应保证供水安全可靠，同时要做到技术先进合理、投资省、运行费用低、管理方便。居住小区供水方式可分为直接供水式、调蓄增压供水方式和分压供水方式。

1. 直接供水方式

直接供水方式就是利用城市市政给水管网的水压直接向用户供水，小区室外给水管网中不设升压、储水设备。当城市市政给水管网的水压和水量能满足居住小区的供水要求时，应尽量采用这种供水方式。

2. 调蓄增压供水方式

当城市市政给水管网的水压和水量不足，不能满足居住小区内大多数建筑的供水要求时，应集中设置储水调节设施和加压装置，采用调蓄增压供水方式向用户供水。

3. 分压供水方式

当居住小区既有高层建筑，又有多层建筑，建筑物高度相差较大时，应采用分压供水方式供水。这样既可以节省动力消耗，又可以避免多层建筑供水系统的压力过高。居住小区的加压给水系统，应根据小区的规模、建筑高度和建筑物的分布等因素确定加压站的数量、规模、水压以及分区水压。当居住小区内所有建筑的高度和所需水压都相近时，整个小区可集中设置公用一套水压给水系统。当居住小区内只有一幢高层建筑或幢数不多且各幢所需压力相差很大时，每一幢建筑物宜单独设调蓄增压设施。当居住小区内若干幢建筑的高度和所需水压接近，且布置集中时，调蓄增压设施可以分片集中设置，条件相近的几幢建筑物公用一套调蓄增压装置。

#### 4.6.1.3 居住小区管道布置和敷设

居住小区给水管道可以分为小区给水干管、小区给水支管和接户管三类。小区给水干管和小区给水支管统称为居住小区室外给水管道。在布置小区管道时，应按干管、支管、接户管的顺序进行。

为了保证小区供水可靠性，小区给水干管应布置成环状或城市管网连成环状，与城市管网的连接管不少于2根，且当其中一条发生故障时，其余的连接管应通过不小于70%的流量。小区给水干管宜沿用水量大的地段布置，以最短的距离向用水大户供水。小区给水支管和接户管一般为枝状。

居住的小区室外给水管道，应沿区内道路平行于建筑物敷设，宜敷设在人行道、慢车道或草地下；管道外壁距建筑物外墙的净距不宜小于1.0 m，且不得影响建筑物的基础。

居住小区室外给水管道尽量减少与其他管线的交叉，不可避免时，给水管应在排水管上面，敷设在室外综合管廊内的给水管道，宜在热水、热力管道下方，冷冻管上方。给水管道与各种管道之间的净距，应满足安装操作需要，且不宜小于0.3 m。

给水管道的埋深应根据土壤的冰冻深度、外部荷载、管道强度以及其他管线交叉等因素来确定。管顶最小覆土深度不得小于土壤冰冻线以下 0.15 m，行车道下的管线最小覆土深度不得小于 0.7 m。

为了便于小区管线的调节和检修，应在与城市管网连接处的小区干管上，与小区给水干管连接处的小区给水支管上，与小区给水支管连接处的接户管上及环状管网需调节和检修处设置阀门。阀门应设在阀门井或阀门套筒内。

居住小区内城市消火栓保护不到的区域应设室外消火栓，设置数量和间距应按《建筑设计防火规范》( GB 50016—2014 ) 执行。当居住小区绿地和道路需洒水时可设洒水栓，其间距不宜大于 80 m。

### 4.6.2 居住小区排水系统

#### 4.6.2.1 排水体制

居住小区排水体制分为分流制和合流制，采用哪种排水体制，主要取决于城市排水体制和环境保护要求。同时，也与居住小区是新区建设还是旧区改造以及建筑内部排水体质有关。新建小区一般应采用雨污分流制，以减少对水体和环境的污染。居住小区内需设置中水系统时，为简化中水处理工艺，节省投资和日常运行费用，还应该将生活污水和生活废水分制分流。生活污水进入化粪池时，为减少化粪池容积也应将污水和废水分流，生活污水进入化粪池，生活废水直接排入城市排水管网、水体或水中处理站。

#### 4.6.2.2 居住小区排水管道的布置与敷设

居住小区排水管道的布置应根据小区总体规划、道路和建筑物布置、地形标高、污水、废水和雨水的去向等实际情况，按照管线短、埋深小、尽量自留排出的原则确定。居住小区排水管道的布置应符合下列要求：

( 1 ) 排水管道宜沿道路或建筑物平行敷设，路线最短，尽量减少转弯以及其他管线的交叉，检查井间的管段应为直线。

( 2 ) 干管应靠近主要排水建筑物，并布置在连接支管较多的一侧。

( 3 ) 排水管道应尽量布置在道路外侧的人行道或草地的下面，不允许平行布置在铁路的下面和乔木的下面。

( 4 ) 排水管道应尽量远离生活饮用水给水管道，避免生活饮用水遭受污染。

( 5 ) 排水管道与其他地下管线及乔木之间的最小水平、垂直净距，排水管道与建筑物间的水平距离需查阅相关规范而定。排水管道与建筑物基础间的最小水平净距与管道的埋设深浅有关，但管道埋深浅于建筑物基础时，最小水平净距不小于 1.5 m；否则，最小水平间距不小于 2.5 m。

( 6 ) 居住小区排水管道的覆土厚度应根据道路的行车等级、管材受压强度、地基承载力、土层冰冻等因素和建筑物排水管标高经计算确定。小区干道和小区道路下的管道，覆土厚度不宜小于 0.7 m，如小于 0.7 m 时应采取保护管道防止受压破损的技术措施；生活污水接户管埋设深度不得高于土壤冰冻线以上 0.15 m，且覆土厚度不宜小于 0.3 m。

( 7 ) 居住小区内雨水口的形式和数量应根据布置位置、雨水流量和雨水口的泄流能力经计算确定。雨水口的布置应根据地形、建筑物的位置，沿道路布置。为及时排除雨水，水口一般布置在道路交汇处和路面最低点，雨水口建筑物单元出入口与道路交界处，外排水建筑物的水落管附近，小区空地、绿地的低洼点，地下坡道入口处。沿道路布置的雨水口间距宜为 20 ~ 40 m。雨水连接管长度不宜超过 25 m，每根连接管上最多连接 2 个雨水口。平箅雨水口的箅口宜低于道路路面 30 ~ 40 mm，低于土地面 50 ~ 60 mm。

#### 4.6.2.3 居住小区内排水管材和检查井

居住小区内排水管道，宜采用埋地排水塑料管、承插式混凝土管和钢筋混凝土管。当居住小区内设有生活污水处理装置时，生活排水管道应采用埋地排水塑料管。居住小区内雨水管道，可选用地埋塑料管、承插式混凝土管、钢筋混凝土管和铸铁管等。

管道的基础和接口应根据地质条件、布置位置、施工条件、地下水位、排水性质等因素确定。

居住小区排水管与室内排出管连接处，管道交汇、转弯、跌头、管径或坡度改变处以及直线管段上一定距离应设检查井。小区生活排水检查井应优先采用塑料排水检查井。小区内生活排水管道管径小于等于 160 mm 时，检查井间距不宜大于 30 m；管径大于等于 200 mm 时，检查井间距不宜大于 40 m。

## 思考练习题

1. 室内给水方式有哪几种？
2. 建筑内部消防栓的布置原则有哪些？
3. 室内排水管道的敷设形式有哪些？各自有哪些优缺点？
4. 室内排水管道一层污水为什么要单独排出？
5. 雨水口通常布置在哪些地方？
6. 居住小区排水管道如何敷设？
7. 如何选用合适的热水供应系统？

# 学习情境 5　建筑供暖工程

## 5.1　室内供暖

### 5.1.1　供暖系统

在能源消耗总量中，用以保证建筑物内卫生和舒适条件的供热、空调等能源消耗量占有很大的比例，据统计，在美国和日本占 1/4 ~ 1/3，在我国目前也占 1/5 ~ 1/4；而生产工艺用热消耗的能源所占比例就更大。因此，随着经济和现代技术的快速发展，以及节约能源的急切要求，供热已成为热能利用中的一个重要组成部分，逐渐受到重视和快速发展。

供暖，又称采暖，是利用人工的方法向室内供给热量，使室内温度保持某一恒定值，以创造适宜的生活条件或工作条件的技术。自从人类懂得利用火以来，为抵御寒冷对生存的威胁，发明了火坑、火炉、火墙等供暖方式，这些都是早期的供暖设备与系统，有的至今还在被使用。

我国南北方采暖区区域的划分主要以长江为界限，北方地区由于冬季室外气温较低，有时降至零下十几摄氏度或者更低，室内的热量会通过建筑物的外围护结构传向室外，使室内温度降低。为了维持正常的室内温度，创造一个舒适的工作和生活环境，就必须不断向室内补充热量，这就是供暖系统。

#### 5.1.1.1　供暖系统的基本组成

供暖系统包括以下三个基本组成部分：

（1）热源。热源是供暖系统中生产热能的部分，例如锅炉房、换热站等。

（2）供热管网。供热管网指的是热源与用热设备之间的连接管道，起热媒输送的作用。

（3）散热设备。散热设备也就是用热设备，是将热量散发到室内，例如散热器、暖风机等。

#### 5.1.1.2　供暖系统的分类

（1）根据供暖系统作用范围的大小不同，供暖系统可分为：

① 局部供暖系统。热源、供热管网和散热设备三个主要组成部分在结构上都在一起的供暖系统称为局部供暖系统，例如烟气供暖（火炉、火墙和火炕等）、电热供暖和燃气供暖。

② 集中供暖系统。热源和散热设备分别设置，用热媒管道连接，由热源向各个房间或各个建筑物供给热量的供暖系统，称为集中供暖系统。

③ 区域供暖系统。以区域锅炉房作为热源，向一个区域的许多建筑物供暖的供暖系统，称为区域供暖系统。

（2）根据供暖系统散热给室内的方式不同，可分为：

① 对流供暖。以对流换热方式为主的供暖，称为对流供暖。系统中的散热设备是散热器，因而这种系统也称为散热器供暖系统。系统中常利用的热媒有热水、热空气、蒸汽等。

② 辐射供暖。以辐射传热方式为主的供暖，称为辐射供暖。辐射供暖系统的散热设备，主要采用盘管、金属辐射板或建筑物部分顶棚、地板或墙壁作为辐射散热面散热。

### 5.1.2　热水供暖系统

根据上一节的介绍，供给室内供暖系统末端装置使用的热媒主要有三类：热水、蒸汽和热风。

用热水作为热媒的供暖系统，称为热水供暖系统。考虑到卫生条件和节能等因素，民用建筑应采用热水作为热媒。热水供暖系统也用在生产厂房及辅助建筑中。按照热水在系统中的循环动力不同，热水是供暖系统分为重力（自然）循环系统和机械循环系统。在自然循环系统中，热水是依靠供回水之间的密度差进行循环的；在机械循环系统中，热水依靠机械（水泵）力进行循环的。

#### 5.1.2.1 热水供暖系统的组成

图 5-1 是重力循环热水供暖系统的工作原理图。在图中假设整个系统只有一个散热中心 1（散热器）和一个加热中心 2（锅炉），用供水管 3 和回水管 4 把锅炉和散热器相连接。在系统的最高处设置一个膨胀水箱 5，用它容纳水在受热后膨胀而增加的体积。

在系统工作之前，先在系统中充满冷水。当水在锅炉内被加热后，密度减小，同时受到从散流器流回来密度较大的回水的驱动，使热水沿供水干管上升，流入散热器。在散热器内水被冷却，再沿回水干管流回锅炉，如此循环往复。

在水的循环流动过程中，由于锅炉中的热水与散热器内的冷水存在温度差，形成一定的密度差值，该差值便是促使水在系统中循环的动力。

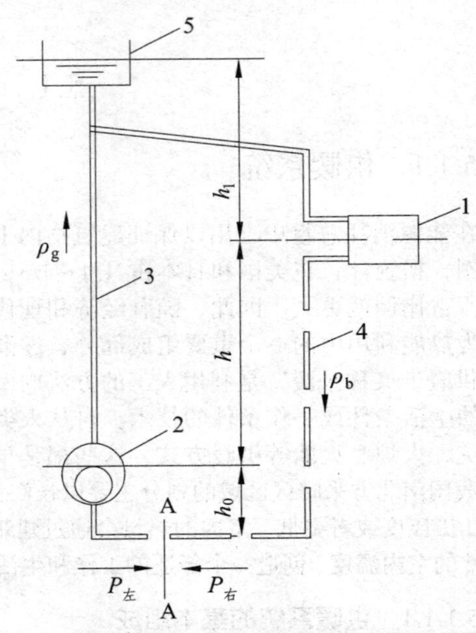


**图 5-1 自然循环热水供暖系统工作原理图**

1—散热器；2—热水锅炉；3—供水管路；4—回水管路；5—膨胀水箱

机械循环热水供暖系统与重力循环系统的主要区别是在系统中设置了循环水泵，靠水泵的机械能，使水在系统中强制循环。本节就以机械循环热水供暖系统为代表来说明其组成。

机械循环热水供暖系统一般由热水锅炉、供水管道、散热器、集气罐、回水管道、膨胀水箱及循环水泵等组成，如图 5-2 所示。

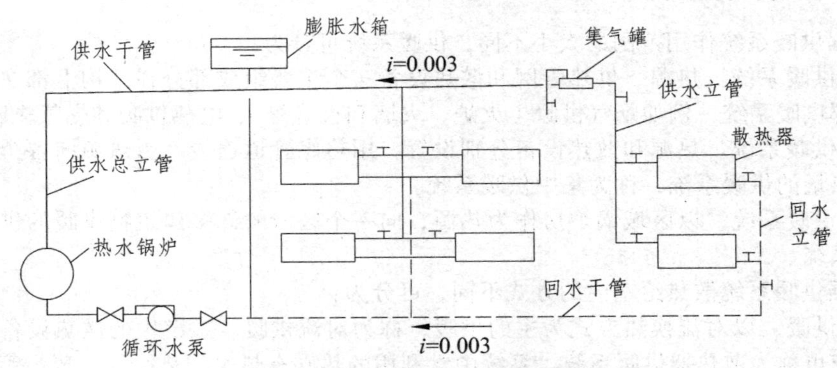


**图 5-2 机械循环热水供暖系统**

（1）热水锅炉。热水锅炉的作用是将冷水（或 70 °C 低温回水）加热成热水（一般为 95 °C 高温水）。

（2）供水管。供水管是指锅炉至散热器间的热水管道，它将 95 °C 的高温水送至建筑内的散热器中。

（3）散热器。散热器是将热量散至室内的设备。

（4）回水管。回水管是由散热器至锅炉之间的管道，它将散出热量后的低温水（又称回水）送至锅炉重新加热。

（5）集气罐。集气罐是用来排除管道和散热器中空气的装置，一般安装在供水干管最高点。

（6）膨胀水箱。膨胀水箱设在系统的最高处，其作用是容纳整个系统中的水因受热膨胀而增加的体积，或是补充系统因渗漏、蒸发而损失的水分。

（7）循环水泵。循环水泵是使在系统中循环的水克服系统阻力，保持系统循环的动力设备，一般安装在回水干管上。

#### 5.1.2.2 热水供暖系统形式

在室内供暖系统中，散热器与供、回水管道的连接方式称为热水供暖系统的形式。热水供暖系统的形式种类繁多，按照与散热器连接管道根数的不同分为单管系统和双管系统，按照供水干管敷设位置的不同分为上供下回式和下供下回式，按照热水在管路中流程的长短分为同程式系统和异程式系统等。

下面介绍几种常见的热水供暖系统形式：

（1）自然循环双管上供下回式供暖系统。自然循环双管上供下回式供暖系统主要由锅炉、供回水管道、散热器及膨胀水箱等组成，如图 5-3 所示。

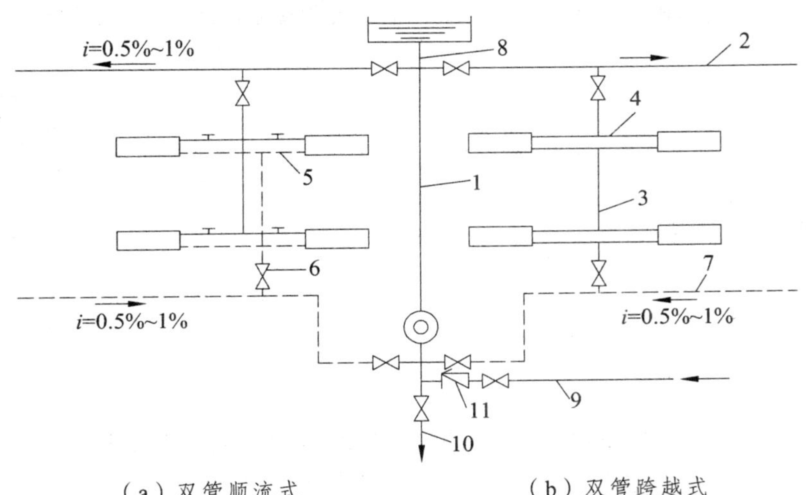


**图 5-3 自然循环双管上供下回式供暖系统**

1—热水锅炉；2—水泵；3—集气罐；4—膨胀水箱 5—回水支管；6—回水立管；7—回水干管；8—循环管；9—补水管；10—排水管；11—止回阀

自然循环热水供暖系统运行效果的优劣，主要取决于以下两个方面：

① 在供、回水温度差一定的情况下，必须确保锅炉中心与散热器中心具有一定的高度差。这个高度差越大，产生的作用压力越大，水循环得越快。

② 除了保证上述的密度差和高度差之外，还必须注意供水、回水管道的敷设坡度，以保证系统中空气能够顺利排出。

（2）机械循环双管上供下回式热水供暖系统。机械循环双管上供下回式热水供暖系统示意图如图 5-4 所示。该系统与每组散热器连接的立管均为两根，热水平行地分配给所有散热器，散热器流出的回水直接流回锅炉。由图可见，供水干管位于所有散热器的上方，而回水干管在所有散热器下方，因此叫上供下回式。

在这种系统中，水在系统内循环，主要依靠循环水泵所产生的压头，但同时也存在自然压头，它使流过上层散热器的热水量多于实际需要量，同时使流过下层散热器的热水量少于实际需要量，从而造成上层房间温度偏高，下层温度偏低的现象，这种在垂直方向出现冷热不均的现象就叫作垂直失调。随着楼层层数的增多，垂直失调现象愈加严重。因此，双管系统不宜在多层或高层建筑物中使用。

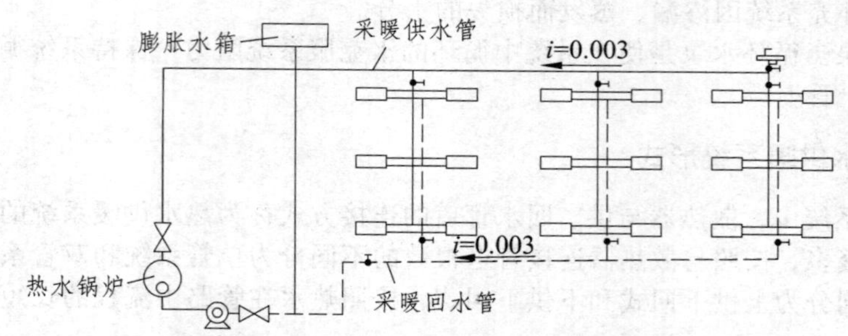


**图 5-4 机械循环双管上供下回式热水供暖系统示意图**

（3）机械循环双管下供下回式热水供暖系统。图 5-5 为机械循环双管下供下回式热水供暖系统示意图。在这种系统中，供水和回水干管均敷设在散热器下。系统中积存的空气排除依靠设置在散热器上的手动放气阀排除。在这种系统中，垂直失调现象得到一定程度的改善。

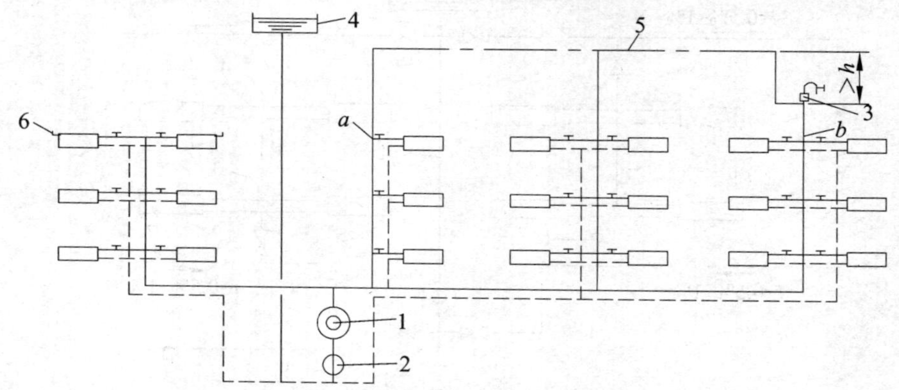


**图 5-5 机械循环双管下供下回式热水供暖系统示意图**

1—热水锅炉；2—水泵；3—集气罐；4—膨胀水箱；5—供暖干管；6—手动排气阀

注：$h$—集气装置与供暖干管的距离，$a$、$b$—散热装置支管安装位置

双管下供下回式热水供暖系统一般适用于平屋顶建筑顶棚下不允许设置供水干管的情形。如建筑物设有地下室，供回水干管可设于地下室中；若没有地下室，可将其设于地层地沟中。

（4）机械循环单管水平式热水供暖系统。图 5-6 为机械循环单管水平式热水供暖系统示意图，图中左图为顺流式，右图为跨越式。

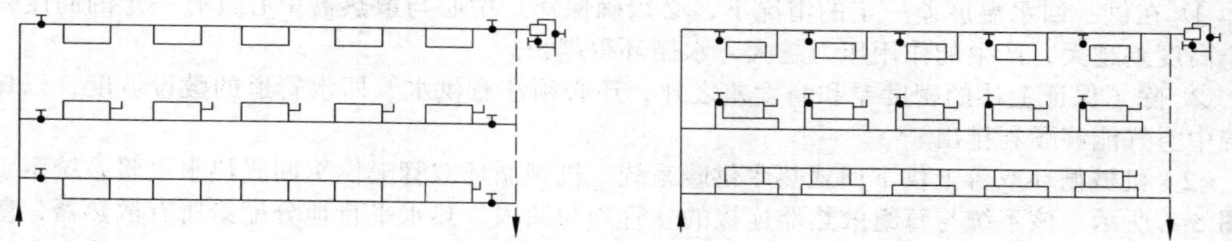

**图 5-6 为机械循环单管水平式热水供暖系统示意图**

该系统具有结构简单、节省管材、施工方便等优点。在上下层环路中仍然存在自然压差，但

由于各种水平环路较长，阻力较大，且上层较下层管线稍长，自然压头影响较小。该系统缺点是：若水平串联的散热器组数过多，则后面散热器内的水温会相对过低。此外，在间歇供热时，管道与散热器接头处容易漏水，而且排气不便。水平式系统适用于厂房、大厅、食堂、礼堂等建筑。

（5）同程式与异程式系统。每根立管都与锅炉、供回水管组成循环环路，但通过每一立管的循环环路的长度是不同的，这些系统称为异程式系统。异程式系统会引起远近立管冷热不均的现象，称为水平失调，如图 5-7 所示。

同程式系统，相比异程式系统增加了一根同程管，使各分立管的循环环路的长度相等，有利于个环路间的阻力平衡，热量分配易于达到设计要求，从而有效地解决水平失调的现象，如图 5-8 所示。

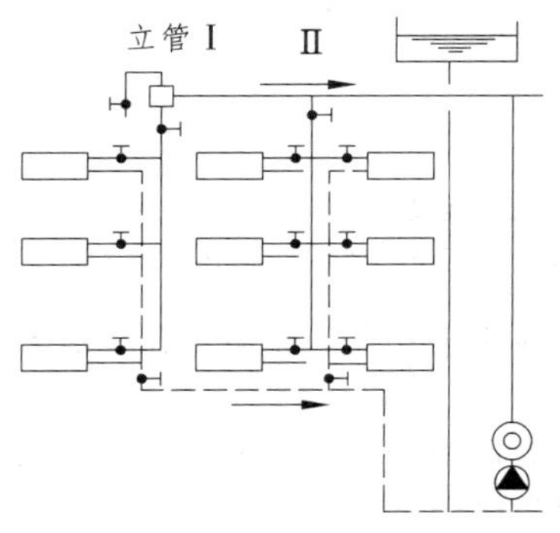


**图 5-7 同程式系统**

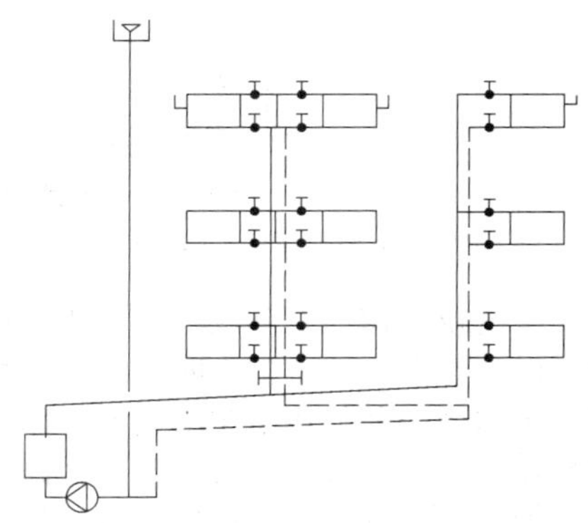

**图 5-8 异程式系统**

### 5.1.2.3 热水供暖系统的特点及有关问题

热水供暖系统的储热能力较大，系统热得慢，但冷得也慢，室内温度相对比较稳定，特别适用于间歇式供暖。热水供暖系统中，散热器表面温度较低，不易烫伤人，同时散热器上的尘埃也不易升华，卫生条件好。但要注意解决好以下两个问题：

（1）排气问题。在热水供暖系统中，如果有空气积存在散热器内，将减少散热器有效散热面积；如果积聚在管中就可能形成气塞，堵塞管道，影响水循环，造成系统局部不热。此外，钢管内表面与空气接触会引起腐蚀，缩短管道寿命。

为及时排除系统中的空气，保证系统正常运行，供水干管应随水流方向设置上升坡度，使气泡沿水流方向汇集到系统最高点的集气罐，再经自动排气阀将空气排出系统。管道坡度宜为 0.003。

（2）水的热膨胀问题。热水供暖系统在工作时，系统中的水在加热过程中会发生体积膨胀，因此在系统的最高点设置膨胀水箱用来收储这些膨胀的水量。膨胀水箱要与回水管连接，在膨胀水箱下部设置管引至锅炉房，以便检查水箱内是否有水。

## 5.1.3 蒸汽供暖系统

按照蒸汽压力的大小，将蒸汽供暖可分为：高压蒸汽供暖系统，供汽的表压力 > 70 kPa；低压蒸汽供暖系统，供汽的表压力 ≤ 70 kPa；真空蒸汽供暖系统，压力低于大气压力。按照立管的布置特点，蒸汽供暖系统可分为单管式和双管式。另外，按照回水方式不同，蒸汽供暖系统可分为重力回水和机械回水。

### 5.1.3.1 低压蒸汽供暖系统

（1）工作原理。蒸汽锅炉产生的蒸汽通过供汽干管、立管及散热设备支管进入散热器，蒸汽在散热器中放出热量后变成凝结水，凝结水经疏水器沿凝结水管流回凝结水池，由凝结水泵将凝结水送回锅炉重新加热，如图 5-9 所示。

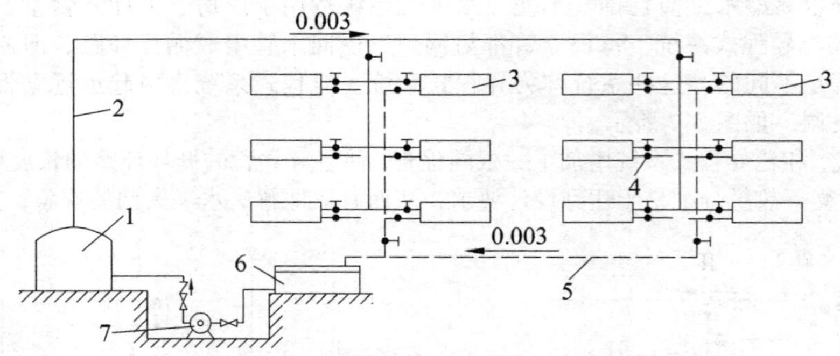


**图 5-9 双管上供下回式低压蒸汽供暖系统**

1—蒸汽锅炉；2—供气立管；3—散热器；4—疏水阀；5—凝结水干管；6—凝结水箱

（2）系统设置需注意问题。凝结水箱应设在低处，并应高于水泵。在锅炉和凝结水泵间应设止回阀，以防止水泵停止工作时，水从锅炉倒流回水箱。

安装疏水器，其作用是阻汽疏水，阻止蒸汽从凝结水管流回锅炉。为了减少设备投资，在设计中多是在每根凝结水立管下部装一个疏水器，以代替每个凝结水支管上的疏水器。这样可保证凝结水干管中无蒸汽流入，但凝结水立管中会有蒸汽。

注意管道的安装坡度。为了顺利排除沿途凝结水，蒸汽干管沿蒸汽流动方向要有 0.002 ~ 0.003 的坡度（沿水流方向），一般情况下，沿途凝结水流经散热器后排入凝水管，最后汇入凝水箱。在每一个散热器上安装自动排气阀，随时排净散热器内的空气。

### 5.1.3.2 高压蒸汽供暖系统

高压蒸汽供暖系统蒸汽的温度、压力都比较高，因此，在供暖热负荷相同的条件下，高压蒸汽供暖系统的管井和散热器片数都小于低压蒸汽供暖系统。高压蒸汽供暖系统散热器表面温度较高，容易烫伤人和烧焦有机灰尘而污染空气，所以这种系统多用于工业厂房。

图 5-10 所示为高压蒸汽供暖系统示意图。高压蒸汽从室外干管引入，在建筑物入口设置减压装置，把锅炉房供给的高压蒸汽减低至 294.2 kPa 以下。高压蒸汽供暖系统在启动和停止过程中，管道温度变化较大，应考虑采用自然补偿、设置补偿器来解决管道的热胀冷缩问题。高压蒸汽供暖系统为了避免高压蒸汽和凝结水在立管中反向流动所发出的噪声，一般高压蒸汽供暖均采用双管上供下回式系统。

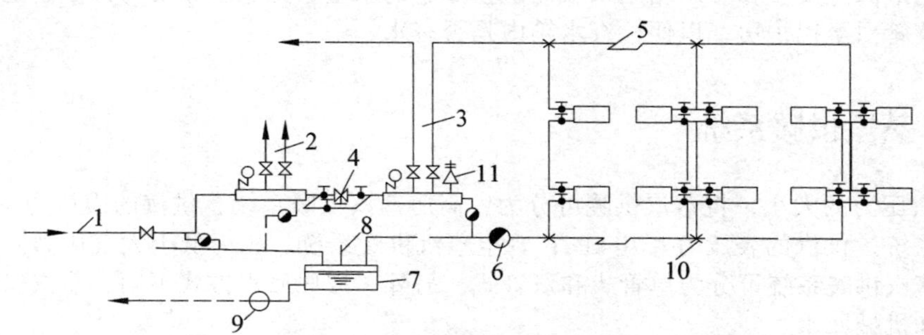


**图 5-10 高压蒸汽供暖系统示意图**

1—室外蒸汽管；2—室内高压蒸汽供热管；3—室内高压蒸汽供暖管；4—减压装置；5—补偿器；6—疏水器；7—开式凝水箱；8—空气管；9—凝水泵；10—固定支点；11—安全阀

#### 5.1.3.3 蒸汽供暖和热水供暖的比较

（1）蒸汽供暖系统靠水蒸气凝结成水放出热量，相态发生变化。蒸汽凝结放出汽化热比水通过温降放热要大得多，因此，对同样的热负荷，蒸汽采暖所需的蒸汽流量要比热水流量少得多。

（2）蒸汽和凝水在系统管路内流动时，其状态参数变化比较大，还会伴随相态变化。

（3）蒸汽供暖系统散热器热媒平均温度一般都高于热水供暖系统。因此，对同样的热负荷，蒸汽供热要比热水供热节省散热设备的面积，初投资降低。

（4）与热水采暖系统相比，蒸汽供暖系统散热器表面温度高，散热器上的灰尘易产生异味，卫生条件较差。

（5）蒸汽供暖系统中的蒸汽比热容，较热水比容大得多，因此，蒸汽管道中的流速，通常可采用比热水流速高得多的流速，管径小，投资低。

（6）由于蒸汽具有比容大、密度小的特点，在高层建筑供暖时，不会像热水供暖那样，产生很大的水静压力。

（7）蒸汽供热系统的热惰性小，供汽时热得快，停汽时冷得也快，适宜用于间歇供热的用户。

### 5.1.4 辐射供暖

辐射供暖是一种利用建筑物内的屋顶面、地面、墙面或其他表面的安装的辐射散热器设备散出的热量来达到房间或局部工作点供暖要求的供暖方法。它是利用低温热水或高温水加热四周壁面、地面温度的辐射传热和空气的对流传热结合的系统。

#### 5.1.4.1 地板热水辐射供暖的原理

低温地板辐射供暖是以不高于 60 °C 的热水作为热媒，通过以埋置于地下的盘管系统内循环流动而加热整个地板，从地面均匀地向室内辐射散热。根据系统热源的不同，低温地板辐射供暖系统可分为低温热水地板辐射供暖系统和低温电地板辐射供暖系统，因前者应用广泛，所以大多数情况将低温热水地板辐射供暖系统简称为低温地板辐射供暖系统或地暖系统。图 5-11 为某住宅室内盘管安装示意图。

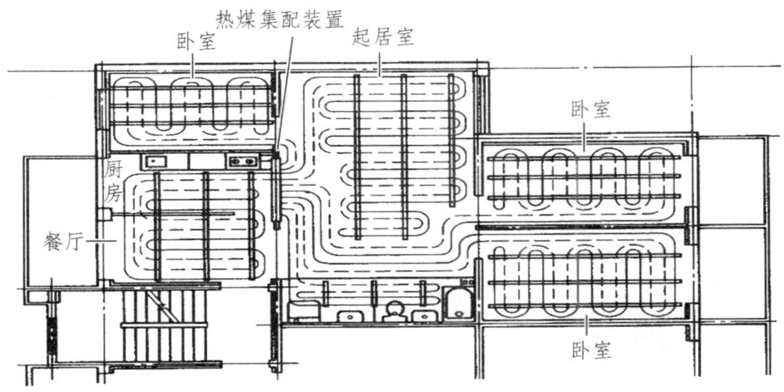


**图 5-11 为某住宅室内盘管安装示意图**

与普通散热器供暖相比，地暖具有以下优点：① 提高了室内采暖的舒适度；② 有效地节约了能源；③ 增大了房间的有效使用面积；④ 提高了采暖的卫生条件；⑤ 减少了楼层噪声；⑥ 热源选择范围增大：供水≤60 °C，供回水温差≤10 °C 的地方即可应用，如工业余热锅炉水、各种空调回水、地热水等。

5.1.4.2　地板辐射供暖系统的构造

地板辐射供暖系统的构造包括地板构造和分（集）水器的构造与安装。图 5-12 为地板构造。

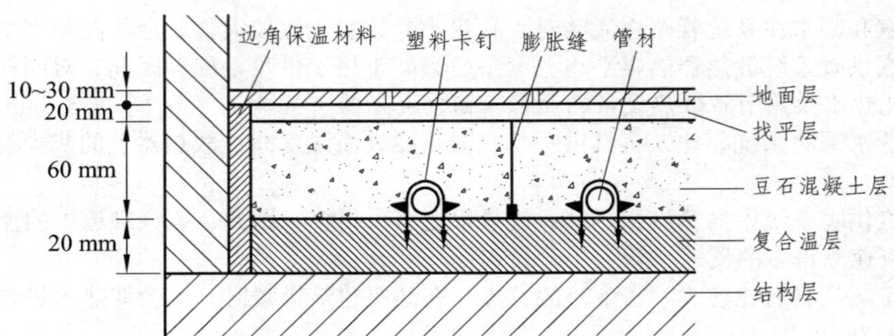


图 5-12　低温热水地板辐射供暖系统加热构件的构造示意图

分（集）水器由≥25 mm 的钢管制成，管径比最粗的分支环路大 2 个规格，长度由分支环路数量定，分支中心间距为 100 mm，端部亦为 100 mm。分（集）水器安装位置一般尽可能设在房屋中部，将其明装或暗装于内墙墙槽内或管井内，避免水力失调，住宅楼常设于厨房内。分水器前应设阀门及过滤器，集水器后应设阀门。集水器、分水器上应设放气阀。

5.1.4.3　地板辐射供暖系统地下供暖管的布置形式

传统的低温热水地板辐射供暖加热盘管选用的材料为交联聚乙烯管（PE-X），这种材料抗老化、耐高温（－70～110 °C）、耐高压（爆破压力 6 MPa）、易弯曲、耐腐蚀、不结垢，水力条件好。

地下加热盘管的布置形式如图 5-13 所示。图 5-14 为地下加热盘管敷设实例。

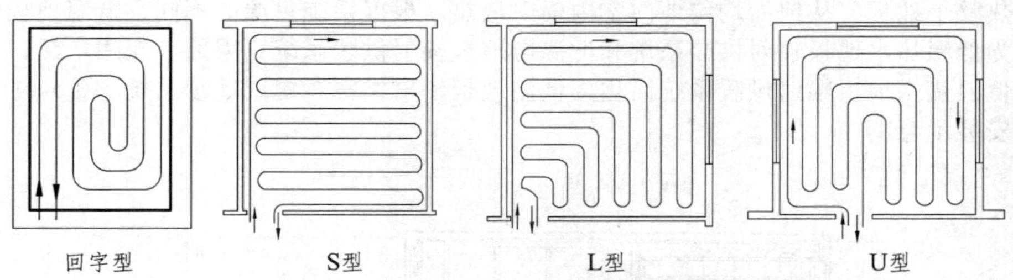


图 5-13　地下加热盘管的布置形式

图 5-14　地下加热盘管敷设实例

#### 5.1.4.4 地板辐射供暖系统设计条件及技术参数

（1）低温地板辐射供暖系统的最高工作温度不得超过 82 °C。

（2）低温辐射供暖系统的水温范围为 35 ~ 60 °C，供回水温差为 8 ~ 15 °C。

（3）低温辐射供暖系统的流量一般为 0.02 ~ 0.04 L/s。

（4）低温辐射供暖系统中单个回路的长度应不小于 120 m，可在此基础上 ± 20 m 左右，在 100 m 范围内，其正常的平面高度压损总值一般为 6 ~ 18 kPa。

（5）供暖管敷设方式和数量由热输出量和管材尺寸决定，供暖管弯曲半径不应小于 8 倍直径，以 20 m 为间距进行调整。

（6）低温辐射供暖系统的地板表面温度宜为 23 ~ 29 °C。

（7）低温地板辐射供暖系统的总进水管上应设置过滤器，与其他供暖方式串联并且高于供暖管时，应在供回水连接处放置过滤器。

### 5.1.5 热风供暖与热风幕

#### 5.1.5.1 热风供暖

典型散热器热水供暖，是以自然对流为主。在高大厂房中，由于热空气上升，形成了垂直方向上较大的温度梯度，厂房上部温度偏高，下部工作区温度偏低，降低了采暖的舒适感，同时热量大量消耗在建筑物上部，下部工作区难以获得足够的热量。有资料显示，屋顶散热量占总的热负荷的 70%左右，造成了严重的能源浪费。实践证明散热器热水供暖方式不适用于高大厂房，因此，合理选择采暖方式成为高大厂房采暖的重点。

以空气作为热媒的供暖称为热风供暖。目前高大厂房的主要采暖形式之一是热风采暖，该系统通过散热设备向房间内输送比室内温度高的空气，直接向房间供热。热风采暖对流散热几乎占 100%，因而具有热惰性小、升温快的特点。热风供暖能降低高大厂房内的温度梯度，是比较经济的供暖方式之一。

热风供暖的主要设备是暖风机，它是由风机、电动机、空气加热器、吸风口和送风口等组成的通风供暖联合机组。按风机的类型不同，暖风机可分为轴流式暖风机和离心式暖风机，在通风机的作用下，室内空气被吸入机体，通过空气加热器加热成热风，然后经送风口送出，保持室内处于一定的温度。轴流式暖风机为小型暖风机，它的结构简单，安装方便、灵活，可悬挂或用支架安装在墙上或柱子上。轴流式暖风机出风口送出的气流射程短，风速低，热风可以直接吹向工作区。

离心式暖风机送风量和产热量大，气流射程长，风速高，送出的气流不直接吹向工作区，而是使工作区处于气流的回流区。

暖风机供暖是利用空气再循环并向室内放热，不适用于空气中含有害气体，散发大量灰尘，产生易燃、易爆气体以及对噪声有严格要求的环境。

下列场所宜采用热风采暖：

① 能与机械送风系统合并时；

② 供暖负荷较大，但无法布置大量散热器的高大建筑；

③ 仅设有防冻值班采暖散热器，但又需要间歇正常采暖的房间；

④ 由于防火、防爆和卫生需要，必须采用全新热风采暖时；

⑤ 利用热风采暖经济合理的其他场所。

#### 5.1.5.2 热风幕

民用建筑的热风幕可采用电加热或温度低于或等于 90 °C 的热水。一般热风供暖是采用 1 台或多台暖风机直接将热风吹向工作区，因此，送风比较集中，造成室内温度分布不均匀，人体有较强的吹风感，并且由于热气流上升，会造成热量从建筑物顶部大量散失。为了解决此类问题，可以采用热风幕横向设置的送风采暖方式。横向热风幕分层采暖系统是沿高大厂房两侧墙布置送风管道，并设置下倾送风口，送出适度的加热空气，形成两侧对喷，使热流覆盖整个工作区。适当密布风口，可使喷出的气流扩散后形成横向热风幕，沿厂房高度方向分为 3 个区域，即下部采暖区、中部风幕隔离区、上部非采暖区。对于横向热风幕分层采暖系统，要求风口集中布置，可以采用轴流风机下倾送风，且轴流式暖风机的风速太低，无法达到使整个区域内送热的目的。如果采用离心式暖风，机通过风管送风，此方法虽然可以满足要求，但系统需要投入锅炉、离心式暖风机和管道铺设多项费用，经济性差且系统复杂。热风炉热风采暖系统采用了热风炉作为热源，直接加热空气，完全可以采用横向热风幕分层采暖方案解决温度分层的问题，省去了暖风机的投资费用，且为“一次传热”，较暖风机这样的“二次传热”热水系统，传热效果增强，可以节省运行费用。

下列场所宜用热风幕：

（1）建筑物出入频繁的无门斗的出入口内侧；

（2）两侧温度、湿度或洁净度相差较大，且有人员频繁出入的通道。

热风幕送风参数应符合下列要求：

（1）风温度：一般外门不宜高于 50 °C，高大外门不得高于 70 °C。

（2）送风速度：公共建筑外门不大于 6 m/s，工业建筑外门不大于 8 m/s，高大外门不大于 25 m/s。

#### 5.1.5.3　热风供暖与热风幕设计时应注意的问题

（1）位于严寒地区和寒冷地区的生产厂房，当采用热风采暖且距外窗 2 m 或 2 m 以内有固定工作地点时，宜将散热器设置在窗下。

（2）当非工作时间不设值班采暖系统时，热风采暖不宜少于两个系统，设置两套装置，其供热量应根据其中一个系统检修或损坏时，其余仍能保持工艺所需的最低室内温度，但不低于值班温度 5 °C 确定。

（3）设计循环空气热风采暖时，在内部隔墙和设备布置不影响气流组织的大型公共建筑和高大厂房内，宜采用集中送风系统；其他情况，宜选用小型暖风机。

（4）暖风机的安装高度取决于出口风速，当出口风速小于或等于 5 m/s 时，宜采用 3 ~ 3.5 m；当出口风速大于 5 m/s 时，宜采用 4 ~ 5.5 m。暖风机的送风温度，宜采用 35 ~ 50 °C。

（5）热风幕的送风方式：对于公共建筑，宜采用由上向下送风；生产厂房宜采用双侧送风；外门宽度小于 3 m 时，可采用单侧送风；当受条件限制不能采用侧面送风时，宜采用由上向下送风。

（6）热风幕的送风温度，应根据计算确定。对于公共建筑和生产厂房的外门，不宜高于 50 °C；对于高大的外门，不应高于 70 °C。

（7）热风幕条缝和孔口处的送风速度，应通过计算确定。对于公共建筑的外门，不宜大于 6 m/s；对于生产厂房的外门，不宜大于 8 m/s；对于高大的外门，不宜大于 25 m/s。

（8）设置热风幕的厂房的外门，应设便于启闭的开关装置。必要时应与热风幕的通风机联锁。

### 5.1.6　供暖系统的热负荷

#### 5.1.6.1　供暖热负荷

为了生产和生活，人们需要室内保证一定的温度。一个建筑物或房间可有各种得热和散失热量的途径。当建筑物或房间的失热量大于得热量时，为了维持室内在要求温度下的热平衡，需要由供暖通风系统补进热量，以保证室内要求的温度。室内供暖热负荷是指在某一室外温度 $t_w$ 下为达到要求的室内温度 $t_n$，供暖系统在单位时间内向室内供给的热量。冬季供暖系统的热负荷应根据建筑物或房间的得、失热量确定。

失热量有：围护结构传热耗热量；加热由门、窗缝隙渗入室内的冷空气的耗热量，称冷风渗透耗热量；加热由门、孔洞及相邻房间侵入的冷空气的耗热量，称冷风侵入耗热量；水分蒸发的耗热量；加热由外部运入的冷物料和运输工具的耗热量；通风耗热量。

得热量有：生产车间最小负荷班的工艺设备散热量；非供暖通风系统的其他管道和热表面的散热量；热物料的散热量；太阳辐射进入室内的热量；通过其他途径散失或获得的热量。

#### 5.1.6.2 围护结构传热耗热量

围护结构的传热耗热量是指当室内温度高于室外温度时，通过围护结构向外传递的热量。一般应通过详细计算求得，也可用估算法求得。

#### 5.1.6.3 围护结构传热耗热量的计算

在工程设计中，计算供暖系统的设计热负荷时，常把它分为围护结构传热的基本耗热量和附加（修正）耗热量两部分计算。基本耗热量是指在设计的条件下，通过房间各部分围护结构（门、窗、墙、地板、屋顶等），从室内传到室外的稳定传热量的总和。附加（修正）耗热量是指围护结构的传热状况发生变化而对基本耗热量进行修正的耗热量。

（1）基本耗热量。在稳定传热条件下，围护结构的基本耗热量可由下式求得：

$$Q=\sum KF(t_{\mathrm{n}}-t_{\mathrm{w}})\alpha$$

式中 $K$——围护结构的传热系数[W/（$\mathrm{m}^2\cdot{}^\circ\mathrm{C}$）]；

$F$——围护结构的体积（$\mathrm{m}^2$）；

$t_{\mathrm{n}}$——冬季室内计算温度（°C）；

$t_{\mathrm{w}}$——供暖室外计算温度（°C）；

$\alpha$——围护结构的温差修正系数。

（2）附加耗热量。围护结构附加（修正）耗热量通常按基本耗热量的百分率进行修正。附加（修正）耗热量有朝向修正、风力附加和高度附加耗热量等。

① 朝向修正耗热量。

朝向修正耗热量是考虑建筑物受太阳照射影响而对围护结构基本耗热量的修正。需要修正的耗热量等于垂直的外围护结构（门、窗、外墙及用顶垂直部分）的基本耗热量乘以相应朝向修正率。

《民用建筑供暖通风与空气调节设计规范》（GB 50019—2015）（以下简称《暖通规范》）规定：宜按下列规定的数值，选用不同朝向的修正率：

北、东北、西北 0～10%；东南、西南 −10%～15%；东、西 −5%；南 −15%～−30%。

选用上面朝向修正率时，应考虑当地冬季日照率、建筑物使用和被遮挡等情况。对于冬季日照率小于 35%的地区，东南、西南和南向修正率，宜采用 −10%～0，东、西向可不修正。

② 风力附加耗热量。

风力附加耗热量是考虑室外风速变化对围护结构基本耗热量的修正。在计算围护结构基本耗热量时，外表面换热系数是对应风速约为 4 m/s 的计算值。我国大部分地区冬季平均风速一般为 2～3 m/s。因此《民用建筑供暖通风与空气调节设计规范》规定：在一般情况下，不必考虑风力附加。只对建在不避风的高地、河边、海岸、旷野上的建筑物以及城镇、厂区内特别突出的建筑物，才考虑垂直外围结构附加 5%～10%。

③ 高度附加耗热量。

高度附加耗热量是考虑房屋高度对围护结构耗热量的影响而附加的耗热量。

《民用建筑供暖通风与空气调节设计规范》规定：民用建筑和工业辅助建筑物（楼梯间除外）的高度附加率，当房间高度大于 4 m 时，高出 1 m 应附加 2%，但总的附加率不应大于 15%。应注意：高度附加率，应附加于房间各围护结构基本耗热量和其他附加（修正）耗热量的总和之上。

#### 5.1.6.4 围护结构传热耗热量的估算

（1）体积热指标法。对于工业建筑，可用单位体积供暖热指标来估算建筑物的热负荷，可按下式计算：

$$q = q_v V(t_n - t_w)$$

式中 $q_v$—— 建筑物的供暖体积热指标[kW/（$m^3 \cdot$°C）]；

$V$—— 建筑物的外围体积（$m^3$）；

$t_n$—— 冬季室内计算温度（°C）；

$t_w$—— 供暖室外计算温度（°C）。

各类建筑的供暖体积热指标 $q_v$ 详见设计手册。

（2）单位面积热指标法。单位面积热指标，是指单位时间内单位建筑面积的平均耗热量。这种方法适用于单独设置供暖系统的民用建筑，或是选择采暖锅炉和室外供热管道时使用。由于各地的气温不相同，应采取当地气候条件下的单位面积热指标，参见表 5-1。

**表 5-1 单位面积热指标**

| 城市名 | 采暖期天数 /d | 采暖室外计算温度 /d | 采暖室外平均温度 /d | 节能建筑 | | 现有建筑 | |
|---|---|---|---|---|---|---|---|
| | | | | 耗热量指标 $q_h$/（W/$m^2$） | 设计负荷指标 $q_h$/（W/$m^2$） | 耗热量指标 $q_h$/（W/$m^2$） | 设计负荷指标 $q_h$/（W/$m^2$） |
| 北京 | 120 | －9 | －1.6 | 20.6 | 28.37 | 31.82 | 43.82 |
| 天津 | 119 | －9 | －12 | 20.5 | 28.83 | 31.54 | 44.36 |
| 石家庄 | 112 | －8 | －0.6 | 20.3 | 28.38 | 31.23 | 43.66 |
| 太原 | 135 | －12 | －2.7 | 20.8 | 30.14 | 32 | 46.37 |
| 沈阳 | 152 | －19 | －5.7 | 21.2 | 33.10 | 32.61 | 50.91 |
| 大连 | 131 | －11 | －1.6 | 20.6 | 30.48 | 31.69 | 46.89 |
| 长春 | 170 | －23 | －8.3 | 21.7 | 33.83 | 33.38 | 52.04 |
| 哈尔滨 | 176 | －26 | －10 | 21.9 | 33.69 | 34.41 | 52.93 |
| 济南 | 101 | －7 | －0.6 | 20.2 | 31.38 | 29.02 | 45.08 |
| 青岛 | 110 | －6 | －0.9 | 20.2 | 31.38 | 28.35 | 44.04 |
| 郑州 | 98 | －5 | －1.4 | 20 | 30.77 | 27.71 | 42.2 |
| 西安 | 100 | －5 | －1.4 | 20 | 31.38 | 27.71 | 42.2 |
| 呼和浩特 | 166 | －19 | －6.2 | 21.3 | 32.57 | 32.76 | 50.09 |
| 乌鲁木齐 | 162 | －22 | －8.5 | 21.8 | 33.54 | 32.91 | 50.63 |

### 5.1.7 住宅分户热计量供暖

建筑住宅进行集中供热分户计量是建筑节能、提高室内供热质量和进行供暖系统智能化管理的一项重要技术措施。对于新建住宅热水集中采暖系统时，应设置分户热计量和室温控制装置，实行供热计量收费。因此分户热计量定义为以户（套）为单位，分别计量向户内供给的供暖热量。

分户热量计量与热费平摊方式有：（1）设分户热表；（2）每楼设总表，各户测量一个或多个参数（如时间、温度），按数据分摊热费。

（1）含有跨越管的单管式系统。如图 5-15 所示，这种系统可用于新建住宅，干管暗埋于地面层内时系统简单，但需加散热器温控阀。

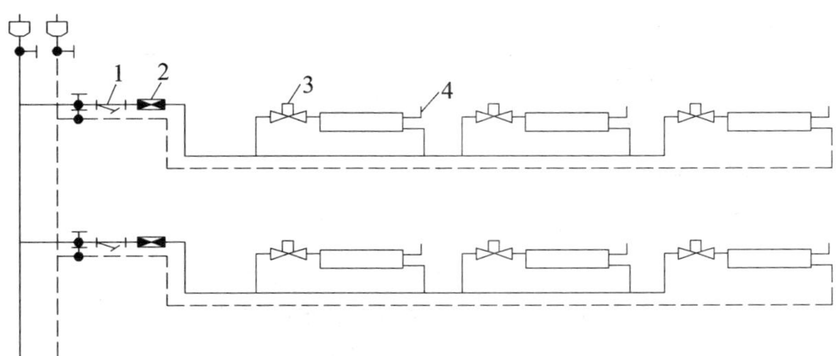


**图 5-15　带跨越管的单管系统**

1—除污器；2—热量表；3—温控阀；4—放气阀

（2）双管上供上回式。图 5-16 为双管上供上回式供热系统示意图，该系统的特点是管材用量多，影响美观，但能单独控制某组散热器，有利于节能。

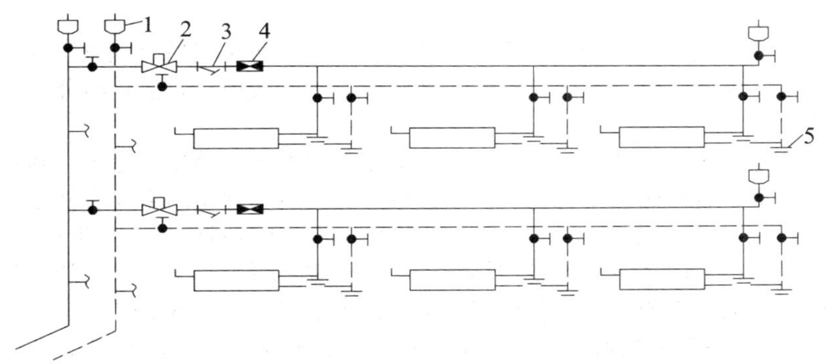


**图 5-16　双管上供上回式供热系统**

1—集气罐；2—电动三通阀；3—除污器；4—放气阀

（3）双管下供下回式。图 5-17 为双管下供下回式供热系统示意图，该系统适用于新建住宅，供回水干管埋设在地面层内，维修复杂。

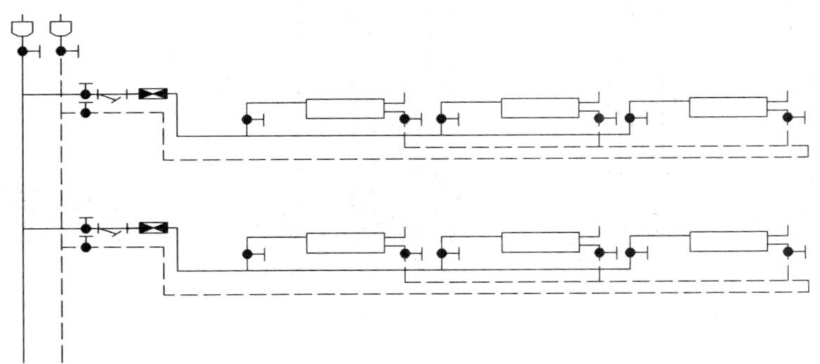

**图 5-17　双管下供下回式供热系统**

（4）水平双管放射式。图 5-18 为水平双管放射式供热系统示意图，该系统用于新建住宅，供回水管均暗埋于地面层内，暗埋管道没有接头，但管材用量大，并且设置分水器和集水器。

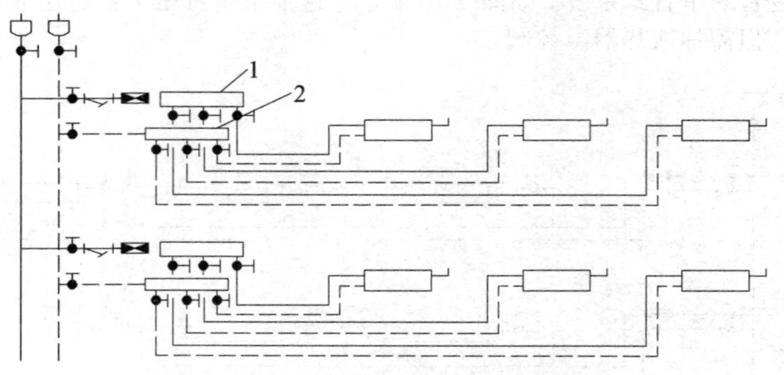


**图 5-18　水平双管放射式供热系统**

1—分水器；2—集水器

## 5.2　散热器与供暖附属设备

### 5.2.1　散热器

散热器是安装在采暖房间内的散热设备，其作用是向供暖房间供给热量，以弥补房间的热量损失，从而保证了室内所需要的温度，达到了采暖的目的。按照材料散热器分为铸铁散热器和钢制散热器两大类。

（1）铸铁散热器。铸铁散热器的优点是结构简单、耐腐蚀、使用寿命长、热稳定性好。但它的金属耗量大、笨重、金属热强度比钢制散热器低。我国目前常用的主要有柱型和翼型两大类。

① 柱形散热器。柱形散热器是呈柱状的单片散热器，通过对丝将单片组对成所需散热面积。常用柱形散热器有二柱、四柱两种类型散热器等。柱形散热器外形美观，传热系数高，单片散热量小，容易组成所需散热面积，易清除积灰。常用柱形散热器如图 5-19（a）、（b）所示。

② 翼型散热器。翼型散热器分为长翼型、圆翼型、多翼型等，如图 5-19（c）、（d）所示。翼型散热器铸造工艺简单，价格较低，但易积灰，单片散热面积较大，不易组对成所需散热面积，承压能力低。

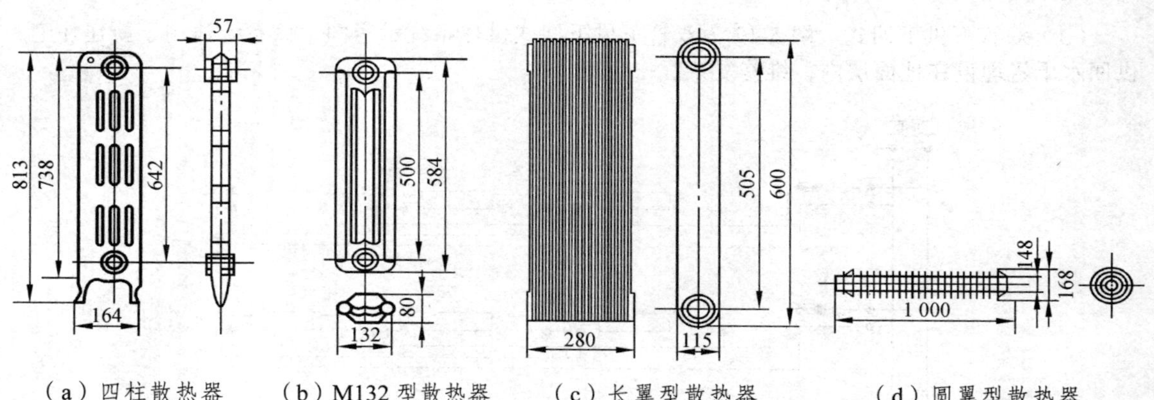


**图 5-19　常用铸铁散热器**

（2）钢质散热器。钢制散热器分为板型散热器、柱形散热器、扁管型散热器等。与铸铁散热器相比，它具有以下特点：金属耗量少，多由薄钢板压制焊接或钢管焊接而成；耐压强度高，一般为 0.8 ~ 1.0 MPa，而铸铁散热器只有 0.4 ~ 0.5 MPa；外形美观。其缺点是容易被腐蚀，使用寿命短。图 5-20 所示为钢制板式散热器，图 5-21 所示为钢制柱形散热器。

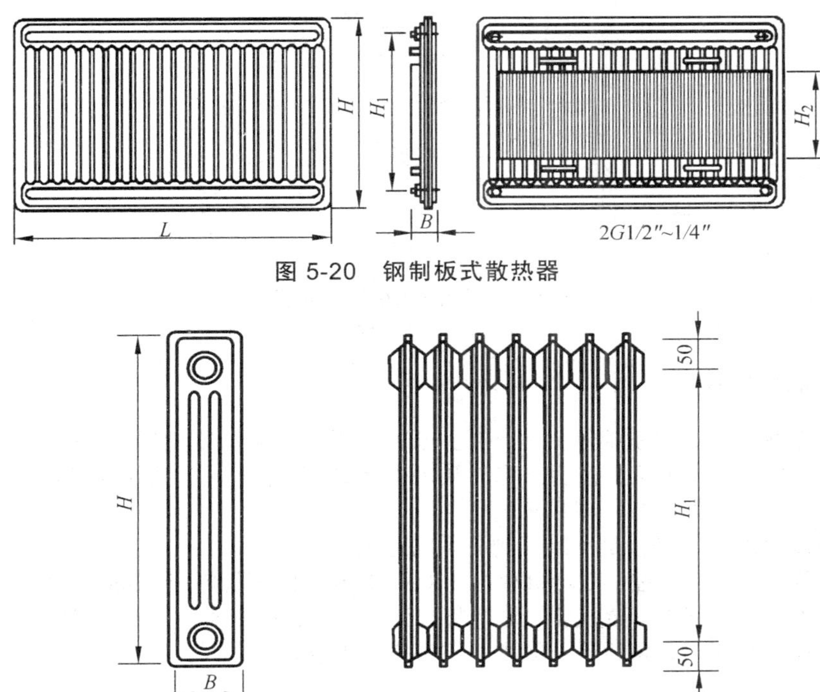


**图 5-20　钢制板式散热器**

**图 5-21　钢制柱形散热器**

（3）铝合金散热器。近年来我国工程技术人员在总结吸收国内、外经验基础上，新开发的一种新型、高效的散热器。其造型简洁大方，线条流畅，占地面积小，装饰性强，重量约为铸铁散热器的十分之一，便于运输安装，金属热强度高，并采用内防腐技术。

（4）复合材料铝质散热器。随着科学技术的发展，铝质散热器逐渐开始主动防腐时代，采用耐腐蚀的有色金属材质，例如铜、铝、钢塑料等，因此铝质散热器发展到复合材料型，如铜-铝复合、钢-铝复合、铝-塑复合等，普通铝质散热器发展到了一个新阶段。这些新产品可以在任何环境中使用、耐腐蚀且使用寿命长，是轻型、高效、节材、节能、美观、耐用、环保的产品。

## 5.2.2　供暖附属设备

### 5.2.2.1　膨胀水箱

热水采暖系统运行时，水温升高，体积膨胀，如不合理处置这部分增大的体积，将造成系统超压，引起渗漏；在自然循环上供下回式热水供暖系统中，膨胀水箱连接在供水总立管的最高处，具有排除系统内空气的作用；在机械循环热水供暖系统中，膨胀水箱连接在回水干管循环水泵入口前，可以起到恒定循环水泵入口压力，保证供暖系统压力稳定。膨胀水箱的作用是容纳膨胀水体积、排气、定压。

膨胀水箱安装位置为热水供暖系统最高点：

（1）自然循环系统，总立管上部。

（2）机械循环系统，回水干管水泵吸水管上。

膨胀水箱有圆形和矩形两种形式，一般是由薄钢板焊接而成。膨胀水箱上设置的主要管道有膨胀管、循环管、溢流管、信号管、泄水管等。图 5-22 为膨胀水箱接管示意图。

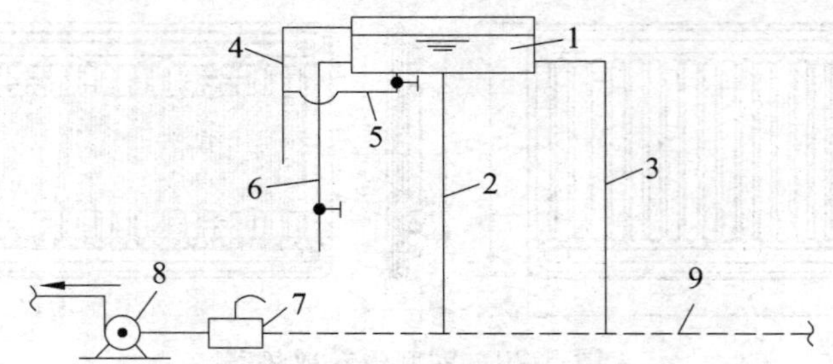


**图 5-22　膨胀水箱接管示意图**

1—膨胀水箱；2—膨胀管；3—循环管；4—溢流管；5—排污管；6—信号管；7—除污器；8—水泵；9—回水管

### 5.2.2.2　排气装置

对于供暖系统来说，在系统停止运行时，通过不严密处也会渗入空气，充水后，会有些空气残留在系统内；随着温度升高、压力下降时从水中会有空气析出。这样的话系统中如残留空气，就会形成气塞，影响水的正常循环和散热效果。

排气装置主要有集气罐、自动排气阀和手动跑风门。

（1）集气罐。手动集气罐一般由直径为 100 ~ 250 mm 的短管制成，300 ~ 430 mm 长，有立式和卧式两种。集气罐顶部设有放气管，管端装有排气阀门，见图 5-23 所示。在系统工作期间，手动集气罐应定期打开阀门，将积聚在罐内的空气排出系统。

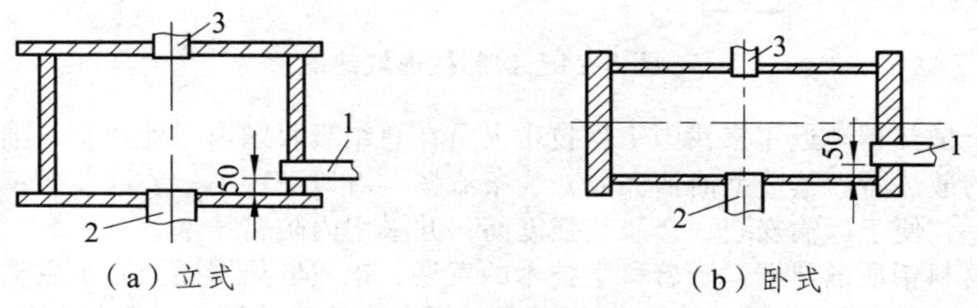


**图 5-23　集气罐**

1—进水口；2—出水口；3—放气管

自动集气罐是一种依靠自身内部机构将系统内空气自动排出的新型装置。其工作原理为依靠水对浮体的浮力，通过杠杆机构的传动，使排气孔自动启闭达到自动阻水排气的目的。

（2）手动排气阀。在水平式和下供下回式系统中多用手动排气阀，旋紧在散热器上部专设的丝孔上，以手动方式排除空气。用于热水供暖系统时，手动排气阀应装在散热器上部丝堵上；用于低压蒸汽系统时，手动排气阀则应装在散热器下部 1/3 的位置上。

### 5.2.2.3　除污器

除污器是热水供暖系统用来过滤，并定期清除系统中的杂质和污物的设备，其作用是保证水质清洁，减少阻力，防止管路系统和设备堵塞。

除污器一般安装在用户入口的供水管道上或循环水泵之前的回水总管上，除污器后应装阀门并设有旁通管道，以便定期清洗检修。除污器常用形式有卧式和立式两种。图 5-24 所示为立式除污器。

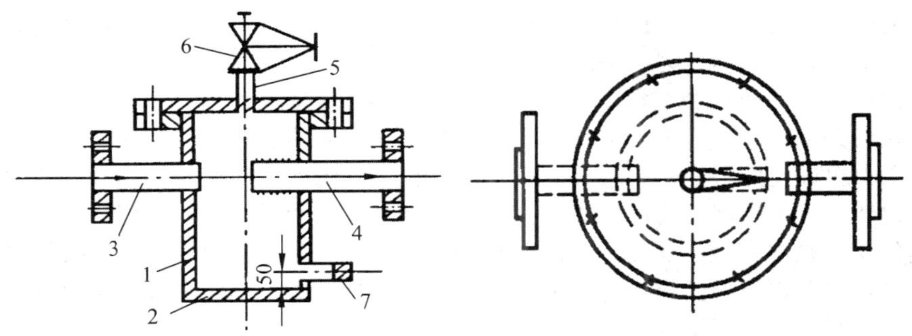


图 5-24　立式除污器

1—筒体；2—底板；3—进水管；4—出水管；5—排水管；6—阀门；7—排污丝堵

#### 5.2.2.4　疏水器

疏水器用于蒸汽供暖系统中，自动而且快速地排出散热设备及管道中的凝水和空气，并能阻止蒸汽逸漏，一般安装在凝结水管道上。蒸汽管向下凹的管段部分、蒸汽立管底部应设疏水器。凝结水管道的水温不大于 80 °C 时，可以不设疏水器。

疏水器按工作原理分为机械型、恒温型、热力型，如图 5-25 所示。

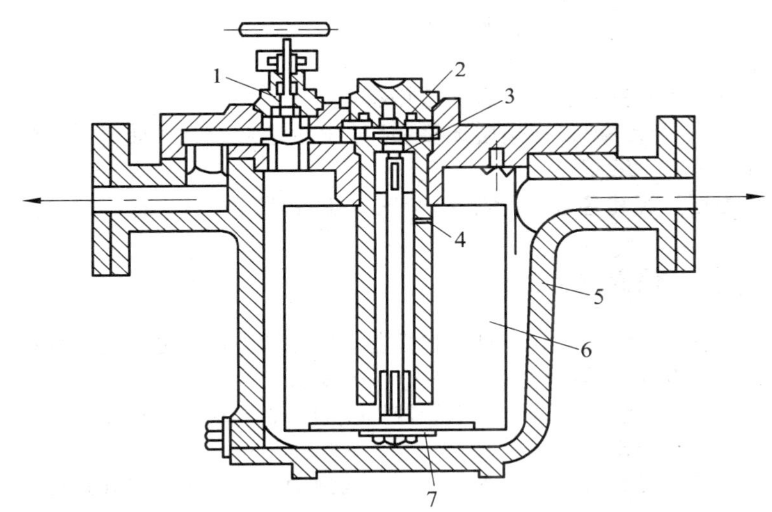


图 5-25　机械型浮筒式疏水器

1—放气阀；2—阀孔；3—顶针；4—水封套筒上的排气孔；5—外壳；6—浮筒；7—可换重块

#### 5.2.2.5　伸缩器

伸缩器也称补偿器，其作用是吸收管道的因热伸长从而减弱或消除因热膨胀而产生的应力。

在供暖系统中，金属管道会因受热而伸长，当每米钢管本身的温度每升高 1 °C 时，便会伸长 0.012 mm。当平直管道的两端都被固定不能自由伸长时，管道就会因伸长而弯曲；当伸长量很大时，管道的管件就有可能因弯曲而损坏。因此需要在管道上补偿管道的热伸长，同时还可以补偿因冷却而缩短的长度，使管道不致因热胀冷缩而遭到破坏。常用的伸缩器有自然伸缩器、方形伸缩器、套管伸缩器、波形伸缩器、多球橡胶软管等。

#### 5.2.2.6　减压阀和安全阀

减压阀可对蒸汽进行节流达到减压的目的，而且能自动将阀后压力维持在一定范围内工作。

其工作原理是靠启闭阀孔对蒸汽进行节流达到减压的目的。减压阀应能自动地将阀后压力维持在一定范围内，工作时无振动，完全关闭后不漏气。

目前，国内生产的减压阀有活塞式、波纹管式和薄片式等几种形式。

减压阀在管路上安装时，前后应设阀门，并分别安装高压和低压压力表，用以监测压力。为了防止阀后压力超过允许限度，阀后应有安全阀。在进气阀前设冲洗管，用来排放初运行时管道内的凝结水和杂质。减压阀前后设旁通管，以便维修时依靠旁通管上的阀门减压。

安全阀的作用是限定最高压力，超压时自动开启泄压，降压后自动关闭。按结构不同安全阀可分为弹簧式和重锤式两类。弹簧式安全阀体积小，运行操作简单，一般用于温度和压力不太高的系统。重锤式安全阀多用于温度和压力较高的系统，如锅炉上。

供暖管道常用微启式弹簧安全阀，这种安全阀在超压时泄放量小，可减少热媒损失。

## 5.3 室内供暖管路的布置与敷设

### 5.3.1 室内供暖管路的布置

集中供暖系统的管网将热媒输送和分配到各用户。室内供暖管线应遵循以下原则：

（1）根据建筑特点、要求确定热媒种类、系统形式布置。

（2）合理确定管道位置、走向、排水、排气装置。

（3）管道力求短直，便于维护，不影响房间美观。

（4）先布置干管，再布置立管、支管和散热器。

（5）上分式系统，干管一般设在顶层顶板下，美观要求高或大梁妨碍干管敷设时，可将干管布置在顶棚内，有的布置在屋面。

环路划分时应根据热源和管道位置划分，以有利于各环路阻力平衡，并尽量采用同程式系统。

### 5.3.2 室内供暖管路的敷设

合理地选择供热管道的敷设方式，对节省投资、保证管网安全可靠地运行和施工维修方便等都有重要的意义。管道敷设时尽可能明装并符合以下要求：

（1）管道应满足坡度、坡向要求：供水管倒坡，回水管顺坡；坡度不小于 0.003。

（2）高点排气，低点排水。

（3）回水干管一般敷设在首层地面下的地下室或地沟中，也可敷设在地面上。回水管过门，如图 5-26 所示。

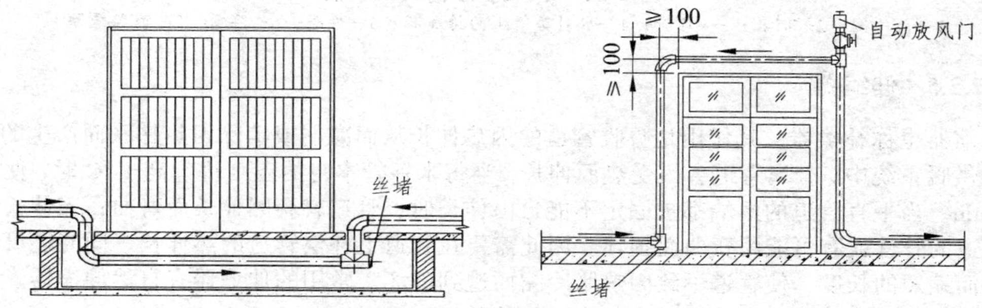


图 5-26 回水管过门示意图

（4）立管尽量设在墙角。

（5）供回水总管、分支管、立管上下设阀门，建筑入口设入口装置，如图 5-27 所示。

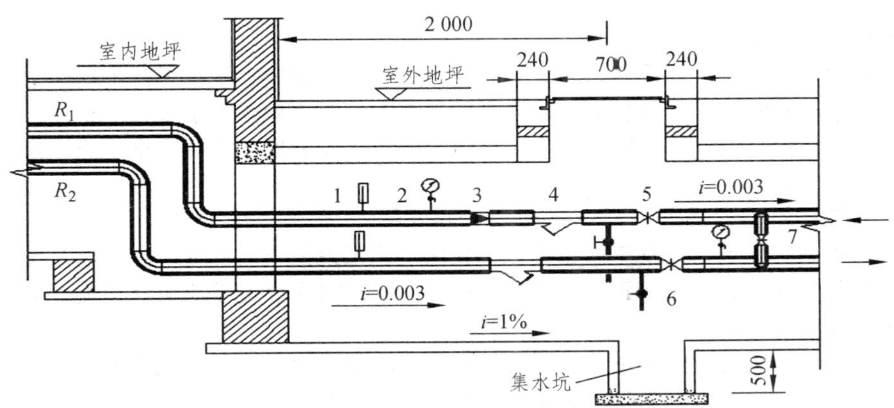


**图 5-27　建筑入口设入口装置示意图**

1—温度计；2—压力表；3—流量表；4—除污器；5—供水闸阀；6—回水闸阀；7—旁通管

（6）散热器支管设坡度，如图 5-28 所示。

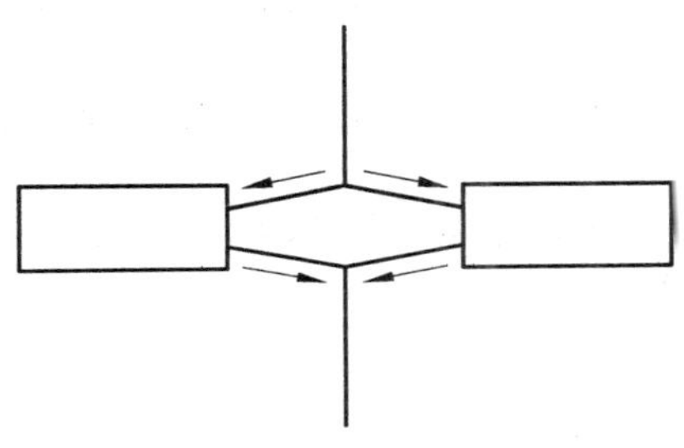

**图 5-28　散热器支管设坡度示意图**

（7）管道穿墙或过楼板时应加设套管。管道外径应小于套管内径；套管与管道间，用石棉绳塞紧。

（8）对管道热胀冷缩，要合理设置固定点，在两固定点间设置自然补偿或方形补偿器；

（9）非采暖房间的管道应保温，末端管径不小于 20 mm。

# 5.4　室外供热管网与热源

## 5.4.1　室外供热管道的敷设

### 5.4.1.1　供热管网布置原则

供热管网布置的两个主要内容，是供热管网布置形式以及供热管线在平面位置的确定。

供热管网布置形式有枝状管网和环状管网两大类型。供热管网布置原则依据城市建设规划的指导下，考虑热负荷分布，热源布置，与各种管道及构筑物、园林绿地的关系和水文、地质条件等多种因素，经技术经济比较确定。

供热管线平面位置的确定，即定线，应遵守如下基本原则：

（1）在经济上合理。主干线力求短直，主干线尽量走热负荷集中区。要注意管路上的阀门、补偿器和某些管道附件（如散气、排水、疏水等装置）的合理位置，这会关系检查室（或操作平台）的位置和数量，应尽可能使其数量减少。

（2）在技术上可靠。供热管线应尽量避开采空区、土质松软地区、地震断裂带、滑坡危险地带以及地下水位高等不利地段。

（3）对周围环境影响少而协调。供热管线应少穿主要交通线，一般平行于道路中心线并应尽量敷设在车行道以外的地方。当必须设置在车行道下时，宜将检查小室人孔引至车行道外。供热管道与各种管道、构筑物应协调安排，相互之间的距离，应能保证运行安全、施工及检修方便。

### 5.4.1.2　室外供热管道的敷设方式

室外供热管网是集中供热系统中投资比例较大、施工最复杂的部分。合理地选择供热管道的敷设方式以及做好管网的定线工作，对节省投资、保证热网安全可靠地运行和施工维修方便等，都有重要的意义。

供热管道敷设是指将供热管道及其附件按设计要求组成整体并使之就位的工作。

供热管道的敷设形式，分为地上（架空）敷设和地下敷设两类。

1. 地上敷设

管道敷设在地面上或附墙支架上的敷设方式，按照支架高度不同，可有以下三种：

（1）低支架。在不妨碍交通，不影响厂区扩建的场合，可采用低支架敷设。通常是沿着工厂的围墙或平行于公路或铁路敷设。为了避免雨雪的侵袭，低支架敷设，供热管道保温结构底距地面净高不得小于 0.3 m，见图 5-29。

低支架敷设可以节省大量土建材料、建设投资小、施工安装方便、维护管理容易，但其适用范围太窄。

（2）中支架。在人行频繁和非机动车辆通行地段，可采用中支架敷设。管道保温结构底距地面净高为 2.0 ~ 4.0 m，见图 5-30。

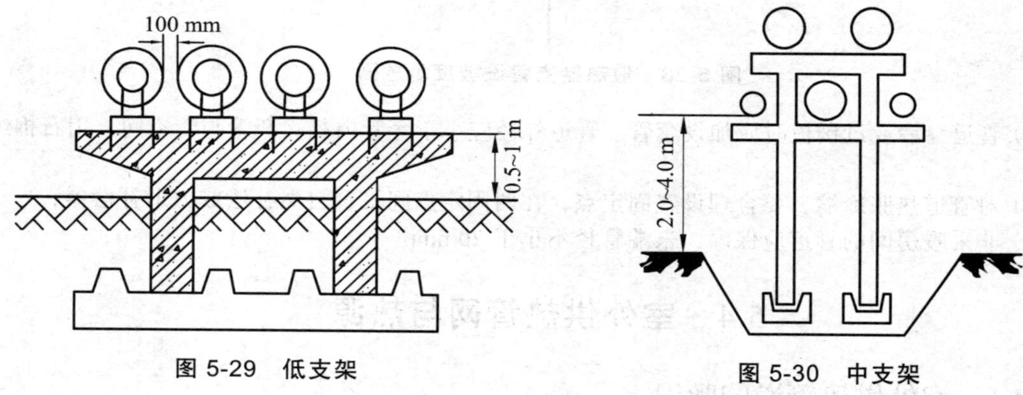


图 5-29　低支架　　图 5-30　中支架

（3）高支架。管道保温结构底距地面净高为 4 m 以上，一般为 4.0 ~ 6.0 m。高支架在跨越公路、铁路或其他障碍物时采用。

地上敷设的供热管道可以和其他管道敷设在同一支架上，但应便于检修，且不得架设在腐蚀性介质管道的下方。

2. 地下敷设

地下敷设不影响市容和交通，因此地下敷设是城镇集中供热管道广泛采用的敷设方式。

地沟是地下敷设管道的围护构筑物。地沟的作用是承受土压力和地面负荷并防止水的侵入。

地沟分砌筑、装配和整体等类型。砌筑地沟采用砖、石或大型砌体砌筑墙体，配合钢筋混凝土预制盖板。装配式地沟一般用钢筋混凝土预制构件现场装配，施工过程快。整体式地沟用钢筋混凝土现场浇筑而成，防水性能较好。地沟的横截面一般为矩形或拱形。

根据地沟内人行通道的设置情况，地沟分为通行地沟、半通行地沟和不通行地沟。

（1）通行地沟。通行地沟是工作人员可以在地沟内直立通行的地沟。通行地沟内，可采用单侧布管或双侧布管两种方式，如图 5-31 所示。通行地沟人行通道的高度不低于 1.8 m，宽度不小 0.6 m，并应允许地沟内最大直径的管道通过通道。

（2）半通行地沟。半通行地沟净高不小于 1.2 m，人行通道宽度不小于 0.5 m，如图 5-32 所示。操作人员可以在半通行地沟内检查管道和进行小型修理工作，但更换管道等大修工作仍需挖开地面进行。当无条件采用通行地沟时，可用半通行地沟代替，以利于管道维修和确定故障地点，减小大修时的开挖范围。

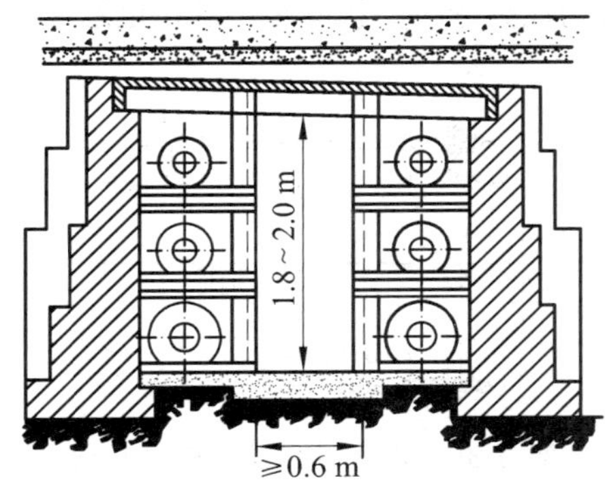

图 5-31　通行地沟

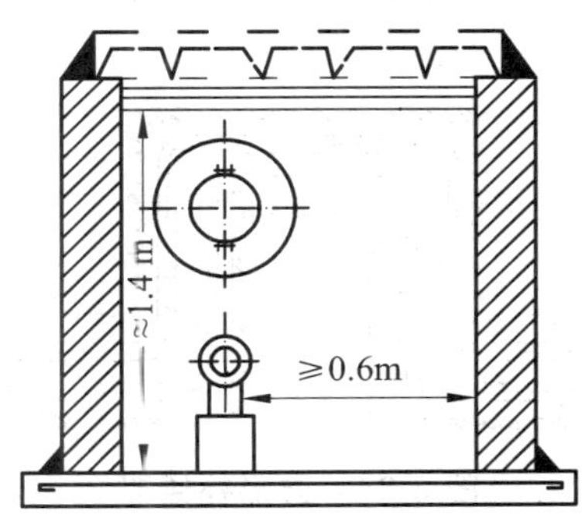

图 5-32　半通行地沟

（3）不通行地沟。不通行地构的横截面较小，只需保证管道施工安装的必要尺寸即可，如图 5-33 所示。不通行地沟的造价较低，占地较小，是城镇供热管道经常采用的地沟敷设形式。其缺点是管道检修时必须挖开地面。

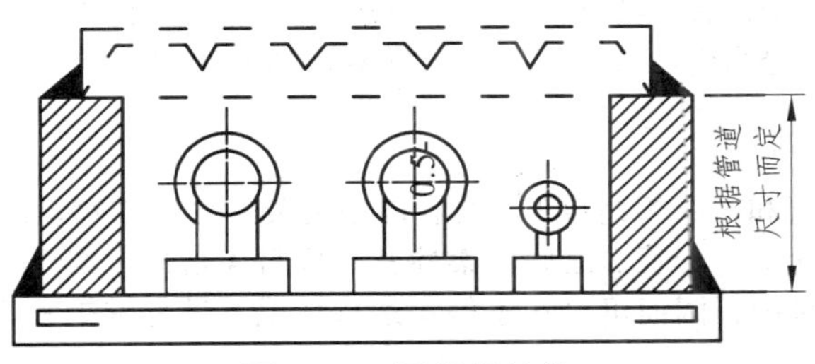

图 5-33　不通行地沟

除了上述敷设方式外，还可采用无沟（直埋）敷设，供热管道直接敷设于土壤中。在热水供热管网中，无沟敷设在国内外已得到广泛的应用。目前，采用最多的形式是供热管道、保温层和保护外壳三者紧密黏结在一起，形成整体式的预制保温管结构形式。

## 5.4.2　补偿器

为了防止供热管道升温时，由于热伸长或温度应力而引起管道变形或破坏，需要在管道上设置补偿器，以吸收管道的热伸长，从而减小管壁的应力和作用在阀件或支架结构上的作用力。

供热管道上采用补偿器的种类很多，主要有管道的自然补偿器、方形补偿器、波纹管补偿器、套筒补偿器、球形补偿器和旋转补偿器等。前三种是利用补偿器材料的变形来吸收热伸长，后三种是利用补偿器内外套管之间的相对位移来吸收热伸长。

### 5.4.2.1　自然补偿

利用供热管道自身的弯曲管段（如 L 形或 Z 形等）来补偿管段的热伸长的补偿方式，称为自然补偿。自然补偿不必特设补偿器，因此考虑管道的热补偿时，应尽量利用其自然弯曲的补偿能力。自然补偿的缺点是管道变形时会产生横向位移，而且补偿的管段不能很长。

#### 5.4.2.2 方形补偿器

方形补偿器是由四个 90° 弯头构成“U”形的补偿器（图 5-34），靠其弯管的变形来补偿管段的热伸长。方形补偿器通常用无缝钢管煨弯或机制弯头组合而成。此外，也有将钢管弯曲成“S”形或“U”形的补偿器。这种用与供热直管同径的钢管构成呈弯曲形状的补偿器，也总称为弯管补偿器。

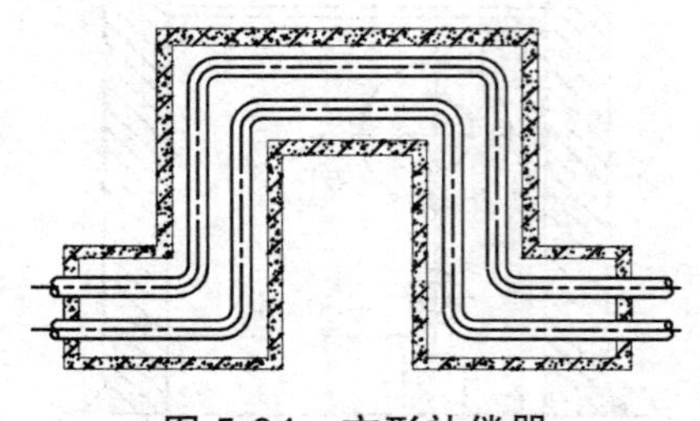

图 5-34 方形补偿器

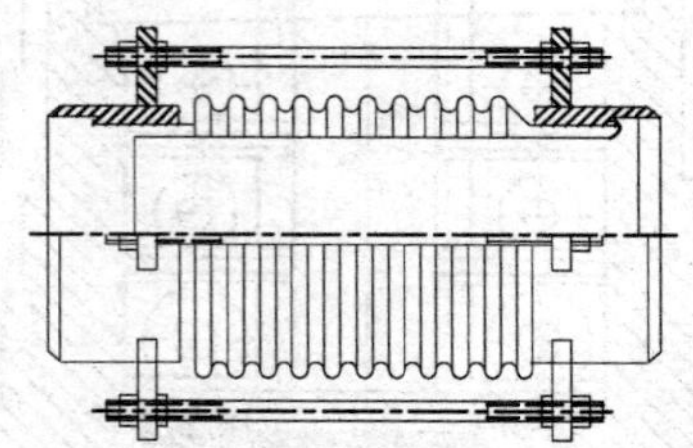

图 5-35 内压轴式波纹管补偿器

#### 5.4.2.3 波纹管补偿器

波纹管补偿器是用单层或多层薄金属管制成的具有轴向波纹的管状补偿设备。工作时，它利用波纹变形进行管道热补偿。供热管道上使用的波纹管，多用不锈钢制造。波纹管补偿器按波纹形状主要分为“U”形和“Z”形两种，按补偿方式分为轴向、横向和铰接等形式。轴向补偿器可吸收轴向位移，按其承压方式又分为内压式和外压式。图 5-35 所示为内压轴向式波纹管补偿器的示意图。

#### 5.4.2.4 套管补偿器

套管补偿器是由芯管和外壳管组成的，两者同心套装并可轴向移动的补偿器。图 5-36 所示为一单向套筒补偿器。芯管 1 与套管 3 之间用柔性密封填料 4 密封，柔性密封填料可直接通过套管小孔注入补偿器的填料函中，因而可以在不停止运行情况下进行维护和抢修，维修工艺简便。

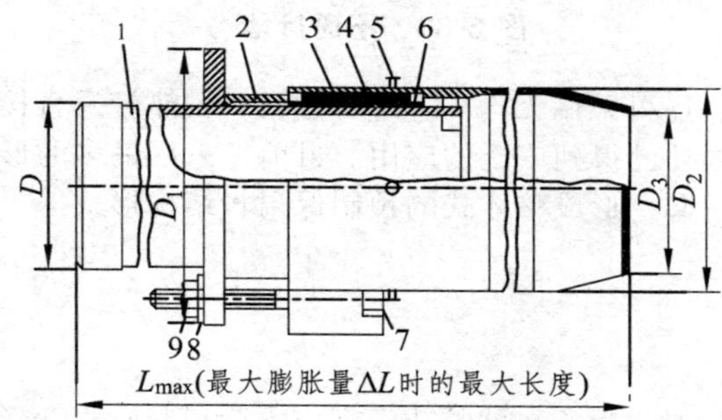


图 5-36 套筒补偿器

1—芯管；2—前压兰；3—壳体；4—柔性填料；5—注料螺栓；6—后压兰；7—T 形螺栓；8—垫圈；9—螺帽

#### 5.4.2.5 球型补偿器

球型补偿器是由球体及外壳组成。球体与外壳可相对折曲或旋转一定的角度（一般可达 30°），以此进行热补偿。两个配对成一组，其动作原理可见图 5-37。球形补偿器的球体与外壳间的密封性能良好，寿命较长。它的特点是能作空间变形，补偿能力大，适用于架空敷设。

#### 5.4.2.6 旋转补偿器

旋转式补偿器的结构如图 5-38 所示，其结构主要由整体密封座、密封压盖、大小头、减摩定心轴承、密封材料、旋转筒体等构件组成，安装在热力管道上需要两个以上组对成组，形成相对旋转吸收管道热位移，从而减少管道的应力。

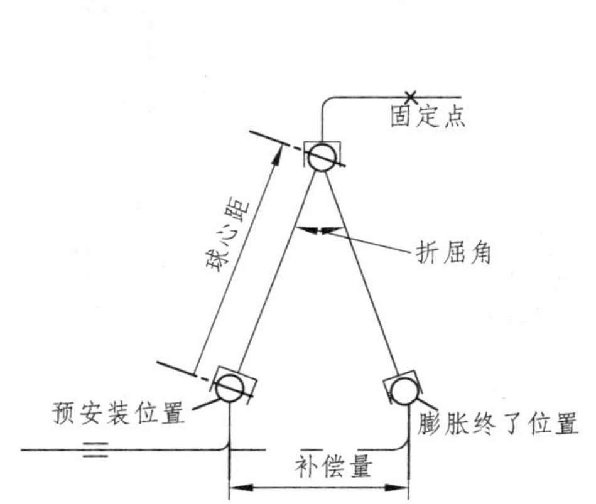


**图 5-37 球形补偿器动作原理图**

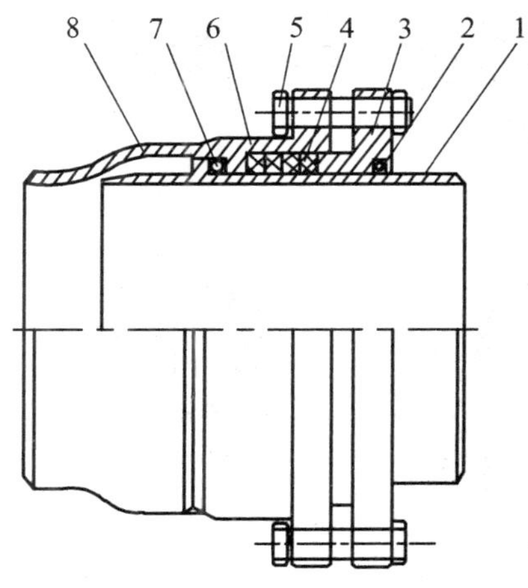


**图 5-38 旋转补偿器**

1—旋转筒体；2—减摩定心轴承；3—密封压盖；4—密封材料；5—压紧螺栓；6—密封座；7—减摩定心轴承；8—大小头

### 5.4.3 管道支座

管道支座是直接支承管道并承受管道作用力的管路附件。它的作用是支撑管道和限制管道位移。支座承受管道重力和由内压、外载和温度变化引起的作用力，并将这些荷载传递到建筑结构或地面的管道构件上。根据支座（架）对管道位移的限制情况，管道支座分为活动支座（架）和固定支座（架）。

#### 5.4.3.1 活动支座（架）

活动支座（架）是允许管道和支承结构有相对位移的管道支座（架）。活动支座（架）按其构造和功能分为滑动、滚动、弹簧、悬吊和导向等支座（架）形式。

滑动支座与支架是由安装（采用卡固或焊接方式）在管子上的钢制管托与下面的支承结构构成的。它承受管道的垂直荷载，允许管道在水平方向滑动位移。根据管托横截面的形状，活动支座有曲面槽式（图 5-39）、丁字托式（图 5-40）和弧形板式等。前两种形式，管道由支座托住，滑动面低于保温层，保温层不会受到损坏。

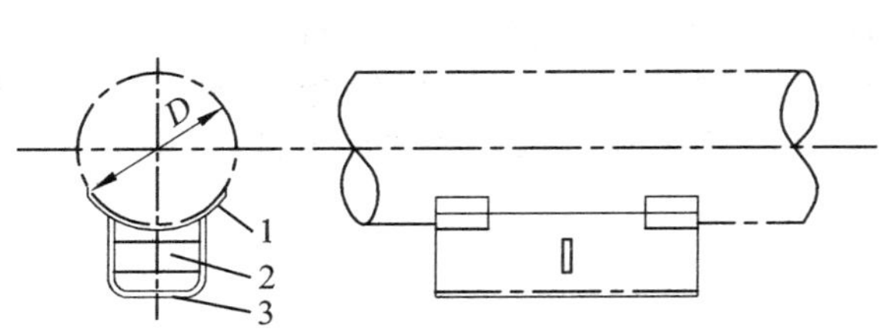


**图 5-39 曲面槽滑动支座**

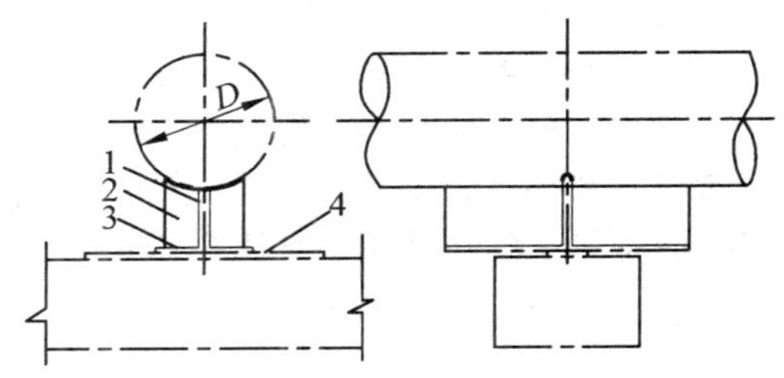


**图 5-40 丁字托式滑动支座**

弹簧支座（架）的构造一般由在滑动支座、滚动支座的管托下或在悬吊支座的构件中加弹簧构成（图 5-41）。其特点是允许管道水平位移，并可适应管道的垂直位移，使支座（架）承受的管道垂直荷载变化不大，常用于管道有较大的垂直位移处，以防止管道脱离支座，致使相邻支座和相应管段受力过大。

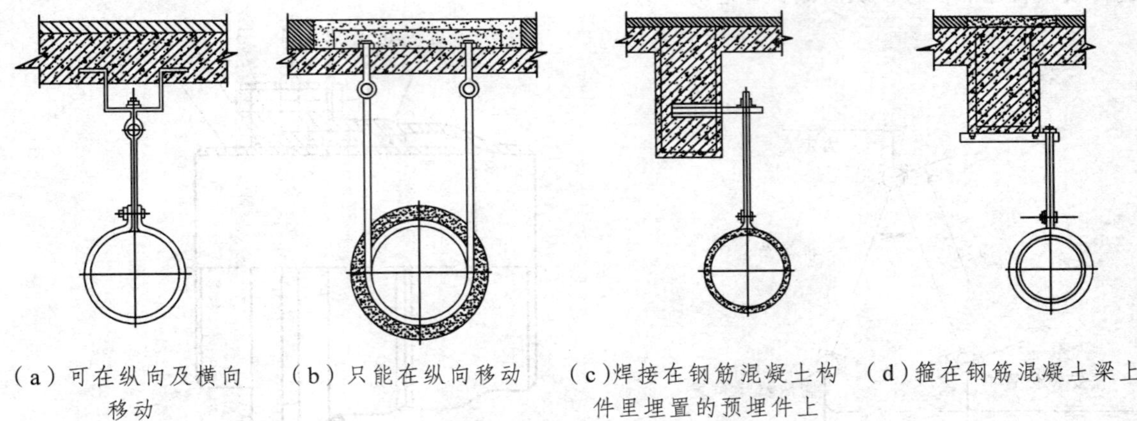

（a）可在纵向及横向移动　（b）只能在纵向移动　（c）焊接在钢筋混凝土构件里埋置的预埋件上　（d）箍在钢筋混凝土梁上

**图 5-41　悬吊支架**

导向支座是只允许管道轴向伸缩，限制管道横向位移的支座形式。其构造通常是在滑动支座或滚动支座沿管道轴向的管托两侧设置导向挡板。导向支座的主要作用是防止管道纵向失稳，保证补偿器正常工作。

#### 5.4.3.2　固定支座（架）

固定支座（架）是不允许管道和支承结构有相对位移的管道支座（架）。它主要用于将管道划分成若干补偿管段，分别进行热补偿，从而保证补偿器的正常工作。

在无沟敷设或不通行地沟中，固定支座也可做成钢筋混凝土固定墩的形式。

## 5.4.4　供热管道的保温

供热管道及其附件保温的主要目的在于：减少热媒在输送过程中的热损失，节约燃料；保证操作人员安全，改善劳动条件；保证热媒的使用温度等。

热网运行经验表明，热水管网即使有良好的保温，其热损失仍占总输热量的 5%～8%，蒸汽管网为 8%～12%；与之相应，保温结构费用占热网管道费用的 25%～40%。因此，保温工作对保证供热质量，节约投资和燃料都有很大影响。

#### 5.4.4.1　保温材料及其制品

根据《城市热力网设计规范》（CJJ 34—2002）的规定，供热介质设计温度高于 60 °C 的热力管道、设备、阀门应保温。规范中规定对保温材料及其制品，应具有如下的主要技术性能：质量轻、导热系数小、在使用温度下不变形或变质、具有一定的机械强度、不腐蚀金属、可燃成分少、吸水率低、易于使工成型，且成本低廉。

#### 5.4.4.2　管道保温结构

管道的保温结构是由保温层和保护层两部分组成的。

供热管道常用的保温方法有涂抹式、预制式、缠绕式、填充式、灌注式和喷涂式等。

（1）涂抹式保温：将不定型的保温材料加入黏合剂等用水拌和成塑性泥团，分层涂抹于需要保温的设备、管道表面上，干后形成保温层的保温方法。该法不用模具，整体性好，特别适用于填堵洞孔和异形表面的保温。

（2）预制式保温：将保温材料制成板状、弧形块、管壳等形状的制品，用捆扎或黏结方法安装在设备或管道上形成保温层的保温方法。该方法由于操作方便和保温材料多以制品形式供货，因而目前被广泛采用。预制式保温结构示意图可见图 5-42 所示。

（3）缠绕式保温：用绳状或片状的保温材料缠绕捆扎在管道或设备上形成保温层的保温方法，如石棉绳、石棉布、纤维类保温毡都采用此施工方法。图 5-43 为其保温结构示意图。

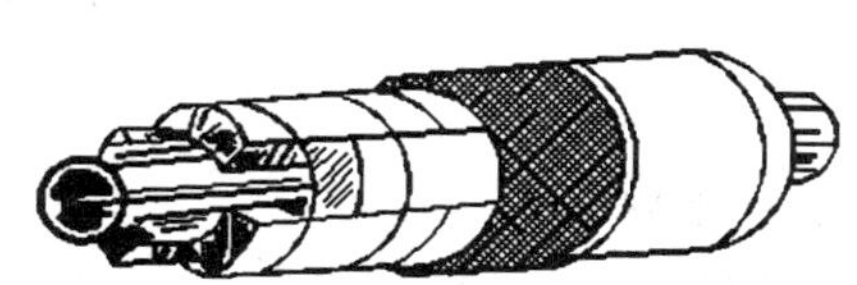

**图 5-42　弧形预制式保温瓦保温结构**

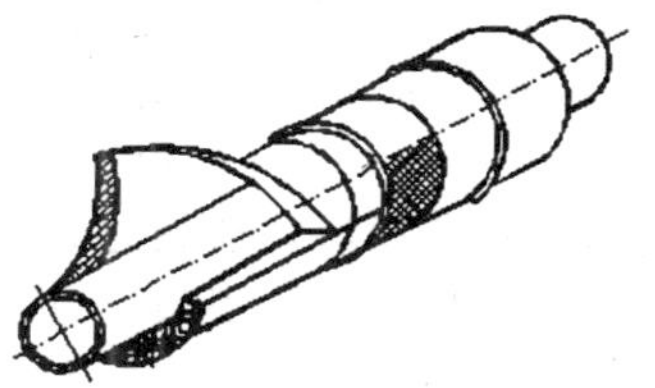

**图 5-43　缠绕式保温结构**

（4）灌注式保温：将流动状态的保温材料，用灌注方法成型硬化后，在管道或设备外表面形成保温层的保温方法，如在套管或模具中灌注聚氨酯硬质泡沫塑料，发泡固化后形成管道保温层。灌注式保温的保温层为一连续整体，有利于保温和对管道的保护。

（5）喷涂式保温：利用喷涂设备，将保温材料喷射到管道、设备表面上形成保温层的保温方法。无机保温材料（膨胀珍珠岩、膨胀蛭石、颗粒状石棉等）和泡沫塑料等有机保温材料均可用喷涂法施工。其特点是施工效率高，保温层整体性好。

根据所用的材料和施工方法不同，保护层可分为以下三类：涂抹式保护层、金属保护层和毡、布类保护层。

涂抹式就是将塑性泥团状的材料涂抹在保温层上。常用的材料有石棉水泥砂浆和沥青胶泥等。涂抹式保护层造价较低，但施工进度慢，需要分层涂抹。

金属保护层一般采用镀锌钢板或不镀锌的黑薄钢板，也可采用薄铝板、铝合金板等材料。金属保护层的优点是结构简单、重量轻、使用寿命长，但其造价高，易受化学腐蚀，只宜在架空敷设时应用。

## 5.5　建筑供暖施工图

### 5.5.1　建筑供暖施工图一般规定

1. 线　型

基本宽度 $b$ 宜选用 0.18 mm、0.35 mm、0.5 mm、0.7 mm、1.0 mm。图中仅有两种线宽时，线宽组宜为 $b$ 和 $0.25b$。暖通空调制图采用的线型及其含义见相关图例。图样中若采用自定义图线及含义，应明确说明，但不能与《暖通空调制图标准》（GB/T 50114—2010）的规定相反。此外，对于室外供热管网，按行业标准《供热工程制图标准》（CJJ/T 78—2010）执行。

2. 比　例

总平面图、平面图的比例，宜与工程项目设计的主导专业一致。

3. 图　例

采暖与空调水管管道阀门与附件、调控装置和仪表等，常用图例绘制。

## 5.5.2 供暖施工图的组成

1. 平面图

室内供暖平面图表示建筑各层供暖管道与设备的平面布置。其内容包括：

（1）建筑物的平面布置，其中应注明轴线、房间主要尺寸、指北针，必要时应注明房间名称、建筑各房间分布、门窗和楼梯间位置等。在图上应注明轴线编号、外墙总长尺寸、地面及楼板标高等与采暖系统施工安装有关的尺寸。

（2）热力入口位置，供、回水总管名称、管径。

（3）干、立、支管位置和走向，管径以及立管（平面图上为小圆圈）编号。

（4）散热器（一般用小长方形表示）的类型、位置和数量。各种类型的散热器规格和数量标注方法如下：

① 柱型、长翼型散热器只注数量（片数）；

② 圆翼型散热器应注根数、排数，如 3×2（每排根数×排数）；

③ 光管散热器应注管径、长度、排数，如 D108×200×4［管径（mm）×管长（mm）×排数］；

④ 闭式散热器应注长度、排数，如 1.0×2［长度（m）×排数］；

⑤ 膨胀水箱、集气罐、阀门位置与型号；

⑥ 补偿器型号、位置，固定支架位置。

（5）对于多层建筑，各层散热器布置基本相同时，也可采用标准层画法。在标准层平面图上，散热器要注明层数和各层的数量。

（6）平面图中散热器与供水（供汽）、回水（凝结水）管道的连接按图 5-44 所示方式绘制。

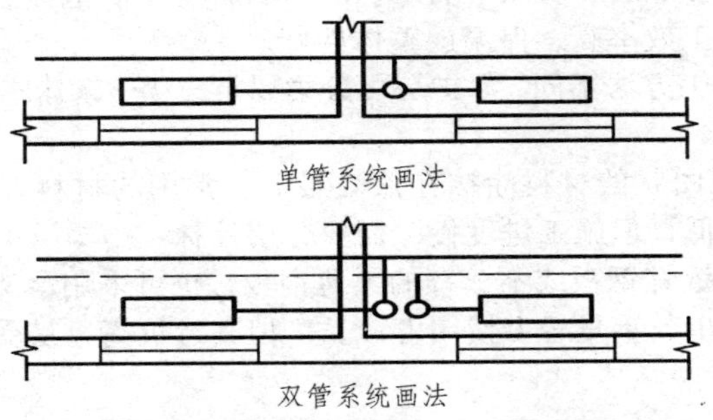


**图 5-44 平面图中散热器与管道连接**

（7）当平面图、剖面图中的局部要另绘详图时，应在平面图或剖面图中标注索引符号，画法如图 5-45 所示，图（a）为详图编号及所在图纸号，图（b）为详图所在标准图或通用图图集号及图纸号。

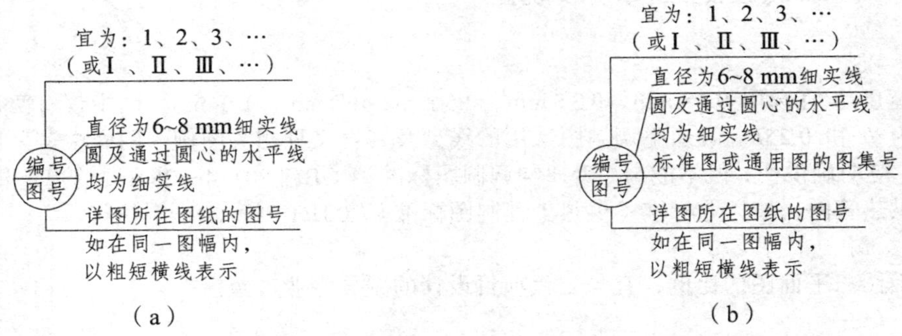


**图 5-45 详图索引号**

（8）主要设备或管件（如支架、补偿器、膨胀水箱、集气罐等）在平面上的位置。

（9）用细虚线画出的采暖地沟、过门地沟的位置。

2. 系统图

系统图又称流程图，也叫系统轴测图，与平面图配合，表明了整个采暖系统的全貌。供暖工程系统图应以轴测投影法绘制，并宜用正等轴测或正面斜轴测投影法。当采用正面斜轴测投影法时，$y$ 轴与水平线的夹角可选用 45°或 30°。系统图的布置方向一般应与平面图一致。

系统图包括水平方向和垂直方向的布置情况。散热器、管道及其附件（阀门、疏水器）均在图上表示出来。此外，还标注各立管编号、各段管径和坡度、散热器片数、干管的标高。

供暖系统图应包括如下内容：

（1）采暖管道的走向、空间位置、坡度，管径及变径的位置，管道与管道之间连接方式。

（2）散热器与管道的连接方式，例如是竖单管还是水平串联的，是双管上分或是下分等。

（3）管路系统中阀门的位置、规格。

（4）集气罐的规格、安装形式（立式或是卧式）。

（5）蒸汽供暖疏水器和减压阀的位置、规格、类型。

（6）节点详图的索引号。

（7）按规定对系统图进行编号，并标注散热器的数量。柱型、圆翼型散热器的数量应注在散热器内；光管式、串片式散热器的规格及数量应注在散热器的上方。

（8）采暖系统编号、入口编号由系统代号和顺序号组成。室内采暖系统代号“N”，其画法如图 5-46 所示，其中图（b）为系统分支画法。

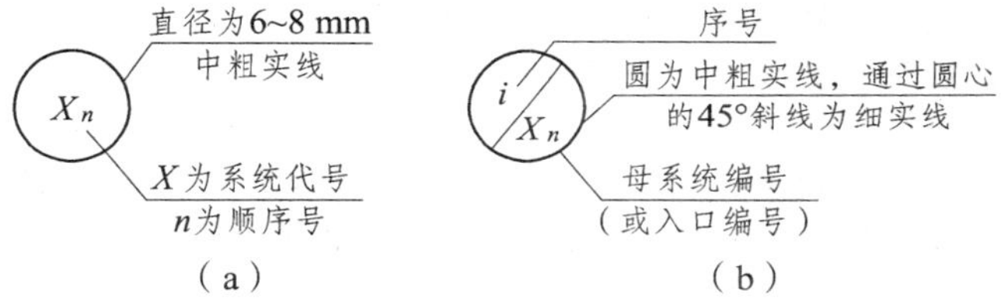


**图 5-46　系统代号**

（9）竖向布置的垂直管道系统，应标注立管号，如图 5-47 所示。为避免引起误解，可只标注序号，但应与建筑轴线编号有明显区别。

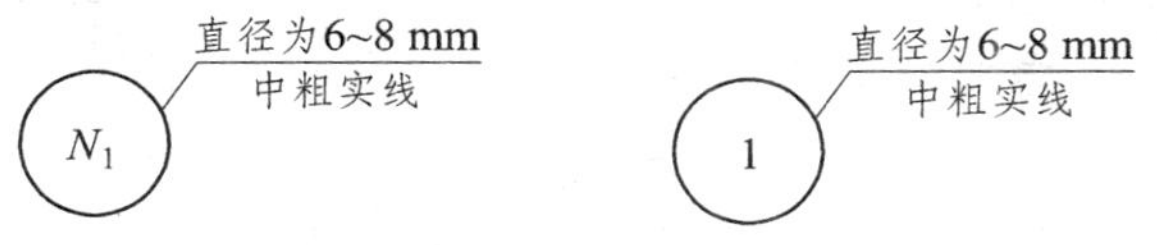


**图 5-47　立管号**

3. 详　图

在供暖平面图和系统图上表达不清楚、用文字也无法说明的地方，可用详图画出。

详图是局部放大比例的施工图，因此也叫大样图。它能表示采暖系统节点与设备的详细构造及安装尺寸要求，例如，一般供暖系统入口处管道的交叉连接复杂，因此需要另画一张比例比较大的详图。它包括节点图、大样图和标准图。

（1）节点图：能清楚地表示某一部分采暖管道的详细结构和尺寸，但管道仍然用单线条表示，只是将比例放大，使人能看清楚。

（2）大样图：管道用双线图表示，看上去有真实感。

（3）标准图：它是具有通用性质的详图，一般由国家或有关部委出版标准图案，作为国家标准或部标准的一部分颁发。

4. 设计说明

室内供暖系统的设计说明一般包括以下内容：

（1）建筑物的采暖面积、热源的种类、热媒参数、系统总热负荷。

（2）采用散热器的型号及安装方式、系统形式。

（3）在安装和调整运转时应遵循的标准和规范。

（4）在施工图上无法表达的内容，如管道保温、油漆等。

（5）管道连接方式，所采用的管道材料。

（6）在施工图上未作表示的管道附件安装情况，如在散热器支管与立管上是否安装阀门等。

5. 主要设备材料表

为了便于施工备料，保证安装质量和避免浪费，使施工单位能按设计要求选用设备和材料，一般的施工图均应附有设备及主要材料表，简单项目的设备材料表可列在主要图纸内。设备材料表的主要内容有编号、名称、型号、规格、单位、数量、质量、附注等。

## 5.5.3 室内供暖施工图识读

图 5-48 为某综合楼供暖一层平面图，图 5-49 为供暖二层平面图，图 5-50 为供暖系统图。本次设计按照以下要求进行设计：

（1）本工程采用低温水供暖，供回水温度为 70～95 °C。

（2）系统采用上分下回单管顺流式。

（3）管道采用焊接钢管，DN32 以下为丝扣连接，DN32 以上为焊接。

（4）散热器选用铸铁四柱 813 型，每组散热器设手动放气阀。

（5）集气罐采用《采暖通风国家标准图集》N103 中 I 型卧式集气阀。

（6）明装管道和散热器等设备，附件及支架等刷红丹防锈漆两遍，银粉两遍。

（7）室内地沟断面尺寸为 500 mm × 500 mm，地沟内管道刷防锈漆两遍，50 mm 厚岩棉保温，外缠玻璃纤维布。

（8）图中未注明管径的立管均为 DN20，支管为 DN15。

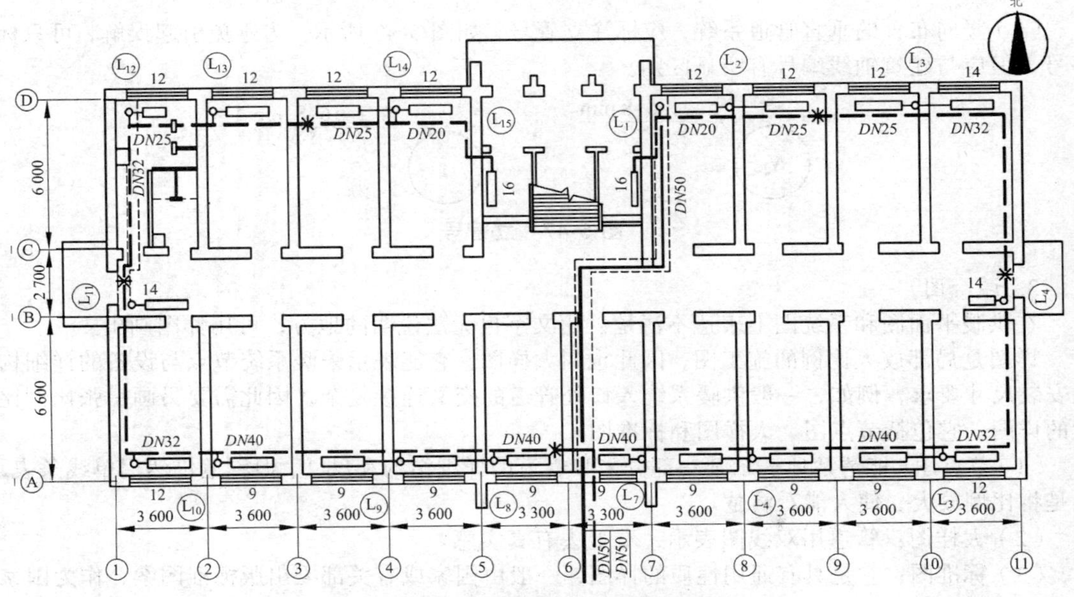


图 5-48　某综合楼供暖一层平面图

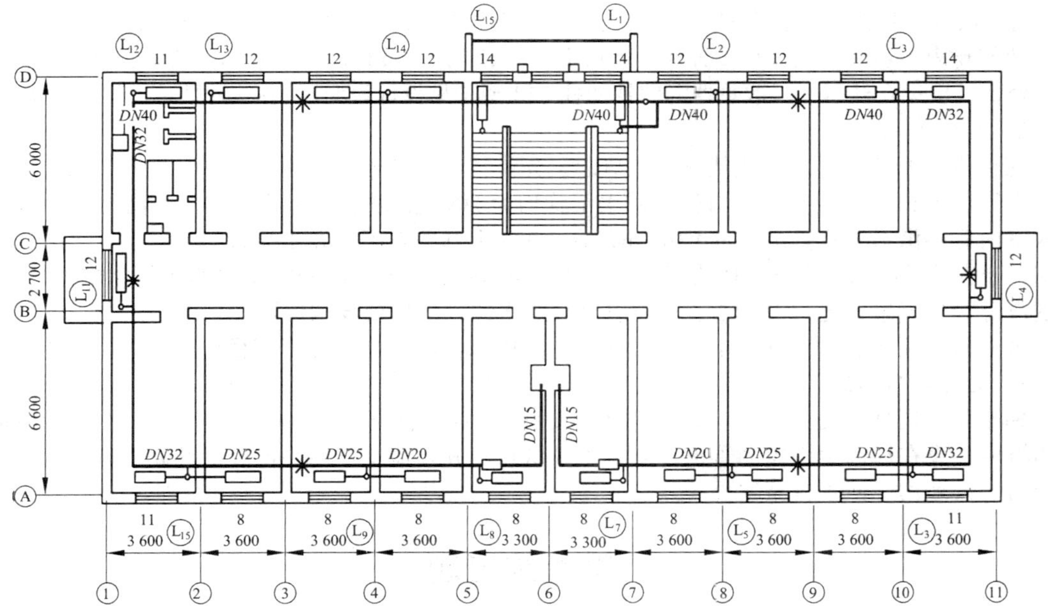

图 5-49 某综合楼供暖标准层平面图

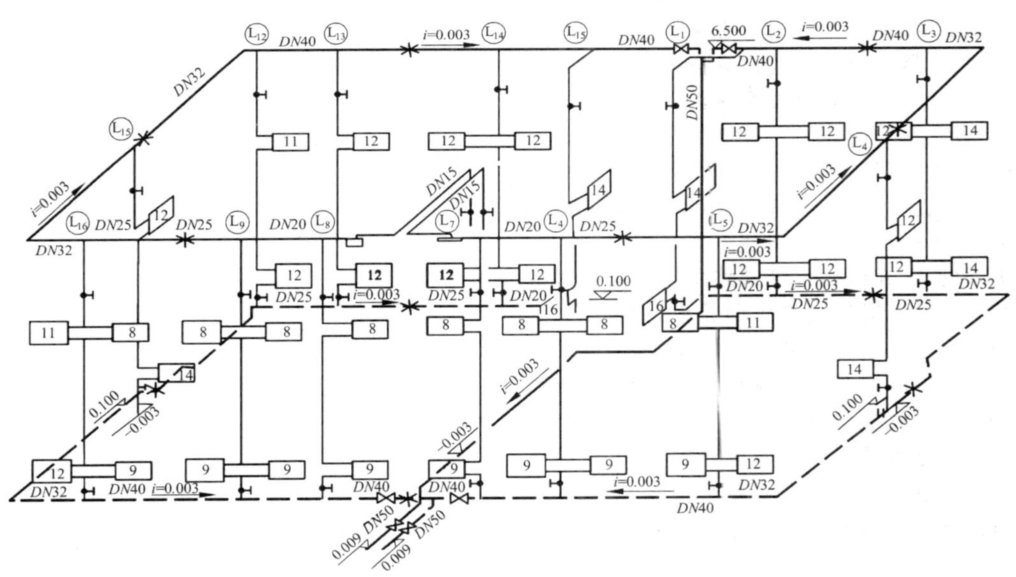

图 5-50 供暖系统图

（9）其余未说明部分，按施工及验收规范有关规定进行。

1. 平面图

识读平面图的主要目的是了解管道、设备及附件的平面位置和规格、数量等。

在一层平面图（图 5-48）中，热力入口设在靠近⑥轴右侧位置，供、回水干管管径均为 DN50。供水干管引入室内后，在地沟内敷设，地沟断面尺寸为 500 mm × 500 mm。主立管设在建筑比例⑦轴处。回水干管分成两个分支环路，右侧分支连接共 7 根立管，左侧分支连接共 8 根立管。回水干管在过门和厕所内局部做地沟。

在标准层平面图（图 5-49）中，从供水主立管轴和⑦轴交界处分为左、右两个分支环路，分别向各立管供水，末端干管分别设置卧式集气罐，型号详见说明，放气管管径为 DN15，引至二层水池。

建筑物内各房间散热器均设置在外墙窗下。一层走廊、楼梯间因有外门，散热器设在靠近外门内墙处；二层设在外窗下。散热器为铸铁四柱 813 型（见设计说明），各组片数标注在散热器旁。

2. 系统图

阅读供暖系统图时，一般从热力入口起，先弄清干管的走向，再逐一看各立、支管。

参照图 5-50，系统热力入口供、回水干管均为 DN50，并设同规格阀门，标高为 − 0.900 m。引入室内后，供水干管标高为 − 0.300 m，有 0.003 上升的坡度，经主立管引到二层后，分为两个分支，分流后设阀门。两分支环路起点标高均为 6.500 m，坡度为 0.003，供水干管始端为最高点，分别设卧式集气罐，通过 DN15 放气管引至二层水池，出口处设阀门。

各立管采用单管顺流式，上下端设阀门。图中未标注的立、支管管径详见设计说明（立管为 DN20，支管为 DN15）。

回水干管同样分为两个分支，在地面以上明装，起点标高为 0.100 m，有 0.003 沿水流方向下降的坡度。设在局部地沟内的管道，末端为最低点，并设泄水丝堵。两分支环路汇合前设阀门，汇合后进入地沟，回水排至室外。

## 思考练习题

1. 采暖负荷是什么？围护结构的传热耗热量如何计算？
2. 如何考虑太阳辐射对房间热负荷的影响？
3. 散热器分为哪几类？各有什么特点？
4. 集气罐通常安装在系统的什么位置？其作用是什么？
5. 膨胀水箱的作用是什么？它有几根连接管，各起什么作用？
6. 下供下回式系统的排气是如何实现的？
7. 蒸汽供暖系统与热水供暖系统有什么异同之处？
8. 采暖管道敷设原则和方式有哪些？
9. 地上敷设的热力管道按支架的高度可分为哪几类？
10. 什么是同程式系统和异程式系统？
11. 散热器的安装要求有哪些？
12. 地板辐射采暖系统主要组成有哪些？
13. 采暖设备及附件有哪些？各起什么作用？
14. 管道保温层厚度如何确定？
15. 常用的补偿器有哪些？
16. 采暖施工图有哪几部分组成？

# 学习情境 6　建筑通风与空调

## 6.1　建筑通风

### 6.1.1　通风的任务和方式

通风是指利用自然或机械的方法向某一房间或空间送入室外空气，并由某一房间排出空气的过程，送入的空气可以是经过处理的，也可以是不经过处理的。换句话说，通风就是利用室外空气（新鲜空气或新风）来置换建筑物内的空气（室内空气）以改善室内空气品质。

#### 6.1.1.1　通风的任务

人类生活在空气的海洋中，空气的成分和性质如何，将直接影响到人们的身体健康。伴随着社会生产力的发展和提高，各种生产过程和科学实验过程也都要求建立严格受控的空气环境，以保证产品质量和科学实验过程的正常进行。

对于一般民用建筑或一些轻度污染的工业厂房，通常只需将室外新鲜空气送入室内，或将室内污浊空气排向室外，保持室内空气环境的清洁、卫生。为此，一般采用简单的措施，如通过门窗孔口换气、利用穿堂风降温、使用电扇提高空气的流动速度等等。

在工厂的许多生产车间里，伴随着生产过程会不同程度地产生各种粉尘、有害气体、余热和余湿，这些物质称为工业有害物。工业有害物会污染室内空气，使工作条件恶化，危害工人的身体健康，影响生产的正常进行，降低产品质量。因此，创造良好的室内环境，无论对保障人体健康，还是保证产品质量都是十分重要的。

实践证明，通风是改善室内空气环境的有效措施之一。所谓通风就是把室内被污染的空气直接或经过净化后排至室外，把室外新鲜空气经过净化处理后补充进来，以保持室内的空气环境满足卫生标准和生产工艺的要求。

#### 6.1.1.2　通风方式的分类与组成

通风包括从室内排出污浊空气和向室内补充新鲜空气两部分。前者称为排风，后者称为送风。为实现排风和送风所采用的一系列设备装置的总体称为通风系统。通风系统的分类方法很多，按不同的分类方法有不同的形式。

1. 按通风系统工作动力划分

（1）自然通风。

自然通风是依靠室内外空气温差所造成的热压，或者室外风力作用在建筑物上所形成的风压，使房间内的空气和室外空气进行交换的一种通风方式。

自然通风有两种形式：一种是风压作用下的自然通风，另一种是热压作用下的自然通风。

风压作用下的自然通风是利用室外空气流动（风力）产生的室内外压差来实现通风换气的。在风压的作用下，室外空气作用于建筑物迎风面上，通过迎风面上的门、窗、孔口进入室内，而室内空气则通过背风面上的门、窗、孔口排出。室内外空气得到交换，工作区空气环境得到改善。图 6-1 所示为风压作用下的自然通风。

热压作用下的自然通风是利用室内外温度差而形成的密度差来实现室内外空气交换的通风方式。由于室内空气温度高，空气密度小，室外空气温度低，密度大，这样就造成上部窗排风，下部门、窗进风的气流形式。污浊的热空气从上部排出，室外新风从下部进入工作区，工作环境就得到了改善。图 6-2 所示为热压作用下的自然通风。

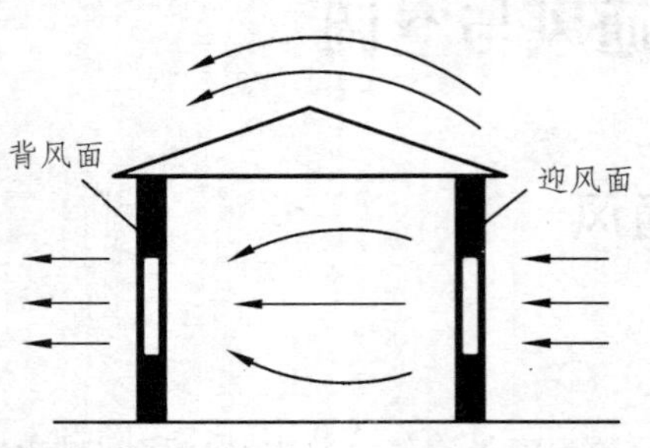


图 6-1　风压作用下的自然通风

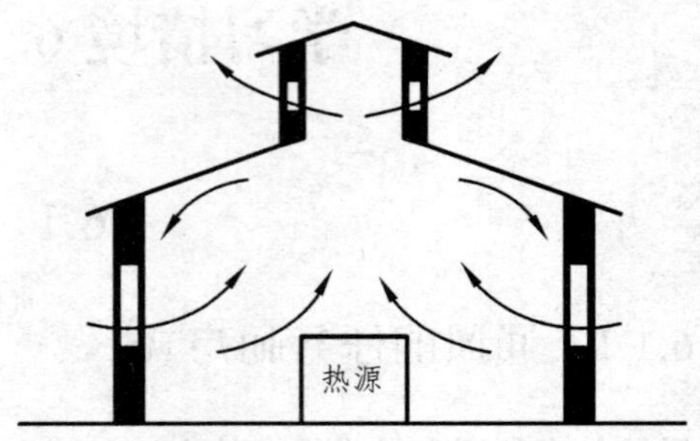


图 6-2　热压作用下的自然通风

在大多数实际工程中，建筑物往往是在风压和热压的共同作用下实现通风换气的。

自然通风因不需要消耗动力，所以是比较经济的通风方式。自然通风量的大小和很多因素有关，如室内外空气温度、室外空气的流动速度及方向、门窗的面积等等。因此通风量不是常数，而是随气象条件发生变化的。同样室内所需要的通风量也不是常数，而是随工艺设备条件变化的。要使自然通风量满足室内的要求，就要不断地进行调节。

（2）机械通风。

机械通风是利用通风机产生的动力来实现通风换气的。它的优点是风量、风压不受室外气象条件的限制，通风比较稳定。其缺点是需要消耗动力，投资较大。

机械通风系统可分为机械送风和机械排风。机械送风是指向整个房间或房间的某一局部区域送风。机械排风是指排出整个房间内的污浊空气，或排除房间某一局部区域的污染空气。

2. 按通风系统作用范围的大小划分

（1）局部通风。

局部通风是利用局部气流改善室内局部区域的空气环境，这一区域大多是污染严重或工作人员经常活动的区域。局部通风一般有局部送风和局部排风两种形式。

① 局部送风。仅向房间局部工作地点送入新鲜空气或经过处理的空气，造成局部区域的良好的空气环境的通风方式称为局部送风。送风的气流不得含有害物，可以进行加热和冷却处理。气流应该从人体前侧上方倾斜地吹到头、颈和胸部，必要时可从上向下送风。图 6-3 所示为局部送风示意图。这种通风方式适用于面积大且工作人员较少、工作地点固定、生产过程中有污染物产生的车间。

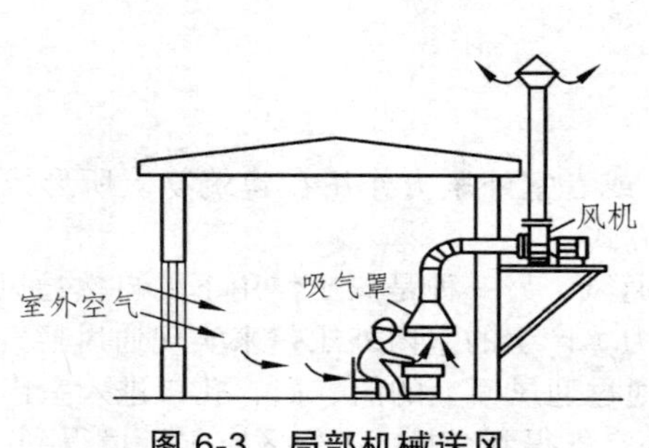


图 6-3　局部机械送风

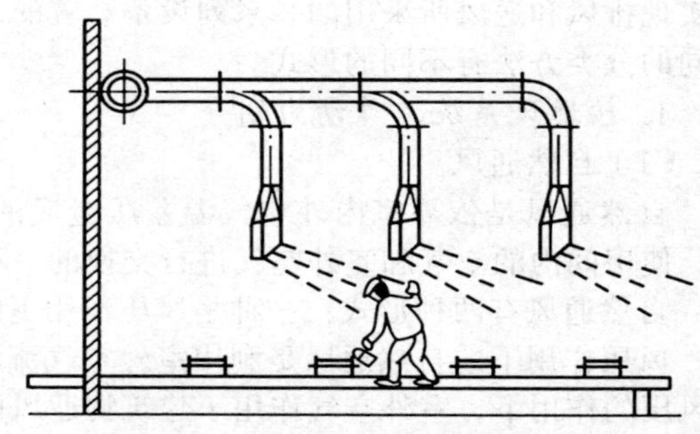

图 6-4　局部机械排风

② 局部排风。局部排风系统是对室内有害物产生的局部区域进行排风的系统。具体地讲，就是将室内有害物在未与工作人员接触之前就捕集、排除，以防止有害物扩散到整个房间。局部

排风系统是防毒、防尘、排烟的最有效措施，如图 6-4 所示。这种通风方式适用于安装局部排气设备不影响工艺操作及污染源集中且较小的场合。

③ 局部送、排风。局部送、排风是指对局部产生有害物的部位，既能送风又能排风的局部通风装置。其使局部工作地点形成一道“风幕”，以防止有害气体进入室内。这种通风方式既不影响工艺操作，又比单纯的排风更有效，如图 6-5 所示。

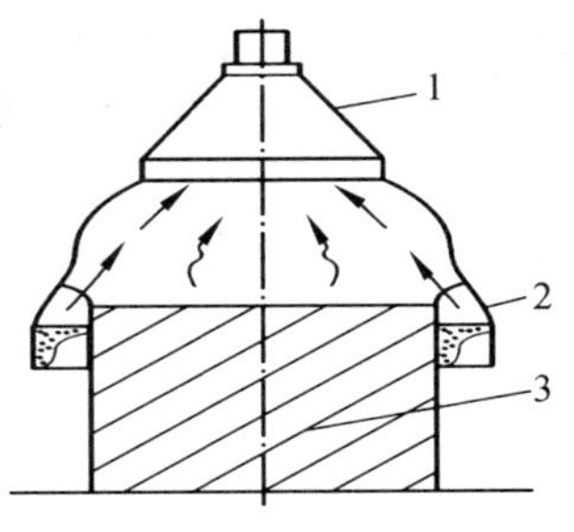


**图 6-5　局部送、排风装置**

1—排气罩；2—送风嘴；3—有害物源

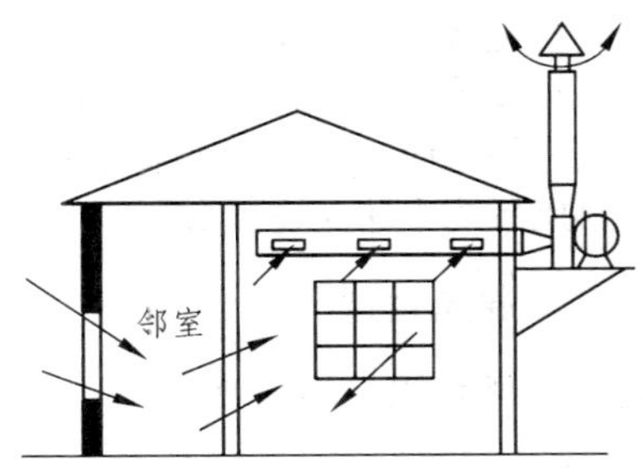


**图 6-6　全面机械送风系统**

（2）全面通风。

全面通风是对整个房间进行通风换气，是用新鲜空气把整个房间内的有害物浓度稀释到最高容许值以下，同时把污浊空气不断排到室外，所以全面通风也称稀释通风。

全面通风包括全面送风和全面排风，两者可同时或单独使用。

① 全面送风。把室外的新鲜空气或经过处理的空气均匀地送到整个车间各个部位的送风方式称为全面送风。它可以通过自然通风和机械通风来实现。图 6-6 所示为全面机械送风系统。它是利用风机把室外的新鲜空气或经过处理的空气送入室内，在室内造成正压，把室内污浊的空气排出，达到全面通风的效果。

② 全面排风。为了使室内的有害物尽可能不扩散到其他区域或邻室，可以在有害物比较集中的区域或房间采用全面机械排风。图 6-7 所示就是全面机械排风。在风机作用下，将含尘量大的室内空气通过风机抽出，此时，室内处于负压状态，室外的新鲜空气由于负压作用被吸入室内冲淡有害物。图 6-7（a）所示是在墙上装有轴流风机的最简单全面排风。图 6-7（b）所示是室内设有排风口，含尘量大的室内空气从专设的排气装置排入大气的全面机械排风系统。

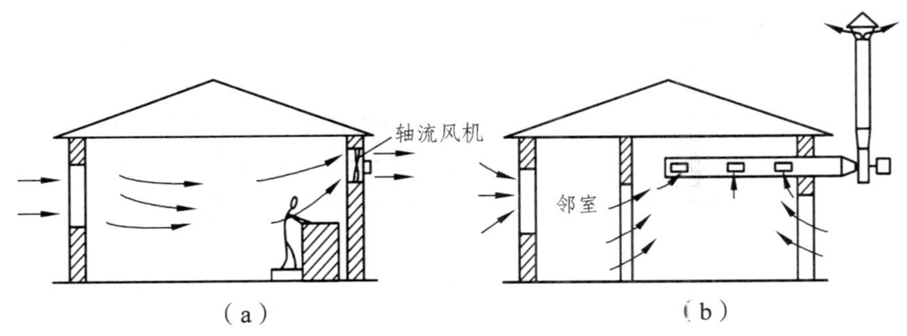


**图 6-7 全面机械排风**

③ 全面送、排风。在门窗紧闭、自行排风和送风都比较困难的房间，一般采用全面进风和全面排风相结合的全面送、排风系统。室外新鲜空气在送风机作用下，经过空气处理设备、送风管道和送风口进入室内，污染后的室内空气在排风机的作用下，直接排到室外或送往空气净化设备处理。

全面通风的使用效果与通风房间的气流组织形式有关。合理的气流组织形式应该是正确地选择送、排风口的形式、数量及位置，使送风和排风均能以最短的流程进入工作区或排至大气中。

### 6.1.2 通风管道、设备和附件

对于自然通风，其设备装置比较简单，只需用进、排风窗以及附属的开关装置即可。而机械通风系统则由较多的部件和设备组成。机械送风系统由室外进风装置、空气处理设备、风道、风机以及室内送风口等组成；机械排风系统由有害物收集和净化设备、排风道、风机、排风口及风帽等组成。机械通风系统中还应设置必要调节通风量和启闭系统运行的各种控制部件，即各种阀门。

#### 6.1.2.1 通风管道

风道是通风系统中的主要部件之一，其作用是输送空气。

1. 风道的材料

风道的常用材料有薄钢板、塑料、玻璃钢、矿渣石膏板、砖、混凝土等。风道的选材由系统所输送的空气性质以及就地取材的原则来确定。一般来讲，输送腐蚀性气体的风道可用涂刷防腐油漆的钢板或硬塑料板、玻璃钢制作；埋地风道通常用混凝土板做底，两边砌砖，用预制钢筋混凝土板做顶；利用建筑空间兼做风道时，多采用混凝土或砖砌风道。

2. 风道的形式

常用的通风管道的断面有圆形和矩形两种。同样截面面积的风道，以圆形截面最省材料，而且圆形风道流动阻力小，因此采用圆形风道的较多。当考虑到美观和穿越结构物时，才采用矩形或其他截面风道。民用建筑中墙内的砖砌风道都采用矩形风道。

#### 6.1.2.2 室内送、排风口

室内送风口是送风系统中的风道末端装置，由送风道输送来的空气，通过送风口以适当的速度分配到各个指定的送风地点。室内排风口是排风系统中的始端吸入装置，室内被污染的空气经由排风口进入排风管道。室内送、排风口的任务是将各送风、排风口所需空气送入室内和排出室外。

图 6-8 是构造最简单的两种送风口，孔口直接开在风管上，用于侧向或下向送风。其中图（a）为风管侧送风口，除孔口本身外没有任何调节装置；图（b）为插板式风口，其中设有插板，这种风口只可以调节送风量，但不能改变和控制气流方向。

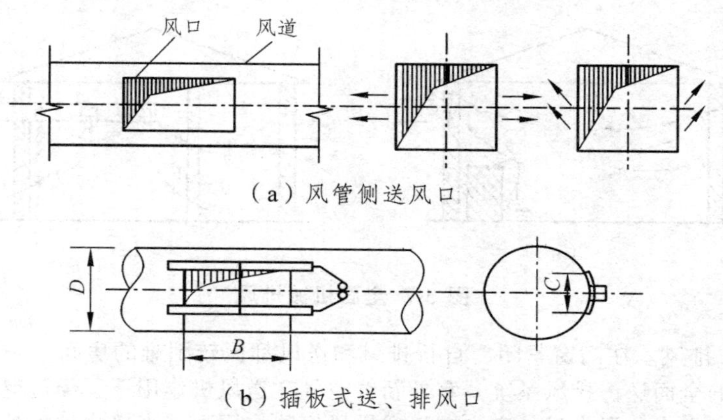


**图 6-8 两种最简单的送风口**

图 6-9 是常用的一种百叶式风口，可以安装在风管上、风管末端或墙上。其中双层百叶式风口不但可以调节出口的气流速度，而且可以调节气流的方向。

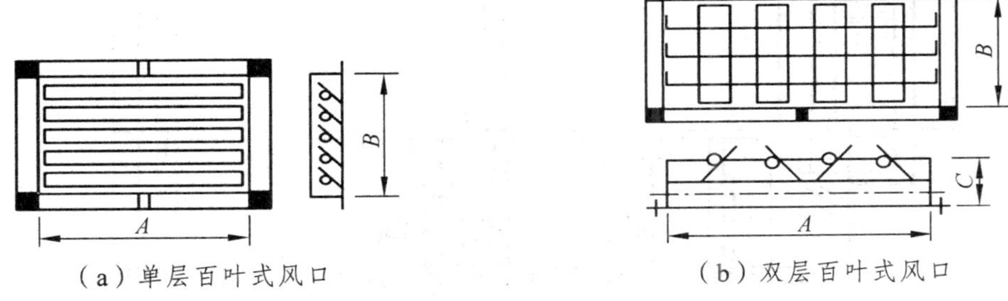


（a）单层百叶式风口　　（b）双层百叶式风口

**图 6-9　百叶式送风口**

室内送、排风口的位置决定了通风房间的气流组织形式。室内送、排风口的布置情况，是决定通风气流方向的重要因素，而气流的方向是否合理，将直接影响通风的效果。

### 6.1.2.3　室外进、排风装置

1. 室外进风装置

室外进风装置是采集新鲜空气的入口。根据进风室的位置不同，室外进风口可以是单独的进风塔，也可以是设在外墙上的进风窗口。如图 6-10 所示，其中图（a）是贴附于建筑物的外墙上；图（b）是独立的构筑物。也可以是采用设在建筑物外围结构上的墙壁式或屋顶式进风口，如图 6-11 所示。机械送风系统和管道式自然通风系统的室外进风装置，应设在室外空气比较洁净的地点，在水平和竖直方向上都要尽量远离和避开污染源。机械送风系统的进风室多设在建筑物的地下室或底层，在工业厂房内为了减少占地面积也可设在平台上，如图 6-12、图 6-13 所示。

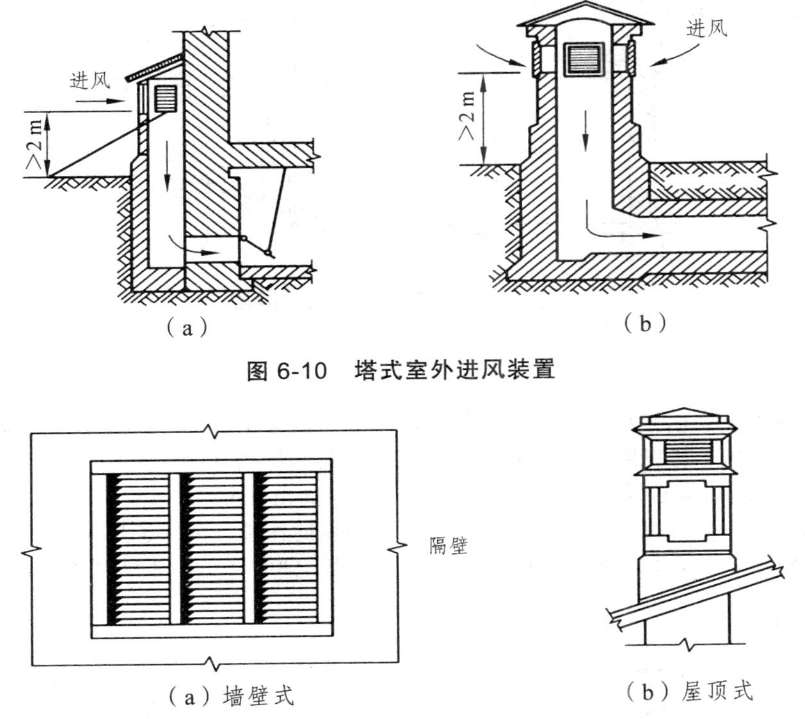


（a）　　（b）

**图 6-10　塔式室外进风装置**

（a）墙壁式　　（b）屋顶式

**图 6-11　墙壁式和屋顶式进风装置**

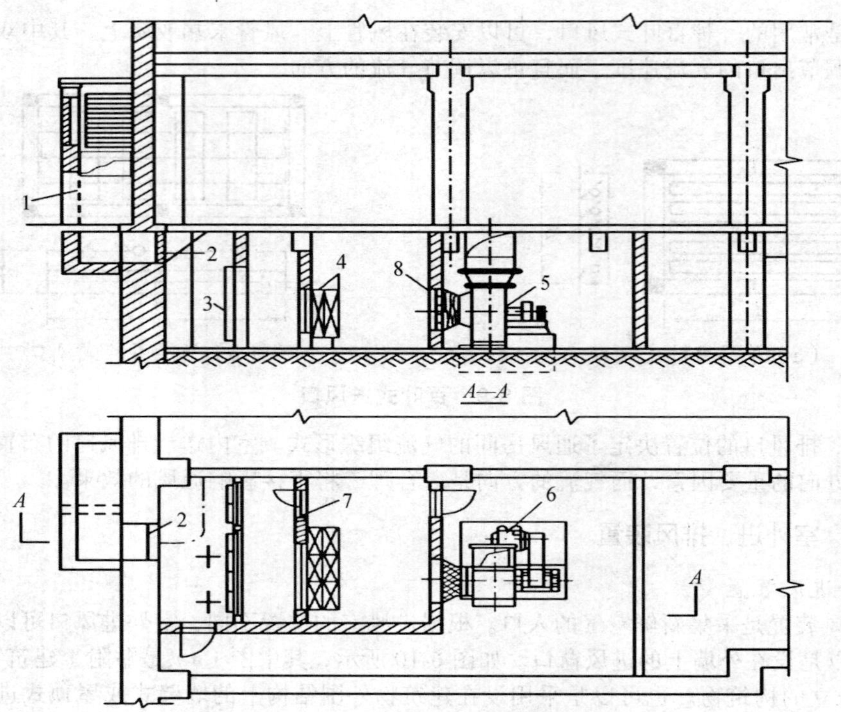


图 6-12 设在地下室的进风室

1—进风装置；2—保温阀；3—过滤器；4—空气加热器；5—风机；6—电动机；7—旁通阀；8—帆布接头

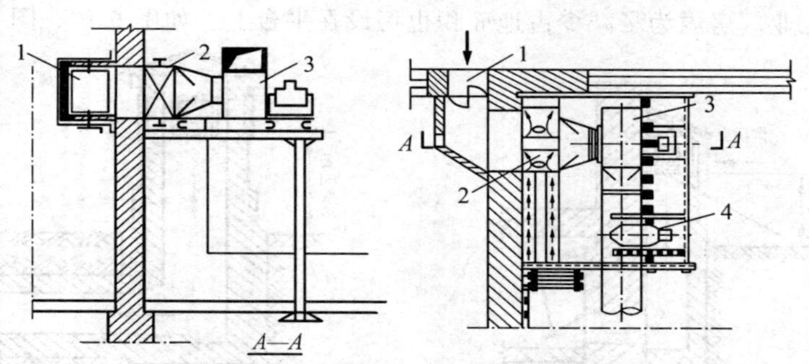


图 6-13 设在平台上的进风室

1—进风口；2—空气加热器；3—风机；4—电动机

2. 室外排风装置

室外排风装置主要用于将排风系统收集到的污浊空气排至室外。管道式自然排风系统通常是通过屋顶向室外排风，排风装置的构造与进风装置相同，如图 6-14（a）所示，排风口应高出屋面 0.5 m 以上，若附近有进风装置，则应比进风口至少高出 2 m。

机械排风系统一般从屋顶排风，以减轻对附近环境的污染。为保证排风效果，往往在排风口上加设一个风帽，如图 6-14（b）所示。当从屋顶排风不便时，也可以从墙上排出。

### 6.1.2.4 风 机

风机是通风系统中的重要设备，其作用是为通风系统提供使空气流动的动力，以克服风道和其他部件、设备对空气流动产生的阻力。在通风工程中，根据通风机的工作原理主要有离心式和轴流式两种。在特殊场合使用的还有高温通风机、防爆通风机和耐磨通风机等。

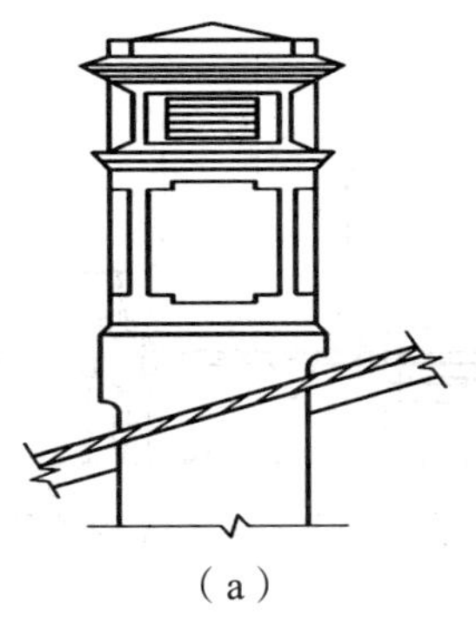

(a)

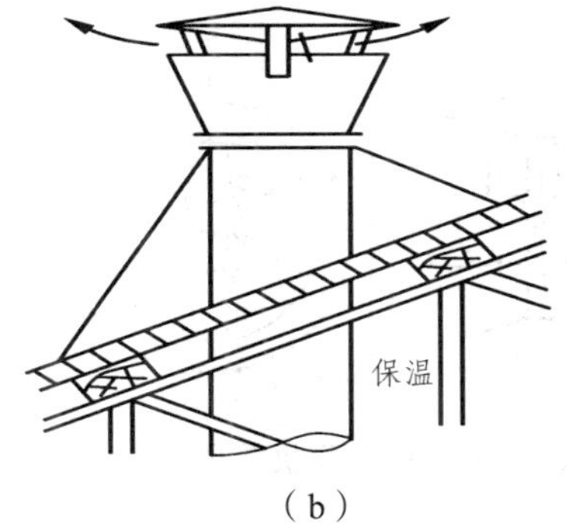


(b)

**图 6-14　室外排风装置**

1. 离心式通风机

离心式通风机简称离心风机，其构造如图 6-15 所示。离心风机由叶轮、机壳和集流器（吸气口）三个主要部分所组成。

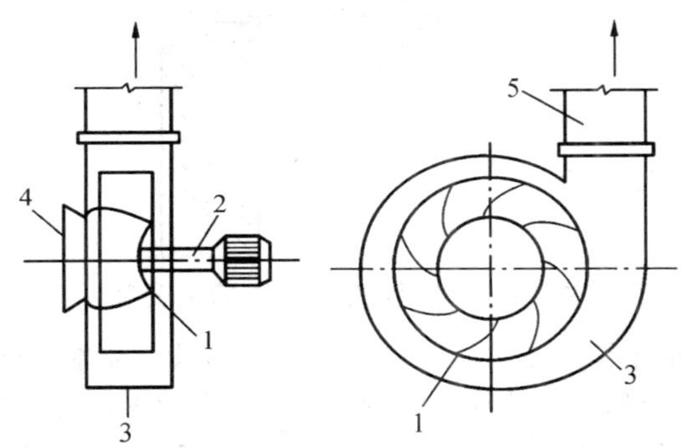


**图 6-15　离心风机构造示意图**

1—叶轮；2—风机轴；3—机壳；4—导流器；5—排风口

离心风机的工作原理与离心水泵相同，主要借助于叶轮旋转时产生的离心力而使气体获得压能和动能。

离心风机的机号，是用叶轮外径的分米数表示的，不论哪一种形式的风机，其机号均与叶轮外径的分米数相等，例如 No6 的风机，叶轮外径等于 6 dm（600 mm）。

2. 轴流式通风机

轴流式通风机简称轴流风机，它依靠叶轮推力作用促使气流流动，其气流方向与机轴相平行。

轴流风机的构造如图 6-16 所示，叶轮由轮毂和铆在其上的叶片组成，叶片与轮毂平面安装成一定的角度。叶片的构造形式很多，如机翼型扭曲或不扭曲的叶片；等厚板型扭曲或不扭曲叶片等等。大型轴流风机的叶片安装角度是可以调节的，借以改变风量和全压。有的轴流风机做成长轴形式（图 6-17），将电动机放在机壳的外面。大型的轴流风机不与电动机同轴，而用三角皮带传动。

轴流风机同样有风量、风压、功率、效率和转数等项性能参数，并且这些参数之间也有一定的内在联系，可用性能曲线来表示。此外，机号也用叶轮直径的分米数表示。

轴流风机通常安装在风管中间或墙洞内。在风管中间安装时，可将风机装在角钢制成的支架上，再将支架固定在墙上、柱上或混凝土楼板的下面。图 6-18 所示是轴流风机在墙上的安装。

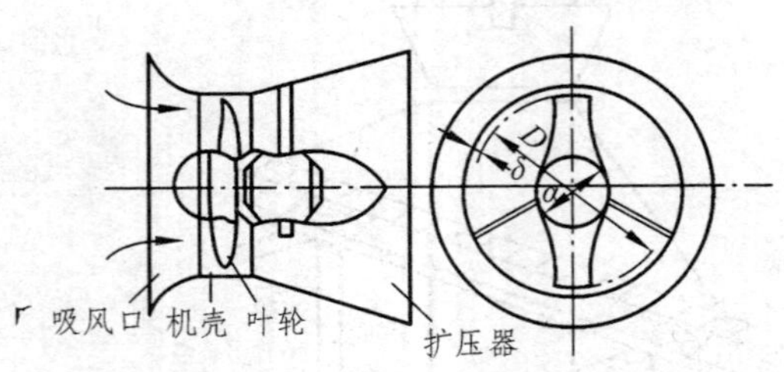

图 6-16 轴流风机简图

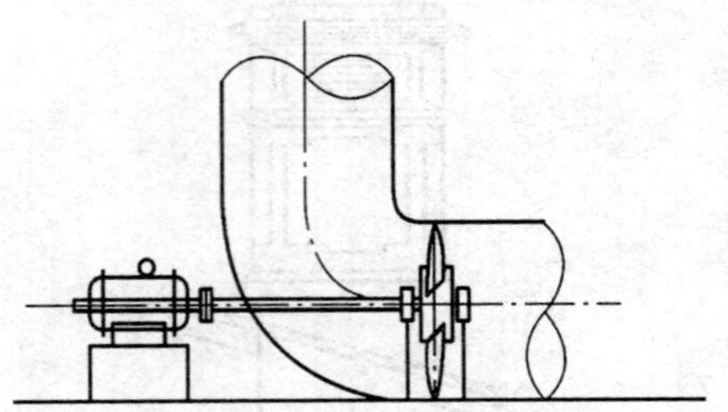
图 6-17 长轴式轴流风机

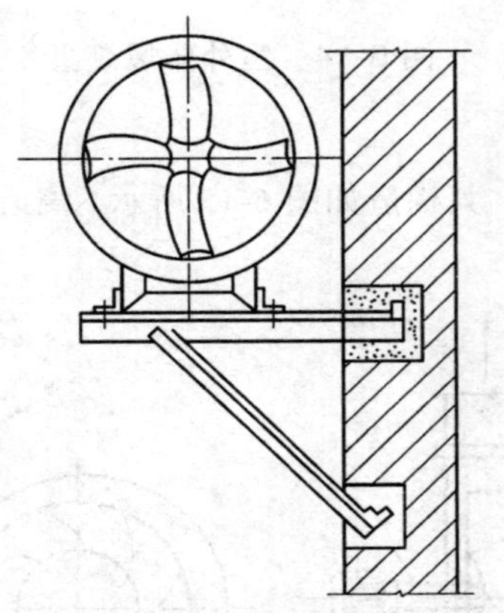
图 6-18 轴流式风机在墙上安装

轴流风机与离心风机相比较，在性能上最主要的区别是：轴流风机产生的风压较小，单级式轴流风机的风压一般低于 300 Pa；轴流风机自身体积小、占地少，可以在低压下输送大流量空气，但噪声大，允许调节范围很小等。轴流风机一般多用于无须设置管道以及风道阻力较小的通风系统。

#### 6.1.2.5 阀 门

通风系统中的阀门主要用于启动风机，关闭风道、风口，调节管道内空气量，平衡阻力等。阀门安装于风机出口的风道、主干风道、分支风道上或空气分布器之前等位置。常用的阀门有闸板阀、蝶阀和止回阀。

闸板阀的构造如图 6-19 所示，多用于通风机的出口或主干管上作为开关。它的特点是严密，但占地面积大。

蝶阀的构造如图 6-20 所示，多安装在分支管上或空气分布器前，作风量调节用。这种阀门只要改变阀板的转角就可调节风量，操作简便，但严密性较差，故不宜作关断用。

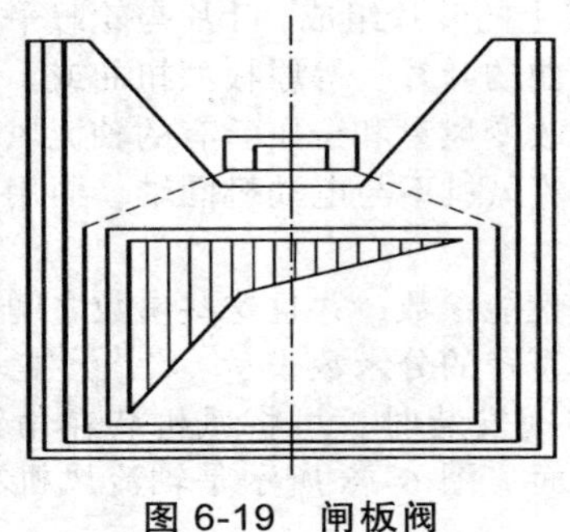
图 6-19 闸板阀

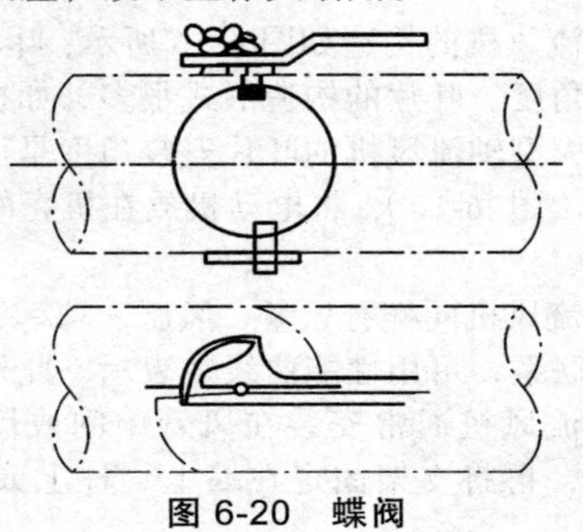
图 6-20 蝶阀

止回阀的作用是当风机停止运转时，阻止气流倒流。止回阀必须动作灵活，阀板关闭严密。为了防止房间在发生火灾时火焰串入通风系统及其他房间，在防火级别要求较高房间的系统中应装设防火阀。防火阀由阀板套、阀板和易熔片组成，如图 6-21 所示。当发生火警时，易熔片熔断，阀板靠自重下落，将管道关闭。

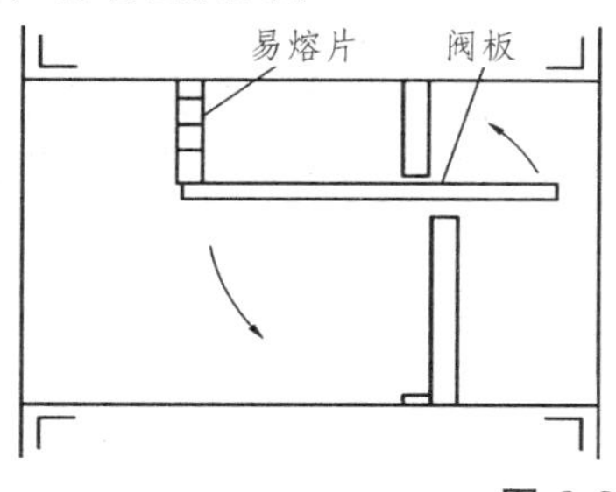

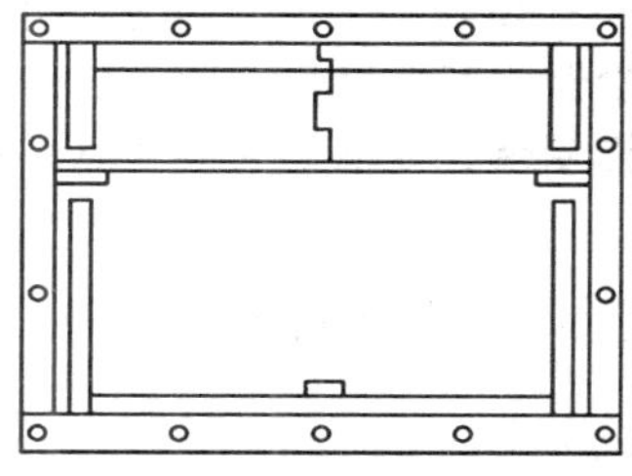

**图 6-21　防火阀**

### 6.1.2.6　空气净化设备

在许多的生产工艺中，会产生不同性质的粉尘。这些粉尘不但会降低产品质量及机器的工作精度，还会影响车间的能见度，所有含有粉尘的空气需通过除尘净化设备进行处理，才可保证其生产的安全性及产品质量。

在通风工程中常用的除尘器主要有重力沉降室、旋风除尘器、湿式除尘器、电除尘器等类型。

1. 重力沉降室

重力沉降室是利用尘粒本身重力使其从含尘气流中分离出来的设备。如图 6-22 所示，当含尘气流通过沉降室时，由于气流在管道内具有较高的流速，突然进入沉降室的大空间内，气流速度迅速降低，此时气流中尘粒在重力的作用下就会慢慢落入接灰池内。重力沉降室具有设备简单、制作容易、阻力损失小等优点，但占用体积大，除尘效率低，只能用于粗大尘粒的去除，使用范围有局限性。

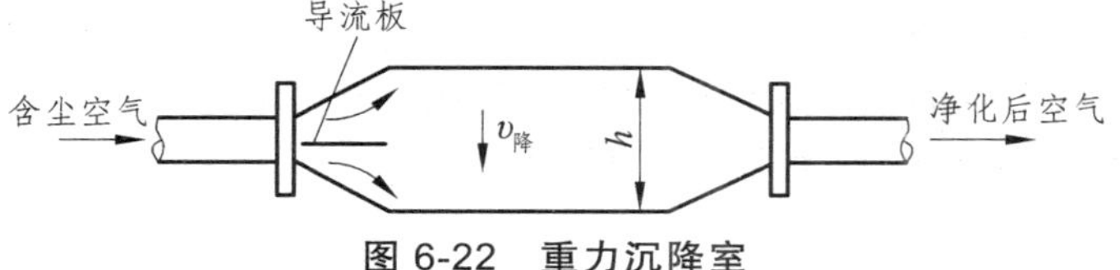


**图 6-22　重力沉降室**

2. 旋风除尘器

旋风除尘器是利用气流在旋转过程中作用在尘粒上的离心力和惯性力使尘、气分离的装置。旋风除尘器一般由五部分组成：切向入口、圆筒体、圆锥体、排出管和集灰斗，如图 6-23 所示。含尘气流从旋风除尘器的切向入口进入除尘器，作螺旋形旋转运动。在旋转过程中，尘粒在离心力的作用下，被甩向除尘器的外壁，到达外壁的尘粒在气流和重力的综合作用下沿壁面落入灰斗。

旋风除尘器的特点是结构简单、体积小、维修方便、除尘效率较高、阻力较大。它在通风工程中得到了广泛的应用，主要用于粒径在 10 μm 以上的粉尘，是中小型燃煤锅炉的烟气净化中的主要除尘设备。

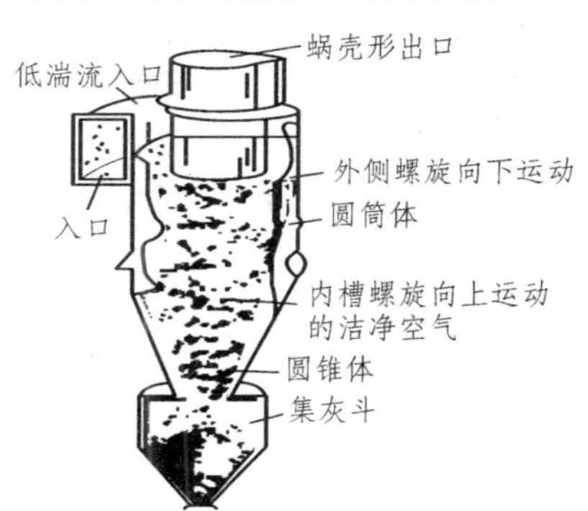


**图 6-23　旋风除尘器**

3. 湿式除尘器

湿式除尘器是利用尘粒的可湿性，使含尘气体通过与液滴、液膜或气泡相接触，将粉尘从气体中捕集下来的装置。这种除尘器主要用于亲水性粉尘，但不能用于水硬性粉尘。它的优点是结构简单、投资低、占地面积小、除尘效率高，对于粒径小于或等于 0.1μm 的粉尘的分级效率很高，同时还能进行有害气体的净化，适合处理有爆炸危险的气体和同时含有多种有害物的气体。它的缺点是有用物料不能进行干式回收。

4. 电除尘器

电除尘器是一种高效除尘设备，是利用电场产生的静电力使尘粒从气流中分离出来的除尘装置，又称静电除尘器。其特点是可用于去除微小尘粒，去除效率高，处理能力大，但由于设备庞大、投资高、结构复杂、耗电量大等缺点，目前主要用于某些大型工程或进风的除尘净化处理。

## 6.1.3 风道的布置与敷设

### 6.1.3.1 风道的布置

风道的布置应在进风口、送风口、排风口、空气处理设备、风机的位置确定之后进行。风道布置应服从整个通风系统的总体布局，并与土建、生产工艺和给排水等各专业互相协调、配合。

1. 风道布置原则

（1）风道布置应尽量缩短管线、减少分支、避免复杂的局部管件。

（2）应便于安装、调节和维修。

（3）风道之间或风道与其他设备、管件之间合理连接以减少阻力和噪声。

（4）风道布置应尽量避免穿越沉降缝、伸缩缝和防火墙等。

（5）应使风道少占建筑空间并不得妨碍生产操作。

（6）对于埋地风道应避免与建筑物基础或生产设备底座交叉，并应与其他管线综合考虑，此外，尚需设置必要的检查口。

（7）风道在穿越火灾危险性较大房间的隔墙、楼板处以及垂直和水平风道的交接处时，均应符合防火设计规范的规定。

在某些情况下可以把风道和建筑物本身构造密切结合在一起。在居住和公用建筑中竖直的砖风道通常砌筑在建筑物的内墙里，为了防止结露和影响自然通风的作用压力，竖直风道一般不允许设在外墙中而设在间隔墙中，否则应设空气隔离层。

2. 送、回风口布置

送、回风口布置取决于通风房间的气流组织方式，常见的气流组织方式有侧送风、孔板送风、散流器送风、条缝送风、喷口送风等。

（1）侧送风。

侧送风送风口一般布置在房间较窄的一边，若房间很长，则宜双侧布置，如图 6-24。布置时应考虑工艺设备布置、局部热源和工艺要求等因素，且在送风前方应无阻碍物，如顶棚有梁，可使风口与梁平行布置。

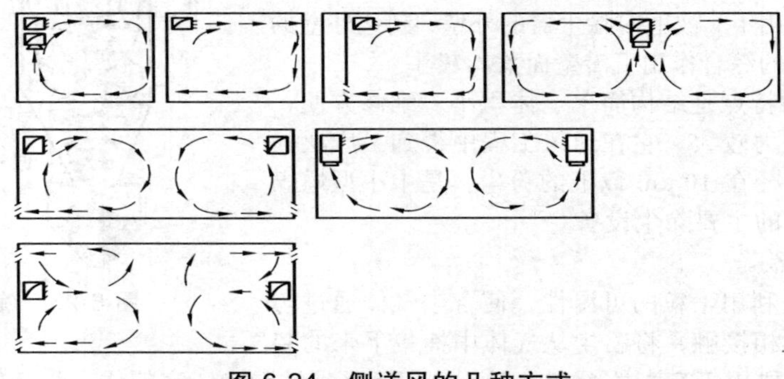

图 6-24 侧送风的几种方式

（2）散流器送风。

散流器是由上向下送风的送风口，一般比明装在送风管道端部或暗装在顶棚上。圆形或方形散流器相应送风面积的长宽比宜小于 1∶1.5，散流器之间的距离及与墙之间的距离应保证有足够的射程和良好的射流扩散，如图 6-25 所示。

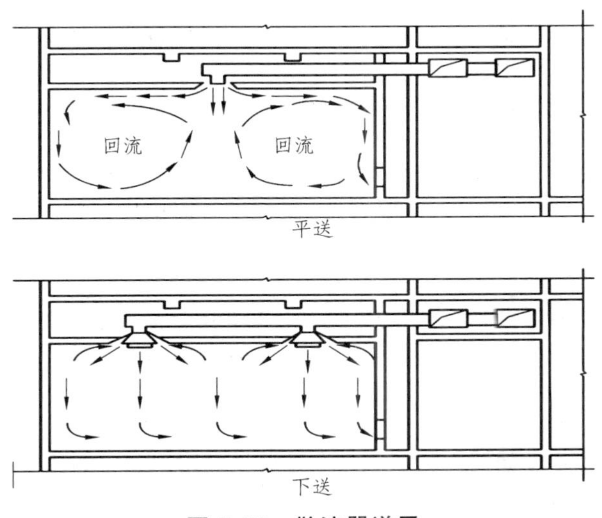


图 6-25　散流器送风

（3）喷口送风。

如图 6-26 所示，喷口的位置应按具体工程要求而定，在一般高大公共建筑中，宜距地面 6～10 m，喷口直径为 200～800 mm，喷口风量、喷口角度能调节。

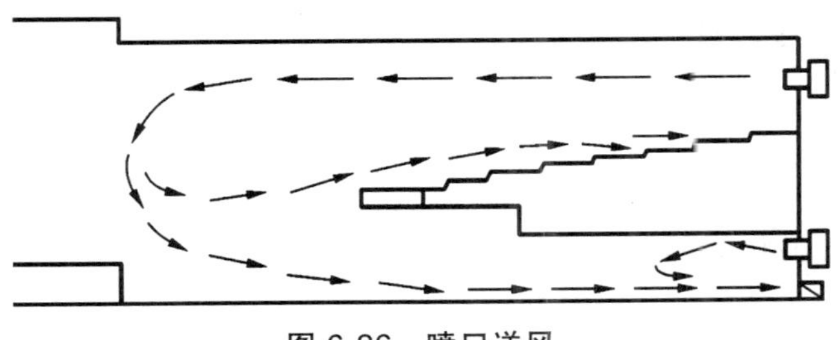

图 6-26　喷口送风

（4）条缝送风。

如图 6-27 所示，风口宽长比大于 1∶20，可由单条缝、双条缝和多条缝组成，且风口与采光带相互配合布置，使室内更显整洁美观。

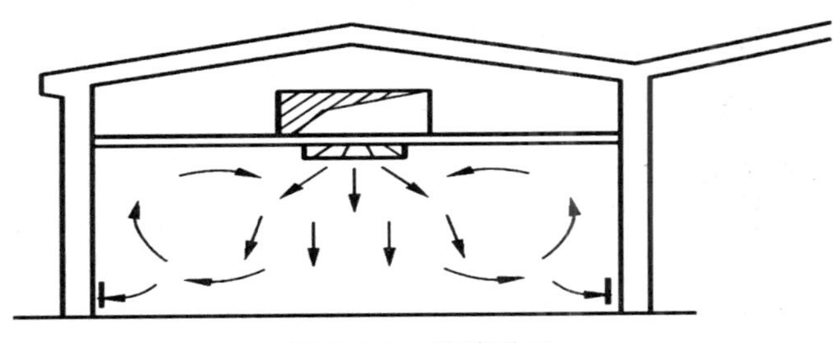

图 6-27　条缝送风

3. 进、排风口布置

进、排风口的布置应满足以下要求：

（1）室外进风口应设置在空气较为洁净的地点，应远离污染源。

（2）室外进风口的底部距室外地坪不宜小于 2 m，进口处应设置用木板或薄钢板制作的百叶窗，防止雨、雪、树叶、纸片和沙土等杂质被吸入。

（3）室外进风口的标高应低于周围的排风口，且宜设在排风口的上风侧，以防止吸入排风口排出的污浊空气。

（4）屋顶式进风口应高出屋面 0.5 ~ 1.0 m，以免吸进屋面上的积灰和被积雪埋没。

（5）一般排气主管至少应高出屋面 0.5 m。

（6）当排气管中的有害物需要经大气扩散稀释时，排风口应位于建筑物空气动力阴影和正压区以上，且排风口上不应安装风帽，并应有防止雨水进入风机的措施。

#### 6.1.3.2 风管的敷设

风管有圆形和矩形两种。圆形风管适用于工业通风和防排烟系统中，宜明装；矩形风管利于与建筑协调，可明装也可暗装于吊顶内，空调系统中多采用矩形风管。风管多采用钢板制作，其尺寸应尽量符合国家现行《通风空调工程施工质量验收规范》的规定，以利机械加工风管和法兰，也便于配置标准阀门和配件。

风管一般应设在隔墙内，如墙体较薄，可在外墙设贴附风道，如图 6-28 所示。各层楼内性质相同的一些房间的竖井风道可在顶部汇合在一起，并应符合防火规范的要求。

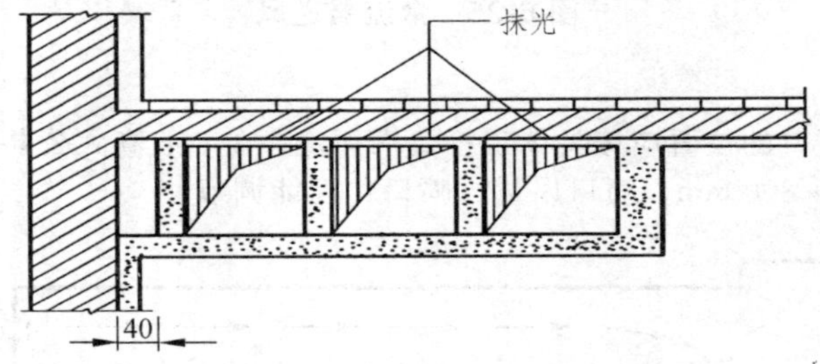


**图 6-28 贴附风道**

### 6.1.4 建筑防火与排烟

由于在工艺过程中有各种可燃物和火源，因此在一些工艺性空调中对防火排烟有严格的要求。对于建筑工程，高层建筑防火排烟比低层建筑要求高一些。防火排烟的原则是以防为主，以消为辅。在进行高层建筑的防火设计时，应合理地进行防火分区，每层作水平分区，垂直方向也要作分区，力争将火势控制在起火的单元内，并及时加以扑灭，防止向其他区域扩散。每层设防烟分区并采取相应的防烟排烟措施。合理地安排自然排风和机械排风的位置，使安全疏散和排烟能顺利进行。采用可靠的报警措施，并且使报警和排烟联锁。

#### 6.1.4.1 防火分区与防烟分区

防火分区是指采用防火墙、楼板、防火门或防火卷帘等分隔的区域，可以将火灾限制在一定局部区域内，不使火势蔓延。它能有效地控制和防止火灾沿垂直或水平方向向同一建筑物的其他空间蔓延，减少火灾损失，并为人员安全撤离与疏散、灭火扑救等提供有利条件。

防烟分区是指在设置排烟措施的过道、房间中用隔墙或其他措施（可以阻挡和限制烟气的流动）分隔的区域。它是为有利于建筑物内人员疏散和有组织排烟采取的有效措施。防烟分区在防火分区中分隔。防火分区、防烟分区的大小及划分原则参见《高层民用建筑防火规范》。防烟分区分隔的方法除隔墙外，还有顶棚下凸不小于 500 mm 的梁、挡烟垂壁和吹吸式空气幕。图 6-29 为用梁或挡烟垂壁阻挡烟气流动。

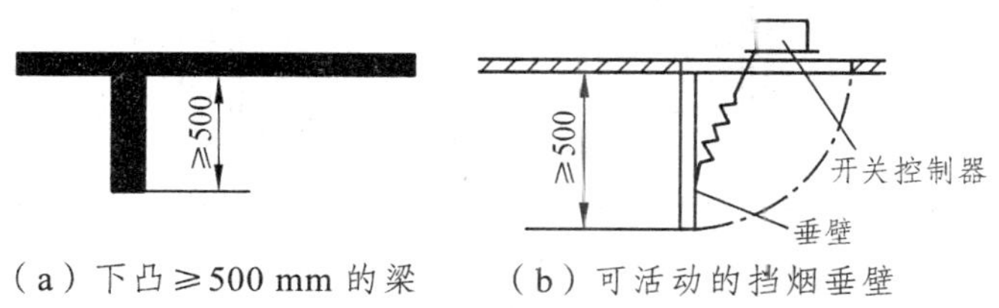


（a）下凸≥500 mm 的梁　（b）可活动的挡烟垂壁

**图 6-29　用梁和挡烟垂壁阻挡烟气流动**

### 6.1.4.2　建筑防排烟方式

防排烟方式有强力加压方式、强制减压方式、自然排烟方式等。强力加压方式是用机械通风向需保护的部位，如疏散楼梯及封闭前室、消防电梯前室、走道或非火灾层等输送大量新鲜空气，如有排气和回风时相应关掉，从而造成正压区域，使烟气不能进入，并在非正压区内把烟气排走。强制减压方式是把机械排风设在各排烟区内，当火灾发生时开动排烟系统，关闭各自的开口部分，造成负压，把四处蔓延的烟气收集起来排掉。但对于消防前室、封闭电梯井、疏散楼梯间及前室等，采用强制负压排烟时应注意封闭，以免烟气继续引入，影响人员的安全撤离。自然排风方式是靠自然排烟竖井，向上或向外排烟。

1. 自然排烟

自然排烟是利用室内外空气的对流作用进行排烟。对于防烟楼梯间及其前室、消防电梯前室及合用前室可利用直接对外开启的窗进行自然排风；当防烟楼梯间前室、消防电梯前室和合用前室靠外墙但不能开窗时，可采用设进风竖井和排烟竖井的方法进行自然排烟。排烟口或外窗宜布置在下风向，以免室外气温、风向、风力影响排烟效果。这种排烟方式设施简单、投资少、日常维护工作少、操作容易，但排烟效果不稳定。

图 6-30 所示是在阳台、凹廊和室外楼梯进行自然排烟的方式；图 6-31 所示是在楼梯间及其前室的外墙上直接开窗进行自然排烟。

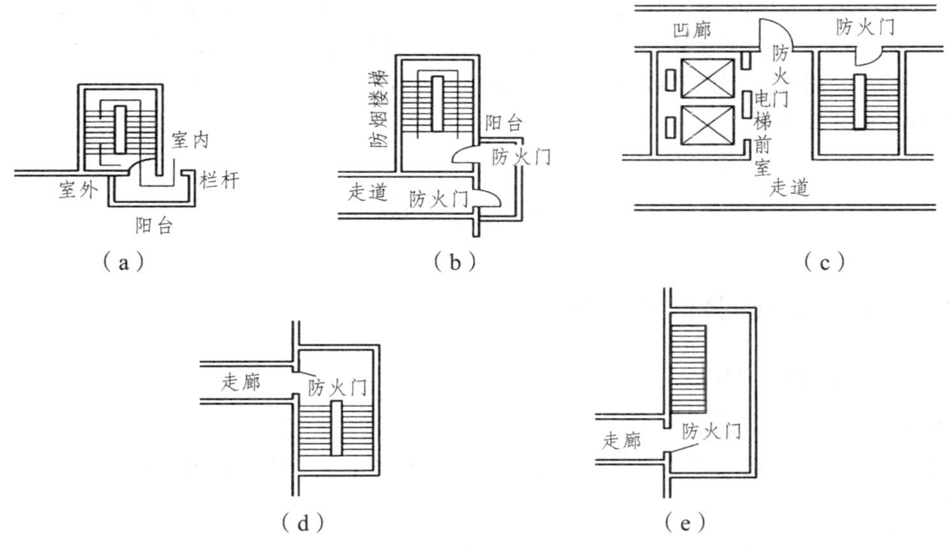


**图 6-30　阳台、凹廊和室外楼梯自然排烟**

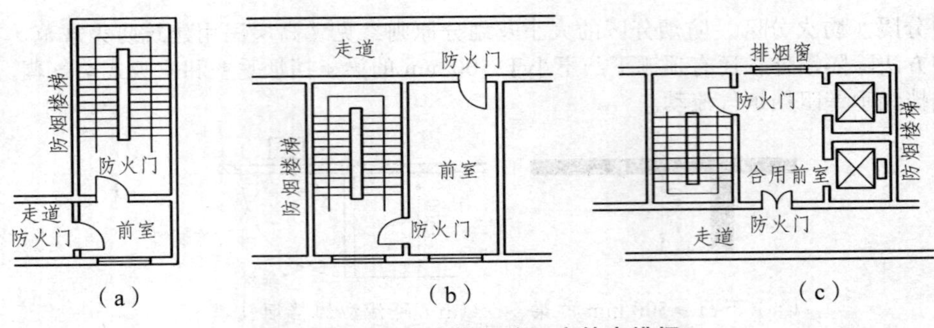


**图 6-31　利用直接向外开启的窗排烟**

2. 机械排烟

机械排烟是利用风机的负压排出烟气，它可分为局部排烟和集中排烟两种方式。局部排烟是指在每个房间内设排烟风机进行排烟；集中排烟是将建筑物划分成几个防烟分区，并在每个防烟分区内设置排烟风机进行排烟。机械排烟由挡烟垂壁、排烟口、防火排烟阀、排烟机、控制设备等组成。

3. 机械防烟

采用机械加压送风防烟的目的是在建筑物发生火灾时提供不受烟气干扰的疏散路线和避难场所。因此，疏散路线和避难场所关闭的门应与着火楼层之间保持一定的气压差，并保证在打开加压部位的门时，门洞口有足够大的气流速度，能有效地组织烟气的入侵，保证人员的安全疏散与避难。在下列部位应独立设置机械加压送风系统：

（1）不具备自然排烟条件的防烟楼梯间、消防电梯前室或合用前室。

（2）采用自然排烟的防烟楼梯间，其不具备自然排烟条件的前室。

（3）高层建筑的封闭避难层。

（4）带裙房的高层建筑防烟楼梯间及其前室、消防电梯前室和合用前室。当裙房以上部分能采用可开启外窗自然排烟措施时，其裙房以内部分如不具备自然排烟条件的前室或合用前室，应设置局部正压送风系统。

4. 机械加压送风

机械加压送风主要由加压送风口、风道、加压送风机、吸风口，以及必要的电器控制设备等组成。当火灾发生时，为保证人员由安全通道进行疏散，常设置楼梯间加压送风系统，即在楼梯间及其前室加压送风，使得楼梯间压力大于或等于前室的压力，而前室的压力又大于走道的压力，当着火层人员打开通往前室及楼梯间的防火门时，在门洞断面上保持足够大气流速度，以便能阻止烟气进入前室和楼梯间。

# 6.2　空　调

## 6.2.1　空调系统的分类与组成

### 6.2.1.1　空调系统的分类

1. 按照空气处理设备设置的情况分类

根据空调系统空气处理设备的设置情况不同，空调系统可分为集中式空调系统、半集中式空调系统和分散式空调系统。

（1）集中式空调系统。

集中式空调系统是将各种空气处理设备以及风机都集中设在一个专用的空调机房里，以便于集中管理。空气经过集中处理后，再用风管分送给各个空调房间，如图 6-32。这种系统的服务面积大，处理的空气量大，设备集中布置、集中调节和控制，水系统简单，使用寿命长，但空调机房和风管占地面积大。

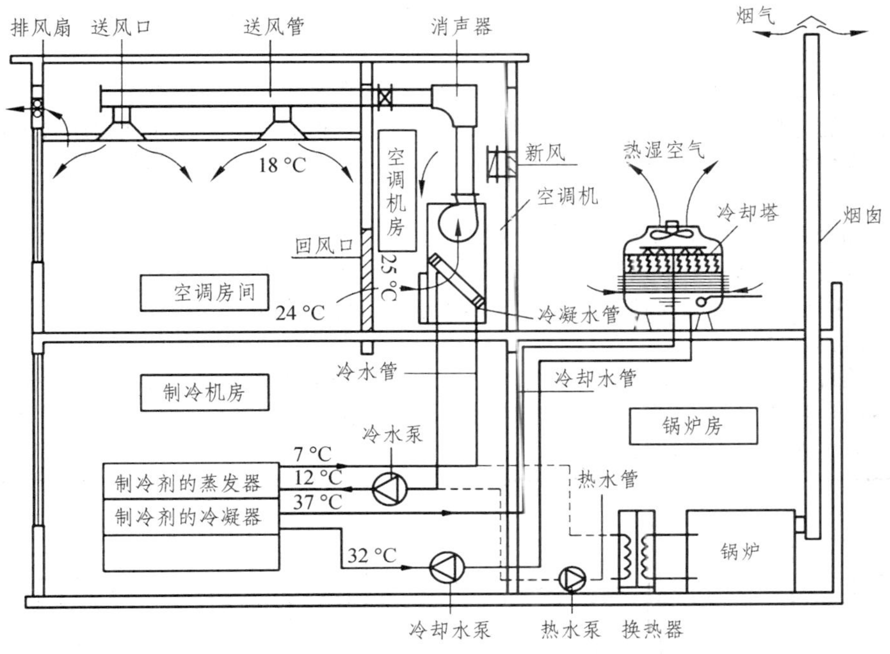


图 6-32 集中式空调系统示意图

（2）半集中式空调系统。

半集中式空调系统，除有集中的空调机房外，尚有分散在各空调房间内的二次处理设备（或称末端装置）来承担一部分冷热负荷，其中多半设有冷、热交换器（亦称二次盘管）。空调机房经过集中处理的部分或全部风量，送到各个空调房间后再由末端装置进行补充处理。半集中式空调系统在建筑中占用的机房少，可以满足各个房间的温湿度要求，但房间内设置空气处理设备后，管理维修不方便，如设备中有风机还会给室内带来噪声。如图 6-33 所示为风机盘管空调系统。

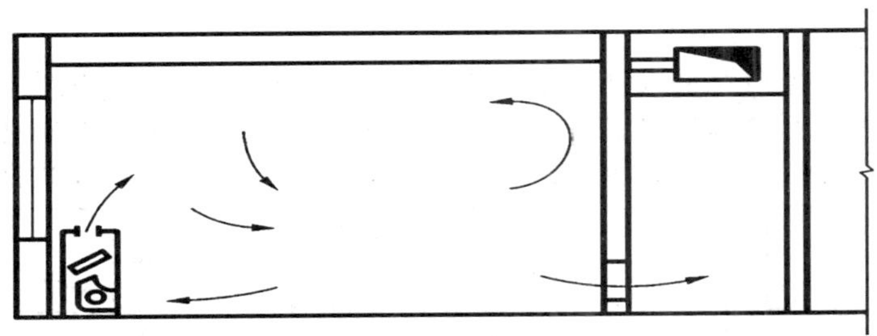

图 6-33 风机盘管空调系统

（3）分散式空调系统。

分散式空调系统又称为局部空调系统，它是把处理空气所需的冷热源、空气处理和输送设备、控制设备等集中设置在一个箱体内，组成一个紧凑的空调机组，然后将其放置在空调房间内。分散式空调系统体积小，结构紧凑，需要的机房面积小。在许多需要空调的场所，特别是舒适性空调，得到了广泛的应用。

2. 按照负担室内热（冷）负荷、湿负荷所用介质分类

（1）全空气系统。

全空气系统是指空调房间的负荷全部由来自集中空气处理设备处理过的空气来负担的空气调节系统，如图 6-34（a）所示。由于作为冷热介质的空气的比热较小，所以要求风道断面较大。

（2）全水系统。

全水系统指空调房间的热湿负荷全由水作为冷热介质来负担的空气调节系统，如图 6-34（b）所示。由于水的比热比空气大得多，在相同条件下只需较小的水量，从而使输送管道占用的建筑空间较小。这种系统不能解决空调房间的通风换气问题，通常情况下不单独使用。

（3）空气-水系统。

由空气和水共同负担空调房间的热湿负荷的空调系统称为空气-水系统，如图 6-34（c）所示，这种系统是全空气系统和全水系统的综合应用，它有效地解决了全空气系统占用建筑空间大和全水系统空调房间通风换气的问题，特别适合大型建筑和高层建筑。

（4）制冷剂系统。

将制冷系统的蒸发器直接置于空调房间以吸收余热和余湿的空调系统称为制冷剂系统，又称为机组式系统，如图 6-34（d）所示。这种系统的优点在于冷热源利用率高，占用建筑空间少，布置灵活。如现在的家用分体式空调器。

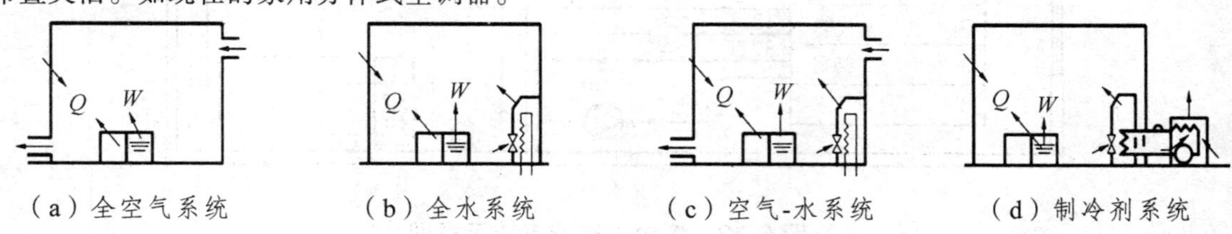


**图 6-34　以承担空调负荷的介质分类示意图**

3. 按照集中式系统处理空气来源分类

（1）封闭式系统。

封闭式空调系统处理的空气全部来自空调房间，没有室外新鲜空气补充进来，全部是室内的空气在系统中循环。因此，空调房间和空气处理设备之间形成了一个封闭的循环环路，如图 6-35（a）所示。这种系统冷、热量消耗最少，但卫生条件差，多用于战争时期的地下庇护所或很少有人进出的仓库。

（2）直流式系统。

直流式系统处理的空气全部来自室外，室外的空气经过处理达到送风状态后送入空调房间，在空调房间内吸热吸湿后全部排出室外，如图 6-35（b）所示。这种系统消耗的冷、热量最大，但空调房间内的卫生条件完全能够满足要求，这种系统用于不允许采用室内回风的场合。

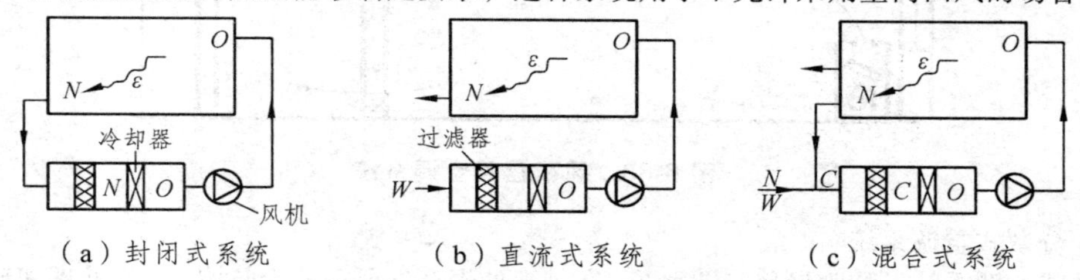


**图 6-35　按处理空气的来源不同分类示意图**

（3）混合式系统。

封闭式系统没有新风，不能满足空调房间的卫生要求，而直流式系统消耗的能量又大，不经

济，因此封闭式系统和直流式系统只能在特定情况下使用。对于大多数场合，往往采用混合式系统，即采用混合一部分回风的系统，如图 6-35（c）所示。混合式系统综合了封闭式系统和直流式系统的优点，既能满足卫生要求，又比较经济合理，在实际工程中被广泛应用。

4. 按风道中空气流速分类

（1）高速空调系统。

高速空调系统主风道中的流速可为 20 ~ 30 m/s，由于风速大，风道断面可以减少许多，故可用于层高受限、布置风道困难的建筑物中。

（2）低速空调系统。

低速空调系统风道中的流速一般不超过 12 m/s，风道断面较大，需要占用较大的建筑空间。

#### 6.2.1.2 空调系统的组成

空调系统是指需要采用空调技术来实现的具有一定温度和湿度等参数要求的室内空间及所使用的各种设备、装置的总称。若对建筑物进行空气调节，必须由空气处理设备、空气输送管道、空气分配装置、冷热源等部分来共同实现。如图 6-36 所示，室外新鲜空气（新风）和来自空调房间的部分循环空气（回风）一并进入空气处理室，依次经过过滤除尘、冷却和减湿（夏季）或加热和加湿（冬季）等各种处理，待达到空调房间所要求的送风状态时，由风机、风道、空气分配装置送入空调房间。送入室内的空气经过吸热、吸湿或散热、散湿后再经风机、风道排至室外，或由回风道和风机吸收一部分回风循环使用，以节约能量。

空调系统通常由以下几部分组成：

（1）工作区（也称空调区）。

工作区通常指距地面 2 m 以内，离外墙 0.5 m，离地面 0.3 m，且高于精密设备 0.3 ~ 0.5 m 范围内的工作区空间。在此空间内，应保持所要求的室内空气参数。

（2）空气的输送和分配装置。

空气的输送和分配装置主要由输送和分配空气的送、回风机，送、回风管，送、回风口等设备组成。

（3）空气处理设备。

空气处理设备由各种对空气进行加热、冷却、加湿、减湿、过滤、消声等处理的设备组成。

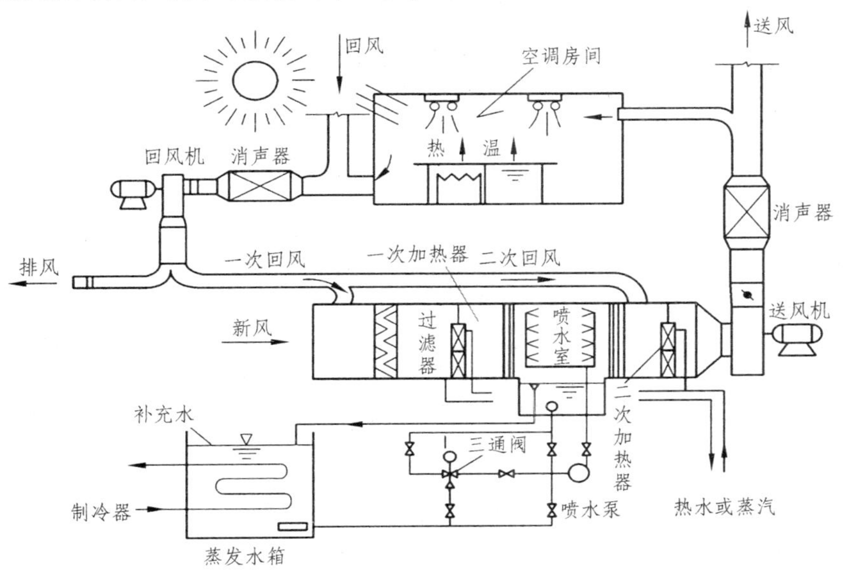


图 6-36 空调系统简图

（4）处理空气所需要的冷热源。

处理空气所需要的冷热源指为空气处理提供冷量和热量的设备，如锅炉房、冷冻站、冷水机组等。

### 6.2.2 常用空气处理设备

在空调工程中，为了满足房间的送风要求，需要使用不同的热、湿处理设备和净化处理设备将空气处理到某送风状态点，然后向室内送风。为了得到同一个送风状态点，可能会有不同的空气热、湿处理途径。

#### 6.2.2.1 净化处理设备

净化处理主要是指以过滤器为主要处理设备除去空气中的尘埃、细菌、有毒有害气体等等。最常用的净化处理设备是空气过滤器。根据过滤效率的高低，通常将空气过滤器分为初效、中效和高效过滤器三种类型。

空气过滤器的效率是指在额定风量下，过滤器捕获的灰尘量与进入过滤器的灰尘量之比的百分数，即过滤器前后空气含尘浓度之差与过滤器前空气含尘浓度之比的百分数，用$\eta\%$表示。

初效过滤器又叫粗过滤器，主要用于空气的初级过滤，过滤粒径在 10 ~ 100 μm 范围的大颗粒灰尘。滤料大多采用金属丝网、铁屑、瓷环、玻璃丝、粗孔聚氨酯泡沫塑料和各种人造纤维。初效过滤器过滤尘粒主要是利用惯性碰撞效应，为便于更换，通常做成块状，如图 6-37 所示。

中效过滤器用于过滤粒径大约 10 μm 的灰尘，主要滤料是玻璃纤维、中细孔聚乙烯泡沫塑料、合成纤维等。为了提高过滤效率和处理较大的风量，常做成抽屉式或袋式等形式。中效过滤器滤速不宜过大，一般为 0.25 m/s 左右，否则会增大阻力，产生噪声。

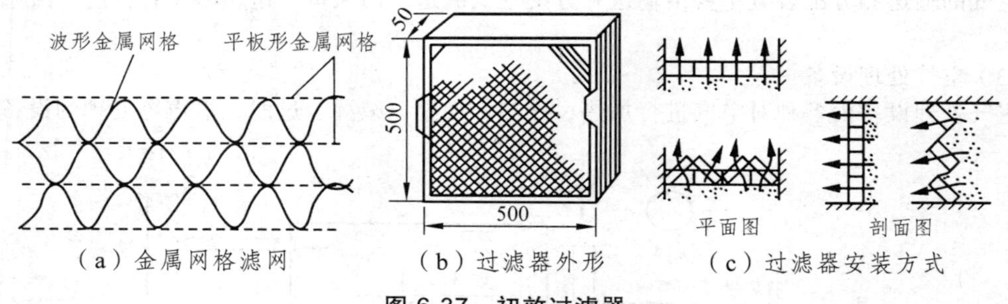


（a）金属网格滤网　（b）过滤器外形　（c）过滤器安装方式

**图 6-37　初效过滤器**

高效过滤器用于对空气洁净度要求较高的净化空调，必须在粗、中效过滤器的保护下使用。滤料通常采用超细玻璃纤维、超细石棉纤维和微孔薄膜复合滤料等。滤料多做成薄膜状，为减少阻力，必须采用低滤速。高效过滤器效率为 99.91%。

一般粗效过滤器是放在空气处理室的新风口之后、预热器之前，以防止预热器上堆积灰尘而降低热效率。中效过滤器应放在送风机之后系统的正压段，使经过中效过滤器后的洁净空气不致再被污染。高效过滤器的安装位置应尽量靠近洁净室的送风口，这样才能保证过滤后的空气不再被灰尘污染。

#### 6.2.2.2 空气加热设备

在空调工程中经常需要对送风进行加热处理。空气的加热是将被处理的空气加热到需要的温度，它是由空气加热器来完成的。常用的空气加热器有表面式空气加热器和电加热器两种。表面式空气加热器用于集中式空调系统的处理室和半集中式系统的末端装置中；电加热器主要用在各空调房间的送风支管上作为精调设备，以及用于空调机组中。

1. 表面式空气加热器

表面式空气加热器又称表面式换热器，是以热水或蒸汽作为热媒通过金属表面传热的一种换热设备，可以分为光管式和肋片式两类。光管式加热器由几排管子和联箱组成。为了增加换热面积，在光管上加些肋片即为肋片式加热器。热媒经管道进入联箱，再由联箱进入光管或肋片管，空气流经管与管之间的间隙时被加热，如图 6-38 所示。

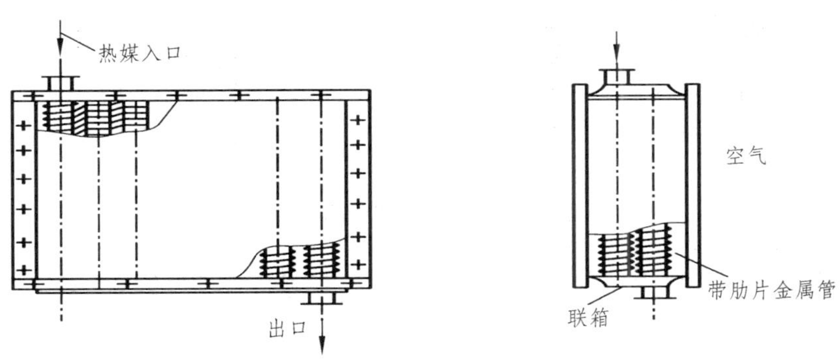


**图 6-38　表面式空气加热器**

表面式换热器具有结构简单、占地面积少、水质要求不高、水系统阻力小等优点，在机房面积较小的场合，特别是高层建筑的舒适性空调中得到了广泛的应用。

表面式换热器通常垂直安装，也可以水平或倾斜安装。但以蒸汽为热媒的空气加热器不宜水平安装，以免积聚凝结水而影响传热效果。

2. 电加热器

电加热器是让电流通过电阻丝发热来加热空气的设备。它具有结构紧凑、加热均匀、热量稳定、控制方便等优点，但由于电费较高，通常只在加热量较小的空调机组场合使用。在恒温精度较高的空调系统里，常安装在空调房间的送风支管上，对送风进行“精加热”，以保证空调房间的室温相对恒定。

电加热器在空调工程中常用的有裸线式和管式两种结构。裸线式电加热器的电阻丝暴露在空气中，空气流过灼热的电阻丝被加热。它具有结构简单、热惰性小、加热迅速等优点。管式电加热器是由若干根管状电热元件组成的，电热元件将电阻丝绕成螺旋形，装在特制的金属套管中，套管与电阻丝之间的空隙部分用导热不导电的材料填满。这种电加热器的优点是加热均匀、热量稳定、经久耐用、使用安全性好，但它的热惰性大，构造也比较复杂。

#### 6.2.2.3　空气冷却设备

空气的冷却是将被处理的空气冷却到所需要的温度，是对夏季空调送风的基本处理过程。其常用的方法如下：

1. 用喷水室处理空气

喷水室处理空气，是用喷嘴将不同温度的水喷成雾滴，使空气与水进行热湿交换而使空气冷却或者减湿冷却。喷水室的主要优点是能够实现多种空气处理过程，具有一定的净化空气的能力。图 6-39 为喷水室构造示意图。

由图可见，喷水室由挡水板、喷嘴、喷嘴排管、补水装置、回水过滤器、溢水器、喷水室外壳等组成。被处理的空气以一定的速度经过前挡水板进入喷水空间，在此空气与喷嘴喷出的雾状水滴直接接触，由于水和空气的温度不同，它们之间进行着复杂的热湿交换。由喷水室出来的空气经后挡水板分离出所携带的水滴，再经其他处理后由风机送入空调房间。

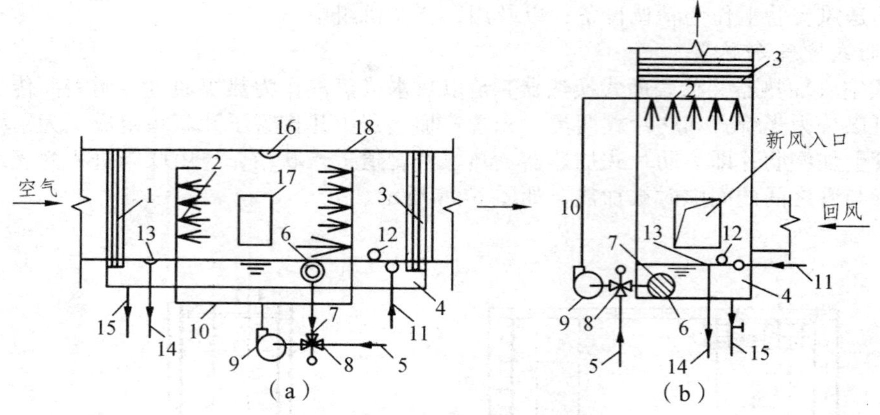


**图 6-39　喷水室构造示意图**

1—前挡水板；2—喷嘴与排管；3—后挡水板；4—底池；5—冷水管；6—滤水器；7—循环水管；8—三通混合阀；9—水泵；10—供水管；11—补水管；12—浮球阀；13—溢流器；14—溢流管；15—泄水管；16—防水灯；17—检查门；18—外壳

喷水室处理空气可用于任何空调系统，特别是在有条件利用地下水或山涧水等天然冷源的场合，宜采用这种方法。当空调房间的生产工艺要求严格控制空气的相对湿度或要求空气具有较高的相对湿度时，用喷水室处理空气的优点更为突出。但这种方法也有缺点，主要是耗水量大，机房占地面积较大以及水系统比较复杂。

2. 用表面式冷却器处理空气

表面式冷却器简称表冷器，它是由铜管上缠绕的金属翼片所组成排管状或盘管状的冷却设备。表冷器按采用的冷媒不同可分为水冷式和直接蒸发式两种类型。水冷式表面冷却器与空气加热器的原理相同，只是将热媒换成由制冷机产生的冷冻水作为冷媒。直接蒸发式表面冷却器是以制冷剂作冷媒，靠制冷剂的蒸发吸收外部空气的热量，从而冷却空气。

表冷器的管内通入冷冻水，空气从管表面通过进行热交换冷却空气，冷冻水的温度一般为 7 ~ 9 °C，有时夏季管表面温度低于被处理空气的露点温度，这样就会在管子表面产生水滴，从而达到降温去湿的目的。

与喷水室相比较，用表面式冷却器处理空气具有设备结构紧凑、机房占地面积少、水系统简单以及操作管理方便等优点，因此被广泛应用。但它只能对空气实现上述两种处理过程，而不像喷水室那样还能对空气进行加湿处理，此外也不便于严格控制调节空气的相对湿度。

### 6.2.2.4　空气加湿、减湿设备

1. 空气加湿

在冬季和过渡季节，室外空气含湿量一般比室内空气含湿量低，为了保证相对湿度的要求，有时需要向空气中加湿。在空调系统中，空气的加湿可以在两个地方进行：在空气处理室或送风管道内对空气集中加湿，或在空调房间内部对空气进行局部补充加湿。常用的空气加湿方法有喷蒸汽加湿、喷雾加湿、电加湿和喷水室喷水加湿等。

（1）喷蒸汽加湿。

把水蒸气喷入空气中直接进行加湿的方法称为喷蒸汽加湿。蒸汽可以喷入空气处理室内，也可设置在风道内。这种加湿方法的特点是节省电能，加湿快、均匀、稳定，设备简单，运行费用低，是常用的集中加湿法。

（2）喷雾加湿。

将常温水喷成水雾直接混入空气中，水雾吸收空气中的热量蒸发成水汽来加湿空气的方法叫

喷雾加湿。喷雾加湿常用于空调房间余热量较大而余湿量较小，房间相对湿度又要求较高的场合。喷雾加湿的特点是对水温无特殊要求，水雾蒸发吸收汽化潜热，可节省为排除余热所需要的风量；缺点是室内空气状态不均匀，不能适用于相对湿度要求较小的场合。

（3）电加湿。

为了对空气加湿进行较好的控制，目前在空调机组中，广泛应用电加湿器对空气加湿。电加湿器是使用电能生产蒸汽来加湿空气的，根据工作原理不同，有电热式和电极式两种，如图 6-40 所示。

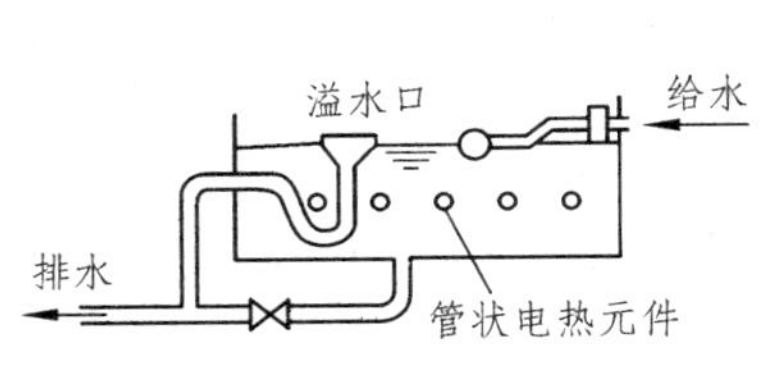


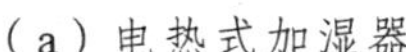
（a）电热式加湿器

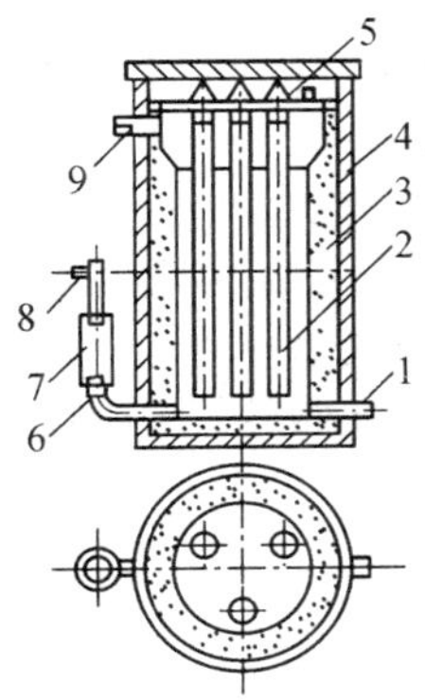


（b）电极式加湿器

**图 6-40 电加湿器**

1—进水管；2—电极；3—保温层；4—外壳；5—接线柱；6—溢水管；7—橡皮短管；8—溢水嘴；9—蒸汽出口

（4）喷水室喷水加湿。

用喷水室加湿空气是一种常用的集中加湿法。当水通过喷头喷出细水滴或水雾时，空气与水雾进行热湿交换，这种交换取决于喷水的温度。当喷水的平均水温高于被处理的空气露点温度时，喷嘴喷出的水会迅速蒸发，使空气达到水温下的饱和状态，从而达到加湿的目的。

2. 空气减湿

空调的湿负荷主要来自室内人员的产湿以及新风含湿量，这部分湿负荷在总的空调负荷中占 20%～40%，是整个空调负荷的重要组成部分。空气的减湿处理对于某些相对湿度要求低的生产工艺和产品储存有非常重要的意义。

目前，空调系统中常用的减湿方式除前面所说的利用表面式冷却器减湿外，还有加热通风法减湿、冷冻减湿、液体吸湿剂减湿和固体吸湿剂减湿。如图 6-41 所示为冷冻减湿的工作原理图。

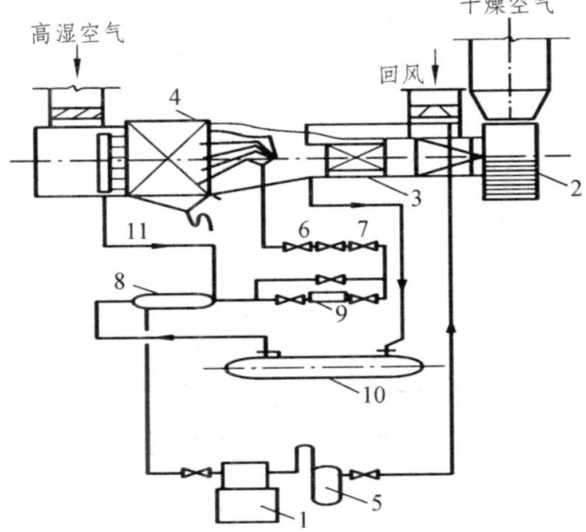


**图 6-41 冷冻除湿机工作原理图**

1—压缩机；2—送风机；3—冷凝器；4—蒸发器；5—油分离器；6，7—节流阀；8—热交换器；9—工质过滤器；10—储液器；11—集水器

### 6.2.2.5 消声与减振设备

空调工程中主要的噪声和振动源是通风机、制冷机、机械通风冷却塔等。噪声和振动都会危害人体健康，为此常采用消声器和减振器来消除噪声和振动。

1. 消声器

通风空调系统中所用的消声器种类很多，根据消声机理的不同，一般分为阻性消声器、抗性消声器、微孔板式消声器和干涉消声器等。

（1）阻性消声器。

阻性消声器的消声机理，是在管道内壁上贴附吸声材料，当声波通过时，声波进入吸声材料的微孔内，由声波引起小孔内的空气发生运动。小孔内空气发生运动而产生的摩擦力和黏性运动，使一部分声能转化成热能，从而使声波衰减，达到消声的目的，如图 6-42（a）所示。

（2）共振性消声器。

它是由穿孔板和共振腔组成的，穿孔板和小孔孔颈处的空气柱和空腔内的空气构成一个共振吸声结构，如图 6-42（b）所示。当外界噪声的频率与共振吸声结构的固有频率相同时，小孔孔颈处空气会引起强烈共振，空气柱与孔壁之间发生剧烈摩擦，从而消耗声能，达到消声效果。

（3）抗性消声器。

抗性消声器的消声机理是通过管道截面面积的突变，使部分声波反射回去，不再向前传播，达到消声的目的，如图 6-42（c）所示。

（4）微孔板式消声器。

微孔板式消声器是管道内设置带有微小圆孔的孔板组成的消声设备。它的结构是在管道内设置两层微穿孔板。

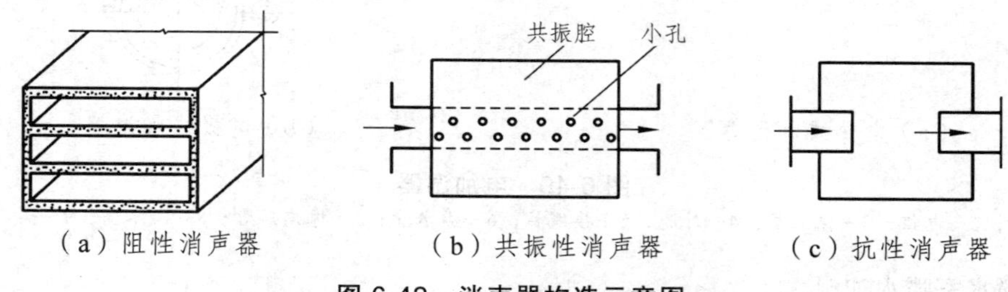

（a）阻性消声器　（b）共振性消声器　（c）抗性消声器

**图 6-42　消声器构造示意图**

2. 减振器

减振器又称隔振器，用来减低空调设备运转时产生的振动，常用的有弹簧隔振器、橡胶隔振器和橡胶隔振垫。

（1）弹簧隔振器。

弹簧隔振器是由金属弹簧制成的隔振设备，如图 6-43 所示。隔振器配有地脚螺栓，可固定在支撑结构上。

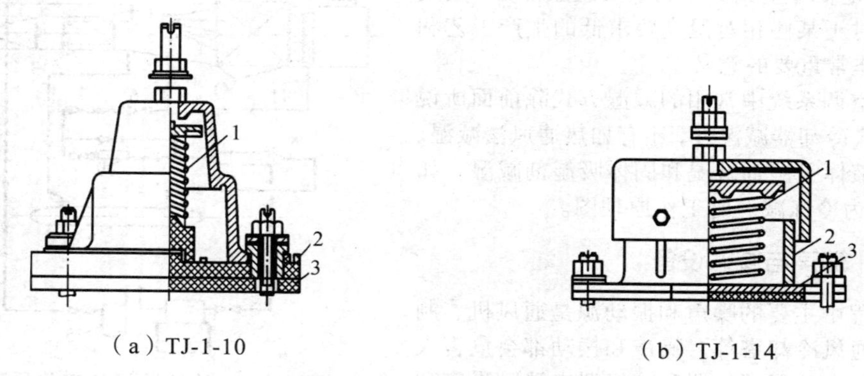

（a）TJ-1-10　（b）TJ-1-14

**图 6-43　弹簧隔振器结构图**

1—弹簧；2—底盘；3—橡胶垫板

（2）橡胶隔振器。

它是用橡胶制成的隔振设备，如图 6-44、图 6-45 所示。它采用丁腈橡胶经硫化处理成圆锥体，并将其黏结在内外的金属环上，外部套有橡胶防护罩，隔振器上部中心设有小孔，以便用螺栓与设备基座相连，下部设有四个螺栓孔，用于隔振器与地面基座相连。

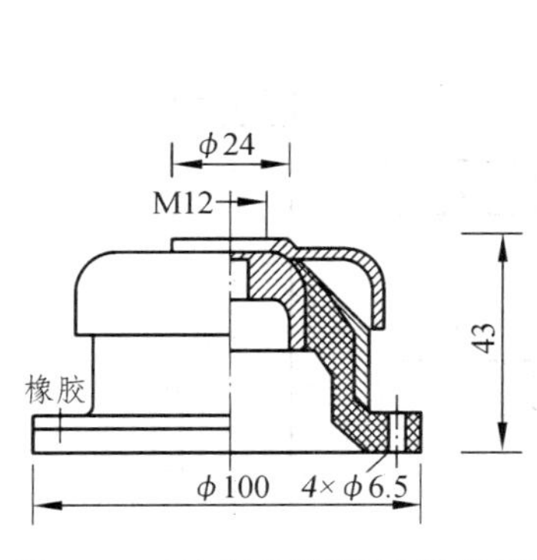


图 6-44 橡胶隔振器的结构图

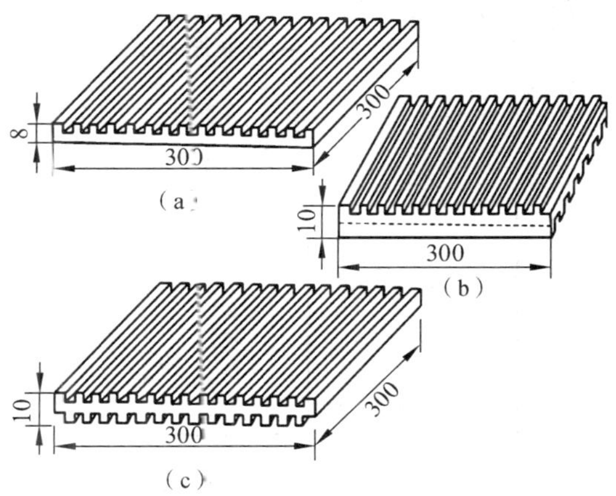


图 6-45 肋形橡胶隔振垫

## 6.2.3 空调水系统

空调水系统分冷冻水系统和冷却水系统两部分。冷冻水系统指将冷冻站提供的冷水送至空调机组或末端空气处理设备的水路系统。冷却水系统指将冷冻机中冷凝器的散热带走的水系统。

### 6.2.3.1 空调冷冻水系统

冷水机组制备的冷冻水，由冷水循环泵通过供水管路输送到空气处理设备中，释放出冷量后的冷水经回水管路返回冷水机组，这就是冷冻水系统。

1. 空调冷冻水系统的组成

空调冷冻水系统主要由冷冻水泵、集水器、分水器、空调末端设备、膨胀水箱、水过滤器及管道组成，其工作流程如图 6-46 所示。

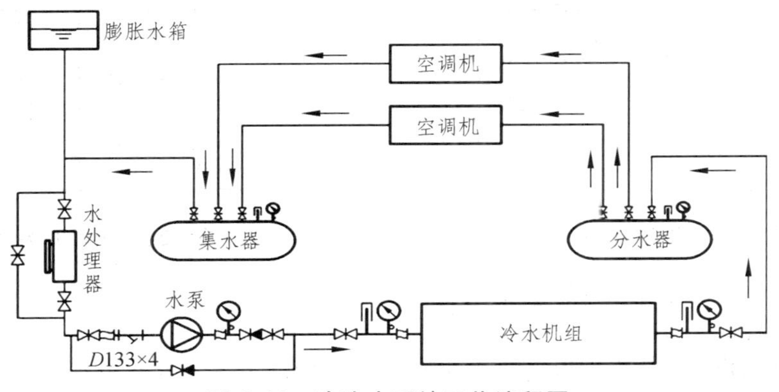


图 6-46 冷冻水系统工作流程图

2. 空调冷冻水系统的分类

按照不同的分类方法，空调冷冻水系统可分为下列几种形式：

（1）开式系统和闭式系统。

按照水系统的水压特性不同，空调冷冻水系统可分为开式系统和闭式系统。

开式系统的水流经末端空气处理设备后，靠重力作用流入建筑物地下室的蓄水池，再经冷却或加热后由水泵送至各个用户盘管系统，如图 6-47 所示。

闭式系统的水在密闭系统中循环，不与外界大气相接触，仅在系统的最高点设置膨胀水箱，如图 6-48 所示。

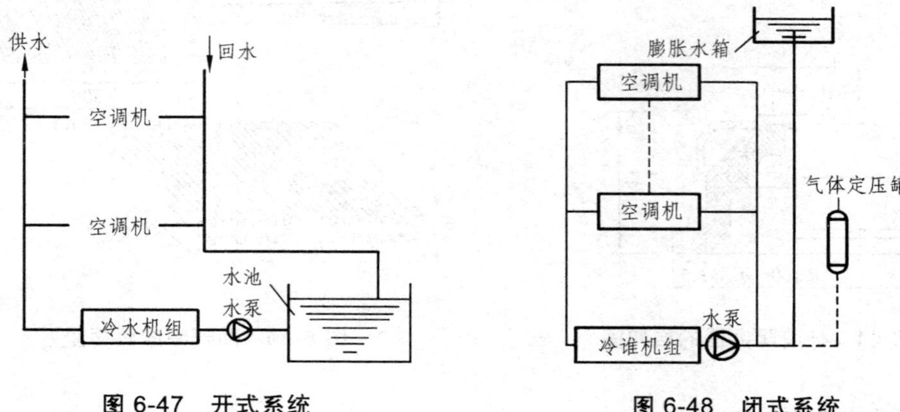


图 6-47　开式系统　　　　图 6-48　闭式系统

（2）同程式系统和异程式系统。

按照空调系统中末端设备的水流程不同，空调冷冻水系统可分为同程式系统和异程式系统。

同程式系统（图 6-49），是指系统每个循环环路的长度相同。其特点是各环路的水流阻力、能量损失相等或近似相等，这样有利于水力平衡，可以减少系统调试的工作量。

异程式系统（图 6-50），是指系统中水流经每个末端设备的流程都不相同。其特点是各环路的水流阻力不相等，易产生水力失调，但管路系统简单，投资较省。当系统较小时，可采用异程式水系统，但必须在末端空调机组或风机盘管连接管上设流量调节阀以平衡阻力。

空调冷冻水系统一般宜采用同程式。

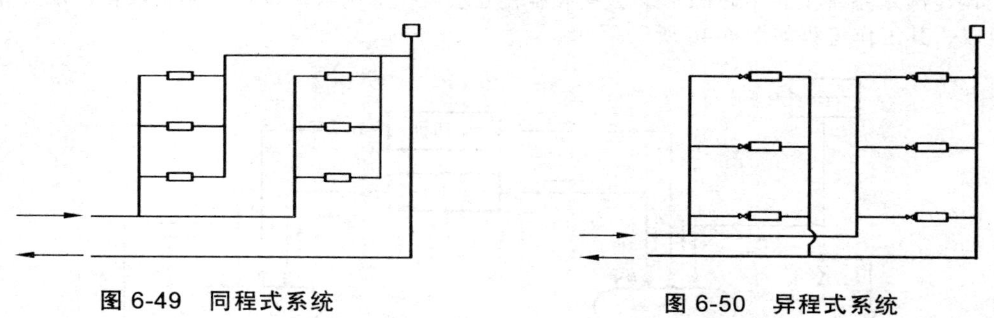

图 6-49　同程式系统　　　　图 6-50　异程式系统

（3）双管制、三管制和四管制系统。

① 双管制系统。

双管制系统是指冷、热源利用一组供回水管为末端装置的盘管提供冷水或热水的系统。即连接空调机组或风机盘管的管路有两条，如图 6-51 所示。

② 三管制系统。

三管制水系统是指冷、热源分别通过各自的供、回水管路，为末端装置的冷盘管与热盘管提供冷水与热水，而回水共用一根回水管路的系统。即与空调机组或风机盘管连接的管路有三条：冷水供水管、热水供水管、冷热水回水管，如图 6-52 所示。

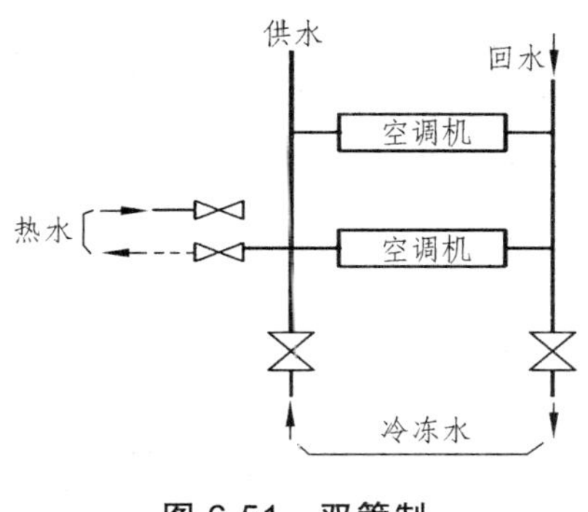


图 6-51　双管制

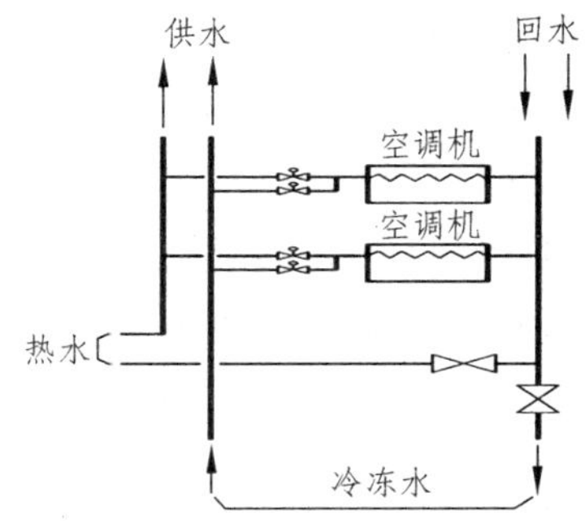


图 6-52　三管制系统

③ 四管制系统。

四管制系统是指冷、热源分别通过各自的供、回水管路，为末端装置的冷盘管与热盘管提供冷水与热水的系统。即与空调机组或风机盘管连接的管路有四条：冷水供水管、热水供水管、冷水回水管、热水回水管，如图 6-53 所示。四管制系统中，冷、热源同时使用，末端装置内可以配置冷、热两组盘管，以实现同时供冷、供热，满足供冷、供热需求不同的房间的要求。

与三管制系统相比，四管制由于不存在冷、热抵消的问题，因此运行时更节能。其缺点是管道系统运行管理较为复杂，投资大，管道占用空间大，所以多用于对室内空气参数要求较高的场合。

（4）定流量系统和变流量系统。

按末端装置用户侧系统水流量是否恒定，空调冷冻水系统分为定流量系统和变流量系统。

定流量水系统是指空调水系统输配管路的流量保持恒定。空调房间的温度依靠三通调节阀调节空调机组和风机盘管的给水量以及改变房间送风量等手段进行控制。如图 6-54 所示。

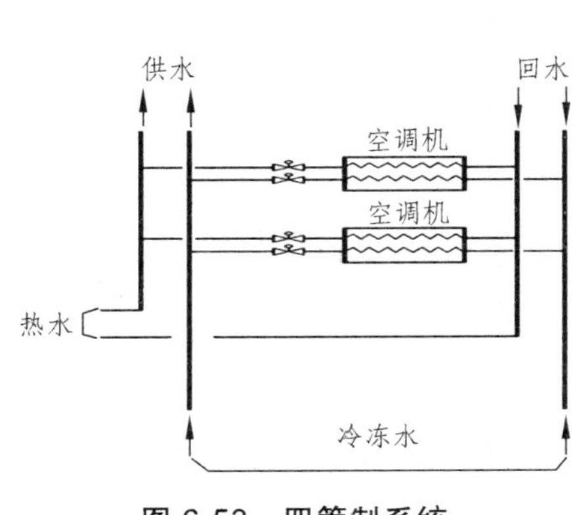


图 6-53　四管制系统

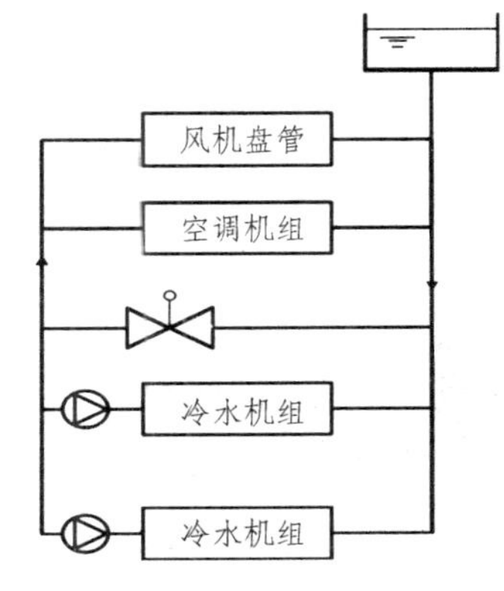


图 6-54　定流量系统

定流量水系统比较简单，系统水量变化基本上由水泵的运行台数所决定。但由于水泵的流量是按最大负荷选定的固定流量，并且不能调节，在部分负荷时，既浪费了水泵运行的电能，又增加了管路上的热损失，运行费用较高。定流量系统一般适用于间歇性使用建筑（如体育馆、展览馆、影剧院、大会议厅等）的空调系统，以及空调面积小，只有一台冷水机组和一台循环水泵的系统。高层民用建筑尽可能少采用这种系统。

变流量水系统是指空调水系统中输配管路的流量随着末端装置流量的调节而改变。变流量水系统常采用多台冷（热）设备和多台水泵的方式，各台水泵水流量不变，只需对设备和相应的水泵进行运行台数的控制就可调节系统供水的流量。另外，也可采用变速水泵来调节系统供水的流量，或者在风机盘管处设置二通调节阀，依靠空调房间的温度信号控制二通调节阀的开度，以达到变流量的目的，如图 6-55 所示。变流量系统适用于大面积的高层建筑空调全年运行的系统。

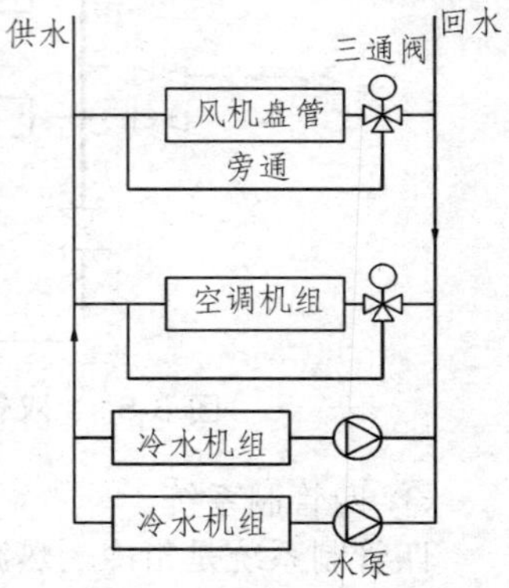

图 6-55　变流量系统

### 6.2.3.2　空调冷却水系统

空调冷却水系统指利用江、河、湖、海水等地表水、地下水或自来水对制冷系统冷凝器等设备进行冷却的水系统。其主要作用是将冷水机组中冷凝器的散热带走，保证冷水机组正常运行。

1. 冷却水系统的组成

冷却水系统一般由制冷机、加药装置、冷却塔、除污器、循环水泵、输水管、冷却水箱及补水装置等组成。

2. 冷却水系统的分类

空调冷却水系统根据冷却水的供水方式不同可分为直流式、混合式和循环式冷却水系统。

（1）直流式冷却水系统。

直流式冷却水系统是最简单的冷却水系统，升温后的冷却回水直接排出，不重复使用。根据当地水质情况，冷却用水可分为地面水（河水、湖水）、地下水（井水）和城市自来水。由于城市自来水价格较高，只有小型制冷系统采用。直流式冷却水系统中，冷凝器用过的冷却水直接排入下水道或用于农田灌溉，因此，适用于水源水量充足的地区。

（2）混合式冷却水系统。

混合式冷却水系统是将一部分已用过的冷却水与深井水混合，然后再用水泵送到各冷凝器使用，这样既不减少通入冷凝器的水量，又提高了冷却水的温度，从而可大量节省深井水量，如图 6-56 所示。

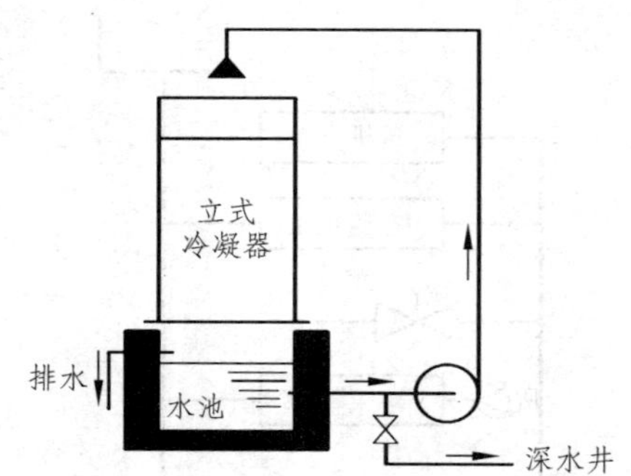


图 6-56　混合式冷却水系统

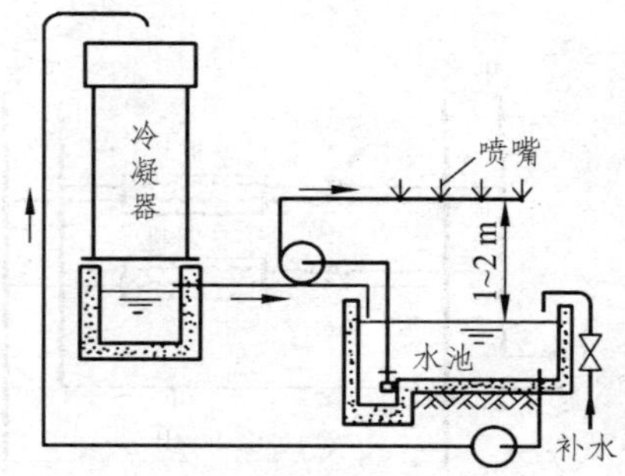


图 6-57　自然通风冷却水循环示意图

（3）循环式冷却水系统。

循环式冷却水系统在空调工程中应用广泛，它是将来自冷凝器的冷却水先通入蒸发式冷却装置使之冷却降温，然后再用水泵送回冷凝器循环使用，这样只需要补充少量新鲜水即可。循环式冷却水系统按通风方式可分为两种：自然通风冷却水循环系统和机械通风冷却水循环系统。

图 6-57 所示为自然通风式冷却水循环系统。

3. 冷却水系统的主要设备

（1）冷却塔。冷却塔是冷却水系统的重要设备，在塔中空气与冷却水交换热量使冷却水降温，从而可以循环使用。因此，冷却塔的性能对整个系统的正常运行有着重要的影响。目前，工程上常见的冷却塔有逆流式、横流式、喷射式和蒸发式 4 种类型。

（2）冷却水循环水泵。冷却水循环水泵提供冷却水在系统内循环所需的动力，是冷却水系统中必不可少的设备。目前在集中式空调系统中使用的冷却水循环水泵主要是单级单吸离心式水泵。冷却水循环水泵一般布置在制冷机组冷凝器的前面，进水管与冷却塔集水盘液面间应有足够的高差，以便冷却塔的出水能在重力作用下流回冷却水循环水泵。

（3）冷却水箱。设置冷却水箱是为了增加系统的水容量，使冷却水循环泵能稳定地工作，保证水泵入口处不产生气蚀现象。

### 6.2.4 通风空调新技术

#### 6.2.4.1 蓄冷空调系统

空调蓄冷技术是将制冷机组制取的冷量储存，在需要的时候再将冷量释放出来进行应用的技术。蓄冷空调系统作为平衡电网昼夜峰谷差的有效技术措施已受到越来越多的重视。根据使用蓄冷介质的不同，蓄冷空调系统可分为水蓄冷空调系统和冰蓄冷空调系统等。

水蓄冷系统是利用水的显热来储存冷量的，水经过冷水机组冷却后储存于蓄冷罐中用于次日的冷负荷供应。

冰蓄冷空调技术是指利用夜间用电低谷期让制冷主机进行制冰工况的运行，在白天用电高峰期将夜间制冰所获冷量释放出来，以满足空调冷负荷需求的一种新型空调工程技术。冰蓄冷空调系统除了转移尖峰用电时段的空调用电负荷目标外，还能充分利用冰蓄冷的高品位冷量的优势，采用低温、大温差供冷送风技术，明显地缩小了风管、水管、空气处理设备、风机、水泵的尺寸，所节省的一次投资可有效地补偿冰蓄冷装置及其控制系统所增加的设备投资费。同时，低温、大温差供冷送风又使空调水系统、风系统的输配电耗比常规空调系统降低三分之二左右，可有效地补偿单纯冰蓄冷在电耗上的增加，使整体运行电耗低于常规空调系统，且在实行分时电价的情况下更节省电费。

#### 6.2.4.2 再生能源利用

再生能源利用包括热泵技术中空气源热泵、水源热泵、土壤源热泵和太阳能热水供热系统。

空气源热泵的低位热源为大气，热泵从大气中获取能量，比较方便，换热设备也比较简单。空气源热泵设备夏季制冷，冬季制热，一机两用，设备的利用率高。夏季制冷时，不需要冷却水系统，省去了冷却塔，机组安装简单，可置于屋顶或建筑物周边空地。空气源热泵有气-气式热泵和气-水式热泵。气-气式热泵的供热介质为空气，如热泵式房间空调器。气-水式热泵的供热介质为水，如风冷热泵冷水机组。

水源热泵的低位热源为水，热泵从水中吸取热量。从水中吸取低位热能，可以回避从空气中吸取低位热能的一些不利因素。根据向水源热泵提供低位热能的水源不同，分为地表水、地下水及生活和工业废水等。

土壤源热泵的低位热源为水，热泵通过地埋管从土壤中吸取热量，供热介质为空气或水。土壤源热泵一般不将制冷系统的冷凝器（蒸发器）直接埋入地下，而是通过地下换热器与大地进行热交换，通过水循环实现地下能量与制冷剂系统的能量交换。

太阳能热水供热系统通常用水（或一种防冻液）作为热媒，以水作为蓄热介质，用平板集热器收集太阳能。在集热器循环环路中若采用水，则在冬季夜间或多云期间需放空，以防冻结。若采用防冻液，则不必放空。

#### 6.2.4.3 热回收利用

从低温物体转移到高温物体中的热量可以是各种低位能源或建筑物内的各种余热，使这些热量得以有效利用的方法称为热回收。热回收技术包括空气热回收和冷却水的热回收。目前主要是空气热回收效率较高。利用热交换器回收排风中的能量，节约新风负荷是空调系统节能的一项有力措施。在排风中设置热交换器最多可节约 70%～80%的新风能耗，相当于节约 10%～20%的空调负荷。从排风中直接回收热量的装置有转轮式、板翅式、热管式和热回收回路式四种热交换器。

#### 6.2.4.4 智能控制

空调系统中的智能控制就是运用智能控制理论设计出智能控制器，并配合一些其他仪器对空调系统的设备和运行参数进行有效的控制，从而达到运行节能的目的。目前应用于中央空调系统控制中的智能控制技术主要有模糊控制技术和神经网络控制技术。模糊控制的理论研究较神经网络成熟，并已成功用于许多领域，例如：定风量空调系统中空调回风温度的自动调节，空调回风湿度的自动调节，新风阀、回风阀和排风阀的比例控制等；变风量空调系统中送风量的自动调节，相对湿度自动控制，回风机自动调节，新风阀、回风阀和排风阀的比例控制，变风量系统末端装置的自动调节等。

## 6.3 通风空调施工图

### 6.3.1 通风空调施工图图例

#### 6.3.1.1 通风空调系统施工图的一般规定

通风空调系统施工图的一般规定应符合《建筑给水排水制图标准》(GB/T 50106—2010)、《暖通空调制图标准》(GB/T 50114—2010)、《供热工程制图标准》(CJJ/T 78—2010)的规定。

1. 比　例

通风空调工程施工图的比例，宜选用表 6-1 中所列比例。

**表 6-1　通风空调工程施工图常用比例**

| 名　称 | 比　例 |
|---|---|
| 总平面图 | 1∶500、1∶1000、1∶2000 |
| 平面图、剖面图等基本图 | 1∶50、1∶100、1∶150、1∶200 |
| 大样图、详图 | 1∶1、1∶2、1∶10、1∶20、1∶50 |
| 工艺流程图、系统图 | 无比例 |

2. 风管规格标注

风管规格对圆形风管用管径“$\phi$”表示（如$\phi$100，表示管径为 100 mm）；对矩形风管用断面尺寸“宽×高”表示（如 400×120，表示宽为 400，高为 120），单位均为毫米。

3. 风管标高标注

标高对矩形风管为风管底标高，对圆形风管为风管中心标高。

#### 6.3.1.2 通风空调系统施工图常用图例

通风空调系统施工图常用图例可参照相应图集进行查找。图 6-58 为常用风管的图例。

### 6.3.2 通风空调施工图的组成

通风空调工程施工图由文字与图纸两部分组成。文字部分包括图纸目录、设计施工说明、设备材料明细表。图纸部分包括基本图和详图。基本图包括通风空调系统的平面图、剖面图、系统图（轴测图）、原理图等。详图包括系统中某局部或部件的放大图、加工图、施工图等。

#### 6.3.2.1 文字部分

1. 图纸目录

图纸目录包括在工程中使用的标准图纸或其他工程图纸目录和该工程的设计图纸目录。在图纸目录中必须完整地列出该工程设计图纸名称、图号、工程号、图幅大小、备注等。

| 序号 | 风管 | 图　例 |
|---|---|---|
| 1 | 送风管、新（进）网管 | 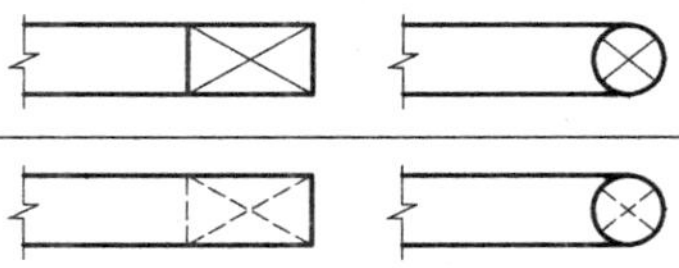 |
| | | |
| 2 | 同风管、排风管 | 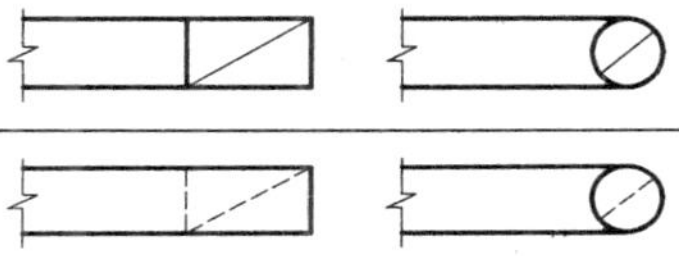 |
| | | |
| 3 | 混凝土或砖砌风道 | 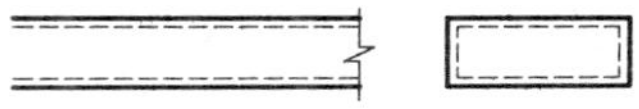 |

图 6-58　常用风管的图例

2. 设计施工说明

设计施工说明主要包括：通风空调的建筑概况；系统采用的设计气象参数；空调房间的设计条件（冬季、夏季空调房间的空气温度、相对湿度、平均风速、新风量、噪声等级、含尘量等）；空调系统的划分与组成（系统编号、系统所服务的区域、送风量、设计负荷、空调方式、气流组织等）；空调系统的设计运行工况；风管系统和水管系统的一般规定、风管材料及加工方法、管材、支吊架及阀门安装要求、保温、减振做法、水管系统的试压和清洗等；设备的安装要求；防腐要求；系统调试和试运行方法和步骤；应遵守的施工规范、规定等。

3. 设备材料明细表

设备与主要材料的型号、数量一般在“设备材料明细表”中给出。

#### 6.3.2.2 图纸部分

1. 平面图

通风空调系统平面图包括建筑物各层面通风空调系统的平面图、空调机房平面图、制冷机房平面图等。

（1）通风空调系统平面图。

通风空调系统平面图主要说明通风空调系统的设备、系统风道、冷热媒管道、凝结水管道的平面布置。它的内容主要包括：

① 风管系统：包括风管系统的构成、布置及风管上各部件、设备的位置，例如异径管、三通接头、四通接头、弯管、检查孔、测定孔、调节阀、防火阀、送风口、排风口等，并注明系统编号、送回风口的空气流向，一般用双线绘制。

② 水管系统：包括冷、热水管道、凝结水管道的构成、布置及水管上各部件、仪表、设备位置，例如异径管、三通接头、四通接头、弯管、温度计、压力表、调节阀等，并注明各管道的介质流向、坡度，一般用单线绘制。

③ 空气处理设备：包括各处理设备的轮廓或位置。

④ 尺寸标注，包括各管道、设备、部件的尺寸大小、定位尺寸以及设备基础的主要尺寸，还有各设备、部件的名称、型号、规格等。

（2）通风空调机房平面图。

一般应包括空气处理设备、风管系统、水系统、尺寸标注等内容。

① 空气处理设备。应注明按产品样本要求或标准图集所采用的空调器组合段代号，空调箱内风机、表面式换热器、加湿器等设备的型号、数量以及该设备的定位尺寸。

② 风管系统，包括与空调箱连接的送、回风管、新风管的位置和尺寸，用双线绘制。

③ 水管系统，包括与空调箱连接的冷、热媒管道，凝结水管道的情况，用单线绘制。

其他的还有消声设备、柔性短管、防火阀、调节阀门的位置尺寸。

2. 剖面图

剖面图是与平面图对应的，用来说明平面图上无法表明的情况。因此，通风空调施工图中剖面图主要有系统剖面图、机房剖面图、冷冻机房剖面图等，剖面图上的内容应与在平面图剖切位置上的内容对应一致，并标注设备、管道及配件的标高。

3. 系统图

通风空调系统图应包括系统中设备、配件的型号、尺寸、定位尺寸、数量以及连接于各设备之间的管道在空间的曲折、交叉、走向和尺寸、定位尺寸等，并应注明系统编号。系统图可用单线绘制也可用双线绘制，工程上多采用单线绘制系统图。

4. 原理图

空调系统的原理图主要包括：系统的原理和流程；空调房间的设计参数、冷热源、空气处理及输送方式；控制系统之间的相互连接；系统中的管道、设备、仪表、部件；整个系统控制点与测点之间的联系；控制方案及控制点参数，用图例表示的仪表、控制元件型号等。

5. 详　图

详图是对图纸主题的详细阐述，是在其他图纸中无法表达但却又必须表达清楚的内容。通风空调工程图中的详图主要有设备、管道的安装详图，设备、管道的加工详图，设备、部件的结构详图等。部分详图有标准图可供选用。

### 6.3.3 通风空调施工图识读

通风空调系统施工图识读时要切实掌握各图例的含义，把握风管系统与水系统的独立性和完整性。识读时要搞清系统，摸清环路，分系统阅读。

#### 6.3.3.1 识读方法与步骤

（1）认真阅读图纸目录。根据图纸目录了解该工程图纸张数、图纸名称、编号等概况。

（2）认真阅读领会设计施工说明。从设计施工说明中了解系统的形式、系统的划分及设备布置等工程概况。

（3）仔细阅读有代表性的图纸。在了解工程概况的基础上，根据图纸目录找出反映通风与空调系统布置、空调机房布置、冷冻机房布置的平面图，从总平面图开始阅读，然后阅读其他相关的平面图。

（4）辅助性图纸的阅读。平面图不能清楚地全面反映整个系统情况，因此，应根据平面图上提示的辅助图纸（如剖面图、详图）进行阅读。对整个系统情况，可配合系统图阅读。

（5）其他内容的阅读。在读懂整个系统的前提下，再回头阅读施工说明及设备、材料明细表等，了解系统的设备安装情况、零部件加工安装详图，从而把握图纸的全部内容完全掌握。

### 6.3.3.2 识图举例

图 6-59、图 6-60 所示是某建筑多功能厅空调系统的平面图及系统图。

从图中可以看出，该空调系统的空调箱设在机房内，空调机房轴外墙上有一带调节风阀的风管，即新风管，管径为 630 mm × 1000 mm。空调系统的新风由室外经新风管补充到室内。

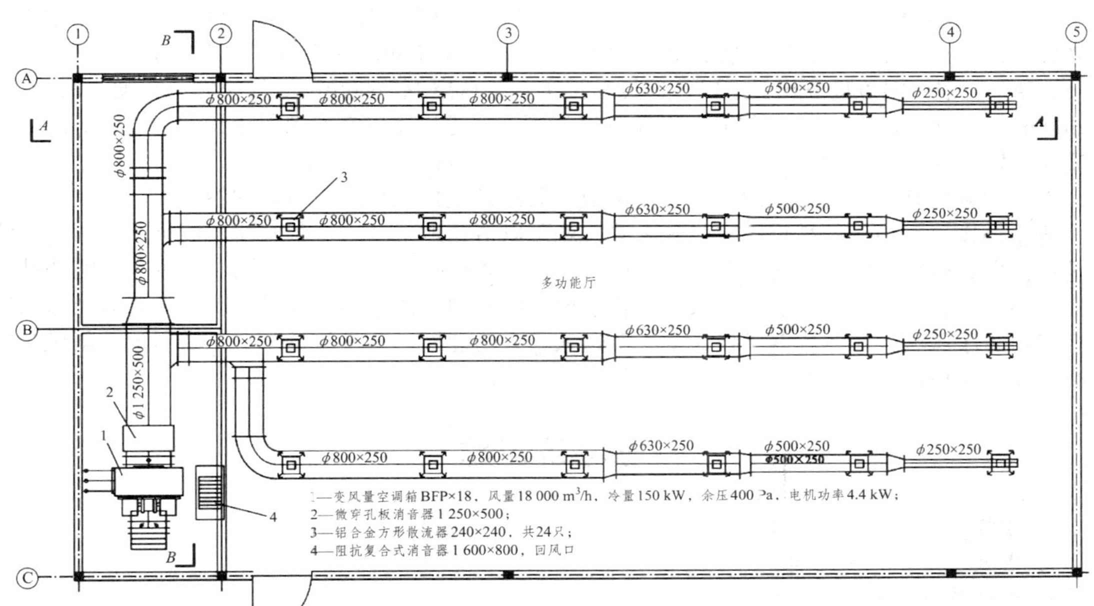


图 6-59 某建筑多功能厅空调系统的平面图

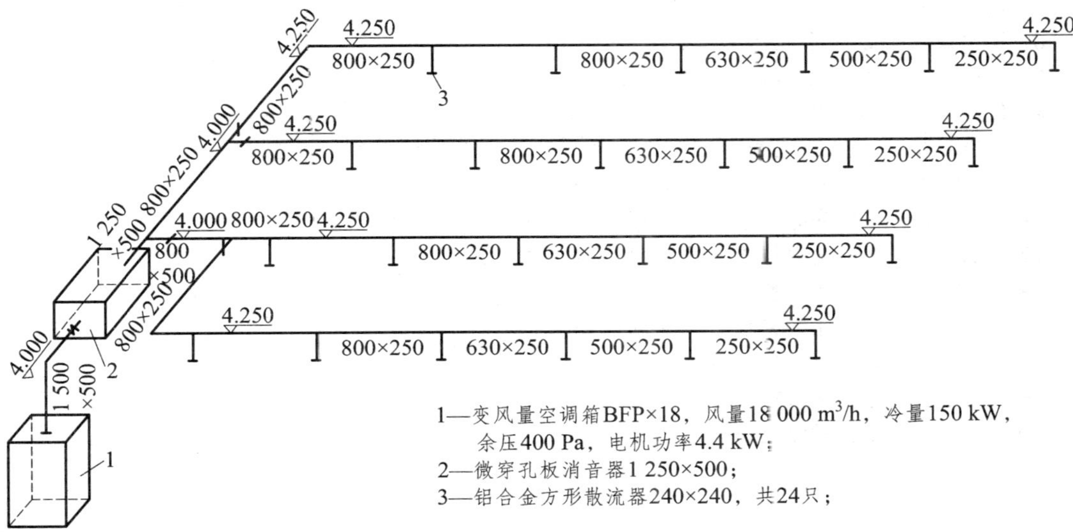


图 6-60 某建筑多功能厅空调系统的系统图

在空调机房②轴内墙上，有一消声器 4，这是回风管，室内大部分空气经此消声器吸入，并回到空调机房。

送风经过防火阀，然后经消声器 2，流入管径为 1250 mm × 500 mm 的送风管，在这里分支出管径为 800 mm × 500 mm 的第一个分支管；继续向前，经管径为 800 mm × 500 mm 的管道分支出第二个分支管，管径为 800 mm × 250 mm，还往前走又分支出管径为 800 mm × 250 mm 的第三个分支管，在该分支管上有管径为 240 mm × 240 mm 方形散流器（送风口）3 共 6 只，通过散流器将送风送入多功能厅。然后，大部分回风经消声器 4 回到空调机房与新风混合被吸入空调箱 1 的进风口，完成一次循环。另一小部分室内空气经门窗缝隙渗至室外。

由 *A—A* 剖面图可以看出，房间高度为 6 m，吊顶距地面高度为 3.5 m，风管暗装在吊顶内，送风口直接开在吊顶面上，风管底标高分别为 4.25 m 和 4.00 m，气流组织为上送下回。

由 *B—B* 剖面图可以看出，送风管通过软接头直接从空调箱接出，沿气流方向高度不断减小，由 500 mm 变为 250 mm。从该剖面图上还可以看到三个送风支管在总风管上的接口位置，支管断面尺寸分别为 500 mm × 800 mm、250 mm × 800 mm、250 mm × 800 mm。

系统图则清楚地表明了该空调系统的构成、管道的走向及设备位置等内容。

将平面图、剖面图、系统图对应起来看，就可以清楚地了解这个带有新、回风的空调系统的情况：首先是多功能厅的空气从地面附近通过消声器 4 被吸入空调机房，同时新风也从室外被吸入到空调机房，新风与回风混合后从空调箱进风口吸入到空调箱内，经过空调箱处理后经送风管送至多功能厅送风方形散流器风口，空气便送入了多功能厅。这显然是一个一次回风（新风与室内回风在空调箱内混合一次）的全空气系统。

## 思考练习题

1. 建筑空间的主要空气参数有哪些？
2. 通风系统分为哪几类？各有什么特点？
3. 通风系统常用的附件有哪些？
4. 轴流式风机与离心式风机有什么异同？
5. 风道布置和敷设的原则有哪些？
6. 常用的气流组织形式有哪些？
7. 什么是防火分区和防烟分区？
8. 什么是空调系统？空调系统的组成有哪些？
9. 空调系统按照承担室内负荷所用的介质的不同分为哪几类？
10. 对于空调系统，是否需要设置新风系统？
11. 风机盘管空调系统属于哪种空调系统？其特点是什么？
12. 风机盘管的新风供给方式主要有几种类型？
13. 空气冷却常用的设备有哪些？
14. 空调系统中为什么要设置消声减振装置？
15. 常用的消声器分为哪几类？
16. 通风空调的新技术有哪些？
17. 通风空调施工图的组成是什么？

# 学习情景 7　燃气供应

燃气是一切气体燃料的总称，它能燃烧并放出热量，供城镇居民生活及工业生产使用。

燃气供应是向工业企业用户、城镇居民用户、公共建筑用户、城镇商业用户以及城镇公交运输用户提供生产和生活用的气体燃料。

燃气是一种气体形式的优质清洁的能源载体，它和传统的固体燃料相比，具有输送方便、有利于燃烧应用设备的调节与控制、能源利用效率高以及燃气燃烧后没有固体废渣需要清运等优点。而且供应的城镇燃气都是经过净化工艺处理的，有害杂质含量得到了控制，燃烧后废气中的污染物极少，对环境保护的贡献不言而喻。燃气供应和电力供应、集中供热以及区域供冷等部门共同组成了一个较为完整的能源供应体系。

工业上燃气的使用促进了生产工艺的进步，产品产量、质量和生产效率都有极大提高，劳动条件也得到了改善；在民用燃气事业中，燃气供应居民住宅、办公楼宇、学校、商业中心等公共建筑物，主要作为居民生活、团体炊事和营业餐饮等的气体能源，方便生活与工作。它和给水排水、通风与空调、建筑电气、电梯等构成建筑物和建筑群体中重要的机电设备工程项目。近几年，随着燃气供应和燃气应用技术的发展，燃气已经是不仅仅作为传统意义上的炊事燃料，它也作为工业能源、动力能源、交通能源供应的一部分，和建筑设备以及建筑能源消耗联系在一起了。一些与建筑有关的大型机电项目，如燃气空调制冷机组、燃气锅炉以及能耗水平更先进的热、电、冷联产机组都有一定规模的发展。

另一方面，由于燃气易燃、易爆，有些种类的燃气因含有一氧化碳而有一定的毒性，建筑设备系统中燃气管道、燃气设备的设计、安装和实际使用都有安全方面的特殊要求。

本章简要介绍燃气的基本特性和城镇燃气供应体系，叙述城镇小区及室内燃气系统的构成、主要的燃气设备，以及系统、设备相关的设计、施工安装和安全使用方面的技术规定和要求。

## 7.1　燃气气源工程

认识建筑设备组成中的燃气系统，需要对整个燃气工程有一个概貌性的了解。建筑设备燃气系统是城镇燃气供应大系统的延续，城镇燃气工程体系起始于的上游工程即燃气气源工程，燃气经城镇燃气输配管网、小区燃气管网，最后进入建筑物室内燃气管道系统，而室内燃气管道的末端是各燃气用户的燃气应用设备。

一般而言，燃气是各种气体燃料的统称。事实上，城市供应的燃气有人工燃气、液化石油气和天然气三大类型，而且在许多情况下燃气本身还是非单纯组分的混合气体。不同种类的燃气因气体组成的差异，构成各自特有的燃气性质，从而影响了燃气系统及设备的设计、施工安装、运行管理和安全使用要求。

### 7.1.1　燃气的性质

城镇燃气是由多种稳定组分组成的混合气体。掌握有关燃气的组成、热值以及密度等主要燃气技术数据，能基本确定燃气的主要性质，为正确进行燃气系统及燃气设备的设计、制造、安装以及指导我们安全使用燃气奠定基础。

1. 燃气的组成

燃气一般是由多种组分混合而成的混合气体。如何来描述这样的混合气体？燃气行业内有以燃气的初始来源来定性燃气的，例如焦炉煤气、天然气、液化石油气等。用燃气中的各种组分的比例来描述燃气则更为精确，这样的燃气组成比例用各单一组分的体积组成百分比来表示。表 7-1 所示是常见有代表性的民用燃气的燃气组成与燃气热值表。在表 7-1 中我们可以看到燃气的组成可以划分为可燃组分和不可燃组分。可燃组分由哪些可燃组成物组成，比例多少，这和燃气气源工程的生产工艺和原矿条件有关。有些燃气虽然同属一大类，但各燃气制造厂原料、工艺可能有某些差异，气体组成还是略有不同。当然，有时候这样的差异是很小的，还不致引起性质上的根本性变化。

**表 7-1　有代表性的民用燃气燃气组成与燃气热值表**

| 燃气品种 | 燃气组分（体积百分数，%） | | | | | | | | | 相对密度（kg/Nm³） | 低热值（MJ/Nm³） |
|---|---|---|---|---|---|---|---|---|---|---|---|
| | $CH_4$ | $C_3H_8$ | $C_4H_{10}$ | $C_mH_n$ | CO | $H_2$ | $CO_2$ | $O_2$ | $N_2$ | | |
| 焦炉煤气 | 22.2 | | | 2.0 | 8.1 | 58.7 | 2.0 | 0.7 | 6.3 | 0.4693 | 17.07 |
| 城市混合煤气 | 13.0 | | | 1.7 | 20.0 | 48.0 | 4.5 | 0.8 | 12.0 | 0.5178 | 13.86 |
| 液化石油气 | | 50 | 50 | | | | | | | 1.8178 | 108.4 |
| 天然气 | 98.0 | 0.3 | 0.3 | 0.4 | | | | | 1.0 | 0.5754 | 36.4 |

注：城市混合煤气是国内许多城市典型的以煤制气为主的混合型人工燃气，它由焦炉煤气、水煤气或者重油催化裂解油制气等一些传统制气工艺制取的燃气混合而成。

仅从燃气输送成本、燃气燃烧与应用方面的考虑，燃气中可燃组分越高越有利。只是在有些情况下，由于制气原料、工艺条件、设备技术以及资金投入方面等诸多原因，选择什么气源还是有很多限制因素的。

通过燃气组成数据，我们还可以推算燃气其他一些有用的技术参数，以确定燃气的性质。

2. 燃气的热值

人们使用燃气，目的是获取它的热量。燃气的热值就是 $1Nm^3$（1 标准立方米）的燃气完全燃烧所放出的热量，称为该燃气的热值，其单位为千焦/标准立方米或兆焦/标准立方米（$kJ/Nm^3$ 或 $MJ/Nm^3$）。它用来表示燃气潜在的化学能的高低。燃气的热值越高，其经济价值也越高。因为输送同样体积的燃气，热值越高实际所输送的热量就越高。

含氢燃气的热值可进一步分为高热值和低热值。燃气的高热值是 $1\ Nm^3$ 燃气完全燃烧后的烟气冷却至原始温度，而其中的水蒸气以凝结水状态排出时燃气所释放出的热量。

燃气的低热值则是 $1\ Nm^3$ 燃气完全燃烧后，其烟气冷却至原始温度，但烟气中的水蒸气仍然为气体状态时所释放出来的热量。显然，一般燃烧应用条件下，排放的烟气不会回复到原始温度，烟气中的水蒸气也未冷凝，因此比较而言，我们所能得到的燃气热量更接近于燃气的低热值。

燃气的高热值在数值上要大于其低热值，其差值即为水蒸气的汽化潜热。

对于采用间接加热的换热设备及炉具，烟气中水蒸气的汽化潜热往往无法利用，随着烟气被排放掉，因此，常用低热值进行计算。对于直接加热的换热设备，如浸没燃烧装置，由于烟气直接与液体接触，水蒸气被冷凝，汽化潜热可以利用，因此常用高热值进行计算。如果仍用低热值进行计算，其加热设备的热效率就可能接近或者大于 100%。

燃气的热值数据可以采用按照热平衡原理设计的水流式热量计通过实验测定，也可以根据燃气的组成，按照单一组分的热值数据及混合法则计算得到。计算公式如下：

$$H = H_1 r_1 + H_2 r_2 + H_3 r_3 + \cdots + H_n r_n \tag{7-1}$$

式中　$H$——燃气（混合气体）的高热值或低热值（kJ/Nm$^3$）；

$H_1$、$H_2$、…、$H_n$——燃气中各可燃组分的高热值或低热值（kJ/Nm$^3$），可由表 7-2 查得；

$r_1$、$r_2$、…、$r_n$——燃气中各可燃组分的容积成分。

当 $H_i$ 取值是燃气纯组分的高热值时，计算所得的 $H$ 就是燃气混合气体的高热值；当 $H_i$ 取值是燃气纯组分的低热值时，计算所得的 $H$ 就是该燃气混合气体的低热值。

**表 7-2　某些燃气的着火温度、爆炸极限及热值表**

| 燃气种类 | 着火温度/°C | | 在空气中爆炸极限（体积%） | | 理论空-氧量/（Nm$^3$/Nm$^3$） | | 热值/（kJ/Nm$^3$） | |
|---|---|---|---|---|---|---|---|---|
| | 在空气中 | 在氧气中 | 下限 $L_1$ | 上限 $L_h$ | 空气 | 氧气 | 高热值 $H_h$ | 低热值 $H_1$ |
| 氢 | 460 | 400 | 4.0 | 75.9 | 2.38 | 0.5 | 12745 | 10785 |
| 一氧化碳 | 610 | 605 | 12.5 | 74.2 | 2.38 | 0.5 | 12636 | 12636 |
| 甲烷 | 645 | 540 | 5.0 | 15 | 9.52 | 2.0 | 38917 | 35881 |
| 乙烷 | 580 | 515 | 2.9 | 13.0 | 16.66 | 3.5 | 70305 | 64355 |
| 乙炔 | 415 | 335 | 2.5 | 80.0 | 11.90 | 2.5 | 58485 | 56451 |
| 乙烯 | 485 | 425 | 2.7 | 34.0 | 14.28 | 3.0 | 63397 | 59440 |
| 丙烷 | 510 | 450 | 2.1 | 9.5 | 23.80 | 5.0 | 101203 | 93181 |
| 丙烯 | 515 | 460 | 2.0 | 11.7 | 21.42 | 4.5 | 93609 | 87609 |
| 丁烷 | 445 | 365 | 1.5 | 8.5 | 30.94 | 6.5 | 133798 | 123565 |
| 丁烯 | 450 | 385 | 1.6 | 10.0 | 28.56 | 6.0 | 125763 | 117616 |
| 戊烯 | 410 | 310 | 1.4 | 8.7 | 35.70 | 7.5 | 159107 | 148736 |
| 戊烷 | 400 | 285 | 1.4 | 8.3 | 38.08 | 8.0 | 169264 | 156628 |
| 苯 | 650 | 560 | 1.2 | 8.0 | 35.70 | 7.5 | 162151 | 155665 |
| 硫化氢 | 395 | 295 | 4.3 | 45.5 | 7.14 | 1.5 | 25347 | 23367 |
| 城市燃气 | 560 | 450 | 6 | 35 | ∽4.20 | ∽1.0 | ∽16578 | ∽15534 |

注：燃气可燃纯组分的爆炸极限（上、下限）的数据为常压 20 °C 条件下的数据。

3. 燃气的密度

燃气的密度是 1 Nm$^3$ 的燃气所具有的质量。燃气的密度在燃气管道阻力计算、燃气应用设备设计时是一个重要的技术参数。在燃起的安全使用方面，燃气的密度也是一个重要的概念。一般的人工燃气、天然气的密度小于空气的密度，表 7-1 和表 7-3 列举的代表性人工燃气和天然气的密度值都小于空气的密度值，当燃气系统有泄漏时，燃气会向上飘逸。再看建筑物室内的燃气立管输气系统，管道越是向上，管内燃气附加压头越大，当管道内气体不流动时立管顶部静压力最大。而液化石油气的密度较大，表 7-1 中列举的液化石油气密度为 1.8178（kg/Nm$^3$），因而泄漏的液化石油气气体会沉降在低处，不易飘逸，危险性较大。

燃气用户安装燃气泄漏安全报警器时就要注意，一般燃气报警器的探测头位置应设置在建筑室内空间高处，而液化石油气用户的燃气泄漏报警器的探测头就应该安装在建筑室内的底部。否则就不能及时有效地报警和采取安全对策措施。

燃气密度一般采用按照比较法原理设计的测试仪测定，根据燃气流过测孔板的时间和空气流过测孔板的时间进行比较，得出燃气的密度值。当燃气的组成已知时，也可以和燃气的热值一样，用混合法则按照燃气的组成来计算从而得到混合燃气的密度值。

表 7-3 是燃气主要的单一纯组分的特性数据。

表 7-3　单一气体在标准状态下的物化与热力性质表

| 序号 | 气体名称 | 分子式 | 分子量 $M$ | 千摩尔体积 $V_N$/（$Nm^{3}$/kmol） | 气体常数 $R$/（KJ/kg） | 密度 $\rho$/（$kg/Nm^3$） | 相对密度 $s$（空气＝1） | 熔点/°C | 沸点/°C |
|---|---|---|---|---|---|---|---|---|---|
| 1 | 氢 | $H_2$ | 2.0160 | 22.4270 | 4125 | 0.0899 | 0.0695 | －259.18 | －252.75 |
| 2 | 一氧化碳 | CO | 28.0104 | 22.3984 | 297 | 1.2505 | 0.9671 | －205.5 | －191.48 |
| 3 | 甲烷 | $CH_4$ | 16.0430 | 22.3621 | 518 | 0.7174 | 0.5548 | －182.5 | －161.49 |
| 4 | 乙炔 | $C_2H_2$ | 26.0380 | — | 319 | 1.1700 | 0.9057 | －81 | －84 |
| 5 | 乙烯 | $C_2H_4$ | 28.0540 | 22，2567 | 296 | 1.2605 | 0.9748 | －169.4 | －103.9 |
| 6 | 乙烷 | $C_2H_6$ | 30.0700 | 22.1872 | 276 | 1.3553 | 1.048 | －172 | －88.3 |
| 7 | 丙烯 | $C_3H_6$ | 42.0310 | 21.9900 | 197 | 1.9236 | 1.479 | －185.2 | －47.7 |
| 8 | 丙烷 | $C_3H_8$ | 44.0970 | 21.9362 | 188 | 2.0102 | 1.554 | －189.9 | －42.17 |
| 9 | 丁烯 | $C_4H_8$ | 55.1080 | 21.6067 | 148 | 2.5968 | 0.008 | －139.0 | －6.0 |
| 10 | 正丁烷 | $n-C_4H_{10}$ | 58.1240 | 21.5036 | 143 | 2.7030 | 2.090 | －135 | －0.5 |
| 11 | 异丁烷 | $i-C_4H_{10}$ | 58.1240 | 21.5977 | 143 | 2.6912 | 2.081 | －145 | －11.73 |
| 12 | 戊烯 | $C_5H_8$ | 70.1350 | 21.2177 | 118 | 3.3055 | 2.556 | －165.22 | 29.97 |
| 13 | 正戊烷 | $C_5H_{12}$ | 72.1510 | 20.8910 | 115 | 3.4537 | 2.671 | －129.7 | 36.1 |
| 14 | 苯 | $C_6H_6$ | 78.1140 | 20.3609 | 106 | 3.8365 | 2.967 | 5.533 | 80.10 |
| 15 | 硫化氢 | $H_2S$ | 34.0760 | 22.1802 | 244 | 1.5363 | 1.188 | －82.9 | 61.8 |
| 16 | 二氧化碳 | $CO_2$ | 44.0098 | 22.9601 | 188 | 1.9771 | 1.5289 | －56.6 | －78.2 |
| 17 | 二氧化硫 | $SO_2$ | 64.0590 | 21.8821 | 129 | 2.9275 | 2.2640 | －75.5 | －10.8 |
| 18 | 氧 | ② | 31.9988 | 22.3923 | 259 | 1.4291 | 1.1052 | －218.4 | 182.98 |
| 19 | 氮 | $N_2$ | 28.0134 | 22.4035 | 296 | 1.2504 | 0.9670 | －208.9 | －159.78 |
| 20 | 氨 | $NH_3$ | 17.0310 | — | 505 | 0.7714 | 0.6967 | －77.7 | 33.4 |
| 21 | 二氧化氮 | $NO_2$ | 46.0100 | — | — | — | — | －9.3 | 21.2 |
| 22 | 空气 | — | 28.9660 | 22.4003 | 287 | 1.2931 | 1.000 | — | －192 |
| 23 | 水蒸气 | $H_2O$ | 18.0154 | 21.6290 | 461 | 0.8330 | 0.6440 | — | — |

| 序号 | 定压比热/（$kJ/Nm^3$） | 绝热指数 $K$ | 临界压力 $P_0$/MPa | 临界温度 $T_0$/K | 临界比容/（$m^3$/kmol） | 临界压缩系数 $Z_0$ | 偏心因子 $\omega$ | 导热系数/[(kJ/m·h·°C)] | 运动黏度 $\nu\times10^6$ | 动力黏度 $\mu\times10^6$ |
|---|---|---|---|---|---|---|---|---|---|---|
| 1 | 1.298 | 1.407 | 1.297 | 33.3 | 0.0650 | 0.304 | 0 | 0.770 | 93.00 | 8.355 |
| 2 | 1.302 | 1.403 | 3.496 | 133.0 | 0.0931 | 0.294 | 0.041 | 0.083 | 13.80 | 16.573 |
| 3 | 1.545 | 1.369 | 4.641 | 190.7 | 0.0995 | 0.290 | 0.013 | 0.084 | 14.50 | 10.395 |
| 4 | 1.909 | 1.269 | — | — | — | — | — | 0.067 | 8.05 | 9.414 |
| 5 | 1.888 | 1.258 | 5.117 | 283.1 | 0.124 | 0.270 | 0.073 | 0.059 | 7.46 | 9.316 |
| 6 | 2.244 | 1.198 | 4.884 | 305.4 | 0.148 | 0.285 | 0.103 | 0.054 | 6.41 | 8.600 |

续表

| 序号 | 定压比热/(kJ/Nm³) | 绝热指数 $K$ | 临界压力 $P_0$/MPa | 临界温度 $T_0$/K | 临界比容/(m³/kmol) | 临界压缩系数 $Z_0$ | 偏心因子 $\omega$ | 导热系数/[(kJ/m·h·℃)] | 运动黏度 $\nu\times10^6$ | 动力黏度 $\mu\times10^6$ |
|---|---|---|---|---|---|---|---|---|---|---|
| 7 | 2.675 | 1.170 | 4.600 | 305.4 | 0.181 | 0.274 | 0.143 | — | 3.90 | 7.649 |
| 8 | 2.960 | 1.161 | 4.256 | 365.1 | 0.200 | 0.277 | 0.152 | 0.054 | 3.91 | 7.502 |
| 9 | — | 1.146 | — | — | — | — | — | — | 2.81 | 7.326 |
| 10 | 3.710 | 1.144 | 3.800 | 425.2 | 0.255 | 0.274 | 0.201 | 0.049 | 2.53 | 6.835 |
| 11 | — | 1.144 | 3.648 | 408.1 | 0.263 | 0.283 | 0.192 | — | — | — |
| 12 | — | — | — | — | — | — | — | — | 1.99 | 6.561 |
| 13 | — | 1.120 | 3.374 | 469.5 | 0.331 | 0.269 | 0.252 | — | 1.85 | 6.355 |
| 14 | 3.266 | 1.120 | — | — | — | — | — | 0.032 | 1.82 | 6.982 |
| 15 | 1.557 | 1.320 | — | — | — | — | — | 0.047 | 7.63 | 11.670 |
| 16 | 1.620 | 1.304 | 7.387 | 304.2 | 0.0940 | 0.274 | 0.420 | 0.049 | 7.00 | 14.024 |
| 17 | 1.779 | 1.272 | — | — | — | — | — | — | 4.14 | 12.062 |
| 18 | 1.315 | 1.400 | 5.076 | 154.8 | 0.0744 | 0.292 | 0.102 | 0.090 | 13，60 | 19.417 |
| 19 | 1.302 | 1.402 | 3.394 | 126.2 | 0.0901 | 0.297 | 0.040 | 0.090 | 13，30 | 16.671 |
| 20 | 0.380 | 1.330 | 11.288 | 405.55 | — | 0.242 | — | 0.078 | 12.00 | 9.140 |
| 21 | — | — | 10.133 | 431.35 | — | — | — | 0.144 | — | — |
| 22 | 1.306 | 1.401 | 3.766 | 132.5 | 0.0905 | — | — | 0.090 | 13.40 | 17.162 |
| 23 | 1.491 | 1.335 | 22.119 | 6.7 | 0.056 | 0.230 | 0.348 | 0.058 | 10.12 | 8.434 |

4. 燃气的爆炸极限

燃气有易燃易爆的特性，燃气的爆炸极限是燃气气体的重要特性之一。当燃气和空气或氧气混合，在达到一定的比例时，就会形成具有爆炸危险的混合气体，一旦有明火介入，就会发生爆炸。举例来说，空气中少量的燃气不足以形成可发生剧烈氧化反应的混合气体，当空气中燃气浓度上升到能形成可爆炸气体时，该浓度就是燃气爆炸极限的下限值；当空气中的燃气浓度升高，混合气体中的氧气量满足不了剧烈氧化反应所需要的氧气时，这一燃气浓度称为燃气爆炸极限的上限值。若空气中的燃气浓度继续上升，就不再形成具有爆炸可能的混合气体。表 7-2 给出了燃气纯组分的爆炸极限上、下限数值。

燃气爆炸极限可以根据燃气的组成成分、纯组分爆炸极限数据、可燃组分和惰性组分配比实验所得爆炸极限数据来计算，从而得到混合燃气的爆炸极限值。当然，其计算式不同于前面燃气热值、密度计算时所用的一般混合计算法则，有关这方面的计算可以查阅有关燃气工程手册。

燃气爆炸极限的概念增长了我们燃气安全使用方面的知识。燃气泄漏后发生爆炸必须具备两个基本条件：

（1）泄漏的燃气在空气中的浓度在爆炸极限浓度上、下限之间。

（2）要有明火导入（如静电火花、高温热物体、交直流电火花、电弧）。

因此，建筑物室内燃气管道、燃气设备的设置场所一定要有良好的通风条件，万一管道和设备系统有燃气泄漏事故，也可以尽量避免空气中的燃气浓度达到爆炸极限范围内；对于专用的燃气计量表房、调压设备间的电气设备，应该是防爆等级的产品，这样就杜绝了电火花作为启爆“导火索”的可能性。同样，当人们怀疑室内有燃气泄漏需要检查时，一定要注意明火和电气开关产生电火花可能带来的危险。

5. 单一燃气的性质

(1)甲烷($CH_4$)。甲烷是天然气的主要成分。甲烷为无色气体,分子量16.04,密度0.715 kg/Nm³,难溶于水,临界温度－82.5 °C,其低热值 $H_1$ = 35 740 kJ/Nm³,空气中的爆炸浓度极限范围为5%～15%,最低着火温度540 °C,燃烧热量温度2 043 °C。

(2)乙烷($C_2H_6$)。乙烷为无色无臭气体,分子量30.07,密度1.341 kg/Nm³,难溶于水,临界温度－34.5 °C,低热值 $H_1$ = 63 670 kJ/Nm³,空气中的爆炸浓度极限范围为2.9%～13%,最低着火温度515 °C,燃烧热量温度2115 °C。

(3)氢气($H_2$)。氢气为无色无臭气体,分子量2.016,密度0.089 9 kg/Nm³,难溶于水,临界温度－239.9 °C,低热值 $H_1$ = 10 794 kJ/Nm³,空气中的爆炸浓度极限范围为4.0%～80 %,最低着火温度400 °C,燃烧热量温度2210 °C。

(4)一氧化碳(CO)。一氧化碳为无色无臭气体,分子量28.00,密度1.250 kg/Nm³,难溶于水,临界温度－197.0 °C,低热值 $H_1$ = 12 630 kJ/Nm³,空气中的爆炸极限范围12.5%～80%,最低着火温度610 °C,燃烧热量温度2 370 °C。

(5)乙烯($C_2H_4$)。乙烯为具有窒息性的乙醚气味的无色气体,有麻醉作用,分子量28.50,密度1.260 kg/Nm³,难溶于水,临界温度＋9.5 °C,低热值 $H_1$ = 58 770 kJ/Nm³,易爆,空气中的爆炸浓度极限范围2.75%～35%,最低着火温度425 °C,燃烧热量温度2 343 °C。

(6)硫化氢($H_2S$)。硫化氢为无色气体,具有浓厚的腐蛋气味,分子量34.07,密度1.52 kg/Nm³,易溶于水,其低热值 $H_1$ = 23 074 kJ/Nm³。火焰呈蓝色,性极毒。室内大气中最大允许浓度为0.01 g/m³。浓度为0.04%时有害于人体,0.10%时可致死亡。在空气中的爆炸浓度极限范围为4.3%～45.5%。最低着火温度270 °C,燃烧热量温度1 900 °C。

(7)二氧化碳($CO_2$)。二氧化碳为略有气味的无色气体,分子量44.00,密度1.977 kg/Nm³,易溶于水,临界温度＋31.35 °C,当空气中的 $CO_2$ 浓度达到25 mg/L时,对人体即为危险,当浓度为162 mg/L时,即可致命。

(8)氧气($O_2$)。氧气为无色无臭气体,分子量32.00,密度1.429 kg/Nm³,0 °C时1体积水中可溶解0.0489体积的 $O_2$,临界温度－118.8 °C。

6. 燃气杂质控制指标

燃气供应工程是一项综合工程。为了保证燃气输送系统和燃气应用设备的正常使用,减少系统堵塞、腐蚀,延长系统和设备的使用寿命,同时也为了环境保护,国家对燃气杂质含量都有规定的控制标准。杂质影响较大的人工燃气,杂质控制含量如表7-4所示。建筑室内燃气管道系统对引入管最小管径的规定主要是为了避免管道内可能产生的堵塞,这些堵塞和燃气中的萘、焦油、灰尘的含量有很大的关系。冬天,人工燃气中的萘容易凝华结晶,杂质控制标准值就比夏天的控制值小。在建设建筑物燃气管道系统时,人工燃气引入管要设置清扫口或提供清扫条件,就是为可能发生的输气障碍提供解决措施。

**表7-4 人工燃气杂质允许含量(mg/Nm³)**

| 项目 | 质量指标 | 项目 | 质量指标 |
|---|---|---|---|
| 热值[①](MJ/Nm³) 应大于 | 14.7 | 萘[②③](mg/Nm³ (应小于) | $\frac{50}{P}\times10^5$ 冬天 |
| 杂质:<br>焦油和灰尘(mg/Nm³)(应小于) | 10 | | $\frac{100}{P}\times10^5$ 夏天 |
| 硫化氢(mg/Nm³) (应小于) | 20 | 含氧量(体积%)(应小于) | 1 |
| 氨(mg/Nm³) (应小于) | 50 | 一氧化碳含量(体积%)(宜小于)[①] | 10 |

注:表中 $P$ 为管网输气点的绝对压力(Pa);①指高热值,②③指萘的测定方法说明,可自行查阅相应规范。

天然气、液化石油气的杂质含量和气田开采、石油炼制和石油化工等工艺技术有关。为了保证天然气长输管线及设备，天然气的质量标准中对总硫量、硫化氢量有严格的要求，可比较的硫化氢含量不高于人工燃气的标准水平。液化石油气质量标准除了控制总硫含量外，还有 $C_5$ 及 $C_5$ 以上组分含量的控制要求。$C_5$ 的含量控制是为了避免过多的不易气化的残留液积留在液化气钢瓶中，降低钢瓶的利用容积，造成往返运输的不合理现象。

总的看来，达到质量标准的燃气本身对我们的建筑燃气系统及设备在抗腐蚀等方面没有很高的要求，建筑物室内燃气管道系统和应用设备应更注重其本身的严密性、管道的外保护措施和设备外部运行条件。

### 7.1.2 燃气的分类

燃气一般是按照燃气生产原料、生产工艺等技术条件进行大宗分类，国家燃气分类标准在按此大宗分类的基础上，结合燃气燃烧设备的互换性对燃气进行进一步划分。

1. 燃气的分类标准

燃气分类标准将燃气划分为人工燃气 *R*、天然气 *T* 和液化石油气 *Y* 三个大类，各大类燃气再按照反映燃气互换性能的特性指标华白数 *W*、燃烧势 $C_p$ 继续细分，如表 7-5 所示。

**表 7-5　城镇燃气的类别及特性指标（干燃气、15 °C、101.325 kPa）**

| 类别 | | 高华白指数 $W$/（$MJ/Nm^3$） | | 燃烧势 $C_p$ | |
|---|---|---|---|---|---|
| | | 标准 | 范围 | 标准 | 范围 |
| 人工燃气 | 3R | 13.71 | 12.62 ~ 14.66 | 77.7 | 46.5 ~ 85.5 |
| | 4R | 17.78 | 16.38 ~ 19.03 | 107.9 | 64.7 ~ 118.7 |
| | 5R | 21.57 | 19.81 ~ 23.17 | 93.9 | 54.4 ~ 95.6 |
| | 6R | 25.69 | 23.85 ~ 27.95 | 108.3 | 63.1 ~ 111.4 |
| | 7R | 31.00 | 28.57 ~ 33.12 | 120.9 | 71.5 ~ 129.0 |
| 天然气 | 3T | 13.28 | 12.22 ~ 14.35 | 22.0 | 21.1 ~ 50.6 |
| | 4T | 17.13 | 15.75 ~ 18.54 | 24.9 | 24.0 ~ 57.3 |
| | 6T | 23.35 | 21.76 ~ 25.01 | 22.5 | 17.3 ~ 42.7 |
| | 10T | 41.52 | 39.06 ~ 44.84 | 33.0 | 31.0 ~ 34.3 |
| | 12T | 50.73 | 45.67 ~ 54.78 | 40.3 | 36.3 ~ 69.3 |
| | 13T | 56.58 | 52.63 ~ 58.95 | 44.5 | 40.5 ~ 64.8 |
| 液化石油气 | 19Y | 76.84 | 72.86 ~ 82.84 | 48.2 | 48.2 ~ 49.4 |
| | 20Y | 79.64 | 72.86 ~ 87.53 | 46.3 | 41.6 ~ 49.4 |
| | 22Y | 87.53 | 81.83 ~ 87.53 | 41.6 | 41.6 ~ 44.9 |

燃气分类指标中的华白数 *W*、燃烧势 $C_p$ 是燃气互换性的重要判定依据。不同的燃气对燃气应用设备的通用性是燃气的互换性问题，它是安全使用燃气的重要因素。燃气的互换性主要和燃气的热值、燃气密度以及燃气的燃烧速度的差别而造成燃烧设备系统燃气流量变化、燃具热负荷变化以及燃气燃烧状况变化有关。

一个城市（或城镇）多气源燃气供应是保证燃气供应系统稳定、安全可靠的重要措施之一，但燃气组分的不同，性质上差别较大的燃气并网会影响燃气燃烧设备的正常使用，一个燃气设备本身的设计与制造也需要考虑对不同燃气的适用性。为了界定各种燃气能否输入同一燃气管网，又不影响燃气设备的正常使用，或者为了明确燃气设备所适应的燃气范围，燃气分类标准除了根据燃气来源分类外，还引用了华白数、燃烧势作为其分类指标。

2. 燃气的华白指数 $W$

华白指数是一个互换性判定指数。在置换气和基准气的化学、物理性质相差不大、燃烧特性比较接近时，可以用华白指数指标控制燃气的互换性。各国一般规定，在两种燃气互换时，华白数的变化不大于 ±（5% ~ 10%）。燃气的华白指数是一项控制燃具热负荷衡定状况的指标。

燃气的华白数正比于燃具的热负荷（即 $Q = k \cdot W$），因此，华白数 $W$ 也称为热负荷指数。华白指数 $W$ 按下式计算：

$$W = \frac{H_{\mathrm{h}}}{\sqrt{S}} \tag{7-2}$$

式中 $H_{\mathrm{h}}$——燃气高热值（$\mathrm{MJ/Nm^3}$）；

$S$——燃气相对密度（空气 = 1）。

对于燃烧特性差别较大的两种燃气的互换性问题，除了华白指数之外，还必须考虑燃气燃烧的火焰特性，即燃具是否会产生离焰（脱火）、回火、黄焰和不完全燃烧的倾向，它与燃气的物理化学性质即燃烧势有关。

3. 燃气的燃烧势 $C_{\mathrm{p}}$

随着气源种类的增多，出现了燃烧特性差别较大的两种燃气的互换性问题，除了华白指数以外，还必须引入燃烧势的概念。燃烧势反映燃气燃烧火焰的稳定特性（离焰、脱火、回火及黄焰）和不完全燃烧（CO 含量指标）的倾向性，是一项反映燃具燃气燃烧稳定特性的综合指标。

燃气的燃烧势 $C_{\mathrm{p}}$ 按下式计算：

$$C_{\mathrm{p}} = K \times \frac{1.0\mathrm{H_2} + 0.6(\mathrm{C}_m\mathrm{H_n} + \mathrm{CO}) + 0.3\mathrm{CH_4}}{\sqrt{S}} \tag{7-3}$$

式中 $H_2$、$C_mH_n$、$CO$、$CH_4$——燃气中氢、碳氢化合物、一氧化碳及甲烷组分的体积含量（%）；

$S$——燃气相对密度（空气 = 1，即：$S = \rho/1.293$）；

$K$——燃气中氧含量修正系数，按下式计算：

$$K = 1 + 0.0054\mathrm{O_2^2} \tag{7-4}$$

式中 $O_2$——燃气中氧的组分含量（体积%）。

我国早期的燃气发展的地域性很强。城市燃气以人工燃气为主，不同的原料、生产工艺等其他技术因素导致各地燃气品质不尽相同。市场上民用燃气灶具、燃气热水器都标明该设备适用于哪些地区的燃气。有了燃气的分类标准，燃气设备关于使用气种的规定，只要标明相应的燃气种类代号就可以了。例如，一燃气灶具标明使用表 7-1 中某地区的焦炉煤气，而该气种华白数 W 为 32，燃烧势 $C_{\mathrm{p}}$ 为 119，是 7R 人工燃气。事实上设备只要标明本设备使用 7R 气种就可以了。其他地区的用户，如果他们当地供应的燃气种类也是 7R 燃气，理论上该灶具应该可以正常使用。这就像建筑电气产品标明使用 220 V 交流电，还是使用 24 V 安全电源一样，明确了使用条件和对电源的要求。

### 7.1.3 燃气的种类

#### 7.1.3.1 人工燃气

以固体或液体可燃物为原料经各种热加工制得的可燃气体称为人工燃气。人工燃气主要有固体燃料干馏煤气、固体燃料气化煤气和油制气几类。

1. 固体燃料干馏煤气

以煤为原料利用焦炉或直立式炭化炉等进行干馏，所获得的可燃气体称为干馏煤气。焦炉煤气是炼焦过程中的副产品。

焦炉煤气中氢气约占 60%，甲烷在 20%以上，一氧化碳 8%以上，低热值约 17 MJ/Nm$^3$。

连续式直立炭化炉煤气是干馏煤气与部分水煤气组合成的混合气体。其中：氢气约占 55%，甲烷在 16%～20%，一氧化碳 17%～18%，低热值约 15 MJ/Nm$^3$。

干馏煤气生产历史较长，工艺成熟，是我国目前城市燃气的主要气源之一。

2. 固体燃料气化煤气

以固体燃料为原料，在气化炉中通入气化剂（空气、氧气、水蒸气），在高温条件下经过气化反应而得到的可燃气体称为气化煤气，通常有发生炉煤气、水煤气、蒸汽-氧气煤气。

① 发生炉煤气。煤在常压下，以空气、水蒸气作为气化剂经气化后所得到的煤气称为发生炉煤气。其中氮气占 50%以上，其余为一氧化碳和氢气。其低热值约 5.4 MJ/Nm$^3$。

② 水煤气。煤在常压下，以水蒸气作为气化剂所制得的煤气称为水煤气，其中氢气约占 50%，一氧化碳占 30%以上，其低热值约为 10 MJ/Nm$^3$。

发生炉煤气和水煤气这两种燃气的热值低，一氧化碳的含量高，毒性大，不适宜单独作为城市燃气的气源。焦炉和连续式直立炭化炉的生产中需要加热，消耗掉大量的自身产生的煤气，若用低热值煤气加热，可以顶替出热值较高的干馏煤气，从而可增加城市煤气的供应量。水煤气与干馏煤气掺混后可作为城市煤气的调峰气源。

③ 蒸汽-氧气煤气。以煤为原料在 2.0～3.0 MP 的压力下，以纯氧和水蒸气作为气化剂制成的煤气称为蒸汽-氧气煤气，也叫压力气化煤气。该煤气中的氢气含量超过 70%，甲烷占 12%～15%，氢和甲烷是煤气的主要成分，低热值为 17 MJ/Nm$^3$，可作为城市煤气。

3. 油制气

油制气是以石油及其产品作为原料，经过高温裂解而制成的可燃气体，按制取方法的不同又可分为热裂解、催化裂解、部分氧化和加氢裂解等四种油制气。

目前，我国以重油或减压渣油为原料，用蓄热式热裂解法或蓄热式催化裂解法制气。它是将原料油喷入蓄热器内，使油受热而裂解生成热裂解油制气，或者将热裂解气通过催化剂反应器生成催化裂解油制气。

① 热裂解油制气的主要成分是：$CH_4$、$C_2H_6$、$C_3H_6$ 等。其低热值为 41.7 MJ/Nm$^3$，产气率为 500～550 m$^3$/t 油，主要作为化工原料。

② 催化裂解油制气的组分是以氢为主，并含有相当数量的甲烷和一氧化碳，其低热值为 19 MJ/Nm$^3$，产气率为 1 100～1 300 m$^3$/t 油。此种气体无论组成还是发热值，以及燃烧特性均与炼焦煤气相似，故可以作为城市燃气的气源。

③ 部分氧化油制气是将原料油、蒸汽和氧气混合，在较高温度下进行部分氧化反应而制成的可燃气体，其组成以氢和一氧化碳为主，低热值约为 10 MJ/Nm$^3$。

生产油制气的装置简单，投资省，占地少，建设速度快，管理人员少，启动、停炉灵活；既可作城市燃气的基本气源，也可作城市燃气的调度气源。

4. 人工燃气的特性

人工燃气的特点是燃气的热值中等，燃气中一氧化碳的含量较高，燃气毒性大，泄漏后易造成人身伤亡事故。另外，人工燃气都经过净化处理工艺，在这个过程中大量使用了水。因此，燃气中水的含量高。一般以人工燃气为气源的建筑物室内燃气管道系统要考虑可能的凝结水排放需求。当管道采用镀锌钢管，管道相连接选用丝扣的连接方式时，接口填料可用厚白漆或聚四氟乙烯生料带。但采用厚白漆填料的管道系统气源日后向天然气转换时，天然气几乎是完全干燥的气流，因而采用厚白漆填料的管道丝扣连接处就有填料干裂导致漏气的隐患。

人工燃气在城市燃气事业中曾作为主力气源占有较重要的地位，特别是工业化大城市有着大量的用户。人工燃气供应采用管道供气方式，有的地方习惯上常将人工燃气称之为管道煤气。城市人工燃气的热值中等，管网服务范围一般局限在一个城市中，若管道距离太长，会造成燃气输配成本上升。

#### 7.1.3.2 天然气

天然气是指通过生物化学作用及地质变质作用，在不同地质条件下生成、运移，在一定压力下储集的可燃性气体。天然气的组分主要是甲烷，其他还含有少量的二氧化碳、硫化氢、氮和微量的氦、氖、氩等气体。

1. 天然气在燃气供应中的主导地位

从天然气气田、石油油田钻井开采得到的高甲烷组成的燃气就是天然气。天然气具有优良的燃气品质，主要组成成分是甲烷，气体中惰性成分少，热值一般在 36 $MJ/Nm^3$ 以上。天然气不含一氧化碳，没有毒性，为避免泄漏时人们无法察觉，通常还进行加臭处理。

除已进入开采晚期的气田气，一般气田开采得到的天然气压力都很高，具备长距离输送的动力优势。目前的天然气管网可以实现省际、城际联网，就像高压供电网络一样通达四方。天然气的联网使得天然气的供应范围大大扩大，这对天然气输配调度是十分有利的。而这一点，地域化较强的人工燃气网络是不可比拟的。我国天然气在燃气供应中已逐渐处于主导地位。

天然气既是制取合成氨、炭黑、乙炔等化工产品的原料气，又是极为优质的燃料气，是理想的城镇燃气气源。有效利用天然气对于促进低碳化、实现节能减排、提高能源利用率和实现能源的可持续发展具有重要的意义。

天然气的开采、储运和使用既经济又方便。例如液态天然气的体积仅为气态时的 1/600，有利于运输和储存。一些天然气资源缺乏的国家，通过进口天然气或液化天然气以发展城镇燃气事业，天然气工业在世界范围内发展迅速。21 世纪，天然气将会取代石油成为全球的主导能源。

我国有较为丰富的天然气资源，常规天然气远景资源量约为 56 万亿立方米，地质资源量约 36 万亿立方米，可采资源量约 24 万亿立方米。其中陆上约占 78.6%，海上约占 21.4%。陆上天然气资源主要分布在中西部和近海地区，约 80%的陆上天然气分布在塔里木盆地、四川盆地、鄂尔多斯盆地、渤海湾盆地、准噶尔盆地和东南海域等地区。

我国的天然气资源地理分布不均衡，为实现资源的合理调配利用，20 世纪 90 年代以来，我国天然气管道向大型化、网络化方向发展，多条天然气长输管线开工建设并投入使用，包括陕京输气一线、二线、三线和四线，西气东输一线、二线和三线，宁兰输气管道，忠武输气管道，川气东送管道，南海崖 13-1 气田至香港输气管道和东海平湖至上海输气管道等。

2. 天然气的种类

天然气有多种分类方式，按照勘探、开采技术可分为常规天然气和非常规天然气两大类。

（1）常规天然气。

常规天然气按照矿藏特点可分为气田气、石油伴生气和凝析气田气等。

① 气田气。从气井开采出来的气田气，主要成分是甲烷（$CH_4$），其含量为 90%～95%，其他成分乙烷至丁烷含量一般不大，戊烷及戊烷以上的重烃含量甚微，其低热值约为 36 $MJ/Nm^3$。

② 石油伴生气。伴随石油一起开采出来的天然气称之为石油伴生气。石油伴生气的主要成分是甲烷、乙烷、丙烷和丁烷，还有少量的戊烷和重烃。石油伴生气的特征是乙烷和乙烷以上的烃类含量较高，其低热值约为 48 $MJ/Nm^3$。

③ 凝析气田气。这是一种深层的并含有石油轻质馏分的天然气，它除含有大量甲烷外还含有 2%～5%的戊烷及戊烷以上的碳氢化合物，并且含有汽油和煤油的组分。

（2）非常规天然气。

非常规天然气是指由于目前技术经济条件的限制尚未投入工业开采的天然气资源，包括天然气水合物、煤层气、页岩气、水溶气、浅层生物气及致密砂岩气等。其中煤层气已经像常规天然气一样得到开采利用。我国非常规天然气资源量丰富，在未来将具有巨大的应用前景。

① 煤层气。煤层气也称为煤层甲烷气，是煤层形成过程中经过生物化学和变质作用以吸附或游离状态存在于煤层及固岩中的自储式天然气。煤层气的主要成分是甲烷，同时含有少量的二氧化碳、氮、氢以及烃类化合物等气体，热值约 40 MJ/Nm$^3$。

煤层气的开发利用可以防范煤矿瓦斯事故、有效减排温室气体，并可作为一种高效、洁净的城镇燃气气源。我国鼓励煤层气的开发利用，目前已初步形成煤层气的产业化发展模式。

② 页岩气。页岩气是以吸附或游离状态存在于暗色泥页岩或高碳泥页岩中的天然气。页岩气的开发具有开采寿命长和生产周期长等优点，但由于页岩气储层的渗透率低，页岩气的开采难度较大。美国是世界上页岩气勘探开发利用技术较成熟的国家，已经实现了页岩气商业性开发。我国页岩气资源广泛分布于海相、陆相盆地，资源量丰富。

③ 天然气水合物。天然气水合物（Gas Hydrates）俗称“可燃冰”，是天然气与水在一定条件下形成的类冰固态化合物。形成天然气水合物的主要气体为甲烷，在标准状态下 1 单位体积的甲烷水合物最多可结合 164 单位体积的甲烷。在天然气水合物的开采过程中，最大限度地减少对环境和气候的影响等技术难题是目前需要解决的问题。

#### 7.1.3.3 液化石油气

以凝析气田气、油田伴生气或炼厂气为原料气，经过加工处理而得到的可燃性物质称为液化石油气。但我国液化石油气大部分都是来自石油炼制过程中的副产品。由于其生产工艺和操作条件不同，制取的液化石油气的组分也有所差异，由油田伴生气和天然气中得到的液化石油气中，烷烃的含量比较高。

1. 液化石油气的特性参数

（1）液化石油气的组分：液化石油气主要由丙烷（$C_3H_8$）、丙烯（$C_3H_6$）、丁烷（$C_4H_{10}$）和丁烯（$C_4H_8$）组成，习惯上称为 $C_3$、$C_4$，即只用烃的碳原子数表示，液化石油气中同时夹带有少量的 $C_5$ 组分。

（2）液化石油气在常压下的沸点：液化石油气（$C_3H_8$、$C_3H_6$、$C_4H_{10}$、$C_4H_8$）在常压下的沸点一般为 − 42.7 ~ − 0.5 °C，所以它在常温常压下是以气体状态存在的。

（3）液化石油气的热值：液化石油气的热值约为 108.44 MJ/Nm$^3$。

（4）液化石油气的特性：当液化石油气压力升高或温度降低时很容易使之转化为液体状态，反之为气态；其体积变化比约为 1 :（280 ~ 320）。液化石油气的运输、储存和供应方便；液化石油气的热值高，燃烧完全：因此，液化石油气已成为我国大多数城市燃气的主要气源之一。

（5）液化石油气的残液：当液化石油气中含有少量戊烷、戊烯等高碳氢化合物时，由于这些重烃组分的沸点高（27 ~ 36 °C 甚至以上），在常温常压下不易气化，我们把这部分残留的可燃物质称为液化石油气的残液（注：残液仍然是一种优质的燃料油）。

2. 液化石油气的供气方式

液化石油气中烯烃部分可作化工原料，而其烷烃部分可用作燃料。近年来，国外不少城市还用它作为汽车燃料。由于在城市燃气事业中，发展液化石油气投资省、设备简单、供应方便灵活、建设速度快，所以液化石油气供应事业发展很快。

液化石油气常温下发生相变的压力不需要升得很高，储存液化石油气的钢瓶内压力在 1.2 MPa 以下，钢瓶的一般使用者不需接受特殊专门的技术培训，液化石油气钢瓶用户有相对的安全性。这样的条件非常适合于向零星分散的用户供应。

远离燃气管网或其他原因分散独立的建筑群体区域都可以发展为液化石油气的用户。一般普通居民用户可以选择 15 kg 容重的液化石油气钢瓶，较大耗气量的别墅居民用户或者团体炊事燃气用户可以选用 50 kg 容重规格的钢瓶，若单瓶供气量还不够，可以将数个钢瓶并联使用。更大用气规模的液化石油气用户群体，根据情况可考虑建设一个液化石油气气化站，采用管道输送的方式，向一栋楼、一个小区或更大区域范围的用户（上百户或上万户），提供气相的液化石油气或液化石油气掺混空气的混合气。

液化石油气液态的载热量大，长途运输也是经济合理的。铁路、公路、水路甚至于跨海远洋都可作为液化石油气的运输路径。

#### 7.1.3.4 生物质燃气

1. 生物质沼气

将各种有机物质，例如蛋白质、纤维素、脂肪、淀粉等，在隔绝空气的条件下发酵，在微生物的作用下经生化作用产生的可燃性气体，称为生物质气，亦称沼气。发酵的原料来源广泛，农作物的秸秆、人畜粪便、垃圾、杂草和落叶等有机物质都可以作为制取生物质气的原料，因此生物质气属于可再生能源。生物质气沼气的组分中，甲烷的含量约为 60%，二氧化碳约为 35%，此外还有少量的氢和一氧化碳等气体。其热值为 20 ~ 22 MJ/Nm$^3$。工业化生产的人工沼气，可在小范围内供应城镇居民及工业用户使用。

2. 生物质热裂解气

将各种生物质固体燃料（如木柴、锯末、秸秆等）在隔绝空气的条件下进行热裂解而生成的可燃性气体，称为生物质裂解气。其主要组分为一氧化碳 CO、甲烷 $CH_4$、氢气 $H_2$，还有少量的水蒸气 $H_2O$ 和二氧化碳 $CO_2$。热值约为 25 MJ/Nm$^3$。

3. 生物质气化气

将各种生物质固体燃料（如木柴、锯末、秸秆等）在缺氧条件下进行还原燃烧（也称部分燃烧）而生成的可燃性气体，称为生物质气化气。其主要组分为一氧化碳 CO、氢气 $H_2$、氮气 $N_2$ 和二氧化碳 $CO_2$，还有少量的甲烷 $CH_4$ 和水蒸气 $H_2O$，热值约为 12 MJ/Nm$^3$。

### 7.1.4 燃气气源工程

#### 7.1.4.1 城市煤气气源厂

城市煤气气源厂主要是指人工燃气气源厂。一般的人工燃气气源厂主要以煤为原料，煤焦化生产干馏煤气的产率在 0.3 Nm$^3$/kg 左右，煤制造水煤气的产率约 1.5 Nm$^3$/kg，一家中等规模，日产煤气 $30\times10^4$ Nm$^3$ 的焦化煤制气厂每天就要消耗近千吨的原煤，因此，气源厂的位置通常需要有良好的水路、铁路运输条件。城市规模较大的，为供气安全考虑，还应建设两个或更多的气源厂，并分布在燃气管网的不同方向，使燃气管网形成多点气源供气的安全供应网络。

#### 7.1.4.2 天然气气源工程

我国目前天然气气源主要有管道天然气、压缩天然气和液化天然气三种。

1. 管道天然气供气工程

所谓管道天然气，仅是以天然气气田作为燃气气源，气田采气后经过脱水、脱油和脱硫净化处理后，经长输管线送达各城市燃气管网门站，在经过计量、减压流程后进入城镇天然气管网，直接供城镇居民、商业、公共建筑和工业企业等用户使用。由于天然气从气田起点到用户末端用气设备都仅用管道连接和输送，因此，称其为管道天然气。

沿海部分大、中城市的天然气经气田开采后，经过天然气净化处理厂处理，再经高压压缩成压缩天然气（亦称 CNG），或是经过超低温（－162.5 °C）液化为液态天然气（亦称 LNG）后采用远洋船舶运输，到达目的港后再登陆上岸。无论是长输管线还是远洋船运，天然气都需要经过门站进入城市燃气管网。门站就好比是一个官网的入口，从官网的角度来看门站就是气源。保证城市燃气供应的安全，天然气气源的多元化也是一个需要考虑的重要因素。

2. 压缩天然气（CNG）供气工程

将天然气压缩到其压力大于或等于 10 MPa 且不大于 25 MPa（表压）的气态天然气，称为压缩天然气（Compressed Natural Gas，简称 CNG）。压缩天然气在 20 MPa 压力下体积约为标准状态下同质量天然气体积的 1/250，一般充装到高压容器中储存和运输。压缩天然气能储密度低于液化石油气和液化天然气，但由于生产工艺、技术设备较为简单且运输装卸方便，广泛用于汽车替代燃料或作为缺乏优质燃料的城镇、小区的气源。压缩天然气的各项技术指标见表 7-6。

**表 7-6 车用压缩天然气技术指标**

| 序号 | 项 目 | 技术指标 |
|---|---|---|
| 1 | 高位发热量 $H_h$/（MJ/m³） | >31.4 |
| 2 | 总硫（以硫计）/（mg/Nm³） | ≤200 |
| 3 | 硫化氢/（mg/Nm³） | ≤15 |
| 4 | 二氧化碳 $y_{CO_2}$/% | ≤3.0 |
| 5 | 氧气 $y_{O_2}$/% | ≤0.50 |
| 6 | 水露点/°C | 在汽车驾驶的特定地理区域内，在最高操作压力下，水露点不应高于－13 °C；当最低温度低于－8 °C，水露点应比最低气温低 5 °C |

注：本标准中气体体积的标准参比条件是 101.325 kPa，20 °C。

压缩天然气供应系统泛指以符合国家标准的二类天然气作为气源，在环境温度为－40～50 °C 时，经加压站净化、脱水、压缩至不大于 25 MPa 的条件下，充装入气瓶转运车的高压储气瓶组，再由气瓶转运车送至城镇 CNG 汽车加气站，供汽车发动机作为燃料，或送至 CNG 供应站（CNG 储配站或减压站），供入居民、商业、工业企业生活和生产的燃料系统。

城镇压缩天然气供应系统的优势在于：

① 在长输天然气管道尚未敷设的区域，运输距离一般在 200 km 左右的范围内，较适合采用压缩天然气作为气源实现城镇气化，并可节省大量建设投资。

② 以天然气替代车用汽油，减少汽车尾气排放量，改善城区大气环境质量，利于环境保护。

③ 以天然气替代车用汽油，由于价格相对便宜，可以节省交通运输费和公交车、出租车等的运营成本。

3. 液化天然气（LNG）供气工程

液化天然气（Liquefied Natural Gas，简称 LNG）是将天然气经过预处理，脱除重质烃、硫化物、二氧化碳和水等杂质后，在常压下深冷到－162 °C 液化得到的产品。

液化后的液态天然气体积仅为气态天然气体积的 1/625，其主要特点为：低温、杂质少、气态-液态体积比大。由于液化天然气具有储存量大、运输灵活等特点，作为城镇燃气气源是天然气利用的一种有效形式。

气田开采出来的天然气在天然气液化工厂进行处理并液化，国产液化天然气经过陆路运输到气化站、汽车加气站等地，进口液化天然气经过海上运输送到大型接收站。

液化天然气在大型接收站气化后进入输气管道，作为管道气源供应大、中城市。液化天然气也可通过槽车运至中、小城镇、小区作为气化气源，另外还可以作为用户的调峰及应急气源。液化天然气除气化后供应居民、商业、工业用户外，也可直接用作汽车、船舶、飞机的燃料。

### 7.1.4.3 液化石油气气源工程

1. 液化石油气储配站

液化石油气储配站是液化石油气的储存、罐瓶场所。液化石油气来源于油气田、石油炼制厂和石油化工厂经过分离、净化工艺后得到的液态液化石油气，经海陆运输后进入城市的液化气储配站。液化石油气储配站有 1 000 ~ 2 000 $m^3$ 的球形储罐、100 ~ 200 $m^3$ 的卧式圆筒形储罐，这些储罐储存了大量液态的液化石油气，成为城镇燃气液化石油气的气源。有的储配站上游企业离储配站不远，液化石油气也可以通过管道输送进入储配站，只是此种方法传输管道路径不能太长，不然为了保持液化气的液相状态，必须维持一定的管道工作压力，能量消耗是否合理需经过科学的技术论证。

储配站的第二个功能是罐装液化石油气钢瓶。燃气用户的 15kg、50kg 液化石油气钢瓶在储罐场站罐装后由专用汽车分散运输到各定点的液化石油气钢瓶用户服务站存放，向瓶装燃气用户提供换瓶服务。用户用完气的空瓶，再回送到液化石油气储配站，倒空残液、钢瓶经过安全检查、重新充装液化气，完成一个循环。

2. 液化石油气气化站

当液化石油气用户相对比较集中，或在其他因素认为技术经济可行的情况下，液化石油气也可采用管道供气的方法，这时液化石油气气化站就是一个气源站点。例如一栋住宅大楼，地理位置远离城镇燃气管网，居民用户若选用瓶装燃气供应方法仍感到用气、换瓶麻烦时，亦可建立一个液化石油气气化站，用管道送气至居民用户单元内，供应的形式就和人工燃气、天然气一样，大大方便了居民生活。

（1）瓶组自然气化。

气化站供气量小的例如近百户燃气用户，可选用比较简单的数个 50kg 钢瓶并联工艺，自然气化向燃气管网送气。图 7-1 是瓶组气化的系统示意图。

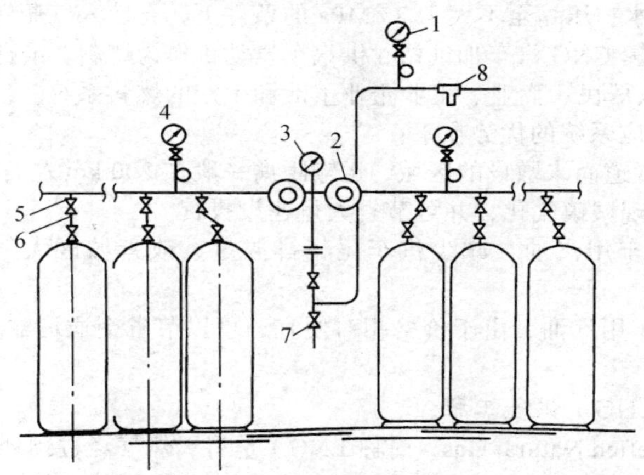


**图 7-1 液化石油气瓶组气化系统示意图**

1—低压端压力表；2—自动切换调压器；3—压力指示器；4—高压端压力表；5—阀门；6—高压软管；7—泄液阀；8—备用供给口

（2）强制气化。

当供气量加大，例如不是一栋楼，而是几栋楼或一个小区时，钢瓶内液态的液化石油气仅靠自然换热，气化速度慢，可能满足不了供气需求。这时需要外界供热方能满足气化要求。这种供热气化液化石油气的工艺称为强制气化工艺。

强制气化工艺常见的有电直接加热、电加热热水供热、液化气燃烧热水供热方法，图 7-2 所示是电加热强制气化站系统示意图。电加热工艺的设备系统比较简单，但加热时有电能消耗；液化气燃烧热水供热是自用能源，热水由液化气燃烧所得，但气化站站场布置有严格的明火控制防火要求。液化气明火加热水装置需要有一定的防火间隔场地，建造这类气化站占地较大，一般在有 3 000 户用户以上时较为合适。

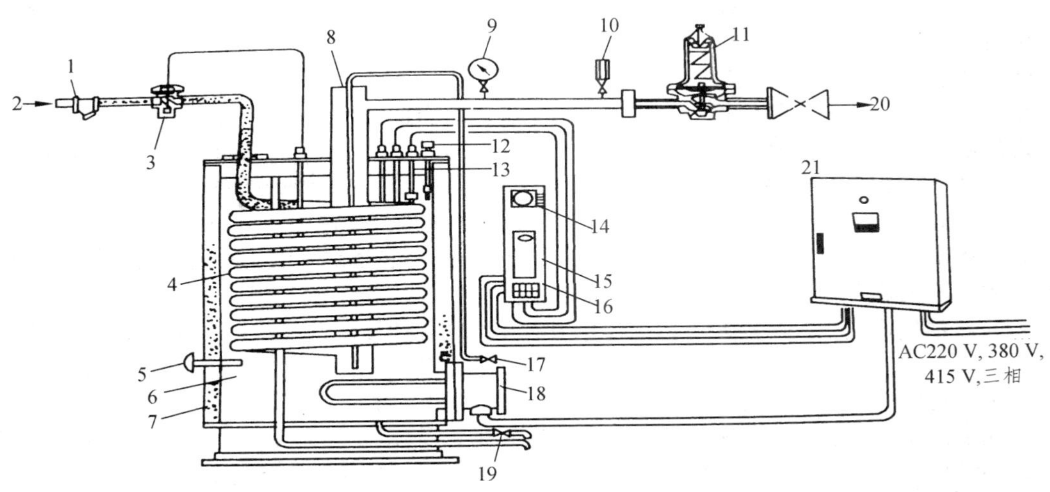


**图 7-2 强制气化蛇形管式电热式气化器示意图**

1—液体过滤器；2—液体入口；3—温度液位控制阀；4—蛇形管；5—温度计；6—热水槽；7—保温材料；8—气态液化石油气集气管；9—压力表；10—安全阀；11—调压器；12—液位计；13—浮子开关；14—温度保护恒温开关；15—控温开关；16—温度控制箱；17—残液排放阀；18—电加热器；19—热水排放阀；20—气态液化石油气出口；21—控制盘

在阳光、气温等气象条件较好的南方地区，液化石油气中 $C_3$ 类轻组分较多的也可以采用由多翅片大换热面积构成的室外空气加热器（空温式气化器）来提供液化气气化所需的能量。图 7-3 所示是液化石油气空气气化器设备图。空气气化器能充分利用大气环境的能量，运行成本低，管理费用有明显的优势。

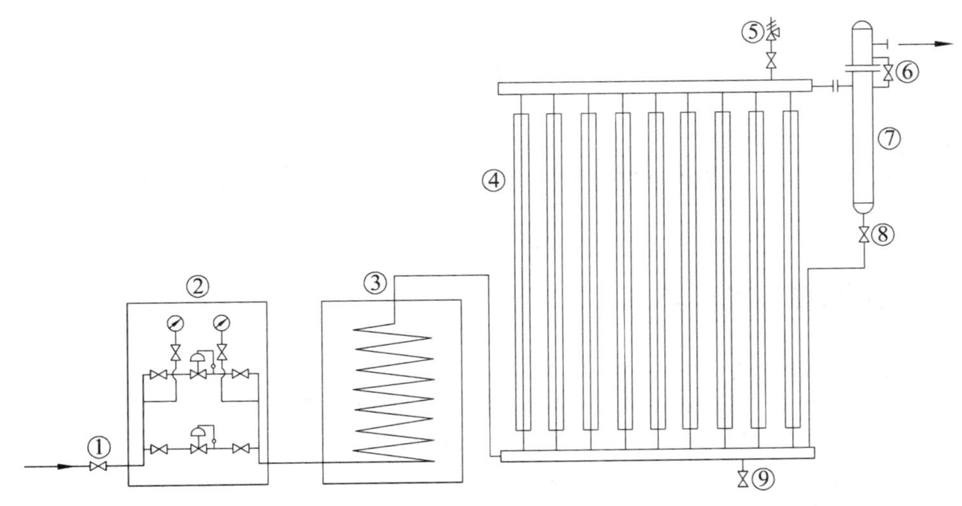

**图 7-3 液化石油气空气气化器设备示意图**

1—入口球阀；2—调压箱；3—水浴补热装置；4—空气汽化器本体；5—安全阀；6—防锁球阀；7—阻液装置；8—回液阀；9—排污阀

气化的液化石油气供气途中相态保持是液化石油气管道供应的重要条件。我们已经知道液化石油气一般条件下容易发生气液相态的转变。当管道输送的距离较长，地表面的温度较低时，管道内已经气化的液化石油气又有可能重新回复到液体状态，这对安全供气是不利的。为避免已经气化的液化石油气再度液化，我们可以采取掺混空气降低气体中 $C_3$、$C_4$ 的分压，最终降低混合气露点温度，达到保持 $C_3$、$C_4$ 为气态的目的。

（3）液化石油气掺混空气。

液化石油气中掺混空气的目的是降低燃气中的液化石油气的分压和露点温度，这样就可以保证气态的液化石油气不再返回成液体。液化石油气中掺混空气是不是已形成了一个会有爆炸危险的混合气体？液化气掺混的空气的技术要求之一是使混合后的气体中的液化石油气的体积百分数必须高于其爆炸极限上限的 1.5 倍。一般液化石油气的爆炸极限为 1.5%～10%左右，而掺混后的混合气体中液化石油气和空气的比例一般在 50%：50%，它远高于液化石油气的爆炸极限上限。因此，掺混工艺是安全的。

液化石油气掺混空气的主要工艺过程分为液化气气化和掺混空气两大部分。液化气气化和前面所说的强制气化是类似的。掺混空气的方法常见的有引射法、比例法等。引射法工作原理引自文丘里引射混合原理，高压的气态液化石油气喷射，在引射器入口部造成负压区，从而卷吸引入空气并在引射器的混合段达到液化石油气和空气的充分混合。引射法混气装置最大的特点是引射器无运动部件，构造简单，混合比例稳定，热值容易控制，装置运行能耗低。引射法混气设备也有缺点，它运行时有噪声，需采取消声措施。

液化石油气掺混空气的比例法一般是通过比例阀和调节器装置将气态化的液化石油气和空气按比例混合，达到掺混工艺的要求。混合时，液化石油气气相有压力，空气需要鼓风，按比例混气后所得燃气压力较高，但采用掺混的系统设备较为复杂，配套设备较多，整个系统造价较高。

液化石油气掺混空气供应燃气有一个很大的优点在于液化石油气掺混空气的混合燃气和天然气有很好的互换性。在一个居住小区里，项目建设计划竣工日期由于种种原因，小区天然气可能还不能到位，我们可以先期实施液化石油气掺混空气供气。若干年后当天然气供应条件具备时，就可以对整个燃气供应工程进行适量的改造，原先小区的管网、建筑室内管道系统和燃气设备就能使用上天然气，实现气源的平稳置换，经济损失最小。

## 7.2 城镇燃气输配系统

城镇燃气主要有人工燃气、天然气、液化石油气和生物质燃气。城市规划者根据燃气的性质、城镇的特点和用户的要求，建立合理的城镇燃气输配系统，将燃气输送到城镇的住宅小区或建筑物中。

### 7.2.1 城镇燃气供应方式

1. 燃气管道供应方式

人工燃气、天然气、液化石油气和生物质燃气都可以实现管道输送，但从实际运行的条件来说，采用管道供气方式的气种常常是人工燃气和天然气。

人工燃气和天然气的管道输送技术互相比较，一般人工燃气的输送压力较低，而天然气由于起源本身的高压优势，输送压力较高，加上天然气热值是人工燃气的 2～3 倍，因此，同等热量供应的前提下天然气管道的管径较小。

液化石油气在常温条件下容易发生气液两相转化，气化的液化石油气在管道内再结露会造成液-气两相共存，会引起不少问题。液化石油气实现管道输送可以用掺混空气或其他一般条件下不结露的低热值燃气方法，来减少混合气体中液化石油气气体分压，降低混合气体的露点温度，达到管网内混合燃气不结露的目的。南方地区气温高，在有限区域内，采用单一液化石油气气相管道供应方式也是有可能的。

2. 燃气瓶装分散供应方式

燃气管道网络供应方式是理想的燃气客户服务方式，就像水、电输配网络服务客户那样，但一些因人工燃气或天然气气源建设、输配管网覆盖有困难或有其他诸多不利因素的地区或局部区域，燃气供应就可能需要适应性好、灵活性强的液化石油气瓶装供气方式。

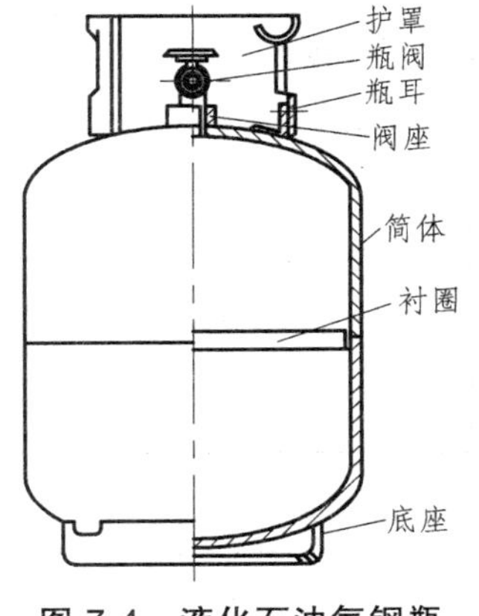


**图 7-4　液化石油气钢瓶**

普通居民用户的燃气钢瓶规格为 15 kg 容重，如图 7-4 所示。按一般消费水平用量，可供三口之家 20 ~ 25 d 之用，如果用户有燃气热水器，则消耗量会大大增加，换瓶周期将要缩短。团体炊事和营业餐饮燃气大用户，燃气钢瓶规格就要采用 50 kg 的大容量，有的甚至要几个这种钢瓶并联组成瓶组供气，并安排合理的换瓶周期，方能保证正常供气。瓶装供气有很大的灵活性，供气基础设施建设少；缺点就是钢瓶容量有限，钢瓶周期调换总有不尽如人意的感觉。

3. 燃气供应安全

为保证燃气供应的安全，配置多点气源是重要的。这样才能将一个气源的事故对整个管网范围的燃气供应影响尽可能地降低到最低程度。另外，气源的连续稳定的供气也是燃气供应安全保障的一个方面。对此，人工燃气气源厂要有一定的原料储备。为了解决燃气生产的相对固定性和燃气消费的时间不均匀性之间的矛盾，除了有可能建设可调峰的生产流程外，常见的对策是配置储气罐设施，消费需求低峰时储气，用气高峰时储罐出气补足气源厂恒定生产的缺口，这和城市水厂生产工艺中的蓄水池作用是相同的。

为了保证天然气供应的安全性，可采用长输管线上多处天然气气田气源引入的方案，必要时建设不同方向和来源的第二条长输管线，这一点和城市的电网供电安全多路入网措施是相似的。一般的长输管线天然气供应量是稳定的，要解决高低峰调节问题，可以采取长输管线末端升压储气的方式来平衡用气量的波动。投资更大的安全保障措施、建设超低温液化天然气储气设施，当然这样的技术和运行维护费用是相当高的。

液化石油气供应的安全保障相对来说要容易些，这得益于液化石油气本身的特性。大容量的储存、长短距离多种形式的运输以及调峰迅速的液化气气化工程都是比较容易实现的。

## 7.2.2　城市燃气用气量

城市燃气管网的任务是通过大范围敷设的燃气管道，将燃气从气源站输送到千家万户，方便用户使用。完善的城镇燃气管道网络成为燃气供应体系的重要一环。

1. 燃气用气量指标

城镇燃气供气量应包括：居民生活用气量、事业团体用气量、公共建筑用气量、建筑物采暖用气量、商业及餐饮用气量、工业企业生产用气量和城镇运输交通中燃气汽车的用气量等。其中民用燃气需求可以参照国家标准《城镇燃气设计规范》（GB 50028—2006），按各类用气指标推算。

居民用气指标如表 7-7 所示，公共建筑用气量指标如表 7-8 所示。公共建筑的设施标准应根据有关建设规划来确定。

**表 7-7　一些城市居民生活现状用气量指标（按燃气低热值计）**

| 城市名称 | 居民生活用气量指标（104 kJ/人·a） | | 全年平均温度/°C |
|---|---|---|---|
| | 无集中采暖设备 | 有集中采暖设备 | |
| 北　京 | 251～272 | 272～306 | 11.8 |
| 上　海 | 197～201 | — | 15.2 |
| 南　京 | 205～218 | — | 15.4 |
| 大　连 | 155～168 | 197～209 | 10.3 |
| 沈　阳 | 159～172 | 201～218 | 7.3 |
| 哈尔滨 | 168～180 | 243～151 | 3.7 |

**表 7-8　公共建筑用气量指标**

| 类　别 | | 单　位 | 用气量指标 |
|---|---|---|---|
| 职工食堂 | | $10^4$ kJ/kg·粮食 | 1.80～2.10 |
| 饮食业 | | $10^4$ kJ/座位·a | 798～920 |
| 幼儿园、托儿所 | 全托 | $10^4$ kJ/人·a | 168～209 |
| | 日托 | $10^4$ kJ/人·a | 63～105 |
| 医院 | | $10^4$ kJ/床位·a | 272～356 |
| 旅馆 | 无餐厅 | $10^4$ kJ/床位·a | 67～84 |
| | 有餐厅 | $10^4$ kJ/床位·a | 324～456 |
| 高级宾馆 | | $10^4$ kJ/床位·a | 589～898 |
| 理发店 | | $10^4$ kJ/人·次 | 0.32～0.42 |

2. 城镇燃气年用气量计算

进行燃气输配系统的规划设计时，首先要确定年用气量。

年用气量主要取决于用户的类型、数量及用气量指标。分别计算各类用户的年用气量，各类用户年用气量之和即为该城镇年用气量。

（1）居民生活年用气量。

在计算居民生活年用气量时，首先需要确定用气的人数。居民用气人数取决于城镇居民人口数及气化率。气化率是指城镇居民使用燃气的人口数占城镇总人口的百分数。

根据居民生活用气量指标、居民人口数和气化率即可按式（7-5）计算出居民生活年用气量：

$$Q_y = \frac{N \cdot k \cdot g}{H_l} \tag{7-5}$$

式中　$Q_y$——居民生活年用气量（$Nm^3/a$）；

$k$——气化率（%）；

$N$——居民人口数（人）；

$H_l$——燃气的低热值（$kJ/Nm^3$）；

$g$——居民生活用气定额[kJ/（人·a）]。

（2）商业用户年用气量。

在计算商业用户年用气量时，首先要确定各类商业用户的用气量指标、居民数及各类用户用气人数占总人口数的比例。对于商业用户，用气人口数取决于城镇居民人口数和商业用户的设施标准。列入这种标准的有：1000 居民中入托儿所、幼儿园的人数，为 1000 个居民设置的医院、旅馆床位数等。根据商业用户的用气量指标、居民人数和公共建筑设施标准，可以按式（7-6）计算出商业用户的年用气量：

$$Q_{\mathrm{y}}=\frac{M\cdot N\cdot g}{H_{l}} \tag{7-6}$$

式中 $Q_{\mathrm{y}}$——商业用户年用气量（$\mathrm{Nm^3/a}$）；

$N$——居民人口数（人）；

$M$——各类用气人数占总人口的比例数；

$H_l$——燃气的低热值（$\mathrm{kJ/Nm^3}$）；

$g$——各类商业用户用气定额[kJ/（人·a）]。

（3）工业企业的年用气量。

工业企业年用气量与生产规模、班制和工艺特点有关，通常由计算确定。其计算方法主要有以下两种：

① 工业企业的用气量可以利用各种工业产品的用气定额及其年产量来计算。工业产品的用气定额，可根据有关的设计资料或参照已用气企业的产品的用气定额选取。

② 在缺乏产品用气定额资料的情况下，通常是将工业企业使用的其他燃料的年用量，折算成燃气的年用气量，可按公式（7-7）折算：

$$Q_{\mathrm{y}}=\frac{1000\cdot G_{y}\cdot H_{l}'\cdot\eta'}{H_{l}\cdot\eta} \tag{7-7}$$

式中 $Q_{\mathrm{y}}$——年用气量（$\mathrm{Nm^3/a}$）；

$H_l$——燃气的低热值（$\mathrm{kJ/m^3}$）；

$G_y$——其他燃料年用量（t/a）；

$H_l'$——其他燃料的低热值（kJ/kg）；

$\eta$——燃气燃烧设备的热效率（%）；

$\eta'$——其他燃料燃烧设备热效率（%）；

（4）建筑物采暖年用气量。

建筑物采暖用气量与建筑面积、耗热指标和采暖期长短等有关。其计算为公式（7-8）：

$$Q_{\mathrm{y}}=\frac{F\cdot g_{r}\cdot n}{H_{l}\cdot\eta} \tag{7-8}$$

式中 $Q_{\mathrm{y}}$——建筑物采暖年用气量（$\mathrm{Nm^3/a}$）；

$H_l$——燃气的低热值（$\mathrm{kJ/Nm^3}$）；

$F$——使用燃气采暖的建筑面积（$\mathrm{m^2}$）；

$\eta$——采暖系统的热效率（%）；

$n$——采暖负荷最大利用小时数（h/a）；

$g_{\mathrm{r}}$——民用建筑物的耗热指标[kJ/（$\mathrm{m^2}$·h）]，根据地区冬季采暖计算温度确定。

由于各地供暖计算温度不同，各地区的供暖耗热指标 $g_{\mathrm{r}}$ 不同，可由有关手册查得。

（5）燃气汽车年用气量。

燃气汽车的燃气用气量指标，应根据当地燃气汽车的种类、车型和使用量的统计数据，经分析或计算后确定。

（6）其他未预见量。

城镇燃气年用气量还应计入未预见量。它包括管网的燃气漏损量和发展过程中的未预见的供气量。一般未预见量按总年用气量的 5%计算。所以，一座城镇的总年用气量为：

城镇总年用气量 =（居民生活年用气量 + 商业及公建年用气量 +
工业企业年用气量 + 采暖年用气量 +
燃气汽车年用气量）×105%。

### 7.2.3 燃气输配系统小时计算流量

为保证高峰用气的正常运行，城镇燃气输配系统的管径及设备的通过能力不能直接用燃气的年用气量来确定，而应按燃气计算月的小时最大流量进行计算。小时计算流量的确定，关系到燃气输配系统的经济性和可靠性。小时计算流量定得偏高，将会增加输配系统的金属用量和基建投资；定得偏低，又会影响用户的正常用气。

确定燃气小时计算流量的方法有两种：不均匀系数法和同时工作系数法。这两种方法各有其特点和适用范围。

1. 城镇燃气分配管道的计算流量

城镇燃气分配管道的计算流量，是按计算月的高峰小时最大用气量进行计算的，其计算公式如式（7-9）所示：

$$Q_h = \frac{Q_y}{365 \times 24} \cdot K_m^{max} \cdot K_d^{max} \cdot K_h^{max} \tag{7-9}$$

式中 $Q_h$——燃气小时计算流量（$Nm^3/h$）；

$Q$——燃气年用气量（$Nm^3/a$）；

$K_m^{max}$——月高峰系数，一般取 1.1 ~ 1.3；

$K_d^{max}$——日高峰系数，一般取 1.05 ~ 1.2；

$K_h^{max}$——小时高峰系数，一般取 2.2 ~ 3.2。

用气高峰系数应根据城镇用户用气量的实际统计资料确定。居民生活和商业用户用气的高峰系数，应根据该城镇各类用户燃气用量的变化情况，编制成月、日及小时用气负荷资料，经分析研究确定。工业企业生产用气的不均匀性，可按各用户燃气用量的变化叠加后确定。

供应用户数多时，小时高峰系数取偏小的数值。对于个别的独立的居民点，当用户数少于 1500 户时，作为特殊情况，小时高峰系数甚至可以选取 3.3 ~ 4.0。供暖用气不均匀性可根据当地气象资料及供暖用气工况确定。

工业企业和燃气汽车用户的燃气小时计算流量，宜按每个独立用户生产的特点和燃气用量的变化情况，编制月、日和小时用气负荷资料确定。

居民生活和商业用户小时最大流量，也可采用供气量最大利用小时数 $n$ 来计算。即假设把全年 8 760 h（24 h × 365 d）所使用的燃气总量，按一年中最大小时用量连续大量使用所能延续的小时数称为供气量最大利用小时数。

城镇燃气分配管道的最大小时流量，用供气量最大利用小时数计算时，其计算公式如式（7-10）所示：

$$Q_h = \frac{Q_y}{n} \tag{7-10}$$

式中 $Q_h$——燃气管道计算小时流量（$Nm^3/h$）；

$Q_y$——年用气量（$Nm^3/a$）；

$n$——供气量最大利用小时数（h/a）。

由式（7-9）与式（7-10）可得供气量最大利用小时数与不均匀系数间的关系式为式（7-11）：

$$n=\frac{365\times 24}{K_{\text{m}}^{\max}K_{\text{d}}^{\max}K_{\text{h}}^{\max}} \tag{7-11}$$

可见，不均匀系数越大，则供气量最大利用小时数越小。居民及商业用户供气量最大利用小时数因城镇人口多少而异，城镇人口数越多，用气越均匀，则最大利用小时数越大。目前我国尚无 $n$ 值的统计数据，表 7-9 中的数据仅供参考。

**表 7-9　供气量最大利用小时数 $n$**

| 名称 | 气化人口数（万人） | | | | | | | | | | | | | |
|---|---|---|---|---|---|---|---|---|---|---|---|---|---|---|
| | 0.1 | 0.2 | 0.3 | 0.5 | 1 | 2 | 3 | 4 | 5 | 10 | 30 | 50 | 75 | ≥100 |
| $n$/(h/a) | 1800 | 2000 | 2050 | 2100 | 2200 | 2300 | 2400 | 2500 | 2600 | 2800 | 3000 | 3300 | 3500 | 3700 |

2. 室内和庭院燃气管道的计算流量

由于居民住宅使用燃气的数量和使用时间变化较大，故室内和庭院燃气管道的计算流量一般按燃气用具的额定耗气量和同时工作系数 $K_0$ 来确定。

用同时工作系数法计算管道的计算流量如式（7-12）所示：

$$Q_{\text{h}}=K_{\text{t}}\sum K_0Q_{\text{n}}N \tag{7-12}$$

式中　$Q_{\text{h}}$——庭院及室内燃气管道的计算流量（$\text{Nm}^3/\text{h}$）；

$K_{\text{t}}$——不同类型用户的同时工作系数，当缺乏资料时，可取 $K_{\text{t}}=1$；

$Q_{\text{n}}$——相同燃具或相同组合燃具的单台额定流量（$\text{Nm}^3/\text{h}$）；

$N$——相同燃具或相同组合燃具的数目；

$K_0$——相同燃具或相同组合燃具的同时工作系数，居民生活用燃具可按《城镇燃气设计规范》确定（表 7-10、表 7-11），公共建筑用户和工业用燃烧器具可按加热工艺要求确定。

**表 7-10　居民生活用的燃气双眼灶同时工作系数**

| 相同燃具数 $N$ | 1 | 2 | 3 | 4 | 5 | 6 | 7 | 8 | 9 | 10 | 15 | 20 | 25 |
|---|---|---|---|---|---|---|---|---|---|---|---|---|---|
| 同时工作系数 $K_0$ | 1.00 | 1.00 | 0.85 | 0.75 | 0.68 | 0.64 | 0.60 | 0.58 | 0.55 | 0.54 | 0.48 | 0.45 | 0.43 |
| 相同燃具数 $N$ | 30 | 40 | 50 | 60 | 70 | 80 | 100 | 200 | 300 | 400 | 500 | 600 | 1000 |
| 同时工作系数 $K_0$ | 0.40 | 0.39 | 0.38 | 0.37 | 0.36 | 0.35 | 0.34 | 0.31 | 0.30 | 0.29 | 0.28 | 0.26 | 0.25 |

**表 7-11　居民生活用双眼灶和热水器同时工作系数 $K_0$**

| 设备类型 | 相同燃具数 $N$ | | | | | | | | | |
|---|---|---|---|---|---|---|---|---|---|---|
| | 1 | 2 | 3 | 4 | 5 | 6 | 7 | 8 | 9 | 10 |
| 双眼灶和热水器 | 1.00 | 0.56 | 0.44 | 0.38 | 0.35 | 0.31 | 0.29 | 0.27 | 0.26 | 0.25 |
| 设备类型 | 相同燃具数 $N$ | | | | | | | | | |
| | 15 | 20 | 25 | 30 | 40 | 50 | 60 | 70 | 80 | 90 |
| 双眼灶和热水器 | 0.22 | 0.21 | 0.20 | 0.19 | 0.18 | 0.178 | 0.176 | 0.174 | 0.172 | 0.171 |
| 设备类型 | 相同燃具数 $N$ | | | | | | | | | |
| | 100 | 200 | 300 | 400 | 500 | 700 | 1000 | 2000 | 3000 | |
| 双眼灶和热水器 | 0.170 | 0.160 | 0.150 | 0.140 | 0.138 | 0.134 | 0.130 | 0.120 | 0.112 | |

注：表中“双眼灶和热水器”是指一户居民装设一台燃气双眼灶和一台燃气热水器的同时工作系数。

同时工作系数 $K_0$ 反映燃气用具集中使用的程度，它与用户的生活规律、燃气用具的种类及数量等因素密切相关。

燃气双眼灶同时工作系数列于表 7-10。表中所列的同时工作系数适用于每一用户仅安装一台燃气双眼灶的情况。当每一用户安装两台燃气单眼灶时，也可参照表 7-11 进行计算。

表 7-10 的同时工作系数表明：所有燃气双眼灶不可能在同一时间内使用，所以实际上燃气小时计算流量不会是所有燃气双眼灶额定流量的总和。用户数越多，同时工作系数也就越小。该系数还因燃具类型而异。当每一用户除安装一台燃气双眼灶外，还安装有燃气热水器时，可参照表 7-11 选取同时工作系数。

由表 7-11 可见，同时工作系数与用户数及燃气设备类型有关。在一个住户中，安装有一台燃气双眼灶和一台燃气热水器时，同时工作系数取为 1；当两个及两个以上住户分别装有一台燃气双眼灶和一台燃气热水器时，所有燃气用具同时工作的可能性较小，故同时工作系数取小于 1 的值。同表 7-10 所示规律相同，用户数越多，同时工作系数也就越小。

### 7.2.4 城镇燃气管网的分类

城镇燃气管道可根据用途、敷设方式和输气压力分类。

#### 7.2.4.1 根据用途分类

1. 长距离输气管线

长距离输气管线是以气源（或气田）的干线首站起，至城市燃气门站或大型工业企业的燃气储配站间的连接管线。干管及支管的末端连接城市或大型工业企业，作为该供气区的气源点。

2. 城镇燃气管道

（1）输气管道。城镇燃气门站至城市配气管道（包括配气站）之间的管道称为输气管道。

（2）配气管道。在供气地区将燃气分配给居民用户、商业用户和工业企业用户的管道，称为配气管道，它包括街区和庭院的分配管道。

（3）用户引入管。室外配气支管与室内燃气进口总阀之间的燃气管道，称为用户引入管道。

（4）室内燃气管道。将燃气从用户引入口总阀门引入室内并分配到每个燃气用具的管道称为室内燃气管道。

3. 工业企业燃气管道

（1）工厂引入管道。将燃气从城镇燃气干管引入工厂的燃气管道称为工厂燃气引入管道。

（2）厂区燃气管道。燃气从工厂引入管总阀分送到各用气车间的燃气管道称厂区燃气管道。

（3）车间燃气管道。将燃气从车间的管道引入口阀门分送到车间各用气设备的燃气管道称为车间燃气管道。

（4）炉前燃气管道。将燃气从用气设备的燃气总阀门分送到炉子各燃烧设备的燃气管道称为炉前燃气管道。

#### 7.2.4.2 根据敷设方式分类：

1. 地下燃气管道

城市中的燃气管道一般均采用地下敷设。

2. 架空燃气管道

由于厂区道路较为狭窄，地下管道和构筑物较多，同时为了便于运行管理和检查维修，故厂区燃气管道多采用架空敷设。

#### 7.2.4.3　根据输气压力分类

燃气管道之所以要根据输气压力来分级，是因为燃气管道的气密性与其他管道相比有特别严格的要求。燃气泄漏可能会导致火灾、爆炸、中毒或其他重大事故。燃气管道中的压力越高，管道接头脱开或管道本身出现裂缝的可能性和危险性也就越大。当管道内燃气压力不同时，对管道材质、安装质量、检验标准和运行管理的要求也不同。

我国城镇燃气管道根据输气压力分级，其分级标准（GB 50028—2006）见表 7-12。

**表 7-12　我国城市燃气管道压力分级标准**

| 序　　号 | 燃气管道压力级别 | 压力值 $P$/MPa |
|---|---|---|
| 1 | 低　压 | ≤0.01 |
| 2 | 中压（B） | 0.01 ~ 0.20 |
| 3 | 中压（A） | 0.20 ~ 0.40 |
| 4 | 次高压（B） | 0.40 ~ 0.80 |
| 5 | 次高压（A） | 0.80 ~ 1.60 |
| 6 | 高压（B） | 1.60 ~ 2.50 |
| 7 | 高压（A） | 2.50 ~ 4.00 |
| 8 | 超高压 | ≥4.00 |

#### 7.2.4.4　不同输气压力适于不同用户

居民用户和小型公共建筑用户一般直接由低压管道供气。低压管道送入人工燃气时压力不得大于 2 kPa；输送天然气时压力不得大于 3.5 kPa；输送气态液化石油气时压力不得大于 5.0 kPa。

中压管道必须通过区域调压站或用户专用调压站才能给城市燃气管网中的低压管道供气，或给工厂企业、大型公共建筑用户以及锅炉房供气。当只采用中压一级燃气管网系统时，应在各居民用气小区或商业用户处设置调压箱。

一般由次高压或高压燃气管道构成大城市输配管网系统的外环网，高压燃气管道是给大城市供气的主动脉。同时，高压燃气管道也可作为储气设施，平衡城镇燃气供应的日不均匀性。高压燃气必须通过调压站才能送入中压管道、高压储气罐站以及工艺需要高压燃气的大型工厂企业。

超高压输气管道通常是贯穿省、地区或连接城市的长输管线，它有时也构成大型城市输配管网系统的外环环网。

城镇燃气管网系统中各级压力的干管，特别是压力较高的管道，应连成环网，初建时也可以是半环形或枝状管道，但应逐步构成环网。

城镇、工厂区和居民点可由长距离输气管线供气，个别距离城镇燃气管道较远的大型工业企业用户，经论证确系经济合理和安全可靠时，可自设调压站与长输管线连接。除了一些允许设专用调压器的、与长输管线相连接的管道检查站用气外，单个的居民用户不得与长输管线连接。

同时，随着科学技术的发展，管道和燃气专用设备的材质和工艺水平的改进，管网施工质量和运行管理水平有了提高，在新建的城镇燃气管网系统和改建旧有的管网系统时，燃气管道压力的标准也可以适当提高，这样能提高管道的输气能力并降低管网的总造价。

### 7.2.5　城镇燃气管网系统

1. 城镇燃气输配系统的构成

现代化的城镇燃气输配系统是复杂的综合设施，主要由下列几部分构成：

（1）低压、中压（或次高压）以及高压等不同压力的燃气管网。

（2）城市燃气分配站或压送机站、调压计量站或区域调压室。

（3）燃气储配站、储气站。

（4）电信与自动化设备、遥测、遥控、遥调、遥讯与电子计算机中心。

输配系统应保证可靠地、不间断地供给用户燃气；在运行管理方面应是安全的、经济的；在维修检测方面应是简便的、宜行的。同时还应考虑到检修或发生故障时，可关断某些局部管段而不致影响全系统的工作。

在同一燃气输配系统中，宜采用标准化和系列化的站室，构筑物和设备。采用的系统方案应具有最大的经济效益和最可靠的运行管理，并能分阶段地，一部分一部分地建造和投入运行。

2. 城市燃气管网系统

城市燃气输配系统的主要构成部分是燃气管网。燃气管网根据所采用的管网压力级制不同可分为：

（1）一级系统。仅用只有一个压力级制（通常是低压）的管网分配和燃气供应系统称为一级管网系统。这种系统一般只用作小城镇的供气系统。当供气范围较大时，则输送单位体积燃气的投资和管材用量将急剧增加。

（2）两级系统。由低压和中压或低压和次高压两级压力等级组成的管网分配和燃气供应系统称为二级管网系统。

（3）三级系统。由低压、中压（或次高压）和高压三级压力等级组成的管网分配和燃气供应系统称为三级管网系统。

（4）多级系统。由低压、中压、次高压和高压，甚至更高压力等级组成的管网分配和燃气供应系统称为多级管网系统。

3. 采用不同压力级制的必要性

城镇燃气输配系统中管网采用不同的压力级制，其原因如下：

（1）管网采用不同的压力级制是比较经济的。因为大部分燃气由较高压力的管道输送，管道的管径可以选得小一些，管道单位长度的压力损失可以选得大一些，以节省管材。

在长距离输气的管线（即长输管线）中或由城市的一地区向另一地区大量输送燃气时，一般采用较高输气压力，以尽可能缩小管径，提高输气能力，降低投资。

对城镇里的大型工业企业用户，可敷设压力较高的专用输气管线。

（2）各类用户所需要的燃气压力不同。如居民用户和小型公共建筑用户需要低压燃气，而大多数工业企业则需要中压或次高压，甚至高压燃气。

（3）消防安全的要求。在城镇未改造的老区，街道和人行道比较狭窄，建筑物和人口密度较大，从安全运行和方便管理角度出发，只能敷设中压和低压燃气管道。另外，大城市燃气输配系统的建造、扩建和改建过程历史较长，所以在城市的老区，原有燃气管道的设计压力大都比近期建造的管道压力低。

4. 燃气管网系统的选择

无论是旧有的城市，还是新建的城镇，在选择燃气管网系统时，应考虑到许多因素，其中最主要的因素有：

（1）气源情况：燃气的种类和性质、供气量和供气压力、气源的发展或更换气源的规划。

（2）城镇规模、远景规划情况、街区和道路的现状和规划、建筑特点、人口密度、居民用户的分布情况。

（3）原有的城镇燃气供应设施情况，以及储气设施或设备的类型。

（4）城镇地理地形条件，敷设燃气管道时遇到天然和人工障碍物（如河流湖泊、铁路）情况。

（5）城镇地下管线和地下建筑物、构筑物的现状和改建、扩建规划。

设计城市燃气管网系统时，应全面考虑上述诸因素进行综合，从而提出数个方案作技术经济比较，选用经济合理的最佳方案，方案的比较必须在技术指标和工作可靠性相同的基础上进行。

5. 燃气管网系统的压力选择

燃气实现管网输配，其管网的工作压力应如何选择？城镇燃气管网输气压力的选择需要考虑许多因素。若燃气管网的压力太高，城区地下敷设输送易燃易爆的燃气管道的安全性不好，而输气压力过低，为保证其流通能力，输气管道的口径就要变大，由此输气管道材料消耗量上升。而且低压管道燃气流量的调节能力会大大降低。

我国城镇燃气管道根据其输气压力分级。燃气管道之所以根据输气压力来分级是因为燃气管道的气密性与其他管道相比有特别严格的要求。燃气泄漏可能会导致火灾、爆炸、中毒或其他重大事故。燃气管道中的压力越高，管道接头脱开或管道本身出现裂缝的可能性和危险性就越大。当管道内燃气压力不同时，对输气管道的材质、安装质量、检验标准和运行管理要求也就不同。

长输管线送来的天然气压力高，考虑到能源的充分利用，城镇燃气管网根据城镇用气规模可建设成高压、中压和低压三级网络，或高压、次高压、中压及低压等多级网络。城镇外环输气管道及敷设条件较好的输气主干管道，宜建设高压管线，城区主体网络选用次高压管或中压管，街坊住宅小区一般敷设中、低压管网。

图 7-5 所示为高、中、低压三级燃气管网示意图。这是国内大多数城市常见的典型燃气管网压力级制。人工燃气由于起源本身生产工艺的特点，出厂前人工燃气压力为常压，需辅助加压。因此，选用人工燃气的城市燃气管网一般采用中、低压两级压力级制。

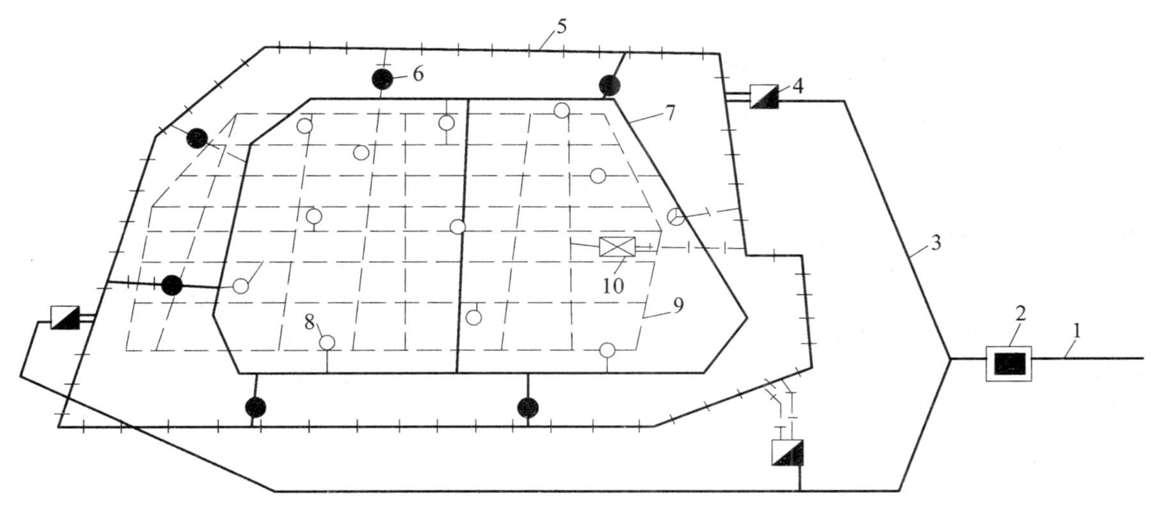


**图 7-5　三级管网系统**

1—长输管线；2—城市燃气门站；3—郊区次高压 A 管道（1.6 MPa）；4—储气罐站；5—次高压 A 管网；6—次高压-中压 B 调压站；7—中压 B 管网；8—中-低压调压站；9—低压管网；10—煤气厂

## 7.2.6　城镇燃气管道的施工布线

燃气管网的作用是要保证安全、可靠地供给各类用户以正常压力和足够数量的燃气。布置燃气管网首先要满足使用上的要求，同时要尽量缩短管线，以节约金属用量和投资费用。

燃气管网的布置应根据全面规划、远近期结合，并以近期为主的原则，作出分期建设的安排。

燃气管网的布置是在城镇燃气管网系统的压力级制已原则上确定之后进行的，并按压力高低的顺序，先布置高压和中压管网，然后再布置低压管网，并确定管网中各管段的具体位置。对于扩建或改建燃气管网的城镇，则应从实际出发充分发挥原有管网的作用。

城镇里的燃气管道均采用地下敷设。所谓城镇燃气管道的布线，是指城镇管网系统在原则上选定之后，决定各管段的具体位置。

布置市区内的燃气管网，应服从城镇地下管网综合规划的安排。对于地下燃气管道，要确定其沿城镇街道的平面位置和纵断面位置。

#### 7.2.6.1　城镇燃气管道布线依据

地下燃气管道宜沿城镇道路、人行便道敷设，或敷设在绿化地带内。在决定城镇中不同压力燃气管道的布线问题时，必须考虑到下列基本情况：

（1）管道中的燃气压力。

（2）街道其他地下管道的密集程度与布置情况。

（3）街道交通量和路面结构情况，以及运输干线的分布情况。

（4）所输送燃气的含湿量，必要的管道坡度，街道地形变化情况。

（5）与该管道相连接的用户数量及用气量情况，该管道是主要管道还是次要管道。

（6）线路上所遇到的障碍物情况。

（7）土壤性质、腐蚀性能和冰冻线深度。

（8）该管道在施工、运行和万一发生故障时，对城市交通和人民生活的影响。

在布线时，要决定燃气管道沿城市街道的平面位置与纵断面位置。由于输配系统各级管网的输气压力不同，其设施和防火安全的要求也不同。而且各自的功能也有所区别，故应按各自的特点进行布置。

#### 7.2.6.2　高压燃气管网的布置

高压燃气管网的主要功能是输气，并通过调压站向压力较低管网的各环网配气。一般按以下原则布置：

（1）城镇燃气管道通过的地区，应按沿线建筑物的密集程度划分为四个管道地区等级，并依据管道地区等级作出相应的管道设计。不同等级地区地下燃气管道与建筑物之间的水平和垂直净距应符合现行国家标准《城镇燃气设计规范》（GB 50028）的相应规定。

（2）高压燃气管道宜采用埋地敷设，当个别地段需要采用架空敷设时，必须采取安全防护措施。

（3）高压燃气管道不应通过军事设施、易燃易爆仓库、国家重点文物保护单位的安全保护区以及飞机场、火车站、海港口码头。当受条件限制管道必须通过上述区域时，必须采取安全防护措施。

#### 7.2.6.3　次高压、中压及低压燃气管道的布置

（1）地下燃气管道不得从建筑物和大型建、构筑物的下面穿越。为了保证在施工和检修时互不影响，也为了避免由于漏出的燃气影响相邻管道的正常运行，甚至逸入建筑物内，地下燃气管道与建筑物、构筑物以及其他各种管道之间应保持必要的水平和垂直净距，符合现行国家标准《城镇燃气设计规范》（GB 50028）的相应规定。

（2）低压燃气管道的输气压力低，沿程压力降的允许值也较低，故低压管网的每环边长一般宜控制为 300 ~ 600 m。低压管道直接与用户相连，而用户数量随着城市建设发展而逐步增加，故低压管道除以环状管网为主体布置外，也允许存在枝状管网。

（3）有条件时低压管道宜尽可能布置在街区内兼作庭院管道，以节省投资。

（4）低压管道应按规划道路布线，并应与道路轴线或建筑物的前沿相平行，尽可能避免在高级路面的街道下敷设。

（5）地下燃气管道埋设的最小覆土厚度应满足下列要求：埋设在机动车道下时，不得小于 0.9 m；埋设在非机动车道下时，不得小于 0.6 m；埋设在机动车不可能到达的地方时，不得小于 0.3 m。

（6）输送湿燃气的管道应埋设在土壤冰冻线以下，燃气管道坡向凝水缸的坡度不宜小于 0.003。布置管道时，最好能使管道的坡度与地形相适应。在管道的最低点应设置排水器。

（7）在一般情况下，燃气管道不得穿过其他管（或者沟）。如因特殊情况，需要穿过其他大断面的排水管（沟）、热力管沟、隧道及其他用途的沟槽等，需征得有关方面同意，同时燃气管道必须安装于套管内。套管的两端应采用柔性的防腐、防水材料密封。套管伸出建、构筑物外壁的距离应符合现行国家标准《城镇燃气设计规范》（GB 50028）中的相关规定。

### 7.2.7 燃气管网的调压设备

不同压力级制的燃气管网的连接需要用调压设备来过渡。天然气地区的入网门站有高-中压调压器，可以将 6.4 MPa、4.0 MPa 等高压天然气调整到下级燃气管网所需的压力，例如 1.6 MPa、0.8 MPa 等。三级压力级制和中、低压两级压力级制的城镇燃气管网，有大量的中、低压调压器。

1. 调压器的工作原理

城市供气为中压管，而使用压力为低压的居民或一般公共建筑用户，进户前应设置调压站、调压柜或专用调压装置，将中压管调为低压管。

调压器按用途和使用对象可分为区域调压器、专用调压器和用户调压器；按进出口压力分为低－低压、中－低压、中－中压、高－低压、高－中压和高－高压调压器；按结构形式可分为浮筒式和薄膜式。图 7-6 为调压器工作原理示意图。

用户调压器适合在建筑物入口安装，供用气量不大的工业或民用建筑用户使用，可将用户和中压管直接连接，便于整栋楼调压。可用薄膜式调压器，其特点是体积小、质量轻，可安装在箱式调压装置中。

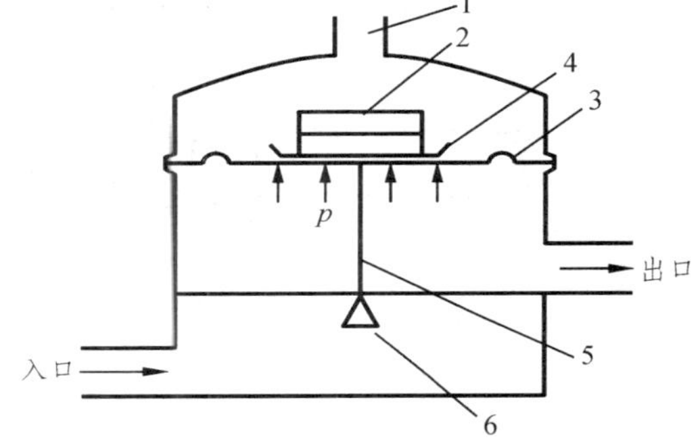

图 7-6 调压器的工作原理

2. 调压装置设置的位置要求

（1）当气候条件和周围环境允许时，调压装置宜露天设置，但应设围墙、护栏或车挡。

（2）设置在地上的单独调压箱（悬挂式）内时，对居民和商业用户，燃气进口压力不应大于 0.4 MPa，对工业用户（包括锅炉）则不应大于 0.8 MPa。

（3）设置在地上的单独调压柜（落地式）内时，燃气进口压力不宜大于 1.6 MPa。

（4）设在地上单独建筑物内，或当条件限制不能在地上，且燃气进口压力不大于 0.4 MPa 时，可设在单独构筑物内或地下单独的箱内，且应符合《城镇燃气设计规范》（GB 50028—2006）和《建筑设计防火规范》（GB 50016—2014）中对调压站的建筑设计的有关规定。

（5）液化石油气和相对密度大于 0.75 的燃气调压装置，不得设在地下室、半地下室和地下单独的箱内。

3. 单独用户专用调压装置设置的其他要求

（1）居民和商业用户燃气进口压力不大于 0.4 MPa，或工业用户（包括锅炉）不大于 0.8 MPa 时，可设在用气建筑专用单层毗连建筑物内，但应与相邻建筑用无门窗和洞口的防火墙隔开，与其他建筑水平净距应符合相关的规定。

（2）当调压装置进口压力不大于 0.2 MPa 时，可设在公共建筑顶层房间内，但应靠建筑外墙，且不得布置在人员密集房间的上面或贴邻。

（3）当调压装置进口压力不大于 0.4 MPa，且调压器进出口管径不大于 DN100 时，可设在用气建筑平屋顶上，但调压装置与建筑烟囱水平净距不得小于 5 m。

（4）当调压装置进口压力不大于 0.4 MPa 时，可设在单层建筑的生产车间、锅炉房和其他工业生产用气房间内。

（5）当调压装置进口压力不大于 0.8 MPa 时，可设在单独、单层建筑的生产车间、锅炉房内，但调压器的进出口管径不应大于 DN80。

4. 调压箱与调压柜的设置

（1）落地式调压柜底距地坪高度宜为 300 mm，且应有单独的基础。

（2）悬挂式调压箱箱底距地高度宜为 1.0 ~ 1.2 m。调压器至建筑物的门、窗或其他通向室内的孔槽水平距离为：当调压器进口压力不大于 0.4 MPa 时，不应小于 1.50 m；当调压装置进口压力大于 0.4 MPa 时，不应小于 3.0 m。

5. 调压器与调压装置的结构类型

调压器的形式有多种多样，其代表性的有雷诺式调压器、T 型调压器等。如图 7-7 所示是典型的雷诺式调压器。

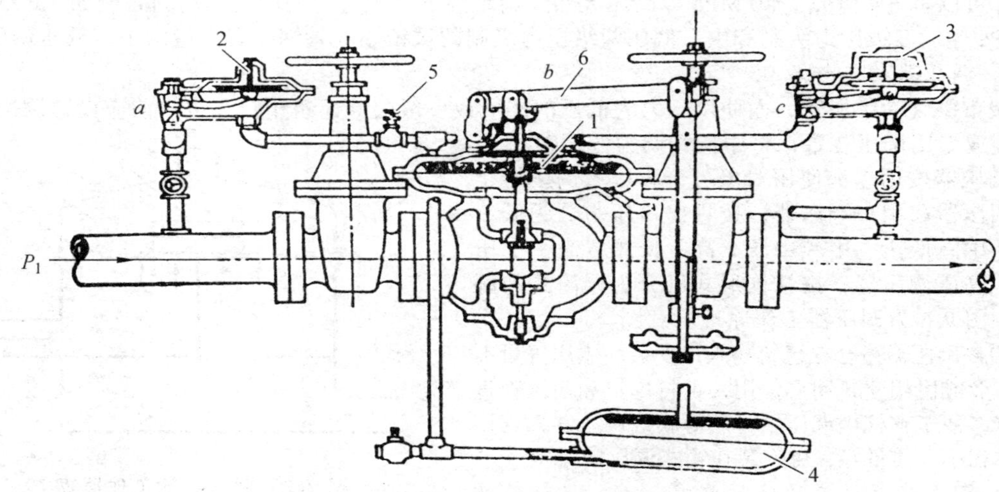


**图 7-7　雷诺式调压器**

1—主调压器；2—中压辅助调压器；3—低压辅助调压器；4—压力平衡器；5—针形阀；6—杠杆

雷诺式调压器具有调压精度高、调压器阻力损失小、通过的流量大和性能稳定的优点，但它设备庞大，还需要建设一个调压器站房，调压器站房周围要有一定的安全防火距离。

相比之下，T 型调压器的结构较为简单，但调压的阻力损失大。现在调压器选用较多的是组合式调压器。组合式调压器是将一系列调压器件、阀门等装置组合在一个箱体中，具有安装维护方便和占地面积小等优点，很受用户的欢迎。随着天然气供气范围的逐渐扩大，燃气中压管道直接进入小区管网，经楼栋调压器调压后进入建筑内部的燃气输配方案也越来越多地被采纳。

## 7.2.8　小区燃气管网系统

住宅小区燃气管网是建筑工程项目重要的配套项目。目前的建筑项目建设更加强调一体化建设进程，住宅小区燃气管网的设计、施工包括以后的运行管理，应充分考虑小区燃气管网与建筑、燃气系统和其他建筑设备系统的关系。

1. 小区低压燃气管网系统

住宅小区的燃气管网是城市燃气管网的一个组成部分，是总体燃气管道网络的延伸。小区管网设计要综合考虑城市燃气管网和小区建筑两大因素。当城市燃气管网采取高中低三级压力级制或中低两级压力级制时，小区的燃气管网可以独立成一体系，或与周边建筑小区组成一个低压管网体系。小区燃气管网若根据流量计算和燃气专业公司规划的要求需独立设置调压站的，则站址应在小区的平面规划中予以考虑。小区独立燃气调压站房在小区建筑平面布置上要遵循的安全距离规定如表 7-13 和 7-14 所示。

**表 7-13 调压站与建筑物的距离（m）**

| 调压站建筑形式 | 最小距离 | |
|---|---|---|
| | 一般建筑 | 重要公共建筑 |
| 地上独立建筑 | 6.0 | 25 |
| 毗连建筑 | 允许 | 不允许 |

**表 7-14 调压站与高层民用建筑物的距离（m）**

| 调压站进口压力/MPa | 一类建筑 | | 二类建筑 | |
|---|---|---|---|---|
| | 主体建筑 | 相连的附属建筑 | 主体建筑 | 相连的附属建筑 |
| 0.01 ~ 0.20 | 20 | 15 | 15 | 13 |

住宅小区的燃气中-低压调压站入口管道和城镇中压燃气管网连接，出口管道和小区低压燃气或管网连接，其调压器出口压力则根据小区燃气管网最大允许压差选择。小区燃气主干管应尽量成环状，通向建筑物的支线管道可以敷设成枝状管网。为了提高城市燃气管网的安全性，小区之间的燃气管网也可以相互连接，增强管网供气的互补性。当然，要合理地解决并网互补性和小区管网相对独立性的矛盾，小区管网间的连接点不宜过多，连接点处还要设置截断阀门，以利于区域抢修时分区隔断的需求。

2. 小区中压燃气管网系统

使用天然气的城市，燃气管网系统除采用小区低压输气方式外，还可以采用将中压管道直接引入住宅小区的供气方式。几栋多层住宅楼，或一栋高层住宅选用一个楼栋箱式调压器，直接将中压燃气调至低压燃气，经引入管进入建筑室内燃气管道系统。这样的调压器可以是落地式的，也有挂壁式安装的。如图 7-8 所示为楼栋调压器结构示意图。

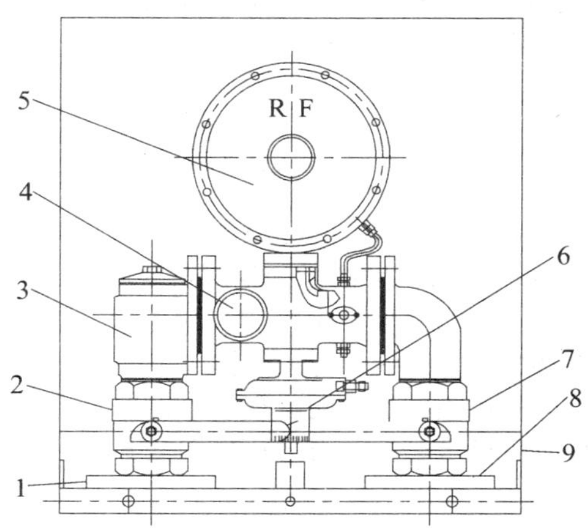


**图 7-8 燃气楼栋箱式调压装置**

1—进口法兰；2—进口不锈钢球阀；3—过滤器；4—压力表；5—调压器主机；6—切断阀；7—出口不锈钢球阀；8—出口法兰；9—箱体

小区中压燃气管道建设和低压燃气管道建设相比，管道需要有较大的敷设间距，新开发的小区有这样的建设条件，管内燃气压力大，供气条件改善，管材消耗有所降低。

3. 小区燃气管网流量及管道阻力计算

小区燃气管网和城市燃气管网一样，供气是非均匀的，存在着高峰负荷和低谷负荷。燃气管网建设既要强调燃气管网的经济性，又要保证供气的安全，不能脱气脱压，因此，管道设计一般按最大小时流量设计，不同的用气规模，有不同的确定方法。

（1）2000 户以下的燃气流量。

当某一燃气管道负责供气户数在 2000 户以下时，其最大小时流量应按庭院及室内燃气管道的流量计算方法（即同时工作系数法）确定，其计算公式如式（7-12）所示。

（2）2000 户以上的燃气流量。

当某一管道负责供气户数在 2000 户以上时，其最大小时流量可采用不均匀系数法计算，居民生活和公共建筑燃气的小时计算流量宜按式（7-9）确定。燃气用气的高峰系数，应根据住宅小区所在地区有关统计资料确定。当缺乏用气状况资料时可结合当地具体情况分析，月高峰系数月高峰系数 $K_{\mathrm{m}}^{\max}$，一般取 1.1 ~ 1.3；日高峰系数 $K_{\mathrm{d}}^{\max}$，一般取 1.05 ~ 1.2；小时高峰系数 $K_{\mathrm{h}}^{\max}$，一般取 2.2 ~ 3.2 选用。

（3）小区中压管道沿程阻力。

小区中压（含次高压）燃气管道的沿程阻力计算公式可按下式计算：

$$\frac{p_1^2-p_2^2}{L}=1.27\times10^{10}\cdot\lambda\cdot\frac{Q_0^2}{d^5}\cdot\rho_0\cdot\frac{T}{T_0} \tag{7-13}$$

式中 $p_1$——管道起点燃气的绝对压力（kPa）;

$p_2$——管道终点燃气的绝对压力（kPa）;

$L$——燃气管道的计算长度（km）;

$d$——燃气管道的内径（mm）;

$Q_0$——燃气管道的计算流量（$\mathrm{Nm^3/h}$）。

$\rho_0$——燃气的密度（$\mathrm{kg/Nm^3}$）;

$T$——燃气的绝对温度（K）;

$T_0$——标准状态绝对温度（273.15K）;

$\lambda$——燃气管道的摩擦阻力系数。

紊流状态，$Re>3500$ 时，阻力系数按下式计算：

$$\lambda=0.11\left(\frac{\Delta}{d}+\frac{68}{Re}\right)^{0.25}$$

式中 $d$——管道内径（mm）;

$\Delta$——管道内壁的当量绝对粗糙度（mm），钢管一般取$\Delta=0.1\sim0.2$ mm，PE 聚乙烯管一般取$\Delta=0.01$ mm。

室外燃气管道的局部阻力损失可按上述管道沿程阻力计算值的 5% ~ 10%推算。

（4）低压燃气管道的沿程阻力。

低压燃气管道沿程阻力计算的基本计算公式为：

$$\frac{\Delta p}{L}=6.26\times10^{7}\cdot\lambda\cdot\frac{Q_0^2}{d^5}\cdot\rho_0\cdot\frac{T}{T_0} \tag{7-14}$$

式中　$\Delta p$——燃气管道的压力损失（Pa）;

$Q_0$—燃气管道的计算流量（$Nm^3/h$）。

$L$——燃气管道的计算长度（m）;

$d$——燃气管道的内径（mm）;

其余符号意义及取值与式（7-13）中相同。

4. 小区埋地燃气管管材

小区的燃气管管材可选用铸铁管、钢管和聚乙烯管。

普通铸铁管最大的优点是耐腐蚀，但缺点是脆性大、强度低、管壁厚且笨重。为了改进普通铸铁管的强度低的弱点，通过添加碱土金属或稀土金属生产了球墨铸铁。球墨铸铁耐腐蚀性好、强度高，又具有较强的韧性，使用效果较好，特别适用于沿海城市和盐碱地质地区敷设埋地管。铸铁管的连接现已广泛采用机械接口的形式，安装方便，密封性也好。

小区燃气管道一般口径都不大，埋地管材可选用无缝钢管。无缝钢管管材性能优良，埋地敷设施工中更重要的是如何做好管道的防腐，常规的方法是环氧煤沥青防腐绝缘涂层法，新研发的有聚乙烯防腐绝缘胶黏带和绝缘壳等工艺。无缝钢管的连接可以采用直接焊接连接或法兰连接。

聚乙烯管（PE 管）是目前埋地燃气管使用较为广泛的新型材料。聚乙烯管的优点是耐腐蚀，管壁光滑，流动阻力小，具有较高的断裂延伸率，安全性好。聚乙烯管有柔性，埋设时可蛇形铺设，轻易绕过障碍物。小口径的管材还可以盘管成卷，施工时就可以减少接头数量。管道接头时广泛采用电热熔连接法，施工方便，接头质量又好。国内聚乙烯管的工作压力见表 7-15。从表中可以看到，PE 管能胜任小区低压和中压的燃气管道。一般情况下，管道外径 De250 mm 以下的管道，选用聚乙烯燃气管道的工程费用优于金属燃气管道。当然，聚乙烯燃气管道最大的弱点是抗紫外线的能力差，因此，聚乙烯管仅用于埋地燃气管道。

**表 7-15　PE 管道最大允许工作压力（MPa）**

| 城镇燃气种类 | | PE80 | | PE100 | |
|---|---|---|---|---|---|
| | | SDR11 | SDR17.6 | SDR11 | SDR17.6 |
| 天然气 | | 0.50 | 0.30 | 0.70 | 0.40 |
| 液化石油气 | 混空气 | 0.40 | 0.20 | 0.50 | 0.30 |
| | 气态 | 0.20 | 0.10 | 0.30 | 0.20 |
| 人工燃气 | 干气 | 0.40 | 0.20 | 0.50 | 0.30 |
| | 其他 | 0.20 | 0.10 | 0.30 | 0.20 |

注：SDR 是指 PE 管道的公称直径与公称壁厚的比值。

## 7.3　室内燃气管道

### 7.3.1　室内燃气管道系统

室内燃气管道系统是在建筑物内根据燃气用户的需求，按照燃气供应的专业技术标准建立起来的室内燃气输送分配系统。它由用户引入管、干管管道（立管）、用户支管、燃气计量表、用具连接管、燃气阀门及其配件和燃气用具所组成。建筑物室内燃气管道系统经引入管和小区低压燃气管网或街坊低压燃气管网相连，当采用楼栋调压方式时，室内燃气管道经引入管和调压器的低压出口管道相连接。

室内燃气管道系统可划分为用户表前管和用户表后管两部分。大型建筑物的炊事团体燃气用户的燃气计量表一般设置在建筑物底层有外墙的专用计量表房内，燃气引入管首先进入建筑物内的燃气计量表房，燃气表安装如图 7-9 所示。燃气计量表出口管路上加装切断阀门，而后燃气管道通达用户用气点。在用气点设有燃气大锅灶、中餐炒菜灶、燃气热水炉等燃气应用设备。

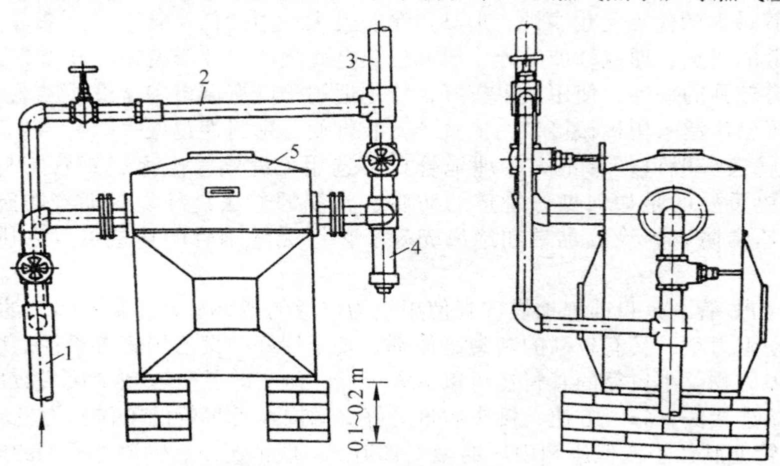


**图 7-9 大流量燃气计量表安装图**

1—燃气进口管；2—旁通管；3—用气管；4—积水管；5—燃气表

当建筑物内设有大型燃气应用设备，例如燃气锅炉、溴化锂冷水机组等大负荷建筑空调及采暖设备时，为避免燃气大流量用气对城市燃气管网压力平衡的冲击，设备用气一般都从城市中压燃气管网直接引入，该设备往往需要专用的燃气管道经专用调压器和城市中压燃气管网接驳。这种专门用户的调压器站房也需要设立独立专用调压器站房。调压计量后的燃气管道系统应按建筑和用气设备安装要求进行专门设计。

住宅建筑的用气，燃气引入管进入建筑物和室内燃气管道系统主干管道直接连接，一般的室内燃气系统干管为立管，通常设置在专用的燃气管道竖井中，后者直接设置在用户的厨房内。而后主干管分支出的水平支管经用户燃气流量表才真正进入住宅单元、居民用户的燃气计量表后管再连接燃气灶具、燃气热水器等燃气设备，其系统示意图见图 7-10 所示。

## 7.3.2 室内燃气管道的设计计算

室内燃气管道的设计计算，首先要确定各管段的局部阻力系数，再计算各管段的沿程阻力损失、局部阻力损失、附加压头，最后校核管道系统的总阻力损失是否在允许范围之内。

1. 室内管道阻力损失计算

室内燃气管道一般都采用镀锌钢管，管道沿程阻力损失采用和住宅小区低压管阻力损失相同的计算公式：

$$\frac{\Delta p}{L}=6.26\times10^{7}\cdot\lambda\cdot\frac{Q_0^2}{d^5}\cdot\rho_0\cdot\frac{T}{T_0} \tag{7-14}$$

各项的定义、单位同前。局部阻力损失可单独计算，或根据局部阻力系数求出当量长度计入管段长度后一并计算。

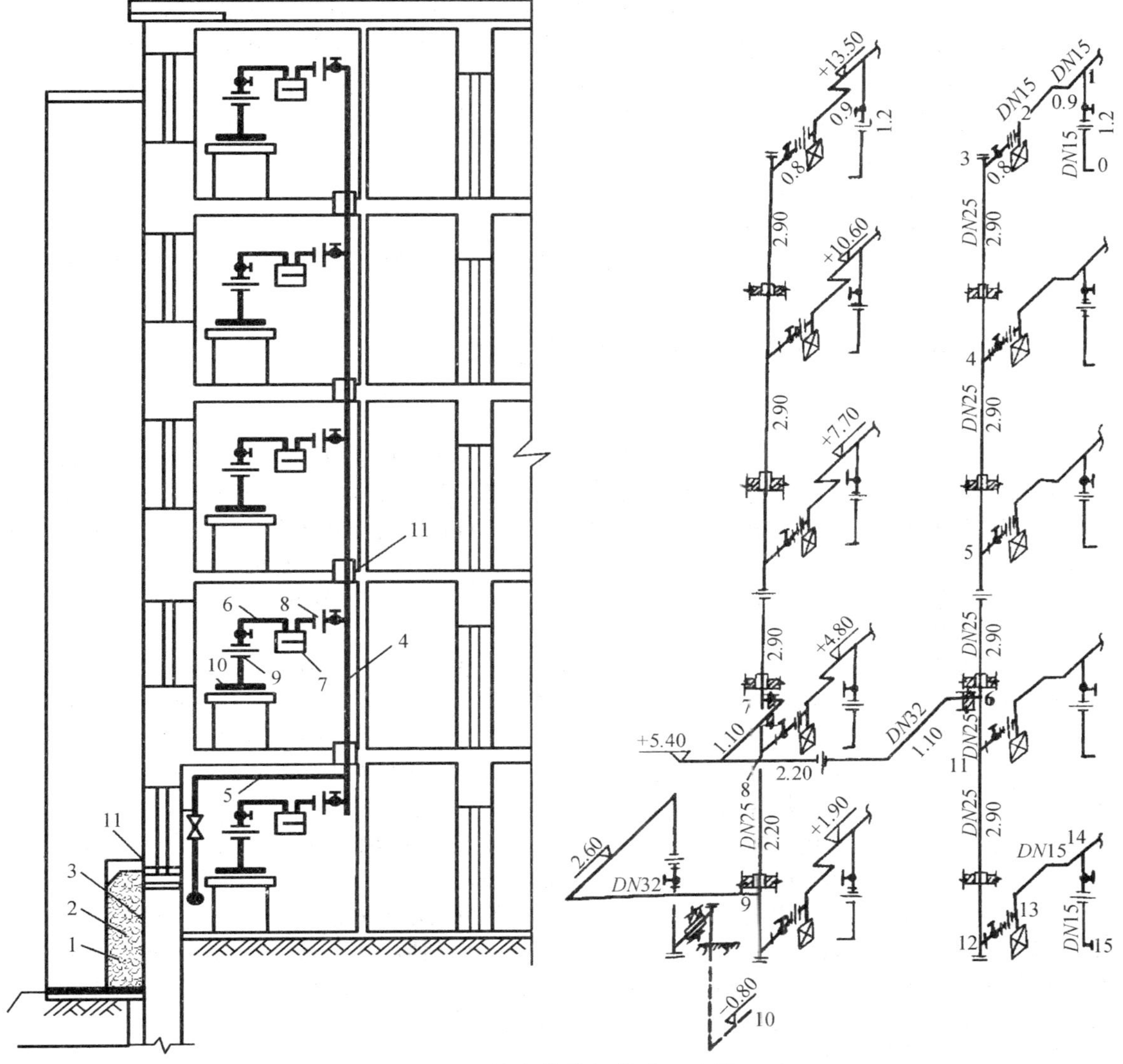


图 7-10　住宅楼燃气管道示意图

1—用户引入管；2—砖台；3—保温层；4—立管；5—水平干管；6—用户支管；7—燃气计量表；8—旋塞及活接头；9—用具连接管；10—燃气用具；11—套管

2. 附加压头的计算

由于燃气与空气的密度不同，当管段始、末端存在标高差时（包括城镇和厂区低压分配管道以及车间和室内低压燃气管道），在燃气管道中将产生附加压头，燃气的附加压力按下式计算：

$$\Delta p_{附} = g(\rho_a - \rho_g)\Delta H \tag{7-15}$$

式中　$g$——重力加速度（$m/s^2$）；

$\Delta p_{附}$——附加压头（Pa）；

$\Delta H$——管段始端与末端标高差值（m）；

$\rho_a$——空气的密度（$kg/Nm^3$）；

$\rho_g$——燃气的密度（$kg/Nm^3$）。

计算室内燃气管道及地面标高变化相当大的室外低压燃气管道或厂区的低压燃气管道，应考虑附加压头。管道系统各段的实际压力损失应为$\Delta p - \Delta p_{附}$。当室内燃气管道的总压力降超过允许值时则需要调整管径。这里的ΔP 为管段沿程阻力损失和局部阻力损失的总和。

3. 居民生活用气规定

居民生活用气应符合以下的规定：

（1）各类用气设备应使用低压燃气。

（2）用气设备严禁安装在卧室内。

（3）对新建住宅，房间内每立方米容积允许安装的无烟道燃气用具热负荷取 2.1 MJ/（$m^3 \cdot h$）。

### 7.3.3 室内燃气管道管材和管道设置要求

1. 室内燃气管道管材

室内燃气管道的材料近几年有不少探索，管材的开发无不和室内燃气管道的敷设方式联系起来。通过长期的工程实践，国内行业内仍然认为室内燃气管明管敷设是较为安全的方案。埋地敷设的燃气管管材研发焦点较集中于聚乙烯塑料管，但塑料管使用寿命易受紫外线照射的影响，以及抗打击强度、防火要求等诸多因素，目前暂未用于室内燃气管道。流行的室内燃气管道选材采用镀锌钢管，无缝钢管仍占主导地位。正在研究的室内燃气管道暗管敷设工艺，铜管是首选对象，管道连接采用焊接方法。

室内燃气管道的工作压力因安全因素，一般均采用低压管。较小管径的室内燃气管道，管径在 DN100 mm 以下的，采用低压流体输送用热浸镀锌焊接钢管（GB/T 3091—2008），工程上俗称白铁管。钢管在镀锌前的外径和壁厚尺寸与俗称水煤气钢管（黑铁管）的规格相同（GB/T 3092—93）。镀锌钢管的连接常采用丝扣连接的方式，施工安装时有特殊需要的，可考虑丝扣法兰连接方式。丝扣接口的密封填料采用聚四氟乙烯密封带或厚白漆。当燃气气种是天然气时，为避免填料干裂漏气，一定要选用聚四氟乙烯密封带。聚四氟乙烯密封带的施工要求较高，丝扣旋紧后不能再次倒旋，否则应彻底退出，重新缠绕密封带，旋紧安装。

室内燃气管道管口径较大的，或设计有特殊要求的可选用无缝钢管。其管材材质可选用 $10^{\#}$、$20^{\#}$钢等。无缝钢管的连接方式常有焊接连接和法兰连接两种形式。一般无特殊要求时，无缝钢管制作的燃气管道防腐只需对管道外表涂刷防锈漆处理，表层可根据需要再涂装黄色的防腐识别漆。当燃气管道采用法兰连接时，法兰的填料一般采用石棉橡胶板。对管道工作压力低的，管道法兰可采用普通的平焊法兰即可。

2. 室内燃气管道设置要求

（1）引入管。

引入管是指住宅小区或街坊低压燃气管网和一幢建筑物的室内燃气管道接驳的管段。引入管的形式有地下管、地上管等多种形式。

燃气的引入管采用地下引入法在我国北方地区是常见的方法。它是一种非地面暴露的引入管设计，当燃气中有一定的含湿量时，例如人工燃气，此法可避免冬季管道内燃气中的湿气形成冰塞而影响通气。图 7-11 中的引入管一端和室外燃气管道——住宅小区或街坊低压燃气管道相连接，另一端从地下穿过房屋基础或建筑物首层厨房外墙直接引入室内。在室内的引入管上，离地面 0.5 m 处安装一个 DN20 或 DN25 的斜三通作为清扫口。引入管采用无缝钢管，而套管可采用普通钢管。外墙至室内地面的管段采用加强防腐层绝缘。

地下引入法要注意建筑物沉降的影响。在燃气引入管的穿墙处要预留管洞，且管洞与后敷设的燃气管管顶的间隙应不小于建筑物的最大沉降量，两侧保留一定的间隙，并用沥青油麻堵严。为防止建筑物沉降的影响，还可以采取其他安全可靠的措施。

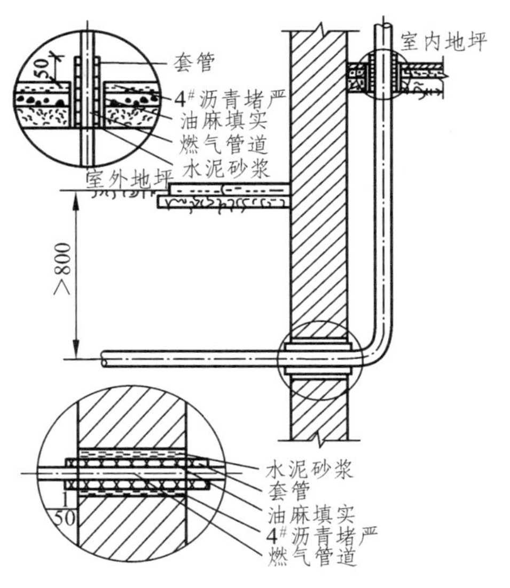


图 7-11　燃气引入管

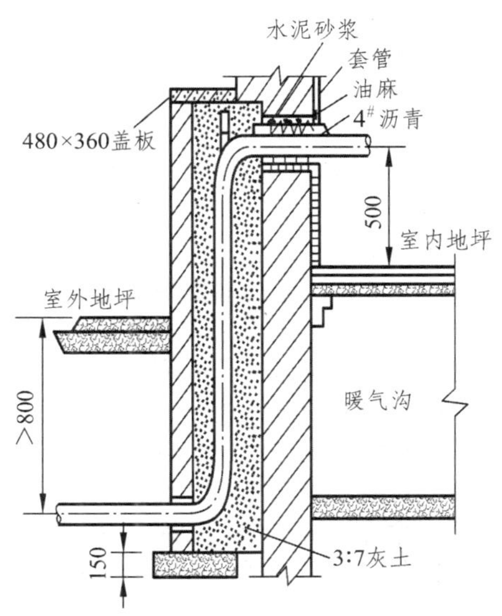


图 7-12　燃气地下引入管

图 7-12 所示是建筑物的燃气地下引入管遇到有暖气沟或地下室的做法大样。当建筑物首层下部有暖气沟或地下室，引入管不可穿越它们时，只能在建筑物外墙部位建造管井来保护升出地面的引入管。引入管的地下管道采用无缝钢管煨弯，地上部分亦可采用镀锌钢管管件连接。引入管的室外部分做加强防腐层和管井砖台砌筑，井内需填充膨胀珍珠岩作保温保护。砖台井内外抹 75# 砂浆，并且砖台与建筑物外墙应严密，不能有裂纹，盖板保持 3°倾斜角以防止顶面积水。

图 7-13 为燃气地上引入管的低位引入安装示意图。引入管升出地面后一般在室内地坪 0.3 m 处引入室内。对这类的引入管施工可采用无缝钢管或镀锌钢管，由于地上的部分管道暴露，若靠近车道或处于易受撞击损坏的地方，应设置保护栏等必要的防护设施来确保安全。低压燃气的地

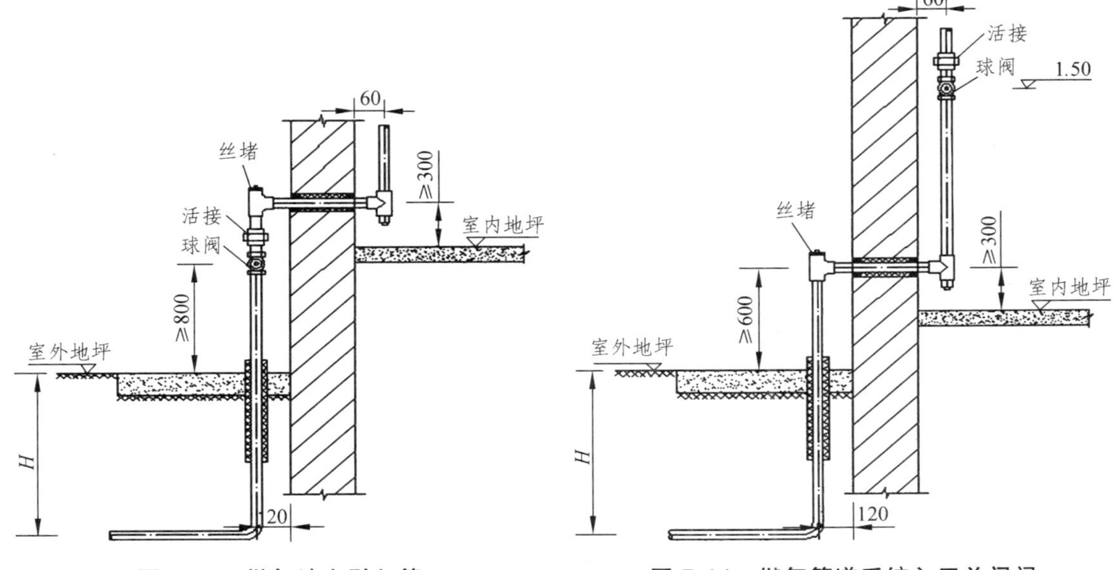


图 7-13　燃气地上引入管

图 7-14　燃气管道系统入口总阀门

上引入管直径小于或等于 *DN*65 mm 时，一般不另设楼栋切断阀门。引入管上安装的带丝堵的三通除了清通管塞的功能外，必要时填入软布或木塞就可发挥临时切断的作用。地上引入管穿墙的处理和地下引入管方法一样，用套管保护，沥青丝麻填实。引入管是室内燃气系统的起始端，系统的起始端一般应具备切断功能。切断措施可以在引入管上设置室内总阀门，如图 7-14 所示。总阀门应装设在离地 0.5 m 的水平管上。

燃气的引入管采用地上引入法在我国长江以南没有冰冻期的地方或供应的燃气干燥且不含湿气的地区经常采用。它的引入管一端在建筑物墙外就升出地面，并沿外墙敷设到一定的高度后穿过建筑物外墙进入室内和室内燃气系统主管镶接。

地上引入法的特点是引入管在进入建筑物前就裸露，对有关房屋沉降的影响便于检查，这对民用燃气的使用安全是十分有利的。为了较好地解决建筑物的沉降影响，引入管和建筑物燃气管连接时采用可绕曲的波纹管过渡。多层住宅燃气引入管地上引入法中采用可绕曲波纹管的施工安装示意图。高层建筑的燃气引入管的施工方法与多层住宅燃气引入管类似。

安装波纹管及横管两端立管的距离应按照两阀件间距预留，而且两根立管之间的墙面上不应有雨水管等障碍。波纹管、管路连接器、横管连接时，应在同一轴线，严格防止作为补偿器的波纹管产生扭曲现象。输送湿燃气时，波纹管适当向升出地面的立管倾斜，严禁倒坡。

为了避免引入管地位引入的方式影响首层房间的布置，地上高位的引入方法值得推荐，具体的标高应结合室内立管布置及用户支管高度而定。管道穿越墙壁或隔墙时，应在墙上设置套管，套管端头与内墙面齐平，伸出外墙面 50 mm。套管和燃气管道间的间隙用油麻填实，沥青封堵。套管中的燃气管道禁止有任何接头。

地上引入管的安全性好，然而在实际施工安装中有时显得与建筑外装饰协调困难，特别是高位引入方式。高位爬墙的引入管可置入墙上设置三面密封的凹槽，外表装饰透气的百叶来掩饰。

（2）立管。

住宅建筑室内的燃气管道系统中的立管常常作为系统主干管道，负责建筑物中燃气的纵向分配。立管的布置可以敷设在专用的管道井内，但管道井每层应设有检修门，并有通风孔。按照消防要求，管道竖井在每层的楼板处要采用与楼板耐火极限等同的材料隔断封堵，这样的处理方法实际上就隔断了层面上下的通道，管道井任何一层面段有燃气泄漏将不会影响上下层。燃气立管也常常设立在用户的厨房内，优点是燃气支管路径较短，对用户厨房内的燃气设备接管有利。厨房内设置的燃气立管管位不要太靠近水池，厨房料理台和燃气立管的交汇要有套管保护，放置潮湿的台面和立管相交处长期积水而使管道锈蚀。

燃气立管穿过楼板、楼梯平台时和其他燃气管道穿过墙壁和隔墙时一样，必须安装在套管中。套管设置主要是为了适应房屋沉降、温度变化时的管道伸缩位移和管道大修时的抽换等需要。埋设的套管穿越楼板或平台时应在上部伸出楼板或平台 50 ~ 80 mm，下部和楼板齐平，如果楼板下有吊顶则下部与吊平顶齐平。立管支架除参考一般水管水平间距规定外，每层室内燃气立管至少设置一个固定卡子，楼层层高超过 5 m 的通常还要加设第二个固定卡子。

人工燃气的室内管道系统还应考虑燃气罐中可能集聚的冷凝水，通常是把燃气立管的下端作为冷凝水排污口的理想设置地点，排污口实际上是一个三通管配件的端口，平时可用丝堵密封。采用大口径的燃气立管下的排污口，要考虑排污时的安全性，可以在排污口下部再接上由一段小口径管段构成的排污管，底部还需设可快速关断的阀门，立管底部配截止阀，排污管底部再配置小口径的球阀，经过双道阀门把关，使用人工燃气就安全了。

（3）支管。

从燃气立管上引伸出很多水平管，用户的水平支管就是其中的一部分。人工燃气的室内管道系统中的水平管布置也应考虑坡度，这是为了避免管道内出现的冷凝水影响输气，甚至于在较低的环境温度下可能发生的冻结现象。一般的水平管道应有 0.003 的坡度，表前燃气管坡向原则是坡向燃气立管，表后管是坡向燃气用具。当怀疑冷凝水影响管内燃气通畅时，可以由专业人员拆卸燃气用具接管进行冷凝水排放。

3. 室内燃气管道的安全性

室内燃气管道的布置要强调安全性，管道敷设的场所应避免泄漏燃气可能的聚集，管位要有日常检查的条件。

（1）室内燃气管道不得敷设在下列场所：

① 卧室、浴室、卫生间及地下室；

② 人员不常走动的仓库、储物室；

③ 配电室、变电所和电缆通道内；

④ 通风道和烟道内；

⑤ 易燃易爆的仓库以及有腐蚀性介质的房间。

（2）当燃气管道必须敷设在地下室时必须采取的措施包括：

① 保持良好的通风条件，通风换气次数为 10 次/h，并有事故紧急排风手段；

② 装设燃气泄漏自动报警器，一旦有泄漏事故可以及时采取措施消除危险；

③ 燃气管道上装设与燃气泄漏报警器关联的自动切断阀门；

④ 地下室燃气管道末端应设放散管，便于设备投用、系统检修和危险情景处置时的放空，放散管应接至地面安全可放散的区域。

（3）特殊的明管隐蔽措施。

室内天花水平燃气管道的敷设：室内装修要从建筑学上的美观考虑，燃气管道可敷设在三面周壁密封，但下部有透气的百叶，类似倒扣的管沟槽内。管沟槽的尺寸要考虑维修时的方便。参考的管沟槽尺寸如表 7-16 所示。

表 7-16　管沟槽参考尺寸规格（mm）

| 管道工程直径 | 20 ~ 32 | 32 ~ 45 | 50 ~ 70 | 80 ~ 100 |
| --- | --- | --- | --- | --- |
| 管槽宽度 | 150 | 180 | 250 | 400 |
| 管槽高度 | 150 | 200 | 250 | 400 |

## 7.4　燃气设备及其安装

近几年来建筑设备中的燃气设备在不断地发展，产品种类增多，技术更新很快。除了一般民用炊事和热水供应为主的厨房燃气设备、热水器（炉）外，改进、开发研制和已经投用的燃气设备还有空调系统的直燃式溴化锂制冷机组、供热动力系统的燃气蒸汽锅炉、集中热水供应系统的热水炉等大负荷燃气应用设备。本节主要介绍一般的民用炊事和热水供应的燃气设备。

### 7.4.1　燃气的燃烧技术

#### 7.4.1.1　燃气的燃烧过程

燃气的燃烧过程基本上都包括以下三个阶段：（1）燃气与空气的混合；（2）混合后的可燃气体的加热和着火；（3）完成燃烧化学反应。

燃气与空气的混合是一种物理过程，需要消耗能量和一定的时间才能完成。混合后的可燃气体只有加热到它的着火温度时才能进行燃烧化学反应。在民用炉具的燃烧条件下，点火后，可燃气体的加热是靠其本身燃烧产生的热量而实现的。

燃气的燃烧化学反应是一种激烈的氧化反应，其反应速度非常快，实际上可认为是在一瞬间完成的。因此，在民用灶具（特别是中餐爆炒灶具）的燃烧条件下，影响燃气燃烧速度的主要矛盾不在燃烧反应本身，而在燃气与空气的混合以及混合后的可燃气体的加热升温速度方面。换句话说，爆炒灶内的燃烧不单纯是一个化学现象，而是一个物理和化学的综合过程。而其中物理方面的因素（气体的混合与传热）对整个燃烧过程起着更为重要的作用。

#### 7.4.1.2 燃气的燃烧技术

根据燃气与空气在燃烧前的混合情况，可将燃气的燃烧技术（或燃烧方式）分为三种：扩散燃烧技术、部分预混燃烧技术和完全预混燃烧技术。

燃气的燃烧技术（燃烧方式）是从最古老的扩散式燃烧技术向预混式燃烧（包括局部预混燃烧与完全预混燃烧）技术发展。而目前，由于强制鼓风燃烧技术的出现，工业上又几乎都回到了扩散式燃烧技术上。

1. 扩散式燃烧技术

燃气与空气在燃烧前不预先混合的燃烧方式称为扩散式燃烧（或称为有焰燃烧），其一次空气系数 $\alpha_1 = 0$。燃气与空气的混合是靠燃气分子与空气分子之间的扩散作用来实现的，扩散燃烧速度主要取决于燃气和空气的扩散速度。

扩散有两种形式：在层流状态下，燃气分子与空气分子之间的扩散叫层流扩散，燃烧形成的火焰称为层流扩散火焰；在紊流状态下，燃气分子微团与空气分子微团之间的扩散叫紊流扩散，燃烧形成的火焰称为紊流扩散火焰。碳氢气体燃料的扩散火焰一般均为长而明亮的黄色光焰。

2. 预混燃烧技术

燃气与空气在燃烧前预先局部混合或者完全混合的燃烧方式，就称为预混式燃烧。其一次空气系数 $\alpha_1 > 0.1$，燃烧形成的火焰称为预混火焰（一般都为短而暗淡的浅蓝色火焰）。预混式燃烧又分为部分预混燃烧与完全预混燃烧两种：

（1）部分预混燃烧技术。

部分预混燃烧形成部分预混大气式火焰，其火焰结构主要由内锥体和外锥体组成。内锥为蓝色的锥体，是稳定的燃烧焰面，属于预混燃烧；而外锥进行的是扩散燃烧。

部分预混式燃烧与扩散式燃烧方式相比，由于预先混入一部分燃烧所需空气后，火焰就变得清洁，燃烧得以强化，火焰温度高，火焰短、呈蓝色，刚度强，燃烧较完全。它是目前民用燃气用具中广泛采用的燃烧方式。部分预混式燃烧在习惯上称为大气式燃烧（或称本生式燃烧）。

部分预混大气式燃烧方式的出现是对工业与民用加热技术和燃烧技术做出的重要贡献。其燃烧方法的本质是一次空气系数 $\alpha_1$ 大于 0.1 且小于 1.0，即 $0.1 < \alpha_1 < 1.0$。这也是本生对燃气燃烧技术的一个重要贡献，也使得燃气的燃烧得到了极大的加速和强化。

（2）完全预混燃烧技术。

工业与民用燃气的高速发展和燃气在工业与居民生活中的广泛应用，对燃气的燃烧提出了更高的要求。首先是要求燃烧的热强度高；其次是要在热量损失最小条件下将燃气的化学能完全转变为热能，并获得较高的燃烧温度和燃烧强度。这就要求燃烧过程的化学未完全燃烧及过剩空气量均应最小。这些要求是扩散燃烧和大气式燃烧所无法满足的，因此出现完全预混式燃烧。

当 $\alpha_1 \geqslant 1.0$ 时称为完全预混式燃烧（或称无焰燃烧）技术，燃烧速度主要取决于着火和燃烧反应速度，没有明显的火焰轮廓，燃烧形成的蓝色火焰只有内焰而无外焰。

完全预混式燃烧习惯上又称之为“无焰燃烧”。它是在部分预混式燃烧的基础上发展起来的一种燃烧技术。虽然它出现较晚，但因为在技术上比较合理，所以很快得到了广泛应用。

### 7.4.2 民用燃气灶具

民用燃气灶具是指使用最为广泛，且普遍采用预混燃烧的燃气炊事灶具。灶具中关键的部件是燃烧器，一般采用大气引射式燃烧器。其工作原理是有压力的燃气自燃气喷嘴喷出，在燃烧器的引射器入口形成高速气流，卷吸引入一次空气，燃气与空气在引射器混合管内混合，在燃烧器头部已预混的燃气空气混合物自火孔流出燃烧，形成具有内外焰的蓝色火焰，在二次空气加入的情况下使之完全燃烧并放出热量。由以上可看出，燃气的供应压力对燃气灶具的正常运行是至关重要的，因而燃气灶具的燃气额定工作压力对建筑物室内燃气管道的工作压力提出了相应的要求。燃气灶具设计时应根据使用气种，确定灶具的额定用气压力，具体参数：人工燃气 800 ~ 1 000 Pa、天然气 2 000 ~ 2 500 Pa、液化石油气 2 800 ~ 3 000 Pa。家用燃气灶具额定热负荷在 3.0 ~ 4.0 kW。

1. 家用燃气台式单、双眼灶

燃气单眼灶是常见的灶具品种，具有一个燃烧器火头，可以满足一般民用临时炊事的需要。尽管灶具都有特定的使用气种的限制，但设备外形是类似的。

燃气双眼灶是常见的灶具品种，具有两个燃烧器火头，可以满足一般民用炊事需要。尽管灶具都有特定的使用气种的限制，但设备的外形类似，图 7-15 所示就是家用燃气双眼灶。

普通型燃气双眼灶放置后的灶具台面高度应控制在离地面 800 mm 处，这是烹调作业时合适的操作标高。双眼灶的燃气进口和表后管相接可采用耐油橡胶软管连接。为了防止软管脱落，从安全角度考虑，软管和灶具的接口处应用管卡固定。此外，双眼灶和表后管连接处还应设置切断阀门，常用球阀或旋塞阀以满足快速切断的要求。

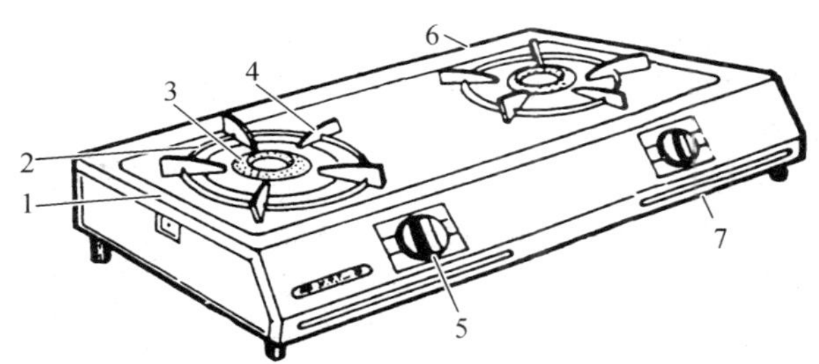


**图 7-15 家用燃气台式双眼灶**

1—灶面；2—集水盘；3—左燃烧器；4—锅架；5—左燃烧器旋塞；6—右燃烧器；7—右燃烧器旋塞

2. 家用燃气嵌入式灶具

市场上近几年出现了新型的嵌入式双眼灶，该设备要嵌入厨房灶台，和厨房家具成为一体。嵌入式灶具安装时要注意该设备是如何要求一次空气进风的。若一次空气仍和普通灶具一样从底部提供一次空气，则厨房灶台下部一定要有进风的条件。

嵌入型燃气灶具的安装是将灶具嵌入橱柜，使之成为一体。橱柜的构造形式一定要注意燃气灶具燃烧时的空气供应方式。如果灶具的设计需要从灶具下部供给部分燃烧用空气，嵌入式灶具的橱柜应有进风通道。另外，橱柜附近墙面应该可以经受超过室温 60 °C 的影响，为了散热的需要，橱柜内灶具的底部还要有最小的空间距离，有的灶具规定这种最小空间距离为 120 mm。

西式带烤箱的燃气灶一般是三眼或四眼燃烧器的灶具和燃气烤箱的组合。这样的一体化灶具设备其热负荷要大一些。一般为普通双眼灶热负荷的两倍左右。

西式带有烤箱的燃气烤箱灶如图 7-16 所示。

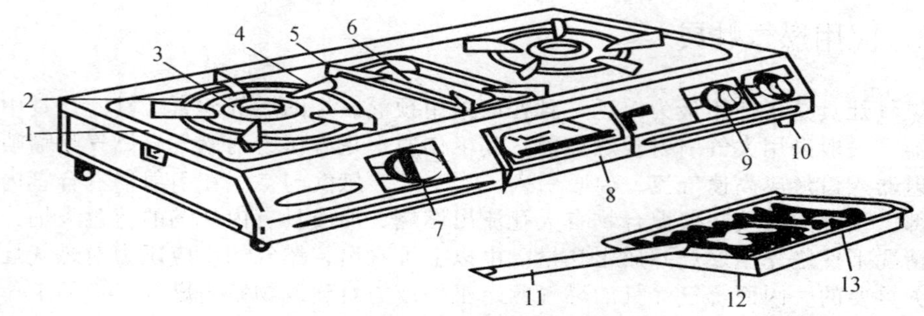


**图 7-16　带烤箱的燃气双眼灶**

1—面板；2—炉架；3—内火盖；4—外火盖；5—烤箱支撑脚；6—箱体；7—旋钮；8—调风板；
9—旋钮；10—支撑脚；11—手柄；12—烤盘；13—烤盘侧边

3. 食堂团体灶具

除了居民生活厨房用的燃气设备外，餐饮业、企业及事业机关团体厨房内的燃气灶具都是热负荷较大的炊事用具，这些灶具现在也是组合式设备，设备燃烧器件的形式及工作原理和家用炊事灶具类似。但厨房燃气设备容量及其热负荷大，安全很重要。因而一些管理先进的厨房燃气总管或分支管上一般都加设了事故紧急切断装置，一旦发生燃气泄漏探测器报警，切断装置及时关断燃气通路，并同时启动事故送排风风机。这样的燃气系统大大提高了使用的安全性。

## 7.4.3　燃气热水器

燃气热水器是另一类常见的民用燃气应用设备。热水器的燃气额定工作压力和使用同种燃气的燃气灶具相同。燃气热水器分为直流式（快速式）和容积式两类。

1. 快速式燃气热水器

快速式燃气热水器的基本结构如图 7-17 所示。燃气快速式热水器单位时间消耗的热能即热负荷相对较大。例如 10 L/min 规格的燃气热水器的输入功率达到 21.8 kW，设备的热效率比较高，一般都大于 80%，水流温升达到 25 °C，输出功率达到 17.6 kW。通过对比，若输出同等的热量，选用 17.6 kW 输出功率的电热水器，一般居民住宅用户的 4 kW 供电容量是不能胜任的，这就是快速式热水器采用燃气热水器居多的原因。

燃气热水器能量消耗较大，前面提到的液化石油气钢瓶用户，单瓶只有 15kg 的容量（考虑到一定的充满度，实际装瓶容量还要降低）。若热水器由液化石油气钢瓶供气，真正使用起来会明显缩短气瓶调换的周期。

早期的快速式燃气热水器用于一般洗涤、理发店洗头等用途，出水量小，一般只有 5 L/min，现在大量使用的是可供家庭淋浴的快速式燃气热水器，规格有 8 L/min 和 10 L/min 或更大出水量的产品。大流量的燃气热水器燃烧时放热增强，燃烧产生的烟气量也随之增大，烟气排放方式的革新也使燃气热水器的技术水平得到发展。目前，燃气热水器的燃烧烟气像燃气灶具那样直接排放在室内的直排式快速热水器已经不再生产了，其他形式的快速热水器主要有烟道式、平衡式等。

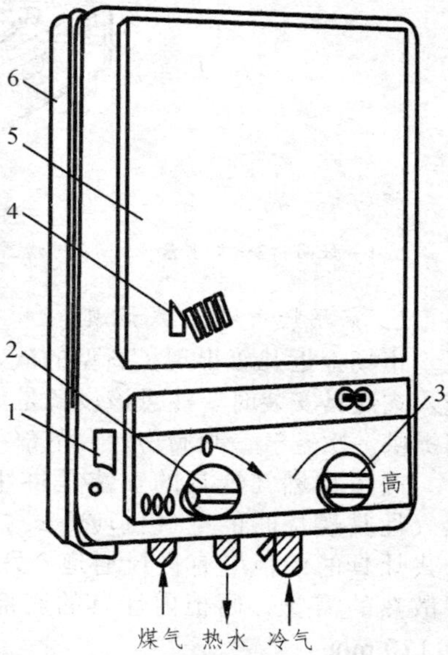

**图 7-17　快速式燃气热水器的基本结构**

（1）烟道式快速热水器。

烟道式快速热水器，燃烧时用的空气取自室内，燃烧后的废气通过烟道自然排至室外，根据这样的工作原理燃气热水器的安装场所一定要保证燃气热水器在运行时有足够的空气量，另外还应注意烟道自然排烟的能力。

燃气热水器的具体安装要求如下：

① 燃气热水器安装的房间进风可以通过窗户开启或缝隙进风，厨房门底部要有缝隙，或直接开设进风百叶。当房间内设置吸油烟机等机械换气设备，这些设备工作时，房间内易形成负压，这对热水器依靠自然排气能力向外排烟气实际上是不利的。

② 自然排烟方式安装时要考虑烟道阻力的影响，烟道一般管长 2 ~ 3 m，烟道弯头应尽量少。水平烟道敷设要有一定的坡度，坡向烟道出口，以利于烟气流中的冷凝水流出烟道。

③ 烟道出口不正面迎风，要有挡风措施。破墙开孔的排烟口要考虑口和周边的关系，要有利于烟气流动和排放。

④ 热水器的安装高度（图 7-18）以其炉火观察窗高度与人的眼睛高度齐平，一般为 1.5 m，现在的燃气热水器都有熄火保护系统，有的还有燃烧状态显示，但人工观察、控制仍是重要的条件。

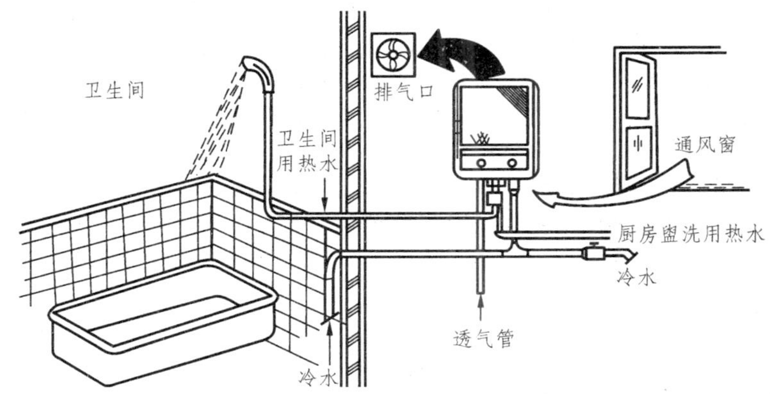


**图 7-18　热水器的安装示意图**

⑤ 燃气热水器的安装墙面，应是阻燃性的墙面，否则就要夹垫阻燃板；墙面的上部要有烟道上升空间，燃气热水器两边要有约 150 mm 距离，以便于热水器面罩的拆卸。

⑥ 燃气热水器面板前的空间宽度至少 1 m，便于检修和危险时的避让，这一点在燃气热水器安装在走廊时要特别注意。

⑦ 燃气热水器工作时，表面有热量散发，燃气热水器本体应离开燃气计量装置 300 mm，以及其他应该避免受热的物体，例如目前广泛使用的 PVC 塑料给排水管等。

燃气热水器的燃气管道一般都采用钢管，丝扣连接，热水器燃气入口前的管道和燃气灶的管道相似，设置球阀作为设备供气的关断装置。热水器的出水管应该选用铜管、复合型水管或者耐热的塑料管。热水器出水管不选用镀锌钢管，是由于镀锌钢管的镀锌层经常接触热水会引起脱落，而影响燃气热水器系统的正常运转。

新型的烟道式燃气热水器是烟道强制排烟式的燃气热水器。改进的关键是实现了机械排烟，热水器增加了内置排烟风机。强排式燃气热水器燃烧加热和烟气排放效果更好。

（2）平衡式快速热水器。

平衡式燃气快速热水器的燃烧系统本身是一种密闭式设计。所谓密闭式意为燃烧系统和安装热水器的房间内的空气隔绝，燃烧所用的空气直接从室外获取，而燃烧废气也直接排放至室外，设备使用的安全性大大提高。这种形式的热水器还可以安装在浴室内。早期的平衡式热水器采取自然吸入排放的气流组织方式，空气吸入和烟气排放口装置为一夹套矩形管道（尺寸约

300×250 mm），在热水器背部，位置也较低。这种矩形管道底部一般要求相对热水器安装房间的地面标高在 1.6 m 左右。自然吸排的平衡式燃气快速热水器的抗风能力较差，要在穿墙洞口外设置挡风板来增强抗风能力。高层建筑使用这类热水器的效果仍然不理想。新型改进型的密闭强制排烟式热水器是增加内置机械送排风装置：有的在排风管道上设置电动排风机，增强排风能力；有的在进风管道上设置风机而成为密闭式强送风热水器。无论哪一种密闭强制式燃气热水器，其外形改动都很小，施工安装要求基本上都相同。

2. 容积式燃气热水器

当用户要求在较短的时间内提供一定容量的热水，例如，居民家庭浴缸需短时间内供应一定量的热水，一般快速式热水器额定流量在 8 ~ 10 L/min 不能满足用户的要求。而加大热水出水流量，匹配的热水器就要增加燃气热负荷，目前的家庭配置的燃气系统，燃气计量表是不能胜任的，要解决这一矛盾，可采用容积式燃气热水器。

家用容积式燃气热水器的特点是具有一个大容量的热水保温桶，热水器以较小的热负荷运行，加热蓄热一段时间后，可在短时间内一次提供较多的热水。例如，一台 150L 的容积式燃气热水器其热负荷仅和一台双眼燃气灶相当，比 8L/min 的快速式燃气热水器的热负荷还要小，它依靠高效保温桶来积蓄加热的热水，在用户需要时，短时间可一次性供应 150L 温升至 65 °C 的热水。然而家用容积式燃气热水器一次供水后的后续热水供应能力是不足的。

一般情况下，居民用的电热水器都是容积式的产品，原因就是基于小负荷的工作状态。

大容量、快速特点的商业用途的容积式燃气热水器的热负荷就更大，能胜任较大量的热水供应要求，市场上也有许多产品规格可供用户选择，但相关系统要放大配置。

容积式燃气热水器是大水量的热水加热设备，它的水系统设计不同于快速式热水器，容积式热水器进水阀门常开，并有单向阀限制，内胆平时维持压力。为保证系统的安全，热水器设备上还设有自动泄压阀，故此在安装过程中不能疏忽。图 7-19 为容积式热水器的管路安装图。

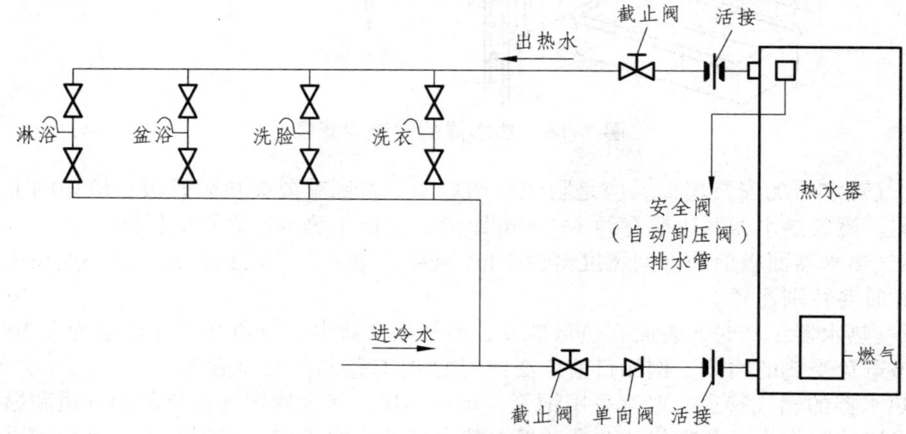


**图 7-19　容积式热水器的管路安装示意图**

容积式燃气热水器要求安装在通风良好的走廊或单独的房间内，通常也设置自然排烟或风机强制排烟的管道。为了适合单元住宅的容积式燃气热水器的安装，热水器也有室外安装型的规格。室外安装的容积式燃气热水器主要是增加了抗风装置，以适应户外的工作条件。没有类似抗风装置的室内型热水器是绝对不能安装在室外的。

小型团体用户可能需要短期内供应更多的热水，因此，可以将数台商用型容积式燃气热水器并联起来。

燃气热水器的技术在不断发展，设备的燃气管路系统和水管路系统是联动的，如果水压太低就不能开启燃气管路，这也是燃气热水器防止无水干烧的一种保护措施。新型的燃气热水器能在较低的水压下启动，例如在 20 ~ 30 kPa 的低水压情况下。这样的设计对一般多层建筑顶层依靠楼顶水箱供水的用户是非常有利的，也便于热水器的安装。

### 7.4.4 燃气计量表

燃气计量表是燃气公司计量用户燃气消费量的计量装置。它的选型由燃气公司根据燃气的工作压力、温度、燃气的最大流量和最小流量等条件选择符合国家计量标准的产品。

1. 燃气流量表

燃气计量表有代表性的是皮膜式燃气计量表。燃气进入计量表时，表中两个皮膜袋轮换接纳燃气气流，皮膜的进气换气带动机械传动机构计数。有关皮膜式燃气计量表的性能参数如表 7-17 所示。

**表 7-17　普通皮膜式燃气计量表的样本参数**

| 型　号 | | JBD4 | BMR6 | BMR10 | BMR20 | BMR34 | BMR57 | BMR100 | BMR170 |
|---|---|---|---|---|---|---|---|---|---|
| 使用压力/Pa | | 1000 ~ 2000 | | | | | | | |
| 使用温度/°C | | 0 ~ 36 | | | | | | | |
| 额定流量/（$Nm^3/h$） | | 4 | 6 | 10 | 20 | 34 | 57 | 100 | 170 |
| 额定流量时的误差/% | | ±2 | | | | | | | |
| 额定流量时的压力损失/Pa | | ≤180 | | | | | ≤200 | | |
| 灵敏度 | | 490Pa 压力，额定流量 1%能连续运转 | | | | | 981Pa 压力，额定流量 1%能连续运转 | | |
| 进出气管连接形式 | | 内螺纹 | 友仁螺纹 | | | | 法兰 | | |
| 进出气管连接公称尺寸 DN/mm | | 15 | 32 | 40 | 50 | 60 | 80 | 100 | 150 |
| 质量/kg | | 3.5 | 5.6 | 13 | 24.7 | 32 | 90 | 147 | 235 |
| 外形尺寸/mm | 长 $L$ | 251 | 310 | 405 | 450 | 585 | 815 | 920 | 1200 |
| | 宽 $W$ | 176 | 215 | 310 | 360 | 430 | 575 | 790 | 940 |
| | 高 $H$ | 280 | 365 | 495 | 640 | 765 | 965 | 1320 | 1410 |

居民住宅燃气用户计量表一般安装在厨房内（图 7-20）。近几年为了改进抄表工作，有的建筑设计将燃气计量表安装在住宅单元外，但表后燃气管道要明管敷设，不如水表外置的效果好。

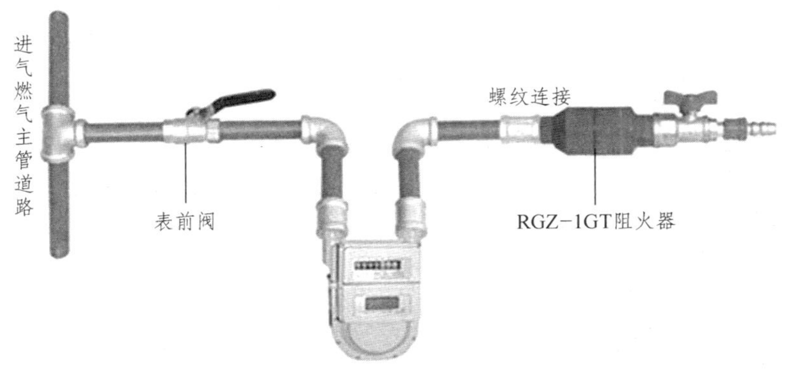


**图 7-20　居民用户厨房内燃气计量表安装图**

其他的改进方案是表在住宅单元内，采用信号远传等。信号远传的燃气计量表本体没有多大的变化，但附加的计量信号远传装置可将计量信号远传至物业管理中心或直接送达燃气公司集中抄表。另外也有在计量表内增加IC卡辅助计量装置，使计量表读卡计费供气，成为智能化计量仪表。

2. 燃气流量表的安装要求

（1）计量表的安装位置要有利于计量表数据的人工读取。计量表的安装高度主要和计量表的大小样式、安装空间以及当地燃气公司的规定有关。一般居民用户计量表底部距离厨房地面1.8 m。

（2）燃气计量表不能安装在燃气灶具的正上方，表灶水平距离不得小于300 mm。这是为了避免热气流对燃气体积流量计量正确性的影响，以及保证计量表的防火安全性。

大型用户燃气计量表除了皮膜式燃气计量表外，还有罗茨式、涡轮式和旋叶式计量表等。罗茨式计量表的工作原理是燃气进入计量表腔体内，推动转鼓转动，实现流量的计量。罗茨式计量表的构造类似于罗茨式风机。涡轮式和旋叶式计量表的工作原理和相同形式的水表类似。

由于燃气流量表是计量燃气用量的仪表。为适应燃气本身的性质和城市用气量波动的特点，燃气流量表应具有耐腐蚀、不易受燃气中杂质影响、量程宽和精度高等特点。当使用人工煤气和天然气时，安装隔膜表的工作环境应高于0 °C；当使用液化石油气时，应高于其露点5 °C以上。

燃气流量表种类繁多。居住与公共建筑内最常用的是膜式燃气计量表，如图7-21所示，可计量人工燃气、天然气和液化石油气。为便于收费和管理，配有智能卡的燃气表已得到广泛应用。

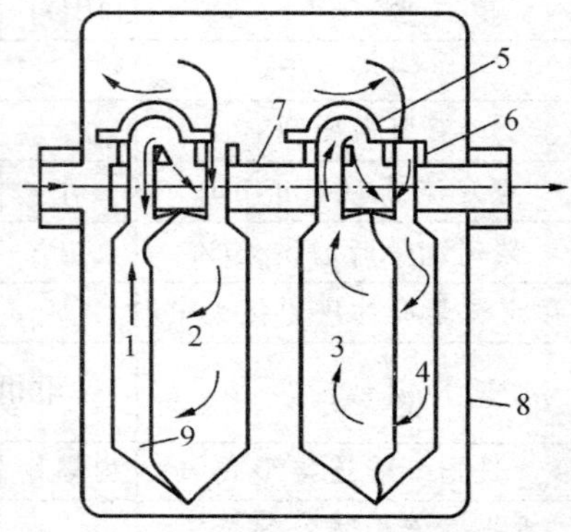

**图7-21　膜式表的工作原理**

1、2、3、4—计量箱；5—滑阀；6—支撑；7—轴；8—外壳；9—皮囊

这种燃气表有一个方形的金属外壳，上部两侧有短管，左接进气管，右接出气管。外壳内有皮革制的小室，中间以薄膜隔开，分为左右两部分，燃气进入表内，可使小室左右两部分交替充气与排气。当薄膜运动时，借助传动机构惯性作用使滑阀盖反向运动。计量室1、3与入口相通，计量室2、4与出口相通，上部度盘上的指针即可指示出煤气用量的累计值。

计量范围：小型流量为1.5～3 $m^3/h$，使用压力为0.5～3 kPa；中型流量为6～84 $m^3/h$；大型流量可达100 $m^3/h$，使用压力为1～2 kPa。低压燃气表的单台流量小于或等于100 $m^3/h$时，宜选用隔膜表；大于100 $m^3/h$时，宜选用回转表。

使用管道燃气的用户均应设置燃气表。居住建筑应一户一表，使用小型燃气表，一般把表和用气设备一起布置在厨房内。

3. 燃气计量表适宜安装的位置

（1）非燃烧结构的室内通风良好的地方。

（2）公共建筑和工业企业生产用气的计量装置宜设置在单独的房间内。

（3）燃气表的安装应满足抄表、检修、保养和安全使用的要求，当燃气表安装在燃气灶具的上方时，燃气表与燃气灶的水平净距不应小于0.3 m。

4. 燃气计量表严禁安装的场所

（1）卧室、浴室、卫生间及更衣室内。

（2）有电源、电器开关及其他电气设备的管道井内，或有可能滞留泄漏燃气的隐蔽场所。

（3）环境温度高于45 °C的地方。

（4）经常潮湿的地方。

（5）堆放易燃、易腐蚀或有放射性物质等危险的地方。

（6）有变（配）电等电气设备的地方。

（7）有明显振动影响的地方。

（8）高层建筑中避难层及安全疏散楼梯间内。

### 7.4.5 烟气排除及安全常识

1. 生活用气设备的通风排气要求

① 公共建筑用厨房的燃具上方应设排气扇或吸气罩。

② 安装生活用的直接排气式燃气用具的厨房，不能满足厨房允许的容积热负荷指标时，应有机械排烟设施。

③ 浴室用燃气热水器的给排气口应直接通向室外，并应有防止烟气泄漏的措施。

④ 住宅厨房内宜设有排气扇和可燃气体报警器，安装直接式热水器时应设排气扇。

2. 排烟设施

用气设备的排烟设施应符合下列规定：

① 不得与使用固体燃料的设备共用一套排烟设施。

② 每台用气设备宜采用单独烟道；当多台用气设施合用总烟道时，应保证排烟时互不影响。

③ 在容易聚集烟气的地方应设防爆装置。

④ 应有防止倒灌风的装置。

⑤ 楼房的换气风道上严禁安装燃具排气筒。

3. 单独排气筒

单独排气筒由风帽、排气筒、排气罩和换气口四部分组成，如图 7-22 所示。排气筒的末端装置风帽，可以防止倒灌风，同时避免雨水漏入气筒内。

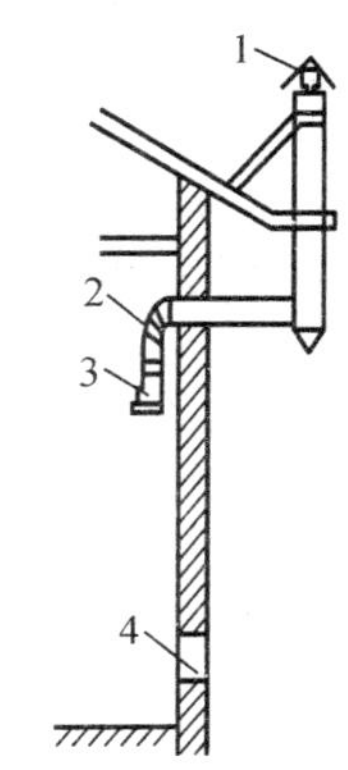


**图 7-22 单独排气筒**

1—风帽；2—排气筒；3—排气罩；4—换气口

单独排气筒的断面面积应不小于 140 mm×140 mm。单独排气筒在布置时，尽可能减少转弯，最好不超过 3 个以上的弯头，应尽量缩短水平管道长度。为了排出凝结水，水平管道应有不小于 0.01 的坡度坡向燃气用具。

当排气筒从屋檐处向上引出时，排气筒出口距屋顶高度大于 600 mm；对于平屋顶，排气筒要高出其 3 ~ 6 m 范围内的建筑物最高部分 0.3 ~ 1.0 m。

4. 共用（联合）排气筒

在同一水平面上，若有两个以上的燃气用具时，烟气可借一个共用排气筒排放到室外，如图 7-23 所示。

对于多层和高层建筑，若每层设置独立的排气筒，在建筑构造上往往很难处理，可设置一根总烟道，即共用排气筒连通各层燃气用具，如图 7-24 所示。

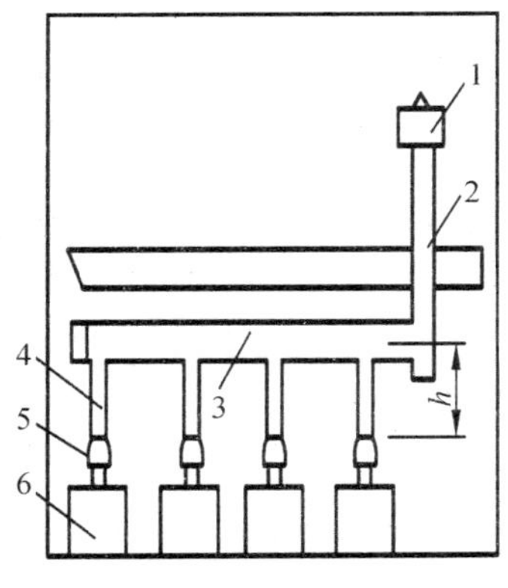


**图 7-23 单层共用排气筒**

1—风帽；2—排气筒；3—排气干管；4—排气支管；5—排气罩；6—燃气用具

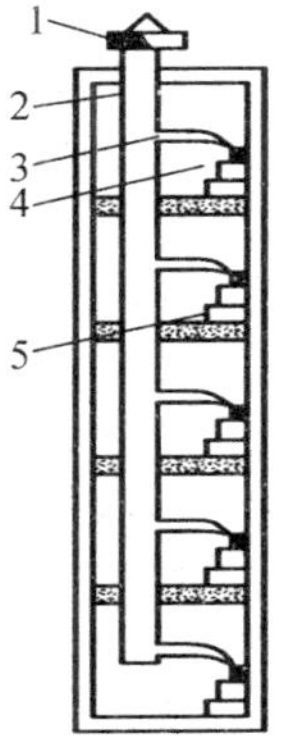


**图 7-24 多层和高层建筑共用排气筒**

1—风帽；2—烟道；3—排气干管；4—排气罩；5—燃气用具

共用排气筒需用耐热材料砌筑，贯通建筑物的排气筒要完全封闭，下端不能堵死，要安装严密的封盖，以便检查和排出冷凝水。

5. 烟　道

烟道应符合下列要求：

① 高层建筑的共用烟道不得互相影响。

② 热负荷在 30 kW 以下的居民用气设备，烟道抽力不应小于 3 Pa；热负荷在 30 kW 以上的居民用气设备，烟道抽力不应小于 10 Pa。

③ 水平烟道应有 0.01 的坡度坡向用气设备；居民用气设备的水平烟道长度不宜超过 3 m；公共建筑用气设备的水平烟道长度不宜超过 6 m。

④ 烟道排气式热水器的安全排气罩上部应有不小于 0.25 m 的垂直上升烟气导管，其直径不得小于热水器排烟口直径，并不得设置闸板。

⑤ 居民用气设备的烟道距难燃或非燃顶棚或墙的净距不应小于 50 mm，距易燃的顶棚或墙的净距不应小于 250 mm。

⑥ 有安全排气罩的用气设备，不得设烟道闸板；无安全排气罩的用气设备，在烟道上应设置闸板，闸板上应有直径大于 15 mm 的孔。

6. 烟　囱

伸出室外的烟囱应符合下列要求：

① 当烟囱离屋脊的水平距离小于 1.5 m 时，应高出屋脊 0.5 m。

② 当烟囱离屋脊的水平距离为 1.5 ~ 3.0 m 时，可与屋脊等高。

③ 当烟囱离屋脊的水平距离大于 3.0 m 时，烟囱应在屋脊水平线下 10°的直线上。

④ 在任何情况下，烟囱应高出屋面 0.5 m。

⑤ 在烟囱的位置临近高层建筑时，烟囱应高出沿高层建筑物 45°的阴影线。

⑥ 烟囱出口应有防雨雪进入的保护罩。

⑦ 烟囱出口应设置风帽或其他防倒灌风装置。

⑧ 烟囱出口的排烟温度应高于烟气露点 15 °C 以上。

## 7.5　燃气工程施工图

### 7.5.1　小区室外燃气工程施工图

住宅小区室外燃气管道施工图一般由设计说明、设备材料表、总平面布置图和详图等组成。某住宅小区室外燃气管线设计说明如下：

（1）本设计为某住宅小区低压庭院燃气管道施工图。本设计低压燃气管道设计介质为人工煤气，设计压力为 7 kPa，压力管道所属类、级别为 GB1。图中长度及标高单位为米。本设计以室外地坪 0.000 计。

（2）本设计、施工及验收须按《城镇燃气设计规范》（GB 50028—2006）和《城镇燃气输配工程施工及验收规范》（CJJ 33—2005）执行。机械接口球墨铸铁管应符合现行的国家标准《水及燃气管道用球墨铸铁管、铸铁管件》（GB/T 13295）。镀锌钢管应符合现行的国家标准《低压流体输送焊接钢管》（GB/T 3091）。

（3）埋地燃气管道覆土厚度应满足规范要求：车行道大于或等于 0.9 m；人行道大于或等于 0.6 m，庭院内大于或等于 0.3 m；管道坡度不小于 0.004。

图中凡埋地钢管均须采取四油三布加强级防腐措施，防腐材料采用环氧煤沥青。其质量应符合《埋地钢质管道环氧煤沥青防腐层技术标准》（SY/T 0477）。

（4）图中燃气管道安装完毕，必须进行吹扫。吹扫合格后进行气密性试验：试验压力 100 kPa，试验时间为 24 h，压降在允许范围内为合格。

# 学习情境 8　建筑电气

## 8.1　供配电系统

### 8.1.1　电力系统

建筑用电，差不多都是由电力系统中的发电厂供给的。一般的建筑采用低压供电，而高层建筑常采用 10kV 甚至 35kV 供电。建筑工程供电是建筑电气的重要内容。为搞好建筑工程供电，必须对电力系统有所了解。

#### 8.1.1.1　电力系统的组成

现代工农业及整个社会生活中所应用的电力，绝大部分是由发电厂发出来的。电力从生产到供给用户应用，通常都要经过发电、输电、变电、配电、用电等 5 个环节。电力从生产到应用的全过程，客观上就形成了电力系统。严格地说，由发电厂的发电部分、输配电线路、变配电所及各种用电设备所组成的整体称为电力系统，常简称系统，其示意如图 8-1 所示。

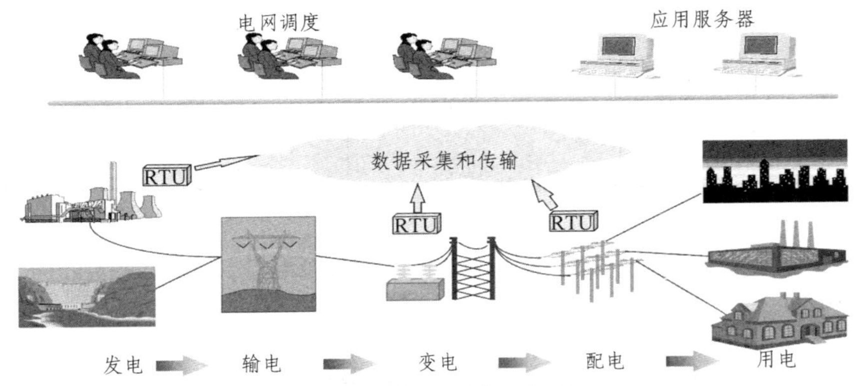


**图 8-1　电力系统示意图**

在电力系统中，各级电压的电力线路及其所联系的变电所，称为电力网，简称电网。它是电力系统的一个重要组成部分，承担了将电力由发电厂发出来之后供给用户的工作，即担负着输电、变电与配电的任务。

电力网按其在电力系统中的作用，分为输电网和配电网。输电网是以输电为目的，采用高压或超高压将发电厂、变电所或变电所连接起来的送电网络，是电力网中的主网架。直接将电能送到用户去的网络称为配电网或配电系统，它以配电为目的。配电网的电压由系统及用户的需要而定，因此配电网又分：高压配电网（通常指 35 kV 及以上的电压，目前最高为 110 kV）、中压配电网（通常指 10 kV、6 kV 和 3 kV）及低压配电网（通常指 220 V、380 V）。

电力网按其电压高低和供电范围大小分为区域电网和地方电网。区域电网的范围大，电压一般在 220 kV 及以上。地方电网的范围小，电压一般为 35 ~ 110 kV。建筑供配电系统属于地方电网的一种。

在电力系统中，电力是由发电厂生产的，它是将自然界蕴藏的各种一次能源转换为电能（二次能源）的工厂。发电厂按所使用的能源不同，可分为火力发电厂、水力发电厂、核能发电厂以及风力发电厂、地热发电厂、太阳能发电厂等。

### 8.1.1.2 电力系统的电压

1. 额定电压

所谓额定电压，就是指能使各类电气设备处在设计要求的额定或最佳运行状态的工作电压。

我国《标准电压》（GB156—2007）规定的电力系统和电气设备的额定电压标准如表 8-1 所示。

**表 8-1 我国标准规定的三相交流电网和电力设备的额定电压**

| 分类 | 电网和用电设备额定电压/kV | 发电机额定电压/kV | 电力变压器额定电压/kV | |
|---|---|---|---|---|
| | | | 一次绕组 | 二次绕组 |
| 低压 | 0.22 | 0.23 | 0.22 | 0.23 |
| | 0.38 | 0.40 | 0.38 | 0.40 |
| | 0.66 | 0.69 | 0.66 | 0.69 |
| 高压 | 3 | 3.15 | 3 及 3.15 | 3.15 及 3.3 |
| | 6 | 6.3 | 6 及 6.3 | 6.3 及 6.6 |
| | 10 | 10.5 | 10 及 10.5 | 10.5 及 11 |
| | — | 13.8，15.75，18、20 | 13.8，15.75、18、20 | — |
| | 35 | — | 35 | 38.5 |
| | 63 | — | 63 | 69 |
| | 110 | — | 110 | 121 |
| | 220 | — | 220 | 242 |
| | 330 | — | 330 | 363 |
| | 500 | — | 500 | 550 |

（1）电网（电力线路）的额定电压：

电网的额定电压等级是国家根据国民经济发展的需要及电力工业的水平，经全面的技术经济分析研究后确定的。它是确定各类电力设备额定电压的基本依据。

（2）用电设备的额定电压：

由于用电设备运行时线路上要产生电压降，所以线路上各点的电压都略有不同，如图 8-2 中虚线所示。但是成批生产的用电设备，其额定电压不可能按使用处的实际电压来制造，而只能按线路首端与末端的平均电压即电网的额定电压 $U_N$ 来制造，以利于大批量生产。所以用电设备的额定电压规定与其接入电网的额定电压相同。

（3）发电机的额定电压：

由于同一电压线路一般允许的电压偏差是 ± 5%，即整个线路允许有 10%的电压损耗值，因此为维持线路平均电压在额定值，线路首端（即电源端）的电压应较电网额定电压高 5%，而线路末端则可较电网额定电压低 5%，如图 8-2 所示。所以发电机额定电压规定高于同级电网额定电压 5%。

G
M
M
M
+5%
−5%

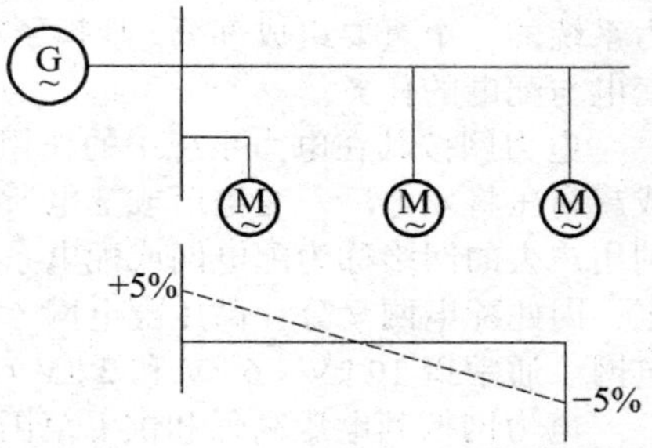

**图 8-2 用电设备和发电机的额定电压**

（4）变压器的额定电压：

当变压器的一次绕组与发电机直接连接时，其一次绕组的额定电压等于发电机额定电压，即高于同级电网额定电压 5%。当变压器不与发电机相连，而是连接在线路上时，则可把它看作用电设备，其一次绕组额定电压应与电网额定电压相同。

变压器二次绕组的额定电压也分两种情况。这里，我们首先来看看变压器二次绕组的额定电压是如何定义的。

变压器二次绕组的额定电压，是指变压器一次绕组加上额定电压而二次绕组开路的电压即空载电压。在满载时，二次绕组内约有 5%的电压降，因此当变压器二次侧供电线路较长时，变压器二次绕组的额定电压应高于同级电网额定电压 10%，一方面补偿变压器满载时内部 5%的电压降，另一方面要考虑变压器满载时输出的二次电压还要高于电网额定电压的 5%，以补偿线路上的电压降。当变压器二次侧供电线路不长时，如采用低压配电或直接供给用电设备，则变压器二次绕组的额定电压只需高于电网额定电压 5%，仅考虑补偿变压器内部 5%的电压降。

2. 电压偏差

当供配电系统改变运行方式和负荷缓慢地变化时，供配电系统各点的电压也随之变化，各点的实际电压与系统额定电压之差$\Delta U$称为电压偏差。电压偏差$\Delta U$也常用与系统额定电压的比值以百分数表示，即

$$\Delta U=\frac{U-U_{\mathrm{N}}}{U_{\mathrm{N}}}\times 100\%$$

式中 $\Delta U$——电压偏差；

$U$——用电设备的实际电压；

$U_{\mathrm{N}}$——用电设备的额定电压。

根据国家标准《供配电系统设计规范》(GB 50052—2009)，在正常运行情况下，用电设备端子上电压偏差允许值如下：

(1) 电动机为 ± 5%。

(2) 照明：在一般工作场所为 ± 5%；对于远离变电所的小面积一般工作场所，难以满足上述要求时，可为 + 5%、－10%；应急照明、道路照明和警卫照明等为 + 5%、-10%。

(3) 其他用电设备，当无特殊规定时为 ± 5%。

3. 电压波动

供配电系统的电压波动主要是由系统中的冲击负荷引起的。冲击负荷引起的电压对工频来说是调幅波（即交流电压波的包络线）性质的。为了表征电压波动的大小，用电压调幅波中相邻两个极值（极大和极小）电压均方根值之差（$U_{\max}-U_{\min}$）对额定电压 $U_{\mathrm{N}}$ 的百分数来表示，即

$$\delta U=\frac{U_{\max}-U_{\min}}{U_{\mathrm{N}}}\times 100\%$$

为了区别电压波动（电压的快变化）和电压偏差（电压的慢变化），国家标准《电能质量 电压波动和闪变》(GB/T 12326—2008）中规定，电压波动的变化速度应不低于每秒 0.2%。

电压闪变反映了电压波动引起的灯光闪烁对人视觉产生影响的效应。引起照度闪变的电压波动现象称为电压闪变。因灯光照度急剧变化使人眼感到不适的电压，称为闪变电压。

国家标准 GB/T 12326—2008 中规定了电力系统公共供电点由冲击性负荷产生的电压波动和闪变的允许值，如表 8-2 和表 8-3 所示。

**表 8-2 电压波动允许值**

| 电网额定电压/kV | 电压波动允许值/% |
| --- | --- |
| 10 及以下 | 2.5 |
| 35～110 | 2 |
| 220 及以上 | 1.6 |

注：衡量点为电网公共连接点，取实测 95%概率值。

表 8-3　闪变电压$\delta U_{10}$允许值

| 应用场合 | 允许值/% |
| --- | --- |
| 要求较高的照明负荷 | 0.4（推荐值） |
| 一般照明负荷 | 0.6（推荐值） |

4. 三相电压不平衡度

电压不平衡度$\varepsilon U$，是衡量多相系统负荷平衡状态的指标，用电压负序分量的均方根值 $U_2$ 与电压正序分量的均方根值 $U_1$ 的百分比来表示，即

$$\varepsilon U = \frac{U_2}{U_1} \times 100\%$$

国家标准《电能质量·三相电压不平衡度》（GB/T 15543—2008）规定：

（1）电力系统公共连接点，正常时三相电压不平衡度允许值为 2%，短时不超过 4%。

（2）接于系统公共连接点的每个用户，三相电压不平衡度一般不得超过 1.3%。

## 8.1.2　供配电系统

### 8.1.2.1　电力负荷的分级及其对供电电源的要求

1. 负荷分级

（1）一级负荷。符合下列条件之一的，为一级负荷：

① 中断供电将造成人身伤亡的负荷，如医院急诊室、监护病房、手术室等处的负荷。

② 中断供电将在政治、经济上造成重大损失的负荷。

③ 中断供电将影响有重大政治、经济意义的用电单位的正常工作的负荷，如重要交通枢纽、重要通信枢纽、重要宾馆、大型体育场馆、经常用于国际活动的大量人员集中的公共场所等用电单位中的重要负荷。

（2）二级负荷。符合下列条件之一的，为二级负荷：

① 中断供电将在政治、经济上造成较大损失的负荷。

② 中断供电将影响重要用电单位的正常工作的负荷。

（3）三级负荷。不属于一、二级负荷者为三级负荷。在一个工业企业或民用建筑中，并不一定所有用电设备都属于同一等级的负荷，因此在进行系统设计时应根据其负荷级别分别考虑。

2. 不同等级负荷对电源的要求

（1）一级负荷对电源的要求。

一级负荷中有普通一级负荷和特别重要的一级负荷之分。普通一级负荷应由两个电源供电，且当其中一个电源发生故障时，另一个电源不应同时受到损坏。特别重要的一级负荷，除由满足上述条件的两个电源供电外，尚应增设应急电源专门对此类负荷供电。

（2）二级负荷对电源的要求。

宜由两回线路供电，当电源来自于同一区域变电站的不同变压器时，即可认为满足要求。在负荷较小或地区供电条件困难时，可由一回 6kV 及以上专用的架空线路或电缆线路供电。当采用架空线时，可为一回架空线供电；当采用电缆线路时，应采用两根电缆组成的线路供电，且每根电缆应能承受 100%的二级负荷。

（3）三级负荷对电源的要求。

三级负荷对电源无特殊要求，一般以单电源供电即可。

3. 电能质量

电能质量也即用电点的供电质量，主要由以下四个方面（安全、可靠、优质、经济）来决定。

（1）供电安全：把人身触电事故和设备损坏事故降低到最低的限度。

（2）供电可靠：供电的不间断性。

（3）优质供电：主要是指电压和频率偏差要在允许的范围之内。

（4）供电经济：供电系统的投资要少，运行费用要低，减少金属材料的消耗等。

### 8.1.2.2 负荷计算

1. 用电设备的工作制

现代建筑的用电设备种类繁多，用途各异，工作方式不同，按其工作制可分以下三类（连续、短时、断续周期）。

（1）长期连续工作制或长期工作制。

长期连续工作制是指电气设备在运行工作中能够达到稳定的温升，能在规定环境温度下连续运行，设备任何部分的温度和温升均不超过允许值，例如通风机、水泵、电动发电机、空气压缩机、照明灯具、电热设备等负荷比较稳定，它们在工作中时间较长，温度稳定。

（2）短时工作制。

短时运行工作制是指运行时间短而停歇时间长，设备在工作时间内的发热量不足以达到稳定温升，而在间歇时间内能够冷却到环境温度，例如车床上的进给电动机等。电动机在停车时间内，温度能降回到环境温度。

（3）断续周期工作制。

断续周期工作制即断续运行工作制或称反复短时工作制。该设备以断续方式反复进行工作，工作时间与停歇时间相互代替重复，周期性地工作或是经常停，反复运行。一个周期一般不超过10 min，例如起重电动机。断续周期工作制的设备用暂载率（或负荷持续率）来表示其工作特性，计算公式如下:

$$\varepsilon=\frac{t}{T}\times100\%=\frac{t}{t+t_0}\times100\%$$

式中 $\varepsilon$——暂载率；

$t$——工作周期内的工作时间；

$T$——工作周期；

$t_0$——工作周期内的间歇时间。

工作时间加停歇时间称为工作周期。根据中国的技术标准规定工作周期以 10 min 为计算依据。吊车电动机的标准暂载率分为15%、25%、40%、60%四种；电焊设备的标准暂载率分为50%、65%、75%、100%四种。其中100%为自动电焊机的暂载率。在建筑工程中通常按100%考虑。

2. 设备容量计算方法

设备容量是把设备额定功率（用 $P_N$ 表示）换算到统一工作制下的额定功率，用 $P_e$ 表示，有时也称为设备的计算容量。对不同工作制的用电设备，其设备容量可按如下方法确定。

（1）长期工作制电动机的设备容量。

电气设备的容量等于铭牌标明的“额定功率”（kW）。计算设备的容量不打折扣，即设备容量 $P_e$ 与设备额定功率相等。

（2）反复短时（或称断续周期）工作制电动机的设备容量。

反复短时工作制下设备的工作时间较短。按规定应该把反复短时（或称断续周期）工作制下的设备容量统一换算到 = 25%时的额定功率（kW）。若不等于 25%时，如吊车类设备。

$$P_e = \frac{\sqrt{\varepsilon}}{\sqrt{\varepsilon_{25}}} P_N = 2P_N\sqrt{\varepsilon}$$

式中　$P_e$——换算到 = 25%时电动机的设备容量（kW）;

$\varepsilon$——铭牌暂载率，以百分值代入公式;

$P_N$——电动机铭牌额定功率（kW）。

短时工作制下设备容量的换算也可以采用上面公式。

**【例 8-1】**　某化工厂有吊车共 20 kW，铭牌暂载率为 40%，求换算到为 25%时设备的容量是多少?

**解：**

$$P_e = \frac{\sqrt{\varepsilon}}{\sqrt{\varepsilon_{25}}} P_N = 2P_N\sqrt{\varepsilon} = \sqrt{\frac{0.4}{0.25}} \times 20 = 25.30\ \text{kW}$$

（3）电焊设备的设备容量（断续运行）。

规定要求应统一换算到$\varepsilon$= 100%时的额定功率（kW）。若$\varepsilon$不等于 100%时，应按下式换算到$\varepsilon$= 100%，即

$$P_e = \frac{\sqrt{\varepsilon}}{\sqrt{\varepsilon_{100}}} P_N = \sqrt{\varepsilon} S_N \cos\phi$$

式中　$P_e$——换算到$\varepsilon_{100}$ = 100%后电焊机的设备容量（kW）;

$P_N$——铭牌额定功率（直流焊机）（kW）;

$S_N$——铭牌额定视在功率（交流焊机）（kV·A）;

$\cos\phi$——铭牌额定功率因数;

$\varepsilon$——同 $S_N$ 或 $P_N$ 相对应的铭牌暂载率，用百分值代入公式计算。

**【例 8-2】**　某建筑工程工地有电焊机，铭牌功率共 40 kV·A，$\cos\phi$为 0.6。铭牌为 40%，自动电焊机按换算到$\varepsilon$= 100%计算，求设备的容量是多少?

$$P_e = \sqrt{\varepsilon / \varepsilon_{100}} P_N \cos\phi = \sqrt{40\%100\%} \times 40 \times 0.6\ \text{kW}$$
$$= 25.30 \times 0.6 = 15.18\ \text{kW}$$

例题表明把暂载率小的设备换算为长时间运行（$\varepsilon$= 100%）下的容量，则计算容量变小。

总之，在实用中动力设备容量的计算有三种情况：

① 长期运行电气设备暂载率按 100%计算，即长期运行电器设备铭牌额定功率。多台电气设备的容量为多台电气设备容量之和，就等于折合后电气设备容量 $P_e$，如电动水泵、自动电焊机等。

② 断续运行的电气设备暂载率按 100%计算，如起重电气设备等。铭牌上标注的暂载率不一定是 65%。如果小于 65%，经过折算后设备容量将小于铭牌上标定的额定功率，如例 8-2 所得结果。

③ 短时运行的电气设备暂载率按 25%计算。如吊车、电动门、机床架升降等。若铭牌标定的暂载率大于 25%，则折合后的设备容量将大于铭牌功率。

（4）电炉变压器和安全照明变压器的容量。

因为各种变压器的容量是用视在功率 $S_N$ 表示的，故应统一换算到额定功率因数时的额定功率（kW），即

$$P_e = S_N \cos\phi_N$$

（5）380 V 单相电气设备折算为三相计算负荷。

首先将暂载率折合到所需要的情况，平均分配到三相电源，一般为三角形联结，求出每相的

计算负荷，再找出相邻两相计算容量平均最大的值，而后乘以 3 即为三相计算容量。

（6）照明设备的容量。

① 白炽灯、碘钨灯的设备等于灯泡的额定功率（kW）。

$$P_e = P_N$$

② 荧光灯的设备容量等于灯管额定功率的 1.2 倍（考虑镇流器中功率损失约为灯管额定功率的 20%）。

$$P_e = 1.2 P_N \cos\phi_N$$

③ 高压汞灯、金属卤化物灯的设备容量等于灯泡额定灯率的 1.1 倍（考虑镇流器功率损失约为灯泡额定功率的 10%）。

$$P_e = 1.1 S_N \cos\phi_N$$

**【例 8-3】** 新建办公楼照明设计用白炽灯 U 相 3.6 kW，V 相 4 kW，W 相 5 kW，求设备容量 是多少？如果改为 U 相 3.8 kW，求设备容量是多少？

**解：**三相平均容量为：（3.6 + 4 + 5）/3 = 12.6/3 = 4.2 kW

三相负载不平衡容量占三相平均容量的百分率（即不平衡度）为：

（5 − 4.2）/4.2 = 0.8/4.2 = 0.19 = 19%，大于 15%

所以 $P_e = 3\ P_{max} = 3 \times 5 = 15$ kW

改善后：（4.8 − 4.2）/（4.2） = 0.6/4.2 = 0.142 9 = 14.29%，小于 15%

$$P_e = P_U + P_V + P_W = 3.6 + 4 + 4.8 = 12.6\ \text{kW}$$

小于 15 kW，计算容量减少了，可见设计三相负荷时越接近平衡越好。

3. 用需要系数法确定计算负荷

（1）计算负荷的概念。

用电设备组的计算负荷是指用电设备组从供电系统中取用的半小时最大负荷，它是作为按发热条件选择电气设备的依据。我们用半小时（30 min）最大负荷 $P_{30}$ 来表示有功计算负荷，其余 $Q_{30}$、$S_{30}$、$I_{30}$ 分别表示无功计算负荷、视在计算负荷和计算电流。

计算负荷是供电设计计算的基本依据。计算负荷确定是否正确合理，直接影响到电器和导线电缆选择是否经济合理。如计算负荷确定过大，将使电器和导线电缆选得过大，造成投资和有色金属的浪费。计算负荷确定过小，又将使电器和导线电缆处于过负荷运行，增加电能损耗，产生过热，导致绝缘过早老化甚至烧毁，同样要造成损失。由此可见正确确定计算负荷意义重大。

（2）需要系数的含义。

以一组用电设备来分析需要系数的含义，如图 8-3。该组设备有几台电动机，其额定容量为 $P_e$。由于该组电动机实际上不一定都同时运行，而且运行的电动机也不可能都满负荷，同时设备本身及配电线路也有功率损耗，因此该组电动机的有功计算负荷应为

$$P_{30} = \frac{K_{\Sigma} K_L}{\eta_e \eta_{WL}} P_e$$

式中 $K_{\Sigma}$——设备组同时系数，即设备在最大负荷时运行的设备容量与全部设备容量之和的比值。

$K_L$——设备组的负荷系数，即设备组在最大负荷时的输出功率与运行设备容量之比。

$\eta_{WL}$——配电线路的平均效率，即配电线路在最大负荷时的末端功率（设备组的取用功率）和首端功率（计算负荷）之比。

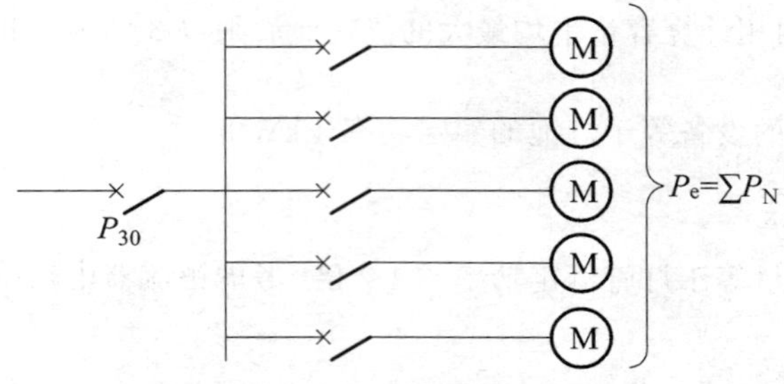


**图 8-3 用电设备组的计算负荷**

令 $K_{\Sigma}K_{L}/\eta_{e}\eta_{WL}=K_{X}$，这里的 $K_X$ 称为需要系数。

$$K_X = P_{30}/P_e$$

式中 $P_e$——经过折算后的设备容量。

用电设备组的需要系数就是用电设备组在最大负荷时需要的有功功率与其设备容量的比值一般小于 1。由此可得按需要系数确定三相用电设备组的有功功率的基本公式为

$$P_{30} = K_X P_e$$

实际上，需要系数不仅与用电设备组的工作性质、设备台数、设备效率和线路损耗等因素有关，而且和操作工人的熟练程度和生产组织等多种因素有关，因此，应尽量通过实际测量分析测定，以保证接近实际。

实际工程中，不同用电设备的需要系数可从国家标准中查出。

## 8.1.3 电气安全与保护接地

尽管电气事故多种多样，其原因不外是以下三个方面：① 缺乏安全知识；② 电气设备的安装、使用和维修不符合安全规程；③ 没有安全工作制度。

### 8.1.3.1 电气安全

所谓触电，多是因为人体有意或无意地与正常带电体接触或与漏电的金属外壳接触，使人体的某两点之间被加上电压，例如，手和手的两点间或手与脚的两点间等，在这两点之间就形成电流，即触电电流。

1. 触电对人体的伤害形式

触电的伤害形式主要有两类：电击和电伤。

（1）电击。电流通过人体造成内部器官损坏，产生呼吸困难，严重时，造成心脏停止跳动而死亡，而体表没有痕迹。这种情况叫作电击。

（2）电伤。由于电流的热效应、化学效应、机械效应以及在电流作用下，使熔化蒸发的金属微粒侵袭人体皮肤而遭受灼伤、烙伤和皮肤金属化的伤害，叫作电伤，严重时也能致命。

2. 影响触电严重程度的因素

（1）电流流经人体的效应。

电流对人体的危害是多方面的，电流通过心脏会造成功能紊乱即室性纤颤，使人体因大脑缺氧而迅速死亡；电流通过中枢神经系统的呼吸控制中心可使呼吸停止；电流的热效应会造成电灼伤；电流的化学效应会造成电烙印和皮肤金属化；电磁场能量也会由于辐射作用造成人体的不适应。电流对人体的危害程度与通过人体的电流强度、持续时间、电压、频率、通过人体的途径及

人体的健康状况等因素有关。

（2）影响触电对人体危害程度的因素。

① 电流大小的影响：不同的电流会引起人体不同的反应，按习惯，人们通常把触电电流分为感知电流、反应电流、摆脱电流和心室纤颤电流等。

② 电流持续时间的影响：触电时间越长，电流对人体引起的热伤害，化学伤害及生理伤害就愈严重。特别是电流持续时间的长短，和心室颤动有密切的关系，从现有的资料来说，最短的触电时间为 8.3 ms，超多 5 s 的时间很少，从 5 s 到 30 s，引起心室颤动的极限电流基本保持稳定并略有下降；更长的触电时间，对引起心室颤动的影响不明显，而对窒息的危险性有较大的影响从而使致命电流下降。

另外，触电时间长，人体电阻因出汗等原因而降低，导致触电电流进一步增加，这也将使触电的危险性随之增加。

③ 电流流经途径的影响：电流流经人体的途径，对于触电的伤害程度影响甚大。电流通过心脏、脊椎和中枢神经等要害部位时，触电伤害最为严重。电流通过心脏会引起心室颤动，较大的电流还会使心脏停止跳动。电流通过中枢神经或脊椎时，会引起有关的生理机能失调，如窒息致死等。电流通过脊椎，会使人截瘫。电流通过头部使人昏迷，若电流较大，会对大脑产生严重的伤害而致死。因此，从左手到胸部以及从左手到右脚是最危险的电流途径；从右手到胸部或右手到脚、从手到手等都是很危险的电流途径；从脚到脚一般危险性就较小，但不等于说没危险。例如由于跨步电压而造成触电时，开始电流仅通过两脚间，触电后由于双足激烈痉挛摔倒，此时电流就会流经其他要害部位，同样会造成严重后果。另一方面，即使两脚触电，也会有一部分电流流经心脏，这同样会带来危险。

④ 人体电阻的影响：在一定的电流的作用下流经人体的电流大小和人体电阻成反比，因此人体电阻的大小将对触电后的情形产生一定的影响。

人体电阻，有表面电阻和体积电阻之分，表面电阻是沿着人体皮肤表面所呈现的电阻，体积电阻是从皮肤到人体内部所构成的电阻。体积电阻和表面电阻都将对触电后果产生影响，对电击来说，体积电阻影响最为显著，但表面电阻优势却能对电击后果产生一定的抑制作用，而使其转化为电伤。这是由于人体皮肤潮湿，表面电阻较小，使电流极大部分从皮肤表面通过。

多汗的夏天，较多出现烧伤事故；夏天炎热季节发生长时间触电（低压触电）而未造成严重后果的事例也曾统计到过，这是由于较小的表面电阻在起主导影响。过去认为人体越潮湿触电伤害性越大，这种说法不十分确切，因为表面电阻对触电后果的影响是比较复杂的，只有当触电回路总的表面电阻较小时，才有可能产生抑制电击的积极影响。反之，当人体局部潮湿时，特别是如果仅仅只有触及带电部分处的皮肤潮湿时，那就会大大增加触电的危险性。这是因为人体局部潮湿，不会对触电回路的表面电阻值产生很大影响，触电电流不会大量从人体表面分流，而触电处皮肤潮湿，将会使人体体积电阻下降，以致使触电的危害性增大。

人体体积电阻，是从皮肤到人体内部所构成的电阻。因此也可以说，体积电阻是由于皮肤电阻和体内电阻串联组成的，而决定体积电阻值的主要因素是皮肤电阻。必须指出的是，这里所讲的皮肤电阻指的是皮肤沿体内方向的电阻值，不要和前述表面电阻相混淆。

在讨论了人体表面电阻和人体体积电阻以后，可以容易地得出以下结论：人体电阻是表面电阻和体积电阻的并联值。

⑤ 电流频率的影响：电流的频率除了会影响人体的电阻外，还会对触电的伤害程度产生直接影响。25 ~ 300 Hz 的交流电对人体的伤害远大于直流电。同时 对交流电来说，当低于或高于以上频率范围时，它的伤害程度就会显著减轻。

⑥ 人体状况的影响：电流对人体作用女性较男性更为敏感，女性感知电流和摆脱电流约比男性低三分之一；由于心室颤动电流约与体重成正比，因此小孩遭受电击较成人危险。另外，身体的健康情况与精神状态正常与否，对于触电伤害后果有一定的影响。如患有心脏病、神经系统

疾病、结核病等病症的人，因电击引起的伤害程度比正常人来得严重。

3. 触电的规律及预防措施

1）触电类型

（1）直接接触：电气设备在正常的运行条件下，人体的任何部位触及运行中的带电导体（包括中性导体）所造成的触电。因为直接接触时人体的接触电压为系统相地间的电压，所以其危险性最高，是触电形式中后果最严重的一种。

（2）间接接触：电气设备在故障情况下，如绝缘损坏、失效，人体的任何部位接触设备带电的外露可导电部分和外界可导电部分，所造成的触电。外露可导电部分是电气设备和装置中能够触及的部分，正常条件下不带电，故障条件下可能带电。外界可导电部分不是电气设备或装置的组成部分，故障情况下也可能带电。

间接接触是由电气设备故障情况下的接触电压和跨步电压形成的，其后果严重程度取决于接触电压或跨步电压的大小。

（3）感应电压电击：电气设备的电磁感应和静电感应作用，将会在附近的停电设备上感应出一定电位。在电气工作中，此类事故也屡有发生，甚至造成死亡。超高压双回路以及多回路网杆架设的线路都要特别重视此类触电问题。

（4）雷电电击：雷电是自然的一种放电现象。多数放电发生在雷云之间，也有一小部分放电发生在雷云对地或地面物体之间，如人体正处于或靠近雷电放电的途径，则可能遭到雷电电击。

（5）残余电荷电击：电气设备的电容效应，使之在刚断开电源后尚保留一定的电荷，即残余电荷。当人体接触时，残余电荷会通过人体而放电，形成电击。

（6）静电电击：由于物体在空气中，经摩擦而带有静电电荷，静电电荷大量积累会形成高电位，一旦放电也会对人造成危害。

2）防止触电的措施

触电也有一定的规律性。例如在每年的六至八月份，天气多雨、潮湿，加上人体多汗，所以触电事故最多。发生在低压供电系统和低压电气设备上的事故较多；触电事故多发生在非电工人员身上；一般来说，冶金、建筑、矿业和机械行业触电事故较多；高温、潮湿、有导电灰尘，有腐蚀性气体的环境和临时设施多、用电设备多的部门触电事故多。为防止触电事故，除了思想上重视、认真贯彻执行合理的规章制度外，主要依靠健全组织措施和完善各种技术措施。

为防止触电事故或降低触电的危害程度，需做好以下几方面的工作：

（1）设立屏障，保证人与带电体的安全距离，并悬挂标志牌。

（2）有金属外壳的电气设备，要采取接地或接零保护。

（3）采用安全电压。

（4）采用联锁装置和继电保护装置，推广、使用漏电保护装置。

（5）正确选用和安装导线、电缆、电气设备，对有故障的电气设备及时维修。

（6）合理使用各种安全用具、工具和仪表，要经常检查、定期试验。

（7）建立健全各项安全规章制度，加强安全教育和对电气工作人员的培训。

#### 8.1.3.2 保护接地

1. 接地的类型和作用

所谓接地，简单说来是各种设备与大地的电气连接。要求接地的设备如电力设备、通信设备、电子设备、防雷装置等。接地的目的是使设备正常和安全运行，以及为建筑物和人身的安全准备条件。常用的接地可分为以下几种。

（1）系统接地。在电力系统中将某一适当的点与大地连接，称为系统接地或称工作接地，如变压器中性点接地、零线的重复接地等。

（2）设备的保护接地。各种电气设备的金属外壳、线路的金属管、电缆的金属保护层、安装电气设备的金属支架等，由于导体的绝缘损坏可能带电，为了防止这些不带电金属部分产生过高的对地电压危及人身安全而设置的接地，称为保护接地。

（3）防雷接地。为使雷电电流安全地向大地泄放，以保护被击建筑物或电力设备而采取的接地，称为防雷接地。

（4）屏蔽接地。一方面是为了防止外来电磁波的干扰和侵入，造成电子设备的误动作或通信质量的下降；另一方面是为了防止电子设备产生的高频向外部泄放，需将线路的滤波器、变压器的静电屏蔽层、电缆的屏蔽层、屏蔽室的屏蔽网等进行接地，称为屏蔽接地。

（5）防静电接地。静电是由于摩擦等原因而产生的积蓄电荷，要防止静电放电产生事故或影响电子设备的工作，就需要有使静电荷迅速向大地泄放的接地，称为防静电接地。

2. 常见的保护接地方式

按国际电工委员会 IEC 的标准，低压配电系统根据保护接地的形式不同分为：IT 系统、TT 系统和 TN 系统。其中：IT 系统和 TT 系统的设备外露可导电部分经各自的保护线直接接地（保护接地）;TN 系统的设备外露可导电部分经公共的保护线与电源中性点直接电气连接（接零保护）。

国际电工委员会（IEC）对系统接地文字符号的意义规定如下：

第一个字母表示电力系统的对地关系：T——一点直接接地；I——所有带电部分与地绝缘或一点经高阻抗接地。

第二个字母表示装置的外露可导电部分的对地关系；T——外露可导电部分对地直接电气连接，与电力系统的任何接地点无关；N——外露可导电部分与电力系统的接地点直接电气连接（在交流系统中，接地点通常就是中性点）。

后面还有字母（第三个字母）时，这些字母表示中性线与保护线的组合：S——中性线和保护线是分开的；C——中性线和保护线是合一的。

（1）TN 系统。

TN 系统是在三相四线（380/220V）制的电源中性点直接接地的低压电网中，把正常运行时不带电的用电设备的金属外壳，经公共的保护线和电源的中性点直接做电气连接所构成的系统。

如图 8-4 所示是 TN 系统的工作原理示意图。当电气设备发生单相碰壳时，故障电流经设备的外壳形成相线对保护线的单相短路，从而产生较大的短路电流使保护装置立即动作，将故障电路迅速切除，保证了人身安全和其他设备或线路的正常运行。

TN 系统的电源中性点直接接地，并由中性线引出，按其保护线的形式，又可分为以下三种：

① TN—C 系统（三相四线制）：如图 8-5 所示为 TN—C 系统，其整个系统的中性线（N）和保护线（PE）是合一的，该线又称为保护中性线（即 PEN 线）。

② TN—S 系统（三相五线制）：如图 8-6 所示为 TN—S 系统，其整个系统的中性线（N）和保护线（PE）是分开的。

③ TN—C—S 系统（三相四线和三相五线混合系统）：如图 8-7 所示为 TN—C—S 系统，系统中有部分中性线（N）和保护线（PE）是合一的，而又有一部分线是分开的。

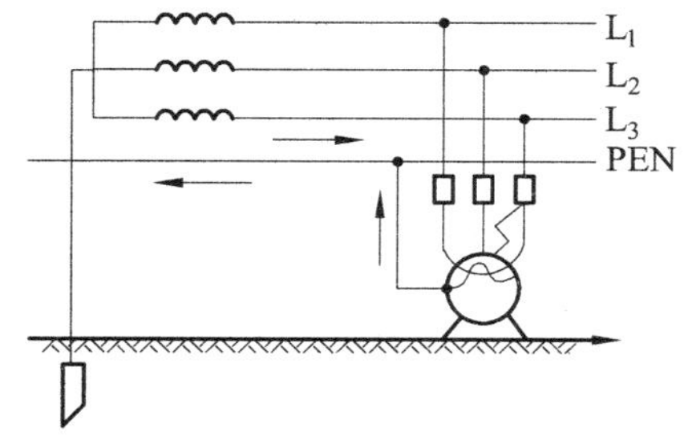


图 8-4　TN 系统的工作原理示意图图

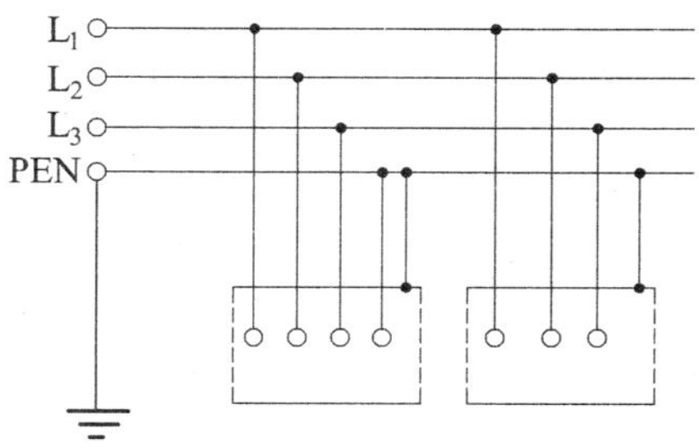


8-5　TN-C 系统

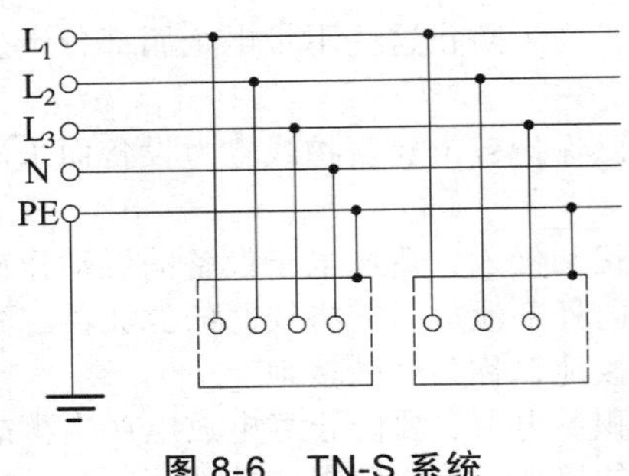


图 8-6　TN-S 系统

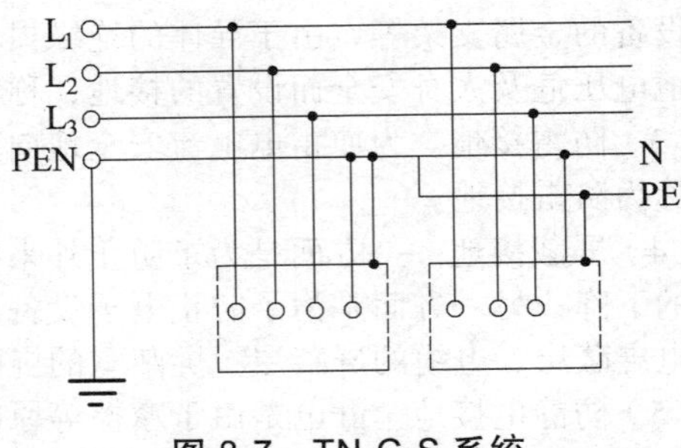


图 8-7　TN-C-S 系统

（2）TT 系统。

如图 8-8 所示，TT 系统的电源中性点直接接地，与用电设备接地无关。PE 为保护接地，设备的金属外壳也直接接地，且与电源中性点相连。

TT 系统的工作原理是：当发生单相碰壳故障时，接地电流经保护接地的接地装置和电源的工作接地装置所构成的回路流过。此时，若有人触摸带电的外壳，则由于保护接地装置的电阻远远小于人体的电阻，因此大部分的接地电流被接地装置分流，从而对人体起到保护作用。但 TT 系统在确保安全用电方面也存在着不足之处：

① 在采用 TT 系统的电气设备发生单相碰壳故障时，接地电流并不很大，往往不能使保护装置动作，这将导致线路长期带故障运行。

② 当 TT 系统中的电气设备只是由于绝缘不良引起漏电时，因漏电电流往往不大（仅为毫安级），不可能使线路的保护装置动作，这也导致漏电设备的金属外壳长期带电，增加了人体触电的危险。

因此，使用 TT 系统必须加装漏电保护开关。TT 系统广泛应用于城镇、农村、居民区、工业企业和由公用变压器供电的民用建筑中。对于接地要求较高的数据处理设备和电子设备，应优先考虑 TT 系统。

（3）IT 系统。

IT 系统的工作原理是：若设备外壳没有接地，在发生单相碰壳故障时，设备外壳带上了相电压，若此时有人触摸外壳，就会有相当危险的电流流经人体与电网和大地之间的分布电容所构成的回路，而设备的金属外壳有了保护接地后，由于人体电阻远比接地装置的接地电阻大，在发生单相碰壳时，大部分的接地电流由接地装置分流，流经人体的电流很小，从而对人体安全起到了保护作用。

如图 8-9 所示，IT 系统的电源中性点是对地绝缘的或经高阻抗接地的，而用电设备的金属外壳直接接地。

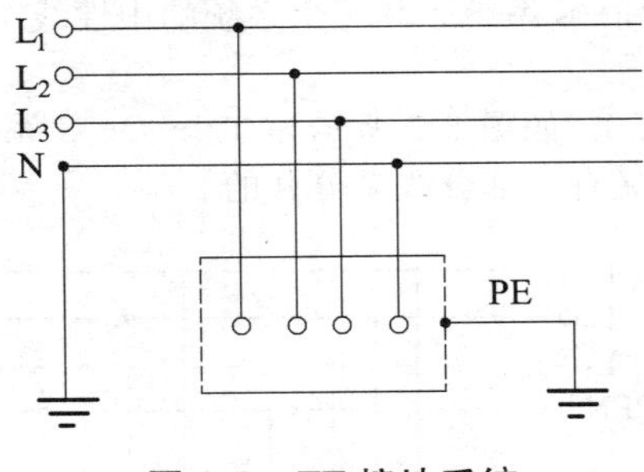


图 8-8　TT 接地系统

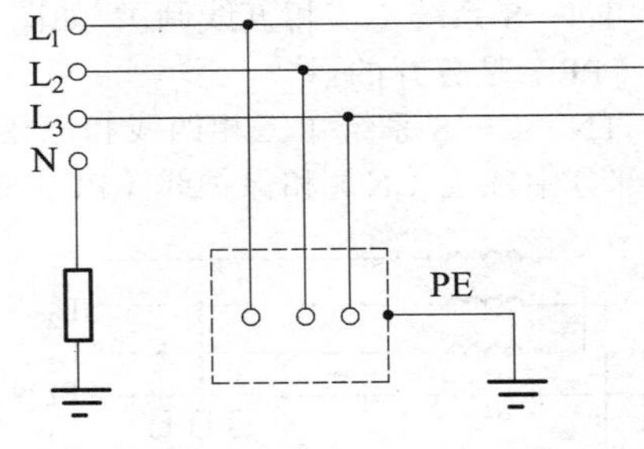


图 8-9　IT 系统

IT 系统适用于环境条件不良、易发生单相接地故障的场所，以及易燃、易爆的场所，如煤矿、化工厂、纺织厂等。

3. 保护接地的技术要求

保护接地适用于中性点不接地（对地绝缘）的电网中。在这种电网中凡由于绝缘破坏或其他原因而可能呈现危险电压的金属部分，除另有规定外，均应接地。

但是，在干燥场所，交流额定电压 50 V 以下、直流额定电压 110 V 及以下的电气设备金属外壳可不接地；以及在干燥且有木质、沥青等不良导电地面的场所，交流额定电压 380 V 及以下，直流额定电压 440 V 及以下的电气设备金属外壳，除另有规定外（在爆炸危险场所仍应接地）可不接地。电气设备在高处时，不应采取保护接地措施，否则会把大地电位引向高处，反而增加触电的危险性。在采用接零保护的低压电力网中，接地系统的接地为变压器的接地电阻，而用电设备只进行接零，不进行接地。在电力设备接地装置的接地电阻允许达到 10 Ω的低压电力网中，每一重复接地装置的接地电阻不应超过 10 Ω，但重复接地不应少于 3 处。

以下介绍几种接地、接零的例子。

（1）照明设备的接地和接零。

照明设备的接地和接零按工作照明、局部照明和事故照明三个方面加以说明。

① 工作照明设备的金属外壳是接地还是接零与其电网的中性点是否接地有关系。

中性点不接地的电网中其照明设备金属外壳应采用接地保护，而不应采用接零保护。这时从中性点引出的零线只起工作作用，称其为工作零线。为了减轻短路或过载造成的危险，相线（火线）和工作零线都以装设开关和熔断器为好。至于照明设备的保护接地做法与一般设备的保护接地做法相同。

中性点接地的电网中，其照明设备金属外壳应采用接零保护，而不应采用接地保护。照明设备的保护接零做法与一般设备的保护接零不完全相同。为了保持零线连续可靠，不允许在零线上装设开关和熔断器；而且照明设备的金属外壳应接向接零干线。

在有爆炸和火灾危险的环境中，为了减轻过负荷的危险，相线的零线上都装有熔断器。这时，应另设一条不装任何开关和熔断器的零线，因为这条零线是为保护人身安全的，故称为保护零线。

② 局部照明的电压按规定一般应使用安全电压，即 36 V 或 12 V；只有当工作环境比较安全，或者所用灯具有特殊安全结构时，其电压才可以采用 220 V。所用的安全电压由双绕组变压器供给，不能用自耦变压器。对于中性点接地系统，为了防止变压器漏电，其外壳应当接零；为了防止高压窜入低压，变压器低压边一端可以接零。对于中性点不接地系统只将变压器金属外壳接地即可。为了防止短路事故，变压器原边和副边都应装设熔断器。

③ 事故照明的中性点接地系统中，当事故照明装置由交流电源供电时，其金属外壳是接零的；当因故（如停电）改由直流电源供电时，直流电源没有接地，从而保证与大地的绝缘。这是因为直流电源还要同时供给控制线路用电，不允许接地。

（2）携带式设备的接地和接零。

携带式设备（如手携电动工具等），在使用中需要经常移动，振动也较大，容易发生相线碰壳事故，触电危险性较大。

接地（或接零）是携带式设备的主要安全措施之一，携带式设备的地线（或零线）不宜单独敷设，而应当和电源线采用同样的防护措施。单相携带式设备接零的做法与照明设备相同。最好采用带有接地（零）芯线的橡皮套软线作电源线，其专用芯线用作接地（零）线。携带式设备的电源插座和插头应有专用的接地（零）插孔和插头。

如果工作场所的触电危险性较小，如地板由木板或其他绝缘材料制成，采用接地（或接零）反而会将大地电位引入室内，增加触电的危险，因此，不应采取接地（或接零）。但是，考虑到要有利于切除短路和过载事故，减轻火灾的危险，相线和零线上都宜装设熔断器和双极开关。

（3）移动式设备的接地和接零。

移动式设备（如挖土机等）由于位置经常变化，不宜采用固定的接地装置，如电源中性点是接地的系统，应将设备正常工作时不带电的金属部分接零。由于线路要经常移动，经受拉伸和弯曲，容易损坏，零线的截面应与相线相同，连接的地方应有特殊标志。如电源系统中性点不接系统，宜采用漏电保护装置保护。

移动式发电设备或移动式变电设备的接地装置，应尽量采用自然接地体。若自然接地体不能满足要求，可加用人工接地体。其人工接地体的结构应使得打入地下和拔出地面都比较方便。对于供电范围不大的移动式发电设备或变电设备，应采用不接地系统。

电源设备和用电设备合为一体的移动式成套设备一般采用中性点不接地系统。其外壳不必采取接地措施。

（4）保护接地和保护接零尚存在的问题。中性点不接地的供电系统应用较少，加上广泛使用的动力和照明共用的三相四线制中，其中性点和中性线不容易与地绝缘，因此保护接地实际应用较少。若接地保护若与漏电保护结合起来，其优点较多，使用也会多起来。

广泛使用的三相四线制其中性点多接地，所以设备外壳做接零保护的亦较多。但是远离电源的设备外壳会因为外壳接零而对地呈现出电压，以至对人的安全构成威胁。

这个外壳对地的电压是中性线上的阻抗造成的，通常称为中性点之间的电压，即所谓的中性点偏移电压。出现中性点偏移电压的原因有：中性线过长或过细；三相负载不对称；照明负载中使用了过多的带有铁芯线圈的气体放电灯，如日光灯等，流过这种灯的电流中包含有三次谐波电流，因为三相中的三次谐波电流是同相的，所以在中性线上不能抵消，而是叠加在中性线上，使得中性线电流过大。

减少中性点偏移电压的方法：最好采用三相五线制供电系统，如图 8-10 所示。图中 4 为工作零线，为照明负载或其他单相负载工作用，要求工作零线与大地和设备外壳绝缘。图中 5 为保护零线，接到所有设备的金属外壳上。要求与工作零线分清，千万不能混用。

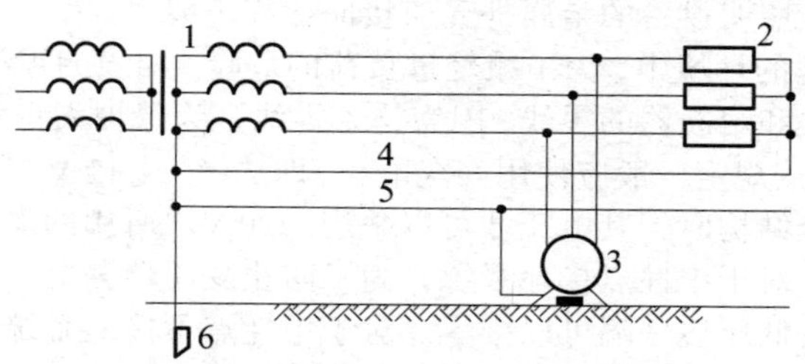


**图 8-10　三相五线制供电系统示意图**

1—Y/Y0 接的配电变压器；2—照明负载；3—动力负载；4—工作零线；5—保护零线；6—中性点接地体

减少中性偏移电压还可以通过加大中性线截面面积使之与火线截面面积相等的方法，也可以多设置重复接地方法等加以解决。

## 8.1.4　建筑物防雷

### 8.1.4.1　雷电的形成及对建筑物的危害

雷电是一种自然现象。关于雷云起电的学说有很多，近年来较为常见的一种说法是：地面湿气因受热而上升，或空中不同冷、热气团相遇，凝成水滴或水晶，在其运动过程中水滴受湿气流碰撞而破碎分裂，并形成一部分水滴带正电、一部分水滴带负电，这种分裂可能在具有强烈涡流的气流中发生，上升气流将带负电的水滴集中在雷云的上部，或沿水平方向集中到相当远的地方，形成大块带负电的雷云；带正电的水滴以雨的形式降落到地面，或保持悬浮状态，形成带正电的雷云。

由于电荷的不断积累，不同极性的云块之间的电场强度不断增大，当某处的电场强度超过空气可能承受的击穿强度时，就形成了云间放电。不同极性的电荷通过一定的电离通道互相中和产生强烈的光和热。放电通道所发出的这种强光，即称之为“闪”；而放电通道所发出的热，使附近的空气突然膨胀，发出霹雳的轰鸣，即称之为“雷”。

雷电放电大多是重复性的，一次雷电平均包括 3～4 次放电，重复的放电都是沿着第一次放电的通路发展的，这是由于雷云的大量体积电荷不是一次放完的，第一次放电是从雷云最底层发生的，随后的放电是从较高云层或相邻区域发生的。每次雷电放电的全部时间可达十分之几秒。雷云开始放电时雷电流急剧增大，在闪电到达地面的瞬间，雷电流最大为 200～300 kA。如此强大的雷电流，其所到之处会引起热的、机械的和电磁的强烈作用。

雷电的破坏作用主要是雷电流引起的。它的危害基本上可分为三种类型：

（1）直击雷的作用，即雷电直接在建筑物或设备上发生的热效应作用和电动力作用。

（2）雷电的二次作用，即雷电流产生的静电感应作用和电磁感应作用，通常称为感应雷。

（3）雷电对架空线路或金属管道的作用，所产生的雷电波可能沿着这些金属导体、管路，特别是沿天线或架空电线引入室内，形成所谓高电位引入，而造成火灾或触电伤亡事故。

雷电流的热效应主要表现在雷电流通过导体时产生出大量的热能，它能使金属融化、飞溅，从而引起火灾或爆炸。

雷电流的机械作用能使被击物体破坏，这是由于被击物体缝隙中的气体在雷电流的作用下剧烈膨胀、水分急剧蒸发而引起被击物爆裂。此外，静电斥力、电磁推力也有很强的破坏作用。前者是指被击物上同种电荷之间的斥力，后者是指雷电流在拐角处或雷电流相平行处的推力。

当金属屋顶、输电线路或其他导体处于雷云和大地间所形成的电场中时，导体上就会感应出与雷云性质相反的大量的电荷（称为束缚电荷）。雷云放电后，云与大地间的电场突然消失，导体上的电荷来不及立即疏散，因而产生很高的对地电压，即称之为“静电感应电压”。此时导体上的束缚电荷变为自由电荷，向导体两侧流动，形成感应过电压波。高压输电线上的感应过电压为 300～400 kV，但一般配电线路，由于悬挂高度低、漏电大，感应过电压大致不超过 100 kV。为了防止静电感应电压的危害，应将建筑物的金属屋顶、房屋中的大型金属物品全部给以良好的接地处理和等电位联结接地处理。

由于雷电流具有极大的幅值和陡度（雷电流升高的速度），在它周围的空间里，会产生强大的变化的电磁场。处在这一电磁场中的导体会感应出很高的电动势，它可以使构成闭合回路的金属物体产生强大的感应电流。若回路中有些地方接触不良，就会产生局部发热，若回路中有间隙就会产生火花放电。这对于存放易燃或易爆物品的建筑物是十分危险的。为了防止电磁感应引起的不良后果，应将所有互相靠近的金属物体进行等电位联结接地。

#### 8.1.4.2 建筑物落雷的相关因素及防雷分类

1. 建筑物遭受雷击的相关因素

大量雷害事故的统计资料和实验研究证明，雷电的地点和建筑物遭受雷击的部位是有一定规律的，这些规律称为雷电的选择性。雷击通常受下列因素影响：

（1）与地质结构有关，即与土壤电阻率有关。

（2）与地面上的设施情况有关。凡是有利于雷云与大地建立良好的放电通道者易受雷击。这是影响雷击选择性的重要因素。

（3）从地形来看，凡是有利于雷云的形成和相遇条件的易遭受雷击。

（4）还与当地的气象条件有关。

2. 民用建筑物的防雷分类

根据以上雷电对地物的活动情况一般将民用建筑的防雷分为三类。

（1）一类防雷建筑物：这类建筑物主要指具有特别重要用途的建筑物、国家级重点文物保护的建筑物和构筑物、超高层建筑物等。

（2）二类防雷建筑物：这类建筑物主要指重要的或人员密集的建筑物、省级重点文物保护的建筑物和构筑物、十九层及以上的住宅建筑和高度超过 50 m 的其他民用和工业建筑。

（3）三类防雷建筑物：这类建筑物主要指根据建筑物年计算雷击次数为 0.01 及以上，并结合当地情况确定需要防雷的民用及一般工业建筑、建筑群中高于其他建筑或处于边缘地带的高度为 20 m 及以上的民用和一般工业建筑物、建筑物高于 20 m 的突出物体、高度超过 15 m 烟囱和水塔等建筑物或构筑物、历史上雷害事故严重地区的建筑物或雷害事故较多地区的重要建筑物。

#### 8.1.4.3 建筑物的防雷措施和防雷装置

现代建筑除了满足一般的防雷措施外，还应满足：第一、二类民用与工业建、构筑物应有防直击雷、防雷电感应和防雷电波侵入的措施；第三类民用与工业建、构筑物应有防直击雷和防雷电波侵入的措施。具体要满足现行防雷有关规范要求。

1. 一般的防雷措施和防雷装置

防直击雷一般采用装设避雷网或避雷带，对面积较大的屋顶装设避雷网，网格宽度不应大于 10 m，屋面上的任意一点距避雷网均不得大于 5 m。当有三条以上平行避雷带时，每隔 24 m 处需加设相互跨接线，突出屋面的电梯机房、水箱间等可沿屋顶的四周装设避雷带。突出屋面的砖砌通风道可装设环状避雷带；金属透气管应与避雷带（网）联结。

当采用避雷针保护屋面的突出物时，其保护角按 45° 计算。防直击雷的引下线不应少于 2 根，其间距不应大于 24 m。防直击雷的接地装置的冲击电阻不应大于 10 Ω，接地体围绕建筑物敷设。进入建筑物的埋地金属管道及电气设备的接地装置，宜在入户处与防雷接地装置连接。

防雷接地装置是由接闪器、引下线和接地装置构成的。

（1）接闪器是用来吸引雷电的，是直接遭受雷击的部分，所以它是用良导体材料制成的，并且安装在建筑物的顶部。接闪器的结构有避雷带、避雷网、避雷针等以及兼作接闪器的金属屋面、金属构件等，接闪器采取镀锌或涂漆等防腐处理。接闪器通过引下线与接地装置相连。

（2）引下线作用是将接闪器“接”来的雷电流引入大地。它应能保证雷电流通过而不被熔化，一般用圆钢或扁钢制成，其截面应能满足通过的大电流；也可利用建筑物的金属构件，如梁、板、柱以及基础等钢筋混凝土内的钢筋作为防雷引下线，作为防雷引下线的金属构件必须焊接成电气通路，其电阻值应满足接地要求。

（3）接地装置是接地体和接地线的统称。接地体的作用是使雷电流迅速流散到大地中去，因此，接地体的接地电阻要小，其长度、截面、埋设深度等都有一定的要求。接地体分人工接地体和自然接地体，无论是哪种，都要满足技术规范要求，如人工接地体的长度、截面、埋设深度以及周围土壤的电阻率等都有要求。

2. 防雷电波侵入的措施及防雷装置

发生雷电时，雷电波可能会沿着金属管道和架空线路侵入室内，危及人身安全或设备损坏的现象称为雷电波侵入。

防止雷电波侵入的措施为：

（1）进入建筑物的各种线路和金属管道宜全部埋地引入，并在入户处将其有关部分与接地装置相连接。当低压线全线埋地有困难时，可采用一段长度不小于 50 m 的铠装电缆直接埋地引入，并在入户处把电缆的金属外皮与接地装置相连接。

（2）当电源采用架空线入户时，应在入户处装设阀型避雷器，该避雷器的接地引下线应与进户线的绝缘子铁脚、电气设备的接地装置连接在一起。

3. 防止雷电反击的措施

所谓雷电反击，是指当防雷装置接受到雷击时，在接闪器、引下线和接地体上会产生很高的电位，当防雷装置与建筑物内外的电气设备、电线或其他金属管线之间绝缘距离不够时，它们之间发生放电的现象。反击也会造成电气设备绝缘破坏，金属管道烧穿，甚至引起火灾和爆炸。

防止雷电反击的措施有两种：一种是将建筑物的金属物体与防雷装置的接闪器、引下线分隔开，并且保持有一定的距离；另一种是当防雷装置不易与建筑物内的钢筋、金属管道分隔开时，则将建筑物内的金属管道系统，在其主干管道处与靠近的防雷装置相连接，有条件时宜将建筑物每层的钢筋与所有的引下线相连接。

4. 现代建筑的防雷特点

现代民用建筑大多是钢筋混凝土结构（简称钢混结构），而且建筑内的长伸金属物和电器设备越来越多，如煤气、天然气、自来水、供热等金属管线和各种家用电器、电子设备等。对于室内的这些设施若不采用适当的防雷措施，雷害事故发生的可能性就会更多。因此，在考虑防雷措施时，不仅要考虑建筑物本身的防雷，还要考虑到建筑物内部设备的防雷。

5. 高层建筑防雷

第一、二类建筑中的高层民用建筑，其防雷尤其是防直击雷有特殊的要求和措施。这是因为：一方面，建筑物越高，其落雷的次数就越多。高层建筑的落雷次数 $N$ 与建筑物高度 $H$ 的平方、雷电日天数 $n$ 成正比例关系，即 $N=3\times10^{-5}nH^2$。

另一方面，由于建筑物很高，有时雷云接近建筑物附近时发生先导放电，屋面接闪器未起作用；有时雷云随风漂移，使建筑物受到雷电的侧击。当然，不同防雷类别的高层建筑，其防雷措施有所不同。现以第一类防雷高层建筑为例，来说明其防雷措施的特殊性。

高层建筑防雷主要是增设防止侧击雷的措施，具体要求和做法如下：

（1）建筑的顶部全部采用避雷网。

（2）自 30 m 及以上，每三层沿建筑物四周腰围设置避雷带。

（3）自 30 m 及以上的金属栏杆、金属门窗等较大的金属物体，应与防雷装置可靠连接。

（4）每三层沿建筑物周边的水平方向设均压环 所有的引下线，以及建筑物内的金属结构、金属物体都应与均压环可靠连接。

（5）引下线的间距更小（一类建筑不大于 18 m；二类建筑不大于 24 m）。接地装置围绕建筑物构成闭合回路，其接地电阻值要求更小（不大于 4 Ω）。

（6）建筑物内的电气线路全部使用钢管配线，垂直敷设的电气线路，其带电部分与金属外壳之间应装设击穿保护装置。

（7）室内的主干金属管道和电梯轨道，应与防雷装置连接。

第二、三类高层建筑的防雷措施可参照第一类适当降低要求使用。

总之，高层建筑为防止侧击雷，应设置许多层避雷带、均压环和在外墙的转角处设引下线。一般在高层建筑的边缘和突起的部分，少用避雷针，多用避雷带以防雷电的侧击。

目前，高层建筑的防雷设计，是将整个建筑物的梁、板、柱、基础等主要结构的钢筋，通过焊接连成一体。在建筑物的顶部，设避雷网压顶；在建筑物的腰部，多处设置避雷带、均压环。这样，整个建筑物及每层分别连成一个笼式整体避雷网，对雷电起到均压作用。当雷击时建筑物各处构成了等电位面，对人体和设备都安全。同时由于屏蔽效应，笼内空间电场强度为零，笼体各处电位基本相等，则导体间不会发生反击现象。

建筑内部的金属管道由于与房屋建筑的结构钢筋作电气连接，也能起到均衡电位的作用。此外，各结构钢筋连成一体并与基础钢筋相连。

由于高层建筑基础深、面积大，利用钢混基础中的钢筋作为防雷接地体，它的接地电阻一般都能满足 4 Ω以下的要求。

### 8.1.5 常用电气设备

1. 变压器

电力系统中变压器一般可分为三相升压变压器和降压变压器两种；根据绝缘介质可分为干式变压器和油浸式变压器。油浸式变压器采用绝缘油的内循环降温，其应用范围更广泛。

2. 断路器

断路器是切断电路的电气设备，针对不同电压又可分为高压断路器和低压断路器。在低压方面，一般叫刀开关或空气开关。高压断路器必须具备灭弧功能，如图 8-11。

3. 隔离开关

在高压电路中，部分断路器在断开时，不具备直观性，利用隔离开关将线路可靠断开，以保证维修人员安全。隔离开关不具灭弧性能，必须在断电情况下操作，如图 8-12。

4. 高压熔断器

高压熔断器是一种保护装置，用来进行过电流保护。在低压时，一般叫保险丝，如图 8-13。

5. 电容补偿器

电容补偿器是调节供电系统功率因素的器件。常用电气设备中，还有其他一些附属设备和器件，如图 8-14。

图 8-11 高压断路器

图 8-12 高压隔离开关

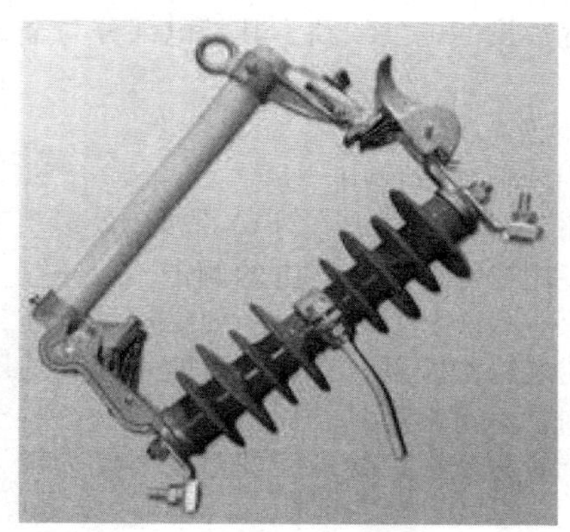

图 8-13 高压熔断器

图 8-14 电容补偿器

# 8.2 电气照明

## 8.2.1 照明的基本知识

### 8.2.1.1 照明技术的基本概念

1. 光

与所有物质一样，光也是一种物质，是物质的一种存在形式，是能引起视觉的辐射能，它以电磁波的形式在空间传播。可见光的波长在 380 ~ 780 nm 范围内，不同波长的光给人的颜色感觉不同，如图 8-15 所示。

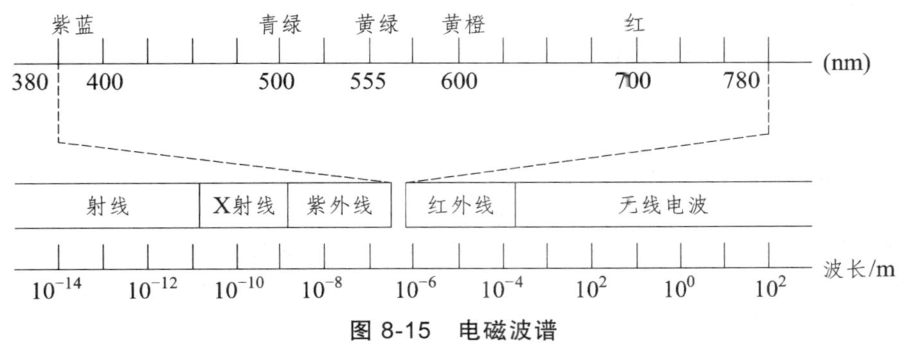

**图 8-15　电磁波谱**

2. 光　谱

光源辐射的光往往由许多波长的单色光组成，把光线中不同强度的单色光按波长长短依次排列，称为光源的光谱。

3. 光通量

光源在单位时间内，向周围空间辐射出的、使人眼产生光感觉的能量，称为光通量，用符号 $\Phi$ 表示，单位为流［明］(1 m)。人们通常以电光源消耗 1 W 电功率所发出的流明数（1 m/W）来表征电光源的特性，称为发光效率，简称光效。电光源的光效越高越好。

人眼对可见光中波长为 555 nm 的黄绿色光最灵敏，波长离 555 nm 越远（如波长较长的红光和波长较短的紫光），灵敏度越低，所以光通量与光辐射的强弱及其波长都有关系。

4. 发光强度

发光强度是表征光源（物体）发光能力大小的物理量。

光源在某一特定方向上单位立体角内（每球面度，球的面积为 $4\pi R^2$ 所张球面度为 $4\pi$）辐射的光通量，称为光源在该方向上的发光强度（简称光强），用符号 $I$ 表示，单位为坎［德拉］(cd)。

如图 8-16 所示，对于向各方向均匀辐射光通量的光源，各方向的光强相等，其值为：$I = \mathrm{d}\Phi/\mathrm{d}\Omega$。

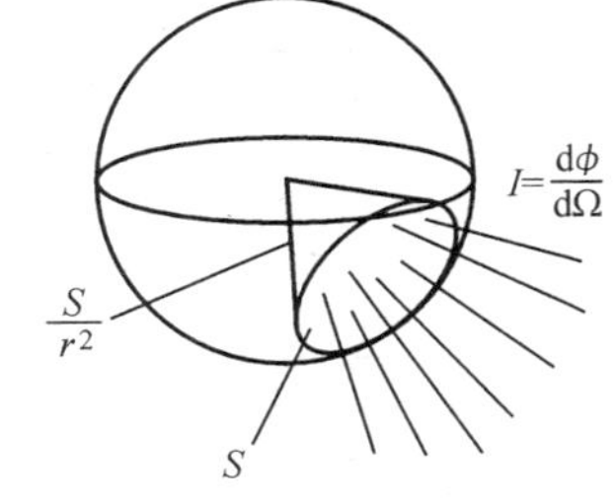

**图 8-16　发光强度的定义**

5. 照　度

对被照物体表面而言，它单位面积上所接受的光通量，称为该被照面的照度，照度用符号 $E$ 表示，单位为勒［克斯］(lx)；被光均匀照射的平面照度为：$E = \Phi/S$。

表 8-4 给出了一些情况下的照度。

**表 8-4　一些情况下照度值**

| 被照物体表面 | 照度值/lx |
|---|---|
| 无月夜晚的地面上 | 0.002 |
| 月夜里的地面上 | 0.2 |
| 中午太阳光下的地面上 | 100 000 |
| 晴天室外太阳散射光（非直射）下的地面上 | 1 000 |
| 白天采光良好的室内 | 100 ~ 500 |

【**例 8-4**】 100 W 白炽灯输出的额定光通量是 1 250 lm，假设光源向四周均匀辐射，求灯下 2 m 处的照度值。

【**解**】根据上面公式，得

$$E = \Phi/S = 1\,250/(4\pi\times2^2) = 24.9\ (\text{lx})$$

故灯下 2 m 处的照度是 24.9 lx。

6. 亮　度

某一物体（或发光体）的表面亮度是该物体单位面积向视线方向发出的发光强度。亮度用符号 $L$ 表示，其单位为坎［德拉］每平方米（$cd/m^2$）。

由于物体在各个方向的亮度不一定相同，因此常在符号 $L$ 的右下角注明角度，用以表示与物体表面法线成 $\alpha$ 角方向的亮度。物体的亮度越大，人们就会感到它越亮。一般当亮度超过 160 000 $cd/m^2$ 时，人眼就感到难以忍受了。

7. 色　温

色温是电光源的技术参数之一。当光源的发光颜色与黑体（能吸收全部光能的物体）加热到某一个温度所发出的光的颜色相同时，称该温度为光源的颜色温度，简称色温。

8. 显色性和显色指数

同一物体在不同的光源照射下，显示出不同的颜色，光源对被照物体颜色呈现的真实程度称为光源的显色性。

对同一物体，在被测光源的光照射下呈现的颜色，与在标准光源的光照射下呈现的颜色的一致程度愈高，$Ra$ 则愈大，显色性愈好。表 8-5 所列是常用电光源的一般显色指数 $Ra$。

**表 8-5　常用电光源的一般显色指数 Ra**

| 光　源 | 显色指数 $Ra$ | 光　源 | 显色指数 $Ra$ |
|---|---|---|---|
| 白炽灯 | 97 | 高压汞灯 | 22 ~ 51 |
| 日光色荧光灯 | 80 ~ 94 | 高压钠灯 | 20 ~ 30 |
| 白色荧光灯 | 75 ~ 85 | 金属卤化物灯 | 60 ~ 65 |
| 暖白色荧光灯 | 80 ~ 90 | 钠、铊、铟灯 | 60 ~ 65 |
| 卤钨灯 | 95 ~ 99 | 镝　灯 | 85 以上 |

9. 频闪效应

电光源在采用交流电源供电时，由于交流电做周期性的变化，因而电光源所发出的光通量也随之做周期性的变化。这就会使人眼产生闪烁的感觉。

在采用气体放电灯作为照明光源时，若被照物体处于转动状态，且转动频率刚好是电源频率的整倍数时，则转动的物体看上去就如没有转动一样。这种在以一定频率变化的光照射下，观察到的物体运动显现出不同于其实际运动的现象，称为频闪效应。频闪效应易使人产生错觉而造成事故。

10. 反射率

当光通量投射到被照面后，一部分被反射，一部分透过被照面，一部分则为被照面所吸收。这就是在相同照度下，不同物体有不同亮度的原因。

被物体反射的光通量中 $\Phi'$ 与射向物体的光通量 $\Phi$ 之比，叫作反射率或称反射系数 $\rho$。建筑物内墙壁及顶棚、地面的反射率的近似值如表 8-6 所示。

表 8-6　墙壁及顶棚、地面的反射率的近似值

| 反射面性质 | 反射率（%） | 反射面性质 | 反射率（%） |
|---|---|---|---|
| 抹灰并用大白粉刷的顶棚和墙面 | 70～80 | 混凝土地面 | 10～25 |
| 砖墙或混凝土面（石灰、大白）喷白 | 50～60 | 钢板地面 | 10～30 |
| 墙、顶棚为水泥砂浆抹面 | 30 | 沥青地面 | 11～12 |
| 混凝土屋面板 | 30 | 无色透明玻璃 | 8～10 |
| 红砖墙 | 30 | | |

### 8.2.1.2　照明方式及种类

1. 照明方式

（1）一般照明：在整个场所或场所的某部分照度基本上均匀的照明。对于工作位置密集而对光照方向又无特殊要求，或工艺上不适宜装设局部照明装置的场所，宜使用一般照明。

（2）局部照明：局限于工作部位的固定的或移动的照明。对于局部地点需要高照度并对照射方向有要求时，宜采用局部照明。

（3）混合照明：一般照明与局部照明共同组成的照明。对于工作位置需要较高照度并对照射方向有特殊要求的场所，宜采用混合照明。

2. 按照明的功能分类

按照明的功能，照明可分成如下几类：

（1）工作照明：正常工作时使用的室内外、值班照明同时使用，但控制线路必须分开。

（2）事故照明：当工作照明由于电气事故而断电后，为了继续工作或从房间内疏散人员而设置的照明。

（3）值班照明：在非生产时间内为了保护建筑物及生产的安全，供值班人员使用的照明。

（4）障碍照明：装设在建筑物上作为障碍标志用的照明。

（5）装饰照明：为美化和装饰某一特定空间而设置的照明。

（6）艺术照明：通过运用不同的灯具、不同的投光角度和不同的光色制造出一种特定空间气氛的照明。

3. 按照明的空间布置分类

照明按空间布置还可以分为：

（1）整体照明：为照亮整个场地，照度基本上均匀的照明。对于工作位置密度很大而对光照方向又无特殊要求，或受工艺技术条件限制不适合装设局部照明的，宜采用整体照明。

（2）局部照明：局限于工作部位的固定或移动的照明。局部照明只能照射有限面积，对于局部地点需要高照度时或对照射方向有要求时可装设局部照明。

（3）混合照明：由整体照明与局部照明共同组成的照明。在整体照明的基础之上再加局部照明有利于节约能源。混合照明在现代室内照明设计上应用非常普遍，如商场、展览馆、医院等。

### 8.2.1.3　电气照明的基本要求

1. 照度标准

照度标准就是指工作面应有合适的最低照度值。

在民用建筑照明设计中，应根据建筑性质、建筑规模、等级标准、功能要求和使用条件等选定照度值。

2. 照明的质量

良好、舒适的光环境，是靠高质量的照明效果达到的，而高质量的照明效果又必须对受照环

境中的照度、亮度、眩光、阴影、显色性、稳定性等因素并进行全面正确的处理才能实现。

在确定被照环境所需照度水平时，必须考虑被观察物的大小尺寸。要使电气照明达到良好的质量，必须处理好影响照明质量的几个主要因素：① 照度均匀与稳定性；② 适当的亮度分布；③ 限制眩光和减弱阴影；④ 光源的显色性。

3. 照明的经济性

在照明设计中既要保证足够的照度，又要注意节约电能。

## 8.2.2 照明电光源和灯具

### 8.2.2.1 电光源的分类及参数

1. 电光源的分类

按电光源的发光原理，电光源主要分为两大类。

（1）热辐射光源。

热辐射光源是当物体受热且热能足够大，使原子或分子发生激烈的相互碰撞而激发产生的光的发射。电光源是利用电流将物体加热到白炽程度而产生的光。属于热辐射光源的灯有白炽灯、卤钨灯。

（2）放电光源。

放电是指在电场作用下，载流子在气体（或蒸气）中产生和运动，而使电流通过气体（或蒸气）的过程。这个过程导致光的发射，可作为光源，即放电光源。这种光源具有发光效率高、使用寿命长等特点，很有发展前途。放电光源按放电媒质分为：

① 气体放电灯，是利用气体中的放电发光，例如氙灯、氖灯等。

② 金属蒸气灯，是利用金属蒸气（如汞蒸气、钠蒸气等）中的放电，而主要由金属蒸气产生光，例如汞灯、钠灯等。

放电光源按放电形式分：

① 辉光放电灯。这种灯由辉光放电产生光。放电要有阳极和阴极。放电时，阴极温度不高，但要有足够的电子发射，又叫冷阴极灯。

② 弧光放电灯。这种灯是由弧光放电产生光。阴极工作在较高的温度下，又叫热阴极灯，如荧光灯、汞灯、钠灯等。

2. 电光源的参数

（1）额定电压和额定电流。光源在预定要求下工作所需要的电压和电流分别叫作额定电压和额定电流，额定值下工作具有最好的效果。

（2）额定功率。灯泡（或灯管）在额定电流下工作所消耗的功率叫额定功率。

（3）发光效率。灯泡（或灯管）所发出的光通量$\Phi$与消耗的功率$P$之比叫发光效率，记作$\eta$。

（4）寿命。光源的寿命是指光源从初次通电工作的时候起到其完全丧失或部分丧失使用价值的时候止的全部点燃时间。寿命又分两种：① 全寿命；② 有效寿命。

（5）光色。光色包括色表和显色性两个方面。色表指光源本身发光的颜色，即从外观上看到的光的颜色；而显色性则反映被照物体所体现出的颜色。

### 8.2.2.2 常用电光源

1. 白炽灯

白炽灯是靠电能将灯丝加热到白炽状态而发光的。

（1）白炽灯的构造。白炽灯的构造如图 8-17 所示，它主要由玻璃外壳、灯丝、支架、引线和灯头组成。灯丝一般都用钨丝制成。白炽灯的发光原理就是当钨丝通过电流时，产生大量的热，使灯丝温度升高到白炽的程度（2400 ~ 3000K）而发光。

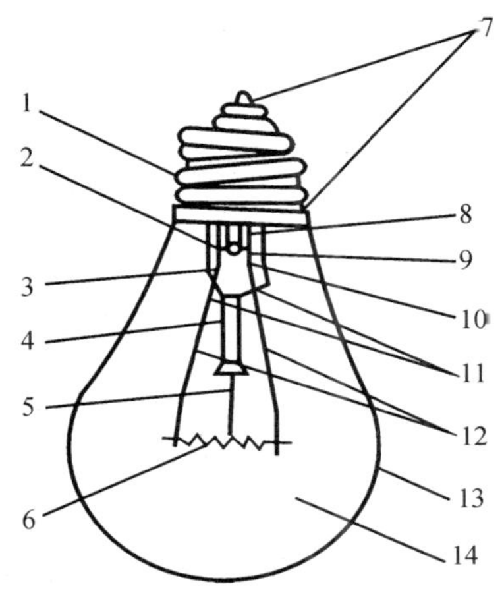


**图 8-17　白炽灯的构造示意图**

1—灯头；2—康铜丝外导线；3—芯柱管；4—中心杆；5—支撑；6—灯丝；7—焊锡；8—排气管；9—排气孔；10—铜外导线；11—杜镁丝；12—内导线；13—玻壳；14—氩气

（2）白炽灯的工作特性。

① 电流和功率。白炽灯的电流取决于灯泡的供电电压和灯丝电阻。灯泡的容量用功率来表征，白炽灯的功率等于流过灯丝的电流和工作电压的乘积。

② 光通量。白炽灯在运行中，其光通量的输出随电网电压的变化而急剧地变化。

（3）发光效率。灯泡的发光效率，钨丝白炽灯的发光效率比较低，一般仅有 10l m/W 左右。

（4）寿命。平均寿命是许多灯泡寿命的算术平均值。一般白炽灯的平均寿命为 1 000 h。

（5）光色。白炽灯所发光与日光相比仍有一定差别，两者相比，白炽灯的红光部分较显著。

（6）灯泡温度。白炽灯所消耗的电能首先变为热能，其中有很小一部分又转变为可见光，所以白炽灯玻璃壳的温度是较高的。

（7）亮度。白炽灯丝亮度很高，这样的亮度能够造成眩光。为了减少灯泡的表面亮度，有些灯泡其玻璃壳用磨砂玻璃或乳白玻璃制造。

2. 卤钨灯

卤钨灯除在灯泡内充入惰性气体外还充入有少量的卤族元素（氟、氯、溴、碘），这样对防止玻壳黑化具有较高的效能。

（1）卤钨灯的结构。为使管壁处生成的卤化物处于气态，管壁温度要比普通白炽灯高得多，相应地卤钨灯玻壳尺寸就小得多，温度也高得多，因而必须使用耐高温石英玻璃或高硅氧玻璃。

（2）卤钨灯的光特性。卤钨灯是在石英玻璃管内封进钨丝，充进惰性气体和微量磷或溴，制成双端引出型卤钨灯。

特种卤钨灯，由于卤钨循环作用，而能防止管壁发黑，改进了灯的工作特性，使灯的光效比普通白炽灯有显著的提高（为 18 ~ 21 lm/W）。由于卤钨灯的充气压力比普通白炽灯高，所以寿命指数较低，并且容易受振动、冲击而产生机械断丝。显色性好，一般显色指数为 $Ra = 97$，色温为 3000 ~ 3200K。

3. 荧光灯

荧光灯属于放电光源，是靠低压汞蒸气放电，利用放电过程中的电致发光和荧光质的光致发光，形成光源。

它的优点是：结构简单、制造容易、价格便宜并且发光效率高、光色好、寿命长。常见的普通荧光灯是圆形截面的直长玻璃管子，在管子两端各放一个电极。

荧光灯的典型结构如图 8-18 所示。

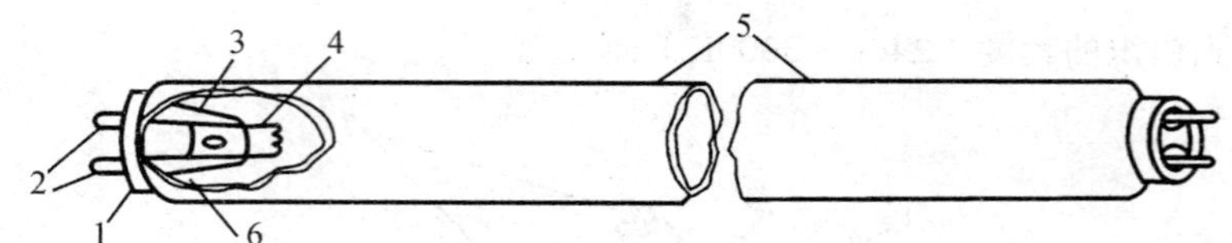


**图 8-18　荧光灯管**

1—灯头；2—灯脚；3—玻璃芯柱；4—灯丝（钨丝，电极）；5—玻管（内壁涂覆荧光粉，管内充惰性气体）；6—汞（少量）

（1）荧光灯的工作原理。

荧光灯需要镇流器和启辉器才能正常工作。它的接线如图 8-19 所示。

（2）荧光灯的工作特性。

荧光灯的电流分为额定工作电流和额定启动电流两项。额定工作电流根据灯管功率、灯管结构和电流密度而定。额定启动电流是启动时预热灯丝的电流，它比额定工作电流大。在工作电流下，灯管上产生的电压降是荧光灯的管电压。

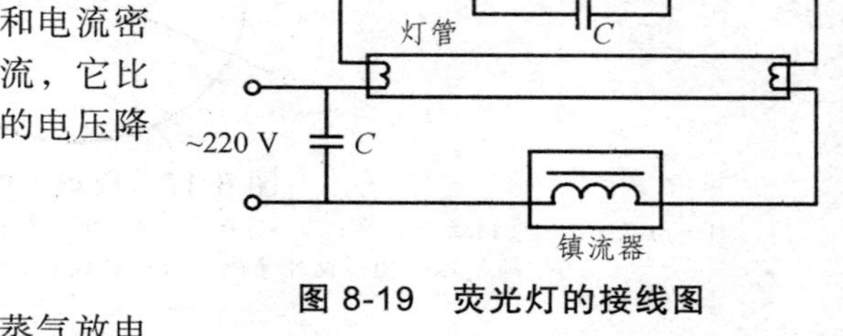


**图 8-19　荧光灯的接线图**

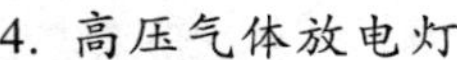

4. 高压气体放电灯

（1）高压汞灯。

高压汞灯又名高压水银灯，它是靠高压汞蒸气放电而发光。这里所说的“高压”是指工作状态下的气体压力为 1～5 个大气压，以区别于一般低压荧光灯。高压汞灯的优点是光效高、寿命长、省电、耐震。

①高压汞灯的结构与工作过程。高压汞灯的结构分外镇流高压汞灯和自镇流高压汞灯两种。外镇流高压汞灯的构造如图 8-20 所示。

（a）图为高压汞灯的构造

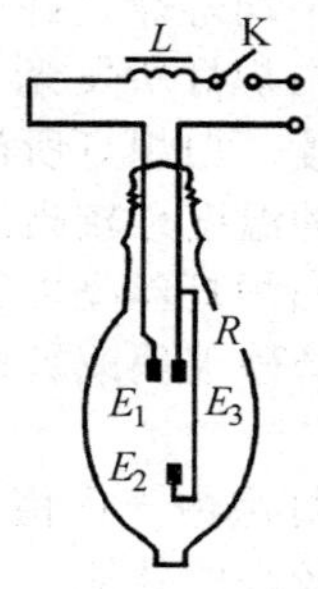


（b）图为高压汞灯的工作电路图

**图 8-20　高压汞灯**

② 高压汞灯的工作特性。

a. 光通量输出和发光效率。

一般所说的光通量输出和发光效率是指点燃 100 h 以后的数值。目前高压汞灯的发光效率为 40～60 lm/W。

b. 光色。高压汞灯的光色为淡蓝－绿色，缺乏红色成分。

c. 寿命。在运用中影响寿命的因素主要有：启动次数、启动电流和工作电流。

（2）钠灯。

钠灯与汞灯一样也是靠放电而发光。如在灯管内放入适量的钠和惰性气体，就成为钠灯。钠灯具有省电、光效高、透雾能力强等特点。钠灯分为高压钠灯和低压钠灯。、

① 高压钠灯的结构和工作原理。

高压钠灯的电路原理简图如图 8-21。

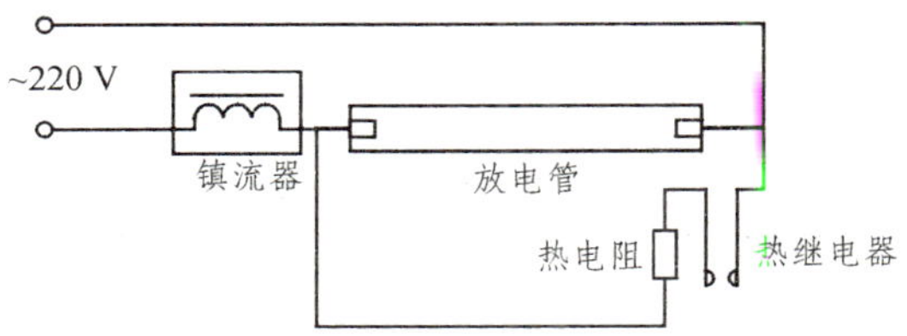


图 8-21 高压钠灯的电路原理图

② 低压钠灯。低压钠灯具有很高的发光效率，可超过 150 lm/W。

5. 金属卤化物灯

金属卤化物灯也是一种气体放电灯。这种灯的优点是：发光体小，光色和日光相似，显色性也较高，光效也较高，达 70 lm/W。

普通金属卤化物灯外形和结构与汞灯相似。金属卤化物灯发光原理与汞蒸气放电光源相似。

金属卤化物灯有一个较长的启动过程，在这个过程中灯的各个参数均发生变化。从启动到参数基本稳定要 4 min 左右，而达到安全稳定约要 15 min。

金属卤化物灯在关闭或熄灭后，须等待 10 min 左右才能再启动，这是由于灯工作时温度很高，放电管气压很高，启动电压升高，只有待冷却到一定程度之后才能再启动。

6. 氙 灯

氙灯也是一种弧光放电灯。它具有功率大、光色好、体积小、亮度高、启动方便等优点，人们称誉它为“小太阳”。

氙灯按外形可分为管形和球形；按冷却方式可分为自冷、水冷和风冷；按放电弧光长度可分为长弧、短弧；按充气压力可分为高压、超高压；按充气元素可分为氙灯及汞氙灯等。氙灯可以制成在交流下和直流下应用的两种。

## 8.2.3 灯 具

灯具是将光通量按需要进行再分配的控制器。其主要作用是：使光源发出的光通量按需要方向照射，提高光源的利用率，减少眩光，保护光源免受机械损伤，产生一定的照明装饰效果等。

1. 灯具的特性

（1）光分布。光强分布特性常用光强分布曲线或数值来表示。

（2）光效率。灯具的光效率是照明器输出的光通量 $\Phi$ 与光源光通量 $\Phi$s 之比，即

$$\eta = \Phi/\Phi_s$$

（3）保护角。通过灯丝或光轴的水平线 $M$ 与灯光边界线 $N$ 之间所成的夹角，称为保护角，如图 8-22 所示。保护角可由下式决定：

$$\tan\beta = \frac{2h}{D+d}$$

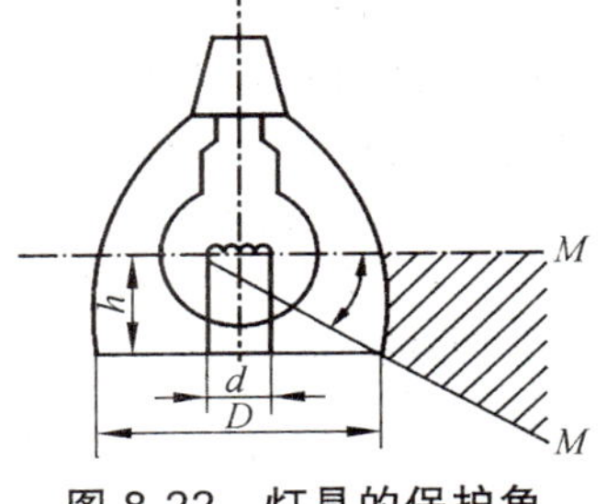


图 8-22 灯具的保护角

2. 灯具的分类

灯具的分类方法具体如表 8-7 所示。

（1）灯具按光通量再分配情况分类。

灯具通常是按总光通量在空间的上半球和下半球的分配比例来分类的。

① 直接型灯具。

② 半直接型灯具。
③ 均匀漫射型灯具。
④ 半间接型灯具。
⑤ 间接型灯具。

表 8-7 灯具的分类

| 类 型 | 光通量在空间的分布/% | |
|---|---|---|
| | 上 半 球 | 下 半 球 |
| 直 接 型 | 0 ~ 10 | 90 ~ 100 |
| 半直接型 | 10 ~ 40 | 90 ~ 60 |
| 均匀漫射型 | 40 ~ 60 | 60 ~ 40 |
| 半间接型 | 60 ~ 90 | 40 ~ 10 |

（2）按安装方式分类有：① 悬吊式；② 吸顶式；③ 壁装式。其他还有落地式、台式、嵌入式等。

3. 照明器的选择

照明器是由电光源和灯具两部分组成的，照明器选择得是否合理，将直接影响到照明质量的好坏，影响人们日常的生活和工作，从整体上讲会影响到建筑物的整体美观效果。

它的选择应从电光源、灯具和安装方式上进行考虑。

（1）电光源选择：① 照明装置的初投资及运行费用；② 光源光谱性质；③ 光源工作的可靠性和工作特性；④ 环境条件。

（2）灯具的选择：① 与光源种类配合；② 环境条件；③ 光分布和效率；④ 限制眩光。

### 8.2.4 照明计算基础

计算照度是电气设计很重要的一个内容。根据房间特点、灯具的布置形式、电光源的数量及容量来计算房间工作面的均匀照度值；同时还可以根据房间特点、规定的照度标准值、灯具的布置形式来确定电光源的容量或数量。以上两种方法都是平均照度的计算。某工作点的照度也可以根据灯具的布置形式、光源数量及容量来计算，这就是点照度的计算。

1. 逐点照度计算法

逐点照度计算法可以用来计算任何指定点上的照度。这种计算方法适用于局部照明、特殊倾斜面上的照明和其他需要准确计算照度的场合。一般在设计中用得比较少，在此不作详细介绍，如有需要可查阅其他资料。

2. 利用系数法

（1）平均照度的计算。

照度计算公式为：

$$E_{uv} = Fn\mu\eta / (AK_1)$$

如果是根据照度标准值和其他条件计算光源数量，则公式为

$$n = E_{uv}AK_1 / F\mu\eta$$

（2）最低照度的计算。

最低照度计算公式为

$$E = E_{uv}K_{min}$$

将两式代入得：

$$E = Fn\mu\eta K_{min}/（AK_1）$$

**【例 8-5】** 某实验室面积为 24 m×10 m，桌面高度为 0.8 m，灯具吸顶安装吊高 3.8 m。如果采用 YG6-2 型双管 2×40 W 吸顶荧光灯照明，灯具效率为 86%。查照明手册得知利用系数为 0.56，试确定房间的灯具数。

**【解】** 采用利用系数法计算，查得室内平均照度值为 150 lx，照度补偿系数为 1.3，双管荧光灯光通量为 4 800 lm。

$$n = E_{uv}AK_1/F\mu\eta = 150\times240\times1.3/（4\ 800\times0.56\times0.86）$$
$$\approx 20.24（套）$$

灯具可按 21 套布置。此时照度验算为

$$E_{uv} = Fn\mu\eta/（AK_1）$$
$$= 4\ 800\times21\times0.56\times0.86/（240\times1.3）= 155.6（lx）$$

稍大于平均照度推荐值，可满足使用要求。

3. 单位容量法

单位容量法是从利用系数法演变而来的，是在各种光通利用系数和光的损失等因素相对固定的条件下得出平均照度的简化计算方法。根据房间的被照面积和推荐的单位面积安装功率来计算房间所需的总电光源功率。如果选定电光源后，就可算出房间的光源数量。

计算公式为 $\sum P = \omega S$

$$N = \sum P / P$$

若房间内的照度标准为推荐的平均照度值时，则应由下式来确定 $\sum P$ 值。

$$\sum P = \omega / K_{min} S$$

**【例 8-6】** 某办公室的建筑面积为 4.1 m×5.6 m，采用 YG1-1 筒式荧光灯照明。办公桌高 0.8 m，灯具吊高 3 m，试计算需要安装灯具的数量。

**【解】** 采用单位容量法计算。

根据题意，$h = 3 - 0.8 = 2.2$（m），$S = 4.1\times5.6 = 22.96$（$m^2$），假定平均照度为 150 lx，由照明规格表查得单位面积安装功率为 $\omega = 10.9\ W/m^2$（带罩的）。

$$\sum P = \omega S = 10.9\times22.96 = 250.3（W）$$

如果每套灯具安装 30 W 荧光灯一只，即 $P = 30$ W，则

$$N = \sum P / P = 250.32\times2/2 \approx 5.7（套）$$

当安装 2×22 W 荧光灯 6 套时，实际单位面积安装功率为

$$\omega_{实际} = 6\times2\times22/22.96 \approx 11.5（W/m^2）> 11\ W/m^2$$

《建筑照明设计标准》(GB 50034—2004)规定普通办公室现行功率密度值 $L_{PD}$≤11 W/m²，而本例实际功率密度值 $L_{PD}$ 为 11.5 W，违反了强条规定。

可见，采用单位容量法进行计算时，选取灯具的安装功率偏大。现在灯具的光通量均很大，适当降低灯具的安装功率能满足照度的要求，同时单位面积安装功率又不会超过强条规定的现行功率密度值。

读者可选取安装 2×22 W 荧光灯 3 套，采用利用系数法进行验算，能满足普通办公室的照明标准 300 lx，且没有超过强条规定的现行功率密度值。

从上例可以看出，当需要确定灯具数时，采用单位容量法比较简单。

### 8.2.5 电气照明设计基础

灯具的布置就是确定灯具在房间的空间位置，这与它的投光方向、工作面的布置、照度的均匀度，以及限制眩光和阴影都有直接的影响。灯具布置是否合理，还关系到照明安装容量和投资费用，以及维护、检修是否方便等。

灯具的布置应根据工作物的布置情况、建筑结构形式和视觉工作特点等条件来进行。

灯具的布置主要有两种方式。

(1)均匀布置。

灯具有规律地对称排列，以便使整个房间内的照度分布比较均匀。均匀布灯有正方形、矩形、菱形等。均匀布灯的方式，如图 8-23 所示。

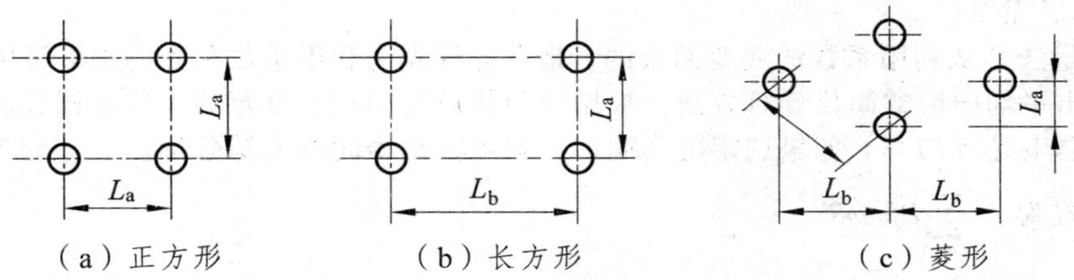


图 8-23 灯具的均匀布置

(2)选择布置。

为适应生产要求和设备布置，加强局部工作面上的照度及防止工作面上出现阴影，而采用灯具位置随工作表面安排的方式，称选择布置。

室内一般照明，大部分采用均匀布置的方式，均匀布灯是否合理，主要取决于灯具的间距 $L$ 和计算高度 $H$(灯具距工作面垂直距离如图 8-24 所示)的比值(称距高比)是否恰当。

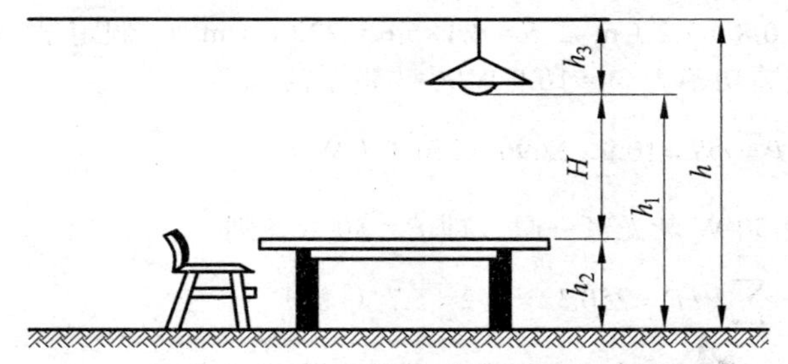


图 8-24 灯具的计算高度示意图

实际距高比必须小于照明手册中规定的灯具最大距高比。各种灯具最有利的 $L/H$ 值，见表 8-8，荧光灯的最大容许距高比值见表 8-9。

**表 8-8 灯具最有利的距高比值**

| 灯具类型 | 多列布置时的 $L/H$ | | 单列布置时的 $L/H$ | |
|---|---|---|---|---|
| | 最有利值 | 最大允许值 | 最有利值 | 最大允许值 |
| 圆球灯，防水防尘灯 | 2.3 | 3.2 | 1.9 | 2.5 |
| 无罩，磨砂罩万能型灯 | 1.8 | 2.5 | 1.8 | 2.0 |
| 深罩型灯，塔型灯 | 1.5 | 1.8 | 1.5 | 1.7 |
| 镜面深罩型灯，下部有玻璃隔栅的荧光灯 | 1.2 | 1.4 | 1.2 | 1.4 |

**表 8-9 荧光灯的最大允许距高比值**

| 名称 | 功率/W | 型号 | 效率 | 光通量/lm | 距离比 | |
|---|---|---|---|---|---|---|
| | | | | | $A—A$ | $B—B$ |
| 筒式荧光灯 | 1×40 | YG1-1 | 81 | 2400 | 1.62 | 1.22 |
| | 1×40 | YG2-1 | 88 | 2400 | 1.46 | 1.28 |
| | 2×40 | YG2-2 | 97 | 2×2400 | 1.33 | 1.28 |
| 封闭型 | 1×40 | YG4-1 | 84 | 1×2400 | 1.52 | 1.27 |
| 封闭型 | 2×40 | YG4-2 | 80 | 2×2400 | 1.41 | 1.26 |
| 吸顶式 | 2×40 | YG6-2 | 86 | 2×2400 | 1.48 | 1.22 |
| 吸顶式 | 3×40 | YG6-3 | 86 | 3×2400 | 1.50 | 1.26 |
| 塑料格栅嵌入式 | 3×40 | YG15-3 | 45 | 3×2400 | 1.07 | 1.05 |
| 铝格栅嵌入式 | 2×40 | YG15-2 | 63 | 2×2400 | 1.28 | 1.20 |

# 8.3 电 梯

## 8.3.1 电梯选用

本节介绍电梯的分类和选用，针对专业特色本章节只对住宅电梯进行选用分析，学习应从了解分类掌握选用的角度进行。

### 8.3.1.1 电梯分类

1. 国标分类

（1）Ⅰ类电梯，为运送乘客而设计的电梯。

（2）Ⅱ类电梯，主要为运送乘客同时亦可运送货物而设计的电梯。

（3）Ⅲ类电梯，为运送病床（包括病人）及医疗设备而设计的电梯。

Ⅱ类电梯与Ⅰ类电梯的主要区别在于轿厢内的装饰。

（4）Ⅳ类电梯（载货电梯），主要用于运输通常由人押运的货物而设计的电梯。

（5）Ⅴ类电梯（杂物电梯），服务于规定层站的提升装置，具有一个不能进人的轿厢。

2. 按用途分类

（1）乘客电梯（K）：用作运输乘客。

（2）载货电梯（H）：通常有人伴随，主要用作运送货物。

（3）客货（两用）电梯（L）：以运送乘客为主，但也可运送货物的电梯。

（4）医用电梯（B）：运送病床、担架、医用车而设计的电梯，轿厢长而窄。

（5）住宅电梯（Z）：供住宅楼使用的电梯。

（6）别墅电梯：用于小型高档别墅的小型载客电梯。

（7）杂物电梯（W）：用于运送图书、食品等小型货物，适用食堂、餐厅、托儿所、图书馆等，轿厢内不允许进入人员。

（8）观光电梯（G）：井道和轿厢至少有同一侧透明，乘客可观看厢外景物。

（9）车辆电梯汽车用电梯（Q）：用作专门运送汽车，常用于机械停车库。

（10）船舶电梯（C）：船舶上使用的电梯。

（11）施工电梯。

（12）其他特殊用途的电梯：如冷库电梯、防爆电梯、矿井电梯、电站电梯、消防员用电梯等。

3. 按速度分类

电梯无严格的速度分类，我们一般按照以下方式进行区分。

（1）低速电梯：通常指速度低于 1.00 m/s 的电梯。

（2）中速电梯：通常指速度在 1.00 ~ 2.00 m/s 的电梯。

（3）高速电梯：通常指速度在 2.00 m/s 的电梯。

（4）超高速电梯：速度超过 5.00 m/s 的电梯。

值得注意的是由于现代工业制造技术的突飞猛进，电子技术和微电脑数控技术的广泛应用，电梯的速度会越来越快，区别高、中、低速电梯的速度限值也会不断变化。

#### 8.3.1.2　常用电梯的选配

电梯选型是对电梯品牌与供应商、电梯型号规格、电梯性能档次、电梯生产质量及售后服务等多方面进行选择；电梯配置是根据建筑的实际情况进行全面综合分析，确定电梯主参数（包括电梯数量、载荷、速度等）和类型、电梯布置形式等，电梯选型与配置不仅要满足整个建筑功能上的需求，还要考虑乘客使用的方便性和舒适性。

每座建筑物有不同的用途和功能，其规模结构不同，人流特点和数量也不同，根据上述的实际情况，各电梯公司有不同的计算方法和标准来进行选型匹配。电梯配置方案的确定是一个复杂的过程，这里仅给出一般建筑物常规的电梯配置规则供参考，另外还必须注意在确定电梯方案时同电梯供应商作细致的沟通与协商。

1. 电梯选型配置过程

电梯选型配置过程一般有如下几个步骤

（1）根据建筑物的不同用途确定不同的电梯类别。

（2）根据建筑物的形状和出入口位置，确定电梯的布置位置。

（3）根据建筑物的用途和乘坐人数进行交通流量分析，确定电梯（含消防梯）主参数，包括电梯数量、额定载荷和额定速度等。

（4）确定电梯的水平和垂直布置形式（包括分区、空中大厅和双层轿厢的选定等）。

（5）了解电梯产品的制造质量与性能、安装质量、售后服务质量、维修保养质量和销售价格等，确定电梯品牌。

（6）了解不同型号电梯所具备的基本功能，并根据建筑物档次和服务人群的需要，对提供的可选功能进行选择。

（7）根据电梯服务对象和安装场合不同，可提出装潢要求，或对电梯供应商提供的装潢实例进行选择。

2. 电梯布置的位置

从提高运送效率、缩短候梯时间以及降低建筑费用的方面综合考虑，所有电梯集中安排在建筑物中心地带最为合适。如果电梯分散布置在建筑物的不同地区，将对运送效率产生不利影响。另外，电梯是大部分出入建筑物的人员经常使用的交通工具，所有必须设置在容易看到、方便使用的地方。但是当建筑物有几个进出口或建筑物的宽度、深度超过 80 m 时，就需要将电梯分成 2 组或更多组，以缩短乘客的步行距离。各类建筑物输送能力与电梯数量可参考表 8-10。

**表 8-10　各类建筑物输送能力与电梯数量（参考）**

| 建筑类型 | | 5 分钟输送能力/% | 平均运转间隔时间/s | 每台电梯适用面积（3 楼以上）/ $m^2$ | 每台电梯适用人数（3 楼以上）/人 |
|---|---|---|---|---|---|
| 办公建筑 | 超高层 | 20～25 | <30 | 1200～1600 | 200 |
| | 高层 | 15～20 | 30～35 | 1500～2000 | 250 |
| | 中低层 | 10～15 | 35～40 | 2000～2400 | 300 |
| 住宅建筑 | | 5～7 | 50～80 | 50～60 户 | 250 |
| 宾馆、酒店 | 高级 | 10～11 | <35 | 100～150 间客房/台 | 150～200 |
| | 中级 | 9～10 | <40 | 150～200 间客房/台 | 200～250 |
| 医院和医疗中心 | | 20 | <40 | 80 张病床/台 | |

3. 电梯主参数的确定

在购买电梯时，建筑商必须提供给电梯供应商井道土建图纸（含提升高度、顶层高度、底坑深度、层间距、停层站数、机房位置尺寸等），同时需要综合考虑建筑物的规模、用途、人员交通流量等各种因素，确定一些必要的电梯主参数。计算电梯系统输送能力，主要体现在电梯数量、额定速度和额定载重量上，其中电梯数量对输送能力影响最大，其次是额定载荷，最后是额定速度。在确定这些参数时，需要按数量、载荷、速度的优先顺序一并考虑。

4. 中低层建筑的电梯配置

中低层建筑一般较高层建筑客流量相对少，通常只有 1～2 组电梯，梯组一般为每层都停或隔层停靠，所以电梯配置相对比较简单。根据所要求的平均运转间隔时间、建筑物内总人数和电梯服务层站的不同，所确定的电梯数量、额定载荷和额定速度也不同，并且它们之间的搭配方式也不同。而对于相同参数的情况，还要考虑电梯的布置位置和维修保养情况。

5. 高层和超高层建筑的电梯配置

（1）水平布置形式。

高层和超高层建筑所需电梯数量较多，所以对电梯水平布置形式的要求较高，一般采用分组的方式，将电梯分为两组或更多组，以提高输送能力。每组电梯所需数量以所需服务楼层数和服务人数为基础来确定。每组内各电梯所服务楼层数应相等，并应在功能和结构上尽可能相似，服务楼层不同会导致服务水平下降。另外，住宅、宾馆和类似建筑物的候梯厅不要离寓所和房间太近。为提高建筑物的利用效率，电梯井道的尺寸应尽可能小。在对建筑物作了详细的客流分析以后，按照所确定电梯的数量，首先对电梯进行水平布置形式的确定。

（2）垂直布置形式。

对于高层和超高层建筑，电梯的数量较多，停层站数比较多，所以要特别注意电梯的垂直布置形式。垂直布置形式主要有三种：全层停靠、隔层停靠、分区停靠。全层停靠时电梯平均运转间隔时间较长，效率较低。隔层停靠分奇数层停靠和偶数层停靠。高层和超高层建筑一般采取分区的形式，并配以空中大厅的结构，这样可以提高运输能力，并充分利用建筑空间。

◆ 分区的原则：分区时，主端站是一个单独分区，普通轿厢为单层区段，双层轿厢时为双层区段，主端站服务优先是整个电梯系统的重要特点。其余各区的停层数以 10 层站左右为宜。

如果每区有太多停层站数，在遇到上下行高峰时，对于及时运送所有乘客将是一个非常困难的事。而每区有太多的停层站数时，电梯和建筑物空间利用率会降低。

◆ 分区的优点：首先可以减少电梯的停站数，低层区可降低电梯额定速度，费用相对便宜；其次因服务楼层减少，运转一周的时间相对缩短，输送能力提高，电梯台数减少，降低成本；再次是高层区有直达区，可发挥高速效果，缩短高层区乘客的乘梯时间，提高输送效率；最后是中低层电梯井道上部可以增加很多可利用空间。

◆ 分区注意事项：在基站候梯厅必须明示每台梯的服务楼层；公共楼层（如餐厅、会议室）布置受到一定限制；同一公司或部门在建筑物内要避免使用两个分区；人流分布的变化会影响电梯的运输效率；小规模建筑物最好不要分区运行，台数减少会使平均运转间隔时间和等待时间增加；人员集中的楼层需放置在低层楼区，便于节能和提高效率。

◆ 空中大厅设置：高层和超高层建筑中，使用大载荷高速或超高速电梯把乘客直接输送到空中大厅，然后乘客在空中大厅中转换各区域电梯到达目的层。空中大厅内转换电梯的配置有 2 种方式：上升方式，即只有向上方向的转换电梯；上升和下降方式，即上升和下降方向的转换电梯都有。空中大厅虽然会增加电梯台数，但能节省电梯井道占用空间，增加建筑的有效面积，提高利用率。

◆ 双轿厢配置：采用双层轿厢其实相当于两个隔层停靠分区的电梯，可以说双层轿厢是一种转型的分区运行方式。上层轿厢在偶数层站停靠，下层轿厢在奇数层站停靠，所以停层站数减少了一半，额定载荷增加一倍，电梯井道的利用率提高。双层轿厢电梯一般作为从主端站到空中大厅的直达电梯使用。若多台双层轿厢电梯再按分区运行，将更能体现出双层轿厢的优势。在使用双层轿厢时，需在主端站的双层轿厢附近设置自动扶梯以方便乘客进入上层轿厢。

#### 8.3.1.3 电梯选择参考要点

由于房地产业的快速发展，我国已成为世界最大的电梯生产国和世界最大的新电梯安装市场。在大型建筑项目中，电梯工程是一项比较重要的投资，一般占工程总投资的 5% ~ 10%，因此在选购与配置电梯时十分重视。下面介绍几个在实际生产生活中选择电梯需要注意的方面。

（1）电梯的类型。根据建筑物的用途、建筑物对电梯的工作要求、电梯的使用环境等进行选择，如选择乘客电梯、载货电梯、自动扶梯或自动人行道，选择电梯的驱动方式、控制方式、有机房或无机房等。

（2）电梯的功能。电梯除了具备一些基本功能外，还有一些可选功能可以满足建筑物的特殊输送要求。

（3）电梯质量和技术水平。电梯质量包括设备质量、安装调试质量和维保服务质量，直接影响电梯的寿命。目前，国内电梯技术水平已与世界同步。

（4）电梯的安全性、可靠性、舒适性。国家已颁布《特种设备安全监察条例》，实施电梯制造许可制度，强制执行严格的 GB 7588《电梯制造与安装安全规范》。只要企业认真按照要求去做，以上问题就有保障。

（5）电梯的节能环保、低噪声。变频控制、无齿轮驱动可节省能源，降低噪声。此外还应注意电磁污染、液压油污染等问题。

（6）电梯的装潢。电梯装潢部位包括轿厢、轿顶、门套、操纵盘等。装潢要与建筑物档次接近，并与之相协调。观光电梯、别墅电梯一般都比较重视装潢。

（7）售后服务。电梯属于长寿命使用设备，售后服务十分重要。售后服务包括电梯的安装、维修、保养、配件供应等，应选择信誉好的售后服务。

（8）电梯的设备价格。设备价格应与土建成本、安装成本、运行成本、维保成本等综合考虑。目前国内电梯市场是买方市场，电梯设备价格已经比较低了，要注意提供过低价格的企业可能会降低电梯的配置档次。

（9）电梯品牌和档次。品牌代表着性能、质量、服务、信誉等，有利于售楼的宣传。常见的国外品牌主要有欧洲品牌、美国品牌、亚洲品牌（日本居多）等，它们具有各自的产品设计理念。国内品牌的产品也已经成熟。同一品牌的电梯可以有不同的档次，可根据建筑物档次选择。

#### 8.3.1.4 建筑设计中配置电梯注意点

（1）电梯台数的设置，以及电梯主参数（如速度、额定载重量或额定载客人数等）、群控方式、分组分区方式的选择。电梯的设置应遵守国家相关建筑设计规范，必要时应进行电梯交通分析，确保客流高峰时满意的候梯时间和乘梯时间，使电梯达到输送能力与经济性的最科学搭配。

（2）建筑消防对电梯的要求。电梯的设置应符合国家建筑设计防火规范，确保消防安全。

（3）电梯位置布置和平面布置应便于乘客使用、发挥输送效率、节省建筑成本和设备成本。

（4）电梯的土建配置图和土建要求。电梯在安装、运行时对机房、井道、电气配置等方面有一定要求，另外电梯采用的是以订待产的销售方式，所以建筑设计时应与电梯企业沟通。

总之，如果电梯选购与配置不当，一旦安装后很难轻易改变，因此房地产开发商在建筑设计之前最好请建筑设计师、电梯工程咨询专家共同商议，必要时可以考察一下现有的同类房地产项目的电梯使用情况。

### 8.3.2 电梯及基本结构

电梯的种类分段很多，但通常以用途、驱动方式、速度、控制方式的不同进行分类，根据专业特点重点讲述用途不同的电梯的应用范围。

#### 8.3.2.1 电梯的总体结构

电梯的结构一般从空间位置和功能两个不同的角度进行分析。从空间位置上分为：机房、井道、轿厢及层站；电梯从功能上看可分为八个系统：曳引系统、导向系统、轿厢系统、门系统、配重平衡系统、电力拖动系统、电气控制系统及安全保护系统。

电梯具体的系统功能及组成见表 8-11。

**表 8-11 电梯结构及功能**

| 系统名称 | 系统功能 | 系统的主要组成构件装置 |
|---|---|---|
| 曳引系统 | 输出与传递动力，驱动电梯运行 | 曳引机、曳引钢丝绳、导向轮、反绳轮等 |
| 导向系统 | 限制轿厢和配重的活动自由度，使轿厢和对重智能沿着导轨运动 | 轿厢的导轨，对重的导轨及其导轨架 |
| 轿厢系统 | 用以运送乘客或者货物的组件 | 轿厢和轿厢体 |
| 门系统 | 乘客等的进出口，运行时层门、轿厢门必须封闭，到站时才能打开 | 轿厢门、层门、开门机、联动机构、门锁等 |
| 配重平衡系统 | 相对平衡轿厢重量以及补偿高层电梯中曳引绳长度的影响 | 对重和重量补偿装置等 |
| 电力拖动系统 | 提供动力，对电梯实行速度控制 | 曳引电动机、供电系统、速度反馈装置、电动机调速装置等 |
| 电气控制系统 | 对电梯的运行实行操纵和控制 | 操纵装置、位置显示装置、控制屏、平层装置、选层器等 |
| 安全保护系统 | 保证电梯安全使用，防止一切危及人身安全的事故发生 | 限速器、安全钳、缓冲器和端站保护装置、超速保护装置、供电系统断相错相保护装置、超越上下极限工作位置、层门锁与轿厢门电气联锁装置等 |

在生活中见到最多的是有机房的电梯，机房通常建造在井道上方，有的机房面积比井道投影面积要大，有的则要小，现以井道上置机房电梯为例了解电梯的总体结构。

#### 8.3.2.2 电梯与建筑物的关系

电梯是一种特殊的机电设备，与建筑物紧密地结合在一起，以下几个部分是较为关键的部分，是建筑物结构必须满足的。

1. 电梯机房

电梯机房一般设置在井道的正上方，目前也有部分机房设置在井道的底部或侧面。机房内由于装设有较大功率的曳引电机和电气控制系统，在工作时会释放出较多热量，所以机房的通风降温就成为一个相当重要的要求；另外，机房必须具有良好的抵御风吹日晒和雨雪雷电的能力。电梯运行的质量在很大程度上取决于曳引机与控制系统的工作质量，同时电梯运行的安全可靠也和这两个部分息息相关，所以机房是整个建筑物中最重要的区域之一。电梯机房不能同其他设备的机房通用，为了便于电梯设备的安装调试、维护保养，机房必须具有一定的面积和高度，具备相关的起重和承载能力；机房必须设有完备的门窗，非有关人员不能随意出入；机房必须与建筑物中其他烟道、水箱、非电梯用水管、气管、电缆等相隔绝。

（1）机房面积：机房面积与机房中排布安放的设备尺寸、数量、检修空间等有极大关系。目前，各电梯厂家的产品各不相同，机房面积也会有很大区别。一般机房有效面积是井道面积的 2 倍以上，交流低速梯为 2 ~ 2.5 倍，直流快速梯为 2.5 ~ 3.5 倍，大型轿厢的电梯在不影响设备维护检修保养的前提下，机房面积不受上述限制。

（2）机房高度：机房高度是机房地面至机房顶板之间垂直距离，它同样与机房内安置的设备有关。载客电梯与医用电梯机房的高度应大于 3 m，货梯机房高度应大于 2.5 m，杂物梯机房高度不小于 1.8 m。

（3）主机、电控柜应尽量远离门窗，与门窗正面距离不小于 600 mm，以防雨水浇淋；曳引机与墙壁间距离应大于 500 mm，以方便检修；控制柜正面应有 800 mm 距离，后面与侧面距所有其他设施间应留有 700 mm 以上距离，以便于检修维护之用；电梯的照明、动力总电源应设置在机房入口处，其距地高度应为 1 300 ~ 1 500 mm。

（4）机房地面要求能承受 6 000 N/ $m^2$ 以上的载荷，在机房井道范围内应设置承重钢梁，以便承受整个电梯系统负载和曳引机重量，在井道顶部曳引机上方必须设有起吊挂钩，以满足曳引机等设备安装和维修之用，起吊挂钩的承载能力必须足够大，对额定载重 3 000 kg 以下的电梯要求具有不小于 2 000 kg 的承载力。

（5）机房楼板上要留有绳孔，具体根据电梯轿厢和对重位置及轿门开向等确定，对于限速器绳孔和其他电气控制管线孔等，也要根据布置图确定。各绳孔口周围，均要求筑有高度为 75 mm 以上，距绳 25 ~ 50 mm 的台阶，以防止油、水等流入井道或细小部件坠入井道。

（6）机房处于建筑最高处，下部有很长的井道，具有抽风效应，所以非常容易将灰尘等物吸入机房，另外在机房中装设有较多的电气设备，均构成火灾隐患，所以在机房内一定要设置扑灭电气火灾的消防设施，如干粉、二氧化碳等灭火器材。

（7）机房一般都布置在建筑物的最高处，在雷雨季节易受到雷电的袭击，为此在机房设计建造时，必须按照低压用电安全规范，安装符合要求、安全可靠的避雷设施。

2. 井　道

井道多采用钢筋混凝土结构，井道壁应该是垂直的，每层中垂直度误差小于 5 mm，井道总高范围上垂直度误差小于 10 mm。一般而言，井道内壁与轿厢外壁的距离不小于 200 mm，与对重距离不小于 350 mm；当对重装置采用刚性导轨时，对电梯井道尺寸建筑偏差作出如下规定：高度≤30 m 的井道尺寸偏差为 0 ~ 25 mm；30 m < 高度≤60 m 的井道尺寸偏差为 0 ~ 35 mm；60

<高度≤90 m 的井道尺寸偏差为 0～50 mm。井道顶层高度必须保证，其目的是防止电梯运行中冲顶超位，或避免电梯检修人员在轿顶工作时被挤伤。

3. 底　坑

底坑深度根据轿厢额定速度、轿厢底部结构、导靴与安全钳结构、缓冲器的结构形式等，按照有关规定来确定。底坑在施工中，必须能够防水，并且设有排水设施，要充分考虑维修人员在底坑中的作业需要。底坑中还要考虑安装缓冲器的固定底座，必要时设置上下底坑用的梯子。

## 8.4　建筑弱电系统

建筑弱电系统包括火灾自动报警系统、电话通信系统、有线电视系统、音响广播系统、闭路电视监控系统等，是构成智能建筑的基础。

### 8.4.1　火灾自动报警系统

要保证在发生火灾时将损失降到最低限度，就必须在规定的建筑物内或人员密集的场所安装火灾自动报警系统和消防联动灭火系统。

#### 8.4.1.1　火灾自动报警系统的工作原理

火灾自动报警系统原理框图如图 8-25 所示。

火灾自动报警控制器是火灾自动报警系统的心脏，是分析、判断、记录和显示火灾发生部位的装置。当确认发生火灾时，报警控制器即发出声、光报警信号，并启动联动装置，向火灾现场发出火警广播，显示疏散通道方向；在高层建筑中还向相邻的楼层区域也发出报警信号，显示着火区域，将客运电梯强制停于首层，消防电梯和消防减灾设备投入运行，同时显示火灾区域或楼层房号的地址编码以及烟雾浓度或温度等参数。

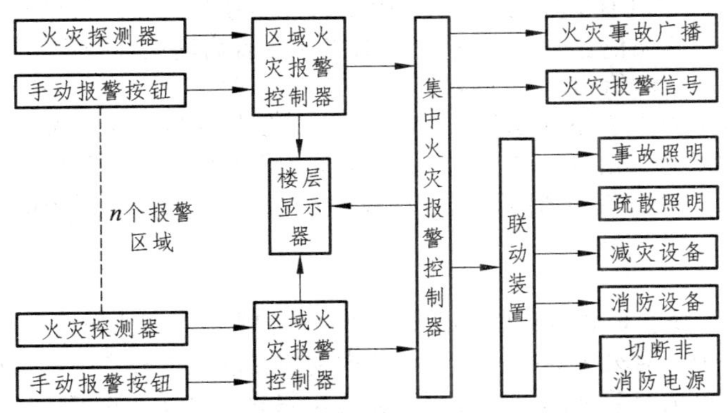

图 8-25　火灾自动报警系统原理框图

报警控制器除接受自动火灾探测器的信号外，还可以接受现场人员通过碎玻璃消防按钮发出的报警信号，也可以用火灾报警电话直接向控制器发出火灾报警信号。

火灾自动报警控制器分为区域报警控制器和集中报警控制器两种。一般情况下，区域报警控制器的监控范围较小，当报警区域多于三套时，将区域报警控制器与集中控制报警器结合使用，形成集中报警控制系统。集中报警控制器安装在消防控制室，区域报警控制器设置于各层服务台或某一区域。

#### 8.4.1.2 火灾自动报警系统的组成

火灾自动报警系统是现代消防系统的重要组成部分，主要由火灾触发器件、火灾报警控制装置、编码模块（输入模块、输出模块、各种控制模块）、减灾设备、灭火设备以及电源等组成。

1. 火灾触发器件

用来检测或发送火灾信号的器件称为火灾触发器件，有自动火灾探测器和手动报警按钮两类。

2. 火灾报警控制装置

火灾报警控制装置包括火灾报警控制器和火灾警报器。火灾报警控制器接收火灾报警器件发出的火灾信号，当火灾信号被确认后，即发出火警信号，同时启动联动装置和减灾设备，进行自动灭火。火灾警报器包括火灾显示器件、警铃、火灾广播系统、火灾报警控制装置故障声、光报警等，当发生火灾和故障时在火灾报警控制器的控制下，发出声、光报警，提醒人们注意并采取相应安全措施。

3. 编码模块

它是用于火灾检测器件与报警控制装置或报警控制装置与减灾设备之间进行信号转换、隔离的单元，确保某一检测回路故障时，不影响其他系统的正常工作，或者将报警控制装置发出的用于驱动减灾设备的信号转换成为减灾设备所能接受的信号，也可以将减灾设备动作信号反馈给报警控制装置。

4. 减灾设备

减灾设备就是用来有效防止火灾蔓延的设备。它包括电动防火门与防火卷帘、防排烟设施、应急照明系统、消防电梯等。

5. 灭火设备

灭火设备就是火灾时用来灭火的设备或系统装置。

#### 8.4.1.3 火灾自动报警系统设备

1. 火灾报警控制器

火灾报警控制器是火灾自动报警系统心脏，分区域火灾报警控制器和集中火灾报警控制器。

区域火灾报警控制器具有下述功能：① 接收火灾信号并启动火灾报警装置。该设备也可用来指示着火部位和记录有关信息。② 能通过火警发送装置启动火灾报警信号。③ 自动的监视系统的正确运行和对特定故障给出声、光报警。

集中火灾报警控制器具有下述功能：① 接收火灾信号并启动火灾报警装置。该设备也可用来指示着火部位和记录有关信息。② 能通过火警发送装置启动火灾报警信号或通过自动消防灭火控制装置启动自动灭火设备和消防联动控制设备。③ 自动的监视系统的正确运行和对特定故障给出声、光报警。

2. 火灾探测器

当发生火灾时，物质在燃烧过程中，必然会产生烟和光，也会使现场或周围的温度发生变化。在现代火灾监控系统中，对火灾的探测，就是依据物质在燃烧过程产生的各种物理或化学现象进行的，因此，依据的检测对象不同，火灾探测器的探测原理也互不相同。

常用的火灾探测器有感烟式火灾探测器、感温式火灾探测器、感光式火灾探测器、可燃气体火灾探测器和复合式火灾探测器五种基本类型。

（1）感式烟火灾探测器：目前应用较广泛的有离子感烟式火灾探测器和光电感烟式火灾探测器。

（2）感温式火灾探测器：常用的有定温式火灾探测器、差温式火灾探测器、差定温式火灾探测器等。感光式火灾探测器适用于火灾发生时有强烈的火焰辐射或无阴燃阶段的易产生明火的场所。

可燃气体火灾探测器利用半导体可燃气体敏感元件将被测环境中可燃气体浓度信号转换成为电流信号送至火灾报警控制装置，以实现对火灾的探测。

复合式火灾探测器是将火灾发生时的烟雾、温度、光等特征参数中的两种以上作为检测依据，由两种以上传感器和相应电路构成的一种探测器。它克服了单一探测器的缺点，对火灾的检测更准确、更可靠，使用范围也更大。

3. 手动火灾报警按钮

手动火灾报警按钮是安装在现场或消防箱内，用来人工发出报警信号的触发器件。正常情况下用易碎玻璃盖住，当发生火灾时，将玻璃敲碎即可发出火灾报警信号。

手动火灾报警按钮在每个防火分区内至少设置一只，从一个防火分区的任何地方到最近一个的手动火灾报警按钮的步行距离不应大于 30 m。手动火灾报警按钮应设置在明显和便于操作的位置且有明显标志。

#### 8.4.1.4 火灾自动报警与消防联动系统的基本形式

现行国家标准《火灾自动报警系统设计规范》（GB 50116—2013）规定了火灾自动报警系统的三种基本结构形式：区域报警系统、集中报警系统和控制中心报警系统。

1. 区域报警系统

区域报警系统由区域火灾报警控制器和火灾探测器等组成。它的功能简单，保护对象的规模一般较小，对联动控制功能要求简单，或不要求有联动控制功能，多用于对二级以下保护对象的保护。区域火灾报警控制器应设置在有人值班的房间或场所，一般一个报警区域设置一台区域报警控制器，当系统中设置有两台报警控制器且又分开设置时，应以一处为主值班室，另一台区域报警控制器的报警信号应送到主值班室。当用一台区域报警控制器监控多个楼层时，应在每层明显部位设置楼层显示器，以便火灾时显示着火部位。

2. 集中报警系统

当区域报警控制器多于两台，或保护对象为一、二级时，应采用集中报警系统。它的保护对象规模较大，联动控制功能较复杂。一般由集中火灾报警控制器、区域火灾报警控制器、区域显示器和火灾探测器以及联动控制装置等组成。在此系统中，火灾集中报警控制器应能显示火灾报警部位信号和控制信号，并可进行联动控制，实现自动灭火和保护功能。

3. 控制中心报警系统

控制中心报警系统保护对象的规模大，联动控制功能要求复杂，由消防控制室的消防控制设备集中火灾报警控制器、区域火灾报警控制器、区域显示器和火灾探测器等组成。在控制中心报警系统中，应至少设置一台火灾集中报警控制器、一台专用消防控制设备和两台以上区域火灾报警控制器；或至少设置一台火灾报警控制器、一台消防联动控制设备和两台以上区域显示器。系统应能集中显示火灾报警部位和联动控制状态信号。

4. 联动控制装置

火灾控制联动装置是由火灾广播、通信系统、各种自动消防设备等组成的。它在接到火灾自动报警控制器的联动信号或现场的火灾信号之后，通过各种控制模块驱动现场的减灾设备（防火阀、电动防火门、防火卷帘门等）和灭火设备（自动喷林灭火系统、水帘与水幕系统等），封闭空调风道，隔离着火区域，自动开启喷洒阀、喷洒水或灭火剂进行灭火。为了防止系统失控或执行器中元件、阀门失灵，贻误灭火，故除现场有关部位（消防水管、风阀、防欠卷闸等）设立了监测动作的反馈触点外，还设有手动开关，用来手动控制执行机构（或灭火器）动作，以便及时扑灭火灾。

自动火灾报警系统见图 8-26。

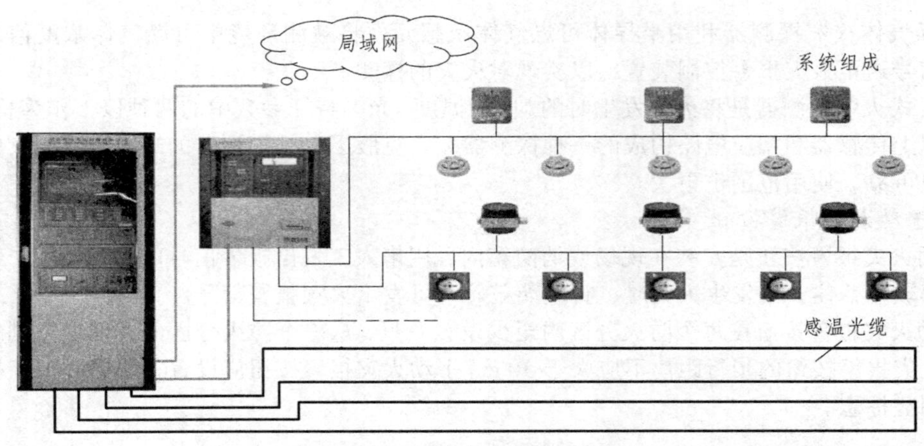


图 8-26 自动火灾报警系统图

## 8.4.2 公用天线电视系统

### 8.4.2.1 公用天线电视的基本组成及工作过程

1. 公用天线电视的基本组成

公用天线电视系统一般由前端、干线传输和用户分配三个部分组成，如图 8-27 所示。前端部分主要包括电视接收天线、频道放大器、频率变换器、自播节目设备、卫星电视接收设备、导频信号发生器、调制器、混合器以及连接线缆等部件。

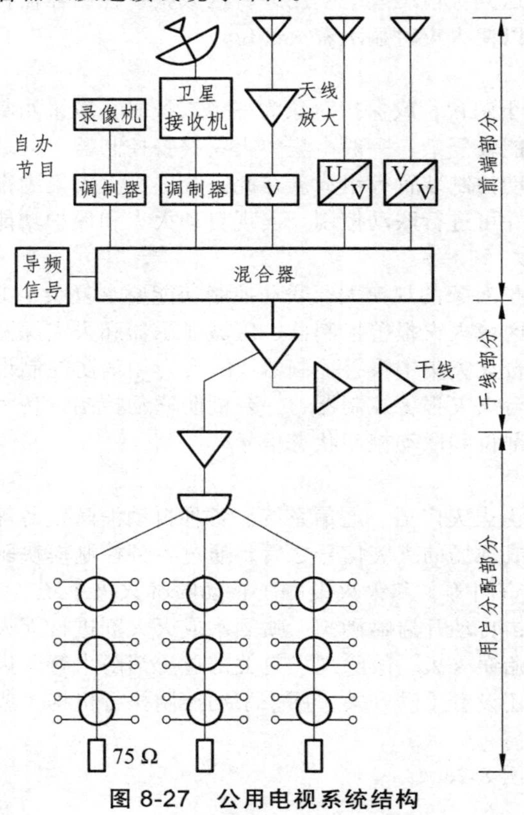


图 8-27 公用电视系统结构

前端信号的来源一般有三种：接收无线电视台信号、卫星地面接收信号和各种自办节目信号。

电视系统的前端主要作用是：

（1）将天线接收的各频道电视信号分别调整到一定的电平，然后经混合器后送入干线。

（2）必要时将电视信号变换成另一频道的信号，然后经混合器混合后送入干线。

（3）将卫星电视接收设备输出信号通过调制器变换成某一频道的电视信号送入混合器。

（4）自办节目信号通过调制器变换成某一频道的电视信号而送入混合器。

（5）若干线传输距离长（如大型系统）。

由于电缆对不同的频道信号的衰减不同等，故加入导频信号发生器，用以进行自动增益控制和自动斜率控制。

干线传输系统是把前端处理、混合后的电视信号，传输给用户分配网络的一系列传输设备。一般在较大型的电视系统中才有干线部分。例如小区许多建筑物共用一个前端，自前端至各建筑物的传输部称为干线。干线距离较长，为了保证末端信号有足够高的电平，需加入干线放大器以补偿电缆的衰减。电缆对信号的衰减基本上与信号频率的平方根成正比，故有时需加入均衡器以补偿干线部分的频谱特性，保证干线末端的各频道信号电平基本相同。对于单幢大楼或小型公共电视系统，可以不包括干线部分，而直接由前端和用户分配网络组成。

用户分配网络部分是电视系统的最后部分，主要包括放大器（宽带放大器等）、分配器、分支器、系统输出端以及电缆线路等。它的最终目的是向所有用户提供电平大致相等的优质电视信号。

2. 公用天线电视的工作过程。

公用天线电视系统中由天线接收下来的电视信号，通过同轴电缆送至前端设备，前端设备将信号进行放大、混合，使其符合质量要求，再由一根同轴电缆将高质量的电视信号送至信号分配网络，于是信号就按分配网络设置路径，传送至系统内所有的终端插座上。

#### 8.4.2.2　公用天线电视前端设备

公用天线电视系统前端的主要作用是进行信号接收、调整电平、进行信号变换以及信号的放大等功能。电视信号经过前端设备的调整后，传到用户终端的信号质量好，使用户收看的电视节目非常清晰。由此可见公用天线电视系统的前端是整个电视系统的核心。因此对于从事公用天线电视事业或者想对公用天线电视系统有所了解的人们，了解公用天线电视前端设备是必不可少的。所以以下几节将对前端设备进行介绍。

1. 天　线

公用天线电视系统常用的天线有四种：引向天线、对数周期天线、组合天线和卫星天线。但是随着我国卫星事业的飞速发展，卫星电视节目的不断丰富，人们还经常使用卫星接收天线来接收卫星上的电视节目，所以现在卫星接收天线已经是公用天线电视系统不可缺少的前端天线。我们应根据不同的使用功能、不同的使用场所选择不同的类型和尺寸的天线。以下我们对引向天线和卫星天线的功能及使用加以详细地介绍。

（1）引向天线。

引向天线也称八木天线和波导天线，见图 8-28。引向天线是 VHF、UHF 波段最常用的一种方向性较强的天线。它是由一个有源振子即馈电振子和若干个无源振子组成的，所有的振子都平行地配置在同一个平面上，其中心用一金属杆固定。

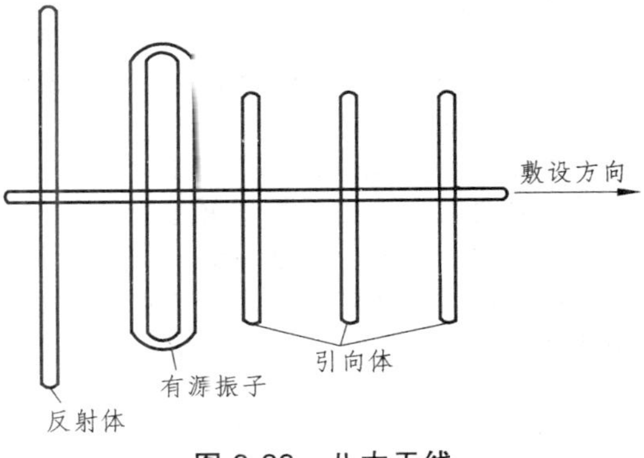

图 8-28　八木天线

（2）卫星接收天线（图 8-29）。

卫星天线的作用是将反射面内收集到的经卫星转发的电磁波聚集到馈源口，形成适合于波导传输的电磁波，然后送给高频头进行处理。接收天线，顾名思义，它只有接收信号的单一功能。接收天线按其反射面构成材料来分，又可分为铝合金的、铸铝的、玻璃钢的、铁皮的和铝合金网状的几种。目前，铝合金板材加工成的反射面的天线，其性能最好，使用寿命也长；铸铝反射面

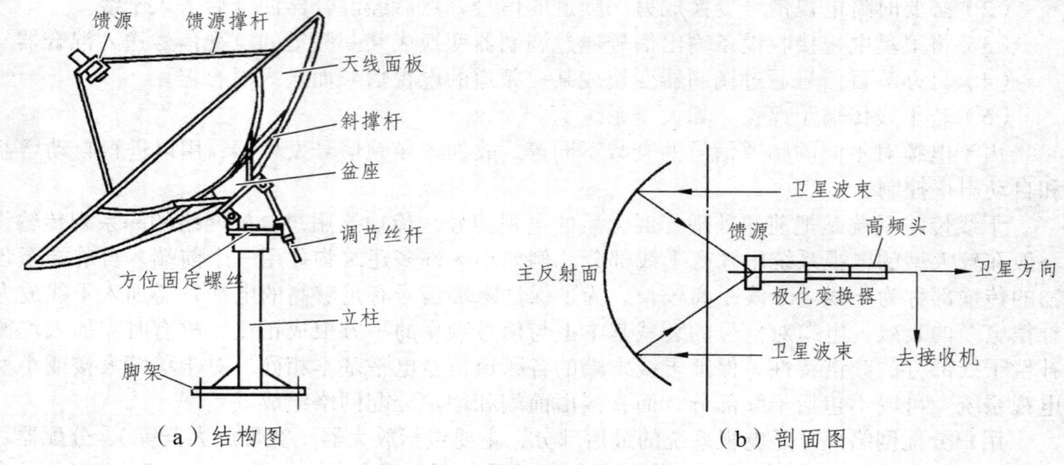


**图 8-29　卫星接收天线**

的天线，尽管成本有所降低，但是反射面的光洁度不高，天线效率低，性能要低于铝合金反射面的天线；玻璃钢反射面的天线，成本也低，但反射面的镀层容易脱落，使用寿命不长；铁皮反射面的天线，其成本最低，但容易生锈腐蚀，使用寿命最短；铝合金网状天线，其效率均不如前面的板状天线，但由于质量轻、价格低、风阻小以及架设容易，较适合于多风、多雨雪等场所采用。

2. 混合器

有线电视混合器前端各接收器、调制器处理的射频信号混合在一起，形成稳定的宽频带信号输出。

#### 8.4.2.3　用户分配网络设备器件

1. 用户分配网络设备

用户分配网络设备常用的有分配器和分支器。

从天线上接收下来的电视信号频率很高，通常用射频电缆做传输线。每种射频电缆都有一定的特性阻抗。如果要把一路信号分成几路送出，就不能采用简单的并联和串接的办法。要高质量地传送信号，就必须保持传输系统各部分都得到良好的匹配，同时传输系统的各条干线以及各个输出端之间还应该具有一定的隔离度。使用分配器和分支器等器件就可以解决这些问题。

分配器和分支器都应具有宽频带的特性。VHF 专用的电缆电视系统中使用的分配器和分支器，应能通过 VHF 的所有信号。对于 UHF 和 VHF 两用型分配器和分支器，应既能通过 VHF 信号，也能通过 UHF 信号。

按盒体结构来分，分配器和分支器有一般型、防水型、明装型和暗装型等几种。一般分配器和分支器都装在室内，不要求有防水性能；防水型安装在室外；对于建好的房屋可安装明装型；随基建一起施工的可用暗装型，安装在墙内。在公用天线电视系统中，经常需要通过电缆芯线给中途线路放大器送电，因此接在通电电缆中间的分支器也必须能通过电源电流。这种能通过电源电流的分配器和分支器叫馈电型分配器或分支器。

（1）分配器。

分配器是用来分配信号的部件。它将一路电视信号分成几路输出，通常有二分配器、三分配器、四分配器和六分配器等，最基本的是二分配器和三分配器，常用的是二分配器和四分配器，而四分配器是由三个二分配器构成的。通常分配器用于放大器的输出端或把一条主干线分成若干

条支干线等处，也有用在支干线终端的。分配器的输出端不能开路或者短路，否则会造成输入端的严重失配，同时还会影响到其他输出端。

（2）分支器。

分支器接在干线电缆的中途，它把流经干线同轴电缆信号的一部分取出来，馈送给电视机。分支器的输入信号大部分来自干线输出端，也有来自分支输出端。分支器多数用在系统的末端，即用户终端。它由一个主输入端（即干线输入端）和一个主路输出端（即干线输出端）以及若干个分支输出端（即支线输出端）所构成。在理想的情况下，只有主路输入端加入信号时，在主路输出端和支路输出产生信号。当从主路输出端加入反向干扰信号时，对支路输出端没有影响（即无输出）；同样由各支路输出端加入反向干扰信号时，对主路输出也无影响。故分支器具有单向传输的特点，所以也叫“方向性耦合器”。

为了适应电缆电视系统的各种要求，分支器做成许多种。按分支数来分，有一个分支输出端的叫作一分支器；有两个分支输出端的叫作二分支器；有三个分支输出端的叫三分支器；有四个分支输出端的叫四分支器。因为分支数过多时，从一个地方引出的电缆线太多，很不方便，因而常用的就这四种分支器。也有按分支输出端从干线中耦合能量的多少来分的，这种分类方法目前还没有统一的规定，通常在分支器的技术指标中加以说明。

2. 同轴电缆

同轴电缆性能的好坏，不仅直接影响到信号的传输质量，还影响到系统规模的大小、寿命的长短和造价是否合理等。同轴电缆由同轴结构的内外导体构成，内导体（芯线）用金属制成并外包绝缘物，绝缘物外面是用金属丝编织网或用金属箔制成的外导体（皮），最外面用塑料护套或其他特种护套保护。

电缆电视用的同轴电缆，各国都规定为 75 Ω，所以使用时必须与电路阻抗相匹配，否则会引起电波的反射。

同轴电缆的衰减特性是一个重要性能参数。它与电缆的结构、尺寸、材料和使用频率等均有关系。电缆的内外导体的半径越大，其衰减（损耗）反而越小。所以，大系统长距离传输多采用内导体粗的电缆。

目前，我国常用 SYKV 型同轴电缆，干线采用 SYKV-75-12 型，支干线采用 SYKV-75-12 或 SYKV-75-9 型，用户配线采用 SYKV-75-5 型。

### 8.4.3 电话通信系统

电话通信系统有三个组成部分：电话交换设备、传输系统、用户终端设备。

电话交换设备就是电话交换机，是接通电话用户之间的通信线路的专用设备。电话交换设备的发展很快，从早期的人工电话交换设备到现在最新技术的数字程控交换设备，通信系统实现了高度的人工智能。

#### 8.4.3.1 电话通信系统及设备

1. 电话系统的组成

电话通信系统的基本任务是提供从任一个终端到另一个终端传送话音等信息的路由，因此，这一系统必须包括终端设备、传输设备、交换设备三个部分。

（1）终端设备：发送和接收话音等信息的电话机（可视电话机）、传真机。

（2）传输设备：各种类型的远距离传输话音信号的传输设备和线路，从最简单的金属导线到载波设备、微波设备，以至光缆、光发射机、光接收机、卫星设备等。

（3）交换设备：对话音等各种信号进行交换、续接的各种类型的设备。尽管交换设备有各种不同的制式，但相互之间通过接口技术能够协调工作。

电话交换机根据其分机接口数量可以确定内部分机电话的数量，根据外线接口数量可以确定其与外网电话系统交换的数量及相关能力。

用户交换机可应用于机关、团体、学校、宾馆等单位，实现内部通话功能。目前用户交换机采用的是程控交换机，简单地说，是采用计算机程序对用户呼叫进行信息传输通道的建立和信息传输的控制和处理。内部用户与外网用户通话可以通过用户交换机的外线与公用电话网实现。

公用电话网络交换机应用于公用电话系统。大量的电话数据信息在交换机之间传输，其数据传输格式更复杂，其控制也更复杂。这类交换机系统是计算机系统与通信网络系统的结合。

这三者缺一不可，但交换设备在整个电话通信网中，构成的是通信网中的各级节点，起着各级枢纽的作用。

2. 电话通信的基本原理

电话通信是在发送端通过送话器变声波为电信号，由传输线路送至电话交换设备经转换、续接后传至接收端，接收端通过受话器将电信号转换为声波，这就是电话通信的基本原理。对可视终端而言，则是图像信号在发送端被转换为电信号，经过传输系统和交换系统后，接收端再将电信号转换为图像信号。

#### 8.4.3.2 最新电话通信系统的技术简介

我国电话通信系统的发展是在引进的基础上发展起来的。从目前信息交换系统的生产来看，我国信息交换系统处于世界前列，电话交换系统也处于世界先进水平。

1. 综合业务数字网（ISDN）

ISDN 是全数字的数据交换网络，只是在普通电话终端采用模拟信号，在传真机、电脑、会议电视、路由器等传输数据时均采用数字信号进行传输，其业务已经从电话系统转换成多功能的信息传输系统。但该系统在数据传输时，其速率只有 128 kbit/s。与当今最新数据网络有较大差距。

2.宽带综合业务数字网（B-ISDN）

基于 ISDN 数据传输速率较低的情况，B-ISDN 采用新技术实现更高速率的数据传输功能。其用户最高速率可以高达 155 Mbit/s 或更高 622 Mbit/s。这么高的用户速率现在是不现实的。

3. IP 电话

IP 电话是基于国际互联网的一种语音信号传输模式。IP 电话可以建立在“电脑—电脑”“电脑—电话”“电话—电话”之间。在使用电话通信时，通过电信局的网关接入互联网，并接入对方电话。

上述几种电话网络代表的是电话系统的不同的发展方向。综合业务数字网与宽带综合业务数字网是电话系统向数据传输系统方向发展的趋势，IP 电话是互联网数据传输系统向电话系统发展的趋势。

### 8.4.4 闭路电视监控系统

闭路电视监控系统是通过有线的传输线路，把图像信号传输给某一局部范围内特定用户的电视系统。闭路电视监控系统一般应用于安全领域，在工农业生产、科学研究、金融、交通等领域也广泛应用。

#### 8.4.4.1 闭路电视监控系统的组成

闭路电视监控系统由四个部分组成，见图 8-30。

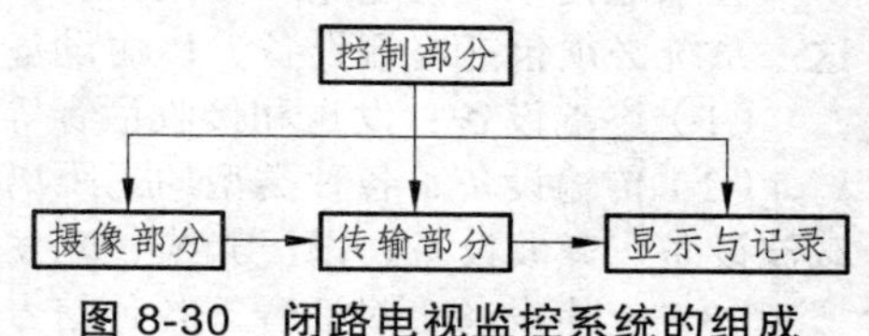


**图 8-30 闭路电视监控系统的组成**

闭路电视监控系统的主要技术要求是：摄像机的清晰度、系统的传输带宽、电视信号的信噪比、电视信号的制式、闭路电视系统的控制方式等。

#### 8.4.4.2 闭路电视监控系统设备

一个包含有较为完整结构的闭路电视监控系统结构图如图 8-31。

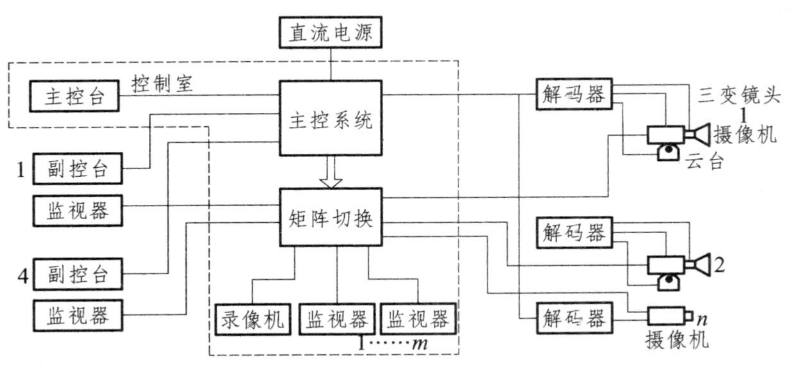


图 8-41 闭路电视监控系统结构图

1. 摄像机及其配套设备

摄像机技术发展到今天，CCD 摄像机已经占据主导地位。CCD 摄像机将拍摄的光学信号转换成电荷积累，然后再转换成数字电视制式信号。

用于监控用的摄像机一般还有防护罩。防护罩一般具有防尘、防雨雪风暴等作用，还可以有防腐蚀、防爆、防辐射等特殊功能。

云台及支架是监控用摄像机的支撑机构和旋转机构。云台在内部电机作用下，一般可以作垂直、水平转动，使摄像机在立体空间范围内进行摄像，以达到最大的监控范围。

2. 监视器

监视器是摄像信号观察设备。监视器功能比一般电视机单一，但监视器性能比电视机更好。

3. 矩阵切换机

矩阵切换机是视频监控系统控制中心最广泛使用的一种视频切换设备。它主要的优点是切换与显示的灵活性。它可以将任何一路摄像信号输出到任一监视器上，也可以在一个显示器上显示多路输入信号。矩阵切换机还可作控制器使用，如控制云台的运动，控制摄像机调焦等。

4. 硬盘录像机

录像机是闭路电视监控系统的记录和重放装置，它要求记录的时间非常长。现阶段硬盘录像机是录像机的主流产品，可以为 PC 式，也可以为嵌入式。录像机可以在面板上操作，也可以用遥控器操作，还可以用计算机进行操作。其应用非常灵活。

5. 主控系统

大型监控系统利用主控设备对各系统进行操作、控制、检查、维护和管理，使系统管理集约化、系统化、简便化。

### 8.4.5 公共广播系统

广播系统包含扩声系统和放声系统两大类。扩声系统中扬声器与话筒处于同一声场内，存在着声反馈及房间共振引起的啸叫、失真和振荡现象；放声系统中只有磁带机、光盘机等声源，没有话筒，是广播系统的一个特例。

公共广播系统为广场、宾馆、商厦、机场、学校等提供背景音乐和广播节目以及紧急广播、消防联动广播等。该系统控制功能较多。公共广播系统包括节目源设备、信号放大与处理设备、传输线路和扬声系统等四个部分。

1. 节目源设备

节目源通常有无线电广播（调频、调幅）、普通唱片、激光唱片（CD）、盒式磁带等，相应的节目源设备有 FM/AM 调谐器、电唱机、激光唱机和录音卡座等，此外，还有传声器（话筒）、电视伴音（包括影碟机、录像机和卫星电视的伴音）、电子乐器等。

2. 放大和信号处理设备

放大和信号处理设备包括调音台、前置放大器、功率放大器和各种控制器及音响加工设备等。这一部分设备的首要任务是信号的放大——电压放大和功率放大，其次是信号的选择，即通过选择开关选择所需要的节目源信号。调音台和前置放大器作用或地位相似（当然调音台的功能和性能指标更高），它们的基本功能是完成信号的选择和前置放大，此外还担负对重放声音的音色、音量和音响效果进行各种调整和控制的任务。有时为了更好地进行频率均衡和音色美化，还另外单独接入均衡器。总之，这部分是整个广播音响系统的“控制中心”。功率故大器则将前置放大器或调音台送来的信号进行功率放大，通过传输线去推动扬声器放声。

调音台又称调音控制台，是专业音响系统的控制中心设备，它是一种多路输入（4 路、8 路、12 路等）、多路输出（单声道、双声道、三声道、多声道等）的调音控制设备。它对多路输入信号进行放大、混合、分配、音质修饰、音响效果加工，是现代广播电台、舞台舞厅扩音、音响节目制作等系统进行播放和录制节目的重要设备。

前置放大器将各种节目源（如话筒、调谐器等）送来的信号进行电压放大和各种处理。主要包括节目源选择、信号均衡、音调调节、音量调节、平衡控制、滤波以及放大等。在确保各种性能的前提下，将输入信号放大到 0.5 ~ 1 V。然后，其输出的信号送功率放大器（简称功放）。

前置放大器的结构、性能、功能类似于调音台，但比调音台简单。在较简单的音响系统中，一般用前置放大器加功放结构，在性能要求较高的系统中用调音台加功放的结构。功率放大器的功能是将前置放大器或者调音台输出的音频电压信号进行功率放大，推动扬声器放声。由于功放直接推动扬声器放声，功放的性能成为音响系统性能的主要因素，所以功放的性能指标非常丰富。其主要性能指标包括：输出功率、频率响应、失真度。

3. 传输线路

传输线路虽然简单，但对公共广播系统，由于服务区域广、距离长，为了减少传输线路引起的损耗，往往采用高压传输方式。由于其传输电流小，故对传输线要求不高也不必很粗。

4. 扬声器系统

扬声器系统要求整个系统的匹配，同时其位置的选择也要切合实际。公共广播系统，由于它对音色要求不高，一般用 3 ~ 6 W 的扬声器。

## 8.5 智能建筑简介

### 8.5.1 智能建筑系统简介

智能建筑起源于 20 世纪 80 年代。随着时间的推移和现代科技的进步，智能建筑的内涵进一步深化。中国在智能建筑的定义方面经历了很长时间的探索实践。从 1997 年的定义到 2006 年的定义，智能建筑系统结构更加详细，更加体现智能建筑系统的基本组成结构。

中国在 2006 年版的《智能建筑设计标准》中对智能建筑定义为：以建筑物为平台，兼备信息设施系统、信息化应用系统、建筑设备管理系统、公共安全系统等，集结构、系统、服务、管理及其优化组合为一体，向人们提供安全、高效、便捷、节能、环保、健康的建筑环境。世界上其他一些国家对智能建筑的定义略有区别。

1. 信息设施系统

信息设施系统是确保建筑物内部及外部信息通信（包括语音、数据、图像和多媒体等）的多类信息设备系统的组合，并提供建筑物业务及管理等应用功能的信息通信基础设施。简单说，信息设施系统是提供电话网络、电视网络、广播网络、计算机网络等，同时能实现建筑物的各种业务和管理等功能系统的信息设施基础。

2. 建筑设备管理系统

建筑设备管理系统是对建筑设备监控系统和公共安全系统等设施进行综合管理的系统。建筑设备监控系统对各类建筑设备（包括给排水、供配电、暖通空调、照明、电梯等）进行监视和自动控制。这类系统需通过信息设施系统构成完整系统。

3. 公共安全系统

公共安全系统指利用现代科技，以应对危害社会安全的各类突发事件而构建的技术防范系统或保障系统，如消防系统、入侵报警系统等。这类系统需通过信息设施系统构成完整系统。

4. 信息化应用系统

信息化应用系统是以建筑设备信息设施系统、建筑设备管理系统等为基础，为满足建筑物各类业务和管理功能的多种信息设备和应用软件而组合的系统。其功能包括两大部分：一是服务于建筑物本身的办公自动化系统，如物业管理、运营服务等，二是用户业务领域的办公自动化系统，如金融、外贸等办公系统。

就现阶段而言，上述各应用系统作为独立系统，其自动化程度已经具备很高水平，当然仍处于发展中。但作为系统集成，构成完整、统一的管理系统还有很长的路要走。

智能建筑的目标是向人们提供安全、高效、便捷、节能、环保、健康的建筑环境。

### 8.5.2 智能建筑的特征

现阶段，由于经济水平和技术水平的制约，国家标准中对不同功能建筑的智能化标准不同。这里只对最基本的技术要求和特征进行描述。

1. 信息设施系统

信息设施系统包含的内容很多，如电话设施系统、计算机网络设施系统、通信接入系统、卫星通信系统等。智能建筑应包含完整的信息设施系统，其中，信息引导及发布系统是智能化建筑的一个基本、通用要求。现阶段，一般只有在机场、车站、电影院等公共场所配置该系统。所以，在判断智能建筑时，信息引导及发布系统是一个基本的标志。

2. 建筑设备管理系统

智能建筑的建筑设备管理系统应具有两层结构：管理层、监控层。其中，管理层以中央控制室操作站为中心，主要记录数据、存储、显示和输出，是建筑设备管理系统的最高层系统；监控层主要监控设备的运行，是建筑设备管理系统的次高层系统。

现阶段，一般建筑设备管理系统只具有监控层结构，有的建筑设备管理系统也包含有管理层，但各设备系统管理层没有进行应用集成和软件集成，所以不能被认为是智能建筑。但，单独的某设备管理系统可以称为“××设备智能管理系统”。

3. 公共安全系统

智能建筑的公共安全系统应设置公共安全系统中央监控室，通过统一的通信平台和软件将各子系统设备联网，并统一管理和控制。

现阶段，各公共安全系统一般处于独立运行状态，形成独立的管理层和监控层。

4. 信息化应用系统

在上述各系统进行系统集成后，统一的管理层可以利用统一的软件对各系统进行管理。同时，还应该具有办公自动化系统服务器，提供以下服务：

（1）建筑物的物业管理运营信息、电子账务、电子邮件、信息发布、信息检索、导引等。

（2）公共信息库。

（3）智能卡管理。

### 8.5.3 综合布线与系统集成

综合布线，简单地说，就是连接计算机等终端的缆线和器件。由于计算机技术的发展，语音信号、图像信号、视频信号、文字信号等都可以在同一缆线中传输，综合布线将必然取代各种专业建筑设备专用信息传输电缆，实现信号传输的统一标准。

建筑设备智能化最关键的技术就是系统集成。系统集成简单地说，就是软件的功能集成、网络集成、软件界面集成的多种集成技术，或者说就是软件的标准化和集成化。其实现的关键是解决系统之间的互联与互操作性问题，这涉及多厂商、多标准、多协议和面向各种应用的软件体系，需要解决各子系统间接口、协议、系统平台、系统软件等的集成问题。

从建筑设备角度来讲，设备信息的采集与运行控制，从技术上说，没有任何区别。但因为涉及全球各大生产厂商，有关标准统一成为人为障碍，各种不同协议、接口的统一成为一项艰巨的工作；同时随着各相关技术的进步，相关工作也需要不断进行。系统集成的工作任重道远。

### 8.5.4 智能建筑的发展趋势

智能建筑是人类社会发展的一种必然趋势。

从技术上来说，人类追求技术的进步源于人类对自身生活进步的要求。工业生产的自动化使人们从繁重的体力劳动中逐步解脱出来，工业生产的智能化使人们从工业生产中逐步解脱出来，人们可以将精力集中到技术的进步中，人们将可以过一种舒适的生活。智能建筑作为自动化技术和智能技术在日常生活中的具体体现，也在不断发展、不断进步。这种进步，随着技术的发展也将进一步提高。

从社会角度来说，技术进步是为了服务于人类生产、生活，使人们在安全、高效、便捷、节能、环保、健康的环境中从事自己的工作。智能建筑将使人类的生活品质有一个质的飞跃，使人类可以在居家环境中从事自己的工作，将可以促进整个社会生产和资源的再配置。

从经济角度来讲，智能建筑是促进经济发展的优良载体，人们对居家环境的舒适性要求使得智能建筑比普通建筑有巨大的经济优势，同时，为相关行业和产业的发展形成巨大的推动力，促进经济的发展。

## 8.6 电气工程施工图

### 8.6.1 建筑电气工程施工图的组成

一项工程的电气设计施工图由系统图、电气原理图、平面图、设备布置图、安装图等构成。

1. 系统图

系统图是表示系统的网络关系的图样。系统图表示各个组成部分之间的相互关系、连接方式、电气元件和设备及其特性参数。通过系统图可以了解工程的全貌及规模。如图 8-32 为某建筑进线及用户配线系统图。

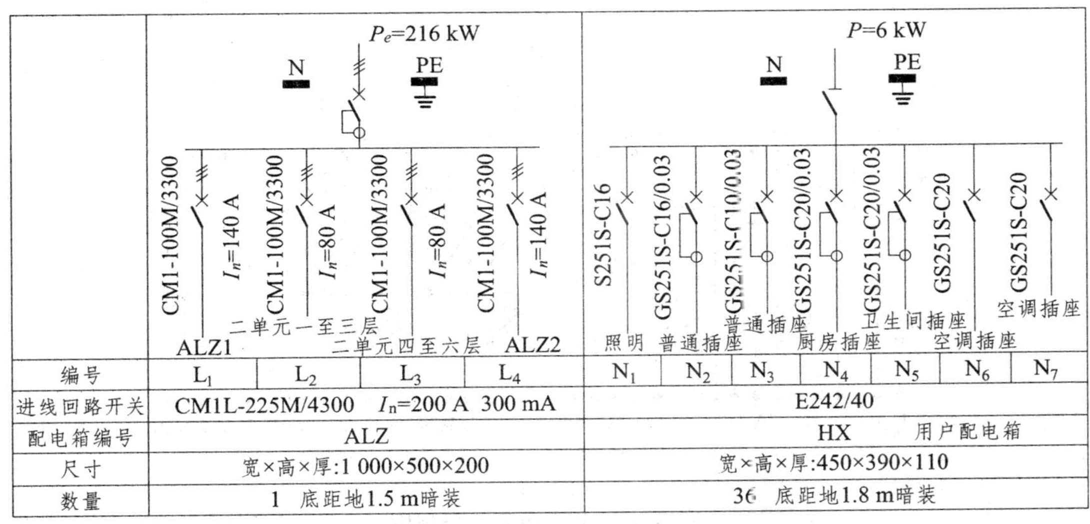



| 编号 | $L_1$ | $L_2$ | $L_3$ | $L_4$ | $N_1$ | $N_2$ | $N_3$ | $N_4$ | $N_5$ | $N_6$ | $N_7$ |
|---|---|---|---|---|---|---|---|---|---|---|---|
| 进线回路开关 | CM1L-225M/4300 $I_n$=200 A 300 mA | | | | E242/40 | | | | | | |
| 配电箱编号 | ALZ | | | | HX 用户配电箱 | | | | | | |
| 尺寸 | 宽×高×厚:1 000×500×200 | | | | 宽×高×厚:450×390×110 | | | | | | |
| 数量 | 1 底距地1.5 m暗装 | | | | 36 底距地1.8 m暗装 | | | | | | |

**图 8-32 某建筑进线及用户配线系统图**

2. 原理图

原理图是用来表示设备电气的工作原理、各器件元件的作用，以及各器件相互关系的一种表示方式，主要用于研究电路的工作原理。原理图上应有一定的原理说明或动作过程，列出电气元件和设备的名称、规格型号及数量。如图 8-33 为某配电系统原理图。

3. 平面图

平面图是表示所有电气设备和线路的平面位置、安装高度、设备和线路的型号、规格、线路走向和敷设方法、敷设部位的图样。

4. 设备布置图

设备布置图是表示电气设备的平面与空间位置及相互关系以及安装方式的图样，通常由平面图、立面图、剖面图、详图组成。

5. 安装图

安装图是表示某部分或者某部件的具体安装要求和做法的图样．同时还表示安装场合的形态特征。这类图一般有统一的国家标准图。

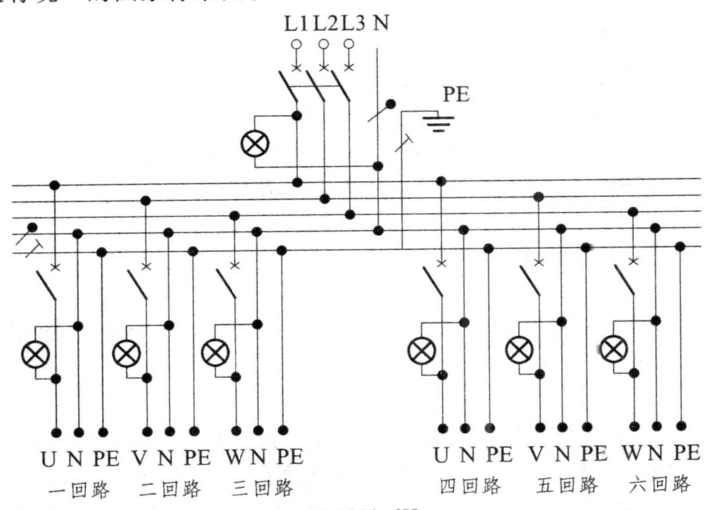

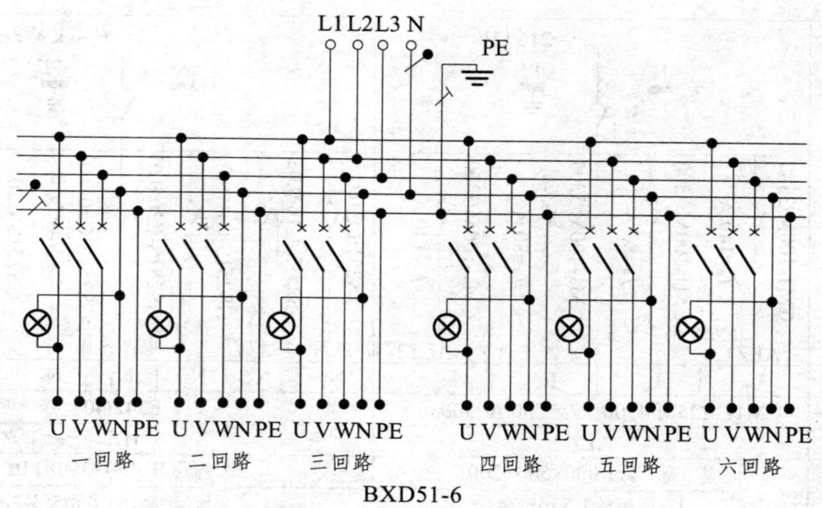


**图 8-33　某配电系统原理图**

## 8.6.2　建筑电气工程施工图识图

建筑电气工程施工图识图是进行具体施工的前提条件。为进行建筑电气工程施工图识图，首先要掌握电气原理图，在此基础上，将系统图读懂，搞清楚建筑物各层设备类型、设备数量、器件类型和数量、线缆规格、连接方式等。再根据平面图将本平面各设备、器件、线缆进行安装、连接，并进行检查，在确保连接正确的情况下，进行通电检查。

## 8.6.3　建筑电气设计实例——某住宅楼电气照明施工图

### 8.6.3.1　电气设计说明

以下是某住宅楼的电气设计说明的具体内容。

电气设计说明：

1. 设计依据

（1）甲方提供的设计资料。

（2）有关专业提供的设计资料。

（3）本工程设计采用的国家有关设计规范、标准：

《民用建筑电气设计规范》（JGJ/T 16—92）、《低压配电设计规范》（GB 50054—95）、《住宅设计规范》（GB 50096—1999）、《建筑照明设计标准》（GB 50034—2004）。

2. 设计内容

本工程设计内容包括低压配电、照明系统。

3. 配电方式

配电系统采用放射式、树干式结合的配电方式。低压配电系统接地保护形式为 TN-C-S 系统。

4. 导线选择及线路敷设方式

（1）导线全部采用BV-500 V型铜芯塑料线，配电干线采用穿钢管埋墙，埋地暗敷设。由住户配电箱 HX 引至灯具及插座的支线采用钢管暗设，至普通插座及照明的线路为 3×2.5 mm$^2$ PVC16，引至空调插座、卫生间插座、厨房及餐厅插座的线路为 3×4 mm$^2$ PVC20。照明为顶板内，插座为地板内，管线沿墙、现浇板内暗敷。管线表示如下：2.5 mm$^2$ 导线穿管管径为：3 根及以下穿 PVC16，4～6 根穿 PVC20。

（2）全楼配电箱为嵌墙暗装，安装高度详见材料表。所有照明开关均为暗开关，安装高度为 1.3 m，楼梯间照明开关采用声光控节能开关，安装高度为 2.4 m。插座均为暗装，安装高度详见平面图，未注明高度的均为底边距地 0.3 m。

（3）土建施工时，电气人员要密切配合，事先做好预留洞及预埋管的工作，避免事后开墙打洞影响工程质量。

配电系统图包括图 8-34 所示的配电箱系统图和图 8-35 所示的竖向配电系统图。

部分照明配电平面图如图 8-35 所示。

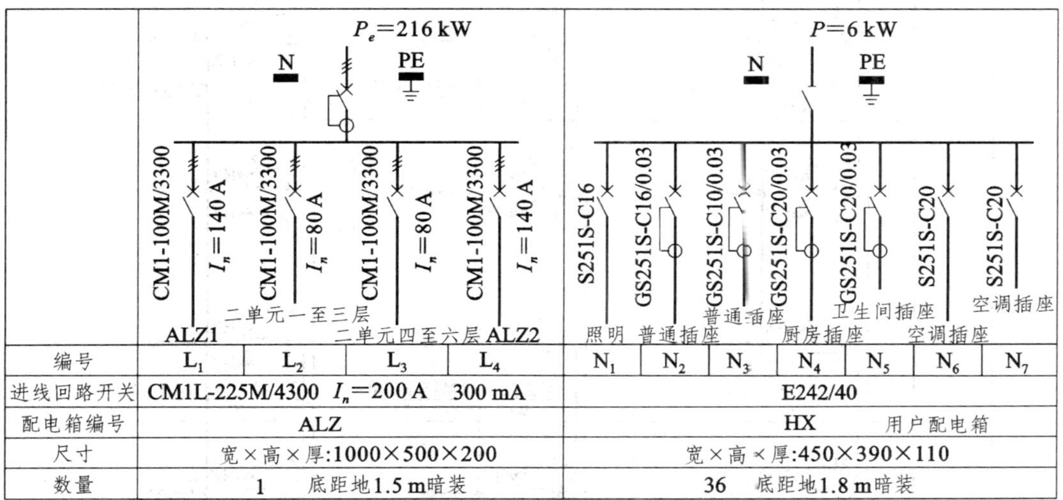


（a）

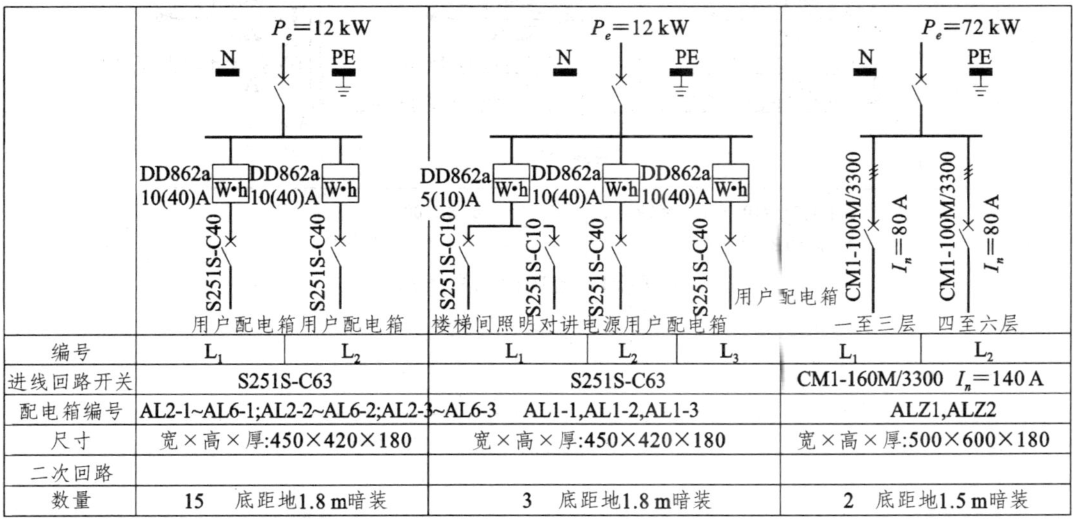


（b）

**图 8-33 配电箱系统图**

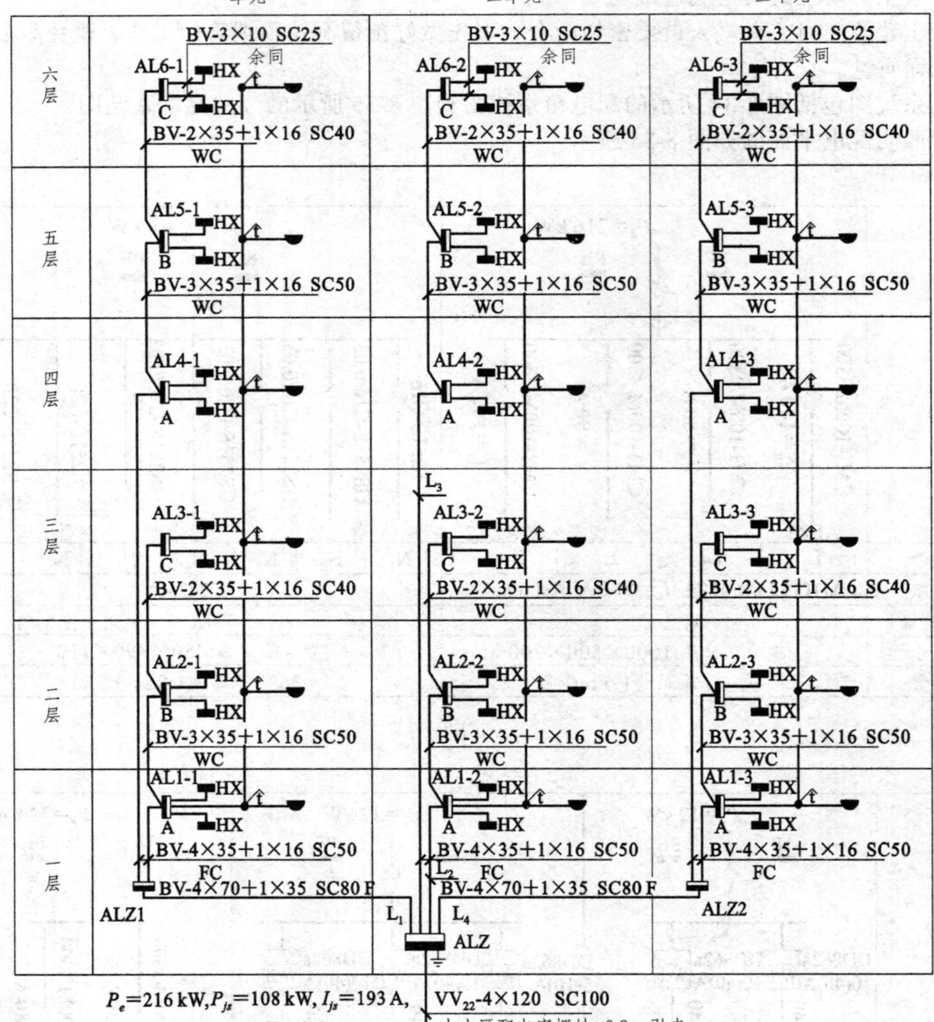


图 8-34 竖向配电系统图

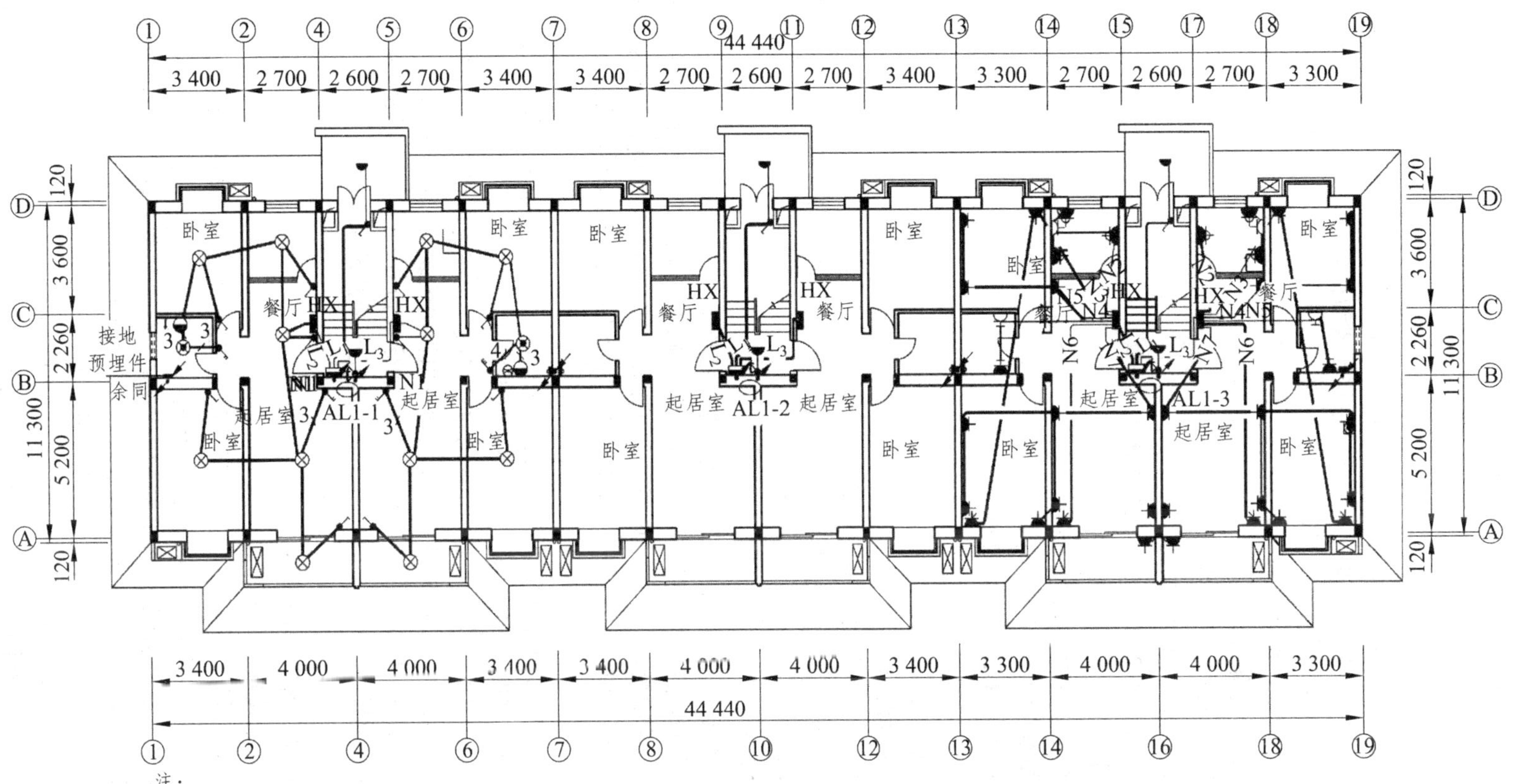


注：

1.未面平面与所画平面相同或对称相同。

2.客厅空调插座安装高度均为0.3 m，其他插座安装高度详见设备材料表。

图 8-35　一层照明、插座平面图

### 8.6.3.2 某办公楼电气照明施工图电气设计说明

1. 设计依据

（1）建筑概况。

本工程位于曲江雁南路。总建筑面积约为 1 600 $m^2$。地上共三层，一层为架空花园，二层为报告厅，三层为办公场所。建筑物高度为 13.5 m。结构形式为框架。

建筑形式：多层办公楼。建筑耐火等级：一、二级。

（2）相关专业提供的工程设计资料。

（3）甲方提供的设计任务书。

（4）中华人民共和国现行主要标准及法规：

《民用建筑电气设计规范》（JGJ/T 16—92）；

《建筑设计防火规范》（GBJ 16—87）（2001 版）；

《供配电系统设计规范》（GB 50052—95）；

《低压配电设计规范》（GB 50054—95）；

《办公建筑设计规范》（JBJ 67—89）；

《建筑照明设计标准》（GB 50034—2004）。

2. 设计范围

（1）本工程设计包括低压配电系统和照明系统。

（2）与其他专业设计的分工。

室外照明系统由专业厂家设计，本设计仅预留电源；

有特殊装修要求的场所，由室内装修设计负责进行照明平面的设计，本设计将电源引至配电箱，预留装修照明容量。

3. 低压配电系统

（1）本工程作为比较重要的办公建筑，采用两路电源供电。

（2）根据专业提供的资料，由邻近宾馆引一路低压线路至二层总配电箱作为工作电源，另一路低压线路作为备用，手动投切，消控室电源由室外采用专用电源回路供电，并与正常电源末端切换供电。配电方式采用放射式配电。低压配电系统接地保护形式为 TN-S 系统。

4. 照明系统

（1）光源：有装修要求的场所视装修要求商定，办公室、会议室等采用细管径直管型荧光灯。办公室、会议室照明负荷密度为 11 W/$m^2$，照度为 300 lx。

（2）照明、插座分别由不同支路供电，照明为单相二线，插座为单相三线，工程内未注明的应急、疏散照明线路均采用 BV-2.5 $mm^2$ 型导线穿钢管沿顶板明敷设。其余照明线路穿钢管暗敷设。导线根数为 2～3 根穿 SC15，4～6 根穿 SC20，至插座的导线为 BV-4 $mm^2$，3 根穿 SC20，5 根穿 SC25，沿楼板、墙内暗敷设。其他导线规格及敷设方式见平面图及系统图。

（3）应急照明。

在走廊、楼梯间等场所设置疏散照明。

疏散通道上设置电池式疏散指示标志。

出口标志灯、疏散指示灯、疏散楼梯应急照明灯、走道应急照明灯采用蓄电池式单灯供电的应急照明系统，应急照明持续供电时间应大于 60 min。

（4）装饰用灯具需与装修设计部门及甲方商定，功能性灯具如荧光灯、出口标志灯、疏散指示灯需有国家主管部门的检测报告，达到设计要求的方可投入使用。

（5）除注明外，其余灯具的安装方式详见设备材料表。

（6）室外立面照明、花园照明由专业厂家设计，设计院配合。

（7）装修场所照明配电设计时，应考虑 15%的应急照明。

（8）照明控制：

① 咖啡厅的照明采用照明配电箱就地控制；

② 走廊等处的疏散用应急照明为长明灯。

5. 设备选择及安装

（1）各层照明配电箱，除竖井内明装外，其余均为暗装（柱子上除外）；安装高度为底边距地面 1.5 m。

（2）照明开关、插座均为暗装，除注明者外，均为 250 V、10 A，应急照明开关应带电源指示灯。除注明者外，插座均为单相两孔或三孔安全型插座。普通插座均为底边距地 0.3 m，开关底边距地 1.3 m，距门框 0.2 m，有淋浴、浴缸的卫生间内开关、插座选用防潮防溅型面板。

（3）出口标志灯在门上方安装时，底边距门框 0.2 m；若门上无法安装时，在门旁墙上安装，顶面距吊顶 50 mm。出口标志灯明装，疏散诱导灯暗装，底边距地 0.3 m，管吊时底边距地 2.5 m。

6. 配电系统图

配电系统图包括图 8-36 所示的竖向干线系统图和图 8-37 所示的配电箱系统图。

照明配电平面图部分图形如图 8-38 和图 8-39 所示。

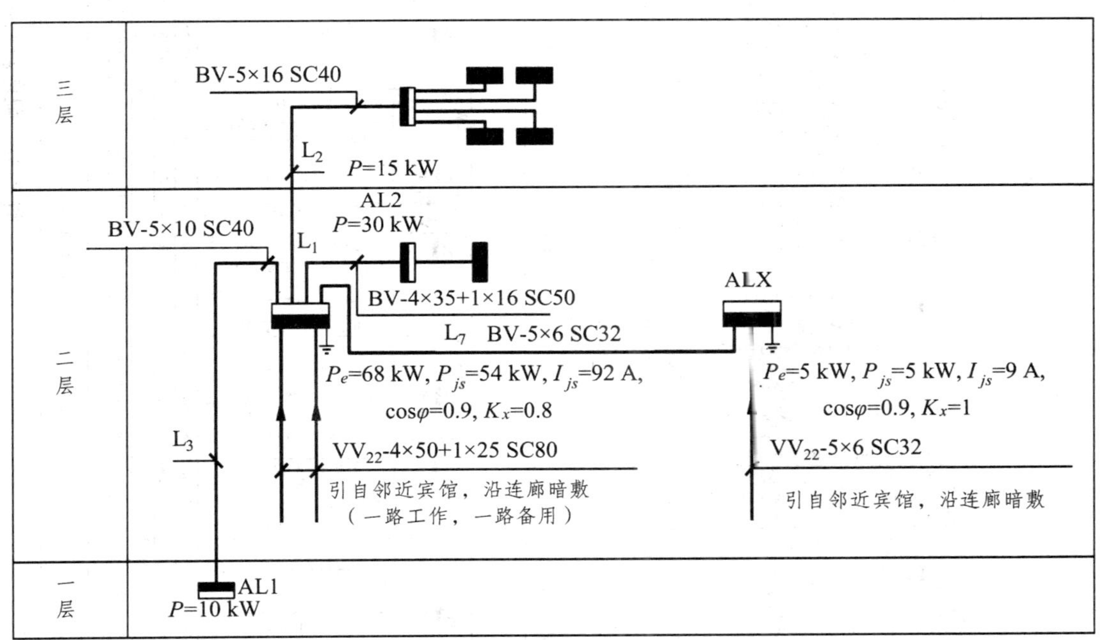


图 8-36 竖向干线系统图

GLZ-250A/3　$P$=68 kW　0~450 V　0~100 A　100/5　DT862a1.5(6A)

| 用途 | AL2 | AL3 | AL1 | 电井照明 | 普通插座 | 外景照明 | ALX |
|---|---|---|---|---|---|---|---|
| 出线开关 | HUM18-100S/3300 $P$=30 kW $I_n$=75 A | HUM8-100S/3300 $P$=18 kW $I_n$=50 A | HUM18-63/3P-C32 $P$=10 kW | HUM18-40/1P-C16 | HUM18LE-40/1N-C20-30 | HUM18-40/1P-C40 $P$=5 kW | HUM18-63/3P-C25 $P$=5 kW |
| 编号 | $L_1$ | $L_2$ | $L_3$ | $L_4$ | $L_5$ | $L_6$ | $L_7$ |
| 进线回路开关 | DF-A-125A/09 500 mA | | | | | | |
| 配电箱编号 | ALZ | | | | | | |
| 尺寸 | 宽×高×厚:700×1 800×400 | | | | | | |
| 二次回路 | | | | | | | |
| 数量 | 1　落底安装 | | | | | | |

$P$=30 kW

| 用途 | 应急疏散照明 | 照明 | 普通插座 | 风机盘管 | AL2X | 电视前端箱 | 排风机 | 备用 |
|---|---|---|---|---|---|---|---|---|
| 出线开关 | HUM18-40/1PC16 KM B20 5x | HUM18-40/1PC16 6x | HUM18LE-40/1N-C20-30 3x | HUM18-40/1PC16 3x | HUM18-63/3P-C20 $P$=3 kW | HUM18-40/1PC16 | HUM18-63/3P-D10 KM B9 KH T16 15~21A 2x | HUM18-40/1P C16 3x $P$=1.8 kW |
| 编号 | N1~N5 | N6~N11 | N12~N14 | N15~N17 | N18 | N19 | N20,N21 | N22~N24 |
| 进线回路开关 | HUM8-100S/3300 $I_n$=63 A | | | | | | | |
| 配电箱编号 | AL2 | | | | | | | |
| 尺寸 | 宽×高×厚:500×600×200 | | | | | | | |
| 二次回路 | 99D303-2 43,44 页 | | | | | | | |
| 数量 | 1　底距地1.5 m暗装 | | | | | | | |

$P$=18 kW

| 用途 | AL31 | AL32 | AL33 | AL3X |
|---|---|---|---|---|
| 出线开关 | HUM18-63/3P-C32 $P$=6 kW | HUM18-63/3P-C32 $P$=6 kW | HUM18-63/3P-C32 $P$=5kW | HUM18-63/3P-C16 $P$=1 kW |
| 编号 | $L_1$ | $L_2$ | $L_3$ | $L_4$ |
| 进线回路开关 | HUM8-100S/3300 $I_n$=40 A | | | |
| 配电箱编号 | AL3 | | | |
| 尺寸 | 宽×高×厚:500×600×300 | | | |
| 二次回路 | | | | |
| 数量 | 1　底距地1.5 m明装 | | | |

$P$=3 kW

| 用途 | 新风机组 | 新风机组 |
|---|---|---|
| 出线开关 | HUM18-63/3P-D10 B9 KM KH T16 3.4~4.5A $P$=1.5 kW | HUM18-63/3P-D10 KM KH B9 T16 3.4~4.5A $P$=1.5 kW |
| 编号 | $L_1$ | $L_2$ |
| 进线回路开关 | HUM18-63/3P-D16 | |
| 配电箱编号 | AL2X | |
| 尺寸 | 宽×高×厚:320×350×200 | |
| 二次回路 | 99D303-2 45,46 页 | |
| 数量 | 1　底距地1.5 m暗装 | |

$P$=1.1 kW

| 用途 | 新风机组 |
|---|---|
| 出线开关 | KM B9 KH T16 3.4~4.5A $P$=1.1 kW |
| 编号 | |
| 进线回路开关 | HUM18-63/3P-D10 |
| 配电箱编号 | AL3X |
| 尺寸 | 宽×高×厚:320×350×200 |
| 二次回路 | 99D303-2 45,46 页 |
| 数量 | 1　底距地1.5 m暗装 |

$P$=6 kW

| 用途 | 应急疏散照明 | 照明 | 普通插座 | 风机盘管 | 备用 |
|---|---|---|---|---|---|
| 出线开关 | HUM18-40/1P-C16 KM B20 | HUM18-40/1PC16 5x | HUM18LE-40/1N-C20-30 6x | HUM18-40/1P-C16 2x | HUM18-40/1P-C16 |
| 编号 | N1 | N2~N6 | N7~N12 | N13,N14 | N15 |
| 进线回路开关 | HUM18-40/3P-C25 | | | | |
| 配电箱编号 | AL31 | | | | |
| 尺寸 | 宽×高×厚:500×600×200 | | | | |
| 二次回路 | | | | | |
| 数量 | 1　底距地1.5 m暗装 | | | | |

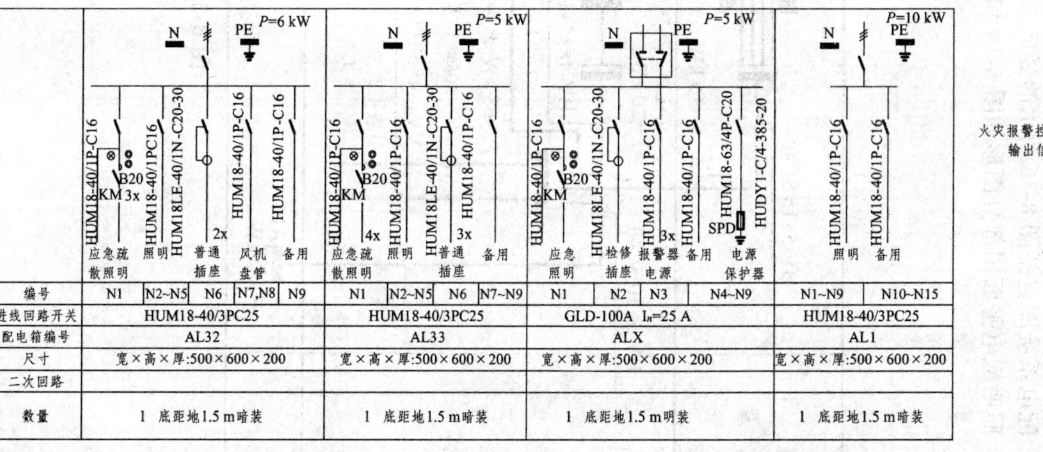

| 编号 | N1 | N2~N5 | N6 | N7,N8 | N9 | N1 | N2~N5 | N6 | N7~N9 | N1 | N2 | N3 | N4~N9 | N1~N9 | N10~N15 |
|---|---|---|---|---|---|---|---|---|---|---|---|---|---|---|---|
| 用途 | 应急疏散照明 | 照明 | 普通插座 | 风机盘管 | 备用 | 应急疏散照明 | 照明 | 普通插座 | 备用 | 应急照明 | 检修插座 | 报警器电源 | 备用 / 电源保护器 | 照明 | 备用 |
| 进线回路开关 | HUM18-40/3PC25 | | | | | HUM18-40/3PC25 | | | | GLD-100A $I_n$=25 A | | | | HUM18-40/3PC25 | |
| 配电箱编号 | AL32 | | | | | AL33 | | | | ALX | | | | AL1 | |
| 尺寸 | 宽×高×厚:500×600×200 | | | | | 宽×高×厚:500×600×200 | | | | 宽×高×厚:500×600×200 | | | | 宽×高×厚:500×600×200 | |
| 二次回路 | | | | | | | | | | | | | | | |
| 数量 | 1　底距地1.5 m暗装 | | | | | 1　底距地1.5 m暗装 | | | | 1　底距地1.5 m明装 | | | | 1　底距地1.5 m暗装 | |



L　SB1　SB2　KM　KM　N

火灾报警控制模块输出信号

应急疏散照明二次图

注：1.报告厅的有线电视、电话及宽带不做具体设计，仅在电井内弱电箱预留接口。用户盒位置由二次装修单位完成。

2.箱体尺寸仅供参考。

3.配电箱配出的单相回路应均匀地分配到三相上。

图 8-37　配电箱系统图

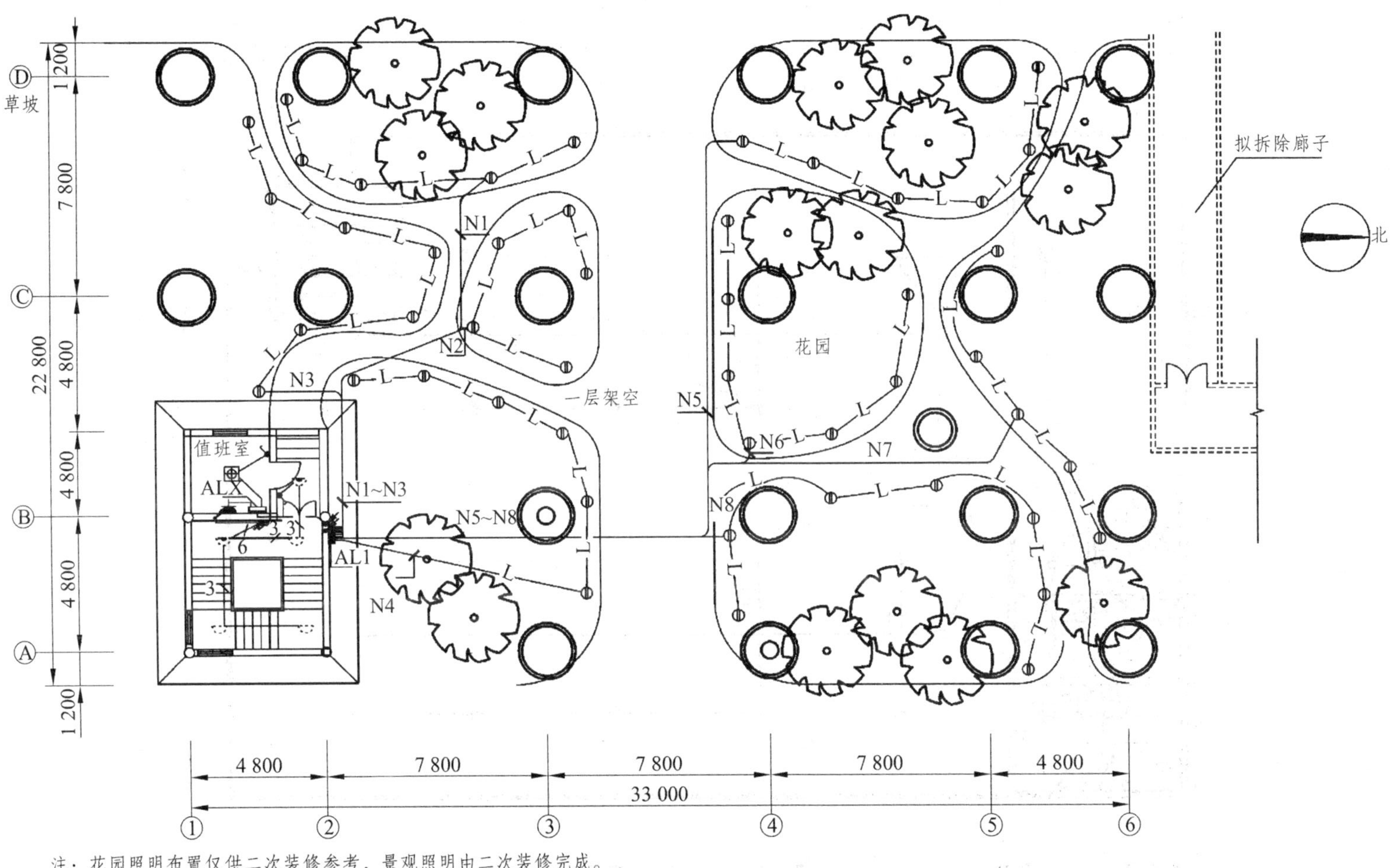


注：花园照明布置仅供二次装修参考，景观照明由二次装修完成。

—L— YJV-3×4 SC20F

图 8-38　一层照明平面图

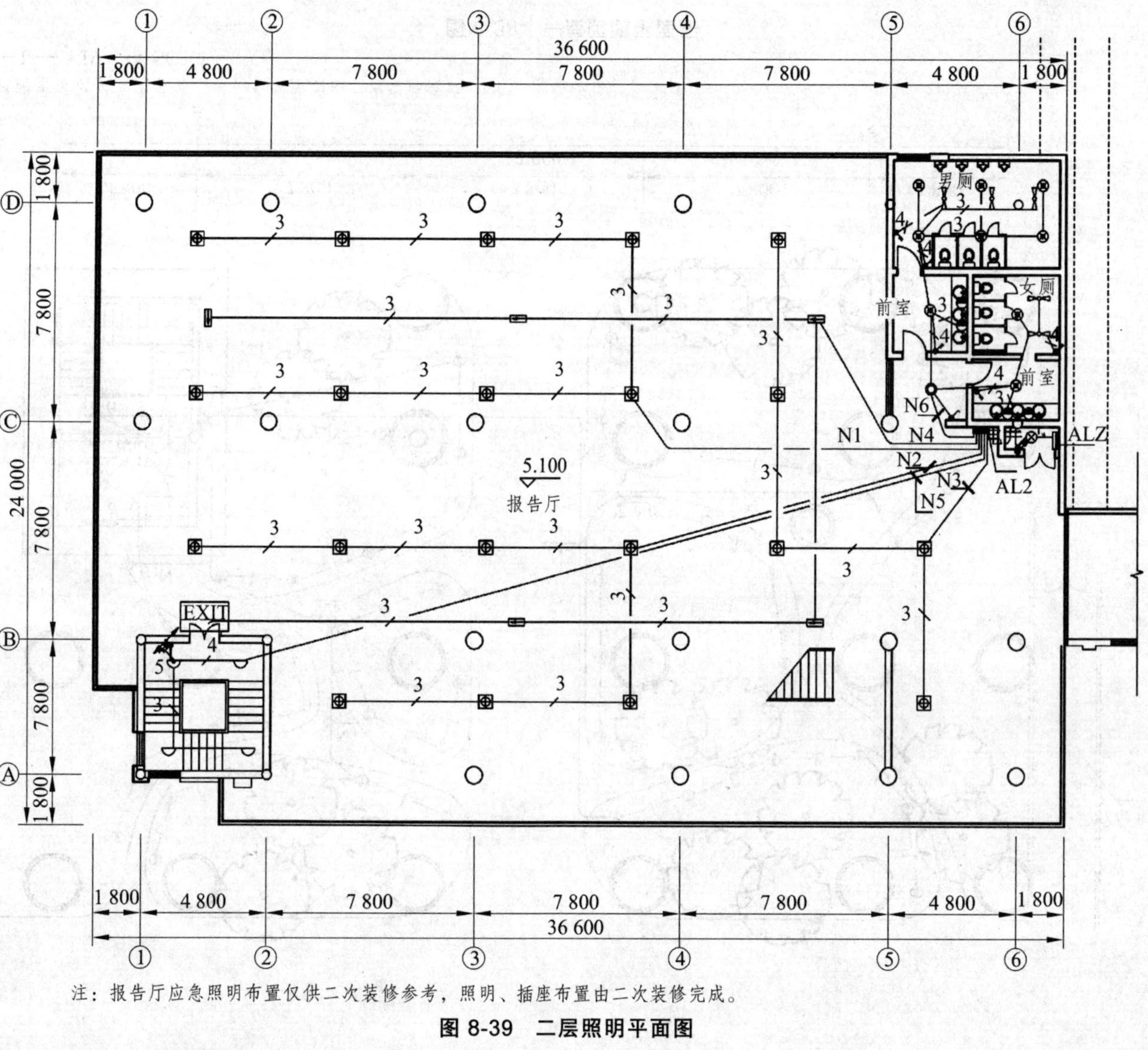


注：报告厅应急照明布置仅供二次装修参考，照明、插座布置由二次装修完成。

图 8-39 二层照明平面图

# 思考练习题

1. 简述供配电系统的一般要求。
2. 简述供配电系统负荷分级原则和供电要求。
3. 变配电所有哪些基本的主接线类型和对应的主接线方式?
4. 简述供配电网路的基本结构形式、特点及适用范围。
5. 简述接地电位分布区域内的接地电位、跨步电压、接触电压的概念。
6. 简述降低接地电位、接触电压、跨步电压的基本措施。
7. 简述建筑供配电系统短路电流计算概念。
8. 简述建筑物防雷分类原则、雷击形式和防雷一般要求。
9. 简述建筑物直击雷防范的基本措施。
10. 简述二类防雷建筑物接闪器设置原则。
11. 简述建筑物侧击雷的基本概念和基本防范措施。
12. 视觉是如何产生的? 有哪些特性?
13. 照明控制的策略和控制方式有哪些?
14. 简述常用电光源按工作原理的分类和选择原则。
15. 限速器的作用是什么?
16. 对电梯的主电源开关有何要求?
17. 简述电梯的曳引传动的原理及特点。
18. 楼宇自动化系统集成设计原则与目标分别有哪些?
19. 智能建筑由哪些系统构成?

# 参考文献


[1] 刘天模，徐幸梓. 工程材料. 北京：机械工业出版社，2001.
[2] 朱张校，姚可夫. 工程材料. 5 版. 北京：清华大学出版社，2011.
[3] 王学武. 金属学基础. 北京：机械工业出版社，2012.
[4] 戴起勋. 金属材料学. 2 版. 北京：化学工业出版社，2011.
[5] 卢安贤. 无机非金属材料导论. 3 版. 长沙：中南大学出版社，2015.
[6] 赵启辉. 常用非金属材料手册. 北京：中国标准出版社，2010.
[7] 国家质量监督检验检疫总局，国家标准化管理委员会. GB 175—2007 通用硅酸盐水泥. 北京：中国标准出版社，2007.
[8] 国家质量监督检验检疫总局，国家标准化管理委员会. GB/T 2015—2005 白色硅酸盐水泥. 北京：中国标准出版社，2005.
[9] 国家质量监督检验检疫总局，国家标准化管理委员会. GB 13693—2005 道路硅酸盐水泥. 北京：中国标准出版社，2005.
[10] 国家质量监督检验检疫总局. GB 200—2003 中热硅酸盐水泥、低热硅酸盐水泥、低热矿渣硅酸盐水泥. 北京：中国标准出版社，2003.
[11] 国家质量监督检验检疫总局. GB/T 3183—2003 砌筑水泥. 北京：中国标准出版社，2003
[12] 建设部. JGJ 63—2006 混凝土用水标准. 北京：中国标准出版社，2006.
[13] 国家质量监督检验检疫总局，国家标准化管理委员会. GB/T 14684—2011 建设用砂. 北京：中国标准出版社，2011.
[14] 国家质量监督检验检疫总局，国家标准化管理委员会. GB/T 14685—2011 建设用卵石、碎石. 北京：中国标准出版社，2011.
[15] 住房和城乡建设部. JGJ 55—2011 普通混凝土配合比设计规程. 北京：中国建筑工业出版社，2011.
[16] 建设部，交通部. GB 50092—96 沥青路面施工及验收规范. 北京：中国标准出版社，1996.
[17] 国家质量监督检验检疫总局，国家标准化管理委员会. GB 18173.1—2012 高分子防水材料. 北京：中国标准出版社，2012.
[18] 国家质量监督检验检疫总局，国家标准化管理委员会. GB 12952—2011 聚氯乙烯防水卷材. 北京：中国标准出版社，2011.
[19] 国家质量监督检验检疫总局，国家标准化管理委员会. GB/T 19250—2013 聚氨酯防水涂料. 北京：中国标准出版社，2013.
[20] 国家发展和改革委员会. JC 474—2008 砂浆、混凝土防水剂. 北京：中国标准出版社，2008.
[21] 国家质量监督检验检疫总局，国家标准化管理委员会. GB 18445—2012 水泥基渗透结晶型防水材料. 北京：中国标准出版社，2012.
[22] 住房和城乡建设部. JGJ 102—2013 玻璃幕墙工程技术规范. 北京：中国建筑工业出版社，2013.
[23] 国家质量监督检验检疫总局，国家标准化管理委员会. GB/T 18601—2009 天然花岗石建筑板材. 北京：中国标准出版社，2009.
[24] 王增长. 建筑给水排水工程. 6 版. 北京：中国建筑工业出版社，2010.
[25] 刘学来. 城市供热工程. 北京：中国电力出版社，2009.

[26] 田玉卓. 供热工程. 北京：机械工业出版社，2008.
[27] 马志彪. 供热系统调试与运行. 北京：中国建筑工业出版社，2005.
[28] 胡平放. 建筑通风空调新技术及其应用. 北京：中国电力出版社，2010.
[29] 陆耀庆. 实用供热空调设计手册：上册、下册. 2 版. 北京：中国建筑工业出版社，2007.
[30] 住房和城乡建设部工程质量安全监管司，中国建筑标注设计研究所. 全国民用建筑工程设计技术措施：暖通空调・动力. 北京：中国标准出版社，2009.
[31] 文桂萍. 建筑设备安装与识图. 北京：机械工业出版社，2010.
[32] 住房和城乡建设部. GJJ 34—2010 城镇供热管网设计规范. 北京：中国建筑工业出版社，2010.
[33] 黄翔. 空调工程. 北京：机械工业出版社，2006.
[34] 王付全，侯根然. 建筑设备. 郑州：郑州大学出版社，2013.
[35] 汪永华. 建筑电气. 北京：机械工业出版社，2007.
[36] 刘燕. 供配电技术. 西安：电子科技大学出版社，2007.